中 国 国 家 标 准 汇 编

2008 年修订-62

中国标准出版社　编

中 国 标 准 出 版 社

北　京

图书在版编目（CIP）数据

中国国家标准汇编：2008年修订.62/中国标准出版社编.—北京：中国标准出版社，2009

ISBN 978-7-5066-5490-6

Ⅰ.中…　Ⅱ.中…　Ⅲ.国家标准-汇编-中国-2008
Ⅳ.T-652.1

中国版本图书馆CIP数据核字（2009）第183716号

中国标准出版社出版发行
北京复兴门外三里河北街16号
邮政编码:100045

网址 www.spc.net.cn

电话:68523946　68517548
中国标准出版社秦皇岛印刷厂印刷
各地新华书店经销

*

开本 880×1230 1/16 印张 39 字数 1 167 千字
2009年11月第一版 2009年11月第一次印刷

*

定价 200.00 元

ISBN 978-7-5066-5490-6

9 787506 654906 >

出 版 说 明

1.《中国国家标准汇编》是一部大型综合性国家标准全集。自1983年起，按国家标准顺序号以精装本、平装本两种装帧形式陆续分册汇编出版。它在一定程度上反映了我国建国以来标准化事业发展的基本情况和主要成就，是各级标准化管理机构，工矿企事业单位，农林牧副渔系统，科研、设计、教学等部门必不可少的工具书。

2.《中国国家标准汇编》收入我国每年正式发布的全部国家标准，分为"制定"卷和"修订"卷两种编辑版本。

"制定"卷收入上年度我国发布的、新制定的国家标准，顺延前年度标准编号分成若干分册，封面和书脊上注明"20××年制定"字样及分册号，分册号一直连续。各分册中的标准是按照标准编号顺序连续排列的，如有标准顺序号缺号的，除特殊情况注明外，暂为空号。

"修订"卷收入上年度我国发布的、被修订的国家标准，视篇幅分设若干分册，但与"制定"卷分册号无关联，仅在封面和书脊上注明"20××年修订-1，-2，-3，……"字样。"修订"卷各分册中的标准，仍按标准编号顺序排列(但不连续)；如有遗漏的，均在当年最后一分册中补齐。需提请读者注意的是，个别非顺延前年度标准编号的新制定的国家标准没有收入在"制定"卷中，而是收入在"修订"卷中。

读者配套购买《中国国家标准汇编》"制定"卷和"修订"卷则可收齐上一年度我国制定和修订的全部国家标准。

3. 由于读者需求的变化，自1996年起，《中国国家标准汇编》仅出版精装本。

4. 2008年制修订国家标准共5946项。本分册为"2008年修订-62"，收入新制修订的国家标准37项。

中国标准出版社
2009年10月

目　录

ICS 25.220.20
H 20

中华人民共和国国家标准

GB/T 12967.2—2008
代替 GB/T 12967.2—1991

铝及铝合金阳极氧化膜检测方法 第2部分:用轮式磨损试验仪测定阳极氧化膜的耐磨性和耐磨系数

Test methods for anodic oxidation coatings of aluminium and aluminium alloys—Part 2: Measurement of wear resistance and wear index of anodic oxidation coatings with an abrasive wheel wear test apparatus

(ISO 8251:1987(E), Anodized aluminium and aluminium alloys-Measurement of wear resistance and wear index of anodic oxide coatings with an abrasive wheel wear test apparatus, MOD)

2008-06-09 发布　　2008-12-01 实施

中华人民共和国国家质量监督检验检疫总局
中国国家标准化管理委员会　发布

前　言

GB/T 12967《铝及铝合金阳极氧化膜检测方法》分为如下 7 个部分：

——第 1 部分：用喷磨试验仪测定阳极氧化膜的平均耐磨性；

——第 2 部分：用轮式磨损试验仪测定阳极氧化膜的耐磨性和耐磨系数；

——第 3 部分：铜加速乙酸盐雾试验(CASS 试验)；

——第 4 部分：着色阳极氧化膜耐紫外光性能的测定；

——第 5 部分：用变形法评定阳极氧化膜的抗破裂性；

——第 6 部分：目视观察法检验着色阳极氧化膜色差和外观质量；

——第 7 部分：用落砂试验仪测定阳极氧化膜的耐磨性。

本部分为 GB/T 12967 的第 2 部分。

本部分修改采用 ISO 8251：1987(E)《铝及铝合金阳极氧化——用轮式磨损试验仪测定阳极氧化膜的耐磨性和磨损系数》(英文版)，并根据 ISO 8251：1987(E)重新起草。为了方便比较，在资料性附录 C中列出了本部分章条和对应的国际标准章条的对照一览表。

本部分在采用国际标准时进行了修改，这些技术差异用垂直单线标识在它们所涉及的条款的页边空白处。主要技术差异如下：

——扩大了试验条件的范围，将试验运行的双行程次数(ds)以 T_1 表示，代替原来的固定次数。

——取消了质量损失法测量氧化膜厚度的方法。

——增加了预研磨的概念，耐磨性和磨损系数的公式表达式都有所变化，适用范围更为广泛。

——装置中增加了分析天平；增加了试验环境的要求。

——附录 A 制备标准试样中，阳极氧化温度偏差范围修改为±1℃。

——对于硬质阳极氧化膜，确定研磨轮和检验表面的接触力通常为 19.6 N±0.5 N，增加了硬质阳极氧化膜标准试样的制备方法，具体见附录 B，其中阳极氧化温度偏差范围修改为±1℃。

——对于硬质阳极氧化膜，研磨纸带的选取不同于普通阳极氧化膜。

本部分代替 GB/T 12967.2—1991《铝及铝合金阳极氧化—用轮式磨损试验仪测定阳极氧化膜的耐磨性和磨损系数》。

本部分与 GB/T 12967.2—1991 相比，主要变化如下：

——扩大了试验条件的范围，将试验运行的双行程次数(ds)以 T_1 表示，代替原来的固定次数。

——取消了质量损失法测量氧化膜厚度的方法。

——增加了预研磨的概念，耐磨性和磨损系数的公式表达式都有所变化，适用范围更为广泛。

——装置中增加了分析天平；增加了试验环境的要求。

——附录 A 制备标准试样中，阳极氧化温度偏差范围修改为±1℃。

——对于硬质阳极氧化膜，确定研磨轮和检验表面的接触力通常为 19.6 N±0.5 N，研磨纸带的选取不同于普通阳极氧化膜，增加了硬质阳极氧化膜标准试板的制备方法，具体见附录 B，其中阳极氧化温度偏差范围修改为±1℃。

本部分的附录 A、附录 B 为规范性附录；本部分的附录 C 为资料性附录。

本部分由中国有色金属工业协会提出。

本部分由全国有色金属标准化技术委员会归口。

本部分负责起草单位：国家有色金属质量监督检验中心、福建省南平铝业有限公司、华南有色金属质量监督检验中心、广东凤铝铝业有限公司、山东南山铝业股份有限公司。

本部分参加起草单位：广东坚美铝型材厂有限公司、广亚铝业有限公司、佛山市新合铝业有限公司、广东豪美铝业有限公司、苏州罗普斯金铝业有限公司。

本部分主要起草人：姚伟、冯东升、何耀祖、伍超群、陈慧、李喆、戴悦星、潘学著、杨伏丝、周春荣、颜廷柱。

本部分所代替标准的历次版本发布情况为：

——GB/T 12967.2—1991。

铝及铝合金阳极氧化膜检测方法
第2部分:用轮式磨损试验仪测定阳极氧化膜的耐磨性和耐磨系数

1 范围

1.1 本部分规定了一个用轮式磨损试验仪测定铝及铝合金阳极氧化膜的耐磨性及磨损系数的试验方法。

1.2 本部分适用于阳极氧化膜的厚度不小于5 μm的板片状铝试样检验。对于阳极氧化膜的整个层厚以及表层或任意选定的氧化膜的某一层都可以用本方法测定其耐磨性和磨损系数。

1.3 本部分不适用于试样表面凹凸不平的阳极氧化试样的测定。

1.4 有机聚合物膜耐磨性的测定可参照本部分。

2 规范性引用文件

下列文件中的条款通过本标准的引用而成为本标准的条款。凡是注日期的引用文件,其随后所有的修改单(不包括勘误的内容)或修改版均不适用于本文件,但鼓励根据本标准达成协议的各方研究是否可使用这些文件的最新版本。凡是不注日期的引用文件,其最新版本适用于本标准。

GB/T 4957 非磁性金属体上非导电覆盖层 覆盖层厚度测量 涡流方法(GB/T 4957—2003,ISO 2360:1982,IDT)

GB/T 8005.3 铝及铝合金术语 第3部分:表面处理术语(GB/T 8005.3—2008,ISO 7583—1986 Anodizing of aluminium and its alloys—Vocabulary Trilingual edition,MOD)

GB/T 9258.1—2000 涂附磨具用磨料 粒度分析 第1部分:粒度组成试验(ISO 6344:1998,IDT)

3 术语、定义

GB/T 8005.3确立的以及下列术语、定义、符号适用于本标准。

3.1

试样 test specimen

准备进行检验的样品。

3.2

标准试样 standard test specimen

按附录A和附录B所给条件制备的样品。

3.3

协议参比试样 agreed reference specimen

按供需双方所认可的条件制备的样品。

3.4

双行程(ds) double stroke

研磨轮所完成的一次完整的往复运动。

4 方法概要

4.1 阳极氧化试样应在下述条件下进行磨损试验:研磨轮外缘绕有碳化硅纸带,试样相对纸带作往复研磨运动。每完成一次往复运动[双行程(ds)]后，研磨轮就转过一个小角度，带来一个未使用过的研磨纸带部位，这个新的纸带部位继续与试验区域相接触。根据氧化膜厚度或质量的减少量便可计算其耐磨性或磨损系数。所得结果应与特别制备的标准试样(见附录 A 或 B)或协议参比试样的试验结果相比较。

4.2 阳极氧化膜的整体耐磨性可用分层法检验。其原理为：逐层磨损，一直到裸露出金属基体为止。然后建立一个磨损的膜厚和双行程之间的关系图。

5 装置

5.1 轮式磨损试验仪

5.1.1 试验仪的夹具应能紧固样品，防止样品在试验过程中移动。同时夹具和压板应使样品保持水平。

5.1.2 研磨轮的直径为 50 mm±1 mm，外缘宽度为 12.0 mm±0.1 mm。并且一个双行程(ds)后，轮子恰好转动 0.9°[400 次双行程(ds)后，轮子转动一周]。

5.1.3 传动装置应使双行程的相对速度在每分钟 40(ds)±2(ds)的范围内，磨痕的长度在 30.0 mm±0.5 mm 的范围内。

5.1.4 加载装置应使轮子和样品之间的力可调，且试验时接触力应在加载装置的量程范围内，保证精度要求能达到±0.05 N。

5.1.5 计数器能准确记录双行程的次数，当达到预定的双行程次数后能自动停机。

5.2 研磨纸带

纸带宽为 12.0 mm±0.1 mm，对于普通阳极氧化膜，碳化硅的粒度号选择 GB/T 9258.1—2000 规定的 P320；对于硬质阳极氧化膜，碳化硅的粒度号选择 GB/T 9258.1—2000 规定的 P240。纸带的长度应刚好绕在研磨轮上，不能有接头，纸带可以粘上或用机械法固定。

5.3 涡流测厚仪

检验过程中应采用探头直径不大于 12 mm 的合适的涡流测厚仪，具体要求见 GB/T 4957。

5.4 分析天平

分析天平的精度应达到±0.000 1 g。

6 试验环境

温度为室温，相对湿度小于 65%。试验样品至少在此试验环境下放置 24 h。

7 试验步骤

7.1 普通硫酸阳极氧化膜的检验

7.1.1 标准试样

按附录 A 所给条件制备的样品。

7.1.2 试样

7.1.2.1 根据需要和可能，按照试验条款切取大小适宜的待检验样品，但不能损坏试样的检验表面。样品表面平直。

7.1.2.2 试样的尺寸通常选择为：50 mm×50 mm；单次测量最小尺寸为：50 mm×20 mm。

7.1.3 仪器校正

7.1.3.1 选择好标准试样(7.1.1)的待磨表面，并做上标记。用分析天平(5.4)称取试样质量(m_0)。按 GB/T 4957 所规定的方法，顺着检验表面，在中心部位用涡流测厚仪(5.3)测取不少于三点的氧化膜厚度，并计算其平均值(d_0)。

7.1.3.2 将标准试样(7.1.1)固定在仪器(5.1)的检测位置。

注：除非供需双方有特殊要求，当试样明显印有因轧制或模具加工留下的痕迹表明其表面存在各向异性，试样的固定应保证试验运行的方向和加工痕迹的方向一致。

7.1.3.3 在研磨轮(5.1.2)的外缘上，绕上一圈新的碳化硅纸带(5.2)。按仪器的使用说明，调节研磨轮(5.1.2)，保证在规定的研磨宽度内检验表面的磨损量均匀一致。研磨轮(5.1.2)与检验表面之间的力 F 应调到 3.92 N±0.10 N。

7.1.3.4 预先运行 T_0 通常取(20～50)次，采用抽吸、吹风或用细软毛刷扫的方法，保持检验表面无任何磨屑。

7.1.3.5 从仪器上取下标准试样(7.1.1)，用分析天平(5.4)称取试样质量(m_1)，精确到 0.000 1 g。按照 7.1.3.1 的方法，测定检验面上的平均膜厚 d_1。

7.1.3.6 用定位装置准确地将标准试样(7.1.1)重新安置在仪器(5.1)上，使磨损试验确保在同一试验面上进行研磨，在原检验表面进行 T_1(不包含 T_0)次研磨试验，注意研磨轮(5.1.2)每转完一周(400 ds)，按照 7.1.3.3 步骤，替换一圈新的碳化硅纸带(5.2)，并调整轮子和检验表面的接触力。

7.1.3.7 仔细清除掉那些松散的氧化物和其他磨屑，按照 7.1.3.1 的方法，测定检验面上的平均膜厚 d_2。称取试样质量(m_2)，精确到 0.000 1 g。

7.1.3.8 由于研磨轮(5.1.2)的连续转动，在离检验面的研磨痕端点的 3 mm 处，常常为特别磨损的部位，因此在测量膜厚时应避开该部位。

7.1.3.9 按 7.1.3.1～7.1.3.7 所规定的步骤，在标准试样的互不重叠的试验区上，至少再进行两次测量。

7.1.3.10 根据测得的平均值(见 7.4.2.1 和 7.4.3.1)，计算标准试样(7.1.1)的磨损率和质量磨损率(见 8.3 和 8.4 条)。

7.1.4 测量

7.1.4.1 将待检试样(7.1.2)，按 7.1.3 规定的程序进行检验。所用的研磨纸带应与校正时使用的纸带是同一批次的。

7.1.4.2 如果试样太薄，可将其牢牢地粘在一块平板金属的表面上，然后进行检验。

7.1.4.3 根据测得的平均值(见 7.4.2.1 和 7.4.3.1)，计算试样(7.1.2)的耐磨性指标(见第 8 章)

7.2 硬质阳极氧化膜的检验

7.2.1 标准试样

按附录 B 所给条件制备的样品。

7.2.2 试样

同 7.1.2 的要求。

7.2.3 试验

按 7.1.3 和 7.1.4 条规定进行试验，但 7.1.3.3 中研磨轮(5.1.2)与检验表面之间的力 F 应调到 19.6 N±0.5 N；研磨纸带(5.2)的要求见 5.2 规定。

7.2.4 如果试验面上的膜厚损失小于 3 μm。可以通过调节研磨条件，例如：增加研磨轮(5.1.2)与试验表面之间的力；采取颗粒较粗的碳化硅纸带(5.2)；增加双行程的次数等方法进行研磨。

7.3 其他类型的阳极氧化膜的检验

可根据其工艺生产实际情况或是氧化膜的硬度、耐磨性估计情况，按照相近原则，可近似参照 7.1 或者 7.2 的方法进行试验。

注：如对 7.1、7.2 或 7.3 有特殊要求，供需双方可对预运行次数 T_0、试验运行次数 T_1、研磨轮与检验表面之间的力 F、研磨纸带的要求协商确定。

7.4 相对磨损试验

7.4.1 概述

检验阳极氧化膜的耐磨性能时，所采用的检验方法应由供需双方商定。检验结果应与标准试样或协议参比试样的结果相比较。相比方式通常采用相对厚度损失或相对质量损失。相对磨损率是以对协议参比试样的百分数来表示。

7.4.2 相对厚度损失

7.4.2.1 按7.1和7.2规定进行试验,然后测定试样与协议参比试样上的厚度损失值($\overline{d_1}-\overline{d_2}$)。

注:$\overline{d_1}$和$\overline{d_2}$为不少于3次测量的d_2和d_1的平均值。

7.4.2.2 按8.5规定,计算相对磨损率。

7.4.3 相对质量损失

7.4.3.1 按7.1和7.2规定进行试验,然后测定试样与协议参比试样上的质量损失值($\overline{m_1}-\overline{m_2}$)。

注:$\overline{m_2}$和$\overline{m_1}$为不少于3次测量的m_2和m_1的平均值。

7.4.3.2 按8.6规定,计算相对质量磨损率。

注:新裸露的氧化膜容易吸附水汽,表现在试样重量增加。因此在大气湿度变化时,会造成每次试验结果有一定误差。因此,试验应在短时间内完成。试验时间较长时,可将样品放入干燥器皿中保存。

7.5 耐磨性分层检验

7.5.1 概述

在某些情况下,需要检验阳极氧化膜的沿厚度方向每层的耐磨性能变化情况,因此必须采用分层检验法进行检验。

7.5.2 检测

7.5.2.1 按7.1.3.1的规定,测定氧化膜的平均厚度d_0。

7.5.2.2 按7.1.3的规定,首次研磨可用20次~50次双行程(视估计硬度而定),测定氧化膜的平均厚度。依此类推,再选用适宜的双行程数,一层一层地重复磨损与测取厚度,直到基底金属刚被裸露为止。

注:一种典型磨损试验的间隔条件为:50~100~200~400~800和1 200次ds。

7.5.2.3 对于所检测的氧化膜,计算膜厚和耐磨性变化的关系,以及计算耐磨系数和磨损系数。必要时,还可以绘制膜厚和双行程之间的关系图。需要时,也可通过测定质量的减少来计算质量损失和耐磨性的变化关系,以及绘制关系图。

7.5.2.4 当需要时,分层检验的结果可与标准试样的结果对比。

8 结果表示

8.1 耐磨性

耐磨性WR,用磨损每微米氧化膜所需的双行程次数表示,并按公式(1)计算:

$$WR=\frac{T_1}{\overline{d_1}-\overline{d_2}} \qquad \cdots\cdots(1)$$

式中:

WR——耐磨性,单位为双行程次数每微米(ds/μm);

T_1——试验的双行程次数,单位为双行程次数(ds);

$\overline{d_1}$——预磨损后的平均厚度的平均值,单位为微米(μm);

$\overline{d_2}$——磨损T_1次后的平均厚度的平均值,单位为微米(μm)。

8.2 耐磨系数

耐磨系数是磨损系数的倒数,是衡量耐磨性能的尺度。标准试样的耐磨系数为1。系数大于1表示磨损程度小于标准试样,系数小于1表示磨损程度大于标准试样。耐磨系数用WRC表示,按公式(2)计算:

$$WRC=\frac{WR_t}{WR_s}=\frac{\overline{d_{1s}}-\overline{d_{2s}}}{\overline{d_{1t}}-\overline{d_{2t}}} \qquad \cdots\cdots(2)$$

式中：

WRC——耐磨系数，无量纲；

WR_t——试样的耐磨性，单位为双行程次数每微米(ds/μm)；

WR_s——标准试样的耐磨性，单位为双行程次数每微米(ds/μm)；

$\overline{d_{1s}}$——标准试样预磨损后的平均厚度的平均值，单位为微米(μm)；

$\overline{d_{2s}}$——标准试样磨损 T_1 次后的平均厚度的平均值，单位为微米(μm)；

$\overline{d_{1t}}$——试样预磨损后的平均厚度的平均值，单位为微米(μm)；

$\overline{d_{2t}}$——试样磨损 T_1 次后的平均厚度的平均值，单位为微米(μm)。

8.3 磨损系数

磨损系数是相对磨损率的一种表示法。标准试样的磨损系数为 1。其值大于 1 时表示磨损程度大于标准试样，小于 1 表示磨损程度小于标准试样。磨损系数用 WI 表示，按公式(3)计算：

$$WI = \frac{W_t}{W_s} = \frac{\overline{d_{1t}} - \overline{d_{2t}}}{\overline{d_{1s}} - \overline{d_{2s}}} \qquad \cdots\cdots(3)$$

式中：

WI——磨损系数，无量纲；

W_t——试样的磨损率(按公式(4)计算)，单位为微米每 100 次双行程(μm/100 ds)；

W_s——标准试样的磨损率(按公式(5)计算)，单位为微米每 100 次双行程(μm/100 ds)。

$$W_t = \frac{\overline{d_{1t}} - \overline{d_{2t}}}{T_1} \times 100 \qquad \cdots\cdots(4)$$

$$W_s = \frac{\overline{d_{1s}} - \overline{d_{2s}}}{T_1} \times 100 \qquad \cdots\cdots(5)$$

式中：

T_1——试验的双行程次数，单位为双行程次数(ds)。

8.4 质量磨损系数

质量磨损系数是相对磨损率的一种表示法。标准试样的质量磨损系数为 1。其值大于 1 时表示磨损程度大于标准试样，小于 1 表示磨损程度小于标准试样。质量磨损系数用 MWI 表示，按公式(6)计算：

$$MWI = \frac{MW_t}{MW_s} = \frac{\overline{m_{1t}} - \overline{m_{2t}}}{\overline{m_{1s}} - \overline{m_{2s}}} \qquad \cdots\cdots(6)$$

式中：

MWI——质量磨损系数，无量纲；

MW_t——试样的质量磨损率(按公式(7)计算)，单位为毫克每 100 次双行程(mg/100 ds)；

MW_s——标准试样的质量磨损率(按公式(8)计算)，单位为毫克每 100 次双行程(mg/100 ds)；

$\overline{m_{1s}}$——预磨损后的平均质量的平均值，单位为毫克(mg)；

$\overline{m_{2s}}$——磨损 T_1 次后的平均质量的平均值，单位为毫克(mg)；

$\overline{m_{1t}}$——预磨损后的平均质量的平均值，单位为毫克(mg)；

$\overline{m_{2t}}$——磨损 T_1 次后的平均质量的平均值，单位为毫克(mg)；

$$MW_t = \frac{\overline{m_{1t}} - \overline{m_{2t}}}{T_1} \times 100 \qquad \cdots\cdots(7)$$

$$MW_s = \frac{\overline{m_{1s}} - \overline{m_{2s}}}{T_1} \times 100 \qquad \cdots\cdots(8)$$

式中：

T_1——试验的双行程次数，单位为双行程次数(ds)。

8.5 相对磨损率

相对磨损率用 CWR 表示，按公式(9)计算：

$$CWR=\frac{W_a}{W_t}\times 100=\frac{\overline{d_{1a}}-\overline{d_{2a}}}{\overline{d_{1t}}-\overline{d_{2t}}}\times 100 \quad\cdots\cdots(9)$$

式中：

CWR——相对磨损率，单位为%；

W_a——协议参比试样的磨损率(按公式(10)计算)，单位为微米每100次双行程(μm/100 ds)；

$$W_a=\frac{\overline{d_{1a}}-\overline{d_{2a}}}{T_1}\times 100 \quad\cdots\cdots(10)$$

式中：

$\overline{d_{1a}}$——协议参比试样预磨损后的平均厚度的平均值，单位为微米(μm)；

$\overline{d_{2a}}$——协议参比试样磨损 T_1 次后的平均厚度的平均值，单位为微米(μm)；

T_1——试验的双行程次数，单位为双行程次数(ds)。

8.6 相对质量磨损率

相对质量磨损率用 $CWRm$ 表示，按公式(11)计算：

$$CWRm=\frac{MW_a}{MW_t}\times 100=\frac{\overline{m_{1a}}-\overline{m_{2a}}}{\overline{m_{1t}}-\overline{m_{2t}}}\times 100 \quad\cdots\cdots(11)$$

式中：

$CWRm$——相对质量磨损率，单位为%；

MW_a——协议参比试样的质量磨损率(按公式(12)计算)，单位为毫克每100次双行程(mg/100 ds)；

$$MW_a=\frac{\overline{m_{1a}}-\overline{m_{2a}}}{T_1}\times 100 \quad\cdots\cdots(12)$$

式中：

$\overline{m_{1a}}$——协议参比试样预磨损后的平均厚度的平均值，单位为毫克(mg)；

$\overline{m_{2a}}$——协议参比试样磨损 T_1 次后的平均厚度的平均值，单位为毫克(mg)。

T_1——试验的双行程次数，单位为双行程次数(ds)。

9 试验报告

试验报告应包括下列内容：

a) 本部分编号；

b) 试验温度和相对湿度；

c) 研磨轮与样品的接触力大小、预研磨次数(双行程数)、研磨次数(双行程数)；

d) 研磨纸带类型；

e) 试验前后样品的膜厚和(或)质量；

f) 耐磨性和磨损系数等指标；

g) 所采用的仪器设备或装置；

h) 试验点数、检测位置；

i) 试验日期；

j) 其他有关试验的说明。

附　录　A
（规范性附录）
标准试样的制备（普通阳极氧化膜）

A.1　范围

本附录规定了通过普通阳极氧化处理来制备耐磨试验用标准试样的方法。

A.2　方法概要

将指定牌号和状态的铝板制成固定尺寸的试样，于规定的条件下，在硫酸水溶液中对试样进行普通阳极氧化，使试样表面生成厚度为 20 μm±2 μm 的阳极氧化膜。经过这种阳极氧化处理的试样即可作为耐磨试验用标准试样。

A.3　试样

试样选用 H14 状态的 1 050 A 抛光铝板或冷轧铝板，尺寸为 140 mm×70 mm，厚度在 1.0 mm～1.6 mm 之间。

A.4　制备过程

A.4.1　预处理

预处理只进行脱脂处理（允许采用轻微的碱浸蚀、电化学抛光或化学抛光）。

A.4.2　普通阳极氧化

A.4.2.1　用硫酸水溶液进行阳极氧化，溶液中游离硫酸浓度应保持在 180 g/L±2 g/L，铝离子浓度应保持在 5 g/L～10 g/L 之间。

A.4.2.2　阳极氧化应在 20℃±1℃ 的温度下进行，电流密度应控制在 1.5 A/dm^2±0.1 A/dm^2，采用压缩空气进行搅拌，氧化时间为 45 min。

A.4.2.3　试样（A.3）在槽液中进行氧化时，应呈轴水平、竖直放置。阳极表面保持强烈搅拌，电流应稳定，波动不超过 5%。每次氧化的试样（A.3）不超过 20 块，电解液的体积为每个试样（A.3）不小于 10 L。

A.4.3　封孔

在每升含有 1 g 醋酸铵的去离子水中（pH5.5～pH6.5），于沸腾情况下封孔 60 min。

注：严格控制阳极氧化条件时，可以制取非常精确的试样，并且还具有较好的重现性。采用本附录 A 的规定，标准试样的相对偏差为±10%。

附 录 B
(规范性附录)
标准试样的制备(硬质阳极氧化膜)

B.1 范围

本附录规定了通过硬质阳极氧化处理来制备耐磨试验用标准试样的方法。

B.2 方法概要

将指定牌号和状态的铝板制成固定尺寸的试样,于规定的条件下,在硫酸水溶液中对试样进行硬质阳极氧化,使试样表面生成厚度为 50 μm±5 μm 的阳极氧化膜。经过这种阳极氧化处理的试样即可作为耐磨试验用标准试样。

B.3 试样

试样选用 H14 状态的 1 050 A 抛光铝板或冷轧铝板,尺寸为 140 mm×70 mm,厚度不小于 2.0 mm。

B.4 制备过程

B.4.1 预处理

预处理只进行脱脂处理(允许采用轻微的碱浸蚀、电化学抛光或化学抛光)。

B.4.2 硬质阳极氧化

B.4.2.1 用硫酸水溶液进行阳极氧化,溶液中游离硫酸浓度应保持在 180 g/L±2 g/L,铝离子浓度应保持在 1 g/L~5 g/L 之间。

B.4.2.2 阳极氧化应在 0℃±1℃的温度下进行,电流密度应控制在 3.50 A/dm^2±0.35 A/dm^2,采用压缩空气进行搅拌,氧化时间为 40 min。

B.4.2.3 试样(B.3)在槽液中进行氧化时,应呈轴水平、竖直放置。阳极表面保持强烈搅拌,电流应稳定,波动不超过 5%。每次氧化的试样(B.3)不超过 20 块,电解液的体积为每个试样(B.3)不小于 10 L。

B.4.3 后处理要求

冷空气风干,不需要封孔。

注:严格控制阳极氧化条件时,可以制取非常精确的试样,并且还具有较好的重现性。采用本附录 B 的规定,标准试样的相对偏差为±10%。

附 录 C
（资料性附录）
本部分章条编号与 ISO 8251:1987(E)章条编号对照

表 C.1 本部分章条编号与 ISO 8251:1987(E)章条编号对照

本部分章条编号	对应的国际标准章条编号
—	0
1	1、2
2	3
3	5
4	4
5.1～5.3	6.1～6.3
5.4	—
6	—
7.1	7.1
7.2.1～7.2.2	—
7.2.3～7.2.4	7.2.1
—	7.2.2
7.3	—
7.4	7.3
7.5	7.4
8	8
9	9
A.1～A.2	—
A.3	Annex 的 1～5 段
A.4	Annex 的 6～22 段
附录 B	—

ICS 25.220.20
H 20

中华人民共和国国家标准

GB/T 12967.3—2008
代替 GB/T 12967.3—1991

铝及铝合金阳极氧化膜检测方法 第3部分：铜加速乙酸盐雾试验（CASS试验）

Test methods for anodic oxidation coatings of aluminium and aluminium alloys—Part 3: Copper accelerated acetic acid salt spray test (CASS test)

(ISO 9227:2006, Corrosion tests in artificial atmospheres—Salt spray tests, MOD)

2008-06-09 发布 2008-12-01 实施

中华人民共和国国家质量监督检验检疫总局
中国国家标准化管理委员会 发布

前　言

GB/T 12967《铝及铝合金阳极氧化膜检测方法》分为7个部分：

——第1部分：用喷磨试验仪测定阳极氧化膜的平均耐磨性；

——第2部分：用轮式磨损试验仪测定阳极氧化膜的耐磨性和耐磨系数；

——第3部分：铜加速乙酸盐雾试验(CASS试验)；

——第4部分：着色阳极氧化膜耐紫外光性能的测定；

——第5部分：用变形法评定阳极氧化膜的抗破裂性；

——第6部分：目视观察法检验着色阳极氧化膜色差和外观质量；

——第7部分：用落砂试验仪测定阳极氧化膜的耐磨性。

本部分为GB/T 12967的第3部分。

本部分参照JIS H8681-2—1999《铝及铝合金阳极氧化膜耐蚀性试验方法——第2部分：CASS试验》，修改采用国际标准ISO 9227：2006《人造气氛腐蚀试验——盐雾试验》(英文版)，并根据ISO 9227：2006重新起草。为了方便比较，在资料性附录B中列出了本部分章条和对应的国际标准章条的对照一览表。

本部分在采用ISO 9227：2006时进行了修改。这些技术差异用垂直单线标识在它们所涉及的条款的页边空白处。主要技术差异如下：

——第1章，规定的试验方法和适用范围不完全相同；

——第3章，规定了配制溶液要用符合国家标准的三级水；

——第5章，评价盐雾箱腐蚀性能的方法采用的参比试样不同。

本部分代替GB/T 12967.3—1991《铝及铝合金阳极氧化　氧化膜的铜加速醋酸盐雾试验(CASS试验)》，与GB/T 12967.3—1991相比，主要变化如下：

——规范性引用文件，增加了国家标准GB/T 6682；

——在第3章详细规定了配制试验溶液采用GB/T 6682规定的三级水，并对溶液pH值的调整方法做了更加详细的说明；

——将原来的附录A改为第5章，评价盐雾箱腐蚀性能的方法；

——将试验温度35℃±2℃改为50℃±2℃；

——增加了2个推荐的试验周期，96 h和120 h；

——增加了第10章，试验后试样的处理；

——“试验结果的评价”一章增加了3条内容；

——“试验报告”一章减少了2条内容；

——增加了盐雾箱简图作为附录A；

——增加了附录B，本部分章条编号与ISO 9227：2006章条编号对照表；

——对标准内容进行了文字上的修订。

本部分的附录A、附录B为资料性附录。

本部分由中国有色金属工业协会提出。

本部分由全国有色金属标准化技术委员会归口。

本部分负责起草单位：国家有色金属质量监督检验中心、广亚铝业有限公司、广东兴发铝业有限公司、福建省闽发铝业股份有限公司、江阴鑫裕装潢材料有限公司。

本部分参加起草单位：广东坚美铝型材厂有限公司、四川广汉三星铝业有限公司、天津圣联达粉末涂料有限公司、广东佛山市新合铝业有限公司、华南产品质量监督检验中心。

本部分主要起草人：徐杰、潘学著、何耀祖、夏秀群、郑梅玉、章国余、戴悦星、杨文忠、滕景军、杨伏丝、伍超群。

本部分所代替的历次版本发布情况为：

——GB/T 12967.3—1991。

铝及铝合金阳极氧化膜检测方法
第3部分:铜加速乙酸盐雾试验
(CASS试验)

1 范围

1.1 本部分规定了铝及铝合金阳极氧化膜的铜加速乙酸盐雾试验方法。

1.2 本部分也规定了评价盐雾试验箱环境腐蚀性的方法。

1.3 本部分适用于评定阳极氧化膜的抗盐雾腐蚀能力,也适用于同一种阳极氧化膜的工艺质量比较。

2 规范性引用文件

下列文件中的条款通过本标准的引用而成为本标准的条款。凡是注日期的引用文件,其随后所有的修改单(不包括勘误的内容)或修改版均不适用于本文件,但鼓励根据本标准达成协议的各方研究是否可使用这些文件的最新版本。凡是不注日期的引用文件,其最新版本适用于本标准。

GB/T 6461 金属基体上金属和其他无机覆盖层 经腐蚀试验后的试样和试件的评级(GB/T 6461—2002,ISO 10289:1999,IDT)

GB/T 6682 分析实验室用水规格和试验方法

3 试验溶液

3.1 溶液的配制

3.1.1 将分析纯的氯化钠溶于符合GB/T 6682规定的三级水中,使其质量浓度为50 g/L±5 g/L。

3.1.2 在氯化钠溶液(3.1.1)中加入分析纯氯化铜($CuCl_2 \cdot 2H_2O$),使其质量浓度为0.26 g/L±0.02 g/L(或0.205 g/L±0.015 g/L无水氯化铜($CuCl_2$))。

3.2 调整pH

3.2.1 用分析纯冰乙酸和氢氧化钠将溶液(3.1)的pH值调整至3.0~3.1。

3.2.2 根据收集的喷雾溶液的pH值调整溶液(3.1)的pH值。如初配制的溶液pH值为3.0~3.1,则收集液的pH值一般在3.1~3.3。

3.2.3 pH值的测定应在25℃±2℃用酸度计测量,可用测量精度不大于0.1的精密pH试纸进行日常检测。

3.3 过滤

溶液在使用前可进行过滤,以免溶液中的固体物堵塞喷嘴。

4 装置

4.1 材料

4.1.1 用于制作试验设备的材料应抗盐雾腐蚀。

4.1.2 试验设备的材料应当不会对盐雾试验的结果产生影响。

4.2 盐雾箱

4.2.1 盐雾箱的容积应不小于0.40 m^3,箱顶部的设计应避免试验时凝聚的溶液滴落到试样上。

4.2.2 盐雾箱简图参见附录A,盐雾箱的形状和尺寸应能使箱内溶液的收集速度符合8.3的规定。

4.3 温度控制装置

4.3.1 加热和温度控制装置应能保证箱内温度符合8.1的规定。

4.3.2 温度测量点应距箱内壁至少100 mm,并能从箱外读数。

4.4 喷雾装置

4.4.1 喷雾装置由能控制压力和温度的洁净空气源、喷嘴、贮液槽和挡板组成,喷嘴可用一个或多个。

4.4.2 喷雾用压缩空气应预先过滤除去油和杂质,再通过装有蒸馏水的饱和塔湿化。饱和塔的温度比箱内温度高10℃左右。气源的压力应为70 kPa～170 kPa。

4.4.3 调节喷雾压力饱和塔内水温和挡板的位置,可使箱内喷雾分布均匀,并使盐雾沉降速度及收集液的氯化钠浓度符合8.3的规定。

4.5 收集器

4.5.1 盐雾箱内至少放两个盐雾收集器,一个靠近喷嘴,一个远离喷嘴。

4.5.2 收集器用玻璃等惰性材料制成漏斗形状,直径为10 cm,收集面积约80 cm^2,漏斗管插入带有刻度的容器中。收集器放置的位置应只收集盐雾,而不是从试样或其他部位滴下的液体。

5 评价盐雾箱腐蚀性能的方法

为了检验试验设备或不同试验室同类设备试验结果的重现性,应对设备按下面的方法进行检验。

5.1 参比试样

5.1.1 使用四块镍板作参比试样。试样的成分应为 $w(\mathrm{Ni})\geqslant 99.10\%$、$w(\mathrm{C})\geqslant 0.15\%$、$w(\mathrm{S})\geqslant 0.01\%$、$w(\mathrm{Fe})\geqslant 0.4\%$、$w(\mathrm{Cu})\geqslant 0.25\%$的镍板,其尺寸为100 mm×75 mm,厚1 mm±0.2 mm,从板材上裁取试样。

5.1.2 试样先按6.2规定清洗干净,然后在21℃～24℃的1∶4(体积比)盐酸溶液中浸泡2 min,再用温热水冲洗,在温度为105℃的烘箱内干燥,然后冷却至室温并称重,试样称重精确到1 mg。试样背面用可剥塑料膜保护。

5.1.3 在试验中,镍板经上述方法处理后可反复使用。

5.2 参比试样的放置

5.2.1 试样放置在箱内四角,未保护一面朝上并与垂直方向呈20°±5°的角度。

5.2.2 用惰性材料(例如塑料)制成或涂覆参比试样架。参比试样的上面边沿与喷雾收集器的顶部在同一水平面上。试验周期是24 h。

5.3 测定质量损失

5.3.1 试验24 h后,用冷水冲洗镍板表面除去残留的盐雾,然后再在21℃～24℃的1∶4(体积比)盐酸溶液中浸泡2 min,以出去腐蚀产物。

5.3.2 再用温热水冲洗,在温度为105℃的烘箱内干燥,然后冷却至室温并称重,称重精确到1 mg。

5.4 评价

每块参比试样的质量损失在35 mg～75 mg范围内说明盐雾箱运行正常。

6 试样

6.1 试样的类型、数量、形状和尺寸,根据被试验材料或产品有关标准选择。如果没有标准,由供需双方商定。

6.2 试验前试样应彻底清洗干净,清洗方法取决于试样材料性质,试样表面及其污物清洗不应采用可能浸蚀试样表面的磨料或溶剂。试验前不应洗去试样上有意涂覆的保护性有机膜。

6.3 如果试样是从工件上切割下来的,不能损坏切割区附近的氧化膜。除另有规定外,应用适当的覆盖层如油漆、石蜡或胶带等对切割区进行保护。

7 试样放置

7.1 试样放在盐雾箱内且被试面朝上让盐雾自由降落在被试面上，被试表面不能受到盐雾的直接喷射。

7.2 试样被试面在盐雾箱内的暴露角度十分重要。试样原则上应放平。在盐雾箱中，试样的被试面与垂直方向成15°～25°角，尽可能成20°角。表面不规则的试样，也应尽可能符合此规定。

7.3 试样可以放置在箱内不同水平面上，但不得接触箱体，也不能相互接触。试样之间的距离应不影响盐雾自由降落在被试表面上，上层试样或支架上的液滴不能落在下层试样上。对总的试验周期大于96 h的试验，允许试样移位。

7.4 试样支架用玻璃、塑料等非金属材料制成。悬挂试样的材料，不能用金属，而应用人造纤维，棉纤维或其他绝缘材料制成。

8 试验条件

8.1 在试验周期内，盐雾箱内温度为50℃±2℃。

8.2 试验前，先检查盐雾收集速度和其他试验条件是否在规定范围内。确认试验条件在规定范围内后，再放置好试样开始试验。

8.3 经24 h喷雾后，盐雾沉降速度应为每80 cm^2 面积上：1.5 mL/h～2.5 mL/h；收集液的氯化钠质量浓度为：50 g/L±5 g/L；pH值为：3.1～3.3。

8.4 喷雾溶液不能重复使用。

9 试验周期

9.1 试验周期应根据被试材料或产品的有关标准选择。如果没有标准，可由供需双方商定。推荐的试验周期为4 h、8 h、16 h、24 h、32 h、40 h、48 h、56 h、64 h、72 h、96 h和120 h。

9.2 在规定的试验周期内，喷雾不能中断，只有当需要短暂观察试样时才能打开盐雾箱。

9.3 如果试验终点取决于开始出现腐蚀的时间，应经常检查试样。因此，这些试样不能同要求预定试验周期的试样一起试验。

9.4 可定期目视检查预定试验周期的试样，但在检查过程中，不能破坏被试表面，开箱检查的时间和次数应尽可能少。

10 试验后试样的处理

试验结束后取出试样，为减少腐蚀产物的脱落，试样在清洁前自然干燥0.5 h～1 h，然后用温度不高于40℃的洁净流水轻轻清洗以除去试样表面残留的盐雾溶液，再立即用不大于200 kPa的压缩空气或吹风机距离试样大约300 mm将试样吹干。

11 试验结果的评价

为了满足不同的试验目的，试验结果可采用多种评定方法，例如：

a) 试验后的外观；

b) 除去腐蚀产物后的外观；

c) 腐蚀缺陷，如点蚀、裂纹、气泡等的分布和数量，可按照GB/T 6461规定的方法进行评定；

d) 开始出现腐蚀的时间；

e) 重量变化；

f) 显微镜观察；

g) 力学性能变化。

12 试验报告

12.1 试验报告要写明采用的评价标准和得到的试验结果。如果有必要，应有每个试样的试验结果，每组相同试样的平均试验结果或试样的照片。

12.2 根据试验目的及要求，试验报告应包括下列内容：

a) 试样号；

b) 本部分编号；

c) 试验日期；

d) 被测材料或产品的说明；

e) 试样数量；

f) 试验周期；

g) 采用的评定方法和结果。

附 录 A
（资料性附录）
盐雾箱简图

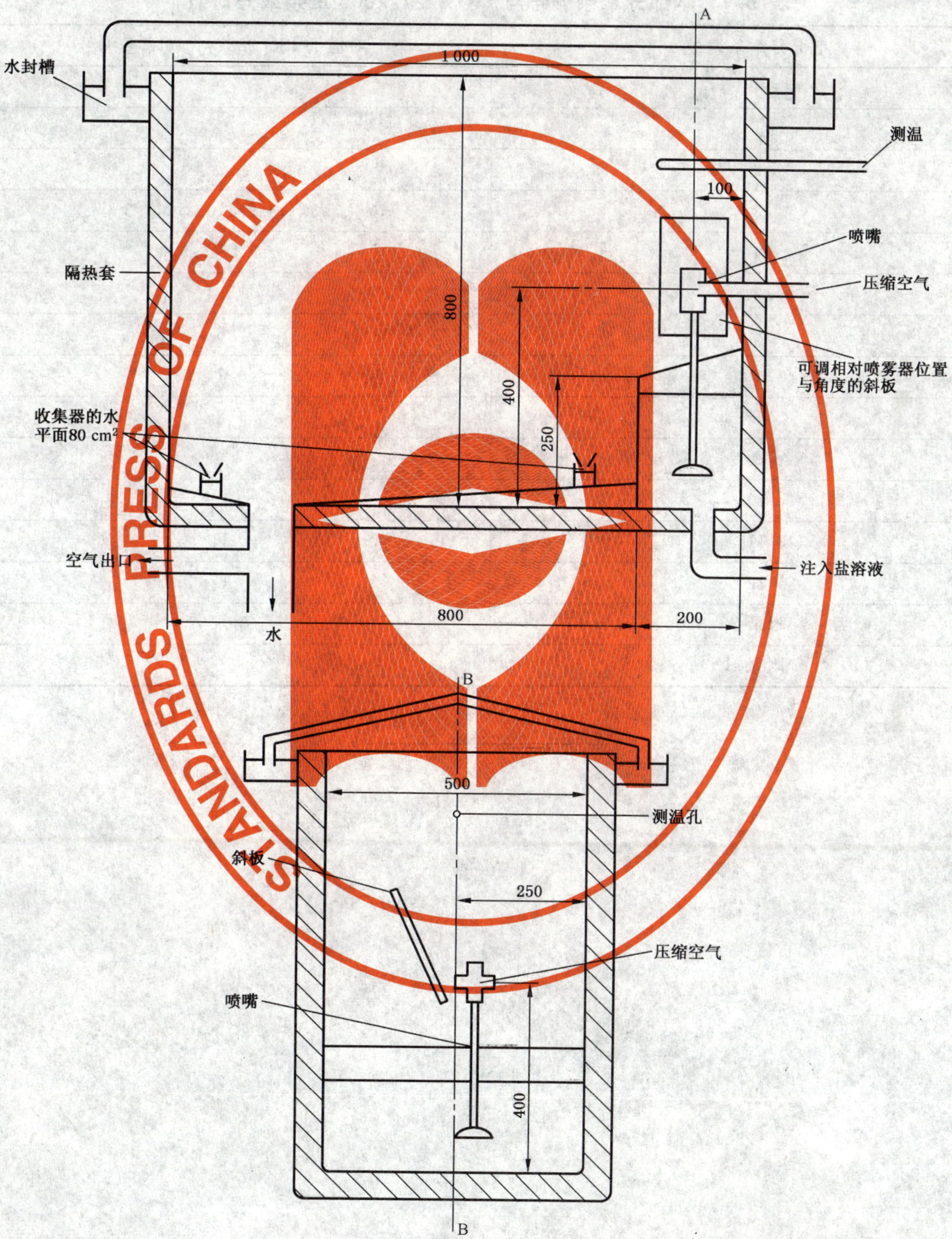

图 A.1 盐雾箱简图

附　录　B
（资料性附录）
本部分章条编号与 ISO 9227:2006 章条编号对照

表 B.1　本部分章条编号与 ISO 9227:2006 章条编号对照

本部分章条编号	对应的 ISO 9227:2006 章条编号
—	0
1	1
2	2
3	3.1,3.2.1,3.2.2,3.3
4	4.1～4.5
5	5.4
6	6
7	7
8	8
9	9
10	10
11	11
12	12
附录 A	附录 A
附录 B	—

ICS 25.220.20
H 20

中华人民共和国国家标准

GB/T 12967.6—2008
代替 GB/T 14952.3—1994

铝及铝合金阳极氧化膜检测方法 第6部分：目视观察法检验 着色阳极氧化膜色差和外观质量

Test Methods for anodic oxidation coatings of aluminium and aluminium alloys—Part 6：Determination of color differences and appearance of colored anodic oxide films by viewing method

（ISO/TR 8125：1984，Anodizing of aluminium and its alloys；Determination of colour and colour difference of coloured anodic coatings-viewing method，MOD）

2008-06-09 发布　　2008-12-01 实施

中华人民共和国国家质量监督检验检疫总局
中国国家标准化管理委员会　发布

前　言

GB/T 12967《铝及铝合金阳极氧化膜检测方法》分为7个部分：

——第1部分：用喷磨试验仪测定阳极氧化膜的平均耐磨性；

——第2部分：用轮式磨损试验仪测定阳极氧化膜的耐磨性和耐磨系数；

——第3部分：铜加速乙酸盐雾试验(CASS试验)；

——第4部分：着色阳极氧化膜耐紫外光性能的测定；

——第5部分：用变形法评定阳极氧化膜的抗破裂性；

——第6部分：目视观察法检验着色阳极氧化膜色差和外观质量；

——第7部分：用落砂试验仪测定阳极氧化膜的耐磨性。

本部分为GB/T 12967的第6部分。

本部分修改采用ISO/TR 8125—1984《铝及铝合金阳极氧化——着色阳极氧化膜的颜色和色差测定-目视观察法》(英文版)，并根据ISO/TR 8125—1984重新起草。为了方便比较，在资料性附录B中列出了本部分章条和对应的国际标准章条的对照一览表。

本部分在采用ISO/TR 8125—1984时进行了修改。这些技术差异用垂直单线标识在它们所涉及的条款的页边空白处。主要技术差异如下：

——增加了对取样的有关规定；

——色标的氧化膜厚度和封孔质量的规定有所改动和补充；

——增加了比色箱目视方法；

——观察条件中对人造光源补充了D50标准光源，并对散射光源的位置做了规定；

——观察条件中对观察距离和观察人员提出了具体要求；

——对试验步骤的规定更为细化和完善。

本部分代替GB/T 14952.3—1994《铝及铝合金阳极氧化　着色阳极氧化膜色差和外观质量检验方法　目视观察法》。

本部分与GB/T 14952.3—1994相比，主要变化如下：

——术语、定义中增加了"有效表面"和"基底"的概念，完善了"色标"的概念；

——色标的氧化膜厚度和封孔质量的规定有所改动和补充；

——增加了比色箱目视方法；

——观察条件中对人造光源补充了D50标准光源，并对散射光源的位置做了规定；

——对试验步骤的规定更为细化和完善；

——检验报告的内容增加了观察光源和距离、视点位置；商定色标及说明；试验时间。

本部分的附录A、附录B是资料性附录。

本部分由中国有色金属工业协会提出。

本部分由全国有色金属标准化技术委员会归口。

本部分负责起草单位：国家有色金属质量监督检验中心、四川广汉三星铝业有限公司、福建省闽发铝业股份有限公司、广东凤铝铝业有限公司、佛山市南海华豪铝型材有限公司。

本部分参加起草单位：福建省南平铝业有限公司、广亚铝业有限公司、山东南山铝业股份有限公司、江阴鑫裕装潢材料有限公司。

本部分主要起草人：姚伟、王争、何耀祖、朱耀辉、陈慧、蓝安英、谢志军、潘学著、杨增光、章国余、张中兴。

本部分所代替标准的历次版本发布情况为：

——GB/T 14952.3—1994。

铝及铝合金阳极氧化膜检测方法 第6部分：目视观察法检验 着色阳极氧化膜色差和外观质量

1 范围

本部分规定了铝及铝合金着色阳极氧化膜色差和外观质量的检测方法。

本部分适用于铝及铝合金着色阳极氧化膜产品色差和外观质量的检测。

2 规范性引用文件

下列文件中的条款通过本部分的引用而成为本部分的条款。凡是注日期的引用文件，其随后所有的修改单(不包括勘误的内容)或修订版均不适用于本部分，然而，鼓励根据本部分达成协议的各方研究是否可使用这些文件的最新版本。凡是不注日期的引用文件，其最新版本适用于本部分。

GB/T 8013.1 铝及铝合金阳极氧化膜与有机聚合物膜 第1部分：阳极氧化膜(GB/T 8013.1—2007，ISO 7599:1983 Anodizing of aluminium and its alloys; General specifications for anodic oxide coatings on aluminium，MOD)

GB/T 8005.3 铝及铝合金术语 第3部分：表面处理(GB/T 8005.3—2008，ISO 7583:1986 Anodizing of aluminium and its alloys; Vocabulary Trilingual edition，MOD)

3 方法概要

在规定的观察条件下，以商定的颜色标样为基准，用目视观察的方法判断铝及铝合金着色氧化膜与商定色标的颜色差异程度；和(或)观察判断产品间的颜色差异程度及产品的外观质量。

4 术语和定义

GB/T 8005.3 确立的以及下列术语和定义适用于本部分。

4.1

目视色差 color differences by viewing

在规定的光照和观察条件下，用肉眼观察到的，以较浅、较深、较红、较蓝、较暗或较亮等描述的两种颜色差异程度及特征。

4.2

色标 color standard sample

用于控制产品颜色上、下限的标准样品，其中上限的标准样品称为上标，下限的标准样品称为下标。

4.3

有效表面 significant surface

覆盖阳极氧化膜的物件表面，该膜对物件的适用性能和(或)外观起重要作用，须满足所有规定要求。技术图纸对该表面应作相应标记。

4.4

基底 based bottom

为了能够获得散射光，防止来自周围的直射太阳光和反射光的影响，便于观察样品颜色和色差，放置在样品下面的灰色无光纸或起相同作用的其他物质。

5 取样

5.1 试(样)件从每个交货批中随机抽取,试(样)件表面应保持干净。取样数按表1规定执行。

5.2 受检产品的加工工艺应当与相应商定色标的加工工艺相同。如果不能采用交货批产品直接检验(如着色表面为曲面或凹凸面时),允许使用材料和表面粗糙度与产品相同,且与产品同时以同样方法处理的试样,但应小心评估结果,因为它们不可能完全反映实际交货产品的颜色和外观质量。

5.3 由于铝及铝合金着色阳极氧化膜的用途广泛,特殊用途需要的特殊取样方法,供需双方需在订货前商定。

5.4 取样应在氧化着色封孔处理完毕的24 h以后进行。

表1

单位:件

批量范围	随机取样数	不合格品数上限
1~8	2	0
9~15	3	0
16~25	5	0
26~50	8	1
51~90	13	1
91~150	20	2
151~280	32	3
281~500	50	5
501~1 200	80	7
1 201~3 200	125	10
3 201~10 000	200	14
10 001~35 000	315	21
35 001~150 000	500	21
150 001~500 000	800	21
>500 001	1 250	21

6 样品

6.1 色标

6.1.1 色标在总有效表面上的颜色应均匀、稳定,无明显表面缺陷。色标颜色经双方认可后应保存在不被光线照射的干燥暗处。

6.1.2 色标的基材应是适合于阳极氧化着色的铝合金材料,供方应提供牌号或合金成分。

6.1.3 色标的氧化膜厚度应符合GB/T 8013.1的规定。

6.1.4 色标的热处理、加工及着色工艺应当明确,应当经过封孔检测(按GB/T 8013.1)合格,提供方应提供封孔检测所采用的方法。

6.1.5 色标总有效表面积一般应不小于100 cm^2。

6.1.6 本方法不包括色标的制备技术。需要时,使用者应事先在制备技术上达成一致的协议。

注:若色标提供方不提供上述内容及结果,目视观察结果很可能由于色标与试(样)件本身的不同而不能反映产品的真实情况。

6.2 试(样)件

6.2.1 试(样)件应预先经过氧化膜厚度检测和氧化膜的封孔质量检测并达到合格,检测方法具体可按 GB/T 8013.1 相应规定执行。并且膜厚应与色标基本一致。

6.2.2 试(样)件的着色有效表面一般应大于色标的着色有效表面。

7 比色箱

比色箱的结构参见附录A。

8 观察条件

8.1 光源

8.1.1 自然光源:指晴天日出3 h后到日落3 h前之间的漫散射日光。除另有规定外,颜色观察都应在散射的日光下进行。光线照射的方向作如下规定:在赤道北部,光线从北方照射,在赤道南部,光线从南方照射。

8.1.2 人造光源:指人造D65或D50标准光源。在室内或自然光源不充分时,应使用D65或D50标准光源照明。

8.1.3 照明的散射光源应位于观察者的上方和后面。在比色箱中(7)检查时光源应从试(样)件的正上方垂直入射。

8.2 观察距离

根据产品的最终使用目的,观察距离应有所区别,但应充分尊重需方的要求。

8.2.1 对于具有装饰性着色阳极氧化膜的产品观察其产品间色差及外观质量时,观察距离为0.5 m。

8.2.2 对于具有建筑用着色阳极氧化膜的产品,在观察其产品间色差及外观质量时,观察距离为3 m。

8.3 视点位置

8.3.1 垂直于试(样)件和色标表面的视点。

8.3.2 与垂线成45°角的视点。

8.4 观察人员

观察人员应满足下列要求:

8.4.1 正常视力或矫正视力不低于1.2。

8.4.2 无色盲和色弱等影响颜色分辨能力的眼科疾病。

9 试验步骤

9.1 按本部分中5.1的规定抽取试(样)件,擦去受检表面的灰尘等。

9.2 将符合6.2.1的要求的试(样)件与色标沿加工方向并排放置在能够获得散射光的基底上。在保证8.1规定光源照明条件下,选用8.3规定的视点位置,沿试(样)件的加工方向(如轧制方向、挤压方向),在不超过1 m的距离处逐一观察试(样)件与上、下限色标的色差,试(样)件着色有效表面的任一部位的颜色均应在上、下限色标所限定的颜色范围之内,否则该试(样)件不合格。

9.3 按第8章规定的观察条件,依照上述方法观察试(样)件间的色差及外观质量。试(样)件间的色差应在上、下限色标所限定的色差范围之内,外观质量在有效表面上应没有可见缺陷。

9.4 在使用比色箱(7)检查时,观察者应从45°视角观察。要尽量避免外界光线照射到被检测试(样)件上,同时比色箱(7)内不可放置其他杂物,应将被检测试(样)件放在底板中间。在需要比较两件以上试(样)件的颜色时,应并排摆放在比色箱(7)内进行比对。

10 产品检验

10.1 产品检验分为生产检验、交货检验和仲裁检验。

10.1.1 生产检验

生产厂家在生产过程中根据实际条件参照本部分规定对产品进行的检验。

10.1.2 交货检验

供需双方按照本部分的规定对交货批产品进行的检验。

10.1.3 仲裁检验

仲裁部门认可的检验人员按照本部分的规定对交货批产品进行的检验。

10.2 当供需双方对某一检验方式或其结果不满意时，可进行仲裁检验。

11 检验报告

检验报告应包括下列内容：

a) 本部分编号；

b) 受检产品的批号、规格、牌号、状态、颜色；

c) 观察光源和距离、视点位置；

d) 商定色标及说明；

e) 与本部分规定条款的任何差异（无论商定或非商定的）；

f) 检验者或检验单位；

g) 检验结果；

h) 试验时间。

附 录 A
(资料性附录)
比色箱的结构

A.1 比色箱的结构示意图如图 A.1 所示。

A.2 光源为 D65 或 D50 标准光源。

A.3 光源的背景颜色为吸光型中灰色(Neutral Grey)。

图 A.1 比色箱示意图

附 录 B
（资料性附录）
本部分章条编号与 ISO 8125:1984 章条编号对照

表 B.1 本部分章条编号与 ISO 8125:1984 章条编号对照

本部分章条编号	对应的 ISO 8125:1984 章条编号
1	1.1
2	—
3	1.2
4	1.3
5	—
6	1.5
7	—
8.1	1.4,1.6.1
8.2	—
8.3	1.6.2
8.4	—
9.1～9.2	—
9.3	1.6.3～1.6.4
9.4	—
10	—
11	1.7
附录 A	—

ICS 29.060.10
K 11

中华人民共和国国家标准

GB/T 12971.1—2008
代替 GB 12971.1—1991,GB 12971.2—1991

电力牵引用接触线 第1部分:铜及铜合金接触线

Trolley and contact wires for electric traction—
Part 1:Copper and copper-alloy contact wires

2008-06-30 发布　　2009-04-01 实施

中华人民共和国国家质量监督检验检疫总局
中国国家标准化管理委员会　发布

前　言

GB/T 12971《电力牵引用接触线》分为两个部分：

——第1部分：铜及铜合金接触线；

——第2部分：钢、铝复合接触线。

本部分为GB/T 12971的第1部分。

本部分代替GB 12971.2—1991《电力牵引用接触线　第2部分：铜接触线》，并将GB 12971.1—1991的相关内容纳入本部分。

本部分与GB 12971.2—1991相比主要变化如下：

——增加了有关铜银合金接触线、铜镁合金接触线、高强度铜镁合金接触线、铜锡合金接触线的要求；

——增加了规范性引用文件(本版的第2章)；

——修改了对于材料化学成分的要求(前版的第4章，本版的第5章)；

——修改了截面形状及合金识别沟槽配置图(见图1)；

——修改了对于试验的要求(前版的第5章，本版的第6章)；

——增加了对于包装及标志的要求(见第7章)；

——增加了对于贮运的要求(见第8章)；

——修改了对于反复弯曲试验的要求(前版的附录A)；

——增加了资料性附录“物理参数及载流量推荐值”(见附录A)；

——增加了资料性附录“铜及铜合金接触线的主要化学成分”(见附录B)。

本部分的附录A、附录B为资料性附录。

本部分由中国电器工业协会提出。

本部分由全国电线电缆标准化技术委员会(SAC/TC 213)归口。

本部分负责起草单位：上海电缆研究所。

本部分参加起草单位：泰安电车线厂、泰安市华迅电车线有限公司、河北邢台电缆有限责任公司、上海电缆厂有限公司、辽宁富士铜业有限公司。

本部分主要起草人：刘斌、段鹏征、梁向阳、张秀琴、孟广济、谢起林、汪大新。

本部分所代替标准的历次版本发布情况为：

——GB 12971.1—1991、GB 12971.2—1991。

电力牵引用接触线
第1部分:铜及铜合金接触线

1 范围

GB/T 12971的本部分规定了电力牵引用铜及铜合金接触线产品型号、规格、材料、试验、包装及标志、贮运等。

本部分适用于铁路、工矿、城市交通等电气运输、起重系统用的铜及铜合金接触线。

2 规范性引用文件

下列文件中的条款通过GB/T 12971的本部分的引用而成为本部分的条款。凡是注日期的引用文件,其随后所有的修改单(不包括勘误的内容)或修订版均不适用于本部分,然而,鼓励根据本部分达成协议的各方研究是否可使用这些文件的最新版本。凡是不注日期的引用文件,其最新版本适用于本部分。

GB/T 467—1997 阴极铜

GB/T 3048.2—2007 电线电缆电性能试验方法 第2部分 金属导体材料电阻率试验(IEC 60648:1974,MOD)

GB/T 4909.2—1985 裸电线试验方法 尺寸测量

GB/T 4909.3—1985 裸电线试验方法 拉力试验

GB/T 4909.4—1985 裸电线试验方法 扭转试验

GB/T 4909.5—1985 裸电线试验方法 弯曲试验 反复弯曲

GB/T 5121.8—1996 铜及铜合金化学分析方法 氧量的测定

GB/T 6394—2002 金属平均晶粒度测定方法(ASTM E 112:1996,MOD)

JB/T 8137.2—1999 电线电缆交货盘 第2部分:全木结构交货盘

JB/T 8137.4—1999 电线电缆交货盘 第4部分:型钢复合结构交货盘

3 型号

3.1 产品表示方法

铜及铜合金接触线产品按铜及不同种铜合金材料分类、各类中按截面积分又有不同的规格。产品型号用以下形式表示。

```
C □ □
│ │ └──规格:标称截面积数值(平方毫米)。
│ └────材料代号。
└──────接触线。
```

3.2 材料代号

铜及铜合金接触线的材料代号如表1。

表 1 铜及铜合金接触线的材料代号

材料代号	名称
CTY	圆形铜接触线
CT	双沟形铜接触线
CTA	铜银合金接触线
CTM	铜镁合金接触线
CTMH	高强度铜镁合金接触线
CTS	铜锡合金接触线

3.3 截面

电力牵引用接触线用标称截面表示。

示例 1：110 mm^2 铜接触线为 CT110 GB/T 12971.1—2008。

示例 2：120 mm^2 铜银合金接触线为 CTA120 GB/T 12971.1—2008。

示例 3：120 mm^2 铜-0.2 镁合金接触线为 CTM120 GB/T 12971.1—2008。

示例 4：150 mm^2 高强度铜-0.5 镁合金接触线为 CTMH150 GB/T 12971.1—2008。

示例 5：150 mm^2 铜锡合金接触线为 CTS150 GB/T 12971.1—2008。

4 规格

4.1 圆形铜接触线的规格见表 2。

表 2 圆形铜接触线的规格

标称截面/mm^2	计算截面/mm^2	标称直径及偏差/mm		单位质量/(kg/km)
		标称直径	偏差	
50	50.2	8.00	±0.06	449
65	63.6	9.00	±0.06	568
85	86.6	10.50	±0.06	773
100	100.3	11.30	±0.06	895
110	113.1	12.00	±0.06	1 009

4.2 双沟型铜及铜合金接触线的规格见表 3。

表 3 双沟型铜及铜合金接触线的规格

标称截面/mm^2	计算截面/mm^2	尺寸及公差/mm							角度及偏差		单位质量/(kg/km)
		A ±1%	B ±2%	C ±2%	D +4% −2%	E	K	R	G	H	
									±1°		
65	65	9.30	10.19	8.05	5.70	5.32	2.15	0.60	35°	50°	582
85	85	10.80	11.76	8.05	5.70	5.32	2.90	0.60	35°	50°	763
85(T)	86	10.80	10.76	9.40	7.24	6.80	4.60	0.40	27°	51°	768
100	100	11.80	12.81	8.05	5.70	5.32	3.40	0.60	35°	50°	893
110	111	12.34	12.34	9.73	7.24	6.80	4.67	0.40	27°	51°	990
120	121	12.90	12.90	9.76	7.24	6.80	4.35	0.40	27°	51°	1080
150	151	14.40	14.40	9.71	7.24	6.80	4.00	0.40	27°	51°	1347
注：截面积允许偏差为计算截面积的±3%。											

4.3 所有规格接触线的物理参数和载流量推荐值参见附录 A。

5 材料

铜接触线应采用不低于 GB/T 467—1997 中的标准阴极铜(Cu-CTH-2)制造。

各种型号的铜合金接触线应由相应的铜合金制成，其主要化学成分范围参见附录 B。

6 试验

6.1 试验分类

试验分类为型式试验和例行试验。

型式试验用于检验接触线的主要性能，其性能主要取决于接触线的设计。对于新设计的接触线或用新的生产工艺生产的接触线，试验只做一次并且仅当其设计或生产工艺改变之后试验才重做。

型式试验只在符合所有有关例行试验要求的接触线上进行。

例行试验用于保证接触线质量及符合本部分的要求。

6.2 型式试验

6.2.1 扭转试验

扭转试验应按照 GB/T 4909.4—1985 进行，试验速度为 15 r/min～20 r/min，单向扭转，试样标距为 250 mm，试验结果应符合表 4 的要求。

表 4 双沟型铜及铜合金接触线机械性能

型号	拉断力/kN 最小值	高温残存拉断力/kN 最小值	伸长率/% 最小值	扭转圈数（至断开）最小值	反复弯曲（至断开）	
					弯曲半径/mm	次数 最小值
CTY50	18.88	—	2.2	9	20	4
CTY65	23.21	—	2.4	9	20	4
CTY85	30.48	—	2.6	9	20	4
CTY100	34.50	—	3.0	9	20	4
CTY110	37.60	—	3.8	9	20	4
CT65	24.20	—	3.0	5	30	4
CT85	29.75	—	3.0	5	30	4
CT85(T)	32.25	—	3.0	5	30	4
CT100	34.61	—	3.0	5	30	4
CT110	39.96	—	3.0	5	30	4
CT120	43.56	—	3.0	5	30	4
CT150	54.36	—	3.0	5	30	4
CTA85	32.25	28.25	3.0	5	30	4
CTA110	39.96	34.96	3.0	5	30	4
CTA120	43.56	38.12	3.0	5	30	4
CTA150	54.36	47.56	3.0	5	30	4
CTM110	48.84	43.96	3.0	5	30	4
CTM120	52.03	46.83	3.0	5	30	4
CTM150	63.42	57.08	3.0	5	30	4
CTMH110	55.50	49.95	3.0	5	30	4
CTMH120	59.29	53.36	3.0	5	30	4
CTMH150	70.97	63.87	3.0	5	30	4
CTS110	47.73	42.96	3.0	5	30	4
CTS120	50.82	45.74	3.0	5	30	4
CTS150	63.42	57.08	3.0	5	30	4

6.2.2 反复弯曲试验

反复弯曲试验应按照 GB/T 4909.5—1985 进行，试验结果应符合表 4 的要求。

6.2.3 振动试验（电气化铁道用接触线要求）

长度为 6 m 的试样，在本条规定的张力条件下，经受振幅 35 mm、频率 3 Hz～5 Hz、2×10^6 次的振动试验（波形为正弦波）后，应无断裂。试验张力（试验时应考虑接触网张力增量系数：对于 8.4 kN、10 kN、15 kN 为 1.10，对于 20 kN、25 kN 为 1.05）：

——8.4 kN 适用的接触线型号为：CT85、CTA85、CTAH85；

——10 kN 适用的接触线型号为：CT110、CT120、CTA110、CTAH110；

——15 kN 适用的接触线型号为：CT150、CTA120、CTAH120、CTM110、CTMH110、CTSH110；

——20 kN 适用的接触线型号为：CTA150、CTAH150、CTM120、CTM150、CTMH120、CTS120、CTS150；

——25 kN 适用的接触线型号为：CTAH150。

6.2.4 轴向疲劳试验（电气化铁道用接触线要求）

经过振动试验后长度为 6 m 的试样，在 6.3.3 规定的额定张力下，经受张力幅为 30 % 的额定工作张力、频率 1 Hz～3 Hz、5×10^5 次的轴向疲劳试验（波形为正弦波）后，从中截取三个标准试样，测其拉断力，其任一值不小于表 5 中规定的 95%。

6.2.5 横向晶粒尺寸及含氧量

当需方有要求时，应提供作为型式试验的横向晶粒尺寸及含氧量，试验应按 GB/T 6394—2002 及 GB/T 5121.8—1996 的要求进行。

6.3 例行试验

6.3.1 外观及卷取

铜及铜合金接触线应表面光滑、清洁，不应有硬弯、扭曲、折边、裂纹、毛刺、擦伤等与良好工业产品不相称的任何缺陷。

铜及铜合金接触线应大圆弧面面向盘芯整齐紧密的卷绕在线盘上，每一层的匝间不应有空隙，不应有扭转、交叉、跳线现象。接触线的里端应伸出侧板或筒体，牢固固定在线盘上；外端应固定在侧板内侧。

6.3.2 截面形状、尺寸、角度及其偏差

圆形铜接触线直径及偏差应符合表 2 规定。

双沟型接触线的截面形状为带有悬吊沟槽、合金种类识别沟槽的规则圆形。接触线的截面形状、合金种类识别沟槽、角度、尺寸及其偏差应符合图 1 和表 3 的规定。

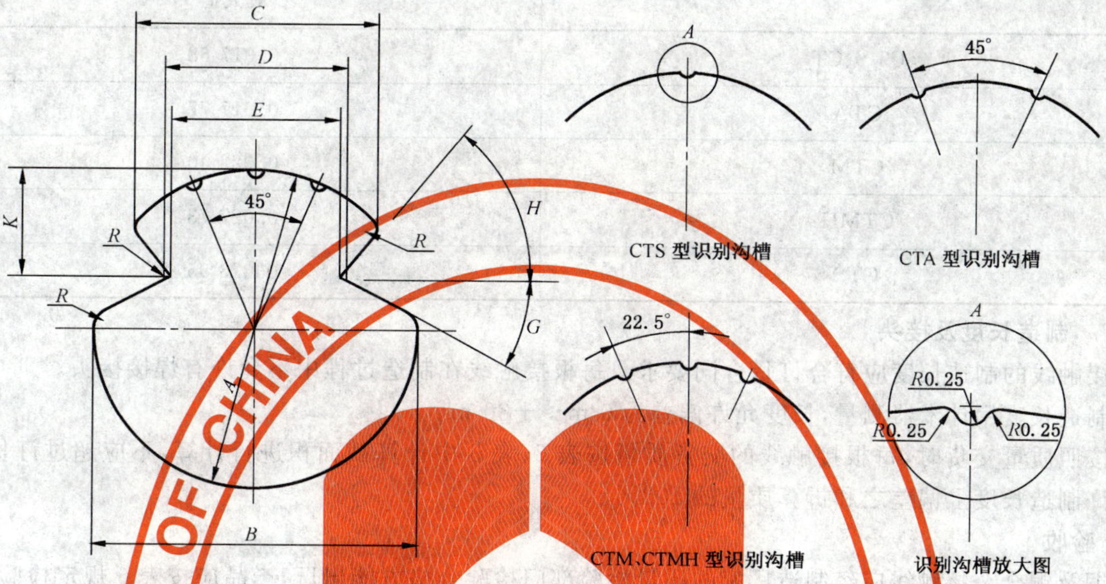

A——截面直径；

B——截面宽度；

C——头部宽度；

D——(沟)槽底间距；

E——(沟)槽尖间距；

K——头部高度；

R——圆角半径；

H——上斜角；

G——下斜角。

图 1 截面形状及合金识别沟槽配置

6.3.3 拉断力

接触线的拉断力应通过拉伸固定在合适的精度至少为±1%的拉力试验机上进行，拉断力试验应按照 GB/T 4909.3—1985 进行，试验结果应符合表 4 的要求。

6.3.4 伸长率

拉伸试验速度 20 mm/min～30 mm/min，试样标距 250 mm，拉伸试验按照 GB/T 4909.3—1985 进行，试验结果应符合表 4 的要求。

6.3.5 高温残存拉断力

铜合金接触线的高温残存拉断力应将试样加热到 300 ℃±5 ℃保温 2 h 后自然冷却，再进行拉断力试验，拉断力试验应按照 GB/T 4909.3—1985 进行，试验结果作为考核铜合金接触线耐热性能的指标，应符合表 4 的要求。

6.3.6 电阻率

各种型号铜及铜合金接触线在 20 ℃时的电阻率应不大于表 5 规定的值，试验应按 GB/T 3048.2—2007 进行。

表 5 电阻率

接触线型号	电阻率(20 ℃)/(Ωmm²/m) 最大值
CTY、CT	0.017 68
CTA	0.017 77
CTM	0.022 40
CTMH	0.027 78
CTS	0.023 95

6.3.7 制造长度及接头

接触线的制造长度应符合订货合同要求。每根接触线在制造过程中不允许有焊接接头。

制造长度用计米器测量,长度允许偏差为 0 m～+30 m。

按照质量交货时,每根接触线的交货质量按表 2、表 3 中计算截面积进行计算,不应超过订货长度与允许制造长度上偏差之和折算质量的 103%。

6.4 验收

铜及铜合金接触线应经制造厂家的质量检验部门检验合格方能出厂,产品应按表 6 规定检验。

每批产品交货时同时按试验要求规定的例行试验项目提供全面、完整的检验报告。

试样不符合本部分的任一要求,就应构成拒收以该试件为代表的这批产品的理由。如果任何一批产品因此被拒收,制造厂有权对该批导线中的每盘导线仅再进行一次试验,并对其中符合接受要求的产品交货。

表 6 检验规则及试验方法

序号	项目名称	技术要求	试验类型		试验方法
			型式试验	例行试验	
01	外观及卷取	本部分 6.3.1	√	√	正常目力
02	尺寸	本部分 6.3.2	√	√	GB/T 4909.2—1985
03	角度	本部分 6.3.2	√	√	样板或专用仪器
04	拉断力	本部分 6.3.3	√	√	GB/T 4909.3—1985
05	伸长率	本部分 6.3.4	√	√	GB/T 4909.3—1985
06	高温残存拉断力	本部分 6.3.5	√	√	本部分 6.3.5
07	电阻率	本部分 6.3.6	√	√	GB/T 3048.2—2007
08	制造长度及接头	本部分 6.3.7		√	本部分 6.3.7
09	扭转	本部分 6.2.1	√		GB/T 4909.4—1985
10	反复弯曲	本部分 6.2.2	√		GB/T 4909.5—1985
11	振动试验	本部分 6.2.3	√		本部分 6.2.3
12	轴向疲劳	本部分 6.2.4	√		本部分 6.2.4
13	横向晶粒尺寸	本部分 6.2.5	√		GB/T 6394—2002
14	含氧量	本部分 6.2.5	√		GB/T 5121.8—1996

7 包装及标志

7.1 包装

用于交货的线盘可以是木盘、钢盘或钢木盘，其技术性能应符合 JB/T 8137.2—1999 和 JB/T 8137.4—1999要求，并应保证接触线装盘后在正常的吊装、运输和张力架线过程中不发生变形。

最外层接触线距线盘外侧板边缘的径向距离不应小于 50 mm。成盘的接触线外面应包覆合适的材料使包装牢固，应能承受正常吊装、运输中可能出现的碰撞。

除非合同注明，每个线盘只允许卷绕一根接触线。

7.2 标志

7.2.1 每盘接触线线盘上应有便于查找的牢固的标志，标明以下内容：

a) 制造厂名；

b) 产品名称；

c) 产品型号；

d) 制造标准；

e) 长度；

f) 毛重及净重(kg)；

g) 出厂编号及生产日期(年、月、日)；

h) 接触线放线方向的箭头。

7.2.2 每盘接触线应附有随带文件

a) 产品合格证明；

b) 该盘产品的出厂编号、生产日期、型号、本标准号、长度、净重。

8 贮运

8.1 运输中严禁从高处抛下装有接触线的线盘、机械损伤或擦伤产品表面。

8.2 线盘不允许平放及采用平放方式吊装和运输，以防线盘损坏及接触线排序混乱。

8.3 线盘滚动方向应与放线箭头方向相反。

附 录 A
(资料性附录)
物理参数及载流量推荐值

A.1 密度

铜及铜合金接触线 20 ℃时的密度值可采用推荐值 8.92 g/cm^3 或用 GB/T 3048.2—2007 的方法进行测定。

A.2 电阻温度系数

铜及铜合金的电阻温度系数如表 A.1 所示。

表 A.1 电阻温度系数

接触线型号(不含规格)	电阻温度系数(1/K)
CT	0.003 81
CTA	0.003 81
CTM	0.001 85
CTMH	0.001 85
CTS	0.003 65

A.3 载流量

铜及铜合金接触线的载流量推荐值如表 A.2 所示。

表 A.2 载流量推荐值

规格	持续载流量/A								
	工作温度 95 ℃					允许最高工作温度 150 ℃			
	CT	CTA	CTM	CTMH	CTS	CTA	CTM	CTMH	CTS
85	410	—	—	—	—	—	—	—	—
110	480	480	450	410	380	650	640	570	570
120	510	510	480	430	410	690	680	610	600
150	580	580	550	490	470	800	780	700	690
注 1：铜接触线(CT 型)的允许最高工作温度为 95 ℃； 注 2：计算条件为环境温度 40 ℃，风速 0.5 m/s，日照强度 1 000 W/m^2。									

A.4 线膨胀系数

铜及铜合金的线膨胀系数为 17×10^{-6}/K。

A.5 弹性模量

铜及铜合金的弹性模量 120 GPa。

附　录　B
（资料性附录）
铜及铜合金接触线的主要化学成分

B.1　主要化学成分

铜及铜合金接触线的主要化学成分如表 B.1 所示。

表 B.1　铜及铜合金接触线的主要化学成分

单位：%

类别	Cu	Ag	Mg	Sn	Bi 不大于	O 不大于	Pb 不大于	P 不大于	其他杂质总和 不大于
铜	99.90	—	—	—	0.000 5	0.03	0.005	—	0.03
铜-银	余量	0.08～0.12	—	—	0.000 5	0.03	—	—	0.03
铜-0.2 镁	余量	—	0.10～0.30	—	—	—		0.01	0.10
铜-0.5 镁	余量	—	0.40～0.70	—	—	—		0.01	0.10
铜-锡	余量	—		0.15～0.55	—	—		—	0.10

ICS 29.060.10
K 11

中华人民共和国国家标准

GB/T 12971.2—2008
代替 GB 12971.1—1991,GB 12971.3—1991

电力牵引用接触线
第2部分:钢、铝复合接触线

Trolley and contact wires for electric traction
Part 2:Aluminium and steel composite trolley and contact wires

2008-06-30 发布 2009-04-01 实施

中华人民共和国国家质量监督检验检疫总局
中国国家标准化管理委员会 发布

前　言

GB/T 12971《电力牵引用接触线》分为两个部分：

——第1部分：铜及铜合金接触线；

——第2部分：钢、铝复合接触线。

本部分为GB/T 12971的第2部分。

本部分代替GB 12971.3—1991《电力牵引用接触线　第3部分：钢、铝复合接触线》，并将GB 12971.1—1991的相关内容纳入本部分。

本部分与GB 12971.3—1991相比主要变化如下：

——增加了规范性引用文件（本版的第2章）；

——修改了对于试验的要求（前版的第4章，本版的第6章）；

——增加了对于包装及标志的要求（本版的第7章）；

——增加了对于贮运的要求（本版的第8章）；

本部分附录A、附录B、附录C为规范性附录。

本部分由中国电器工业协会提出。

本部分由全国电线电缆标准化技术委员会（SAC/TC 213）归口。

本部分负责起草单位：上海电缆研究所。

本部分参加起草单位：泰安电车线厂、泰安市华迅电车线有限公司、河北邢台电缆有限责任公司、上海电缆厂有限公司、辽宁富士铜业有限公司。

本部分主要起草人：刘斌、段鹏征、梁向阳、张秀琴、孟广济、谢起林、汪大新。

本部分所代替标准的历次版本发布情况为：

——GB 12971.1—1991。

——GB 12971.3—1991。

电力牵引用接触线
第2部分:钢、铝复合接触线

1 范围

GB/T 12971 的本部分规定了钢、铝复合接触线产品型号、规格、材料、试验、包装及标志、贮运等。

本部分适用于铁路、工矿、城市交通等电气运输、起重系统用的钢、铝复合接触线。

2 规范性引用文件

下列文件中的条款通过 GB/T 12971 的本部分的引用而成为本部分的条款。凡是注日期的引用文件,其随后所有的修改单(不包括勘误的内容)或修订版均不适用于本部分,然而,鼓励根据本部分达成协议的各方研究是否可使用这些文件的最新版本。凡是不注日期的引用文件,其最新版本适用于本部分。

GB/T 1196—2002 重熔用铝锭

GB/T 3048.2—2007 电线电缆电性能试验方法 第2部分 金属导体材料电阻率试验(IEC 60648:1974,MOD)

GB/T 4909.2—1985 裸电线试验方法 尺寸测量

GB/T 4909.3—1985 裸电线试验方法 拉力试验

GB/T 4909.4—1985 裸电线试验方法 扭转试验

JB/T 8137.2—1999 电线电缆交货盘 第2部分 全木结构交货盘

JB/T 8137.4—1999 电线电缆交货盘 第4部分 型钢复合结构交货盘

3 型号

3.1 产品表示方法

钢、铝复合接触线产品按材料有不同分类、各类中按截面积分又有不同的规格。产品型号用以下形式表示。

C □ □

规格:标称截面积数值(平方毫米)。

材料代号。

接触线。

3.2 材料代号

钢、铝复合接触线的材料代号如表1。

表1 钢、铝复合接触线的材料代号

材料代号	名称
CGLN	内包梯形钢,钢、铝复合接触线
CGLW	外露异形钢,钢、铝复合接触线

3.3 截面

电力牵引用接触线用标称截面表示。

示例 1：250 mm² 内包梯形钢，钢、铝复合接触线 CGLN 250 GB/T 12971. 2—2008。

示例 2：215 mm² 外露异形钢，钢、铝复合接触线 CGLW 215 GB/T 12971. 2—2008。

4 规格

钢、铝复合接触线规格如表 2 规定。

表 2 钢、铝复合接触线规格

型号	总标称截面/mm^2	等效铜直流电阻截面/mm^2	钢、铝截面/mm^2		尺寸及偏差/mm				G	H	标称质量/kg/km	截面形状及尺寸
			钢	铝	A	B	C	D	偏差 ±2°			
CGLN	250	120	62	188	$18.50^{+0.65}_{-0.30}$	$18.00^{+0.60}_{-0.40}$	$9.55^{+0.40}_{-0.20}$	$7.30^{+0.40}_{-0.20}$	27°	51°	994	图 1
	195	85	55	140	$16.20^{+0.55}_{-0.30}$	$16.00^{+0.55}_{-0.30}$	$9.55^{+0.40}_{-0.20}$	$7.30^{+0.40}_{-0.20}$	27°	51°	807	
CGLW	215	100	67	148	$16.50^{+0.66}_{0}$	$19.60^{+0.78}_{0}$	$8.40^{+0.40}_{-0.20}$	$5.80^{+0.40}_{-0.20}$	27°	51°	965	图 2a
	173	80	54	119	$16.70^{+0.66}_{0}$	$13.20^{+0.52}_{0}$	$8.05^{+0.20}_{-0.40}$	5.70 ±0.40	35°	50°	785	图 2b

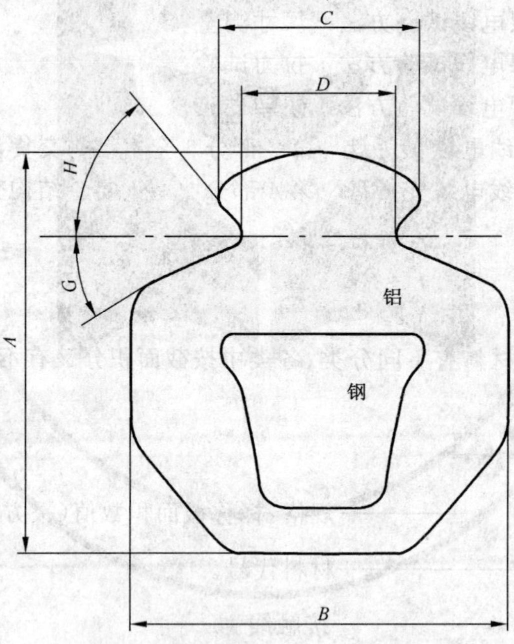

图 1 内包梯形钢接触线截面形状及尺寸图

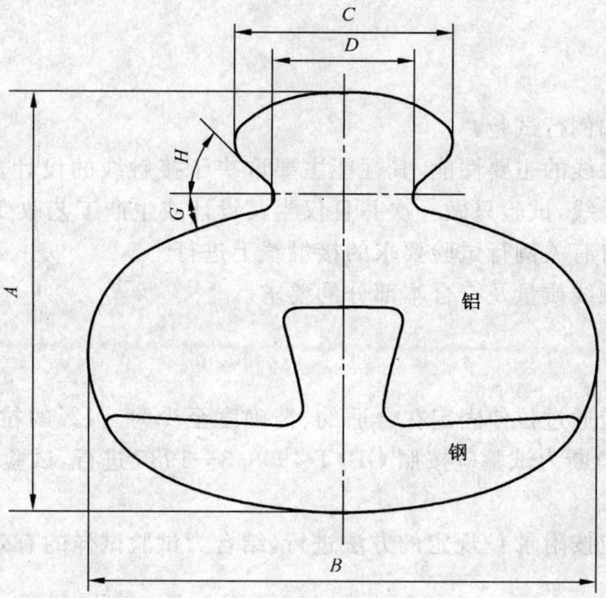

a）　外露异形钢截面形状及尺寸图

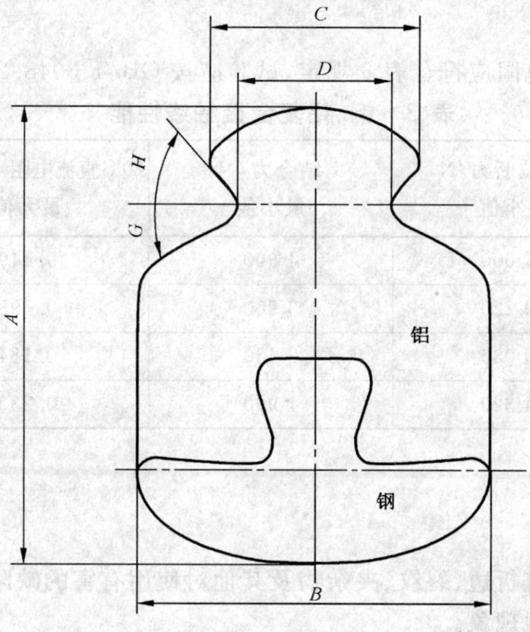

b）　外露异形钢截面形状及尺寸图

图 2　外露异形钢接触线截面形状及尺寸图

5　材料

钢、铝复合接触线材料应符合下述规定。

钢符合本部分附录 A 规定。

铝符合本部分附录 B 规定。

6 试验

6.1 试验分类

试验分类为型式试验和例行试验。

型式试验用于检验接触线的主要性能，其性能主要取决于接触线的设计。对于新设计的接触线或用新的生产工艺生产的接触线，试验只做一次并且仅当其设计或生产工艺改变之后试验才重做。

型式试验只在符合所有有关例行试验要求的接触线上进行。

例行试验用于保证接触线质量及符合本部分的要求。

6.2 型式试验

6.2.1 综合拉断力

接触线的综合拉断力应通过拉伸固定在合适的、精确度至少为±1%的拉力试验机上进行，试样的有效标距为 250 mm，综合拉断力试验应按照 GB/T 4909.3—1985 进行，试验结果应符合表 3 的要求。

6.2.2 结合力

接触线的结合力试验应按附录 C 规定的方法进行，结合力试验试样的有效标距为 100 mm，试验结果应符合表 3 的要求。

6.2.3 扭转

扭转试验按照 GB/T 4909.4—1985 进行，试验速度为 15 r/min～20 r/min，180°反复扭转，试样有效标距为 250 mm，试验结果应符合表 3 的要求。CGLN 型接触线扭转项目不作考核。

6.2.4 直流电阻

钢、铝复合接触线的直流电阻应符合表 3 规定，试验应按 GB/T 3048.2—2007 进行。

表 3 钢、铝复合接触线性能

型号规格	综合拉断力/N 最小值	结合力/N 最小值	20℃直流电阻/(Ω/km) 最大值	180°反复扭转 (正反各一转)
CGLN250	54 000	4 900	0.149	—
CGLN195	39 220	3 900	0.198	—
CGLW215	49 030	2 450	0.184	不开裂
CGLW173	34 320	1 960	0.230	不开裂

6.3 例行试验

6.3.1 外观

接触线表面应光洁，不应有折边、裂纹、夹杂物及其他对使用有害的缺陷；接触线应整齐紧密地卷绕在电缆盘上，不应有扭节和跳线现象。

6.3.2 尺寸及偏差

钢、铝复合接触线尺寸及偏差应符合表 2 规定。

6.3.3 制造长度及接头

CGLN 型接触线制造长度应为 1 800 m～3 850 m，制造长度内铝坯及梯形钢坯均不允许有接头；CGLW 型接触线制造长度应不小于 1 000 m，制造长度内铝坯及钢坯均允许有接头，接头处性能指标应符合表 3 规定。

钢、铝复合接触线允许以长度不小于 500 m 的短段交货，其数量应不超过交货总重量的 5%；根据双方协议，钢、铝复合接触线允许以任意制造长度和短段交货。

6.4 验收

钢、铝复合接触线应经制造厂家的质量检验部门检验合格方能出厂，产品应按表 4 规定检验。

每批产品交货时同时按试验要求规定的例行试验项目提供全面、完整的检验报告。

试样不符合本部分的任一要求，就应构成拒收以该试件为代表的这批产品的理由。如果任何一批产品因此被拒收，制造厂有权对该批导线中的每盘导线仅再进行一次试验，并对其中符合接受要求的产品交货。

表 4 检验规则及试验方法

序号	项目名称	技术要求	试验类型		试验方法
			型式试验	例行试验	
1	外观	本部分 6.3.1	√	√	正常目力
2	尺寸及偏差	本部分 6.3.2	√	√	GB/T 4909.2—1985
3	接头	本部分 6.3.3	√	√	本部分 6.3.3
4	制造长度	本部分 6.3.3		√	用计米器测量
5	综合拉断力	本部分 6.2.1	√	√	GB/T 4909.3—1985
6	结合力	本部分 6.2.2	√		本部分附录 C
7	扭转	本部分 6.2.3	√		GB/T 4909.4—1985
8	直流电阻	本部分 6.2.4	√	√	GB/T 3048.2—2007

7 包装及标志

7.1 包装

用于交货的线盘可以是木盘、钢盘或钢木盘，其技术性能应符合 JB/T 8137.2—1999 和 JB/T 8137.4—1999要求，并应保证接触线装盘后在正常的吊装、运输和张力架线过程中不发生变形。

最外层接触线距线盘外侧板边缘的径向距离不应小于 50 mm。成盘的接触线外面应包覆合适的包装材料使包装牢固，应能承受正常吊装、运输中可能出现的碰撞。

除非合同注明，每个线盘只允许卷绕一根接触线。

7.2 标志

7.2.1 每盘接触线线盘上应有便于查找的牢固的标志，标明以下内容：

a) 制造厂名；

b) 产品名称；

c) 产品型号；

d) 制造标准；

e) 长度；

f) 毛重及净重(kg)；

g) 出厂编号及生产日期(年、月、日)；

h) 接触线放线方向的箭头。

7.2.2 每盘接触线应附有随带文件

a) 产品合格证明；

b) 该盘产品的出厂编号、生产日期、型号、本标准号、长度、净重。

8 贮运

8.1 运输中严禁从高处抛下装有接触线的线盘、机械损伤或擦伤产品表面。

8.2 线盘不允许平放及采取平放方式吊装和运输，以防线盘损坏及接触线排序混乱。

8.3 线盘滚动方向应与放线箭头方向相反。

附 录 A
（规范性附录）
钢型材半制品技术要求

A.1 钢型材应由适用于接触线用结构钢制成。

A.2 钢型材的截面形状、尺寸及偏差应使钢、铝复合接触线产品符合本部分的有关规定。

A.3 钢型材半制品的机械性能为：

抗张强度应不小于540 MPa，断裂伸长率应不小于5%。

附　录　B
（规范性附录）
铝型材半制品技术要求

B.1　铝型材应用符合 GB/T 1196—2002 中的“特一号铝”制造。

B.2　铝型材的截面形状、尺寸及偏差应使钢、铝复合接触线产品符合本部分的有关规定。

B.3　铝型材的电阻率在 20 ℃时应不大于 0.028 264 Ω·mm^2/m。

B.4　铝型材的形状应对称，表面应平整光滑，不得有裂纹、折痕、凹痕、气泡及较深的槽沟。

B.5　冷轧后铝型材的抗张强度应不小于 103 MPa，断裂伸长率应不小于 6%，焊接处的抗张强度应不小于上述抗张强度的 90%。

附　录　C
（规范性附录）
钢、铝复合接触线结合力试验方法

C.1　CGLN 型接触线结合力试验方法

截取长 200 mm 的试样，在试样的 A 处，用钢锯锯入铝部分，使铝部分完全断开；并在该处把图示中 5 mm 之内的铝全部取出。在 B 处钢底部中心，用适当直径的钻头钻入到钢部分的顶端去除为止。再用同样直径的平底钻钻平，然后再沿钻孔的左右二切线方向与试样轴线相垂直，用锯将钢部分切去至与铝部分完全断开为止，将断钢部分取出，试样制作见图 C.1。

将上述试样底部的铝复合盖层用钢板挫挫去至钢底部表面露出为止，然后在拉伸试验机上进行拉力试验至钢与铝两部分开始产生相对位移，该时的拉力数值，即为钢与铝之间的结合力。

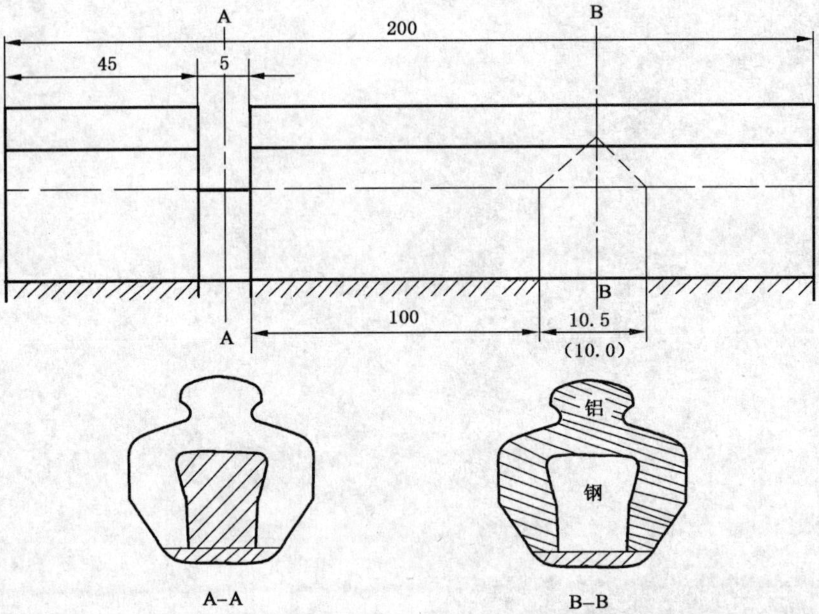

图 C.1　CGLN 型接触线结合力试验试样制作示意图

C.2　CGLW 型接触线结合力试验方法

截取长 200 mm 的试样，在试样的 A 处用钢锯锯入，使铝部分完全断开；并在该处把图示 5 mm 之内的铝全部取出。在 B 处型钢对称中心，用适当直径的钻头加工到钢部分的燕尾槽去除为止。然后再沿钻孔的切线方向并与试样轴线相垂直，用钢锯将钢部分完全断开，并把钢部分取出。试样制作见图 C.2。

将上述试样在拉伸试验机上进行拉力试验至钢与铝两部分开始产生相对位移，该时的拉力数值，即为钢与铝之间的结合力。

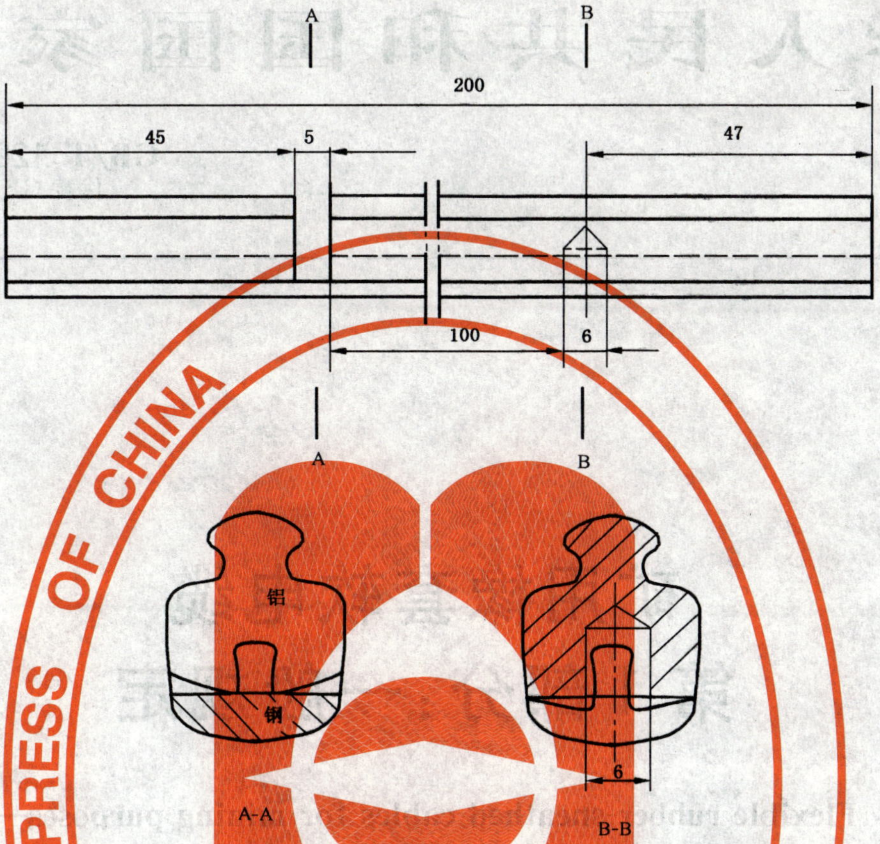

图 C.2 CGLW 型接触线结合力试验试样制作示意图

ICS 29.060.20
K 13

中华人民共和国国家标准

GB/T 12972.1—2008
代替 GB 12972.1—1991

矿用橡套软电缆
第1部分:一般规定

Flexible rubber-sheathed cables for mining purposes—
Part 1:General requirements

2008-06-30 发布　　2009-04-01 实施

中华人民共和国国家质量监督检验检疫总局
中国国家标准化管理委员会　发布

前　言

GB/T 12972《矿用橡套软电缆》分为 10 个部分：

——第 1 部分：一般规定；

——第 2 部分：额定电压 1.9/3.3 kV 及以下采煤机软电缆；

——第 3 部分：额定电压 0.66/1.14 kV 采煤机屏蔽监视加强型软电缆；

——第 4 部分：额定电压 1.9/3.3 kV 及以下采煤机金属屏蔽软电缆；

——第 5 部分：额定电压 0.66/1.14 kV 及以下移动橡套软电缆；

——第 6 部分：额定电压 6/10 kV 及以下金属屏蔽监视型软电缆；

——第 7 部分：额定电压 6/10 kV 及以下屏蔽橡套软电缆；

——第 8 部分：额定电压 0.3/0.5 kV 矿用电钻电缆；

——第 9 部分：额定电压 0.3/0.5 kV 矿用移动轻型橡套软电缆；

——第 10 部分：矿工帽灯电线。

本部分为 GB/T 12972 的第 1 部分。

本部分代替 GB 12972.1—1991《矿用橡套软电缆　第 1 部分：一般规定》。

本部分与 GB 12972.1—1991 相比，主要变化如下：

——导体采用 GB/T 3956—1997 中第 5 种导体，替代原 GB 3956—1983 第 3 种导体结构并取消原版表 1(1991 年版的 4.1 和表 1；本版的 5.1)；

——增加了额定电压 0.66/1.14 kV 及以下非屏蔽型绝缘线芯的浸水工频交流电压试验(本版的 5.2.3)；

——增加了加强层的编织或绕包覆盖密度计算和规定编织或绕包用钢丝技术要求(本版的 5.5.3 和 5.5.4)；

——删除了绝缘电阻常数 K_i 值及换算公式，电缆绝缘电阻值在各后续部分规定(1991 年版的 11.3 和表 7)；

——增加了额定电压 1.9/3.3 kV 和 6/10 kV 等级的试验电压(本版的 5.8.4 和表 6)；

——删除了 GB/T 12666.2 的燃烧试验条款，具体试验要求在各后续部分规定(1991 年版的 11.6；本版的 5.8.5)；

——弯曲试验方法采用平直状态到“S”形状态的模拟弯曲过程试验(电缆弯曲 9 000 次)，替代原 3 轮式弯曲试验(电缆弯曲 18 000 次)(1991 年版的 11.8 和附录 C；本版的 5.8.8 和附录 D)；

——增加了 U_0/U 为 1.9/3.3 kV 绝缘吸水性试验的电容增值(本版的 5.8.13)；

——删除了交货长度中规定无协议时的标准和短段长度规定值(1991 年版的 11.12 和表 9)；

——增加运输和贮存要求(本版的 8)；

——增加附录 A《橡皮绝缘性能要求》(本版的附录 A)。

本部分的附录 A、附录 B、附录 C、附录 D、附录 E 和附录 F 为规范性附录。

本部分由中国电器工业协会提出。

本部分由全国电线电缆标准化技术委员会(SAC/TC 213)归口。

本部分负责起草单位：上海电缆研究所。

本部分参加起草单位：煤炭科学研究总院抚顺分院、上海胜华电缆集团有限公司、鲁能泰山曲阜特种电缆有限公司、江苏远东电缆有限公司、河北华通线缆制造有限公司。

本部分主要起草人：曾纪刚、唐家梓、富宝灿、旷天申、宋晓东、汪传斌、郝清芬。

本部分所代替标准的历次版本发布情况为：
——GB 1170—1974；
——GB 12972.1—1991。

矿用橡套软电缆
第1部分:一般规定

1 范围

GB/T 12972 的本部分规定了矿用橡套软电缆产品分类、通用技术要求、试验方法和检验规则。

本部分适用于交流额定电压 U_0/U 为 6/10 kV 及以下矿用铜芯橡皮绝缘橡皮护套软电缆。

本部分应分别与 GB/T 12972 的后续部分共同使用。

2 规范性引用文件

下列文件中的条款通过 GB/T 12972 的本部分的引用而成为本部分的条款。凡是注日期的引用文件,其随后所有的修改单(不包括勘误的内容)或修订版均不适用于本部分,然而,鼓励根据本部分达成协议的各方研究是否可使用这些文件的最新版本。凡是不注日期的引用文件,其最新版本适用于本部分。

GB/T 2900.10—2001 电工术语 电缆(idt IEC 60050-461:1984)

GB/T 3048.8—2007 电线电缆电性能试验方法 第8部分:交流电压试验(IEC 60060-1:1989,NEQ)

GB/T 3048.9—2007 电线电缆电性能试验方法 第9部分:绝缘线芯火花试验

GB/T 3048.12—2007 电线电缆电性能试验方法 第12部分:局部放电试验(IEC 60885-3:1988,MOD)

GB/T 3048.13—2007 电线电缆电性能试验方法 第13部分:冲击电压试验(IEC 60230:1966,IEC 60060-1:1989,MOD)

GB/T 3956—1997 电缆的导体(idt IEC 60228:1978)

JB/T 8137—1999(所有部分) 电线电缆交货盘

YB/T 5294—2006 一般用途低碳钢丝

3 术语和定义

本部分的名词术语采用 GB/T 2900.10—2001 的解释。

3.1

额定电压 rated voltages

额定电压是电缆设计和电性能试验用的基准电压,用 U_0/U 表示,单位为 kV。

U_0 表示任一主绝缘导体和"地"(金属屏蔽、金属套或周围介质)之间的电压有效值。

U 为多芯电缆或单芯电缆系统任一两相导体之间的电压有效值。

当电缆用于交流系统时,电缆的额定电压至少应等于该系统的额定电压,当电压用于直流系统时,该系统的额定电压应不大于电缆的额定电压的 1.5 倍。

系统的工作电压应不大于系统额定电压的 1.1 倍。

3.2

型式试验 type tests

T

型式试验是指按一般商业原则,对本标准规定的一种型号电缆在供货前进行的试验,以证明电缆具有良好的性能，能满足规定的使用要求。

注：型式试验的本质是一旦进行这些试验后，不必重复进行，除非电缆材料或设计的改变会影响电缆性能。

3.3

抽样试验　sample tests

S

在成品电缆试样上或取自成品电缆的元件上进行的试验，以证明成品电缆产品符合设计规范。

3.4

例行试验　routine tests

R

由制造方在成品电缆的所有制造长度上进行的试验，以检验所有电缆是否符合规定要求。

4　产品代号、表示方法及示例

4.1　产品代号

4.1.1　**系列代号** …………………………………………………………………………………… U

4.1.2　**使用特性代号**

移动(采煤设备用) ……………………………………………………………………………… Y

采煤机用 …………………………………………………………………………………………… C

帽灯(用) …………………………………………………………………………………………… M

电钻(用) …………………………………………………………………………………………… Z

低温环境(用) ……………………………………………………………………………………… D

4.1.3　**结构特征代号**

非金属屏蔽 ………………………………………………………………………………………… P

金属屏蔽 …………………………………………………………………………………………… PT

监视(或辅助线芯) ………………………………………………………………………………… J

轻型 ………………………………………………………………………………………………… Q

编织加强 …………………………………………………………………………………………… B

绕包加强 …………………………………………………………………………………………… R

4.2　产品表示方法

产品表示方法如图1所示：

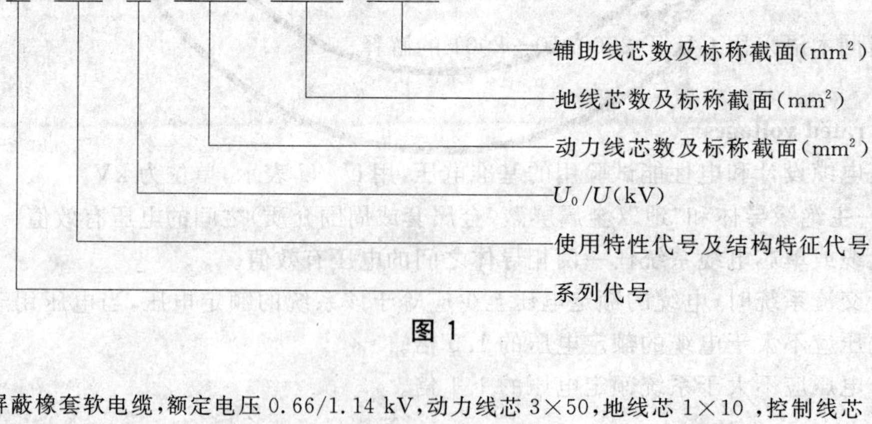

图1

示例：

a)　采煤机屏蔽橡套软电缆，额定电压0.66/1.14 kV，动力线芯3×50，地线芯1×10，控制线芯3×6，带半导电屏蔽层，表示为：

UCP-0.66/1.14　3×50＋1×10＋3×6　GB/T 12972.2—2008；

b)　采煤机屏蔽监视加强型橡套软电缆，额定电压0.66/1.14 kV，动力线芯3×50，地线芯1×25，控制线芯2×2.5，带半导电屏蔽层，监视线芯和编织加强层，表示为：

UCPJB-0.66/1.14　3×50+1×25+2×2.5　GB/T 12972.3—2008;

c) 采煤机金属屏蔽橡套软电缆，额定电压 0.66/1.14 kV，动力线芯 3×70，地线芯 1×35，监视线芯(或辅助线芯)1×35，带金属屏蔽层，表示为：

UCPTJ-0.66/1.14　3×70+1×35+1×35　GB/T 12972.4—2008;

d) 矿用移动橡套软电缆，额定电压 0.38/0.66 kV，动力线芯 3×35，地线芯 1×16，不带半导电屏蔽层，表示为：

UY-0.38/0.66　3×35+1×16　GB/T 12972.5—2008;

e) 矿用移动金属屏蔽监视型橡套软电缆，额定电压 3.6/6 kV，动力线芯 3×35，地线芯 3×16/3，监视线芯 3×2.5，带金属屏蔽层，表示为：

UYPTJ-3.6/6　3×35+3×16/3+3×2.5　GB/T 12972.6—2008;

f) 矿用移动屏蔽橡套软电缆，额定电压 3.6/6 kV，动力线芯 3×25，地线芯 1×16，低温环境用，带半导电屏蔽层，表示为：

UYDP-3.6/6　3×25+1×16　GB/T 12972.7—2008;

g) 矿用电钻电缆，额定电压 0.3/0.5 kV，动力线芯 3×4，地线芯 1×4，不带半导电屏蔽层，表示为：

UZ-0.3/0.5　3×4+1×4　GB/T 12972.8—2008;

h) 矿用移动轻型橡套电缆，额定电压 0.3/0.5 kV，绝缘线芯 3×0.75，不带半导电屏蔽层，表示为：

UYQ-0.3/0.5　3×0.75　GB/T 12972.9—2008;

i) 矿用帽灯电线，绝缘线芯 2×0.75，表示为：

UM-1　2×0.75　GB/T 12972.10—2008。

5 技术要求

5.1 导体

5.1.1 导体应符合 GB/T 3956—1997 第 5 种软铜导体规定，根据使用特点，各后续部分亦可另行规定导体结构。

5.1.2 推荐采用导体中股线绞向与复绞时绞向相同，最外层绞向为左向。

5.1.3 控制线芯、接地线芯的导体标称截面应不小于后续部分规定。如需增大规格截面，可由供需双方协商确定。

5.1.4 导体的隔离层应在后续部分规定。

5.2 绝缘

5.2.1 动力线芯、控制线芯应挤包绝缘层。

5.2.2 绝缘厚度标称值应符合后续部分中规定，绝缘厚度平均值应不小于标称值，最薄处厚度应不小于标称值的 90%减去 0.1 mm。

5.2.3 成缆前 0.66/1.14 kV 及以下非屏蔽型绝缘动力线芯应按 GB/T 3048.8—2007 的试验方法经受表 1 规定的浸水工频交流电压试验，但额定电压 0.38/0.66 kV 及以下的各种型号电缆的绝缘线芯(包括控制线芯)允许按 GB/T 3048.9—2007 的试验方法经受表 2 规定的工频火花电压试验。

表 1

额定电压/kV	试验电压/kV	施加电压时间/min
0.66/1.14	3.7	5
0.38/0.66	3.0	5
0.3/0.5	2.0	5

表 2

绝缘厚度标称值 δ/mm	试验电压/kV	绝缘厚度标称值 δ/mm	试验电压/kV
$0.5<\delta\leqslant1.0$	6	$1.5<\delta\leqslant2.0$	15
$1.0<\delta\leqslant1.5$	10	$2.0<\delta$	20

5.2.4 绝缘与导体,绝缘之间以及绝缘与护套之间应不粘合(单芯电缆不作要求)。

5.2.5 非屏蔽型电缆的地线芯导体可以挤包绝缘层,也可以挤包半导电层。屏蔽型电缆的地线芯导体可以挤包也可以不挤包半导电层。

5.3 屏蔽

5.3.1 额定电压为3.6/6 kV及以上电缆的导体应有导体屏蔽,屏蔽层不粘合导体。根据要求可采用表3中的一种型式,其中挤包半导电层的热老化性能应与相结合的橡皮绝缘相当。

表 3

结构代号	结构型式	计算厚度[a]/mm
A	半导电挤包层	0.7
B	半导电带包层	0.7
C	B型和A型组合	0.7
[a] 计算厚度不考核。		

5.3.2 屏蔽型电缆动力线芯应有绝缘屏蔽,根据要求可采用表4中的一种型式,其中挤包半导电层的热老化性能应与相结合的橡皮绝缘相当,并可从绝缘上剥离,剥离后的绝缘不受到损坏。

注:不推荐半导电布带单一结构的绝缘屏蔽,但对额定电压0.66/1.14 kV及以下的电缆如供需双方同意,制造厂亦可供应这种结构的电缆。

表 4

结构代号	结构型式	计算厚度[a]/mm
A	半导电挤包层	0.7
B	半导电带包层+金属/纤维编织层	1.4
C	A型和B型组合	1.7
D	胶布带+金属/纤维编织层	1.4
[a] 计算厚度不考核。		

5.3.3 金属与纤维编织结构应符合下列规定:

a) 由镀锡铜线与聚酰胺或聚酯类合成纤维纱组成,两者的锭数相同,方向相反。推荐采用表5规定的铜绞线结构。

表 5

根数/单线标称直径	计算厚度	计算宽度/mm
13/0.30	1.0	1.8
10(9)/0.30	1.0	1.4
7/0.30	1.0	0.9
10/0.20	0.6	0.9

b) 编织层不允许整体接续,露出的铜接头应剪齐,每1 m长度上允许更换一个金属线锭。

c) 锭数和每锭铜绞线数目应按单向覆盖率 p[见式(1)]计算确定,编织节径比(节距长度/编织层平均直径)为2~4.5。计算后的金属与纤维编织覆盖率不小于80%。

$$p=\frac{m\times n\times d}{\pi\times D}\left(1+\frac{\pi^2\times D^2}{L^2}\right)^{1/2}\times 100 \qquad \cdots\cdots(1)$$

式中:

p——单向覆盖率,%;

D——编织层的平均直径,mm;

d——绞线的计算宽度,mm;

m——编织机同一方向的锭数;

n——每锭的编织线根数;

L——编织节距,mm。

5.4 缆芯

5.4.1 动力线芯应绞合,绞合方向为右向。

5.4.2 控制线芯可以放在下列位置:

a) 动力线芯的间隙之中;

b) 绞合为一个单元作为第4芯与动力线芯绞合,绞合节径比不大于8,绞合方向为左向,可以包带或橡皮包覆层。橡皮包覆层设定厚度时,应使包覆直径与动力线芯直径相似;

c) 作为第4芯与动力线芯绞合。

5.4.3 监视线芯(或辅助线芯)可以放在下列位置:

a) 动力线芯的间隙之中;

b) 作为第4芯与动力线芯绞合;

c) 控制线芯绝缘外同心式设置;

d) 与缆芯同心式设置。

5.4.4 接地线芯可以放在下列位置:

a) 动力线芯的间隙之中;

b) 作为第4芯或第5芯与动力线芯绞合;

c) 动力线芯绝缘外层同心设置;

d) 与缆芯同心式设置;

e) 缆芯中央。

5.4.5 缆芯中央无线芯时应填充,缆芯外围间隙可以填充和包带,屏蔽型电缆的填充物应为半导电材料。非屏蔽型电缆填充物应为非吸湿型材料。

5.4.6 缆芯的绞合节径比在各后续部分中规定。

5.5 加强层

5.5.1 电缆可以设置加强层,放置在内、外护套之间。

5.5.2 加强层结构型式:

a) 纤维编织层;

b) 钢丝股线编织层;

c) 钢丝股线绕包层。

5.5.3 加强层覆盖密度:

a) 编织层覆盖密度按式(2)计算,且编织节径比(节距长度/编织层平均直径)为2~4.5。

$$P=(2p-p^2)\times 100 \qquad \cdots\cdots(2)$$

式(2)中:

P——编织层覆盖密度,%;

p——单向覆盖系数。

$$p=\frac{m\times n\times d}{\pi\times D}\left(1+\frac{\pi^2\times D^2}{L^2}\right)^{1/2}$$

式中:

D——编织层的节圆直径,mm;

d——编织股线的计算宽度,mm;

m——编织机同一方向的锭数;

n——每锭的编织线根数；

L——编织节距，mm。

b) 绕包层覆盖密度按式(3)计算，且绕包节径比为内护套外径的4.5倍～6倍。

$$F = \frac{m \times n \times d}{\pi \times D}\left(1 + \frac{\pi^2 \times D^2}{L^2}\right)^{1/2} \times 100 \quad \cdots\cdots(3)$$

式中：

F——编织层覆盖密度，%；

D——绕包层的节圆直径，mm；

d——绕包股线的计算宽度，mm；

m——绕包股线数目；

n——绕包股线根数；

L——绕包节距，mm。

5.5.4 金属加强层编织或绕包用钢丝采用束、绞结构，钢丝应符合YB/T 5294—2006要求。

5.5.5 如果金属加强层兼作地线芯时，其中可以含有镀锡铜线。

5.6 护套

5.6.1 缆芯外面应挤包护套层。

5.6.2 护套厚度标称值在各后续部分中规定。护套厚度平均值应不小于标称值，最薄处厚度应不小于标称值的85%减去0.1 mm。

5.6.3 护套可以为单层结构，也可以为双层结构。双层结构时，外层厚度应不小于总厚度的50%。

5.6.4 外护套表面应平整，色泽基本均匀，断面无目力可见气孔。

5.7 识别标志

5.7.1 绝缘线芯识别标志

5.7.1.1 颜色和色序：

a) 2芯电缆绝缘线芯选用的颜色为红、白色；

b) 3芯电缆动力绝缘线芯优先选用的颜色为红、白、蓝色；

c) 接地线应为黑色；

d) 控制线芯或监视线芯选用的颜色应易于识别。

5.7.1.2 识别方式：

a) 采用不同颜色的绝缘橡皮；

b) 在绝缘表面上涂印不同颜色的色条；

c) 在编织层的纤维纱中嵌入色纱；

d) 在绝缘或屏蔽层表面印阿拉伯数字。

5.7.2 成品电缆标志

5.7.2.1 用于井下的不同额定电压电缆的识别标志采用颜色标志：

——U_0/U 为3.6/6 kV及以上 …………………… 红色护套；

——U_0/U 为1.9/3.3 kV …………………… 黑色护套；

——U_0/U 为0.66/1.14 kV …………………… 黄色护套；

——U_0/U 为0.38/0.66 kV及以下 …………………… 黑色护套。

5.7.2.2 成品电缆标志中应有制造厂名称，电缆型号，规格，标志用压印方式或颜色明显区别与护套颜色的油墨印在外护套表面上。

5.7.2.3 在电缆内部或外部，允许有制造厂规定的其他标志。

5.8 成品电缆

除非各后续部分另有规定，各种型号电缆应符合以下要求。

5.8.1 导体电阻

20 ℃时的导体直流电阻应符合 GB/T 3956—1997 规定。

5.8.2 绝缘电阻

测得的绝缘电阻在各后续部分中规定。

5.8.3 过渡电阻

除非各后续部分另有规定，屏蔽层或监视层的过渡电阻应不大于 3 kΩ。

5.8.4 工频交流电压试验

绝缘动力线芯和控制线芯应按 GB/T 3048.8—2007 的试验方法经受表 6 规定的工频交流电压试验。

表 6

绝缘线芯类型	额定电压/kV	试验电压(有效值)/kV	施加电压时间/min
动力线芯	6/10	21.0	5
	3.6/6	12.6	5
	1.9/3.3	6.8	5
	0.66/1.14	3.7	5
	0.38/0.66	3.0	5
	0.3/0.5	2.0	5
控制线芯	—	1.5	5

5.8.5 燃烧试验

电缆应经受后续部分规定的燃烧试验。

5.8.6 抗机械冲击性能

试验按附录 B 规定方法进行，电缆冲击次数规定为：

——(16～35)mm^2:2 次；

——(50～120)mm^2:3 次。

5.8.7 抗挤压性能

试验按附录 C 规定方法进行，电缆施加挤压力为：

——U_0/U 为 0.38/0.66 kV:20 kN；

——U_0/U 为 0.66/1.14 kV :30 kN；

——U_0/U 为 1.9/3.3 kV :40 kN。

5.8.8 抗弯曲性能

试验按附录 D 规定方法进行。电缆弯曲 9 000 次后导体不短路、断路。

5.8.9 局部放电试验

额定电压为 3.6/6 kV 及以上金属屏蔽电缆应按 GB/T 3048.12—2007 经受局部放电试验。

电缆应在 1.5 U_0 试验电压下进行局部放电试验，放电量不大于 20 pC。

5.8.10 介质损失角正切试验

额定电压 3.6/6 kV 及以上的电缆经受 U_0 试验电压后的介质损失角正切值 tgδ 应不大于 0.035。

5.8.11 冲击电压试验

额定电压 3.6/6 kV 及以上的电缆应经受冲击电压试验。将电缆试样加热至 95 ℃，按 GB/T 3048.13—2007 规定的方法施加冲击电压，电缆的每一个绝缘线芯应经受正负极性各 10 次的冲击电压，其电压峰值列于表 7。在冲击电压试验后，电缆试样每一个绝缘线芯在室温下应经受表 6 规定的试验电压、15 min工频电压试验。

表 7

额定电压 U/kV	6	10
冲击电压/kV	60	75

5.8.12 **4 h 耐电压试验**

额定电压 3.6/6 kV 及以上的电缆绝缘线芯应按 GB/T 3048.8—2007 规定试验方法经受 4 h,试验电压为 3 U_0 的工频电压试验。

5.8.13 **绝缘吸水性试验**

电缆绝缘线芯吸水性试验应按附录 F 试验方法进行,其性能为:

U_0/U 为 1.9/3.3 kV ………………………………………………… 1～14 d 的电容增值≤10%;
7～14 d 的电容增值≤3%,

U_0/U 为 3.6/6 kV 及以上 ………………………………………… 1～14 d 的电容增值≤6%;
7～14 d 的电容增值≤2.5%。

5.8.14 **绝缘物理机械性能**

电缆绝缘物理机械性能应符合后续部分规定。

5.8.15 **护套物理机械性能**

电缆护套物理机械性能应符合后续部分规定。

5.8.16 **交货长度**

电缆根据双方的协议长度交货。

长度计量误差不超过±0.5%。

6 检验规则

6.1 产品按规定试验和验收。

6.2 应按商定的质量控制协议,在成品电缆上取样进行试验。如无协议,试样数量为不超过同批数量的 10%,但至少为 3 件。

6.3 如有争议,用户有权要求对批量交货产品进行指定项目试验。试验可在制造厂进行,亦可由权威机构进行仲裁试验。

6.4 抽样结果不合格时,应从同一批中再取两个附加试样就不合格项目进行第二次试验,必须两个附加试样都合格,则该批电缆才可被认为符合规定要求。如果有一个试样不合格,则认为该批电缆不符合规定要求。

6.5 试验方法应符合后续部分的规定。

7 包装

7.1 电缆交货盘应符合 JB/T 8137—1999 规定。

7.2 电缆应整齐卷绕在电缆交货盘上。电缆端头应紧密包封,露出电缆盘外面的长度应满足交流电压试验的要求。

7.3 每一电缆盘上只允许卷绕同一型号同一规格的电缆。

7.4 帽灯电线成圈或成束供应,应妥善包装,每圈质量应不超过 80 kg。短线段 50 根一束,4 束装成一捆。

7.5 包装上应标明:

a) 制造厂名称;

b) 产品型号及规格;

c) 额定电压;

d) 长度；

e) 毛重；

f) 制造年、月；

g) 标准编号；

h) 电缆盘正确旋转方向。

8 运输和贮存

8.1 在车辆、船舶等运输工具上，电缆盘必须放置平稳、固定，防止互相碰撞和磨损。

8.2 运输中严禁从高处扔下装有电缆的电缆盘，严禁机械损伤电缆。

8.3 电缆应避免高温及露天曝晒存放。

8.4 电缆储存时应防止水分潮气侵入端头。

附 录 A
(规范性附录)
橡皮绝缘机械物理性能要求

橡皮绝缘机械物理性能要求见表 A.1。

表 A.1

序号	试验项目			IR1	IR2
1	老化前试样				
1.1	抗张强度	最小值	MPa	5.0	6.5
1.2	断裂伸长率	最小值	MPa	200	200
2	空气烘箱老化试验				
2.1	试验温度		℃	100±2	135±2
2.2	试验时间		h	7×24	7×24
	抗张强度	中间值	MPa	4.2	
2.3	抗张强度变化率	最大值	%	±25	±30
2.4	断裂伸长率	最小值	MPa	200	—
2.5	断裂伸长率变化率	最大值	%	±25	±30
3	空气弹老化试验				
3.1	试验温度		℃	127±2	127±2
3.2	试验时间		h	40	40
3.3	抗张强度变化率	最大值	%	—	±30
3.4	断裂伸长率变化率	最大值	%	±30	±30
4	热延伸试验				
	试验温度		℃	200±3	250±3
	机械应力		N/mm^2	0.20	0.20
	载荷时间		min	15	15
4.1	载荷伸长率	最大值	%	100	175
4.2	冷却后永久变形	最大值	%	25	15
5	耐臭氧试验				
	试验温度		℃	25±2	25±2
	试验时间		h	24	30
	臭氧浓度(按体积)		%	0.025～0.030	0.025～0.030
5.1	试验要求			不开裂	不开裂

附 录 B
（规范性附录）
机械冲击试验方法

B.1 试验设备

B.1.1 冲击试验机。
B.1.2 重锤。

B.2 试样制备

从成品电缆上截取试样1个，长约2 m。

B.3 试验步骤

B.3.1 按表B.1规定选定试验机参数。

表 B.1

动力线芯截面/mm^2	冲锤质量/kg	冲程/m
16	20	0.75
25～35	20	1.1
50～120	20	1.5

B.3.2 将试验安装在试验机上，如图B.1。

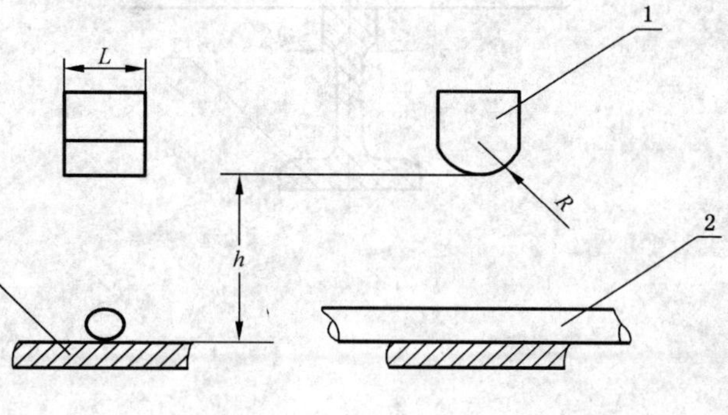

1——冲锤（$R=25, L>1.5\,d$）；
2——试样；
3——铁板；
h——冲程。

图 B.1

B.3.3 在试样各动力线芯间施加三相交流额定电压，并接入检漏继电器。
B.3.4 启动试验机，冲锤从规定高度自由落下，冲击电缆试样，同一根电缆试样应分别在5处试验，相邻两处之间的距离约为100 m。

B.4 试验结果

按5.8.6规定的次数冲击后，当检漏继电器不动作时，则认为试样通过该项试验。

附 录 C
（规范性附录）
挤压试验方法

C.1 试验设备

C.1.1 油压机或水压机。
C.1.2 挤压模由钢轨和铁质上压板组成。

C.2 试样

从成品电缆上截取试样1个，试样长度约2 m。

C.3 试验步骤

C.3.1 将试样安装在挤压模内，如图C.1。
C.3.2 在试样各动力线芯间施加三相交流额定电压，并接入检漏继电器。
C.3.3 启动压力机，缓缓增加压力至规定值，同一根试样，应分别在5处试验。相邻两处之间的距离约100 mm。

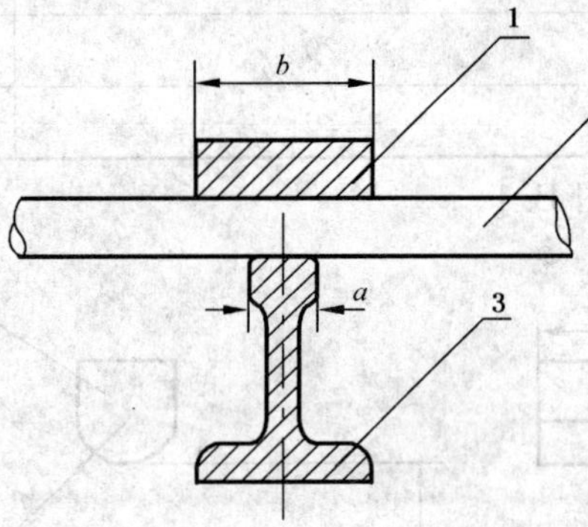

1——铁质上压板；
2——电缆试样；
3——钢轨（43 kg/m）；
a——钢轨宽度；
b——上压板宽度（$b>2a$）。

图 C.1

C.4 试验结果

按5.8.7规定的挤压力试验后，当检漏继电器不动作时，则认为试样通过该项试验。

附 录 D
（规范性附录）
弯曲试验方法

D.1 试验设备

试验应在图 D.1 所示的设备上进行。试验设备应具有检测电缆动力线芯和控制线芯是否短路或断路的装置，发生短路或断路时能自动报警。试验机每进行一次往返过程，应使电缆受试部分形成一次由平直状态到“S”形状态的弯曲过程，电缆弯曲半径按表 D.1 选择。

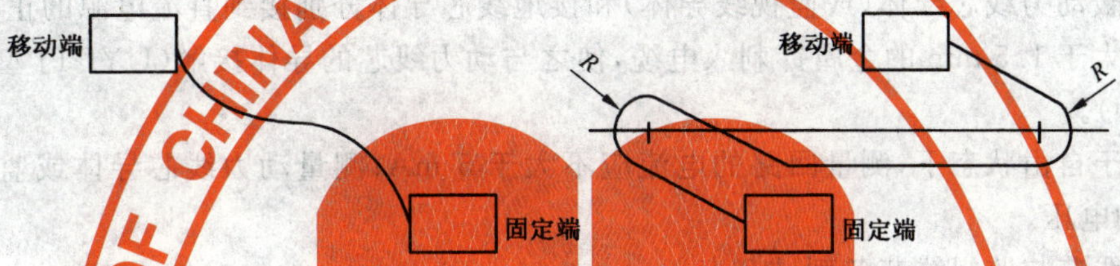

图 D.1

表 D.1

动力线芯标称截面/mm^2	弯曲半径/mm
16～50	150±10
70～95	200±10
120	250±10

D.2 试样

从成品电缆上截取试样，试样长度应保证其受试部分进行往返过程。

D.3 试验步骤

D.3.1 将试样安装在试验机的保护链板内，每 3 个夹板应有 1 个固定卡。保护链板分别固定在试验机的移动端和固定端。试样的受检线芯导体应接至试验机的检测装置上。

D.3.2 启动试验机弯曲试样。

D.3.3 记录弯曲次数，试样每往返一次作为一个弯曲次数。

D.3.4 弯曲过程中随时检查电缆试样的固定卡，防止松动。

D.4 试验结果

电缆弯曲至规定次数后导体不短路、断路时，则认为试样通过该项试验。

附 录 E
（规范性附录）
过渡电阻试验方法

E.1 试样

任意长度的绝缘屏蔽电缆或监视型电缆1根。

E.2 试样步骤

E.2.1 将试样屏蔽动力线芯导体（或监视线导体）和接地线芯导体分别接到直流电源的正极和负极。
E.2.2 用直径不大于1.5 mm的金属针刺入电缆，使之与动力线芯的导体接触（UYPTJ型应与兼做地线的金属屏蔽接触）。
E.2.3 在试样处于自由状态下，测量回路的电流应不大于5 mA；测量动力线芯导体或监视线芯导体与地线导体之间的电压。
E.2.4 每根动力线芯与监视线芯各刺试3点。

E.3 试验结果

E.3.1 过渡电阻值按式（E.1）计算：

$$R = V/I \qquad \text{(E.1)}$$

式中：
R——过渡电阻，Ω；
V——动力线芯导体或监视线芯导体与接地线芯导体之间的电压降，V；
I——测量回路电流，A。

E.3.2 每点的过渡电阻测量值应不超过规定值。

附 录 F
（规范性附录）
绝缘吸水试验方法

F.1 试验设备

F.1.1 水箱水温的控制范围为(50±1)℃，液面能保证恒定。

F.1.2 空气烘箱空气温度控制范围为(70±5)℃。

F.2 试样

硫化后停放时间不小于 48 h 的绝缘线芯 4.5 m，去除绝缘层表面上的任何包层和涂敷层。

F.3 试验步骤

F.3.1 试样在(70±5)℃空气烘箱内预处理 24 h，并冷却到 50 ℃。

F.3.2 试样放入(50±1)℃水中，浸水部分的长度为 3 m，两端分别露出水面 0.75 m，水面高度保持不变。

F.3.3 试样浸水连续时间 14 d。

F.4 测量电容值

F.4.1 测试电压可采取下列电压中的一种：

——频率为 40 Hz～62 Hz，平均场强为 800 V/mm(0.66/1.14 kv 及以下)或 3 200 V/mm (0.66/1.14 kV 以上)；

——频率为 800 Hz～1 000 Hz 低电压。

F.4.2 测试时间测量连续浸水 1,7,14d 的电容量，分别以 C_1、C_7、C_{14}。

F.5 试验结果

1 d～14 d 的电容增值以 $\Delta C_{1\sim14}$ 表示(%)：

$$\Delta C_{1\sim14} = \left(\frac{C_{14} - C_1}{C_1}\right) \times 100\%$$

7 d～14 d 的电容增值以 $\Delta C_{7\sim14}$ 表示(%)：

$$\Delta C_{7\sim14} = \left(\frac{C_{14} - C_7}{C_7}\right) \times 100\%$$

试验结果符合 5.8.13 规定。

ICS 29.060.20
K 13

中华人民共和国国家标准

GB/T 12972.2—2008
代替 GB 12972.2—1991

矿用橡套软电缆
第2部分：额定电压1.9/3.3 kV及以下采煤机软电缆

Flexible rubber-sheathed cables for mining purposes—
Part 2: Flexible coalcutter cables for rated voltages up to 1.9/3.3 kV

2008-06-30 发布 2009-04-01 实施

中华人民共和国国家质量监督检验检疫总局
中国国家标准化管理委员会 发布

前　言

GB/T 12972《矿用橡套软电缆》分为10个部分：

——第1部分：一般规定；

——第2部分：额定电压1.9/3.3 kV及以下采煤机软电缆；

——第3部分：额定电压0.66/1.14 kV采煤机屏蔽监视加强型软电缆；

——第4部分：额定电压1.9/3.3 kV及以下采煤机金属屏蔽软电缆；

——第5部分：额定电压0.66/1.14 kV及以下移动橡套软电缆；

——第6部分：额定电压6/10 kV及以下金属屏蔽监视型软电缆；

——第7部分：额定电压6/10 kV及以下屏蔽橡套软电缆；

——第8部分：额定电压0.3/0.5 kV矿用电钻电缆；

——第9部分：额定电压0.3/0.5 kV矿用移动轻型橡套软电缆；

——第10部分：矿工帽灯电线。

本部分为GB/T 12972的第2部分。

本部分代替GB 12972.2—1991《矿用橡套软电缆　第2部分：额定电压0.66/1.14 kV及以下采煤机软电缆》。

本部分与GB 12972.2—1991相比主要变化如下：

——名称更改为“额定电压1.9/3.3 kV及以下采煤机软电缆”；

——增加了额定电压UCP-1.9/3.3 kV采煤机软电缆(本版的表1)；

——额定电压U_0/U为0.66/1.14 kV电缆规格由导体截面35 mm^2～95 mm^2增加到35 mm^2～120 mm^2(1991年版的表2b;本版的表3)；

——删除了原规格表中控制线芯参数(1991年版的表2a和2b)；

——增加了“控制线芯芯数不少于3芯、线芯标称截面不小于2.5 mm^2”内容(本版的6.4)；

——删除了XJ-00A型橡皮内容(1991年版的5.3.1和5.3.2)；

——调整提高电缆在20 ℃时绝缘电阻最小值(1991年版5.1，本版的7.1)；

——电缆燃烧试验由GB/T 18380.1《电缆在火焰条件下的燃烧试验　第1部分：单根绝缘电线或电缆的垂直燃烧试验方法》代替GB/T 12666.2《单根电线电缆垂直燃烧试验方法》(1991年版的表4;本版的7.2)。

本部分由中国电器工业协会提出。

本部分由全国电线电缆标准化技术委员会(SAC/TC 213)归口。

本部分负责起草单位：上海电缆研究所。

本部分参加起草单位：煤炭科学研究总院上海分院、上海胜华电缆集团有限公司、上海南洋电缆有限公司、青岛汉缆股份有限公司、江苏中煤电缆集团有限公司。

本部分主要起草人：唐家梓、奚宏、旷天申、谭金凤、王长春、刘文胜。

本部分所代替标准的历次版本发布情况为：

——GB 1170—1974；

——GB 12972.2—1991。

矿用橡套软电缆
第2部分:额定电压1.9/3.3 kV及以下采煤机软电缆

1 范围

GB/T 12972的本部分规定了额定电压1.9/3.3 kV及以下采煤机电缆产品品种、技术要求、试验方法和检验规则。

本部分适用于额定电压U_0/U为1.9/3.3 kV及以下采煤机及类似设备用的铜芯橡皮绝缘橡皮护套软电缆。

本部分应与GB/T 12972.1—2008共同使用。

2 规范性引用文件

下列文件中的条款通过GB/T 12972的本部分的引用而成为本部分的条款。凡是注日期的引用文件,其随后所有的修改单(不包括勘误的内容)或修订版均不适用于本部分,然而,鼓励根据本部分达成协议的各方研究是否可使用这些文件的最新版本。凡是不注日期的引用文件,其最新版本适用于本部分。

GB/T 2951.11—2008 电缆和光缆绝缘和护套材料通用试验方法 第11部分:通用试验方法——厚度和外形尺寸测量——机械性能试验(IEC 60811-1-1:1993,IDT)

GB/T 2951.12—2008 电缆和光缆绝缘和护套材料通用试验方法 第12部分:通用试验方法——热老化试验方法(IEC 60811-1-2:1985,IDT)

GB/T 2951.21—2008 电缆和光缆绝缘和护套材料通用试验方法 第21部分:弹性体混合料专用试验方法——耐臭氧试验——热延伸试验——浸矿物油试验(IEC 60811-2-1:1986,IDT)

GB/T 3048.4—2007 电线电缆电性能试验方法 第4部分:导体直流电阻试验

GB/T 3048.5—2007 电线电缆电性能试验方法 第5部分:绝缘电阻试验

GB/T 3048.8—2007 电线电缆电性能试验方法 第8部分:交流电压试验(IEC 60060-1:1989,NEQ)

GB/T 4909.2—1985 裸电线试验方法 尺寸测量(neq IEC 60251:1978)

GB/T 6995.1—2008 电线电缆识别标志方法 第1部分:一般规定

GB/T 7594.7—1987 电线电缆橡皮绝缘和护套 第7部分:65 ℃重型不延燃橡皮护套(neq IEC 60245)

GB/T 12972.1—2008 矿用橡套软电缆 第1部分:一般规定

GB/T 18380.1—2001 电缆在火焰条件下的燃烧试验 第1部分:单根绝缘电线或电缆的垂直燃烧试验方法(idt IEC 60332-1:1993)

JB/T 10696.7—2007 电线电缆机械和理化性能试验方法 第7部分:抗撕试验

3 使用特性

3.1 额定电压U_0/U为0.38/0.66 kV、0.66/1.14 kV和1.9/3.3 kV。

3.2 电缆导体的长期允许工作温度为65 ℃。

3.3 电缆最小弯曲半径为电缆直径的6倍。

3.4 电缆不得在日光下长期暴露。

4 型号

4.1 电缆型号如表1。

表1

型号	名称	用途
UC-0.38/0.66	采煤机橡套软电缆	额定电压为0.38/0.66 kV 采煤机及类似设备的电源连接
UCP-0.38/0.66	采煤机屏蔽橡套软电缆	额定电压为0.38/0.66 kV 采煤机及类似设备的电源连接
UCP-0.66/1.14	采煤机屏蔽橡套软电缆	额定电压为0.66/1.14 kV 采煤机及类似设备的电源连接
UCP-1.9/3.3	采煤机屏蔽橡套软电缆	额定电压为1.9/3.3 kV 采煤机及类似设备的电源连接

4.2 电缆型式如图1。

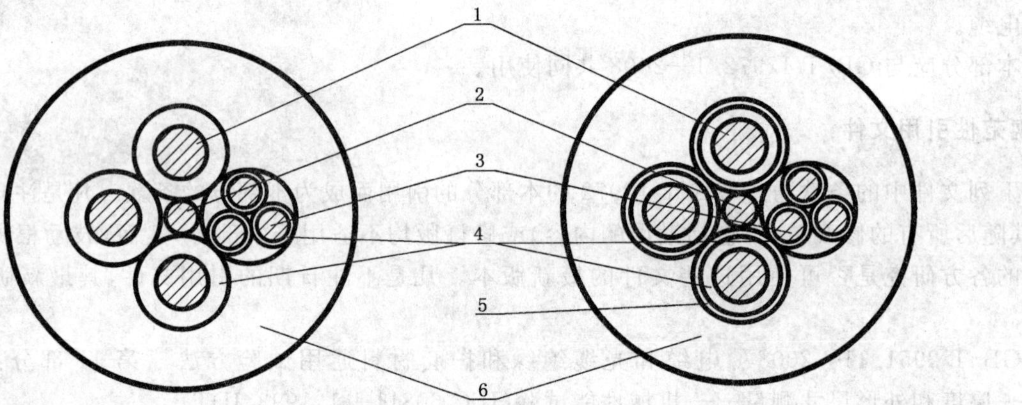

1——动力线芯导体；
2——接地线芯导体；
3——控制线芯导体；
4——绝缘；
5——绝缘屏蔽；
6——外护套。

图1

5 规格

电缆规格应符合表2～表4规定。

表2

芯数×导体标称截面/ mm^2		动力线芯绝缘标称厚度/ mm	护套标称厚度/ mm	电缆外径/ mm			
				UC-0.38/0.66		UCP-0.38/0.66	
动力线芯	接地线芯			最小值	最大值	最小值	最大值
3×16	1×4	1.6	4.5	31.3	35.1	34.7	38.5
3×25	1×6	1.8	5.5	37.8	42.0	41.3	45.5
3×35	1×6	1.8	5.5	41.8	46.0	45.1	49.3
3×50	1×10	2.0	5.5	46.0	50.9	50.0	54.3

表 3

芯数×导体标称截面/mm²		动力线芯绝缘标称厚度/mm	护套标称厚度/mm	电缆外径/mm	
				UCP-0.66/1.14	
动力线芯	接地线芯			最小值	最大值
3×35	1×6	2.0	6	47.2	51.4
3×50	1×10	2.2	7	54.3	58.6
3×70	1×16	2.2	7	59.6	64.3
3×95	1×25	2.4	7	64.5	70.1
3×120	1×25	2.6	7	70.0	76.5

表 4

芯数×导体标称截面/mm²		动力线芯绝缘标称厚度/mm	护套标称厚度/mm	电缆外径/mm	
				UCP-1.9/3.3	
动力线芯	接地线芯			最小值	最大值
3×35	1×10	2.8	6	50.8	55.5
3×50	1×16	2.8	7	56.9	61.6
3×70	1×25	3.0	7	62.8	67.9
3×95	1×25	3.0	7	67.5	73.0
3×120	1×35	3.2	7	72.8	78.8

6 技术要求

6.1 导体

导体中的单丝应镀锡，导体表面可以包隔离层。

6.2 绝缘

动力线芯和控制线芯的绝缘采用乙丙橡胶为基料的橡胶混合物，其性能应符合 GB/T 12972.1—2008附录 A 中 IR1 规定。

线芯绝缘厚度应符合表 2～表 4 规定。

6.3 屏蔽

电缆绝缘屏蔽采用 GB/T 12972.1—2008 表 4 中 A 类结构。

6.4 缆芯

控制线芯芯数不少于 3 芯、线芯标称截面不小于 2.5mm²。

控制线芯位置符合 GB/T 12972.1—2008 中 5.4.2b)的规定。

接地线芯位置符合 GB/T 12972.1—2008 中 5.4.4e)的规定。

线芯的绞合节径比不大于 10。

6.5 护套

外护套采用氯丁橡胶或相当材料为基料的橡胶混合物，其性能应符合 GB 7594.7—1987 中 XH-03A型规定，但抗撕裂强度应不低于 7.5 N/mm。

护套厚度应符合表 2～表 4 规定。

6.6 外径

电缆平均外径应符合表 2～表 4 的规定。

7 成品电缆

7.1 电缆 20 ℃时的绝缘电阻应符合表 5 的规定。

表 5

种类	导体标称截面/mm²	20 ℃时绝缘电阻/(MΩ·km) 最小值		
		U_0/U 为 0.38/0.66 kV	U_0/U 为 0.66/1.14 kV	U_0/U 为 1.9/3.3 kV
动力线芯	16	330	—	—
	25	280	—	—
	35	270	290	490
	50	250	270	420
	70	—	230	390
	95	—	220	340
	120	—	220	330
控制线芯		100	100	100

7.2 电缆应不低于 GB/T 18380.1—2001 规定的燃烧试验要求。

7.3 成品电缆性能应符合表 6 规定。

8 检验规则

产品按表 6 规定试验。

表 6

序号	项目名称	技术要求	试验类型	试验方法
1	结构尺寸			
1.1	导体	GB/T 12972.1—2008 中 5.1 及本部分中 6.1	T,S	GB/T 4909.2—1985
1.2	绝缘厚度	GB/T 12972.1—2008 中 5.2.2 及本部分表 2～表 4	T,S	GB/T 2951.11—2008
1.3	屏蔽层	GB/T 12972.1—2008 中 5.3 及本部分中 6.3	T,S	目力检查
1.4	缆芯	GB/T 12972.1—2008 中 5.4 及本部分中 6.4	T,S	正常目力和直尺
1.5	护套厚度	GB/T 12972.1—2008 中 5.6.2 及本部分表 2～表 4	T,S	GB/T 2951.11—2008

表 6（续）

序号	项目名称	技术要求	试验类型	试验方法
1.6	电缆外径	本部分表 2～表 4	T,S	GB/T 2951.11—2008
2	电缆性能			
2.1	导体电阻	GB/T 12972.1—2008 中 5.8.1	T,R	GB/T 3048.4—2007
2.2	绝缘电阻	本部分表 5	T,R	GB/T3048.5—2007
2.3	过渡电阻	GB/T 12972.1—2008 中 5.8.3	T,S	GB/T 12972.1—2008 附录 E
2.4	工频交流电压试验	GB/T 12972.1—2008 表 6	T,R	GB/T 3048.8—2007
2.5	燃烧试验	本部分中 7.2	T,S	GB/T 18380.1—2001
2.6	机械冲击试验	GB/T 12972.1—2008 中 5.8.6	T,S	GB/T 12972.1—2008 附录 B
2.7	挤压试验	GB/T 12972.1—2008 中 5.8.7	T,S	GB/T 12972.1—2008 附录 C
2.8	弯曲试验	GB/T 12972.1—2008 中 5.8.8	T,S	GB/T 12972.1—2008 附录 D
2.9	绝缘机械物理性能	本部分中 6.2	T,S	GB/T 2951.11—2008 GB/T 2951.12—2008 GB/T 2951.21—2008
2.10	护套机械物理性能	本部分中 6.5	T,S	GB/T 2951.11—2008 GB/T 2951.12—2008 GB/T 2951.21—2008 JB/T 10696.7—2007
3	印刷标志耐擦试验	GB/T 12972.1—2008 中 5.7	T,S	GB/T 6995.1—2008
4	交货长度	GB/T 12972.1—2008 中 5.8.16	R	计米器

ICS 29.060.20
K 13

中华人民共和国国家标准

GB/T 12972.3—2008
代替 GB 12972.3—1991

矿用橡套软电缆
第3部分：额定电压 0.66/1.14 kV 采煤机屏蔽监视加强型软电缆

**Flexible rubber-sheathed cables for mining purposes—
Part 3: Trailing coalcutter cables with monitoring core and semiconducting screens for rated voltage of 0.66/1.14kV**

2008-06-30 发布　　　　2009-04-01 实施

中华人民共和国国家质量监督检验检疫总局
中国国家标准化管理委员会　发布

前言

GB/T 12972《矿用橡套软电缆》分为10个部分：

——第1部分：一般规定；

——第2部分：额定电压1.9/3.3 kV及以下采煤机软电缆；

——第3部分：额定电压0.66/1.14 kV采煤机屏蔽监视加强型软电缆；

——第4部分：额定电压1.9/3.3 kV及以下采煤机金属屏蔽软电缆；

——第5部分：额定电压0.66/1.14 kV及以下移动橡套软电缆；

——第6部分：额定电压6/10 kV及以下金属屏蔽监视型软电缆；

——第7部分：额定电压6/10 kV及以下屏蔽橡套软电缆；

——第8部分：额定电压0.3/0.5 kV矿用电钻电缆；

——第9部分：额定电压0.3/0.5 kV矿用移动轻型橡套软电缆；

——第10部分：矿工帽灯电线。

本部分为GB/T 12972的第3部分。

本部分代替GB 12972.3—1991《矿用橡套软电缆 第3部分：额定电压0.66/1.14 kV采煤机屏蔽监视加强型软电缆》。

本部分与GB 12972.3—1991相比，主要变化如下：

——增加绝缘动力线芯和控制线芯20 ℃时的绝缘电阻值(本版的7.1)；

——电缆燃烧试验由GB/T 18380.1《电缆在火焰条件下的燃烧试验 第1部分：单根绝缘电线或电缆的垂直燃烧试验方法》替代原GB 12666.2《单根电线电缆垂直燃烧试验方法》(1991年版的表3；本版的7.3)；

——删除了加强层覆盖密度计算方法(1991年版的附录C)。

本部分的附录A、附录B、附录C、附录D和附录E为规范性附录。

本部分由中国电器工业协会提出。

本部分由全国电线电缆标准化技术委员会(SAC/TC 213)归口。

本部分负责起草单位：上海电缆研究所。

本部分参加起草单位：煤炭科学研究总院抚顺分院、上海胜华电缆集团有限公司、山东兖矿集团长龙电缆制造有限公司、鲁能泰山曲阜特种电缆有限公司、江苏中煤电缆集团有限公司。

本部分主要起草人：唐家梓、曲文波、富宝灿、胡建国、李兴强、宋晓东、刘文胜。

本部分所代替标准的历次版本发布情况为：

——GB 1170—1974；

——GB 12972.3—1991。

矿用橡套软电缆
第3部分:额定电压0.66/1.14 kV采煤机屏蔽监视加强型软电缆

1 范围

GB/T 12972的本部分规定了额定电压0.66/1.14 kV采煤机屏蔽监视加强型软电缆产品品种、技术要求、试验方法和检验规则。

本部分适用于额定电压0.66/1.14 kV采煤机及类似设备用铜芯橡皮绝缘橡皮护套屏蔽监视加强型软电缆。

本部分应与GB/T 12972.1—2008共同使用。

2 规范性引用文件

下列文件中的条款通过GB/T 12972的本部分的引用而成为本部分的条款。凡是注日期的引用文件,其随后所有的修改单(不包括勘误的内容)或修订版均不适用于本部分,然而,鼓励根据本部分达成协议的各方研究是否可使用这些文件的最新版本。凡是不注日期的引用文件,其最新版本适用于本部分。

GB/T 2951.11—2008 电缆和光缆绝缘和护套材料通用试验方法 第11部分:通用试验方法——厚度和外形尺寸测量——机械性能试验(IEC 60811-1-1:2001,IDT)

GB/T 2951.12—2008 电缆和光缆绝缘和护套材料通用试验方法 第12部分:通用试验方法——热老化试验方法(IEC 60811-1-2:1985,IDT)

GB/T 2951.21—2008 电缆和光缆绝缘和护套材料通用试验方法 第21部分:弹性体混合料专用试验方法——耐臭氧试验——热延伸试验——浸矿物油试验(IEC 60811-2-1:2001,IDT)

GB/T 3048.4—2007 电缆电缆电性能试验方法 第4部分:导体直流电阻试验

GB/T 3048.5—2007 电缆电缆电性能试验方法 第5部分:绝缘电阻试验

GB/T 3048.8—2007 电线电缆电性能试验方法 第8部分:交流电压试验 (IEC 60060-1:1989,NEQ)

GB/T 4909.2—1985 裸电线试验方法 尺寸测量(neq IEC 60251:1978)

GB/T 6995.1—2008 电线电缆识别标志方法 第1部分:一般规定

GB/T 7594.10—1987 电线电缆橡皮绝缘和护套 第10部分:90 ℃一般重型延燃橡皮护套 (neq IEC 60245)

GB/T 12972.1—2008 矿用橡套软电缆 第1部分:一般规定

GB/T 18380.1—2001 电缆在火焰条件下的燃烧试验 第1部分:单根绝缘电线或电缆的垂直燃烧试验方法 (idt IEC 60332-1:1993)

3 使用特性

3.1 额定电压U_0/U为0.66/1.14 kV。

3.2 电缆导体的长期允许工作温度为90 ℃。

3.3 电缆最小弯曲半径为电缆直径的15倍。

3.4 电缆不得在日光下长期暴露。

4 型号

4.1 电缆型号如表1。

表1

型号	名称	用途
UCPJB-0.66/1.14	采煤机屏蔽监视编织加强型橡套软电缆	额定电压为0.66/1.14 kV及以下采煤机及类似设备的电源连接。电缆可直接拖曳使用
UCPJR-0.66/1.14	采煤机屏蔽监视绕包加强型橡套软电缆	额定电压为0.66/1.14 kV及以下采煤机及类似设备的电源连接。电缆必须在保护链板内使用

4.2 电缆型式如图1。

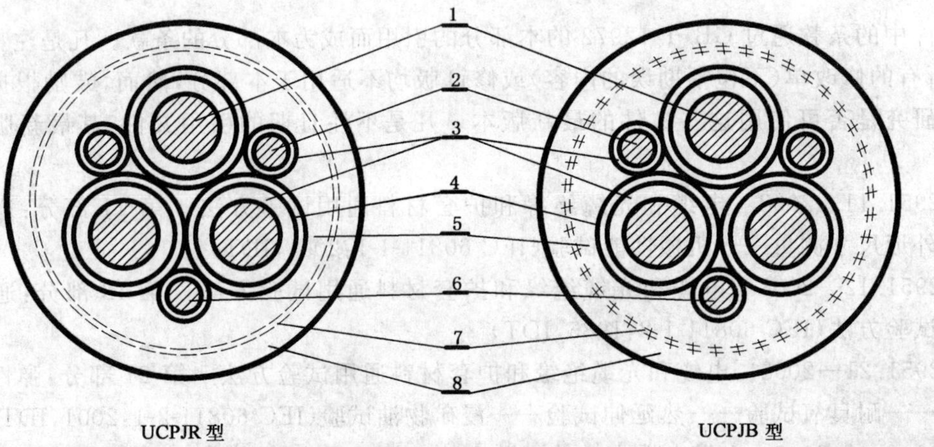

1——动力线芯导体；
2——控制线芯导体；
3——绝缘；
4——半导电屏蔽层；
5——内护套；
6——监视线芯；
7——加强层(兼作接地线)；
8——外护套。

图1

5 规格

电缆规格应符合表2规定。

表 2

芯数×导体标称截面/mm²			动力线芯绝缘标称厚度/mm	内护套计算厚度/mm	外护套标称厚度/mm	电缆外径/mm			
						UCPJR-0.66/1.14		UCPJB-0.66/1.14	
动力线芯	接地线芯	控制线芯				最小值	最大值	最小值	最大值
3×35	16	2×2.5	1.4	1.8	3.0	40.0	44.5	42.0	47.0
3×50	25	2×2.5	1.6	2.0	3.5	45.5	50.5	47.5	52.0
3×70	35	2×2.5	1.6	2.0	3.5	50.5	55.0	51.0	56.5
3×95	50	2×2.5	1.8	2.4	4.0	56.0	61.5	58.0	64.0

6 技术要求

6.1 导体

导体中的单丝应镀锡。除监视线芯外，导体表面应包隔离层。

6.2 绝缘

动力和控制线芯的绝缘采用乙丙橡胶为基料的橡胶混合物，性能应符合本部分附录A规定。

线芯绝缘厚度应符合表2规定。

6.3 屏蔽

绝缘屏蔽采用GB/T 12972.1—2008中表4的A类结构。

6.4 缆芯

控制线芯位置符合GB/T 12972.1—2008中5.4.2a)的规定。

监视线芯位置符合GB/T 12972.1—2008中5.4.3a)的规定。

接地线芯位置符合GB/T 12972.1—2008中5.4.4d)的规定。

线芯的绞合节径比不大于8。

6.5 加强层

UCPJB型的加强层应符合GB/T 12972.1—2008中5.5.2b)的规定，加强层覆盖密度应不小于70%。UCPJR型符合GB/T 12972.1—2008中5.5.2c)的规定，加强层覆盖密度应不小于90%。

6.6 护套

内护套采用橡胶混合物的性能应符合GB/T 7954.10—1987中XH-31A型规定。

外护套采用氯丁橡胶或相当材料为基料的橡胶混合物，其性能应符合本部分附录B规定。

护套厚度应符合表2规定。

6.7 外径

电缆平均外径应符合表2规定。

7 成品电缆

7.1 电缆20 ℃时的绝缘电阻应符合表3规定。

表 3

导体标称截面/ mm^2	20 ℃时绝缘电阻/(MΩ·km) 最小值	
	动力线芯	控制线芯
35	240	100
50	230	100
70	200	100
95	190	100

7.2 绝缘屏蔽过渡电阻应不大于 500 Ω,其试验方法符合本部分附录 C 规定。

7.3 电缆应经受试验电压 3 000 V、施加时间为 5 min 的工频交流电压试验。

7.4 电缆应不低于 GB/T 18380.1—2001 规定的燃烧试验要求。

7.5 成品电缆性能应符合表 4 规定。

8 检验规则

产品按表 4 规定试验。

表 4

序号	项目名称	技术要求	试验类型	试验方法
1	结构尺寸			
1.1	导体	GB/T 12972.1—2008 中 5.1 及本部分 6.1	T,S	GB/T 4909.2—1985
1.2	绝缘厚度	GB/T 12972.1—2008 中 5.2 及本部分表 2	T,S	GB/T 2951.11—2008
1.3	屏蔽层	GB/T 12972.1—2008 中 5.3 及本部分第 6.3	T,S	目力检查
1.4	缆芯	GB/T 12972.1—2008 中 5.4 及本部分 6.4	T,S	正常目力和直尺
1.5	加强层覆盖率	GB/T 12972.1—2008 中 5.5 及本部分第 6.5	T,S	目力检查
1.6	护套厚度	GB/T 12972.1—2008 中 5.6 及本部分表 2	T,S	GB/T 2951.11—2008
1.7	电缆外径	本部分表 2	T,S	GB/T 2951.11—2008
2	电缆性能			
2.1	导体电阻	GB/T 12972.1—2008 中 5.8.1	T,R	GB/T 3048.4—2007
2.2	绝缘电阻	本部分 7.1	T,R	GB/T 3048.5—2007
2.3	过渡电阻	本部分 7.2	T,S	本部分附录 C
2.4	工频交流电压试验	本部分 7.3	T,R	GB/T 3048.8—2007
2.5	燃烧试验	本部分 7.4	T,S	GB/T 18380.1—2001

表 4（续）

序号	项目名称	技术要求	试验类型	试验方法
2.6	绝缘机械物理性能	本部分 6.2	T,S	GB/T 2951.11—2008 GB/T 2951.12—2008 GB/T 2951.21—2008
2.7	护套机械物理性能	本部分 6.6	T,S	GB/T 2951.11—2008 GB/T 2951.12—2008 GB/T 2951.21—2008 本部分附录 E
3	印刷标志耐擦试验	GB/T 12972.1—2008 中 5.7	T,S	GB/T 6995.1—2008
4	交货长度	GB/T 12972.1—2008 中 5.8.16	R	计米器

附 录 A
（规范性附录）
橡皮绝缘性能要求

橡皮绝缘性能要求见表 A.1。

表 A.1

序号	试验项目			指标
1	老化前试样			
1.1	抗张强度	最小值	MPa	4.2
1.2	断裂伸长率	最小值	MPa	200
2	空气烘箱老化试验			
	试验温度		℃	135±3
	试验时间		h	7×24
2.1	抗张强度变化率	最大值	%	±30
2.2	断裂伸长率变化率	最大值	%	±30
3	空气弹老化试验			
	试验温度		℃	127±1
	试验压力		kPa	550±20
	试验时间		h	40
3.1	抗张强度变化率	最大值	%	±30
3.2	断裂伸长率变化率	最大值	%	±30
4	体积电阻率	最小值	Ω·m	10^{12}
	试验温度		℃	20±5
5	热延伸试验			
	试验温度		℃	200±3
	机械应力		kPa	200
	载荷时间		min	15
5.1	载荷伸长率	最大值	%	175
5.2	冷却后永久变形	最大值	%	25

附　录　B
（规范性附录）
橡皮护套性能要求

橡皮护套性能要求见表 B.1。

表 B.1

序号	试验项目			指标
1	老化前试样			
1.1	抗张强度	最小值	MPa	15.0
1.2	断裂伸长率	最小值	MPa	300
2	空气烘箱老化试验			
	试验温度		℃	100±2
	试验时间		h	7×24
2.1	抗张强度变化率	最大值	%	±30
2.2	断裂伸长率	最小值	%	250
2.3	断裂伸长率变化率	最大值	%	±40
3	抗撕强度	最小值	N/mm	30
4	浸油试验			
	试验温度		℃	100±2
	试验时间		h	24
4.1	抗张强度变化率	最大值	%	±40
4.2	断裂伸长率变化率	最大值	%	±40
5	热延伸试验			
	试验温度		℃	200±3
	机械应力		kPa	200
	载荷时间		min	15
5.1	载荷伸长率	最大值	%	175
5.2	冷却后永久变形	最大值	%	25
6	表面电阻系数	最小值	Ω	10^9
	测试温度		℃	20±5

附　录　C
（规范性附录）
过渡电阻测试方法

C.1　实验仪器

C.1.1　电阻测量仪。

C.1.2　铜锌合金圆形探针，直径为 5 mm，端头曲率半径为 2.5 mm。

C.1.3　直流电压源 9 V。

C.2　试样制备

试样可以为成品全长，也可以为一段，但至少 5 m。试样一端露出导体和同心式导体，在试样另一端，剥除护套，同心导体向外弯曲，绝缘上的半导电层露出至少 0.1 mm。

C.3　试样准备

外露的导体端头连到电阻仪的一个端子上。探钻连到另一个端子上。

C.4　试验步骤

探针垂直压在外露半导电层上，压力为(30±5)N，相距 20 mm，测 5 个值。

C.5　试验结果

取 5 个测量的算术平均值，该平均值应不超过标准规定值。

附　录　D
（规范性附录）
表面电阻测试方法

D.1　试验设备

D.1.1　电阻测试仪：量程为 $0\sim2\times10^5$ MΩ。

D.1.2　直流电压源：100 V。

D.1.3　标准环境气候箱：温度为 20 ℃，相对湿度为 65％。

D.2　试验方法

3 段护套，各长 15 cm，套在直径等于护套内径的绝缘棒上，护套表面用酒精清洗，相距 10 mm±0.5 mm的两处分别绕上铜线，铜线直径为 0.2 mm～0.6mm，再次清洗护套表面。试样放在标准环境气候箱内处理 24 h，取出后立即施加 100 V 直流电源，历时(60±3)s，测得表面电阻 R。然后乘以$a/10$，其中 a 为护套周长(cm)，结果以 Ω 表示。

注：如果表面电阻很高，超出仪器量程时，可将 n 个试样并联，用 $n\times a/10$ 乘以测量值。

附 录 E
（规范性附录）
抗撕强度试验方法

E.1 试验仪器与设备

E.1.1 拉力试验机。

E.1.2 夹具两个夹头均能夹住试片。

E.1.3 冲模应能冲制如图 E.1 的试片。

尺寸单位为毫米

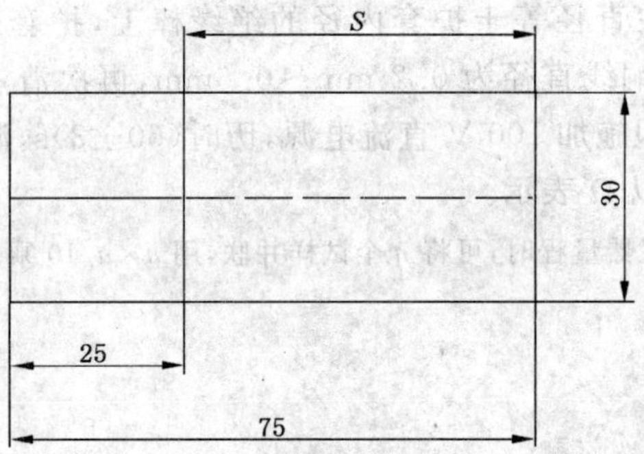

S——撕裂长度 。

图 E.1

E.1.4 测厚仪。

E.1.5 表面处理机，切平或磨光试片表面。

E.2 试样制备

2 个试样，每个长 100 mm，按图 E.1 冲制，必要时除去表面纤维粘附物，需用表面处理机处理，厚度为 2.0 mm±0.3 mm，沿撕裂长度测 5 处厚度，并取平均值。

将试样夹在试验机上，如图 E.2。

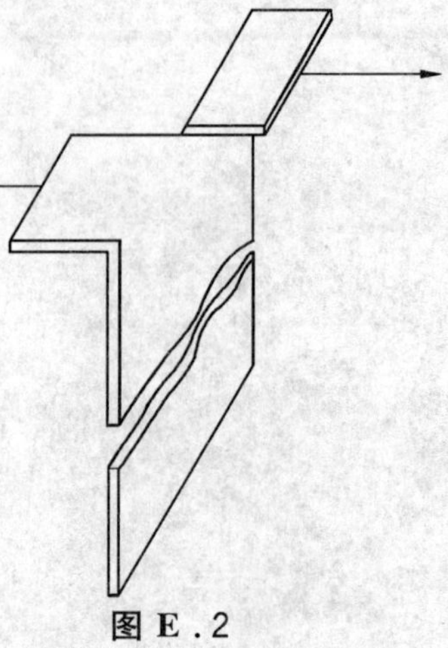

图 E.2

E.3　试验步骤

撕裂试片，夹头速度 500 mm/min 左右，测试最大拉力，以 N 计之。

E.4　试验结果

如果 2 个测量值均不小于规定的最小值，认为合格，抗撕裂强度等于最大拉力(N)除以试片厚度(mm)。

抗撕强度取 2 个计算值的平均值。

ICS 29.060.20
K 13

中华人民共和国国家标准

GB/T 12972.4—2008
代替 GB 12972.4—1991

矿用橡套软电缆 第4部分:额定电压 1.9/3.3 kV 及以下采煤机金属屏蔽软电缆

Flexible rubber-sheathed cables for mining purposes—
Part 4: Flexible coalcutter cables with individual metallic screens for rated voltages up to 1.9/3.3 kV

2008-06-30 发布 2009-04-01 实施

中华人民共和国国家质量监督检验检疫总局
中国国家标准化管理委员会 发布

前　言

GB/T 12972《矿用橡套软电缆》分为10个部分：

——第1部分：一般规定；

——第2部分：额定电压1.9/3.3 kV及以下采煤机软电缆；

——第3部分：额定电压0.66/1.14 kV采煤机屏蔽监视加强型软电缆；

——第4部分：额定电压1.9/3.3 kV及以下采煤机金属屏蔽软电缆；

——第5部分：额定电压0.66/1.14 kV及以下移动橡套软电缆；

——第6部分：额定电压6/10 kV及以下金属屏蔽监视型软电缆；

——第7部分：额定电压6/10 kV及以下屏蔽橡套软电缆；

——第8部分：额定电压0.3/0.5 kV矿用电钻电缆；

——第9部分：额定电压0.3/0.5 kV矿用移动轻型橡套软电缆；

——第10部分：矿工帽灯电线。

本部分为GB/T 12972的第4部分。

本部分代替GB 12972.4—1991《矿用橡套软电　第4部分：额定电压0.66/1.14 kV采煤机金属屏蔽软电缆》。

本部分与GB 12972.4—1991相比主要变化如下：

——名称更改为“额定电压1.9/3.3 kV及以下采煤机金属屏蔽软电缆”；

——增加了额定电压1.9/3.3 kV采煤机金属屏蔽软电缆(本版的表1)；

——修改具有监视线芯结构的UCPT型为UCPTJ型(1991年版的表1;本版的表1)；

——UCPTJ-0.66/1.14 kV型电缆规格由导体截面16 mm^2～95 mm^2 增加到16 mm^2～120 mm^2 (1991年版的表2;本版的表2)；

——增加了UCPT-0.66/1.14 kV型电缆内容(本版的表1和表2)；

——增加了UCPT-1.9/3.3 kV型电缆内容(本版的表1和表4)；

——增加了UCPTJ-1.9/3.3 kV型电缆内容(本版的表1和表5)；

——删除了XJ-30A型橡皮内容(1991年版的5.3.1)；

——动力线芯35 mm^2 及以上者缆芯的绞合节距比“不大于11”调整为“不大于9”(1991年版的5.4.3;本版的6.4)；

——删除了绝缘线芯浸水工频交流电压试验内容(本版的5.2.3)；

——增加了20 ℃时接地线与屏蔽层并联直流电阻最大值(本版的7.1)；

——电缆燃烧试验由GB/T 18380.1《电缆在火焰条件下的燃烧试验　第1部分：单根绝缘电线或电缆的垂直燃烧试验方法》替代原GB 12666.2《单根电线电缆垂直燃烧试验方法》(1991年版的表4;本版的7.3)。

本部分由中国电器工业协会提出。

本部分由全国电线电缆标准化技术委员会(SAC/TC 213)归口。

本部分负责起草单位：上海电缆研究所。

本部分参加起草单位：上海矿用电缆厂、上海南洋电缆有限公司、江苏远东电缆有限公司、宝胜科技创新股份有限公司、河北华通线缆制造有限公司。

本部分主要起草人：唐家梓、曲文波、陈天荣、谭金凤、汪传斌、甘胤嗣、郝清芬。

本部分所代替标准的历次版本发布情况为：

——GB 1170—1974；

——GB 12972.4—1991。

矿用橡套软电缆 第4部分:额定电压1.9/3.3 kV及以下采煤机金属屏蔽软电缆

1 范围

GB/T 12972的本部分规定了额定电压1.9/3.3 kV及以下采煤机金属屏蔽软电缆产品品种、技术要求、试验方法和检验规则。

本部分适用于额定电压1.9/3.3 kV及以下采煤机及类似设备用铜芯橡皮绝缘橡皮护套金属屏蔽软电缆。

本部分应与GB/T 12972.1—2008共同使用。

2 规范性引用文件

下列文件中的条款通过GB/T 12972的本部分的引用而成为本部分的条款。凡是注日期的引用文件,其随后所有的修改单(不包括勘误的内容)或修订版均不适用于本部分,然而,鼓励根据本部分达成协议的各方研究是否可使用这些文件的最新版本。凡是不注日期的引用文件,其最新版本适用于本部分。

GB/T 2951.11—2008 电缆和光缆绝缘和护套材料通用试验方法 第11部分:通用试验方法——厚度和外形尺寸测量——机械性能试验(IEC 60811-1-1:2001,IDT)

GB/T 2951.12—2008 电缆和光缆绝缘和护套材料通用试验方法 第12部分:通用试验方法——热老化试验方法(IEC 60811-1-2:1985,IDT)

GB/T 2951.21—2008 电缆和光缆绝缘和护套材料通用试验方法 第21部分:弹性体混合料专用试验方法——耐臭氧试验——热延伸试验——浸矿物油试验(IEC 60811-2-1:2001,IDT)

GB/T 3048.4—2007 电线电缆电性能试验方法 第4部分:导体直流电阻试验

GB/T 3048.5—2007 电线电缆电性能试验方法 第5部分:绝缘电阻试验

GB/T 3048.8—2007 电线电缆电性能试验方法 第8部分:交流电压试验(IEC 60060-1:1989,NEQ)

GB/T 4909.2—1985 裸电线试验方法 尺寸测量(neq IEC 60251:1978)

GB/T 6995.1—2008 电线电缆识别标志方法 第1部分:一般规定

GB/T 7594.6—1987 电线电缆橡皮绝缘和护套 第6部分:65 ℃重型橡皮护套(neq IEC 60245)

GB/T 7594.7—1987 电线电缆橡皮绝缘和护套 第7部分:65 ℃重型不延燃橡皮护套(IEC 60245,NEQ)

GB/T 12972.1—2008 矿用橡套软电缆 第1部分:一般规定

GB/T 18380.1—2001 电缆在火焰条件下的燃烧试验 第1部分:单根绝缘电线或电缆的垂直燃烧试验方法(idt IEC 60332-1:1993)

JB/T 10696.7—2007 电线电缆机械和理化性能试验方法 第7部分:抗撕试验

3 使用特性

3.1 额定电压U_0/U为0.66/1.14 kV和1.9/3.3 kV。

3.2 电缆导体的长期允许工作温度为90 ℃。

3.3 电缆最小弯曲半径为电缆直径的 6 倍。

4 型号

4.1 电缆型号如表 1。

表 1

型 号	名 称	用 途
UCPT-0.66/1.14	采煤机金属屏蔽橡套软电缆	额定电压为 0.66/1.14 kV 及以下采煤机及类似设备的电源连接
UCPTJ-0.66/1.14	采煤机金属屏蔽橡套软电缆	额定电压为 0.66/1.14 kV 及以下采煤机及类似设备的电源连接
UCPT-1.9/3.3	采煤机金属屏蔽橡套软电缆	额定电压为 1.9/3.3 kV 采煤机及类似设备的电源连接
UCPTJ-1.9/3.3	采煤机金属屏蔽橡套软电缆	额定电压为 1.9/3.3 kV 采煤机及类似设备的电源连接

4.2 电缆结构如图 1。

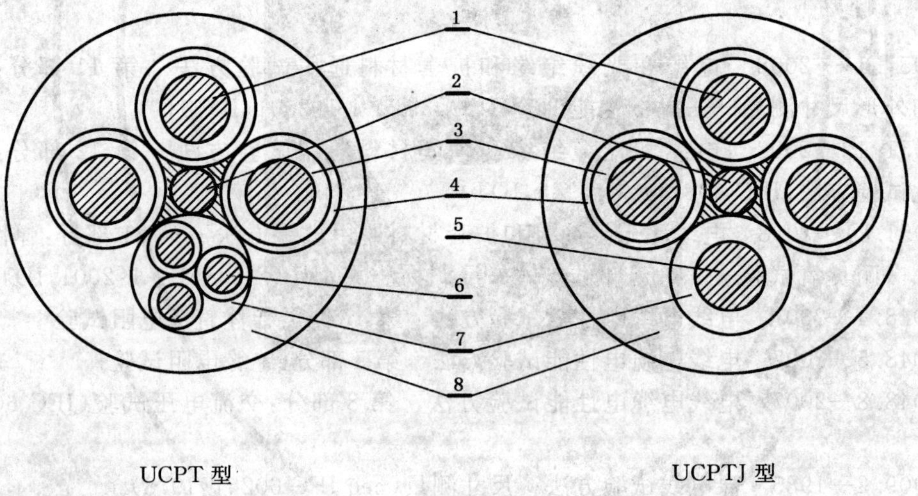

1——动力线芯导体；
2——接地线芯导体；
3——动力线芯绝缘；
4——金属/纤维屏蔽；
5——监视(辅助)线芯导体；
6——控制线芯导体；
7——控制线芯或监视(辅助)线芯绝缘；
8——护套。

图 1

5 规格

电缆规格应符合表 2～表 5 规定。

表 2

芯数×导体标称截面/mm²			动力线芯绝缘标称厚度/mm	护套标称厚度/mm	电缆外径/mm UCPT-0.66/1.14	
动力线芯	接地线芯	控制线芯			最小值	最大值
3×50	1×25	3×4	1.7	5.3	48.5	51.8
3×70	1×35	3×6	1.8	5.8	55.1	58.8
3×95	1×50	3×6	2.0	6.4	62.4	66.1
3×120	1×50	3×10	2.2	6.9	68.0	72.5

表 3

芯数×导体标称截面/mm²			动力线芯绝缘标称厚度/mm	护套标称厚度/mm	电缆外径/mm UCPTJ-0.66/1.14	
动力线芯	接地线芯	监视线芯			最小值	最大值
3×16	1×16	1×16	1.5	5.0	35.8	38.6
3×25	1×16	1×16	1.6	5.0	39.7	42.9
3×35	1×16	1×16	1.6	5.0	43.1	46.3
3×50	1×25	1×25	1.7	5.3	48.5	51.8
3×70	1×35	1×35	1.8	5.8	55.1	58.8
3×95	1×50	1×50	2.0	6.4	62.4	66.1
3×120	1×50	1×70	2.2	6.9	68.0	72.5

表 4

芯数×导体标称截面/mm²			动力线芯绝缘标称厚度/mm	控制线芯绝缘标称厚度/mm	护套标称厚度/mm	电缆外径/mm UCPT-1.9/3.3	
动力线芯	接地线芯	控制线芯				最小值	最大值
3×50	1×35	3×4	3.0	1.4	5.9	56.8	59.8
3×70	1×50	3×6	3.0	1.5	6.4	62.8	65.8
3×95	1×50	3×6	3.0	1.5	6.9	68.9	72.7
3×120	1×50	3×6	3.0	1.5	7.3	73.4	77.2

表 5

芯数×导体标称截面/mm²			动力线芯绝缘标称厚度/mm	监视线芯绝缘标称厚度/mm	护套标称厚度/mm	电缆外径/mm UCPTJ-1.9/3.3	
动力线芯	接地线芯	监视线芯				最小值	最大值
3×25	1×25	1×16	3.0	3.0	5.1	47.4	49.4
3×35	1×35	1×16	3.0	3.0	5.5	51.6	54.6
3×50	1×35	1×25	3.0	3.0	5.9	56.8	59.8
3×70	1×50	1×35	3.0	3.0	6.4	62.8	65.8
3×95	1×50	1×50	3.0	3.0	6.9	68.9	72.7
3×120	1×70	1×70	3.0	3.0	7.3	73.4	77.2

6 技术要求

6.1 导体

导体中的单丝应镀锡，导体表面可以包隔离层。

注：硫化后隔离层变色或脆裂不做考核。

6.2 绝缘

绝缘采用乙丙橡胶为基料的橡胶混合物，其性能应符合 GB/T 12972.1—2008 附录 A 中 IR2 型规定。

绝缘厚度应符合表 2～表 5 规定。

6.3 屏蔽

绝缘屏蔽采用 GB/T 12972.1—2008 表 4 中 D 类结构。

6.4 缆芯

控制线芯位置符合 GB/T 12972.1—2008 中 5.4.2 b)的规定。

监视线芯位置符合 GB/T 12972.1—2008 中 5.4.3 b)的规定。

接地线芯位置符合 GB/T 12972.1—2008 中 5.4.4 e)的规定。

线芯的绞合节径比不大于 9。

6.5 护套

如果有内护套，内护套性能应符合 GB/T 7594.6—1987 中 XH-02A 型规定。

外护套采用氯丁橡胶或相当材料为基料的橡胶混合物，其性能应符合 GB/T 7594.7—1987 中 XH-03A型规定，但抗撕裂强度应不低于 7.5 N/mm。

护套厚度应符合表 2～表 5 规定。

6.6 外径

电缆平均外径应符合表 2～表 5 规定。

7 成品电缆

7.1 20 ℃时地线芯与屏蔽层的地线与屏蔽层并联直流电阻应不大于表 6 规定。

表 6

动力线芯导体标称截面/mm^2	20 ℃时地线与屏蔽层并联直流电阻/(Ω/km) 最大值	
	U_0/U 为 0.66/1.14 kV	U_0/U 为 1.9/3.3 kV
16	0.66	—
25	0.56	0.50
35	0.54	0.50
50	0.44	0.35
70	0.30	0.35
95	0.26	0.28
120	0.24	0.28

7.2 电缆 20 ℃时的绝缘电阻应符合表 7 规定。

表 7

动力线芯导体标称截面/mm²	20 ℃时绝缘电阻/(MΩ·km)最小值	
	U_0/U 为 0.66/1.14 kV	U_0/U 为 1.9/3.3 kV
16	350	—
25	300	980
35	260	850
50	230	740
70	210	630
95	200	550
120	200	510
控制线芯	100	

7.3 电缆应不低于 GB/T 18380.1—2001 规定的燃烧试验。

7.4 成品电缆性能应符合表 8 规定。

8 检验规则

产品按表 8 规定试验。

表 8

序号	项目名称	技术要求	试验类型	试验方法
1	结构尺寸			
1.1	导体	GB/T 12972.1—2008 中 5.1 及本部分 6.1	T,S	GB/T4909.2—1985
1.2	绝缘厚度	GB/T 12972.1—2008 中 5.2.2 及本部分表 2～表 5	T,S	GB/T 2951.11—2008
1.3	屏蔽层	GB/T 12972.1—2008 中 5.3 及本部分 6.3	T,S	目力检查
1.4	缆芯	GB/T 12972.1—2008 中 5.4 及本部分 6.4	T,S	正常目力和直尺
1.5	护套厚度	GB/T 12972.1—2008 中 5.6.2 及本部分表 2～表 5	T,S	GB/T 2951.11—2008
1.6	电缆外径	本部分表 2～表 5	T,S	GB/T 2951.11—2008
2	电缆性能			
2.1	导体电阻	GB/T 12972.1—2008 中 5.8.1 及本部分表 6	T,R	GB/T 3048.4—2007
2.2	绝缘电阻	本部分 7.1	T,R	GB/T 3048.5—2007
2.3	工频交流电压试验	GB/T 12972.1—2008 中 5.8.4	T,R	GB/T 3048.8—2007

表 8（续）

序号	项目名称	技术要求	试验类型	试验方法
2.4	绝缘吸水试验	GB/T 12972.1—2008 中 5.8.13	T,S	GB/T 12972.1—2008 附录 F
2.5	燃烧试验	本部分 7.3	T,S	GB/T 18380.1—2001
2.6	绝缘机械物理性能	本部分 6.2	T,S	GB/T 2951.11—2008 GB/T 2951.12—2008 GB/T 2951.21—2008
2.7	护套机械物理性能	本部分 6.5	T,S	GB/T 2951.11—2008 GB/T 2951.12—2008 GB/T 2951.21—2008 JB/T 10696.7—2007
3	印刷标志耐擦试验	GB/T 12972.1—2008 中 5.7	T,S	GB/T 6995.1—2008
4	交货长度	GB/T 12972.1—2008 中 5.8.16	R	计米器

ICS 29.060.20
K 13

中华人民共和国国家标准

GB/T 12972.5—2008
代替 GB 12972.5—1991

矿用橡套软电缆 第5部分：额定电压0.66/1.14 kV及以下移动橡套软电缆

Flexible rubber-sheathed cables for mining purposes—
Part 5: Flexible cables for rated voltages up to 0.66/1.14 kV

2008-06-30 发布　　2009-04-01 实施

中华人民共和国国家质量监督检验检疫总局
中国国家标准化管理委员会　发布

前　言

GB/T 12972《矿用橡套软电缆》分为10个部分：

——第1部分：一般规定；

——第2部分：额定电压1.9/3.3 kV及以下采煤机软电缆；

——第3部分：额定电压0.66/1.14 kV采煤机屏蔽监视加强型软电缆；

——第4部分：额定电压1.9/3.3 kV及以下采煤机金属屏蔽软电缆；

——第5部分：额定电压0.66/1.14 kV及以下移动橡套软电缆；

——第6部分：额定电压6/10 kV及以下金属屏蔽监视型软电缆；

——第7部分：额定电压6/10 kV及以下屏蔽橡套软电缆；

——第8部分：额定电压0.3/0.5 kV矿用电钻电缆；

——第9部分：额定电压0.3/0.5 kV矿用移动轻型橡套软电缆；

——第10部分：矿工帽灯电线。

本部分为GB/T 12972的第5部分。

本部分代替GB 12972.5—1991《矿用橡套软电缆　第5部分：额定电压0.66/1.14 kV及以下移动橡套软电缆》。

本部分与GB 12972.5—1991相比主要变化如下：

——删除了XJ-00A型橡皮的内容(1991年版的5.3.1和5.3.2;本版的6.2)；

——调高了绝缘动力线芯20 ℃时的绝缘电阻(1991年版的表3;本版的表5)；

——增加了单芯电缆内容(本版的表2)；

——额定电压U_0/U为0.38/0.66 kV电缆规格由导体截面4 mm^2～70 mm^2增加到4 mm^2～120 mm^2;额定电压U_0/U为0.66/1.14 kV电缆规格由导体截面10 mm^2～95 mm^2增加到10 mm^2～120 mm^2(1991年版的表2a和表2b;本版的表3和表4)；

——增加了单芯电缆燃烧试验(本版的7.2)；

——多芯电缆燃烧试验由GB/T 18380.3《电缆在火焰条件下的燃烧试验　第3部分　成束电线或电缆的燃烧试验方法》替代GB/T 12666.2《单根电线电缆垂直燃烧试验方法》(1991年版的表4;本版的7.2)。

本部分由中国电器工业协会提出。

本部分由全国电线电缆标准化技术委员会(SAC/TC 213)归口。

本部分负责起草单位：上海电缆研究所。

本部分参加起草单位：煤炭科学研究总院抚顺分院、上海胜华电缆集团有限公司、青岛汉缆股份有限公司、江苏上上电缆集团有限公司、江苏中煤电缆集团有限公司。

本部分主要起草人：曾纪刚、唐家梓、富宝灿、胡建国、王长春、袁杰、刘文胜。

本部分所代替标准的历次版本发布情况为：

——GB 1170—1974；

——GB 12972.5—1991。

矿用橡套软电缆
第5部分：额定电压0.66/1.14 kV及
以下移动橡套软电缆

1 范围

GB/T 12972 的本部分规定了额定电压 0.66/1.14 kV 及以下移动橡套软电缆产品品种、技术要求、试验方法和检验规则。

本部分适用于额定电压 0.66/1.14 kV 及以下移动设备用铜芯橡皮绝缘橡皮护套软电缆。

本部分应与 GB/T 12972.1—2008 共同使用。

2 规范性引用文件

下列文件中的条款通过 GB/T 12972 的本部分的引用而成为本部分的条款。凡是注日期的引用文件，其随后所有的修改单(不包括勘误的内容)或修订版均不适用于本部分，然而，鼓励根据本部分达成协议的各方研究是否可使用这些文件的最新版本。凡是不注日期的引用文件，其最新版本适用于本部分。

GB/T 2951.11—2008 电缆和光缆绝缘和护套材料通用试验方法 第11部分：通用试验方法——厚度和外形尺寸测量——机械性能试验(IEC 60811-1-1:2001,IDT)

GB/T 2951.12—2008 电缆和光缆绝缘和护套材料通用试验方法 第12部分：通用试验方法——热老化试验方法(IEC 60811-1-2:1985,IDT)

GB/T 2951.21—2008 电缆和光缆绝缘和护套材料通用试验方法 第21部分：弹性体混合料专用试验方法——耐臭氧试验——热延伸试验——浸矿物油试验(IEC 60811-2-1:2001,IDT)

GB/T 3048.4—2007 电缆电缆电性能试验方法 第4部分：导体直流电阻试验

GB/T 3048.5—2007 电缆电缆电性能试验方法 第5部分：绝缘电阻试验

GB/T 3048.8—2007 电线电缆电性能试验方法 第8部分：交流电压试验(IEC 60060-1:1989,NEQ)

GB/T 4909.2—1985 裸电线试验方法 尺寸测量(IEC 60251:1978,NEQ)

GB/T 6995.1—2008 电线电缆识别标志方法 第1部分：一般规定

GB/T 7594.6—1987 电线电缆橡皮绝缘和护套 第6部分：65 ℃重型橡皮护套(neq IEC 60245)

GB/T 7594.7—1987 电线电缆橡皮绝缘和护套 第7部分：65 ℃重型不延燃橡皮护套(neq IEC 60245)

GB/T 12972.1—2008 矿用橡套软电缆 第1部分：一般规定

GB/T 18380.1—2001 电缆在火焰条件下的燃烧试验 第1部分：单根绝缘电线或电缆的垂直燃烧试验方法(idt IEC 60332-1:1993)

GB/T 18380.3—2001 电缆在火焰条件下的燃烧试验 第3部分：成束电线或电缆的燃烧试验方法(idt IEC 60332-3:1992)

JB/T 10696.7—2007 电线电缆机械和理化性能试验方法 第7部分：抗撕试验

3 使用特性

3.1 额定电压 U_0/U 为 0.38/0.66 kV 和 0.66/1.14 kV。

3.2 电缆导体的长期允许工作温度为 65 ℃。

3.3 电缆最小弯曲半径为电缆直径的 6 倍。

3.4 电缆不得在日光下长期暴露。

4 型号

4.1 电缆型号如表 1。

表 1

型 号	名 称	用 途
UY-0.38/0.66	矿用移动橡套软电缆	额定电压 0.38/0.66 kV 各种井下移动采煤设备的电源连接
UYP-0.38/0.66	矿用移动屏蔽橡套软电缆	额定电压 0.38/0.66 kV 各种井下移动采煤设备的电源连接
UYP-0.66/1.14	矿用移动屏蔽橡套软电缆	额定电压 0.66/1.14 kV 各种井下移动采煤设备的电源连接

4.2 电缆型式如图 1。

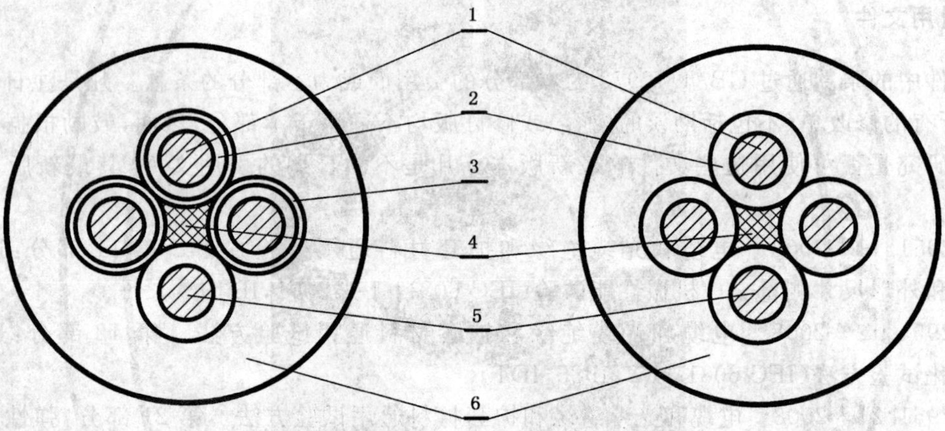

1——动力线芯导体；

2——绝缘；

3——绝缘屏蔽；

4——填充；

5——接地线芯导体；

6——外护套。

图 1

5 规格

电缆规格应符合表 2、表 3 和表 4 规定。

表 2

芯数×导体标称截面/mm²	动力线芯绝缘标称厚度/mm	护套标称厚度/mm	电缆外径/mm UY-0.38/0.66	
			最小值	最大值
1×4	1.4	1.5	8.0	10.0
1×6	1.4	1.6	9.0	11.0
1×10	1.6	1.8	11.0	13.0
1×16	1.6	1.9	12.0	14.5

表 2(续)

芯数×导体标称截面/mm²	动力线芯绝缘标称厚度/mm	护套标称厚度/mm	电缆外径/mm UY-0.38/0.66	
			最小值	最大值
1×25	1.8	2.0	13.5	16.5
1×35	1.8	2.2	15.5	18.5
1×50	2.0	2.4	17.5	21.0
1×70	2.0	2.6	20.0	23.0
1×95	2.2	2.8	23.0	26.0
1×120	2.2	3.0	24.5	28.5
1×150	2.4	3.2	27.5	31.5
1×185	2.4	3.4	30.0	34.5
1×240	2.6	3.5	33.5	38.5
1×300	2.6	3.6	37.0	42.0
1×400	2.8	3.8	42.0	47.0

表 3

芯数×导体标称截面/mm²		动力线芯绝缘标称厚度/mm	护套标称厚度/mm	电缆外径/mm			
				UY-0.38/0.66		UYP-0.38/0.66	
动力线芯	接地线芯			最小值	最大值	最小值	最大值
3×4	1×4	1.4	3.5	20.3	23.4	23.7	27.2
3×6	1×6	1.4	3.5	23.0	26.4	26.4	30.1
3×10	1×10	1.6	4.0	27.5	31.3	30.9	34.7
3×16	1×10	1.6	4.0	29.6	33.4	33.0	36.8
3×25	1×16	1.8	4.5	35.6	39.8	39.0	43.2
3×35	1×16	1.8	4.5	38.7	42.9	42.1	46.3
3×50	1×16	2.0	5.0	43.6	47.9	47.1	51.4
3×70	1×25	2.0	5.0	49.7	54.4	52.4	57.1
3×95	1×25	2.2	5.5	56.1	61.5	58.7	65.6
3×120	1×35	2.2	5.5	60.5	66.2	63.0	70.4

表 4

芯数×导体标称截面/mm²		动力线芯绝缘标称厚度/mm	护套标称厚度/mm	电缆外径/mm UYP-0.66/1.14	
动力线芯	接地线芯			最小值	最大值
3×10	1×10	1.8	4.5	32.4	36.2
3×16	1×10	1.8	4.5	34.6	38.4
3×25	1×16	2.0	5.0	41.1	45.3
3×35	1×16	2.0	5.0	44.2	48.4

表 4（续）

芯数×导体标称截面/mm²		动力线芯绝缘标称厚度/mm	护套标称厚度/mm	电缆外径/mm UYP-0.66/1.14	
动力线芯	接地线芯			最小值	最大值
3×50	1×16	2.2	5.5	49.1	53.4
3×70	1×25	2.2	5.5	55.5	60.2
3×95	1×25	2.4	6.0	61.2	65.9
3×120	1×35	2.4	6.0	64.2	71.0

6 技术要求

6.1 导体

导体中的单丝允许镀锡。导体表面可以包隔离带。

6.2 绝缘

动力线芯和非屏蔽型电缆接地线芯的绝缘采用乙橡胶为基料的橡胶混合物，其性能应符合 GB/T 12972.1—2008 附录 A 中 IR1 型规定。

绝缘厚度应符合表 2～表 4 规定。

6.3 屏蔽

绝缘屏蔽采用 GB/T 12972.1—2008 表 4 中的 A 类结构。

6.4 缆芯

接地线芯位置符合 GB/T 12972.1—2008 第 4 章 b)的规定。

缆芯的绞合节距比应不大于：

动力线芯截面 4 mm～16 mm ………………………………………………………… 12；

动力线芯截面 25 mm～120 mm ……………………………………………………… 14。

6.5 护套

如果有橡皮内护套，内护套性能应符合 GB/T 7594.6—1987 中 XH-02A 型规定。

外护套采用氯丁橡胶或相当材料为基料的橡胶混合物，其性能应符合 GB/T 7594.7—1987 中 XH-03A型规定，但抗撕裂强度应不低于 7.5 N/mm。

护套厚度应符合表 2～表 4 规定。

6.6 外径

电缆平均外径应符合表 2～表 4 的规定。

7 成品电缆

7.1 电缆 20 ℃时的绝缘电阻应符合表 5 的规定。

表 5

动力线芯标称截面/mm²	20 ℃时绝缘电阻/(MΩ·km) 最小值	
	U_0/U 为 0.38/0.66 kV	U_0/U 为 0.66/1.14 kV
4	520	—
6	450	—
10	400	440
16	340	370

表 5（续）

动力线芯标称截面/ mm^2	20 ℃时绝缘电阻/(MΩ·km) 最小值	
	U_0/U 为 0.38/0.66 kV	U_0/U 为 0.66/1.14 kV
25	280	340
35	270	300
50	250	280
70	220	240
95	210	230
120	190	220
150	190	—
185	170	—
240	170	—
300	150	—
400	140	—

7.2 多芯电缆应经受 GB/T 18380.3—2001 规定的燃烧试验。

单芯电缆应不低于 GB/T 18380.1—2001 规定的燃烧试验要求。

7.3 成品电缆性能应符合表 6 规定。

8 检验规则

产品按表 6 规定试验。

表 6

序号	项目名称	技术要求	试验类型	试验方法
1	结构尺寸			
1.1	导体	GB/T 12972.1—2008 中 5.1 及本部分 6.1	T,S	GB/T 4909.2—1985
1.2	绝缘厚度	GB/T 12972.1—2008 中 5.2.2 及本部分表 2～表 4	T,S	GB/T 2951.11—2008
1.3	屏蔽层	GB/T 12972.1—2008 中 5.3 及本部分 6.3	T,S	目力检查
1.4	缆芯	GB/T 12972.1—2008 中 5.4 及本部分 6.4	T,S	正常目力和直尺
1.5	护套厚度	GB/T 12972.1—2008 中 5.6 及本部分表 2～表 4	T,S	GB/T 2951.11—2008
1.6	电缆外径	本部分表 2～表 4	T,S	GB/T 2951.11—2008
2	电缆性能			
2.1	导体电阻	GB/T 12972.1—2008 中 5.8.1	T,R	GB/T 3048.4—2007
2.2	绝缘电阻	本部分表 5	T,R	GB/T 3048.5—2007
2.3	过渡电阻	GB/T 12972.1—2008 中 5.8.3	T,S	GB/T 12972.1—2008 附录 E
2.4	工频交流电压试验	GB/T 12972.1—2008 表 6	T,R	GB/T 3048.8—2007
2.5	燃烧试验	本部分 7.2	T,S	GB/T 18380.3—2001 或 GB/T 18380.1—2001

表 6（续）

序号	项目名称	技 术 要 求	试验类型	试 验 方 法
2.6	机械冲击试验	GB/T 12972.1—2008 中 5.8.6	T,S	GB/T 12972.1—2008 附录 B
2.7	挤压试验	GB/T 12972.1—2008 中 5.8.7	T,S	GB/T 12972.1—2008 附录 C
2.8	绝缘机械物理性能	本部分 6.2	T,S	GB/T 2951.11—2008 GB/T 2951.12—2008 GB/T 2951.21—2008
2.9	护套机械物理性能	本部分 6.5	T,S	GB/T 2951.11—2008 GB/T 2951.12—2008 GB/T 2951.21—2008 JB/T 10696.7—2007
3	印刷标志耐擦试验	GB/T 12972.1—2008 中 5.7	T,S	GB/T 6995.1—2008
4	交货长度	GB/T 12972.1—2008 中 5.8.16	R	计米器

ICS 29.060.20
K 13

中华人民共和国国家标准

GB/T 12972.6—2008
代替 GB 12972.6—1991

矿用橡套软电缆 第6部分:额定电压6/10 kV及以下金属屏蔽监视型软电缆

Flexible rubber-sheathed cables for mining purposes—Part 6: Flexible cables with monitoring core and metallic screens for rated voltages up to 6/10 kV

2008-06-30 发布 2009-04-01 实施

中华人民共和国国家质量监督检验检疫总局
中国国家标准化管理委员会 发布

前　言

GB/T 12972《矿用橡套软电缆》分为10个部分：

——第1部分：一般规定；

——第2部分：额定电压1.9/3.3 kV及以下采煤机软电缆；

——第3部分：额定电压0.66/1.14 kV采煤机屏蔽监视加强型软电缆；

——第4部分：额定电压1.9/3.3 kV及以下采煤机金属屏蔽软电缆；

——第5部分：额定电压0.66/1.14 kV及以下移动橡套软电缆；

——第6部分：额定电压6/10 kV及以下金属屏蔽监视型软电缆；

——第7部分：额定电压6/10 kV及以下屏蔽橡套软电缆；

——第8部分：额定电压0.3/0.5 kV矿用电钻电缆；

——第9部分：额定电压0.3/0.5 kV矿用移动轻型橡套软电缆；

——第10部分：矿工帽灯电线。

本部分为GB/T 12972的第6部分。

本部分代替GB 12972.6—1991《矿用橡套软电缆　第6部分 额定电压3.6/6 kV屏蔽监视型软电缆》。

本部分与GB 12972.6—1991相比，主要变化如下：

——名称更改为“额定电压6/10 kV及以下金属屏蔽监视型软电缆”；

——增加了额定电压6/10 kV金属屏蔽监视型软电缆及相关要求(本版的表1和表3)；

——额定电压U_0/U为3.6/6 kV电缆规格由导体截面25 mm^2～50 mm^{2}增加到25 mm^2～120 mm^2(1991年版的表2；本版的表2)；

——删除了XJ-30A型橡皮绝缘和XJ-10A型橡皮的内容(1991年版的5.3.1和5.5.1)；

——电缆局部放电试验类型中抽样试验修订为例行试验(1991年版的表4；本版的表5)；

——电缆燃烧试验由GB/T 18380.3《电缆在火焰条件下的燃烧试验　第3部分 成束电线或电缆的燃烧试验方法》替代原GB/T 12666.2《单根电线电缆垂直燃烧试验方法》(1991年版的表4；本版的7.2)。

本部分的附录A为规范性附录。

本部分由中国电器工业协会提出。

本部分由全国电线电缆标准化技术委员会(SAC/TC 213)归口。

本部分负责起草单位：上海电缆研究所。

本部分参加起草单位：煤炭科学研究总院上海分院、上海胜华电缆集团有限公司、上海南洋电缆有限公司、山东兖矿集团长龙电缆制造有限公司、江苏上上电缆集团有限公司。

本部分主要起草人：曾纪刚、唐家梓、奚宏、旷天申、谭金凤、李兴强、袁杰。

本部分所代替标准的历次版本发布情况为：

——GB 1170—1974；

——GB 12972.6—1991。

矿用橡套软电缆
第6部分:额定电压6/10 kV及以下金属屏蔽监视型软电缆

1 范围

GB/T 12972的本部分规定了额定电压6/10 kV及以下金属屏蔽监视型软电缆产品品种、技术要求、试验方法和检验规则。

本部分适用于井下移动变压器及类似设备用铜芯金属屏蔽监视型橡皮绝缘橡皮护套软电缆。

本部分应与GB/T 12972.1—2008共同使用。

2 规范性引用文件

下列文件中的条款通过GB/T 12972的本部分的引用而成为本部分的条款。凡是注日期的引用文件,其随后所有的修改单(不包括勘误的内容)或修订版均不适用于本部分,然而,鼓励根据本部分达成协议的各方研究是否可使用这些文件的最新版本。凡是不注日期的引用文件,其最新版本适用于本部分。

GB/T 2951.11—2008　电缆和光缆绝缘和护套材料通用试验方法　第11部分:通用试验方法——厚度和外形尺寸测量——机械性能试验(IEC 60811-1-1:2001,IDT)

GB/T 2951.12—2008　电缆和光缆绝缘和护套材料通用试验方法　第12部分:通用试验方法——热老化试验方法(IEC 60811-1-2:1985,IDT)

GB/T 2951.21—2008　电缆和光缆绝缘和护套材料通用试验方法　第21部分:弹性体混合料专用试验方法——耐臭氧试验——热延伸试验——浸矿物油试验(IEC 60811-2-1:2001,IDT)

GB/T 3048.4—2007　电缆电缆电性能试验方法　第4部分:导体直流电阻试验

GB/T 3048.5—2007　电缆电缆电性能试验方法　第5部分:绝缘电阻试验

GB/T 3048.8—2007　电线电缆电性能试验方法　第8部分:交流电压试验(IEC 60060-1:1989,NEQ)

GB/T 3048.11—2007　电缆电缆电性能试验方法　第11部分:介质损失角正切试验

GB/T 3048.12—2007　电缆电缆电性能试验方法　第12部分:局部放电试验(IEC 60885-3:1988,MOD)

GB/T 3048.13—2007　电缆电缆电性能试验方法　第13部分:冲击电压试验(IEC 60230:1966,IEC60060-1:1989,MOD)

GB/T 4909.2—1985　裸电线试验方法　尺寸测量(neq IEC 60251:1978)

GB/T 6995.1—2008　电线电缆识别标志方法　第1部分:一般规定

GB/T 12972.1—2008　矿用橡套软电缆　第1部分:一般规定法

GB/T 18380.3—2001　电缆在火焰条件下的燃烧试验　第3部分:成束电线或电缆的燃烧试验方法(idt IEC 60332-3:1992)

JB/T 10696.7—2007　电线电缆机械和理化性能试验方法　第7部分:抗撕试验

3 使用特性

3.1 额定电压 U_0/U 为 3.6/6 kV 和 6/10 kV。

3.2 电缆导体的长期允许工作温度为 90 ℃。

3.3 电缆最小弯曲半径为电缆直径的 6 倍。

3.4 电缆不得在日光下长期暴露。

3.5 电缆的接地线芯应良好接地。

4 型号

4.1 电缆型号如表 1。

表 1

型 号	名 称	用 途
UYPTJ-3.6/6	矿用移动金属屏蔽监视型橡套软电缆	额定电压为 3.6/6 kV 的井下移动变压器及类似设备的电源连接
UYPTJ-6/10	矿用移动金属屏蔽监视型橡套软电缆	额定电压为 6/10 kV 的井下移动变压器及类似设备的电源连接

4.2 电缆型式如图 1。

1——动力线芯导体；
2——导体屏蔽；
3——绝缘；
4——绝缘金属屏蔽(兼作接地线)；
5——内护套；
6——监视线芯及半导电带包层；
7——绝缘包带；
8——外护套。

图 1

5 规格

电缆规格应符合表 2、表 3 规定。

表 2

芯数×导体标称截面/mm²			动力线芯绝缘标称厚度/mm	内护套计算厚度/mm	外护套标称厚度/mm	电缆外径/mm UYPTJ-3.6/6	
动力线芯	接地线芯	监视线芯				最小值	最大值
3×25	3×16/3	3×2.5	4.0	2.5	5.5	64.8	70.8
3×35	3×16/3	3×2.5	4.0	2.5	5.5	66.3	74.3
3×50	3×16/3	3×2.5	4.0	2.5	5.5	71.7	77.7
3×70	3×25/3	3×2.5	4.0	3.0	5.5	76.7	83.8
3×95	3×35/3	3×2.5	4.0	3.0	5.5	80.9	88.4
3×120	3×35/3	3×2.5	4.0	3.0	5.5	84.9	92.7
注：计算厚度不做考核。							

表 3

芯数×导体标称截面/mm²			动力线芯绝缘标称厚度/mm	内护套计算厚度/mm	外护套标称厚度/mm	电缆外径/mm UYPTJ-6/10	
动力线芯	接地线芯	监视线芯				最小值	最大值
3×25	3×16/3	3×2.5	4.5	2.5	5.5	66.8	73.0
3×35	3×16/3	3×2.5	4.5	2.5	5.5	69.7	76.2
3×50	3×35/3	3×2.5	4.5	3.0	5.5	74.4	81.3
3×70	3×35/3	3×2.5	4.5	3.0	5.5	78.8	86.1
3×95	3×50/3	3×2.5	4.5	3.0	5.5	83.0	90.7
3×120	3×50/3	3×2.5	4.5	3.0	5.5	85.3	95.0
注：计算厚度不做考核。							

6 技术要求

6.1 导体

导体中的单丝应镀锡。

导体屏蔽采用 GB/T 12972.1—2008 中表 3 的 A 类或 C 类结构。

6.2 绝缘

绝缘应采用乙丙橡胶为基料的橡胶混合物，其性能应符合 GB/T 12972.1—2008 附录 A 中 IR2 型规定。

绝缘厚度应符合表 2～表 3 及 GB/T 12972.1—2008 中 5.2.2 规定。

绝缘屏蔽采用 GB/T 12972.1—2008 表 4 中 B 类或 C 类结构。

6.3 缆芯

监视线芯位置符合 GB/T 12972.1—2008 中 5.4.3d)的规定

接地线芯位置符合 GB/T 12972.1—2008 中 5.4.4c)的规定。

线芯的绞合节径比不大于 12。

6.4 内护套

内护套应符合 GB/T 12972.1—2008 附录 A 中 IR2 型规定。

内护套外允许绕包一层绝缘布带。

6.5 监视层

监视层采用半导电带包层＋监视线(3 根)＋半导电带包层结构形式，3 根监视线芯应间隔均匀并绞合，节径比不大于 12。

监视层外应有一层绝缘带包层。

6.6 外护套

外护套采用氯丁橡胶或相当材料为基料的橡胶混合物，其性能应符合本部分附录 A 规定。

护套厚度应符合表 2、表 3 及 GB/T 12972.1—2008 中 5.6.2 规定。

6.7 外径

电缆平均外径应符合表 2 和表 3 的规定。

7 成品电缆

7.1 电缆 20 ℃时的绝缘电阻应符合表 4 的规定。

表 4

动力线芯标称截面/mm²	20 ℃时绝缘电阻/(MΩ·km)最小值		
	动力线芯		监视线芯
	3.6/6 kV	6/10 kV	
25	650	1 000	5
35	550	980	5
50	500	870	5
70	450	770	5
95	410	700	5
120	370	640	5

7.2 电缆应经受 GB/T 18380.3—2001 规定的燃烧试验。

7.3 成品电缆性能应符合表 5 规定。

8 检验规则

产品按表 5 规定试验。

表 5

序号	项目名称	技术要求	试验类型	试验方法
1	结构尺寸			
1.1	导体	GB/T 12972.1—2008 中 5.1 及本部分 6.1	T,S	GB 4909.2—1985
1.2	绝缘厚度	GB/T 12972.1—2008 中 5.2 及本部分表 2～表 3	T,S	GB/T 2951.11—2008
1.3	屏蔽层	本部分 6.2	T,S	目力检查
1.4	缆芯	GB/T 12972.1—2008 中 5.4 及本部分 6.3	T,S	正常目力和直尺
1.5	护套厚度	GB/T 12972.1—2008 中 5.6 及本部分表 2～表 3	T,S	GB/T 2951.11—2008
1.6	电缆外径	本部分表 2～表 3	T,S	GB/T 2951.11—2008

表 5（续）

序号	项目名称	技术要求	试验类型	试验方法
2	电缆性能			
2.1	导体电阻	GB/T 12972.1—2008 中 5.8.1	T,R	GB/T 3048.4—2007
2.2	绝缘电阻	本部分表 5	T,R	GB/T3048.5—2007
2.3	过渡电阻	GB/T 12972.1—2008 中 5.8.3	T,S	GB/T 12972.1—2008 附录 E
2.4	工频交流电压试验	GB/T 12972.1—2008 表 6	T,R	GB/T 3048.8—2007
2.5	燃烧试验	本部分 7.2	T,S	GB/T 18380.3—2001
2.6	局部放电试验	GB/T 12972.1—2008 中 5.8.9	T,R	GB/T 3048.12—2007
2.7	介质损失角正切值试验	GB/T 12972.1—2008 中 5.8.10	T,S	GB/T 3048.11—2007
2.8	冲击电压试验	GB/T 12972.1—2008 中 5.8.11	T,S	GB/T 3048.13—2007
2.9	4h 电压试验	GB/T 12972.1—2008 中 5.8.12	T,S	GB/T 3048.8—2007
2.10	绝缘吸水试验	GB/T 12972.1—2008 中 5.8.13	T,S	GB/T 12972.1—2008 附录 F
2.11	绝缘机械物理性能	本部分 6.2	T,S	GB/T 2951.11—2008 GB/T 2951.12—2008 GB/T 2951.21—2008
2.12	护套机械物理性能	本部分 6.6	T,S	GB/T 2951.11—2008 GB/T 2951.12—2008 GB/T 2951.21—2008 JB/T 10696.7—2007
3	印刷标志耐擦试验	GB/T 12972.1—2008 中 5.7	T,S	GB/T 6995.1—2008
4	交货长度	GB/T 12972.1—2008 中 5.8.16	R	计米器
注：第 2.6～2.9 项试验时，试验样品两端附件之间长度 10m～15m，试验在同一试样上进行，顺序为 2.6、2.7、2.8 和 2.9，2.7 和 2.9 项亦可单独。				

附 录 A
（规范性附录）
护套橡皮性能要求

护套橡皮性能要求见表 A.1。

表 A.1

序号	试验项目			指标	
1	老化前试样				
1.1	抗张强度	最小值	MPa	11.0	
1.2	断裂伸长率	最小值	MPa	250	
1.3	抗撕强度	最小值	N/mm	7.5	
2	空气烘箱老化试验				
	试验温度		℃	120±2	110±1[a]
	试验时间		h	7×24	28×24[a]
2.1	抗张强度变化率	最大值	%	±30	±50[a]
2.2	断裂伸长率	最小值	%	—	120[a]
2.3	断裂伸长率变化率	最大值	%	±40	—
2.4	14 d～28 d 老化后断裂伸长率中间值之差与老化前断裂伸长率之比			—	±20[a]
3	空气弹老化试验				
	试验温度		℃	127±1	
	试验压力		kPa	550±20	
	试验时间		h	42	
3.1	抗张强度变化率	最大值	%	±50	
3.2	断裂伸长率变化率	最大值	%	±50	
4	浸油试验				
	试验温度		℃	100±2	
	试验时间		h	24	
4.1	抗张强度变化率	最大值	%	±40	
4.2	断裂伸长率变化率	最大值	%	±40	
5	热延伸试验				
	试验温度		℃	200±3	
	机械应力		kPa	200	
	载荷时间		min	15	
5.1	载荷伸长率	最大值	%	175	
5.2	冷却后永久变形	最大值	%	25	

a 用户要求时才进行该项试验。

ICS 29.060.20
K 13

中华人民共和国国家标准

GB/T 12972.7—2008
代替 GB 12972.7—1991

矿用橡套软电缆
第 7 部分:额定电压 6/10 kV 及以下屏蔽橡套软电缆

**Flexible rubber-sheathed cables for mining purposes—
Part 6:Flexible cables with screens for rated voltages up to 6/10 kV**

2008-06-30 发布　　2009-04-01 实施

中华人民共和国国家质量监督检验检疫总局
中国国家标准化管理委员会　发布

前　言

GB/T 12972《矿用橡套软电缆》分为10个部分：

——第1部分：一般规定；

——第2部分：额定电压1.9/3.3 kV及以下采煤机软电缆；

——第3部分：额定电压0.66/1.14 kV采煤机屏蔽监视加强型软电缆；

——第4部分：额定电压1.9/3.3 kV及以下采煤机金属屏蔽软电缆；

——第5部分：额定电压0.66/1.14 kV及以下移动橡套软电缆；

——第6部分：额定电压6/10 kV及以下金属屏蔽监视型软电缆；

——第7部分：额定电压6/10 kV及以下屏蔽橡套软电缆；

——第8部分：额定电压0.3/0.5 kV矿用电钻电缆；

——第9部分：额定电压0.3/0.5 kV矿用移动轻型橡套软电缆；

——第10部分：矿工帽灯电线。

本部分为GB/T 12972的第7部分。

本部分从实施之日起替代GB 12972.7—1991《矿用橡套软电缆　第7部分：额定电压3.6/6 kV屏蔽橡套软电缆》。

本部分与GB 12972.7—1991相比，主要变化如下：

——名称更改为“额定电压6/10 kV及以下屏蔽橡套软电缆”；

——增加额定电压6/10 kV的UYPT和UYDPT型电缆内容(本版的表1和表4)；

——额定电压为3.6/6 kV电缆规格由导体截面16 mm^2～50 mm^2增加到16 mm^2～120 mm^2(1991年版的表2a和表2b；本版的表2和表3)；

——删除了XJ-30A型橡皮内容(1991年版的5.3.1)；

——调整提高绝缘动力线芯20 ℃时的绝缘电阻值(本版的表5)；

——电缆局部放电试验类型中抽样试验修订为例行试验(1991年版的表4；本版的表6)；

——电缆燃烧试验由GB/T 18380.1《电缆在火焰条件下的燃烧试验　第1部分：单根绝缘电线或电缆的垂直燃烧试验方法》替代原GB/T 12666.2《单根电线电缆垂直燃烧试验方法》(1991年版的表4；本版7.2)。

本部分的附录A为规范性附录。

本部分由中国电器工业协会提出。

本部分由全国电线电缆标准化技术委员会(SAC/TC 213)归口。

本部分负责起草单位：上海电缆研究所。

本部分参加起草单位：煤炭科学研究总院抚顺分院、上海胜华电缆集团有限公司、青岛汉缆股份有限公司、江苏远东电缆有限公司、河北华通线缆制造有限公司。

本部分主要起草人：曾纪刚、曲文波、富宝灿、胡建国、王长春、汪传斌、郝清芬。

本部分所代替标准的历次版本发布情况为：

——GB 1170—1974；

——GB 12972.7—1991。

矿用橡套软电缆
第7部分:额定电压6/10 kV及以下
屏蔽橡套软电缆

1 范围

GB/T 12972的本部分规定了额定电压6/10 kV及以下屏蔽监视型软电缆产品品种、技术要求、试验方法和检验规则。

本部分适用于地面移动式矿山机械设备用额定电压6/10 kV及以下铜芯屏蔽监视型橡皮绝缘橡皮护套软电缆。

本部分应与GB/T 12972.1—2008共同使用。

2 规范性引用文件

下列文件中的条款通过GB/T 12972的本部分的引用而成为本部分的条款。凡是注日期的引用文件,其随后所有的修改单(不包括勘误的内容)或修订版均不适用于本部分,然而,鼓励根据本部分达成协议的各方研究是否可使用这些文件的最新版本。凡是不注日期的引用文件,其最新版本适用于本部分。

GB/T 2951.11—2008 电缆和光缆绝缘和护套材料通用试验方法 第11部分:通用试验方法——厚度和外形尺寸测量——机械性能试验(IEC 60811-1-1:2001,IDT)

GB/T 2951.12—2008 电缆和光缆绝缘和护套材料通用试验方法 第12部分:通用试验方法——热老化试验方法(IEC 60811-1-2:1985,IDT)

GB/T 2951.14—2008 电缆和光缆绝缘和护套材料通用试验方法 第14部分:通用试验方法——低温试验(IEC 60811-1-4:1985,IDT)

GB/T 2951.21—2008 电缆和光缆绝缘和护套材料通用试验方法 第21部分:弹性体混合料专用试验方法——耐臭氧试验——热延伸试验——浸矿物油试验(IEC 60811-2-1:2001,IDT)

GB/T 3048.4—2007 电缆电缆电性能试验方法 第4部分:导体直流电阻试验

GB/T 3048.5—2007 电缆电缆电性能试验方法 第5部分:绝缘电阻试验

GB/T 3048.8—2007 电线电缆电性能试验方法 第8部分:交流电压试验(IEC 60060-1:1989,NEQ)

GB/T 3048.11—2007 电缆电缆电性能试验方法 第11部分:介质损失角正切试验

GB/T 3048.12—2007 电缆电缆电性能试验方法 第12部分:局部放电试验(IEC 60885-3:1988,MOD)

GB/T 3048.13—2007 电缆电缆电性能试验方法 第13部分:冲击电压试验(IEC 60230:1966,IEC 60060-1:1989,MOD)

GB/T 4909.2—1985 裸电线试验方法 尺寸测量(neq IEC 60251:1978)

GB/T 6995.1—2008 电线电缆识别标志方法 第1部分:一般规定

GB/T 12972.1—2008 矿用橡套软电缆 第1部分:一般规定法

GB/T 18380.1—2001 电缆在火焰条件下的燃烧试验 第1部分:单根绝缘电线或电缆的垂直燃

烧试验方法(idt IEC 60332-1:1993)

JB/T 10696.7—2007 电线电缆机械和理化性能试验方法 第7部分:抗撕试验

3 使用特性

3.1 额定电压 U_0/U 分别为 3.6/6 kV 和 6/10 kV。

3.2 电缆导体的长期允许工作温度为 90 ℃。

3.3 电缆最小弯曲半径为电缆直径的6倍。

3.4 电缆的接地线芯应良好接地。

4 型号

4.1 电缆型号如表1。

表1

型号	名称	用途
UYP-3.6/6	矿用移动屏蔽橡套软电缆	额定电压为 6/10 kV 及以下移动式地面矿山机械电源连接,环境温度下限为−20 ℃
UYPT-3.6/6	矿用移动金属屏蔽橡套软电缆	
UYPT-6/10	矿用移动金属屏蔽橡套软电缆	
UYDP-3.6/6	矿用移动屏蔽橡套电缆	额定电压为 3.6/6 kV 移动式地面矿山机械电源连接,环境温度下限为−40 ℃
UYDPT-3.6/6	矿用移动金属屏蔽橡套软电缆	
UYDPT-6/10	矿用移动金属屏蔽橡套软电缆	

4.2 电缆型式如图1。

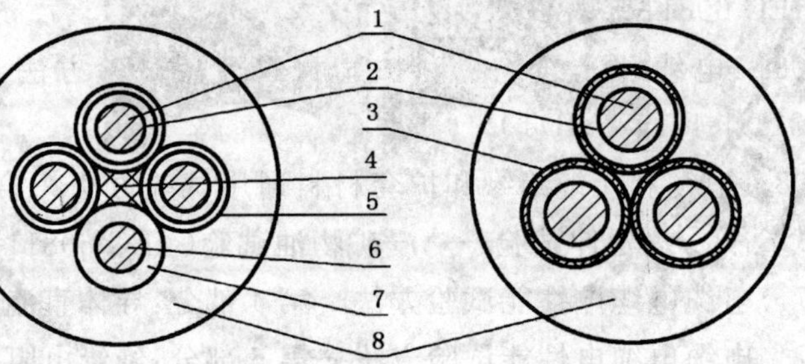

1——动力线芯导体;

2——绝缘;

3——绝缘金属屏蔽(兼作接地线芯);

4——半导电橡皮填充;

5——半导电屏蔽;

6——地线芯导体;

7——半导电包层;

8——护套。

图1

5 规格

电缆规格应符合表2、表3和表4规定。

表 2

芯数×导体标称截面/mm²		动力线芯绝缘标称厚度/mm	外护套标称厚度/mm	电缆外径/mm UYP-3.6/6,UYDP-3.6/6	
动力线芯	接地线芯			最小值	最大值
3×16	1×16	4.0	5.5	51.3	57.3
3×25	1×16	4.0	5.5	53.9	59.9
3×35	1×16	4.0	5.5	57.0	63.0
3×50	1×25	4.0	5.5	60.8	66.8
3×70	1×25	4.0	6.0	66.2	74.5
3×95	1×35	4.0	6.0	70.9	79.7
3×120	1×35	4.0	6.0	75.3	84.7

表 3

芯数×导体标称截面/mm²		动力线芯绝缘标称厚度/mm	外护套标称厚度/mm	电缆外径/mm UYPT-3.6/6,UYDPT-3.6/6	
动力线芯	接地线芯			最小值	最大值
3×16	3×16/3	4.0	5.5	51.8	57.8
3×25	3×16/3	4.0	5.5	54.8	60.8
3×35	3×16/3	4.0	5.5	58.3	64.3
3×50	3×25/3	4.0	5.5	61.7	67.7
3×70	3×25/3	4.0	6.0	67.4	74.2
3×95	3×35/3	4.0	6.0	71.7	78.9
3×120	3×35/3	4.0	6.0	75.7	83.4

表 4

芯数×导体标称截面/mm²		动力线芯绝缘标称厚度/mm	外护套标称厚度/mm	电缆外径/mm UYPT-6/10 UYDPT-6/10	
动力线芯	接地线芯			最小值	最大值
3×16	3×16/3	5.0	6.0	57.2	62.9
3×25	3×16/3	5.0	6.0	60.4	66.5
3×35	3×16/3	5.0	6.0	63.4	69.8
3×50	3×25/3	5.0	6.0	67.2	74.0
3×70	3×35/3	5.0	6.0	71.7	78.9
3×95	3×50/3	5.0	6.0	75.9	83.6
3×120	3×50/3	5.0	6.0	80.0	88.1

6 技术要求

6.1 导体

导体中的单丝应镀锡。

导体屏蔽采用 GB/T 12972.1—2008 中表 4 的 A 类或 C 类结构。

6.2 绝缘

绝缘应采用乙丙橡胶为基料的橡胶混合物，其性能应符合 GB/T 12972.1—2008 附录 A 中 IR2 型规定。

绝缘厚度应符合表 2～表 4 及 GB/T 12972.1—2008 中 5.2.2 规定。

绝缘屏蔽采用 GB/T 12972.1—2008 表 4 中：

——UYP-3.6/6 kV，UYDP-3.6/6 kV ………………………… A 类结构；

——UYPT-3.6/6 kV，UYDPT-3.6/6 kV ………………………… B 类或 C 类结构；

——UYPT-6/10 kV，UYDPT-6/10 kV ………………………… B 类或 C 类结构。

6.3 缆芯

接地线芯位置应符合下述规定：

——UYP-3.6/6 kV，UYDP-3.6/6 kV ……………… GB/T 12972.1—2008 中 5.4.4b)的规定；

——UYPT-3.6/6kV，UYDPT-3.6/6kV ……………… GB/T 12972.1—2008 中 5.4.4c)的规定；

——UYPT-6/10kV，UYDPT-6/10kV ……………… GB/T 12972.1—2008 中 5.4.4c 规定。

线芯的绞合节径比不大于 12。

6.4 护套

护套为单层结构，采用氯丁橡胶或相当材料为基料的橡胶混合物。UYP-3.6/6 kV、UYPT-3.6/6 kV 和 UYPT-6/10 kV 电缆护套性能应符合本部分附录 A 中 S-1 型规定，UYDP-3.6/6 kV、UYDPT-3.6/6 kV 和 UYDPT-6/10 kV 电缆护套性能应符合本部分附录 A 中 S-2 型规定。

护套厚度应符合表 2～表 4 及 GB/T 12972.1—2008 中 5.6.2 规定。

6.5 电缆外径

电缆外径应符合表 2～表 4 规定值。

7 成品电缆

7.1 电缆 20 ℃时的绝缘电阻应符合表 5 的规定。

表 5

动力线芯标称截面/mm^2	20 ℃时绝缘电阻/(MΩ·km) 最小值	
	U_0/U 为 3.6/6 kV	U_0/U 为 6/10 kV
16	750	1 330
25	650	1 100
35	550	1 060
50	500	950
70	450	840
95	410	760
120	370	690

7.2 UYP 及 UYPT 型电缆应经受 GB/T 18380.1—2001 规定的燃烧试验。

7.3 成品电缆性能应符合表 6 规定。

8 检验规则

产品按表 6 规定试验。

表 6

序号	项目名称	技术要求	试验类型	试验方法
1	结构尺寸			
1.1	导体	GB/T 12972.1—2008 中 5.1 及本部分 6.1	T,S	GB 4909.2—1985
1.2	绝缘厚度	GB/T 12972.1—2008 中 5.2 及本部分表 2～表 4	T,S	GB/T 2951.11—2008
1.3	屏蔽层	GB/T 12972.1—2008 中 5.3	T,S	目力检查
1.4	缆芯	GB/T 12972.1—2008 中 5.4 及本部分 6.3	T,S	正常目力和直尺
1.5	护套厚度	GB/T 12972.1—2008 中 4.5 及本部分表 2～表 4	T,S	GB/T 2951.11—2008
1.6	电缆外径	本部分表 2～表 4	T,S	GB/T 2951.11—2008
2	电缆性能			
2.1	导体电阻	GB/T 12972.1—2008 中 5.8.1	T,R	GB/T 3048.4—2007
2.2	绝缘电阻	本部分表 6	T,R	GB/T 3048.5—2007
2.3	过渡电阻	GB/T 12972.1—2008 中 4.8.3	T,S	GB/T 12972.1—2008 附录 E
2.4	工频交流电压试验	GB/T 12972.1—2008 表 6	T,R	GB/T 3048.8—2007
2.5	燃烧试验[a]	本部分 7.2	T,S	GB/T 18380.1—2001
2.6	局部放电试验[b]	GB/T 12972.1—2008 中 5.8.9	T,R	GB/T 3048.12—2007
2.7	介质损耗角正切值试验	GB/T 12972.1—2008 中 5.8.10	T,S	GB/T 3048.11—2007
2.8	冲击电压试验	GB/T 12972.1—2008 中 5.8.11	T,S	GB/T 3048.13—2007
2.9	4h 电压试验	GB/T 12972.1—2008 中 5.8.12	T,S	GB/T 3048.8—2007
2.10	绝缘吸水试验	GB/T 12972.1—2008 中 5.8.13	T,S	GB/T 12972.1—2008 附录 F
2.11	绝缘机械物理性能	本部分 6.2	T,S	GB/T 2951.11—2008 GB/T 2951.12—2008 GB/T 2951.21—2008
2.12	护套机械物理性能	本部分 6.4	T,S	GB/T 2951.11—2008 GB/T 2951.12—2008 GB/T 2951.14—2008 GB/T 2951.21—2008 JB/T 10696.7—2007
3	印刷标志耐擦试验	GB/T 12972.1—2008 中 5.7	T,S	GB/T 6995.1—2008
4	交货长度	GB/T 12972.1—2008 中 5.8.16	R	计米器

a UYDP、UYDPT 型电缆不做此项试验。

b 只适用金属屏蔽电缆。

注：第 2.6～2.9 项试验时，试验样品两终端附件之间长度 10 m～15 m，试验在同一试样上进行，顺序为 2.6、2.7、2.8 和 2.9，2.7 和 2.9 项亦可单独。

附　录　A
（规范性附录）
橡皮护套性能要求

橡皮护套性能要求见表 A.1。

表 A.1

序号	试验项目			指标 S-1		指标 S-2
1	老化前试样					
1.1	抗张强度	最小值	MPa	11.0		11.0
1.2	断裂伸长率	最小值	MPa	250		250
1.3	抗撕强度	最小值	N/mm	5		5
2	空气烘箱老化试验					
	试验温度		℃	120±2	110±1[a]	120±2
	试验时间		h	7×24	28×24[a]	7×24
2.1	抗张强度变化率	最大值	%	±30	±50[a]	±30
2.2	断裂伸长率	最小值	%	—	120	—
2.3	断裂伸长率变化率	最大值	%	±40	—	±40
2.4	14 d～28 d 老化后断裂伸长率中间值之差与老化前断裂伸长率之比			—	±20	—
3	空气弹老化试验					
	试验温度		℃	127±1		—
	试验压力		kPa	550±20		—
	试验时间		h	42		—
3.1	抗张强度变化率	最大值	%	±50		—
3.2	断裂伸长率变化率	最大值	%	±50		—
4	浸油试验					
	试验温度		℃	100±2		100±2
	试验时间		h	24		24
4.1	抗张强度变化率	最大值	%	±40		±40
4.2	断裂伸长率变化率	最大值	%	±40		±40
5	热延伸试验					
	试验温度		℃	200±3		200±3
	机械应力		kPa	200		200

表 A.1（续）

序号	试 验 项 目	指 标	
		S-1	S-2
	载荷时间 min	15	15
5.1	载荷伸长率 最大值 %	175	175
5.2	冷却后永久变形 最大值 %	25	25
6	低温拉伸试验		
	试验温度 ℃	—	−40±2
	试验时间 h	—	4
6.1	断裂伸长率 %	—	250

[a] 用户要求时才进行该项试验。

ICS 29.060.20
K 13

中华人民共和国国家标准

GB/T 12972.8—2008
代替 GB 12972.8—1991

矿用橡套软电缆 第8部分:额定电压0.3/0.5 kV 矿用电钻电缆

Flexible rubber-sheathed cables for mining purposes—Part 8: Flexible drill cables for rated voltage of 0.3/0.5 kV

2008-06-30 发布　　2009-04-01 实施

中华人民共和国国家质量监督检验检疫总局
中国国家标准化管理委员会　发布

前　言

GB/T 12972《矿用橡套软电缆》分为10个部分：

——第1部分：一般规定；

——第2部分：额定电压1.9/3.3 kV及以下采煤机软电缆；

——第3部分：额定电压0.66/1.14 kV采煤机屏蔽监视加强型软电缆；

——第4部分：额定电压1.9/3.3 kV及以下采煤机金属屏蔽软电缆；

——第5部分：额定电压0.66/1.14 kV及以下移动橡套软电缆；

——第6部分：额定电压6/10 kV及以下金属屏蔽监视型软电缆；

——第7部分：额定电压6/10 kV及以下屏蔽橡套软电缆；

——第8部分：额定电压0.3/0.5 kV矿用电钻电缆；

——第9部分：额定电压0.3/0.5 kV矿用移动轻型橡套软电缆；

——第10部分：矿工帽灯电线。

本部分为GB/T 12972的第8部分。

本部分代替GB 12972.8—1991《矿用橡套软电缆　第8部分：额定电压0.3/0.5 kV矿用电钻电缆》。

本部分与GB 12972.8—1991相比，主要变化如下：

——删除了XJ-00A型橡皮内容(1991年版的5.3.1)；

——绝缘动力线芯20 ℃时的绝缘电阻由不小于160 MΩ·km分别提高为不小于400 MΩ·km和470 MΩ·km(1991年版的表3；本版的表3)；

——电缆燃烧试验由GB/T 18380.1《电缆在火焰条件下的燃烧试验　第1部分：单根绝缘电线或电缆的垂直燃烧试验方法》替代原GB 12666.2《单根电线电缆垂直燃烧试验方法》(1991年版的表4；本版的表4)。

本部分由中国电器工业协会提出。

本部分由全国电线电缆标准化技术委员会(SAC/TC 213)归口。

本部分负责起草单位：上海电缆研究所。

本部分参加起草单位：煤炭科学研究总院上海分院、山东兖矿集团长龙电缆制造有限公司、青岛汉缆股份有限公司、宝胜科技创新股份有限公司、江苏上上电缆集团有限公司。

本部分主要起草人：唐家梓、奚宏、李兴强、王长春、甘胤嗣、袁杰。

本部分所代替标准的历次版本发布情况为：

——GB 1170—1974；

——GB 12972.8—1991。

矿用橡套软电缆 第8部分:额定电压0.3/0.5 kV 矿用电钻电缆

1 范围

GB/T 12972的本部分规定了额定电压0.3/0.5 kV矿用电钻电缆产品品种、技术要求、试验方法和检验规则。

本部分适用于额定电压0.3/0.5 kV矿用铜芯橡皮绝缘橡皮护套电钻电缆。

本部分应与GB/T 12972.1—2008共同使用。

2 规范性引用文件

下列文件中的条款通过GB/T 12972的本部分的引用而成为本部分的条款。凡是注日期的引用文件,其随后所有的修改单(不包括勘误的内容)或修订版均不适用于本部分,然而,鼓励根据本部分达成协议的各方研究是否可使用这些文件的最新版本。凡是不注日期的引用文件,其最新版本适用于本部分。

GB/T 2951.11—2008 电缆和光缆绝缘和护套材料通用试验方法 第11部分:通用试验方法——厚度和外形尺寸测量——机械性能试验(IEC 60811-1-1:2001,IDT)

GB/T 2951.12—2008 电缆和光缆绝缘和护套材料通用试验方法 第12部分:通用试验方法——热老化试验方法(IEC 60811-1-2:1985,IDT)

GB/T 2951.21—2008 电缆和光缆绝缘和护套材料通用试验方法 第21部分:弹性体混合料专用试验方法——耐臭氧试验——热延伸试验——浸矿物油试验(IEC 60811-2-1:2001,IDT)

GB/T 3048.4—2007 电缆电缆电性能试验方法 第4部分:导体直流电阻试验

GB/T 3048.5—2007 电缆电缆电性能试验方法 第5部分:绝缘电阻试验

GB/T 3048.8—2007 电线电缆电性能试验方法 第8部分:交流电压试验(IEC 60060-1:1989,NEQ)

GB/T 4909.2—1985 裸电线试验方法 尺寸测量(neq IEC 60251:1978)

GB/T 6995.1—2008 电线电缆识别标志方法 第1部分:一般规定

GB/T 7594.7—1987 电线电缆橡皮绝缘和护套 第7部分:65 ℃重型不延燃橡皮护套(neq IEC 60245)

GB/T 12972.1—2008 矿用橡套软电缆 第1部分:一般规定

GB/T 18380.1—2001 电缆在火焰条件下的燃烧试验 第1部分:单根绝缘电线或电缆的垂直燃烧试验方法(idt IEC 60332-1:1993)

JB/T 10696.7—2007 电线电缆机械和理化性能试验方法 第7部分:抗撕试验

3 使用特性

3.1 额定电压U_0/U为0.3/0.5 kV。

3.2 电缆导体的长期允许工作温度为65 ℃。

3.3 电缆最小弯曲半径为电缆直径的6倍。

4 型号

4.1 电缆型号如表 1。

表 1

型　号	名　称	用　途
UZ-0.3/0.5	矿用电钻电缆	煤矿井下额定电压 0.3/0.5 kV 及以下电钻的电源连接
UZP-0.3/0.5	矿用屏蔽电钻电缆	

4.2 电缆型式如图 1。

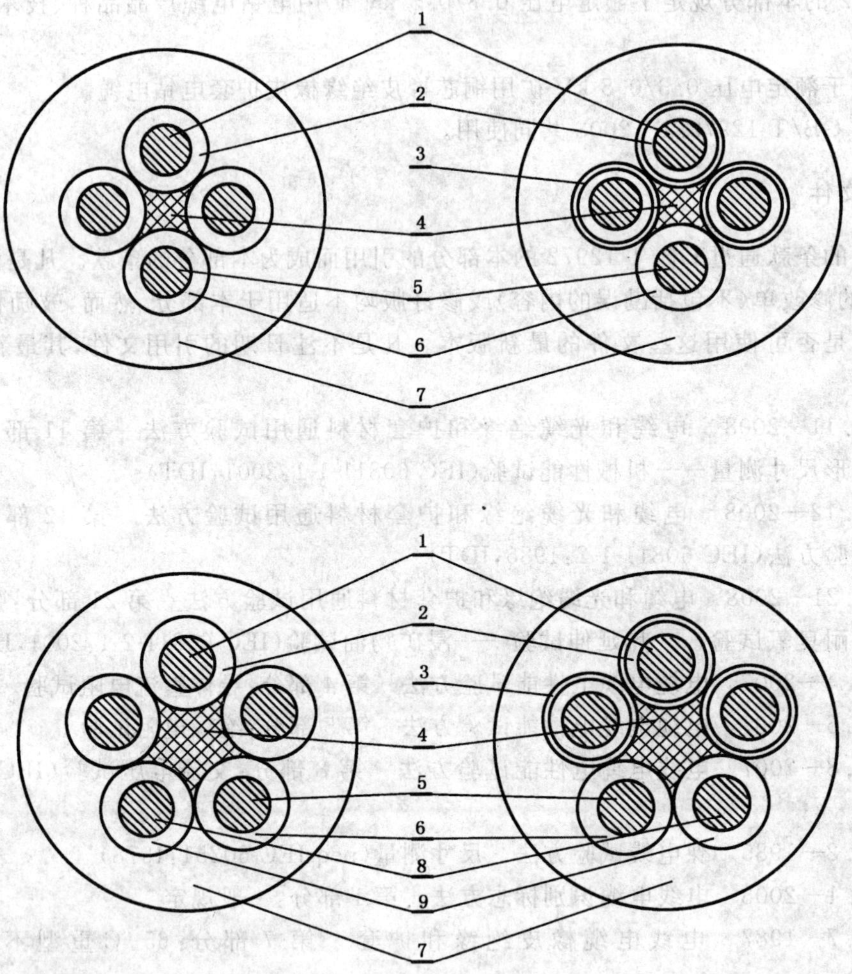

1——动力线芯导体；

2——动力线芯绝缘；

3——半导电屏蔽层；

4——填充；

5——接地线芯导体；

6——接地线芯包层；

7——护套；

8——控制线芯导体；

9——控制线芯绝缘。

图 1

5 规格

电缆规格应符合表 2、表 3 规定。

表 2

芯数×导体标称截面/mm²			导体结构根数/单线标称直径	动力线芯绝缘标称厚度/mm	护套标称厚度/mm	电缆外径/mm			
						UZ-0.3/0.5		UZP-0.3/0.5	
动力线芯	接地线芯	控制线芯				最小值	最大值	最小值	最大值
3×2.5	1×2.5	—	77/0.20	1.0	3.5	17.8	19.6	19.4	22.2
3×4	1×4	—	126/0.20	1.0	3.5	19.1	21.0	20.8	23.6
3×2.5	1×2.5	1×2.5	77/0.20	1.0	3.5	19.1	21.0	20.9	23.8
3×4	1×4	1×4	126/0.20	1.0	3.5	20.5	22.6	22.4	25.5

6 技术要求

6.1 导体

导体中的单丝应镀锡,导体表面可包隔离层。

注:硫化后隔离层变色或脆裂不做考核。

6.2 绝缘

动力线芯、控制线芯和非屏蔽型电缆接地线芯的绝缘采用乙丙橡胶为基料的橡胶混合物,其性能应符合 GB/T 12972.1—2008 附录 A 中 IR1 型规定。

绝缘厚度应符合表 2 及 GB/T 12972.1—2008 中 5.2.2 规定。

6.3 屏蔽

绝缘屏蔽采用 GB/T 12972.1—2008 表 4 中的 A 类结构。

6.4 缆芯

控制线芯位置符合 GB/T 12972.1—2008 中 5.4.2c)的规定。

接地线芯位置符合 GB/T 12972.1—2008 中 5.4.4b)的规定。

线芯的绞合节径比不大于 5 倍。

6.5 护套

护套为单层结构,采用氯丁橡胶或相当材料为基料的橡胶混合物,其性能应符合 GB/T 7594.7—1987 中 XH-03A 型规定。

护套厚度应符合表 2 及 GB/T 12972.1—2008 中 5.6.2 规定。

6.6 电缆外径

电缆外径应符合表 2 规定值。

7 成品电缆

7.1 导体直流电阻应符合表 3 的规定。

表 3

动力线芯标称截面/mm²	20 ℃时绝缘电阻/(MΩ·km) 最小值	20 ℃时导体直流电阻/(Ω/km) 最大值
2.5	470	8.82
4	400	5.39

7.2 电缆 20 ℃时的绝缘电阻应符合表 3 的规定。

7.3 绝缘屏蔽层的过渡电阻应不大于 1 kΩ。

7.4 电缆应经受 GB/T 18380.1—2001 规定的燃烧试验。

7.5 成品电缆性能应符合表 4 规定。

8 检验规则

产品按表 4 规定试验。

表 4

序号	项目名称	技术要求	试验类型	试验方法
1	结构尺寸			
1.1	导体	本部分表 2	T,S	GB/T 4909.2—1985
1.2	绝缘厚度	GB/T 12972.1—2008 中 5.2 及本部分表 2	T,S	GB/T 2951.11—2008
1.3	屏蔽层	GB/T 12972.1—2008 中 5.3.2 及本部分 6.3.2	T,S	目力检查
1.4	缆芯	GB/T 12972.1—2008 中 5.4 及本部分 6.4	T,S	正常目力和直尺
1.5	护套厚度	GB/T 12972.1—2008 中 5.6 及本部分表 2	T,S	GB/T 2951.11—2008
1.6	电缆外径	本部分表 2	T,S	GB/T 2951.11—2008
2	电缆性能			
2.1	导体电阻	本部分表 3	T,R	GB/T 3048.4—2007
2.2	绝缘电阻	本部分表 3	T,R	GB/T 3048.5—2007
2.3	过渡电阻	本部分 7.3	T,S	GB/T 12972.1—2008 附录 E
2.4	工频交流电压试验	GB/T 12972.1—2008 表 6	T,R	GB/T 3048.8—2007
2.5	燃烧试验	本部分 7.4	T,S	GB/T 18380.1—2001
2.12	绝缘机械物理性能	本部分 6.2	T,S	GB/T 2951.11—2008 GB/T 2951.12—2008 GB/T 2951.21—2008
2.13	护套机械物理性能	本部分 6.5	T,S	GB/T 2951.11—2008 GB/T 2951.12—2008 GB/T 2951.21—2008 JB/T 10696.7—2007
3	印刷标志耐擦试验	GB/T 12972.1—2008 中 5.7	T,S	GB/T 6995.1—2008
4	交货长度	GB/T 12972.1—2008 中 5.8.16	R	计米器

ICS 29.060.20
K 13

中华人民共和国国家标准

GB/T 12972.9—2008
代替 GB 12972.9—1991

矿用橡套软电缆 第9部分:额定电压0.3/0.5 kV 矿用移动轻型橡套软电缆

Flexible rubber-sheathed cables for mining purposes—Part 9: Flexible light-duty cables for rated voltage of 0.3/0.5 kV

2008-06-30 发布　　2009-04-01 实施

中华人民共和国国家质量监督检验检疫总局
中国国家标准化管理委员会　发布

前　言

GB/T 12972《矿用橡套软电缆》分为10个部分：

——第1部分：一般规定；

——第2部分：额定电压1.9/3.3 kV及以下采煤机软电缆；

——第3部分：额定电压0.66/1.14 kV采煤机屏蔽监视加强型软电缆；

——第4部分：额定电压1.9/3.3 kV及以下采煤机金属屏蔽软电缆；

——第5部分：额定电压0.66/1.14 kV及以下移动橡套软电缆；

——第6部分：额定电压6/10 kV及以下金属屏蔽监视型软电缆；

——第7部分：额定电压6/10 kV及以下屏蔽橡套软电缆；

——第8部分：额定电压0.3/0.5 kV矿用电钻电缆；

——第9部分：额定电压0.3/0.5 kV矿用移动轻型橡套软电缆；

——第10部分：矿工帽灯电线。

本部分为GB/T 12972的第9部分。

本部分代替GB 12972.9—1991《矿用橡套软电缆　第9部分：矿用移动轻型橡套软电缆》。

本部分与GB 12972.9—1991相比，主要变化如下：

——删除了XJ-00A型橡皮内容(1991年版的5.3.1)；

——绝缘动力线芯20 ℃时的绝缘电阻由不小于160 MΩ·km提高为不小于420 MΩ·km(1991年版的表3；本版的7.2)；

——电缆燃烧试验由GB/T 18380.3《电缆在火焰条件下的燃烧试验　第3部分　成束电线或电缆的燃烧试验方法》替代原GB/T 12666.2《单根电线电缆垂直燃烧试验方法》(1991年版的表4；本版7.2)。

本部分由中国电器工业协会提出。

本部分由全国电线电缆标准化技术委员会(SAC/TC 213)归口。

本部分负责起草单位：上海电缆研究所。

本部分参加起草单位：上海矿用电缆厂、鲁能泰山曲阜特种电缆有限公司、江苏远东电缆有限公司、河北华通线缆制造有限公司、江苏中煤电缆集团有限公司。

本部分主要起草人：曾纪刚、曲文波、陈天荣、宋晓东、汪传斌、郝清芬、刘文胜。

本部分所代替标准的历次版本发布情况为：

——GB 1170—1974；

——GB 12972.9—1991。

矿用橡套软电缆
第9部分:额定电压0.3/0.5 kV
矿用移动轻型橡套软电缆

1 范围

GB/T 12972的本部分规定了额定电压0.3/0.5 kV矿用移动轻型橡套软电缆产品品种、技术要求、试验方法和检验规则。

本部分适用于额定电压0.3/0.5 kV矿用移动铜芯橡皮绝缘橡皮护套轻型软电缆。

本部分应与GB/T 12972.1—2008共同使用。

2 规范性引用文件

下列文件中的条款通过GB/T 12972的本部分的引用而成为本部分的条款。凡是注日期的引用文件,其随后所有的修改单(不包括勘误的内容)或修订版均不适用于本部分,然而,鼓励根据本部分达成协议的各方研究是否可使用这些文件的最新版本。凡是不注日期的引用文件,其最新版本适用于本部分。

GB/T 2951.11—2008 电缆和光缆绝缘和护套材料通用试验方法 第11部分:通用试验方法——厚度和外形尺寸测量——机械性能试验(IEC 60811-1-1:2001,IDT)

GB/T 2951.12—2008 电缆和光缆绝缘和护套材料通用试验方法 第12部分:通用试验方法——热老化试验方法(IEC 60811-1-2:1985,IDT)

GB/T 2951.21—2008 电缆和光缆绝缘和护套材料通用试验方法 第21部分:弹性体混合料专用试验方法——耐臭氧试验——热延伸试验——浸矿物油试验(IEC 60811-2-1:2001,IDT)

GB/T 3048.4—2007 电缆电缆电性能试验方法 第4部分:导体直流电阻试验

GB/T 3048.5—2007 电缆电缆电性能试验方法 第5部分:绝缘电阻试验

GB/T 3048.8—2007 电线电缆电性能试验方法 第8部分:交流电压试验(IEC 60060-1:1989,NEQ)

GB/T 4909.2—1985 裸电线试验方法 尺寸测量(neq IEC 60251:1978)

GB/T 6995.1—2008 电线电缆识别标志方法 第1部分:一般规定

GB/T 7594.5—1987 电线电缆橡皮绝缘和护套 第5部分:65 ℃一般不延燃橡皮护套(neq IEC 60245)

GB/T 12972.1—2008 矿用橡套软电缆 第1部分:一般规定

GB/T 18380.1—2001 电缆在火焰条件下的燃烧试验 第1部分:单根绝缘电线或电缆的垂直燃烧试验方法(idt IEC 60332-1:1993)

3 使用特性

3.1 额定电压U_0/U为0.3/0.5 kV。

3.2 电缆导体的长期允许工作温度为65 ℃。

3.3 电缆最小弯曲半径为电缆直径的6倍。

4 型号

4.1 电缆型号如表1。

表 1

型　　号	名　　称	用　　途
UYQ-0.3/0.5	矿用移动轻型橡套软电缆	煤矿井下巷道照明，运输机连锁和控制与信号设备电源连接

4.2　电缆结构如图 1。

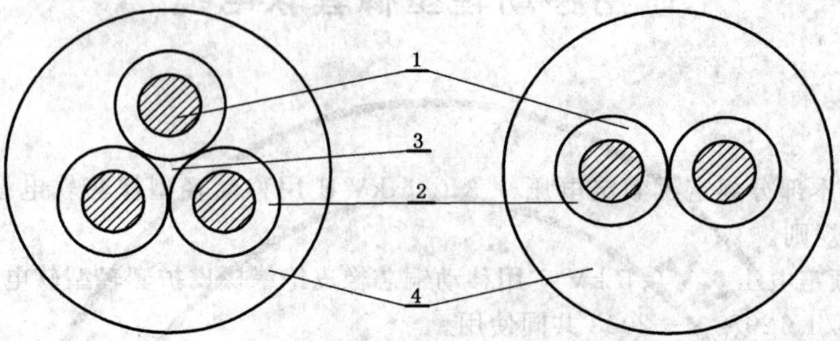

1——导体；
2——橡皮绝缘；
3——填充；
4——护套。

图 1

5　规格

电缆规格应符合表 2 规定。

表 2

芯数×导体标称截面/mm²	绝缘标称厚度/mm	护套厚度/mm	电缆外径/mm UYQ-0.3/0.5	
			最小值	最大值
2×1.0	0.6	1.5	7.5	10.0
2×1.5	0.8	1.5	9.0	11.5
2×2.5	1.0	1.5	10.5	13.5
3×1.0	0.6	1.5	8.4	10.5
3×1.5	0.8	1.5	9.5	12.0
3×2.5	1.0	1.5	11.5	13.5
4×1.0	0.6	1.5	9.0	11.0
4×1.5	0.8	1.5	10.5	13.0
4×2.5	1.0	2.0	13.5	16.5
7×1.0	0.6	1.5	10.5	13.0
7×1.5	0.8	2.0	13.0	16.5
7×2.5	1.0	2.0	15.5	19.0
12×1.0	0.6	2.0	14.0	17.1
12×1.5	0.8	2.5	18.0	21.5
12×2.5	1.0	2.5	21.0	25.5

6 技术要求

6.1 导体

导体中的单丝允许镀锡,导体表面可包隔离层。

注:硫化后隔离层变色或脆裂不做考核。

6.2 绝缘

绝缘应采用乙丙橡胶为基料的橡胶混合物,其性能应符合 GB/T 12972.1—2008 附录 A 中 IR1 型规定。

绝缘厚度应符合表 2 及 GB/T 12972.1—2008 中 5.2.2 规定。

6.3 缆芯

缆芯的绞合节径比应不大于 10。

6.4 护套

护套为单层结构。其性能应符合 GB/T 7954.5—1987 中 XH-01A 型的规定。

护套厚度应符合表 2 及 GB/T 12972.1—2008 中 5.6.2 规定。

6.5 电缆外径

电缆外径应符合表 2 规定值。

7 成品电缆

7.1 绝缘动力线芯 20 ℃时的绝缘电阻应不小于 420 MΩ·km。

7.2 电缆应经受 GB/T 18380.1—2001 规定的燃烧试验要求。

7.3 成品电缆性能应符合表 3 规定。

8 检验规则

产品按表 3 规定试验。

表 3

序号	项目名称	技术要求	试验类型	试验方法
1	结构尺寸			
1.1	导体	本部分 6.1	T,S	GB/T 4909.2—1985
1.2	绝缘厚度	GB/T 12972.1—2008 中 5.2 及本部分表 2	T,S	GB/T 2951.11—2008
1.3	缆芯	GB/T 12972.1—2008 中 5.4 及本部分 5.4	T,S	正常目力和直尺
1.4	护套厚度	GB/T 12972.1—2008 中 5.5 及本部分表 2	T,S	GB/T 2951.11—2008
1.5	电缆外径	本部分表 2	T,S	GB/T 2951.11—2008
2	电缆性能			
2.1	导体电阻	GB/T 12972.1—2008 中 5.8.1	T,R	GB/T 3048.4—2007
2.2	绝缘电阻	本部分 7.1	T,R	GB/T 3048.5—2007
2.3	工频交流电压试验	GB/T 12972.1—2008 表 6	T,R	GB/T 3048.8—2007
2.4	燃烧试验	本部分 7.2	T,S	GB/T 18380.1—2001
2.5	绝缘机械物理性能	本部分 6.2	T,S	GB/T 2951.11—2008 GB/T 2951.12—2008 GB/T 2951.21—2008

表 3（续）

序号	项目名称	技术要求	试验类型	试验方法
2.6	护套机械物理性能	本部分 6.4	T,S	GB/T 2951.11—2008 GB/T 2951.12—2008 GB/T 2951.21—2008
3	印刷标志耐擦试验	GB/T 12972.1—2008 中 5.7	T,S	GB/T 6995.1—2008
4	交货长度	GB/T 12972.1—2008 中 5.8.16	R	计米器

ICS 29.060.20
K 13

GB

中华人民共和国国家标准

GB/T 12972.10—2008
代替 GB 12972.10—1991

矿用橡套软电缆
第10部分:矿工帽灯电线

**Flexible rubber-sheathed cables for mining purposes—
Part 10:Miner's cap lamp cords**

2008-06-30 发布　　　　2009-04-01 实施

中华人民共和国国家质量监督检验检疫总局
中国国家标准化管理委员会　发布

前言

GB/T 12972《矿用橡套软电缆》分为10个部分：

——第1部分：一般规定；

——第2部分：额定电压1.9/3.3 kV及以下采煤机软电缆；

——第3部分：额定电压0.66/1.14 kV采煤机屏蔽监视加强型软电缆；

——第4部分：额定电压1.9/3.3 kV及以下采煤机金属屏蔽软电缆；

——第5部分：额定电压0.66/1.14 kV及以下移动橡套软电缆；

——第6部分：额定电压6/10 kV及以下金属屏蔽监视型软电缆；

——第7部分：额定电压6/10 kV及以下屏蔽橡套软电缆；

——第8部分：额定电压0.3/0.5 kV矿用电钻电缆；

——第9部分：额定电压0.3/0.5 kV矿用移动轻型橡套软电缆；

——第10部分：矿工帽灯电线。

本部分为GB/T 12972的第10部分。

本部分代替GB 12972.10—1991《矿用橡套软电缆　第10部分：矿工帽灯电线》。

本部分与GB 12972.10—1991相比，主要变化如下：

——删除了电线护套不具有耐燃烧性能的UM型号(1991年版的表2)；

——删除了附录A(1991年版的附录A)；

——电缆燃烧试验由GB/T 18380.1《电线电缆燃烧试验方法》替代原GB 12666.2《单根电线电缆垂直燃烧试验方法》(1991年版的表3；本版的表3)。

本部分由中国电器工业协会提出。

本部分由全国电线电缆标准化技术委员会(SAC/TC 213)归口。

本部分负责起草单位：上海电缆研究所。

本部分参加起草单位：煤炭科学研究总院上海分院、上海矿用电缆厂、上海南洋电缆有限公司、宝胜科技创新股份有限公司、江苏上上电缆集团有限公司。

本部分主要起草人：曾纪刚、曲文波、奚宏、陈天荣、谭金凤、李兴强、袁杰。

本部分所代替标准的历次版本发布情况为：

——GB 1170—1974；

——GB 12972.10—1991。

矿用橡套软电缆
第10部分:矿工帽灯电线

1 范围

GB/T 12972的本部分规定了额矿工帽灯电线产品品种、技术要求、试验方法和检验规则。

本部分适用于矿用铜芯橡皮绝缘橡皮护套帽灯电缆。

本部分应与GB/T 12972.1—2008共同使用。

2 规范性引用文件

下列文件中的条款通过GB/T 12972的本部分的引用而成为本部分的条款。凡是注日期的引用文件,其随后所有的修改单(不包括勘误的内容)或修订版均不适用于本部分,然而,鼓励根据本部分达成协议的各方研究是否可使用这些文件的最新版本。凡是不注日期的引用文件,其最新版本适用于本部分。

GB/T 2951.11—2008 电缆和光缆绝缘和护套材料通用试验方法 第11部分:通用试验方法——厚度和外形尺寸测量——机械性能试验(IEC 60811-1-1:2001,IDT)

GB/T 2951.12—2008 电缆和光缆绝缘和护套材料通用试验方法 第12部分:通用试验方法——热老化试验方法(IEC 60811-1-2:1985,IDT)

GB/T 2951.21—2008 电缆和光缆绝缘和护套材料通用试验方法 第21部分:弹性体混合料专用试验方法——耐臭氧试验——热延伸试验——浸矿物油试验(IEC 60811-2-1:2001,IDT)

GB/T 3048.4—2007 电缆电缆电性能试验方法 第4部分:导体直流电阻试验

GB/T 3048.8—2007 电线电缆电性能试验方法 第8部分:交流电压试验(IEC 60060-1:1989,NEQ)

GB/T 3048.9—2007 电线电缆电性能试验方法 第9部分:绝缘线芯火花试验

GB/T 4909.2—1985 裸电线试验方法 尺寸测量(neq IEC 60251:1978)

GB/T 6995.1—2008 电线电缆识别标志方法 第1部分:一般规定

GB/T 7594.5—1987 电线电缆橡皮绝缘和护套 第5部分 65 ℃一般不延燃橡皮护套(neq IEC 60245)

GB/T 12972.1—2008 矿用橡套软电缆 第1部分:一般规定

GB/T 18380.1—2001 电缆在火焰条件下的燃烧试验 第1部分:单根绝缘电线或电缆的垂直燃烧试验方法(idt IEC 60332-1:1993)

3 使用特性

3.1 工作电压为直流5 V。

3.2 电缆导体的长期允许工作温度为65 ℃。

4 型号

4.1 电缆型号如表1。

表1

型号	名 称	用 途
UM-1	矿工帽灯电缆	用于各种酸、碱性矿灯

4.2 电缆型式如图1。

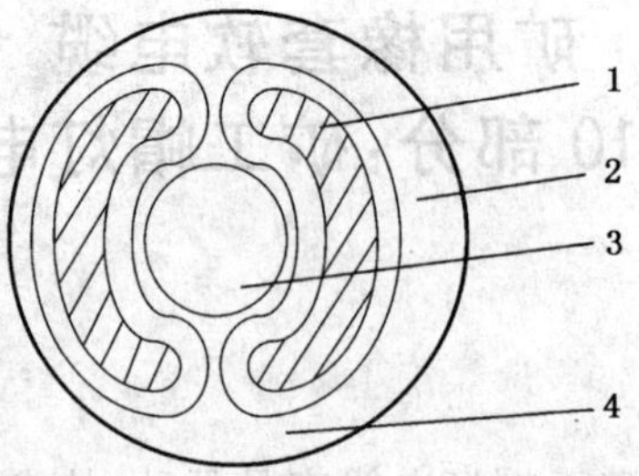

1——导体;

2——绝缘;

3——加强芯;

4——护套。

图 1

5 规格

电缆规格应符合表2规定。

表 2

芯数×导体标称截面/mm^2	导体结构根数/单丝直径/mm	绝缘标称厚度/mm	护套标称厚度/mm	电缆外径/mm		20 ℃时导体电阻/(Ω/m)最大值
				最小值	最大值	
2×0.75	42/0.15	0.4	1.2	6.9	7.5	0.042
2×1.2	70/0.15	0.5	1.3	8.2	8.8	0.025

6 技术要求

6.1 导体

导体结构应符合表2的规定,导体中的单丝允许镀锡。

导体的束绞绞合节距比应不大于30。

6.2 绝缘

绝缘橡皮性能应符合GB/T 12972.1—2008附录A中IR1型规定。

绝缘厚度应符合表2规定,绝缘最薄点厚度应不小于规定厚度的90%减去0.2 mm。

绞合前,绝缘线芯应按GB/T 3048.9—2007规定的试验方法经受工频交流火花电压试验,试验电压为2 000 V。

6.3 缆芯

加强芯位于缆芯中央,缆芯绞合节距应不大于13 mm,绞合方向为右向。

加强芯拉断力应不小于196 N。

缆芯允许包覆纸带或合适材料的隔离带。

6.4 护套

护套性能应符合GB/T 7954.5—1987中XH-01A型规定。

护套厚度应符合表2及GB/T 12972.1—2008中5.6.2规定。

6.5 电缆外径

电缆外径应符合表2规定值。

7 成品电线

7.1 导体的直流电阻应符合表 2 的规定。

7.2 工频交流电压试验：

将长度为 10 m 的成品电缆浸入温度为(20±5)℃水中 1 h，施加 500 V 的试验电压 5 min。试验过程中绝缘线芯应不击穿。

7.3 电缆应经受 GB/T 18380.1—2001 规定的燃烧试验。

7.4 成品电缆性能应符合表 3 规定。

8 检验规则

产品按表 3 规定试验。

表 3

序号	项目名称	技术要求	试验类型	试验方法
1	结构尺寸			
1.1	导体	本部分 6.1	T,S	GB/T 4909.2—1985
1.2	绝缘厚度	本部分 6.2	T,S	GB/T 2951.11—2008
1.4	缆芯	本部分 6.3	T,S	正常目力和直尺
1.5	护套厚度	GB/T 12972.1—2008 中 5.6.2 及本部分 6.4	T,S	GB/T 2951.11—2008
1.6	电缆外径	本部分 6.5	T,S	GB/T 2951.11—2008
2	电缆性能			
2.1	导体电阻	本部分 7.1	T,S	GB/T 3048.4—2007
2.2	工频交流电压试验	本部分 7.2	T,S	GB/T 3048.8—2007
2.3	燃烧试验	本部分 7.3	T,S	GB/T 18380.1—2001
2.4	绝缘机械物理性能	本部分 6.2	T,S	GB/T 2951.11—2008 GB/T 2951.12—2008 GB/T 2951.21—2008
2.5	护套机械物理性能	本部分 6.4	T,S	GB/T 2951.11—2008 GB/T 2951.12—2008 GB/T 2951.21—2008
2.6	加强芯拉力试验	本部分 6.3	T,S	GB/T 2951.11—2008
3	印刷标志耐擦试验	GB/T 12972.1—2008 中 5.7	T,S	GB/T 6995.1—2008
4	交货长度	GB/T 12972.1—2008 中 5.8.16	R	计米器

ICS 47.020.60
U 61

中华人民共和国国家标准

GB/T 12975—2008
代替 GB/T 12975—1991

船用同步发电机通用技术条件

General specification for synchronous generator in ship

2008-06-30 发布 2009-04-01 实施

中华人民共和国国家质量监督检验检疫总局
中国国家标准化管理委员会 发布

前言

本标准是对国家标准 GB/T 12975—1991《船用同步发电机通用技术条件》的修订。主要修改和补充技术内容如下：

a) 根据《钢质海船入级规范》(2006)和 GB/T 7060《船用旋转电机基本技术要求》,环境空气温度由 0 ℃～+50 ℃修改为 0 ℃～+45 ℃,各部件的温升限值也作相应修改；

b) 根据 GB/T 4988—2002《船舶及近海装置用电工产品的额定频率　额定电压　额定电流》和国内生产实际情况,发电机额定电压增加了三相 10 500 V 一档,绝缘等级增加了 H 级一档；

c) 根据 GB 14711—2006《中小型旋转电机安全要求》,对额定电压小于等于 1 000 V 发电机的接地螺栓最小直径作了补充。根据《钢质海船入级规范》补充规定了额定电压 1 000 V 以上发电机绕组热态绝缘电阻值。同时根据实际制造水平,规定了冷态绝缘电阻值；

d) 根据 GB 14711—2006 对接线盒内电气间隙和爬电距离的最小值作了相应修改和补充；

e) 根据 GB/T 7060 和 IEC 60092-301,对发电机电压波形畸变分别规定了总谐波畸变率和最大单次谐波含量两项指标(原标准中仅规定了总谐波畸变率一项)。另外,根据目前国内生产水平,将 10 kW 以上至 24 kW 以下发电机电压波形总谐波畸变率由 10%修改为 5%；

f) 按 GB 1971—2006《旋转电机　线端标志与旋转方向》,对发电机各出线端标志作了修改和补充；

g) 补充规定了 1 000 V 以上发电机的外壳防护等级和绕组匝间冲击耐电压的要求和试验方法；

h) 检验规则一章中补充规定了“产品检验环境条件”一条。

本标准由中国电器工业协会提出。

本标准由机械工业船用电机电器标准化技术委员会归口(CMIF/TC 9)。

本标准负责起草单位:上海电器科学研究所(集团)有限公司。

本标准参加起草单位:中国船级社上海规范研究所、中国船级社上海分社、兰州兰电电机有限公司、上海麦格特电机有限公司、上海马拉松.革新电气有限公司、江西清华泰豪三波电机有限公司。

本标准主要起草人:杨国凭、马俊镛、叶丽花。

本标准参加起草人:陈武燕、李晨浩、李杰、陈伯林、王国良、简缵道。

本标准所代替的标准历次版本发布情况为：

——GB/T 12975—1991。

船用同步发电机通用技术条件

1 范围

本标准规定了额定功率 3 125 kVA(50 Hz 和 60 Hz)及以下船用同步发电机(以下简称发电机)及其励磁装置的技术要求、试验方法、检验规则、分类、标志和包装等内容。

本标准适用于由内燃机驱动,用作船舶及移动式和固定式近海装置电站的发电机及其励磁装置。

本标准对由汽轮机驱动的发电机、轴带发电机和额定功率大于 3 125 kVA 的发电机,亦可参照采用。

2 规范性引用文件

下列文件中的条款通过本标准的引用而成为本标准的条款。凡是注日期的引用文件,其随后所有的修改单(不包括勘误的内容)或修订版均不适用于本标准。然而,鼓励根据本标准达成协议的各方研究是否可使用这些文件的最新版本。凡是不注日期的引用文件,其最新版本适用于本标准。

GB/T 191—2008 包装储运图示标志(ISO 780:1997,EQV)

GB 755—2008 旋转电机 定额和性能(IEC 60034-1:2004,IDT)

GB/T 997—2008 旋转电机结构、安装型式及出线盒位置(IM 代码)(IEC 60034-7:2001,IDT)

GB/T 1029—2005 三相同步电机试验方法 (IEC 60034-4:1985,MOD)

GB/T 1958—2004 产品几何量技术规范(GPS)形状和位置公差 检测规定

GB 1971—2006 旋转电机 线端标志与旋转方向 (IEC 60034-8:2002,IDT)

GB/T 1993—1993 旋转电机冷却方法(mod IEC 60034-6:1991)

GB/T 2423.4—1993 电工电子产品基本环境试验规程 试验 Db:交变湿热试验方法(mod IEC 60068-2-30:1980)

GB/T 2423.16—1999 电工电子产品环境试验 第 2 部分:试验方法 试验 J 和导则:长霉(idt IEC 60068-2-10:1988)

GB/T 2423.17—1993 电工电子产品基本环境试验规程 试验 Ka:盐雾试验方法(mod IEC 60068-2-11:1981)

GB/T 2423.33—2005 电工电子产品环境试验 第 2 部分:试验方法 试验 Kca:高浓度二氧化硫试验 (DIN 50018:1997,MOD)

GB/T 2900.25—1994 电工术语 旋转电机(neq IEC 60050-411:1984)

GB/T 4772.1—1999 旋转电机尺寸和输出功率等级 第 1 部分:机座号 56～400 和凸缘号 55～1080(idt IEC 60072-1:1991)

GB/T 4772.2—1999 旋转电机尺寸和输出功率等级 第 2 部分:机座号 355～1000 和凸缘号 1180～2360(IEC 60072-2:1990)

GB/T 4772.3—1998 旋转电机尺寸和输出功率等级 第 3 部分:小功率装入式电动机 凸缘号 BF10-BF50(idt IEC 60072-3:1994)

GB/T 4831—1984 电机产品型号编制方法

GB/T 4942.1—2006 旋转电机整体结构的防护等级(IP 代码) 分级 (IEC 60034-5:2000,IDT)

GB/T 6113.101—2008 无线电骚扰和抗扰度测量设备和测量方法规范 第 1-1 部分:无线电骚扰和抗扰度测量设备 测量设备(CISPR 16-1:1993,MOD)

GB/T 6113.102—2008 无线电骚扰和抗扰度测量设备和测量方法规范 第 1-2 部分:无线电骚

扰和抗扰度测量设备　辅助设备　传导骚扰(CISPR 16-1:1993,MOD)

GB/T 6113.103—2008　无线电骚扰和抗扰度测量设备和测量方法规范　第1-3部分:无线电骚扰和抗扰度测量设备　辅助设备　骚扰功率(CISPR 16-1:1993,MOD)

GB/T 6113.104—2008　无线电骚扰和抗扰度测量设备和测量方法规范　第1-4部分:无线电骚扰和抗扰度测量设备　辅助设备　辐射骚扰(CISPR 16-1:1993,MOD)

GB/T 6113.105—2008　无线电骚扰和抗扰度测量设备和测量方法规范　第1-5部分:无线电骚扰和抗扰度测量设备　30 MHz～1 000 MHz天线校准用试验场地(CISPR 16-1:1993,MOD)

GB/T 6113.201—2008　无线电骚扰和抗扰度测量设备和测量方法规范　第2-1部分:无线电骚扰和抗扰度测量方法　传导骚扰测量(CISPR 16-2:1996,MOD)

GB/T 6113.202—2008　无线电骚扰和抗扰度测量设备和测量方法规范　第2-2部分:无线电骚扰和抗扰度测量方法　骚扰功率测量(CISPR 16-2:1996,MOD)

GB/T 6113.203—2008　无线电骚扰和抗扰度测量设备和测量方法规范　第2-3部分:无线电骚扰和抗扰度测量方法　辐射骚扰测量(CISPR 16-2:1996,MOD)

GB/T 6113.204—2008　无线电骚扰和抗扰度测量设备和测量方法规范　第2-4部分:无线电骚扰和抗扰度测量方法　抗扰度测量(CISPR 16-2:1996,MOD)

GB/T 7060　船用旋转电机基本技术要求

GB/T 7094—2002　船用电气设备振动(正弦)试验方法

GB 10068—2000　轴中心高为56 mm及以上电机的机械振动　振动的测量、评定及限值(idt IEC 60034-14:1996)

GB/T 10069.1—2006　旋转电机噪声测定方法及限值　第1部分:旋转电机噪声测定方法(ISO 1680:1999,MOD)

GB 10069.3—2008　旋转电机噪声测定方法及限值　第3部分:噪声限值(IEC 60034-9:2007,IDT)

GB/T 10250—2007　船舶电气与电子设备的电磁兼容性(IEC 60533:1999,IDT)

GB 14048.1—2006　低压开关设备和控制设备　第1部分:总则(IEC 60947-1:2001,MOD)

GB/T 14481　单相同步电机试验方法(GB/T 14481—1993,neq IEC 60034-1)

GB 14711—2006　中小型旋转电机安全要求

GB/T 17626.2—2006　电磁兼容　试验和测量技术　静电放电抗扰度试验(IEC 61000-4-2:2001,IDT)

GB/T 17626.3—2006　电磁兼容　试验和测量技术　射频电磁场辐射抗扰度试验(IEC 61000-4-3:2002,IDT)

GB/T 17626.4—1998　电磁兼容　试验和测量技术　电快速瞬变脉冲群抗扰度试验(idt IEC 61000-4-4:1995)

GB/T 17626.5—1999　电磁兼容　试验和测量技术　浪涌(冲击)抗扰度试验(idt IEC 61000-4-5:1995)

GB/T 17626.6—1998　电磁兼容　试验和测量技术　射频场感应的传导骚扰抗扰度(idt IEC 61000-4-6:1996)

GB/T 17626.16—2007　电磁兼容　试验和测量技术　0 Hz～150 kHz共模传导骚扰抗扰度试验(IEC 61000-4-16:2002,IDT)

JB/T 4159—1999　热带电工产品　通用技术要求

JB/T 5810—2007　电机磁极线圈及磁场绕组匝间绝缘　试验规程

JB/T 5811—2007　交流低压电机成型绕组匝间绝缘　试验方法及限值

JB/T 9615.1—2000　交流低压电机散嵌绕组匝间绝缘试验方法

JB/T 9615.2—2000　交流低压电机散嵌绕组匝间绝缘试验限值

JB/T 10098—2000 交流电机定子成型线圈耐冲击电压水平(idt IEC 60034-15:1995)
中国船级社 钢质海船入级规范(2006)
GD 01—2006 电气电子产品型式认可试验指南

3 术语和定义

GB 755—2008、GB/T 7060 和 GB/T 2900.25—1994 确立的术语和定义适用于本标准。

4 要求

4.1 环境条件

发电机及其励磁装置在下列环境条件下应能正常工作:

a) 环境空气温度为 0 ℃～＋45 ℃(自动电压调节器为 0 ℃～＋55 ℃),采用水冷却时,初始冷却水温度应不超过＋32 ℃;

b) 空气相对湿度为 95%,并有凝露;

c) 有盐雾、油雾、霉菌的影响;

d) 倾斜与摇摆:
纵倾:5°(应急发电机为 10°);
纵摇:7.5°(应急发电机为 10°);
横倾:15°(应急发电机为 22.5°);
横摇:22.5°。
装运液化气体和化学品的船舶,其应急发电机应在船舶横倾达 30°的极限状态下能保持供电。

e) 海上勘探或开发海底石油资源的各类移动式平台和固定式平台用的发电机有二氧化硫和硫化氢等化学活性物的影响;

f) 有船舶和近海装置正常营运和作业中产生的冲击和振动的影响。

4.2 材料要求

发电机及其励磁装置所采用的材料应符合 GB/T 7060 的规定。

4.3 设计要求

4.3.1 额定频率

发电机的额定频率为 50 Hz 和 60 Hz。

4.3.2 额定电压

发电机的额定电压见表 1。表 1 未规定的额定电压应在订货合同中另行规定。

表 1

相 别	额定电压/V	额定频率/Hz
三 相	390 或 400	50
	450	60
	600 或 690	50、60
	3 150	50、60
	6 300	50、60
	10 500	50、60
单 相	115、230	50
	120、240	60

4.3.3 额定转速

发电机的额定转速见表 2。

表 2

额定频率/Hz	额定转速/(r/min)					
50	3 000	1 500	1 000	750	600	500
60	3 600	1 800	1 200	900	720	600

4.3.4 额定功率因数

发电机的额定功率因数见表 3。表 3 未规定的额定功率因数应在订货合同中另行规定。

表 3

相　别	额定功率因数
单　相	1.0、0.9(滞后)、0.8(滞后)
三　相	0.8(滞后)

4.3.5 额定功率

4.3.5.1 单相发电机的额定功率一般应按表 4 规定制造。如需其他功率等级的发电机，由制造厂在企业标准中另行规定。

表 4

功率因数	额定功率/kVA							
1.0	1.0	2.0	3.0	5.0	7.5	10	12	16
0.9(滞后)	1.1	2.2	3.3	5.6	8.3	11.1	13.3	17.8
0.8(滞后)	1.25	2.5	3.75	6.25	9.375	12.5	15	20

4.3.5.2 三相发电机在功率因数为 0.8(滞后)时以千伏安(kVA)及对应千瓦(kW)为单位的额定功率一般应按表 5 规定制造。如需其他功率等级的发电机，由制造厂在企业标准中另行规定。

表 5

额定功率/kVA	6.25	9.38	12.5	15	20	25	30
	37.5	50	62.5	80	93.75	112.5	150
	187.5	250	312.5	350	393.75	443.75	500
	562.5	625	700	787.5	887.5	1 000	1 125
	1 250	1 400	1 562.5	1 750	2 000	2 800	3 125
额定功率/kW	5	7.5	10	12	16	20	24
	30	40	50	64	75	90	120
	150	200	250	280	315	355	400
	450	500	560	630	710	800	900
	1 000	1 120	1 250	1 400	1 600	2 240	2 500
注：如用户需要其他环境温度的发电机，其额定功率折算数据由制造厂提供。							

4.3.6 接法

三相发电机的接法为三相三线制或三相四线制。

4.3.7 工作制

发电机的工作制为连续工作制(S1)。

4.3.8 型号表示方法

发电机型号由产品代号、规格代号和特殊环境代号三部分依次序排列组成，各种代号的选用应符合

GB/T 4831—1984 的有关规定。若有其他规定(如引进技术制造的产品),由制造厂在企业标准中另行规定。

4.3.9 励磁方式

发电机的励磁方式有:

a) 不带自动电压调节器的相复励励磁系统(简称不可控相复励);

b) 带自动电压调节器的相复励励磁系统(简称可控相复励);

c) 无刷励磁系统;

d) 带自动电压调节器的三次谐波励磁系统(简称可控三次谐波励磁);

e) 其他励磁方式。

4.3.10 尺寸

发电机的安装尺寸及其公差应符合 GB/T 4772.1—1999、GB/T 4772.2—1999 和 GB/T 4772.3—1999 的规定。外形尺寸和形位公差尺寸由制造厂在企业标准中规定。

4.4 结构要求

4.4.1 吊装和排水

发电机应设置吊攀或起吊孔。机座底部应设置排水孔。

4.4.2 轴承

4.4.2.1 在 4.1d)规定的倾斜状态下运行,轴承应能有效地连续润滑,采用油环的自润滑滑动轴承,应采取措施强制油环不离开转轴且能自由旋转。

4.4.2.2 应采取适当措施,防止润滑油(脂)沿电机轴或其他通道流入到电机绝缘部件或任何带电部件。

4.4.2.3 采用非密封式滚动轴承结构的发电机应设置有效的加油孔和排油孔。

4.4.2.4 装有自润滑滑动轴承的发电机,应装有观察孔或油位指示装置。每个轴承座上应设置一个适当的溢油口,同时备有轴承温度测量装置。

4.4.2.5 发电机应有防止轴电流有害影响的措施。对不加绝缘隔离的滑动轴承,其轴电压允许峰值应不大于 500 mV(对应的电压有效值应不大于 360 mV)。对强迫润滑的滑动轴承结构,在加设轴承绝缘的同时,还应在油管法兰处加设绝缘环,以防止轴承绝缘被油管短路。

4.4.3 外壳防护等级

发电机的外壳防护等级应不低于 IP22,1 000 V 以上发电机的外壳防护等级应不低于 IP23。接线盒的防护等级应与发电机一致,但应不低于 IP44,其含义见 GB/T 4942.1—2006。

4.4.4 冷却方式

发电机的冷却方式一般为 IC01 和 IC7W71,其含义见 GB/T 1993—1993。

4.4.5 结构及安装型式

发电机的结构及安装型式按表 6 规定。其含义见 GB/T 997—2008。

表 6

代号 1	IM B3	IM B15	IM B20	IM B25	IM B34	IM B35
代号 2	IM 1001	IM 1201	IM 1101	IM 2401	IM 2101	IM 2001

4.4.6 防冷凝加热器

需要在发电机内部设置防止潮气在绕组上凝露的防冷凝加热器时,加热器的总功率应使发电机被加温到机壳内的温度比电机所处的周围温度约高 5 K,但不致使加热器附近的绝缘超过规定的温度限值。加热器应采用单相供电,其安装应便于检查和更换。

4.4.7 空气过滤器

对有空气过滤器的发电机,其空气过滤器应选用透气性好,滤清效率高及洗涤方便的材料。过滤器的安装应便于拆卸和清洗。

4.4.8 水冷却器

对带有水冷却器的发电机,水冷却器内部冷却介质为海水或淡水。初级冷却水温度不超过+32 ℃。水冷却器的结构和安装方式应便于拆装和清洁,其管道的排列应易于用压缩空气吹出管内的积尘垃圾。管子和水室材料应是耐腐蚀的,并设置防止电腐蚀的措施。水冷却器的通水部分应能承受1.5 倍工作压力、15 min 的耐水压试验。装有水冷却器的 IC7W71 型发电机应设置由报警传感元件组成的漏水保护装置及温度检测元件。

IC7W71 型发电机应设计成当水冷却器的冷却水短缺或水冷却器元件有故障时,可方便地改成相当于 IP23 防护型自通风式发电机作应急情况使用。

4.4.9 热保护

为监视发电机绕组温度和防止绕组过热,在 IC01 型加设空气过滤器的发电机和 IC7W71 型发电机内应设置温度检测元件或热保护元件。如用户需要,也可两者同时使用。温度检测元件的特性应和发电机绝缘等级相配合,用于报警温度检测元件的运行温度应比跳闸温度检测元件的运行温度低 10 K。这些温度检测元件和热保护元件都应埋置在预计为定子绕组最热点处,并分别埋置在每相绕组里,温度检测元件和热保护元件和被测绕组应有良好的热接触。

4.4.10 阻尼绕组及高次谐波抑制措施

对有并联要求的发电机应设置阻尼绕组或采用与此等效的实心转子结构。对使用在海上石油平台和工程船舶的发电机,由于大容量非线性负载的使用,还应适当采取抑制高次谐波电流的有效措施,以免电机过热。

4.4.11 绝缘等级

发电机及其励磁装置的绝缘等级为 B 级、F 级和 H 级三种。

4.4.12 接地

发电机应有可靠的接地装置。接地装置的设计应满足 GB 755—2008 的规定。

额定电压 1 000 V 及以下的发电机,应在接线盒或接线箱内近接线端子处设置一个接地端子,对125 kVA 以上的发电机,还应在机座上另装一个相同规格的接地端子。

额定电压大于 1 000 V 的发电机,应在机座上设置一个接地端子。

采用接地螺栓接地时,接地螺栓应采用铜质或导电良好的耐腐蚀材料制成,并具有足够的机械强度。接地螺栓最小直径应符合表 7 规定。

表 7

发电机额定电流/A	螺栓最小直径/mm
$I_N \leqslant 20$	4
$20 < I_N \leqslant 200$	6
$200 < I_N \leqslant 630$	8
$630 < I_N \leqslant 1\,000$	10
$1\,000 < I_N$	12

4.4.13 出线位置

接线盒或接线箱内应设有出线填料函,填料函应位于发电机的右侧(从驱动端视之)。如有特殊要求,应在订货合同中另行规定。

4.4.14 出线端

4.4.14.1 为了便于外部接线,应在易接近的位置设置适当截面和机械强度的铜接线柱(排),接线柱(排)和接线板之间应加以紧固,防止松动。接线柱(排)之间应留有一定空间,以便于操作,避免短路、接地和触及。

4.4.14.2 额定电压 1 000 V 以上发电机的定子绕组所有出线端均应引至接线盒中，除非采取措施保证能毫无危险地接近低压接线端子外，发电机的高压出线端子不应与低压出线端子混在同一个接线盒内。

4.4.15 紧固和减震措施

发电机所有紧固件应有可靠的防松装置。装在发电机上的励磁装置和自动电压调节器应耐震或加减震措施。

4.4.16 旋转方向

发电机的旋转方向从驱动端视之应为顺时针方向。如有特殊要求，应在订货合同中另行规定。

4.4.17 接线盒(箱)内电气间隙和爬电距离

发电机接线盒(箱)内出线端子之间及对机壳的电气间隙和爬电距离的最小值应符合表 8 规定。

表 8

额定工作电压/V	电气间隙/mm	爬电距离/mm
$U_N \leqslant 375$	6.3	6.3
$376 < U_N \leqslant 750$	9.5	9.5
$U_N = 3\,150$	26	45
$U_N = 6\,300$	50	90
$U_N = 10\,500$	80	160
注：周围空气污染等级为 3 级，材料组别为Ⅲa，相比漏电起痕指数(CTI)≥175 V。		

4.4.18 自动电压调节器

4.4.18.1 整定电压电位器一般应置于配电板上。

4.4.18.2 调节电压的电位器和变阻器等元件，升高电压的操作方向应为顺时针方向，降低电压的操作方向应为逆时针方向。

4.5 性能要求

4.5.1 起励

发电机及其励磁装置应能可靠起励，不可控相复励发电机冷态起励后电压不低于 95% 额定电压，可控相复励、可控三次谐波励磁、无刷励磁和其他励磁方式发电机起励电压应达到稳态电压调整率范围内的电压值。

4.5.2 电压整定范围(ΔU_s)

发电机的励磁装置应设置电压整定装置，该装置一般应放在配电板上。空载时发电机的电压整定范围应不小于 95%～105% 额定电压(不可控相复励发电机的电压整定范围应不包括起励状态)。

4.5.3 稳态电压调整率(δ_{stu})

发电机及其励磁装置在原动机稳定调速率 5% 情况下，当发电机负载(三相发电机为三相对称)为零到额定功率之间的任一负载值时，且其功率因数保持额定值，发电机的稳态电压调整率应不超过 ±2.5%(应急发电机为 ±3.5%)。

稳态电压调整率按式(1)计算：

$$\delta_{stu} = \pm \frac{U_{st\,max} - U_{st\,min}}{2U_N} \times 100\% \qquad \cdots\cdots (1)$$

式中：

$U_{st\,max}$、$U_{st\,min}$——负载由零到额定负载之间变化时，发电机端电压(有效值)的最大值和最小值，单位为伏特(V)；

U_N——发电机额定电压，单位为伏特(V)。

注：原动机稳定调速率应不超过 5%，一般为 3%～5%。

4.5.4 三相发电机瞬态电压调整率(δ_{dynu})和恢复时间 t_u

三相同步发电机及其励磁装置在额定转速和接近额定电压状态下运行。发电机在空载状态下，突加60%额定电流及功率因数不超过0.4(滞后)的三相对称负载；稳定后，再突卸上述负载，当电压跌落时，其瞬态电压调整率应不大于15%；当电压上升时，其瞬态电压调整率应不大于20%，发电机端电压恢复到、并保持在与最终稳态值之差不超过±3%额定电压(应急发电机为±4%额定电压)的范围内，所需的时间应不大于1.5 s(应急发电机为5 s)。

瞬态电压调整率按式(2)、式(3)计算：

$$\delta_{+dynu}=\frac{\hat{U}_{dyn\,max}-\hat{U}_{N}}{\hat{U}_{N}}\times 100\% \qquad \cdots\cdots(2)$$

$$\delta_{-dynu}=\frac{\hat{U}_{dyn\,min}-\hat{U}_{N}}{\hat{U}_{N}}\times 100\% \qquad \cdots\cdots(3)$$

式中：

$\hat{U}_{dyn\,max}$——突卸负载后的最大电压(峰值)，单位为伏特(V)；

$\hat{U}_{dyn\,min}$——突加负载后的最小电压(峰值)，单位为伏特(V)；

U_N——额定电压(峰值)，单位为伏特(V)。

4.5.5 波形畸变

发电机空载线电压波形正弦性畸变率应不超过下列数值：

a) 额定功率在10 kVA及以上者，总谐波畸变率为5%，最大单次谐波含量为3%；

b) 额定功率在10 kVA以下者及单相同步发电机应符合产品技术条件规定。

4.5.6 三相发电机不平衡负载

三相同步发电机在带载运行状态下，任何一相电流均不超过额定值，且各相电流的差值不超过15%额定电流时，应能长期工作，其温升符合4.5.15的规定。此时线电压最大值(或最小值)与三相线电压平均值之差应不超过三相线电压平均值的5%。

4.5.7 超速

发电机在空载情况下应能承受120%额定转速，历时2 min，而不发生损坏及有害变形。

4.5.8 偶然过电流

发电机及其励磁装置在热态下，应能承受150%额定电流，历时2 min，此时端电压尽可能维持在额定值，功率因数为0.5(滞后)、不得发生损坏及有害变形。

4.5.9 过载

发电机及其励磁装置在热态下，应能在110%额定电流下运行1 h，此时不考核电机温升，但不得发生损坏及有害变形。

4.5.10 短时升高电压试验

发电机的绕组应承受短时升高电压试验，而匝间绝缘不发生击穿，试验在发电机空载时进行，试验的感应电压为额定电压的130%，历时3 min。在提高电压至130%额定电压时，允许同时提高转速，但不应超过115%额定转速。

对磁路比较饱和的发电机，在转速增加到115%额定转速，且励磁电流已增加至容许的限值时，如感应电压仍不能达到所规定的试验电压，则试验允许在所能达到的最高电压下进行。

4.5.11 突然短路电流

三相同步发电机在自励空载额定电压、额定频率下运行，三相突然短路，此时短路电流峰值应不大于额定电流峰值的15倍或有效值的21倍。

4.5.12 突然短路的机械强度试验

发电机的突然短路机械强度试验，仅在订货时用户提出明确要求的情况下进行。如无其他规定，试验应在发电机空载而励磁相应于105%额定电压下进行，短时历时3 s。试验后应不产生有害变形，且能承受耐电压试验。

4.5.13　**短路电流维持能力**

发电机及其励磁装置在稳态短路状态下，短路电流至少维持 3 倍额定电流值，历时 2 s。

4.5.14　**并联运行**

对有并联要求的三相同步发电机应能稳定地并联运行。作并联运行的各台发电机，当负载在总额定负载的 20%～100%范围内变化时，各发电机实际承担的无功负载与总无功负载按各发电机定额比例分配值计算的无功分配差度应不大于下列数值中的较小值：

a)　最大额定无功功率发电机的±10%；

b)　最小额定无功功率发电机的±25%。

4.5.15　**温升**

4.5.15.1　发电机及其励磁装置在＋45 ℃环境温度下额定运行时，其各部分温升限值应符合表 9 规定。

表 9

单位为开尔文

序号	电机的部件	热分级 130 (B)			热分级 155 (F)			热分级 180 (H)		
		Th	R	ETD	Th	R	ETD	Th	R	ETD
1a)	功率 200 kVA 以上发电机的交流绕组	—	75	85	—	100	110	—	120	130
1b)	功率 200 kVA 及以下发电机的交流绕组[a]	—	75	—	—	100	—	—	120	—
2	用直流励磁的发电机磁场绕组(但除项 3 外)	65	75	—	80	100	—	100	120	—
3a)	用直流励磁绕组嵌入槽中的圆柱形转子发电机的磁场绕组	—	85	—	—	105	—	—	130	—
3b)	表面裸露或仅涂清漆的发电机的单层绕组[b]	85	85	—	105	105	—	130	130	—
4	永久短路的绕组	这些部件的温升，在任何情况下不应使其本身或邻近的绝缘或其他材料有损坏危险的数值出现。								
5	与或不与绕组接触的铁心及其他部件(轴承除外)									
6	集电环及其电刷和电刷机构	这些部件的温升或温度应不致于损坏其本身或任何与其相邻部件的绝缘。此外，集电环的温度应不超过由电刷等级和集电环材质组件在整个运行范围内能承受的电流的温升或温度值。								

注：表中 Th——温度计法；R——电阻法；ETD——埋置检温计法。

[a] 对额定功率为 200 kVA 及以下发电机的 B、F 级绝缘绕组，用叠加法测量时，其限值可比表中用电阻法的限值提高 5 K。

[b] 对多层绕组，如下面的各层都与循环的初冷却介质接触，也包括在内。

4.5.15.2　轴承温度应不超过下列值：

a)　对滑动轴承为＋80 ℃(出油温度不超过＋65 ℃)；

b)　对滚动轴承为＋90 ℃。

4.5.15.3　对采用水冷却器的发电机，其温升应按进入发电机的已被冷却的空气温度计算。冷却器的初始冷却水温度不超过＋32 ℃，若冷却后的空气温度不超过＋45 ℃，则发电机各部分温升限值按表 9 规定；若冷却后的空气温度超过＋45 ℃，则其温升限值应为表 9 规定减去冷却后的空气温度超过＋45 ℃的值。

4.5.15.4　试验地点的环境温度与实际运行环境温度不同时，温升限值的修正按 GB 755—2008 的规定。

4.5.16　**绝缘电阻**

4.5.16.1　额定电压 1 000 V 及以下发电机绕组和励磁装置线圈的冷态绝缘电阻应不低于 5 MΩ，热态绝缘电阻应不低于 2 MΩ。自动电压调节器的冷态绝缘电阻应不低于 50 MΩ,热态绝缘电阻应不低于 5 MΩ。

4.5.16.2 额定电压 1 000 V 以上发电机绕组的冷态绝缘电阻应不低于 30 MΩ,热态绝缘电阻应不低于式(4)计算的值:

$$R=\frac{U}{1\ 000}+1 \quad \cdots\cdots(4)$$

式中:

R——电机绕组的绝缘电阻,单位为兆欧(MΩ);

U——电机绕组的额定电压,单位为伏特(V)。

4.5.17 **工频耐电压**

发电机及励磁装置各绕组对地和绕组间应能承受表 10 规定的 50 Hz 或 60 Hz 实际正弦波试验电压,历时 1 min 而不发生击穿或闪络现象。

表 10

项号	部件名称	试验电压(有效值)
1	发电机电枢绕组及辅助绕组对机壳	1 000 V+2U_N,但最低为 1 500 V
2	发电机电枢绕组对辅助绕组	1 000 V+2U_N,但最低为 1 500 V
3	发电机励磁绕组及励磁装置中与励磁绕组相连部分对机壳: a) 额定励磁电压为 500 V 及以下者 b) 额定励磁电压在 500 V 以上者	 10 倍额定励磁电压,但最低为 1 500 V 4 000 V+2 倍额定励磁电压
4	与电枢绕组相连的励磁装置中的部分对机壳及各相	1 000 V+2U_N,但最低为 1 500 V
5	交流励磁机	与主发电机所连接的绕组相同
6	电枢绕组中埋置的温度检测元件和热保护元件对各相绕组和机壳	1 000 V+2U_N,但最低为 1 500 V
7	防冷凝加热器对发电机机壳	1 500 V
注:半导体器件和电容器不作此项试验。无刷发电机的旋转整流器接线拆开后进行该项试验。		

4.5.18 **匝间冲击耐电压**

4.5.18.1 发电机在制造过程中,应进行绕组(线圈)匝间冲击耐电压试验,而不发生击穿。

4.5.18.2 对额定电压 1 000 V 及以下的发电机散嵌绕组匝间冲击耐电压试验参数按 JB/T 9615.2—2000 的规定,主要试验参数为:

a) 冲击试验电压峰值应不低于式(5)计算的值:

$$U_T=K_1K_2U_G \quad \cdots\cdots(5)$$

式中:

U_T——发电机绕组(线圈)匝间冲击试验电压峰值,单位为伏特(V);

K_1——电压系数,取 1.4;

K_2——运行系数,取 1.1;

U_G——绕组对地绝缘工频耐电压试验值(按表 10 规定),单位为伏特(V)。

b) 冲击试验电压波前时间为 0.2 μs。

4.5.18.3 对额定电压 1 000 V 及以下的发电机成型绕组匝间冲击耐电压试验参数按 JB/T 5811—2007 的规定,主要试验参数为:

a) 冲击试验电压峰值应不低于式(6)计算的值:

$$U_T=K_1K_2U_G \quad \cdots\cdots(6)$$

式中:

U_T——发电机绕组(线圈)匝间冲击试验电压峰值,单位为伏特(V);

K_1——电压系数，取$\sqrt{2}$；

K_2——工序系数，浸渍前取 0.95，浸渍后取 1.1；

U_G——绕组对地绝缘工频耐电压试验值(按表 10 规定)，单位为伏特(V)。

b) 冲击试验电压波前时间为 0.2 μs。

4.5.18.4 额定电压为 1 000 V 以上的发电机定子成型绕组匝间冲击耐电压试验参数按 JB/T 10098—2000 的规定，主要试验参数为：

a) 冲击试验电压峰值应不低于表 11 规定；

表 11

单位为千伏

额定电压	冲击试验电压峰值
3.15	11.4
6.3	19.6
10.5	30.6

b) 冲击试验电压波前时间为 0.2 μs。

4.5.18.5 发电机磁场绕组匝间冲击耐电压试验按 JB/T 5810—2007 的规定。冲击试验电压峰值为：

a) 额定励磁电压 500 V 及以下者为$\sqrt{2}\times10$ 倍额定励磁电压，最低为 $1.5\times\sqrt{2}$ kV；

b) 额定励磁电压 500 V 以上者为$\sqrt{2}\times$(4 kV +2 倍额定励磁电压)。

4.5.19 效率

发电机的效率指标由产品技术条件规定。

4.5.20 三相发电机相序

发电机按 4.4.16 规定的旋转方向旋转时，三相定子绕组出线端及其在接线板上相应的标志，由出线填料函口视之，从左至右或从上到下依次为 U、V、W、N。

4.5.21 容差

发电机性能指标的容差应符合表 12 规定。

表 12

项号	参 量	容 差
1	效率 η 150 kVA 及以下发电机 150 kVA 以上发电机	 $-15\%(1-\eta)$ $-10\%(1-\eta)$
2	总损耗(适用于 150 kVA 以上发电机)	总损耗的+10%
3	突然短路电流峰值	保证值的±30%
4	稳态短路电流	保证值的±15%

4.5.22 耐潮性能

发电机及其励磁装置经+55 ℃、6 周期交变湿热试验(自动电压调节器经+55 ℃、2 周期)后，应能满足下列要求：

a) 自动电压调节器的绝缘电阻应不低于 1 MΩ。发电机绕组对机壳及绕组间的绝缘电阻应不低于下列值：

1) IP44 以下防护等级的发电机，按式(7)确定绝缘电阻：

$$R = 2 \times \frac{U}{1\,000 + \frac{P}{100}} \quad \cdots\cdots(7)$$

确定的绝缘电阻值低于 0.33 MΩ 时，则按 0.33 MΩ 考核。

2） IP44 及以上防护等级的发电机，按式(8)确定绝缘电阻：

$$R = 3 \times \frac{U}{1\,000 + \frac{P}{100}} \qquad \cdots\cdots (8)$$

式(7)和(8)中：

P——发电机额定功率，单位为千伏安(kVA)；

U——发电机绕组的标称电压，单位为伏特(V)；

R——发电机绕组的绝缘电阻，单位为兆欧(MΩ)。

b） 发电机绕组应能承受历时 1 min 工频耐电压试验，不发生击穿，试验电压的有效值为 4.5.17 表 10 规定试验电压的 85%。

c） 金属电镀件和化学处理件的外观质量应不低于 JB/T 4159—1999 中 5.4.1 规定的三级要求。

d） 表面油漆外观质量和附着力应不低于 JB/T 4159—1999 中 5.4.2 规定的 2 级要求。

4.5.23 防霉性能

发电机及其励磁装置的绕组和绝缘材料应具有一定防霉能力，经试验后，应达到 GB/T 2423.16—1999 规定的 2 级要求。

4.5.24 耐盐雾性能

发电机及其励磁装置的金属镀件和化学处理件应具有耐盐雾性能，按规定时间试验后，应符合表 13 的规定。

表 13

底金属和镀层类别	试验持续时间/h	合格标准
钢镀锌	48	未出现白色、灰黑色、棕色等颜色的腐蚀物
钢镀装饰铬	48	未出现棕色或其他色的腐蚀物
铜及铜合金镀镍铬	96	未出现灰白色或绿色的腐蚀物
铜及铜合金镀镍	48	
铜及铜合金镀银	24	
铜及铜合金镀锡	48	未出现灰黑色腐蚀物

4.5.25 耐化学活性物的腐蚀性能

用于海上勘探或开发海底石油资源的各类移动式平台和固定式平台的发电机经 2 周期化学气体腐蚀试验后，各绕组对地和绕组之间的绝缘电阻和工频耐电压性能应符合 4.5.22a)和 4.5.22b)的要求。

对已进行化学气体腐蚀试验考核的发电机，可不再进行耐潮性能试验考核。

4.5.26 倾斜

发电机的倾斜按 4.1d)规定进行试验，试验后，轴承温度应不超过 4.5.15.2 的规定，润滑油(脂)不应泄漏。

4.5.27 振动烈度

发电机在额定转速下空载运行，测得的振动烈度限值应符合表 14 的规定(见 GB 10068—2000 中表 1 规定的 N 级限值)。额定转速为 500 r/min 及以下发电机的振动烈度限值由产品技术条件中规定。

表 14　　单位为毫米每秒(有效值)

额定转速/(r/min)	自由悬置状态下安装				刚性安装
	$H \leqslant 132$	$132 < H \leqslant 225$	$225 < H \leqslant 400$	$400 < H$	$400 < H$
600～3 600	1.8	2.8	3.5	3.5	2.8

注 1：H 为发电机轴中心高。

注 2：以相同机座带底脚卧式电机的轴中心高作为无底脚电机、上脚式电机或立式电机的轴中心高。

4.5.28 噪声

发电机在额定转速下空载运行时，测得的 A 计权声功率级噪声限值应符合表 15 的规定(见 GB 10069.3—2008)。

表 15

额定转速 n_N/(r/min)	n_N≤960			960<n_N≤1 320			1 320<n_N≤1 900			1 900<n_N≤2 360			2 360<n_N≤3 150			3 150<n_N≤3 750		
冷却方式	IC01 注 1	IC01 注 2	IC7 W71 注 2	IC01 注 1	IC01 注 2	IC7 W71 注 2	IC01 注 1	IC01 注 2	IC7 W71 注 2	IC01 注 1	IC01 注 2	IC7 W71 注 2	IC01 注 1	IC01 注 2	IC7 W71 注 2	IC01 注 1	IC01 注 2	IC7 W71 注 2
额定功率 P_N/(kVA)	噪声限值 dB(A)																	
1≤P_N≤1.1	73	73	—	76	76	—	77	78	—	79	81	—	81	84	—	82	88	—
1.1<P_N≤2.2	74	74	—	78	78	—	81	82	—	83	85	—	85	88	—	86	91	—
2.2<P_N≤5.5	77	78	—	81	82	—	85	86	—	86	90	—	89	93	—	93	95	—
5.5<P_N≤11	81	82	—	85	85	—	88	90	—	90	93	—	93	97	—	97	98	—
11<P_N≤22	84	86	—	88	88	—	91	94	—	93	97	—	96	100	—	97	100	—
22<P_N≤37	87	90	—	91	91	—	94	98	—	96	100	—	99	102	—	101	102	—
37<P_N≤55	90	93	—	94	94	—	97	100	—	98	102	—	101	104	—	103	104	—
55<P_N≤110	93	96	—	97	98	—	100	103	—	101	104	—	103	106	—	105	106	—
110<P_N≤220	97	99	—	100	102	—	103	106	—	103	107	—	105	109	—	107	110	—
220<P_N≤550	99	102	98	103	105	100	106	108	102	106	109	102	107	111	102	110	113	105
550<P_N≤1 100	101	105	100	106	108	103	108	111	104	108	111	104	109	112	104	111	116	106
1 100<P_N≤2 200	103	107	102	108	110	105	109	113	105	109	113	105	110	113	105	112	118	107
2 200<P_N≤5 500	105	109	104	110	112	106	110	115	106	111	115	107	112	115	107	114	120	109

注 1：防护等级为 IP44 以下。

注 2：防护等级为 IP44 及以上。

4.5.29 电磁兼容性

4.5.29.1 发电机的电磁兼容性应符合 GB/T 10250—2007 和 GD 01—2006 的规定，试验项目为传导发射，试验参数及限值见表 16。

表 16

频率范围	限　值
10 kHz～150 kHz	120 dBμV～69 dBμV
150 kHz～500 kHz	79 dBμV
500 kHz～30 MHz	73 dBμV

4.5.29.2 自动电压调节器的电磁兼容性应符合 GB/T 10250—2007 和 GD 01—2006 的规定，试验项目见表 17。试验参数及限值应符合下列要求。

表 17

发射测量		抗扰度试验					
传导发射	外壳端口辐射发射	静电放电	射频电磁场辐射	电快速瞬变脉冲群	浪涌	低频传导	射频场感应的传导骚扰

a) 传导发射的试验参数及限值见表18。

表 18

频率范围	限　值
10 kHz～150 kHz	120 dBμV～69 dBμV
150 kHz～500 kHz	79 dBμV
500 kHz～30 MHz	73 dBμV

b) 外壳端口辐射发射的试验参数及限值见表19。

表 19

频率范围	限　值
150 kHz～30 MHz	80 dBμV/m～50 dBμV/m
30 MHz～100 MHz	60 dBμV/m～54 dBμV/m
100 MHz～2 000 MHz 其中 156 MHz～165 MHz	54 dBμV/m 24 dBμV/m

c) 静电放电抗扰度的试验参数见表20,射频电磁场辐射抗扰度的试验参数见表21,电快速瞬变脉冲群抗扰度的试验参数见表22,浪涌抗扰度的试验参数见表23,低频传导抗扰度的试验参数见表24,射频场感应的传导骚扰抗扰度的试验参数见表25。试验后与发电机配套,应使空载电压整定范围、稳态电压调整率和瞬态电压调整率符合4.5.2、4.5.3和4.5.4的要求。

表 20

试验电压	接触放电 6 kV,空气放电 8 kV
两次放电之间时间间隔	≥1 s
脉冲数量	正极性和负极性各10次

表 21

频率范围	80 MHz～2 GHz
调制频率	1 000 Hz
调制深度	80%
场强	10 V/m(未经调制)
扫描速率	$\leqslant 1.5\times10^{-3}$十倍程/秒

表 22

单脉冲上升时间	5 ns(10%～90%之间值)
单脉冲宽度	50 ns(50%值)
电压峰值(开路)	电源线为 2 kV(线/地),控制和信号线为 1 kV(线/地)
脉冲的重复频率	1 kV 时 5 kHz,2 kV 时 2.5 kHz
脉冲群持续时间	15 ms
脉冲群周期	300 ms
每一极性持续时间	5 min

表 23

脉冲上升时间	1.2 μs(10%～90%之间值)
脉冲宽度	50 μs(50%值)
电压(峰值、开路)	线/地为 1 kV,线/线为 0.5 kV
重复频率	每分钟至少为1次
脉冲数量	在选定点上至少加5次正极性和5次负极性
应用	连续

表 24

电源频率的15次谐波及以下	试验电压有效值为10%U_N
电源频率的15次谐波至100次谐波	试验电压有效值自10%U_N下降至1%U_N
电源频率的100次谐波至200次谐波	试验电压有效值为1%U_N
试验中施加至电源线上的功率	限制为2 W(至少为3 V)

表 25

频率范围	150 kHz～80 MHz
电压(开路)	3 V(有效值)
调制频率	1 000 Hz
调制深度	80%
频率扫描速度	≤1.5×10^{-3}十倍程/秒

4.5.30 耐振动性能

自动电压调节器应根据实际安装工况按表26规定的试验参数进行振动试验，试验中应无机械损伤和松动，试验后与发电机配套，应使空载电压整定范围、稳态电压调整率和瞬态电压调整率符合4.5.2、4.5.3和4.5.4的要求。

表 26

安装部位	频率/Hz	位移幅值/mm	加速度幅值/(m/s²)
一般振动条件	2^{+3}_{0}～13.2	1	—
	13.2～100	—	6.9
严酷振动条件(柴油机、空压机及其他类似环境)	2^{+3}_{0}～25	1.6	—
	25～100	—	39

4.5.31 耐高温性能

自动电压调节器在+55 ℃±2 ℃温度下保持16 h，在最后1 h内与发电机配套，应使空载电压整定范围、稳态电压调整率和瞬态电压调整率符合4.5.2、4.5.3和4.5.4的要求。

4.6 安全

发电机的安全要求除了满足GB/T 14711—2006的规定外，机壳表面温度应不超过+80 ℃，否则应采取防护措施。

4.7 机械外观质量

4.7.1 发电机表面油漆应干燥平整、无污染、裂痕等现象，装配应完整正确。

4.7.2 发电机转动时，轴承应平稳轻快，无有害杂声和停滞现象。

4.8 分类

4.8.1 按相制分为：

a) 三相同步发电机；

b) 单相同步发电机。

4.8.2 按转子结构分为：

a) 凸极转子；

b) 隐极转子。

4.8.3 按轴承配置型式分为：

a) 双轴承；

b) 单轴承。

4.8.4 按轴承结构分为：

a) 滚动轴承；

b) 滑动轴承。

4.8.5 按滑动轴承润滑方式分为：

a) 自润滑；

b) 强迫润滑。

5 试验方法

5.1 总则

除本标准作出规定者外，单相同步发电机应按 GB/T 14481 规定进行，三相同步发电机应按 GB/T 1029—2005 规定进行。

5.2 机械外观质量检查

用目视方法检查发电机外观，应符合 4.7.1 规定。

用手轻轻转动发电机转轴，轴承运行情况应符合 4.7.2 规定。

5.3 标志检查

用目视方法检查发电机的铭牌、方向矢、接地、出线端等标志和标记，应符合第 7 章规定。

5.4 尺寸检查

按 GB/T 4772.1—1999、GB/T 4772.2—1999、GB/T 4772.3—1999 和 GB/T 1958—2004 规定检查发电机的外形尺寸、安装尺寸和形位公差，应符合 4.3.10 规定。

5.5 电气间隙和爬电距离测定

按 GB 14048.1—2006 中附录 G 规定的方法，测量发电机出线端子间的电气间隙和爬电距离，应符合 4.4.17 规定。

5.6 空载特性测定

5.6.1 单相发电机按 GB/T 14481 中第 6 章规定。

5.6.2 三相发电机按 GB/T 1029—2005 中 4.4 规定。对无刷发电机以励磁机励磁电流为横坐标。

5.7 稳态短路特性测定

5.7.1 单相发电机按 GB/T 14481 中第 7 章规定。

5.7.2 三相发电机按 GB/T 1029—2005 中 4.5 规定。对无刷发电机以励磁机励磁电流为横坐标。

5.8 绕组对机壳及绕组间绝缘电阻测定

发电机分别在实际冷态下和温升试验后，按 GB/T 1029—2005 中 4.1 规定进行，测量结果应符合 4.5.16 规定。测量绝缘电阻用的兆欧表规格按表 27 选择。

表 27

单位为伏特

被测绕组额定电压 U_N	兆欧表规格
$U_N \leqslant 250$	250
$250 < U_N \leqslant 1\ 000$	500
$1\ 000 < U_N \leqslant 2\ 500$	500～1 000
$2\ 500 < U_N \leqslant 5\ 000$	1 000～2 500
$5\ 000 < U_N \leqslant 12\ 000$	2 500～5 000

5.9 空载电压整定范围

发电机在额定转速空载下运行，将电压整定电位器调至最大值，记录发电机的电压，再将电压整定电位器调至最小值，记录发电机的电压，此两种状态下的电压范围即为电压整定范围，应符合 4.5.2 规定。

5.10 稳态电压调整率测定

5.10.1 三相发电机，由稳定调速率为 5% 的原动机(或模拟原动机调速特性的电动机)拖动，加上额定功率，调整原动机转速至额定转速，电压整定在额定电压附近(但不得超过稳态电压调整率的上限和下限对应的电压值)卸去负载，在不改变原动机调速机构和励磁装置的条件下，从零逐步加载到额定功率，再逐步减载到零(对用电动机拖动者，应使其转速按规定的稳定调速率作线性变化)，其功率因数保持在额定值，约每隔25%的额定功率读取端电压、电流和频率值。

热态下稳态电压调整率应在温升试验后立即进行(允许电压重新整定在额定值附近)。

注：采用模拟原动机调速特性进行稳态电压调整率的测定时，一般按稳定调速率5%进行。如用户另有要求，可在3%～5%范围内任一稳定调速率下进行试验，但应在合同中明确规定。

5.10.2　单相发电机按GB/T 14481中14.2规定进行。

5.10.3　结果应符合4.5.3规定。

5.11　三相同步发电机瞬态电压调整率和恢复时间测定

试验前，用拍摄示波器图方法检查开关三相同时合闸性，各触头闭合和分断的时间差应不大于15°电角度。

首先，在发电机空载时将转速调整到额定值、电压整定为接近额定值的条件下，突加60%额定电流，功率因数不超过0.4(滞后)的三相对称负载，考虑到负载本身过渡特性的影响，当发电机稳定后，重新将转速调整在额定值，电压整定为接近额定值，负载应调整到60%额定电流，功率因数不超过0.4(滞后)的稳定状态下，突卸上述负载。试验中应记录负载突变前后的输出线电压、相电流的稳定值，并用示波器拍摄突加和突卸时线电压和相电流的波形，并保证拍摄到稳定状态，取合闸相角小于15°电角度的电压波形(周期分量)进行分析，必要时重复几次，计算出4.5.4所要求的发电机瞬态电压调整率和恢复时间。亦允许采用每次拍摄三个线电压进行分析，取其平均值，再重复测量三次，取中间值为4.5.4的考核数据。同时要核对突加瞬间负载电流(周期分量)值，若不是60%额定电流时，应调整后重新试验。并应使用冲击电流小的设备作试验负载。

5.12　并联运行

将分别由稳定调速率为5%原动机(或模拟原动机调速特性的电动机)拖动的两台或两台以上发电机并联运行。首先加上75%总额定功率(并联运行中所有发电机额定功率总和)的负载，调整各原动机调速机构和发电机无功负载分配调节器。使转速为101.25%额定转速，并使各台发电机所承担的有功负载和无功负载均按各自定额比例分配，在不再调整发电机无功负载分配调节器的情况下，改变其负载，使其分别为总额定功率的100%→75%→50%→20%→50%→75%，并保持总负载的功率因数为额定功率因数不变，在每次改变负载后，除并联运行中一台大发电机原动机的调速机构不作改变(对用电动机拖动者，应使其中一台大发电机的拖动电机转速按规定的调速率作线性变化)外，改变其他各台发电机原动机的调速机构，使各发电机承担按各自定额比例分配的有功负载。每次改变负载后，稳定运行10 min，读取各发电机所承担的实际无功负载值。

仅在订货合同明确规定时，也可以选择20%额定功率为基调点进行试验，即首先加上20%总额定功率的负载，调整原动机调速机构和发电机无功负载分配调节器，使各发电机承担的有功负载和无功负载均按各自定额比例分配，然后改变负载进行试验。

各发电机所承担的实际无功负载按发电机规定比例计算的无功分配差度ΔQ(%)由式(9)确定：

$$\Delta Q=\left(\frac{Q_i}{Q_{iN}}-\frac{Q_\Sigma}{Q_{\Sigma N}}\right)\times 100\% \qquad \cdots\cdots(9)$$

式中：

Q_i——所涉及第i台并联发电机实际承担的无功负载，单位为千乏(kVar)；

Q_{iN}——所涉及第i台并联发电机的额定无功负载，单位为千乏(kVar)；

Q_Σ——参加并联发电机承担的总无功负载，单位为千乏(kVar)；

$Q_{\Sigma N}$——参加并联发电机额定无功负载总和，单位为千乏(kVar)。

注1：在用户另有要求时，可在3%～5%范围内任一稳定调速率下进行试验，但应在合同中明确规定。

注2：当与具有标准规定调速率的原动机配套，并联运行时在有功分配差度不大于中国船级社《钢质海船入级规范》(2006)规定范围内，其无功分配差度仍应满足4.5.14的规定。

5.13 三相发电机不平衡负载试验

5.13.1 发电机在不平衡负载工作时电压偏差程度的测定：

试验时，发电机为三相三线制，先加70%额定功率的三相对称负载，功率因数为0.8(滞后)，然后再在任意两相间加电阻性负载，并调整到使该两相电流平均值等于85%额定电流，测定其线电压的最大值或最小值与其三相线电压平均值之差。

5.13.2 发电机在不平衡负载工作时各绕组温升测定：

先加85%额定功率的三相对称负载，功率因数为0.8(滞后)，再在任意两相间加电阻性负载，使最大一相电流达到额定值，并测定发电机和励磁装置各绕组的温升。

5.13.3 结果应符合4.5.6规定。

5.14 突然短路电流

试验前，用记录波形仪检查开关三相合闸的同步性，三相合闸时间差应不大于15°电角度。

发电机在空载自励状态，并整定在额定转速和接近额定电压，然后在发电机出线端三相突然短路，用记录波形仪摄取三相短路电流波形，摄录时间应保证稳态短路持续时间不小于2 s。以最大短路电流峰值进行计算，它与额定电流峰值之比即为突然短路电流倍数，结果应符合4.5.11规定。

短路电流峰值也可通过计算或50%额定电压或稍高的电压下做试验获得。

5.15 短路电流维持能力测定

短路电流维持能力可用以下方法之一测定：

a) 按5.14规定的方法进行，测量短路电流波形中周期分量峰值，它与额定电流峰值之比即为稳态短路电流倍数，结果应符合4.5.13规定。
b) 发电机电枢绕组和励磁绕组均短接，调整发电机转速至额定转速，然后将励磁绕组的短接点断开，当短路电流稳定时，且持续2 s以上，测量此时的短路电流值，结果应符合4.5.13规定。

5.16 发电机效率测定

按GB/T 1029—2005(三相)和GB/T 14481(单相)中的损耗分析法测定发电机的效率。

5.17 匝间冲击耐电压

5.17.1 对额定电压1 000 V及以下发电机，散嵌绕组匝间冲击耐电压试验按JB/T 9615.1—2000规定进行。成型绕组匝间冲击耐电压试验按JB/T 5811—2007规定进行。

5.17.2 额定电压1 000 V以上发电机定子成型绕组匝间冲击耐电压试验按JB/T 10098—2000规定进行。

5.17.3 发电机磁场绕组匝间冲击耐电压试验按JB/T 5810—2007规定进行。

5.17.4 试验结果应符合4.5.18.1规定。

5.18 外壳防护

按GB/T 4942.1—2006的规定进行，应符合4.4.3规定。

5.19 倾斜

使发电机轴伸与水平分别上倾10°和下倾10°，作空载额定转速运行，试到轴承温度稳定为止，试验后测量轴承温度，检查润滑油(脂)泄漏情况，结果应符合4.5.26规定。

5.20 耐潮性能试验

5.20.1 发电机的耐潮性能试验按GB/T 2423.4—1993规定进行，有关细则补充如下：

a) 试验严酷程度为高温温度+55 ℃，试验周期为6 d，降温阶段相对湿度下限值为85%；
b) 初始检测，试验前应在正常试验大气条件下放置24 h以上，检查发电机表面油漆、金属镀层，测量绕组的绝缘电阻，应符合4.7.1和4.5.16规定，若不符合时应予停试；
c) 安装在试验室(箱)内的状态，发电机在不包装、不通电“准备使用”状态和正常工作位置放入试验室(箱)内，IC01型带空气过滤器的发电机，应将空气过滤器拆除，IC7W71型全封闭发电机，应打开封闭结构，均按防滴型结构进行湿热试验；

注：相复励装置整流管和无刷发电机旋转整流器拆开后进行耐潮性能试验。

d) 最后检测，试验最后一个周期，低温高湿阶段保持 6 h 后对下列项目进行检测：

1) 在试验室(箱)内进行绕组绝缘电阻测定和工频耐电压试验，检测时温度为 +25 ℃±3 ℃，相对湿度为 95%～98%，若试验条件不许可，则另行协商解决，但必须在发电机取出室(箱)外后 30 min 内完成；

2) 在电机取出试验室(箱)外的 24 h 内，完成电机表面油漆外观、电镀件和化学处理件、绝缘、塑料零部件及轴承润滑脂检测；

3) 在电机取出试验室(箱)外的 8 h～24 h 内，完成电机外表面附着力测定。

5.20.2 自动电压调节器的耐潮性能试验按 GB/T 2423.4—1993 规定进行。有关细则补充如下：

a) 试验严酷程度为高温温度 +55 ℃，试验周期为 2 d，降温阶段相对湿度下限值为 85%；

b) 试验前，测量其绝缘电阻，应不低于 10 MΩ；

c) 按正常工作位置放入试验箱内进行试验；

d) 试验结束后，取出受试设备，在标准大气条件下恢复，允许用手将试品上的水渍抹去，并在 1 h 内测量绝缘电阻，检查外观质量。

5.20.3 结果应符合 4.5.22 规定。

5.20.4 若发电机的体积因试验设备条件限制无法进行试验时，允许选用同型号、同结构、同工艺的较小规格发电机进行试验。

5.21 长霉

发电机的绕组和绝缘零件按 GB/T 2423.16—1999 规定进行 28 d 长霉试验后，应符合 4.5.23 规定。若有有效试验报告，可免做本试验。

5.22 盐雾

发电机的外露金属电镀件和化学处理件的盐雾试验按 GB/T 2423.17—1993 规定进行，结果应符合 4.5.24 规定，若有有效试验报告，可免做本试验。

5.23 化学气体腐蚀

发电机的耐化学气体腐蚀试验按 GB/T 2423.33—2005 规定进行，并补充以下规定：

a) 二氧化硫气体浓度等级为 GB/T 2423.33—2005 规定的 3 级；

b) 试验周期为 2 周期；

c) 在最后一周期结束前 3 h 内测量绝缘电阻和进行工频耐电压试验。

试验结果应符合 4.5.25 的规定。

若发电机的体积因试验设备条件限制无法进行试验时，允许选用同型号、同结构、同工艺的较小规格发电机进行试验。

5.24 振动烈度测定

按 GB/T 10068—2000 规定进行，应符合 4.5.27 规定。

5.25 噪声测定

按 GB/T 10069.1—2006 规定进行，应符合 4.5.28 规定。

5.26 电磁兼容性

按 GB/T 10250—2007 和 GD 01—2006 的规定进行，结果应符合 4.5.29 规定。试验细则补充如下：

a) 传导发射和外壳端口辐射发射按 GB/T 6113.101～105—2008 和 GB/T 6113.201～204—2008 规定进行；

b) 静电放电抗扰度试验按 GB/T 17626.2—2006 规定进行；

c) 射频电磁场辐射抗扰度试验按 GB/T 17626.3—2006 规定进行；

d) 电快速瞬变脉冲群抗扰度试验按 GB/T 17626.4—1998 规定进行；

e) 浪涌抗扰度试验按 GB/T 17626.5—1999 规定进行；

f) 低频传导抗扰度试验按 GB/T 17626.16—2007 规定进行；

g） 射频场感应的传导骚扰抗扰度按 GB/T 17626.6—1998 规定进行。

5.27 振动

自动电压调节器应按 4.5.30 表 26 规定的试验参数，按 GB/T 7094—2002 规定的方法进行，试验中观察其机械损坏情况，试验后与发电机配套，检查空载电压整定范围，测定稳态电压调整率和瞬态电压调整率，结果应符合 4.5.30 规定。

5.28 高温试验

自动电压调节器置于温度为室温的试验箱内，然后将箱温升高至＋55 ℃±2 ℃下保持 16 h，在最后 1 h 内与发电机配套，检查空载电压整定范围，测定稳态电压调整率和瞬态电压调整率，结果应符合 4.5.31 规定。

5.29 相序检查

发电机的相序检查按照 5.29 a）或 5.29 b）进行：

a） 用相序表检查；

b） 用一台出线端正确的三相异步电动机，对应的接至发电机出线端，若异步电动机旋转方向符合规定，则发电机相序符合要求。

5.30 安全试验

发电机在进行温升试验后，用点温计或酒精温度计测量机壳外表面温度，结果应符合 4.6 规定。

6 检验规则

6.1 产品合格程序

本标准规定的检验项目检验合格后，发电机方能交付，并应附有产品合格证。

6.2 检验条件

检验场地应维持在下列标准大气条件范围以内：

a） 温度范围　＋15 ℃～＋35 ℃；

b） 相对湿度　30%～90%；

c） 气压　86 kPa～106 kPa。

6.3 检验分类

本标准规定的检验分为：

a） 出厂检验；

b） 型式检验。

6.4 出厂检验

每台发电机均应进行出厂检验，检验项目见表 28。

表 28

项号	检　验　项　目	出厂检验	型式检验	要求章条号	试验方法章条号
1	机械外观质量检查	√	√	4.7	5.2
2	标志检查	√	√	第7章	5.3
3	尺寸检查	—	√	4.3.10	5.4
4	电气间隙和爬电距离测定	—	√	4.4.17	5.5
5	空载特性测定	√	√	—	5.6
6	稳态短路特性测定	√	√	—	5.7
7	绕组冷态直流电阻测定	√	√	—	5.1
8	绕组对机壳及绕组间绝缘电阻测定	√	√	4.5.16	5.8

表 28（续）

项号	检验项目	出厂检验	型式检验	要求章条号	试验方法章条号
9	相序检查[a]	√	√	4.5.20	5.29
10	空载电压整定范围[b]	√	√	4.5.2	5.9
11	稳态电压调整率测定[b]	√	√	4.5.3	5.10
12	瞬态电压调整率及恢复时间测定[a]	—	√	4.5.4	5.11
13	并联运行[a,c]	—	√	4.5.14	5.12
14	三相发电机不平衡负载[a]	—	√	4.5.6	5.13
15	短路电流维持能力	—	√	4.5.13	5.15
16	效率测定	—	√	4.5.19	5.16
17	短时升高电压试验[d]	√	√	4.5.10	5.1
18	工频耐电压	√	√	4.5.17	5.1
19	匝间冲击耐电压	√	√	4.5.18	5.17
20	超速	√	√	4.5.7	5.1
21	轴电压测定	—	√	4.4.2.5	5.1
22	振动烈度测定[a]	—	√	4.5.27	5.24
23	噪声测定	—	√	4.5.28	5.25
24	温升	—	√	4.5.15	5.1
25	偶然过电流	—	√	4.5.8	5.1
26	过载	—	√	4.5.9	5.1
27	波形畸变	—	√	4.5.5	5.1
28	突然短路电流[a]	—	√	4.5.11	5.14
29	突然短路机械强度	—	√	4.5.12	5.1
30	绕组电抗及时间常数[e]	—	√	—	5.1
31	耐潮	—	√	4.5.22	5.20
32	长霉	—	√	4.5.23	5.21
33	盐雾	—	√	4.5.24	5.22
34	化学气体腐蚀	—	√	4.5.25	5.23
35	外壳防护[c]	—	√	4.4.3	5.18
36	电磁兼容性	—	√	4.5.29	5.26
37	自动电压调节器振动试验	—	√	4.5.30	5.27
38	自动电压调节器高温试验	—	√	4.5.31	5.28
39	倾斜试验[c]	—	√	4.5.26	5.19
40	安全	—	√	4.6	5.30

[a] 单相发电机不做此项试验。

[b] 出厂检验在冷态下进行。

[c] 仅在新产品完成时进行。

[d] 已做了项号 19 试验，则本项试验可不做。

[e] 仅在新产品完成时对 112.5 kVA 及以上发电机进行。

6.5 型式检验

凡遇下列情况之一，应按表28规定的项目进行型式检验：

a) 新产品试制完成时；

b) 发电机的设计和工艺上变更足以引起某些特性和参数发生变化时，则应进行有关的型式检验项目；

c) 当出厂检验结果与以前进行的型式检验结果发生不允许偏差时；

d) 停产三年后复产或转厂生产时；

e) 质量检验部门认为有必要时，可对型式检验中某些项目进行抽试。

6.6 型式检验的样品数

整台发电机检验的样品数为两台(对312.5 kVA及以上的发电机，其中一台做性能试验，一台做破坏性试验。发电机零部件检验(长霉、盐雾)为各三件。

6.7 抽检规则

6.7.1 成批生产的发电机整机定期抽试为每四年一次，抽试样品数为二台。对500 kVA以上发电机，可按累计生产50台数时抽试一次。零部件的抽试项目(长霉、盐雾)的样品数为各三件。

6.7.2 在定期抽试中如有一项不合格，则应从同一批发电机中另抽加倍台数，对该项重试，如仍不合格，则应对该批发电机逐台进行该项试验。

7 产品标志

7.1 铭牌

铭牌采用黄铜或耐腐蚀金属材料制成，应牢固地固定在发电机机座上的明显位置处，铭牌上文字和数据的刻划应耐磨、清晰。并标出以下项目及数据。

a) 制造厂；

b) 发电机名称；

c) 发电机型号；

d) 额定功率，单位为千伏安(kVA)；

e) 额定电压，单位为伏特(V)；

f) 额定频率，单位为赫兹(Hz)；

g) 额定转速，单位为转每分钟(r/min)；

h) 额定电流，单位为安培(A)；

i) 额定功率因数；

j) 额定励磁电压，单位为伏特(V)；

k) 额定励磁电流，单位为安培(A)；

l) 绝缘等级；

m) 防护等级；

n) 接线方法；

o) 相数；

p) 标准编号；

q) 出厂编号；

r) 重量；

s) 制造日期；

t) 船检标志。

7.2 接地牌

接地牌采用黄铜或耐腐蚀金属材料制成，并固定在接地螺栓附近。接地符号应耐磨、清晰，并应符合 GB 14711—2006 规定。

7.3 方向矢

方向矢采用黄铜或耐腐蚀金属材料制成，并固定在发电机轴伸端处的机座或端盖上，箭头符号应耐磨、清晰。箭头方向从驱动端视之应为顺时针方向。如有特殊要求，应在订货合同中另行规定。

7.4 出线端子

发电机各绕组出线端子及各附加装置的出线端子应按表 29 规定的标志标明(见 GB 1971—2006)，接线盒内的接线板上应有相应的标志。标志应耐磨、清晰。

表 29

元件名称	定子绕组					发电机励磁绕组		励磁机励磁绕组		谐波绕组	辅助绕组					防冷凝加热器	温度检测元件	热保护元件
	单相	三相									单相	三相						
线端名称	—	相 1	相 2	相 3	中性	正端	负端	正端	负端	—	—	相 1	相 2	相 3	中性	—	—	—
线端标志	U1 U2	U	V	W	N	F1	F2	E1	E2	S1 S2 S3	Z1 Z2	a	b	c	o	HE1 HE2	TC1 TC2 TC3	TB1 TB2 TB3

8 包装、运输和贮存

8.1 包装

8.1.1 发电机轴伸平键须绑扎在轴伸键槽上，轴伸、平键及凸缘加工装配表面应加防锈保护措施。

8.1.2 产品及所附备件在包装前对未经油漆或电镀保护的部分应采取临时性涂封保护。

8.1.3 发电机包装应坚固结实，能适合多次装卸运输。

8.1.4 包装箱应采取防淋和防潮措施。

8.1.5 包装箱外标志应清楚，内容应包括：

a) 发货站及到货站；

b) 制造厂名称和收货单位名称；

c) 发电机型号；

d) 发电机净重和整装箱毛重；

e) 箱体尺寸；

f) 包装箱外侧所标有的字样或符号应符合 GB/T 191—2000 的规定；

g) 整装箱吊装方式和位置。

8.1.6 每台发电机应随机附有下列文件，文件放在防潮袋内，并固定于箱子内部：

a) 使用维护说明书；

b) 产品合格证；

c) 船检证书；

d) 装箱清单；

e) 用户需要的其他文件(应在合同中规定)。

8.1.7 每台发电机的备件由产品技术条件规定。

8.2 运输、贮存

包装箱在运输和贮存过程中不得受雨水浸袭，产品应放置在没有雨雪侵人，空气流通，相对湿度不大于 90%，温度不高于 +45 ℃与不低于 −25 ℃的仓库中。

9 质量保证期

在用户按照制造厂的使用说明书，正确地使用与存放发电机情况下，制造厂应保证在使用的一年内，但自制造厂起运的日期不超过两年的时间内(如合同中无其他规定时)能良好运行，如在此规定时间内因发电机制造质量不良而发生损坏或不能正常工作时，制造厂应无偿地为用户修理、更换零件或整台发电机。

ICS 29.060.20
K 13

GB

中华人民共和国国家标准

GB/T 12976.1—2008
代替 GB/T 12976.1～12976.3—1991

额定电压 35 kV(U_m=40.5 kV)及以下纸绝缘电力电缆及其附件 第1部分:额定电压 30 kV 及以下电缆一般规定和结构要求

Paper-insulated power cables and their accessories with rated voltages up to and including 35 kV—Part 1: General and construction requirements for power cables with rated voltages up to and including 30 kV

(IEC 60055-2:1981, Paper-insulated metal-sheathed cables for rated voltages up to 18/30 kV—Part 2: General and construction requirements, MOD)

2008-06-30 发布　　　　2009-04-01 实施

中华人民共和国国家质量监督检验检疫总局
中国国家标准化管理委员会　发布

前　言

GB/T 12976《额定电压 35 kV(U_m＝40.5 kV)及以下纸绝缘电力电缆及其附件》由以下三个部分组成：

——第 1 部分：额定电压 30 kV 及以下电缆一般规定和结构要求；

——第 2 部分：额定电压 35 kV 电缆一般规定和结构要求；

——第 3 部分：电缆和附件试验。

本部分为 GB/T 12976 的第 1 部分。

本部分修改采用国际标准 IEC 60055-2:1981《额定电压 18/30 kV 及以下纸绝缘金属护套电缆(铜或铝导体、不包括压气和充油电缆)第 2 部分：通用和结构要求》，第一号修改单 IEC 60055-2:1989 及第二号修改单 IEC 60055-2:2005 的内容也纳入正文，并在它们所涉及的条款的页边空白处用垂直双线标识。

本部分根据 IEC 60055-2:1981 重新起草。在附录 C 中列出了本部分章条编号与 IEC 60055-2:1981 章条编号的对照一览表。

考虑到我国国情，本部分对部分内容作了一些修改，有关技术性差异已编入正文中并在它们所涉及的条款的页边空白处用垂直单线标识，并在附录 D 中给出了这些技术性差异及原因的一览表以供参考。

为便于使用，对于 IEC 60055-2:1981，本部分做了下列编辑性修改：

——"本标准"一词改为"本部分"；

——删除了 IEC 60055-2:1981 的前言；

——用小数点"."代替作为小数点的逗号；

本部分代替 GB/T 12976.1—1991《额定电压 35 kV 及以下铜芯、铝芯纸绝缘电力电缆　第 1 部分：一般规定》、GB/T 12976.2—1991《额定电压 35 kV 及以下铜芯、铝芯纸绝缘电力电缆　第 2 部分：不滴流油浸纸绝缘金属套电力电缆》和 GB/T 12976.3—1991《额定电压 35 kV 及以下铜芯、铝芯纸绝缘电力电缆　第 3 部分：粘性油浸纸绝缘金属套电力电缆》。

本部分与 GB/T 12976.1—1991、GB/T 12976.2—1991 以及 GB/T 12976.3—1991 相比，主要变化如下：

——本部分删除了 GB/T 12976.1—1991、GB/T 12976.2—1991 以及 GB/T 12976.3—1991 中铝护套结构、粗钢丝铠装结构的内容；

——增加了电缆结构尺寸(见本部分表 4～表 24)；

——增加了电缆选择指导(见本部分表 25)；

——增加了附录 A"假定计算方法"、附录 B"数值修约"；

——增加了 8.7/15 kV、12/20 kV、18/30 kV 电压等级的扇形导体结构(本部分表 3、表 19、表 20、表 22、表 24)；

——增加铅套厚度计算方法(本部分附录 A)。

本部分的附录 A 和附录 B 为规范性附录，附录 C 和附录 D 为资料性附录。

本部分由中国电器工业协会提出。

本部分由全国电线电缆标准化技术委员会(SAC/TC 213)归口。

本部分起草单位：上海电缆研究所、武汉高压研究院。

本部分主要起草人：阎孟昆、张智勇、宗曦华、邓长胜、徐晓峰、张喜泽、韩云武。

本部分所代替标准的历次版本发布情况为：

——GB/T 12976.1—1991、GB/T 12976.2—1991、GB/T 12976.3—1991。

额定电压35 kV(U_m=40.5 kV)及以下纸绝缘电力电缆及其附件 第1部分:额定电压30 kV及以下电缆一般规定和结构要求

1 范围

1.1 GB/T 12976的本部分规定了额定电压0.6/1 kV(U_m=1.2 kV)到18/30 kV(U_m=36 kV)铜芯或铝芯浸渍纸绝缘铅套电力电缆(不包括压气和充油电缆)的一般要求和结构要求。

GB/T 12976的本部分适用于额定电压0.6/1 kV(U_m=1.2 kV)到18/30 kV(U_m=36 kV)铜芯或铝芯浸渍纸绝缘铅套电力电缆(不包括压气和充油电缆)。海底电缆及特殊用途电缆,不包括在本部分内。

注:试验方法及相应要求在第3部分中规定。

1.2 最大允许运行温度

表1所给温度适用于黏性油浸渍和不滴流浸渍绝缘。

当采用其他最高允许持续运行温度时,试验温度应作相应调整。

表1 不同电压及绝缘的导体最高温度

电缆的额定电压(U_0/U)/kV	设备最高电压U_m/kV	正常运行导体最高允许温度	
		径向场强电缆/℃	带绝缘电缆/℃
0.6/1	1.2	80	80
1.8/3和3/3	3.6	80	80
3.6/6和6/6	7.2	80	80
6/10和8.7/10	12	70	65
8.7/15	17.5	70	—
12/20	24	65	—
18/30	36	65[a]	—

a 仅对不滴流电缆。黏性油浸渍电缆的温度正在考虑之中。

注1:除非采用不滴流浸渍,表1所给温度仅适用于电缆基本上是水平埋设。

注2:如果电缆埋在土壤中持续运行在表1所列的最大允许导体温度下(100%负载因数),电缆周围的土壤热阻可能会随着时间由于土壤变干而变大。这样,导体温度可能明显超出最大允许值,如果预期存在这种运行条件,应采取相应的预防措施。

2 规范性引用文件

下列文件中的条款通过GB/T 12976的本部分的引用而成为本部分的条款。凡是注日期的引用文件,其随后所有的修改单(不包括勘误的内容)或修订版均不适用于本部分,然而,鼓励根据本部分达成协议的各方研究是否可使用这些文件的最新版本。凡是不注日期的引用文件,其最新版本适用于本部分。

GB/T 2900.10—2001 电工术语 电缆(idt IEC 60050-461:1984)

GB/T 2952.1—1989 电缆外护层 第1部分:总则

GB/T 2952.2—1989 电缆外护层 第2部分：金属套电缆通用外护套(neq IEC 55-2:1981)

GB/T 3956—1997 电缆的导体(idt IEC 60228:1978)

GB/T 6995.3—2008 电线电缆识别标志方法 第3部分:电线电缆识别标志

GB/T 12706.2—2002 额定电压1 kV(U_m=1.2 kV)到35 kV(U_m=40.5 kV)挤包绝缘电力电缆及附件 第2部分:额定电压6 kV(U_m=7.2 kV)到30 kV(U_m=36 kV)电力电缆(IEC 60502-2: 1997,MOD)

GB/T 12976.3—2008 额定电压35 kV(U_m=40.5 kV)及以下纸绝缘电力电缆及其附件 第3部分:电缆和附件试验(IEC 60055-1:2005,MOD)

JB/T 5268.2—1991 电缆金属套 第2部分:铅套

JB/T 8137.1—1999 电线电缆交货盘 第1部分:一般规定

JB/T 8137.2—1999 电线电缆交货盘 第2部分:全木结构交货盘

JB/T 8137.3—1999 电线电缆交货盘 第3部分:全钢瓦楞结构交货盘

JB/T 8137.4—1999 电线电缆交货盘 第4部分:型钢复合结构交货盘

JB/T 8996—1999 高压电缆选择导则(IEC 60183:1984 ,MOD)

3 术语和定义

GB/T 2900.10—2001 确立的以及下列术语和定义适用于本部分。

3.1

额定电压 rated voltage

U_0 电缆设计用的导体与地或金属套之间的额定工频电压。

U 电缆设计用的相导体之间的额定工频电压。

3.2

设备最高电压 U_m highest voltage for equipment

设备最高电压在1.2的表1中给出。

3.3

接地故障时间 earth fault duration

A类:包括接地故障能在1 min内被分离的系统。

B类:可在单相接地故障时作短时运行,根据JB/T 8996—1999规定,接地故障时间不应超过1 h,对于本部分包括的电缆允许更长的带故障运行时间,但在任何情况下不应超过8 h,每年接地故障总持续时间不应超过125 h。

C类:不属于A类、B类的系统。

3.4

近似值 approximate value

一个既不保证也不检查的数值,例如用于其他尺寸值的计算。

3.5

假定直径 fictitious diameters

按附录A计算所得值,用以确定电缆各覆盖层厚度。

3.6

修约规则 rounding rules

对所有尺寸,测量值和计算值,适用附录B给出的修约规则。

4 产品的代号和命名

4.1 代号

铜导体 ……………………………………………………………………………………(T)省略

铝导体 …………………………………………………………………………………………… L
纸绝缘 …………………………………………………………………………………………… Z
铅套 ……………………………………………………………………………………………… Q
分相电缆 ………………………………………………………………………………………… F
不滴流电缆 ……………………………………………………………………………………… D
黏性电缆 …………………………………………………………………………………… 省略
外护层代号 ……………………………………… 按 GB/T 2952.1—1989 和 GB/T 2952.2—1989 规定

4.2 型号

产品型号的组成和排列顺序如下：

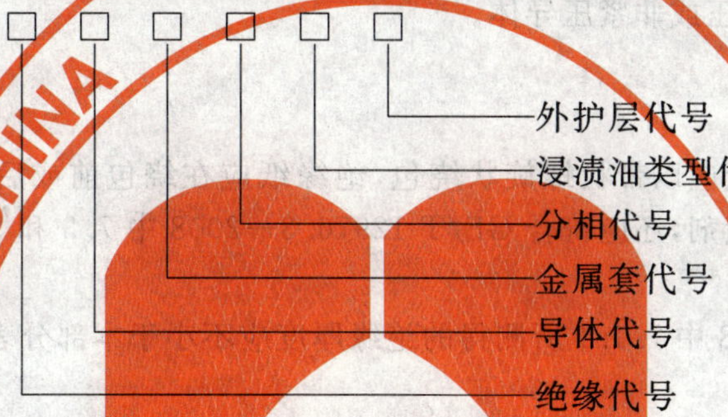

4.3 产品表示方法

4.3.1 产品用型号、规格(额定电压、芯数×标称截面积)及标准编号表示。

4.3.2 产品示例如下：

示例 1：铝芯不滴流油浸纸绝缘分相铅套钢带铠装聚氯乙烯套电力电缆，额定电压 8.7/15 kV，三芯，标称截面积 150 mm²，表示为：

ZLQFD22—8.7/15　3×150　GB/T 12976.1—2008

示例 2：铜芯黏性油浸纸绝缘铅套聚氯乙烯套电力电缆，额定电压 0.6/1 kV，三个主线芯标称截面积 150 mm²，中性线芯截面积 70 mm²，表示为：

ZQ02—0.6/1　3×150+1×70　GB/T 12976.1—2008

5 结构要求

5.1 导体

5.1.1 一般要求

导体应符合 GB/T 3956—1997 要求，绝缘电缆的导体和类型应按额定电压 U、导体的材料和截面积符合表 2 要求。

表 2 电缆的导体类型选取

U/kV	导体		按 GB/T 3956—1997
	材料	截面积	
>3	铜或铝	所有	第 2 类
≤3	铝	所有	第 1 类或第 2 类
≤3	铜	S≤25 mm²	第 1 类或第 2 类
≤3	铜	S>25 mm²	第 2 类

5.1.2 扇形导体

最小扇形导体截面积见表 3(见表 5～表 24)

表 3 不同电压等级的最小扇形导体截面积

额定电压(U_0/U)/kV	0.6/1 1.8/3 3/3 3.6/6 6/6	6/10 8.7/10	8.7/15	12/20	18/30
最小扇形导体截面积/mm²	25	35	50	70	95

5.1.3 **圆形绞合导体**

圆形绞合导体可以为紧压或非紧压导体。

5.2 **绝缘**

5.2.1 **材料**

绝缘应由浸渍纸组成，纸应以带状螺旋状绕包，绝缘纸应在绕包前或后用浸渍剂(绝缘混合物)浸渍，如果电缆是不滴流油浸渍剂，还应符合 GB/T 12976.3—2008 中 7.3 和 8.4 要求。

5.2.2 **规定厚度**

按 GB/T 12976.3—2008 中 7.1.1 所测得的绝缘厚度应不小于本部分表 4～表 24 中所对应的相应最小值。

在检查绝缘厚度时表中数值应减去相应半导电层厚度。

表 4 U_0/U=0.6/1 kV 单芯电缆

标称截面积/mm²	绝缘厚度		铅套厚度	铅套外的 PVC 护套厚度
	最小值/mm	标称值/mm	标称值/mm	标称值/mm
50	1.2	1.4	1.2	1.4
70	1.2	1.4	1.2	1.4
95	1.3	1.5	1.2	1.4
120	1.3	1.5	1.3	1.4
150	1.4	1.6	1.3	1.4
185	1.4	1.6	1.4	1.4
240	1.6	1.8	1.4	1.4
300	1.7	1.9	1.5	1.4
400	1.8	2.0	1.6	1.4
500	2.0	2.2	1.7	1.5
630	2.0	2.2	1.8	1.6
800	2.0	2.2	1.9	1.7
1 000	2.0	2.2	2.0	1.8
A.C. 试验电压：3.5 kV。 D.C. 试验电压：8.5 kV。				
应用指导见表 25。				

表 5 $U_0/U=0.6/1$ kV 两芯带绝缘电缆

标称截面积/mm²	绝缘厚度				铅套厚度		铅套上的 PVC 护套厚度	挤出衬垫层和铠装厚度[c,d]			铠装层外 PVC 护套标称厚度			
	导体之间		导体/屏蔽		圆形导体	扇形导体		挤出衬垫层	铠装		钢带铠装		钢丝铠装	
									钢带	钢丝	电缆衬垫			
	最小值/mm	标称值/mm	最小值/mm	标称值/mm	标称值/mm	标称值/mm	标称值[b]/mm[e]	标称值/mm	标称值/mm	直径/mm	挤包/mm	绕包/mm[e]	挤包/mm	绕包/mm
4	1.2	1.4	1.0	1.2	1.2	—	1.4	1.0	—	0.8	—	—	1.5	1.5
6	1.2	1.4	1.0	1.2	1.2	—	1.4	1.0	—	0.8	—	—	1.5	1.6
10	1.2	1.4	1.0	1.2	1.2	—	1.4	1.0	0.5	0.8	1.6	1.6	1.6	1.6
16	1.2	1.4	1.0	1.2	1.2	—	1.4	1.0	0.5	1.6	1.6	1.7	1.7	1.7
25[a]	1.4	1.6	1.2	1.4	1.2	1.2	1.4	1.0	0.5	1.6	1.7	1.7	1.7	1.8
35	1.4	1.6	1.2	1.4	1.2	1.2	1.4	1.0	0.5	1.6	1.8	1.8	1.8	1.8
50	1.4	1.6	1.2	1.4	1.3	1.2	1.4	1.0	0.5	1.6	1.9	1.9	1.9	1.9
70	1.4	1.6	1.2	1.4	1.4	1.3	1.4	1.1	0.5	2.0	1.9	2.0	2.0	2.0
95	1.4	1.6	1.2	1.4	1.5	1.4	1.4	1.2	0.5	2.0	2.0	2.1	2.1	2.1
120	1.4	1.6	1.2	1.4	1.6	1.5	1.5	1.2	0.5	2.0	2.1	2.1	2.2	2.2
150	1.8	2.0	1.4	1.6	1.7	1.6	1.6	1.3	0.5	2.5	2.2	2.2(2.3)	2.3	2.3
185	1.8	2.0	1.4	1.6	1.8	1.7	1.7	1.4	0.5	2.5	2.3	2.3	2.4	2.4
240	2.0	2.2	1.6	1.8	1.9	1.8	1.8	1.5	0.5	2.5	2.5	2.5	2.6	2.6
300	2.0	2.2	1.6	1.8	2.0	1.9	2.0	1.6	0.5	2.5	2.6	2.6	2.7	2.7
400	2.0	2.2	1.6	1.8	2.2	2.1	2.1(2.2)	1.7	0.8	2.5	2.8	2.8	2.9	2.9

a 截面积 25 mm² 及以上可以为扇形导体。

b 仅适用于无铠装电缆。

c 外被层：近似厚度 2.0 mm(纤维)。

d 绕包衬垫层：近似厚度 1.5 mm。

e 厚度适用于圆形和扇形导体，除给出两个值外，括号内值适用于圆形导体，无括号的值适用于扇形导体。

A.C. 试验电压：4.0 kV(单相试验)。

D.C. 试验电压：9.5 kV。

应用指导见表 25。

表 6 U_0/U=0.6/1 kV 三芯带绝缘电缆

标称截面积/mm²	绝缘厚度				铅套厚度		铅套上的PVC护套厚度	挤出衬垫层和铠装厚度[c,d]			铠装层外PVC护套标称厚度			
	导体之间		导体/屏蔽		圆形导体	扇形导体		挤出衬垫层	铠装		钢带铠装		钢丝铠装	
									钢带	钢丝	电缆衬垫			
	最小值/mm	标称值/mm	最小值/mm	标称值/mm	标称值/mm	标称值/mm	标称值[b]/mm	标称值/mm	标称值/mm	直径/mm	挤包/mm[e]	绕包/mm	挤包/mm[e]	绕包/mm
4	1.2	1.4	1.0	1.2	1.2	—	1.4	1.0	—	0.8	—	—	1.5	1.5
6	1.2	1.4	1.0	1.2	1.2	—	1.4	1.0	0.5	0.8	1.6	1.6	1.5	1.6
10	1.2	1.4	1.0	1.2	1.2	—	1.4	1.0	0.5	0.8	1.6	1.6	1.6	1.6
16	1.2	1.4	1.0	1.2	1.2	—	1.4	1.0	0.5	1.6	1.7	1.7	1.7	1.7
25[a]	1.4	1.6	1.2	1.4	1.2	1.2	1.4	1.0	0.5	1.6	1.7	1.8	1.8	1.8
35	1.4	1.6	1.2	1.4	1.3	1.2	1.4	1.0	0.5	1.6	1.8	1.8	1.8(1.9)	1.9
50	1.4	1.6	1.2	1.4	1.4	1.3	1.4	1.1	0.5	1.6	1.9	1.9	1.9	2.0
70	1.4	1.6	1.2	1.4	1.4	1.3	1.4	1.2	0.5	2.0	2.0	2.0	2.0(2.1)	2.1
95	1.4	1.6	1.2	1.4	1.5	1.4	1.5	1.2	0.5	2.0	2.1	2.1	2.2	2.2
120	1.4	1.6	1.2	1.4	1.6	1.5	1.6	1.3	0.5	2.0	2.2	2.2	2.3	2.3
150	1.8	2.0	1.4	1.6	1.8	1.7	1.7	1.4	0.5	2.5	2.3	2.3	2.4	2.4
185	1.8	2.0	1.4	1.6	1.9	1.8	1.8	1.4	0.5	2.5	2.4	2.4	2.5	2.5
240	2.0	2.2	1.6	1.8	2.0	1.9	1.9	1.6	0.5	2.5	2.6	2.6	2.7	2.7
300	2.0	2.2	1.6	1.8	2.1	2.0	2.1	1.6	0.8	2.5	2.7	2.7	2.8	2.8
400	2.0	2.2	1.6	1.8	2.3	2.2	2.3	1.8	0.8	2.5	2.9(3.0)	2.9	3.0	3.0

a 截面积 25 mm² 及以上可以为扇形导体。

b 仅适用于无铠装电缆。

c 外被层：近似厚度 2.0 mm(纤维)。

d 绕包衬垫层：近似厚度 1.5 mm。

e 厚度适用于圆形和扇形导体，除给出两个值外，括号内值适用于圆形导体，无括号的值适用于扇形导体。

A.C. 试验电压：4.0 kV(单相试验)或 4.5 kV(三相试验)。

D.C. 试验电压：9.5 kV。

应用指导见表 25。

表 7 U_0/U=0.6/1 kV 四芯(一芯小截面导体)带绝缘电缆

标称截面积[a]/mm²	绝缘厚度						铅套厚度		铅套上的PVC护套厚度	挤出衬垫层和铠装厚度[c,d]			铠装层外PVC护套标称厚度			
	主线芯				小截面积导体线芯					挤出衬垫层	铠装		钢带铠装		钢丝铠装	
	导体之间		导体/屏蔽				圆形导体	扇形导体			钢带	钢丝	电缆衬垫			
	最小值/mm	标称值/mm	最小值/mm	标称值/mm	最小值/mm	标称值/mm	标称值/mm	标称值/mm	标称值[b]/mm	标称值/mm	标称值/mm	直径/mm	挤包/mm[e]	绕包/mm[e]	挤包/mm[e]	绕包/mm[e]
25/16	1.4	1.6	1.2	1.4	0.6	0.7	1.2	1.2	1.4	1.0	0.5	1.6	1.8	1.8	1.8	1.8
35/16	1.4	1.6	1.2	1.4	0.6	0.7	1.3	1.2	1.4	1.0	0.5	1.6	1.8	1.9	1.9	1.9
50/25	1.4	1.6	1.2	1.4	0.7	0.8	1.4	1.3	1.4	1.1	0.5	2.0	1.9	2.0	2.0	2.0
70/35	1.4	1.6	1.2	1.4	0.7	0.8	1.5	1.4	1.4	1.2	0.5	2.0	2.0	2.0(2.1)	2.1	2.1
95/50	1.4	1.6	1.2	1.4	0.7	0.8	1.6	1.5	1.5	1.3	0.5	2.0	2.1(2.2)	2.2	2.2	2.2
120/70	1.4	1.6	1.2	1.4	0.7	0.8	1.7	1.6	1.6	1.3	0.5	2.5	2.2(2.3)	2.3	2.3	2.3
150/70	1.8	2.0	1.4	1.6	0.7	0.8	1.8	1.7	1.7	1.4	0.5	2.5	2.3(2.4)	2.4	2.4	2.4
185/95	1.8	2.0	1.4	1.6	0.7	0.8	1.9	1.8	1.8	1.5	0.5	2.5	2.5	2.5	2.5(2.6)	2.5(2.6)
240/120	2.0	2.2	1.6	1.8	0.7	0.8	2.1	2.0	2.0	1.6	0.5	2.5	2.6	2.6	2.7	2.7
300/150	2.0	2.2	1.6	1.8	1.0	1.1	2.2	2.1	2.1	1.7	0.8	2.5	2.8	2.8	2.9	2.9
400/185	2.0	2.2	1.6	1.8	1.0	1.1	2.4	2.3	2.3	1.8	0.8	3.15	3.0	3.0	3.1	3.1

a 所有截面积可以为扇形导体。

b 仅适用于无铠装电缆。

c 外被层:近似厚度 2.0 mm(纤维)。

d 绕包衬垫层:近似厚度 1.5 mm。

e 厚度适用于圆形和扇形导体,除给出两个值外,括号内值适用于圆形导体,无括号的值适用于扇形导体。

A.C. 试验电压:4.0 kV(单相试验)。

D.C. 试验电压:9.5 kV。

应用指导见表 25。

表 8　U_0/U=0.6/1 kV 四芯带绝缘电缆

标称截面积/mm²	绝缘厚度				铅套厚度		铅套上的PVC护套厚度	挤出衬垫层和铠装厚度[c,d]			铠装层外PVC护套标称厚度			
	导体之间		导体/屏蔽		圆形导体	扇形导体		挤出衬垫层	铠装		钢带铠装		钢丝铠装	
									钢带	钢丝	电缆衬垫			
	最小值/mm	标称值/mm	最小值/mm	标称值/mm	标称值/mm	标称值/mm	标称值[b]/mm[e]	标称值/mm	标称值/mm	直径/mm	挤包/mm[e]	绕包/mm[e]	挤包/mm	绕包/mm[e]
4	1.2	1.4	1.0	1.2	1.2	—	1.4	1.0	0.5	0.8	1.6	1.6	1.5	1.6
6	1.2	1.4	1.0	1.2	1.2	—	1.4	1.0	0.5	0.8	1.6	1.6	1.6	1.6
10	1.2	1.4	1.0	1.2	1.2	—	1.4	1.0	0.5	1.6	1.6	1.7	1.7	1.7
16	1.2	1.4	1.0	1.2	1.2	—	1.4	1.0	0.5	1.6	1.7	1.7	1.7	1.8
25[a]	1.4	1.6	1.2	1.4	1.3	1.2	1.4	1.0	0.5	1.6	1.8	1.8	1.8	1.9
35	1.4	1.6	1.2	1.4	1.3	1.2	1.4	1.1	0.5	1.6	1.9	1.9	1.9	1.9
50	1.4	1.6	1.2	1.4	1.4	1.3	1.4	1.1	0.5	2.0	2.0	2.0	2.0	2.0(2.1)
70	1.4	1.6	1.2	1.4	1.5	1.4	1.5	1.2	0.5	2.0	2.1	2.1	2.1	2.2
95	1.4	1.6	1.2	1.4	1.6	1.5	1.6	1.3	0.5	2.0	2.2	2.2	2.3	2.3
120	1.4	1.6	1.2	1.4	1.7	1.6	1.7	1.4	0.5	2.5	2.3	2.3	2.4	2.4
150	1.8	2.0	1.4	1.6	1.9	1.8	1.8	1.5	0.5	2.5	2.4	2.4	2.5	2.5
185	1.8	2.0	1.4	1.6	2.0	1.9	1.9	1.5	0.5	2.5	2.5(2.6)	2.5(2.6)	2.6	2.6
240	2.0	2.2	1.6	1.8	2.2	2.1	2.1	1.7	0.8	2.5	2.8	2.8	2.8	2.8
300	2.0	2.2	1.6	1.8	2.3	2.2	2.2	1.8	0.8	2.5	2.9	2.9	3.0	3.0
400	2.0	2.2	1.6	1.8	2.5	2.4	2.4(2.5)	1.9	0.8	3.15	3.1	3.1	3.2	3.2

a 截面积 25 mm² 及以上可以为扇形导体。

b 仅适用于无铠装电缆。

c 外被层:近似厚度 2.0 mm(纤维)。

d 绕包衬垫层:近似厚度 1.5 mm。

e 厚度适用于圆形和扇形导体,除给出两个值外,括号内值适用于圆形导体,无括号的值适用于扇形导体。

A.C. 试验电压:4.0 kV(单相试验)。

D.C. 试验电压:9.5 kV。

应用指导见表 25。

表 9　U_0/U＝1.8/3 kV 单芯电缆

标称截面积/mm²	绝缘厚度		铅套厚度	铅套外的 PVC 护套厚度
	最小值/mm	标称值/mm	标称值/mm	标称值/mm
50	1.8	2.0	1.2	1.4
70	1.8	2.0	1.2	1.4
95	1.8	2.0	1.2	1.4
120	1.8	2.0	1.3	1.4
150	1.8	2.0	1.3	1.4
185	1.8	2.0	1.4	1.4
240	1.8	2.0	1.4	1.4
300	1.8	2.0	1.5	1.4
400	1.9	2.1	1.6	1.4
500	2.0	2.2	1.7	1.5
630	2.0	2.2	1.8	1.6
800	2.0	2.2	1.9	1.7
1 000	2.0	2.2	2.0	1.8

A.C. 试验电压:6.5 kV。
D.C. 试验电压:15.5 kV。

应用指导见表 25。

表 10　U_0/U=1.8/3 kV 三芯带绝缘电缆

标称截面积/mm²	绝缘厚度				铅套厚度		铅套上的 PVC 护套厚度	挤出衬垫层和铠装厚度[c,d]			铠装层外 PVC 护套标称厚度			
	导体之间		导体/屏蔽		圆形导体	扇形导体		挤出衬垫层	铠装		钢带铠装		钢丝铠装	
									钢带	钢丝	电缆衬垫			
	最小值/mm	标称值/mm	最小值/mm	标称值/mm	标称值/mm	标称值/mm	标称值[b]/mm	标称值/mm	标称值/mm	直径/mm	挤包/mm	绕包/mm	挤包/mm[e]	绕包/mm[e]
16	2.4	2.6	1.8	2.0	1.2	—	1.4	1.0	0.5	1.6	1.7	1.8	1.8	1.8
25[a]	2.4	2.6	1.8	2.0	1.3	1.2	1.4	1.0	0.5	1.6	1.8	1.8	1.8(1.9)	1.9
35	2.4	2.6	1.8	2.0	1.3	1.2	1.4	1.1	0.5	1.6	1.9	1.9	1.9	1.9
50	2.4	2.6	1.8	2.0	1.4	1.3	1.4	1.1	0.5	2.0	2.0	2.0	2.0	2.0(2.1)
70	2.4	2.6	1.8	2.0	1.5	1.4	1.4	1.2	0.5	2.0	2.1	2.1	2.1	2.1
95	2.4	2.6	1.8	2.0	1.6	1.5	1.5	1.3	0.5	2.0	2.2	2.2	2.2	2.2
120	2.4	2.6	1.8	2.0	1.7	1.6	1.6	1.3	0.5	2.5	2.3	2.3	2.3(2.4)	2.4
150	2.4	2.6	1.8	2.0	1.8	1.7	1.7	1.4	0.5	2.5	2.4	2.4	2.4	2.4(2.5)
185	2.4	2.6	1.8	2.0	1.9	1.8	1.8	1.5	0.5	2.5	2.5	2.5	2.5	2.5
240	2.4	2.6	1.8	2.0	2.0	1.9	2.0	1.6	0.5	2.5	2.6	2.6	2.7	2.7
300	2.4	2.6	1.8	2.0	2.2	2.1	2.1	1.7	0.8	2.5	2.8	2.8	2.8	2.8
400	2.4	2.6	1.8	2.0	2.4	2.3	2.3	1.8	0.8	3.15	3.0	3.0	3.1	3.0(3.1)

a 截面积 25 mm² 及以上可以为扇形导体。

b 仅适用于铠装电缆。

c 外被层：近似厚度 2.0 mm(纤维)。

d 绕包衬垫层：近似厚度 1.5 mm。

e 厚度适用于圆形和扇形导体，除给出两个值外，括号内值适用于圆形导体，无括号的值适用于扇形导体。

A.C. 试验电压：8.0 kV(单相试验)或 9.5 kV(三相试验)。

D.C. 试验电压：19 kV。

应用指导见表 25。

表 11　$U_0/U=3/3$ kV 三芯带绝缘电缆

标称截面积/mm²	绝缘厚度				铅套厚度		铅套上的 PVC 护套厚度	挤出衬垫层和铠装厚度[c,d]			铠装层外 PVC 护套标称厚度			
	导体之间		导体/屏蔽		圆形导体	扇形导体		挤出衬垫层	铠装		钢带铠装		钢丝铠装	
									钢带	钢丝	电缆衬垫			
	最小值/mm	标称值/mm	最小值/mm	标称值/mm	标称值/mm	标称值/mm	标称值[b]/mm	标称值/mm	标称值/mm	直径/mm	挤包/mm	绕包/mm	挤包/mm[e]	绕包/mm
16	2.4	2.6	2.1	2.3	1.2	—	1.4	1.0	0.5	1.6	1.8	1.8	1.8	1.8
25[a]	2.4	2.6	2.1	2.3	1.3	1.2	1.4	1.0	0.5	1.6	1.8	1.9	1.9	1.9
35	2.4	2.6	2.1	2.3	1.4	1.3	1.4	1.1	0.5	1.6	1.9	1.9	1.9	2.0
50	2.4	2.6	2.1	2.3	1.4	1.3	1.4	1.2	0.5	2.0	2.0	2.0	2.0(2.1)	2.1
70	2.4	2.6	2.1	2.3	1.5	1.4	1.5	1.2	0.5	2.0	2.1	2.1	2.1	2.2
95	2.4	2.6	2.1	2.3	1.6	1.5	1.6	1.3	0.5	2.0	2.2	2.2	2.2	2.3
120	2.4	2.6	2.1	2.3	1.7	1.6	1.7	1.4	0.5	2.5	2.3	2.3	2.4	2.4
150	2.4	2.6	2.1	2.3	1.8	1.7	1.7	1.4	0.5	2.5	2.4	2.4	2.5	2.5
185	2.4	2.6	2.1	2.3	1.9	1.8	1.8	1.5	0.5	2.5	2.5	2.5	2.6	2.6
240	2.4	2.6	2.1	2.3	2.1	2.0	2.0	1.6	0.5	2.5	2.6	2.6	2.7	2.7
300	2.4	2.6	2.1	2.3	2.2	2.1	2.1	1.7	0.8	2.5	2.8	2.8	2.8	2.8
400	2.4	2.6	2.1	2.3	2.4	2.3	2.3	1.8	0.8	3.15	3.0	3.0	3.1	3.1

a　截面积 25 mm² 及以上可以为扇形导体。

b　仅适用于无铠装电缆。

c　外被层：近似厚度 2.0 mm(纤维)。

d　绕包衬垫层：近似厚度 1.5 mm。

e　厚度适用于圆形和扇形导体，除给出两个值外，括号内值适用于圆形导体，无括号的值适用于扇形导体。

A.C. 试验电压：9.5 kV(单相试验)或 9.5 kV(三相试验)，附加单相试验 9.5 kV。

D.C. 试验电压：23 kV。

应用指导见表 25。

表 12　U_0/U＝3.6/6 kV 单芯电缆

标称截面积/ mm²	绝缘厚度		铅套厚度	铅套外的 PVC 护套厚度
	最小值/ mm	标称值/ mm	标称值/ mm	标称值/ mm
50	2.4	2.6	1.2	1.4
70	2.4	2.6	1.2	1.4
95	2.4	2.6	1.3	1.4
120	2.4	2.6	1.3	1.4
150	2.4	2.6	1.4	1.4
185	2.4	2.6	1.4	1.4
240	2.4	2.6	1.5	1.4
300	2.4	2.6	1.5	1.4
400	2.4	2.6	1.6	1.5
500	2.4	2.6	1.7	1.5
630	2.4	2.6	1.8	1.6
800	2.4	2.6	1.9	1.7
1 000	2.4	2.6	2.0	1.9
A.C. 试验电压:11.0 kV。 D.C. 试验电压:26.0 kV。				
应用指导见表 25。				

表 13 U_0/U=3.6/6 kV 三芯带绝缘电缆

标称截面积/mm²	绝缘厚度				铅套厚度		铅套上的 PVC 护套厚度	挤出衬垫层和铠装厚度[c,d]			铠装层外 PVC 护套标称厚度			
	导体之间		导体/屏蔽		圆形导体	扇形导体		挤出衬垫层	铠装		钢带铠装		钢丝铠装	
									钢带	钢丝	电缆衬垫			
	最小值/mm	标称值/mm	最小值/mm	标称值/mm	标称值/mm	标称值/mm	标称值[b]/mm[e]	标称值/mm	标称值/mm	直径/mm	挤包/mm	绕包/mm[e]	挤包/mm[e]	绕包/mm
16	4.2	4.4	2.7	2.9	1.3	—	1.4	1.0	0.5	1.6	1.9	1.9	1.9	1.9
25[a]	4.2	4.4	2.7	2.9	1.4	1.3	1.4	1.1	0.5	2.0	1.9	2.0	2.0	2.0
35	4.2	4.4	2.7	2.9	1.5	1.4	1.4	1.2	0.5	2.0	2.0	2.0	2.1	2.1
50	4.2	4.4	2.7	2.9	1.5	1.4	1.5	1.2	0.5	2.0	2.1	2.1	2.1(2.2)	2.2
70	4.2	4.4	2.7	2.9	1.6	1.5	1.6	1.3	0.5	2.0	2.2	2.2	2.2	2.3
95	4.2	4.4	2.7	2.9	1.7	1.6	1.7	1.4	0.5	2.5	2.3	2.3	2.4	2.4
120	4.2	4.4	2.7	2.9	1.8	1.7	1.7(1.8)	1.4	0.5	2.5	2.4	2.4	2.5	2.5
150	4.2	4.4	2.7	2.9	1.9	1.8	1.8	1.5	0.5	2.5	2.5	2.5	2.6	2.6
185	4.2	4.4	2.7	2.9	2.0	1.9	1.9	1.6	0.5	2.5	2.6	2.6	2.7	2.7
240	4.2	4.4	2.7	2.9	2.2	2.1	2.1	1.7	0.8	2.5	2.8	2.7(2.8)	2.8	2.8
300	4.2	4.4	2.7	2.9	2.3	2.2	2.2	1.7	0.8	2.5	2.9	2.9	2.9	2.9
400	4.2	4.4	2.7	2.9	2.5	2.4	2.4	1.9	0.8	3.15	3.1	3.1	3.2	3.2

a 截面积 25 mm² 及以上可以为扇形导体。

b 仅适用于无铠装电缆。

c 外被层:近似厚度 2.0 mm(纤维)。

d 绕包衬垫层:近似厚度 1.5 mm。

e 厚度适用于圆形和扇形导体,除给出两个值外,括号内值适用于圆形导体,无括号的值适用于扇形导体。

A.C. 试验电压:14 kV(单相试验)或 17 kV(三相试验)。

D.C. 试验电压:34 kV。

应用指导见表 25。

表 14 U_0/U=6/6 kV 三芯带绝缘电缆

标称截面积/mm^2	绝缘厚度				铅套厚度		铅套上的PVC护套厚度	挤出衬垫层和铠装厚度[c,d]			铠装层外PVC护套标称厚度			
	导体之间		导体/屏蔽		圆形导体	扇形导体		挤出衬垫层	铠装		钢带铠装		钢丝铠装	
									钢带	钢丝	电缆衬垫			
	最小值/mm	标称值/mm	最小值/mm	标称值/mm	标称值/mm	标称值/mm	标称值[b]/mm	标称值/mm	标称值/mm	直径/mm	挤包/mm	绕包/mm[e]	挤包/mm	绕包/mm[e]
16	4.2	4.4	3.1	3.3	1.3	—	1.4	1.1	0.5	1.6	1.9	1.9	1.9	1.9
25[a]	4.2	4.4	3.1	3.3	1.4	1.3	1.4	1.1	0.5	2.0	2.0	2.0	2.0	2.0
35	4.2	4.4	3.1	3.3	1.5	1.4	1.4	1.2	0.5	2.0	2.0	2.0(2.1)	2.1	2.1
50	4.2	4.4	3.1	3.3	1.6	1.5	1.5	1.2	0.5	2.0	2.1	2.1	2.2	2.2
70	4.2	4.4	3.1	3.3	1.7	1.6	1.6	1.3	0.5	2.5	2.2	2.2	2.3	2.3
95	4.2	4.4	3.1	3.3	1.8	1.7	1.7	1.4	0.5	2.5	2.3	2.3	2.4	2.4
120	4.2	4.4	3.1	3.3	1.8	1.7	1.8	1.4	0.5	2.5	2.4	2.4	2.5	2.5
150	4.2	4.4	3.1	3.3	1.9	1.8	1.9	1.5	0.5	2.5	2.5	2.5	2.6	2.6
185	4.2	4.4	3.1	3.3	2.0	1.9	2.0	1.6	0.5	2.5	2.6	2.6	2.7	2.7
240	4.2	4.4	3.1	3.3	2.2	2.1	2.1	1.7	0.8	2.5	2.8	2.8	2.8	2.8
300	4.2	4.4	3.1	3.3	2.3	2.2	2.2	1.8	0.8	2.5	2.9	2.9	3.0	3.0(2.9)
400	4.2	4.4	3.1	3.3	2.5	2.4	2.4	1.9	0.8	3.15	3.1	3.1	3.2	3.2

a 截面积 25 mm^2 及以上可以为扇形导体。

b 仅适用于无铠装电缆。

c 外被层：近似厚度 2.0 mm(纤维)。

d 绕包衬垫层：近似厚度 1.5 mm。

e 厚度适用于圆形和扇形导体，除给出两个值外，括号内值适用于圆形导体，无括号的值适用于扇形导体。

A.C. 试验电压：17 kV(单相试验)或 17 kV(三相试验并附加单相试验 17 kV)。

D.C. 试验电压：41 kV。

应用指导见表 25。

表 15　$U_0/U=6/10$ kV 单芯电缆

标称截面积/mm^2	绝缘厚度 最小值/mm	绝缘厚度 标称值/mm	铅套厚度 标称值/mm	铅套外的 PVC 护套厚度 标称值/mm
50	3.0	3.2	1.2	1.4
70	3.0	3.2	1.3	1.4
95	3.0	3.2	1.3	1.4
120	3.0	3.2	1.4	1.4
150	3.0	3.2	1.4	1.4
185	3.0	3.2	1.5	1.4
240	3.0	3.2	1.5	1.4
300	3.0	3.2	1.6	1.4
400	3.0	3.2	1.7	1.5
500	3.0	3.2	1.7	1.6
630	3.0	3.2	1.8	1.7
800	3.0	3.2	1.9	1.8
1 000	3.0	3.2	2.1	1.9

A. C. 试验电压：15.0 kV。
D. C. 试验电压：36.0 kV。
由制造商决定是否采用半导电层。
如果采用了半导电层，在规定绝缘厚度最小值中包括最多 0.2 mm 半导电层，标称值中包括最多 0.3 mm 半导电层。

应用指导见表 25。

表 16 U_0/U=6/10 kV 三芯带绝缘电缆

标称截面积/mm²	绝缘厚度*				铅套厚度		铅套上的 PVC 护套厚度	挤出衬垫层和铠装厚度[c,d]			铠装层外 PVC 护套标称厚度			
	导体之间		导体/屏蔽		圆形导体	扇形导体		挤出衬垫层	铠装		钢带铠装		钢丝铠装	
									钢带	钢丝	电缆衬垫			
	最小值/mm	标称值/mm	最小值/mm	标称值/mm	标称值/mm	标称值/mm	标称值[b]/mm	标称值/mm	标称值/mm	直径/mm	挤包/mm	绕包/mm	挤包/mm	绕包/mm
16	5.8	6.1	3.5	3.7	1.4	—	1.4	1.1	0.5	2.0	2.0	2.0	2.0	2.0
25	5.8	6.1	3.5	3.7	1.5	—	1.4	1.2	0.5	2.0	2.0	2.1	2.1	2.1
35[a]	5.8	6.1	3.5	3.7	1.6	1.5	1.5	1.2	0.5	2.0	2.1	2.1	2.2	2.2
50	5.8	6.1	3.5	3.7	1.6	1.5	1.6	1.3	0.5	2.0	2.2	2.2	2.3	2.3
70	5.8	6.1	3.5	3.7	1.7	1.6	1.7	1.4	0.5	2.5	2.3	2.3	2.4	2.4
95	5.8	6.1	3.5	3.7	1.8	1.7	1.8	1.4	0.5	2.5	2.4	2.4	2.5	2.5
120	5.8	6.1	3.5	3.7	1.9	1.8	1.9	1.5	0.5	2.5	2.5	2.5	2.6	2.6
150	5.8	6.1	3.5	3.7	2.0	1.9	1.9	1.6	0.5	2.5	2.6	2.6	2.7	2.7
185	5.8	6.1	3.5	3.7	2.1	2.0	2.1	1.6	0.8	2.5	2.7	2.7	2.8	2.8
240	5.8	6.1	3.5	3.7	2.3	2.2	2.2	1.7	0.8	2.5	2.9	2.9	2.9	2.9
300	5.8	6.1	3.5	3.7	2.4	2.3	2.3	1.8	0.8	3.15	3.0	3.0	3.1	3.1
400	5.8	6.1	3.5	3.7	2.6	2.5	2.5	2.0	0.8	3.15	3.2	3.2	3.3	3.3

a 截面积 35 mm² 及以上可以为扇形导体。

b 仅适用于无铠装电缆。

c 外被层:近似厚度 2.0 mm(纤维)。

d 绕包衬垫层:近似厚度 1.5mm。

* 由制造商决定是否采用半导电层：1) 仅在导体上；
2) 仅在带绝缘上；
3) 导体和带绝缘上。

在情况 1)中，最小厚度 5.8 mm 中包括屏蔽层厚度最多 0.4 mm，最小厚度 3.5 mm 中包括屏蔽层厚度最多 0.2 mm。

在情况 2)中，仅最小厚度 3.5 mm 中包括屏蔽层厚度最多 0.2 mm。

在情况 3)中，最小厚度 5.8 mm 和 3.5 mm 中均包括屏蔽层厚度最多 0.4 mm。

标称值包括所有屏蔽层厚度。

A. C. 试验电压:20 kV(单相试验)或 25 kV(三相试验)。

D. C. 试验电压:48 kV。

应用指导见表 25。

表 17 $U_0/U=6/10$ kV 三芯径向电场电缆

标称截面积/mm²	绝缘厚度[b]		铅套厚度		铅套上的 PVC 护套厚度	挤出衬垫层和铠装厚度[d,e]			铠装层外 PVC 护套标称厚度			
			圆形导体	扇形导体		挤出衬垫层	铠装		钢带铠装		钢丝铠装	
							钢带	钢丝	电缆衬垫			
	最小值/mm	标称值/mm	标称值/mm	标称值/mm	标称值[c]/mm	标称值/mm[f]	标称值/mm	直径/mm	挤包/mm	绕包/mm	挤包/mm[f]	绕包/mm[f]
16	3.0	3.2	1.4	—	1.4	1.1	0.5	2.0	2.0	2.0	2.0	2.0
25	3.0	3.2	1.5	—	1.4	1.2	0.5	2.0	2.0	2.0	2.1	2.1
35[a]	3.0	3.2	1.5	1.4	1.5	1.2	0.5	2.0	2.1	2.1	2.1(2.2)	2.1
50	3.0	3.2	1.6	1.5	1.6	1.3	0.5	2.0	2.2	2.2	2.2	2.2
70	3.0	3.2	1.7	1.6	1.6	1.3	0.5	2.5	2.3	2.3	2.4	2.4
95	3.0	3.2	1.8	1.7	1.7	1.4	0.5	2.5	2.4	2.4	2.5	2.5
120	3.0	3.2	1.9	1.8	1.8	1.5	0.5	2.5	2.5	2.5	2.6	2.6
150	3.0	3.2	2.0	1.9	1.9	1.5	0.5	2.5	2.6	2.6	2.6(2.7)	2.6(2.7)
185	3.0	3.2	2.1	2.0	2.0	1.6	0.8	2.5	2.7	2.7	2.7(2.8)	2.7
240	3.0	3.2	2.2	2.1	2.2	1.7	0.8	2.5	2.8	2.8	2.9	2.9
300	3.0	3.2	2.4	2.3	2.3	1.8	0.8	3.15	3.0	3.0	3.1	3.0(3.1)
400	3.0	3.2	2.6	2.5	2.5	1.9(2.0)	0.8	3.15	3.2	3.2	3.3	3.2(3.3)

a 截面积 35 mm² 及以上可以为扇形导体。

b 对每一芯最小值中包括导体半导电层和绝缘半导电层或金属化层最多 0.2 mm,标称值中最多 0.3 mm。

c 仅适用于无铠装电缆。

d 外被层:近似厚度 2.0 mm(纤维)。

e 绕包衬垫层:近似厚度 1.5 mm。

f 厚度适用于圆形和扇形导体,除给出两个值外,括号内值适用于圆形导体,无括号的值适用于扇形导体。

A.C.试验电压:15.0 kV(单芯试验)。

D.C.试验电压:36.0 kV。

应用指导见表 25。

表 18 $U_0/U=8.7/10$ kV 三芯带绝缘电缆

标称截面积/mm²	绝缘厚度*				铅套厚度		铅套上的PVC护套厚度	挤出衬垫层和铠装厚度[c,d]			铠装层外PVC护套标称厚度			
	导体之间		导体/屏蔽		圆形导体	扇形导体		挤出衬垫层	铠装		钢带铠装		钢丝铠装	
									钢带	钢丝	电缆衬垫			
	最小值/mm	标称值/mm	最小值/mm	标称值/mm	标称值/mm	标称值/mm	标称值[b]/mm[e]	标称值/mm	标称值/mm	直径/mm	挤包/mm[e]	绕包/mm[e]	挤包/mm	绕包/mm[e]
16	5.8	6.1	4.3	4.5	1.5	—	1.4	1.2	0.5	2.0	2.0	2.0	2.1	2.1
25	5.8	6.1	4.3	4.5	1.5	—	1.5	1.2	0.5	2.0	2.1	2.1	2.2	2.2
35[a]	5.8	6.1	4.3	4.5	1.6	1.5	1.5	1.3	0.5	2.0	2.2	2.2	2.2	2.2
50	5.8	6.1	4.3	4.5	1.7	1.6	1.6	1.3	0.5	2.5	2.2(2.3)	2.3	2.3	2.3
70	5.8	6.1	4.3	4.5	1.8	1.7	1.7	1.4	0.5	2.5	2.3	2.3(2.4)	2.4	2.4
95	5.8	6.1	4.3	4.5	1.9	1.8	1.8	1.5	0.5	2.5	2.5	2.5	2.5	2.5
120	5.8	6.1	4.3	4.5	2.0	1.9	1.9	1.5	0.5	2.5	2.5	2.5	2.6	2.6
150	5.8	6.1	4.3	4.5	2.1	2.0	2.0	1.6	0.5	2.5	2.6	2.6	2.7	2.7
185	5.8	6.1	4.3	4.5	2.2	2.1	2.1	1.7	0.8	2.5	2.8	2.8	2.8	2.8
240	5.8	6.1	4.3	4.5	2.3	2.2	2.2	1.8	0.8	2.5	2.9	2.9	3.0	2.9(3.0)
300	5.8	6.1	4.3	4.5	2.4	2.3	2.4	1.9	0.8	3.15	3.0(3.1)	3.0	3.1	3.1
400	5.8	6.1	4.3	4.5	2.6	2.5	2.5(2.6)	2.0	0.8	3.15	3.3	3.2	3.3	3.3

a 截面积 35 mm² 及以上可以为扇形导体。

b 仅适用于无铠装电缆。

c 外被层:近似厚度 2.0 mm(纤维)。

d 绕包衬垫层:近似厚度 1.5 mm。

e 厚度适用于圆形和扇形导体,除给出两个值外,括号内值适用于圆形导体,无括号的值适用于扇形导体。

* 导体上必须有半导电层,带绝缘上是否采用半导电或金属化层由制造商决定。

最小厚度 5.8 mm 中包括必须采用的导体屏蔽层厚度最多 0.4 mm。

最小厚度 4.3 mm 中包括:

——或者仅采用必需的导体屏蔽层,厚度最多至 0.2 mm;

——或者采用了导体屏蔽和带绝缘屏蔽,厚度最多至 0.4 mm。标称厚度总是包括所有屏蔽层厚度。

A.C. 试验电压:24 kV(单相试验)或 25 kV(三相试验,附加单相试验 24 kV)。

D.C. 试验电压:58 kV。

应用指导见表 25。

表 19 $U_0/U=8.7/15$ kV 单芯径向电场和三芯分相铅套电缆

标称截面积/mm^2	绝缘厚度[b]		铅套厚度		铅套上的 PVC 护套厚度	分相铅套电缆铅套外挤出衬垫层和铠装厚度[c,d]			分相铅套电缆 铠装层外 PVC 护套标称厚度			
									钢带铠装		钢丝铠装	
			单芯电缆	分相铅套电缆	单芯电缆	挤出衬垫层	铠装		电缆衬垫			
							钢带	钢丝				
	最小值/mm	标称值/mm	标称值/mm	标称值/mm	标称值/mm	标称值/mm	标称值/mm[e]	直径/mm[e]	挤包/mm	绕包/mm	挤包/mm	绕包/mm
25	3.9	4.2	—	1.2	—	1.0	0.5	2.5	2.3	2.2	2.3	2.3
35	3.9	4.2	—	1.2	—	1.0	0.5	2.5	2.3	2.3	2.4	2.4
50[a]	3.9	4.2	1.3	1.2	1.4	1.0	0.5	2.5	2.4	2.4	2.5	2.5
70	3.9	4.2	1.3	1.2	1.4	1.0	0.5	2.5	2.5	2.5	2.6	2.5
95	3.9	4.2	1.4	1.3	1.4	1.0	0.8(0.5)	2.5	2.6	2.6	2.7	2.6
120	3.9	4.2	1.4	1.3	1.4	1.1	0.8	2.5	2.7	2.7	2.8	2.7
150	3.9	4.2	1.5	1.4	1.4	1.1	0.8	2.5	2.8	2.8	2.9	2.8
185	3.9	4.2	1.5	1.4	1.4	1.1	0.8	3.15(2.5)	2.9	2.9	3.0	2.9
240	3.9	4.2	1.6	1.5	1.4	1.2	0.8	3.15	3.1	3.0	3.2	3.1
300	3.9	4.2	1.6	1.5	1.5	1.2	0.8	3.15	3.2	3.1	3.3	3.2
400[a]	3.9	4.2	1.7	1.6	1.6	1.3	0.8	3.15	3.4	3.3	3.5	3.4
500	3.9	4.2	1.8	—	1.6	—	—	—	—	—	—	—
630	3.9	4.2	1.9	—	1.7	—	—	—	—	—	—	—
800	3.9	4.2	2.0	—	1.8	—	—	—	—	—	—	—
1 000	3.9	4.2	2.1	—	2.0	—	—	—	—	—	—	—

a 最小单芯电缆应为 50 mm^2，最大三芯分相铅套电缆应为 400 mm^2。

b 对每一芯最小值中包括导体屏蔽和绝缘半导电层或金属化层最多至 0.3 mm，标称值中最多至 0.4 mm。

c 外被层：近似厚度 2.0 mm(纤维)。

d 绕包衬垫层：近似厚度 1.5 mm。

e 给出两个值的，括号内的值适用于绕包衬垫电缆，无括号的值适用于挤包衬垫电缆；其余给出一个值的适用于挤包和绕包衬垫电缆。

A.C. 试验电压：22.0 kV(单相试验)。

D.C. 试验电压：53.0 kV。

应用指导见表 25。

表 20 U_0/U=8.7/15 kV 三芯径向电场电缆

标称截面积/mm²	绝缘厚度[b]		铅套厚度	铅套上的PVC护套厚度	挤出衬垫层和铠装厚度[d,e]			铠装层外PVC护套标称厚度			
					挤出衬垫层	铠装		钢带铠装		钢丝铠装	
						钢带	钢丝	电缆衬垫			
	最小值/mm	标称值/mm	标称值/mm	标称值[c]/mm	标称值/mm	标称值/mm	直径/mm	挤包/mm	绕包/mm	挤包/mm	绕包/mm
25	3.9	4.2	1.6	1.5	1.3	0.5	2.0	2.2	2.2	2.2	2.2
35	3.9	4.2	1.7	1.6	1.3	0.5	2.5	2.2	2.2	2.3	2.3
50[a]	3.9	4.2	1.8	1.7	1.4	0.5	2.5	2.3	2.3	2.4	2.4
70	3.9	4.2	1.8	1.8	1.4	0.5	2.5	2.4	2.4	2.5	2.5
95	3.9	4.2	2.0	1.9	1.5	0.5	2.5	2.5	2.5	2.6	2.6
120	3.9	4.2	2.0	2.0	1.6	0.5	2.5	2.6	2.6	2.7	2.7
150	3.9	4.2	2.1	2.1	1.6	0.8	2.5	2.7	2.7	2.8	2.8
185	3.9	4.2	2.2	2.2	1.7	0.8	2.5	2.8	2.8	2.9	2.9
240	3.9	4.2	2.4	2.3	1.8	0.8	3.15	3.0	3.0	3.1	3.1
300	3.9	4.3	2.5	2.4	1.9	0.8	3.15	3.1	3.1	3.2	3.2
400	3.9	4.3	2.7	2.6	2.1	0.8	3.15	3.3	3.3	3.4	3.4

a 截面积 50 mm² 及以上可以为扇形导体。

b 对每一芯最小值中包括导体屏蔽和绝缘半导电层或金属化层最多至 0.3 mm，标称值中最多至 0.4 mm。

c 仅适用于铠装电缆。

d 外被层：近似厚度 2.0 mm（纤维）。

e 绕包衬垫层：近似厚度 1.5 mm。

A.C. 试验电压：22.0 kV（单相试验）。

D.C. 试验电压：53.0 kV。

应用指导见表 25。

表 21　U_0/U＝12/20 kV 径向电场单芯和三芯分相铅套电缆

标称截面积/mm²	绝缘厚度[b]		铅套厚度		铅套上的 PVC 护套厚度	分相铅套电缆铅套外挤出衬垫层和铠装厚度[c,d]			分相铅套电缆 铠装层外 PVC 护套标称厚度			
			单芯电缆	分相铅套电缆	单芯电缆	挤出衬垫层	铠装		钢带铠装		钢丝铠装	
							钢带	钢丝	电缆衬垫			
	最小值/mm	标称值/mm	标称值/mm	标称值/mm	标称值/mm	标称值/mm	标称值/mm[e]	直径/mm[e]	挤包/mm	绕包/mm	挤包/mm	绕包/mm
25	5.0	5.4	—	1.2	—	1.0	0.5	2.5	2.4	2.4	2.5	2.5
35	5.0	5.4	—	1.2	—	1.0	0.5	2.5	2.5	2.4	2.6	2.5
50[a]	5.0	5.4	1.4	1.3	1.4	1.0	0.8(0.5)	2.5	2.6	2.5	2.6	2.6
70	5.0	5.4	1.4	1.3	1.4	1.1	0.8(0.5)	2.5	2.7	2.6	2.7	2.7
95	5.0	5.4	1.5	1.4	1.4	1.1	0.8	2.5	2.8	2.8	2.9	2.8
120	5.0	5.4	1.5	1.4	1.4	1.1	0.8	3.15(2.5)	2.9	2.8	3.0	2.9
150	5.0	5.4	1.5	1.4	1.4	1.1	0.8	3.15(2.5)	3.0	2.9	3.1	3.0
185	5.0	5.4	1.6	1.5	1.4	1.2	0.8	3.15	3.1	3.0	3.2	3.1
240	5.0	5.4	1.6	1.5	1.5	1.2	0.8	3.15	3.2	3.2	3.3	3.2
300	5.0	5.4	1.7	1.6	1.5	1.3	0.8	3.15	3.4	3.3	3.4	3.4
400[a]	5.0	5.4	1.8	1.7	1.6	1.3	0.8	3.15	3.6	3.5	3.6	3.6
500	5.0	5.4	1.9	—	1.7	—	—	—	—	—	—	—
630	5.0	5.4	2.0	—	1.8	—	—	—	—	—	—	—
800	5.0	5.4	2.1	—	1.9	—	—	—	—	—	—	—
1 000	5.0	5.4	2.2	—	2.0	—	—	—	—	—	—	—

a　最小单芯电缆应为 50 mm²,最大三芯分相铅套电缆应为 400 mm²。

b　对每一芯最小值中包括导体屏蔽和绝缘半导电层或金属化层最多至 0.3 mm,标称值中最多至 0.4 mm。

c　外被层:近似厚度 2.0 mm(纤维)。

d　绕包衬垫层:近似厚度 1.5 mm。

e　给出两个值的,括号内的值适用于绕包衬垫电缆,无括号的值适用于挤包衬垫电缆;其余给出一个值的适用于挤包和绕包衬垫电缆。

A. C. 试验电压:30.0 kV(单相试验)。

D. C. 试验电压:72.0 kV。

应用指导见表 25。

表 22　U_0/U=12/20 kV 三芯径向电场电缆

标称截面积/mm^2	绝缘厚度[b]		铅套厚度	铅套上的PVC护套厚度	挤出衬垫层和铠装厚度[d,e]			铠装层外 PVC 护套标称厚度			
					挤出衬垫层	铠装		钢带铠装		钢丝铠装	
						钢带	钢丝	电缆衬垫			
	最小值/mm	标称值/mm	标称值/mm	标称值[c]/mm	标称值/mm	标称值/mm	直径/mm	挤包/mm	绕包/mm	挤包/mm	绕包/mm
25	5.0	5.4	1.8	1.7	1.4	0.5	2.5	2.3	2.3	2.4	2.4
35	5.0	5.4	1.8	1.8	1.4	0.5	2.5	2.4	2.4	2.5	2.5
50	5.0	5.4	1.9	1.8	1.5	0.5	2.5	2.5	2.5	2.6	2.6
70[a]	5.0	5.4	2.0	1.9	1.5	0.5	2.5	2.6	2.6	2.7	2.7
95	5.0	5.4	2.1	2.0	1.6	0.8	2.5	2.7	2.7	2.8	2.8
120	5.0	5.4	2.2	2.1	1.7	0.8	2.5	2.8	2.8	2.9	2.8
150	5.0	5.4	2.3	2.2	1.8	0.8	2.5	2.9	2.9	3.0	2.9
185	5.0	5.4	2.4	2.3	1.8	0.8	3.15	3.0	3.0	3.1	3.1
240	5.0	5.4	2.5	2.4	1.9	0.8	3.15	3.1	3.1	3.2	3.2
300	5.0	5.4	2.7	2.6	2.0	0.8	3.15	3.3	3.2	3.4	3.3
400	5.0	5.4	2.9	2.8	2.2	0.8	3.15	3.5	3.4	3.6	3.5

a 截面积 70 mm^2 及以上可以为扇形导体。

b 对每一芯最小值中包括导体屏蔽和绝缘半导电层或金属化层最多至 0.3 mm，标称值中最多至 0.4 mm。

c 仅适用于无铠装电缆。

d 外被层：近似厚度 2.0 mm(纤维)。

e 绕包衬垫层：近似厚度 1.5 mm。

A.C. 试验电压：30.0 kV(单相试验)。

D.C. 试验电压：72.0 kV。

应用指导见表 25。

表 23　U_0/U=18/30 kV 径向电场单芯和三芯分相铅套电缆

标称截面积/mm²	绝缘厚度[b]		铅套厚度		铅套上的 PVC 护套厚度	分相铅套电缆铅套外挤出衬垫层和铠装厚度[c,d]			分相铅套电缆铠装层外 PVC 护套标称厚度			
									钢带铠装		钢丝铠装	
			单芯电缆	分相铅套电缆	单芯电缆	挤出衬垫层	铠装		电缆衬垫			
							钢带	钢丝				
	最小值/mm	标称值/mm	标称值/mm	标称值/mm	标称值/mm	标称值/mm	标称值/mm	直径/mm[e]	挤包/mm	绕包/mm	挤包/mm	绕包/mm
35	7.8	8.3	—	1.4	—	1.1	0.8	3.15(2.5)	2.9	2.8	3.0	2.9
50[a]	7.3	7.8	1.5	1.4	1.4	1.1	0.8	3.15(2.5)	2.9	2.9	3.0	2.9
70	7.0	7.5	1.5	1.4	1.4	1.1	0.8	3.15(2.5)	3.0	2.9	3.0	3.0
95	7.0	7.5	1.6	1.5	1.4	1.2	0.8	3.15	3.1	3.0	3.2	3.1
120	7.0	7.5	1.6	1.5	1.5	1.2	0.8	3.15	3.2	3.1	3.2	3.2
150	7.0	7.5	1.7	1.6	1.5	1.2	0.8	3.15	3.3	3.2	3.3	3.3
185	7.0	7.5	1.7	1.6	1.5	1.3	0.8	3.15	3.4	3.3	3.4	3.4
240	7.0	7.5	1.8	1.7	1.6	1.3	0.8	3.15	3.5	3.4	3.6	3.5
300	7.0	7.5	1.8	1.7	1.7	1.4	0.8	3.15	3.6	3.6	3.7	3.6
400[a]	7.0	7.5	1.9	1.8	1.8	1.4	0.8	3.15	3.8	3.8	3.9	3.8
500	7.0	7.5	2.0	—	1.8	—	—	—	—	—	—	—
630	7.0	7.5	2.1	—	1.9	—	—	—	—	—	—	—
800	7.0	7.5	2.2	—	2.0	—	—	—	—	—	—	—
1 000	7.0	7.5	2.3	—	2.1	—	—	—	—	—	—	—

a　最小单芯电缆应为 50 mm²，最大三芯分相铅套电缆应为 400 mm²。

b　对每一芯最小值中包括导体屏蔽和绝缘半导电层或金属化层最多至 0.3 mm，标称值中最多至 0.4 mm。

c　外被层：近似厚度 2.0 mm(纤维)。

d　绕包衬垫层：近似厚度 1.5 mm。

e　给出两个值的，括号内的值适用于绕包衬垫电缆，无括号的值适用于挤包衬垫电缆；其余给出一个值的适用于挤包和绕包衬垫电缆。

A.C. 试验电压：45.0 kV(单相试验)。

D.C. 试验电压：108.0 kV。

应用指导见表 25。

表 24　U_0/U＝18/30 kV 三芯径向电场电缆

标称截面积/mm²	绝缘厚度[b]		铅套厚度	铅套上的PVC护套厚度	挤出衬垫层和铠装厚度[d,e]			铠装层外 PVC 护套标称厚度			
					挤出衬垫层	铠装		钢带铠装		钢丝铠装	
						钢带	钢丝	电缆衬垫			
	最小值/mm	标称值/mm	标称值/mm	标称值[c]/mm	标称值/mm	标称值/mm	直径/mm	挤包/mm	绕包/mm	挤包/mm	绕包/mm
35	7.8	8.3	2.2	2.1	1.7	0.8	2.5	2.8	2.8	2.9	2.9
50	7.3	7.8	2.2	2.1	1.7	0.8	2.5	2.8	2.8	2.9	2.9
70	7.0	7.5	2.3	2.2	1.7	0.8	2.5	2.9	2.9	2.9	2.9
95[a]	7.0	7.5	2.4	2.3	1.8	0.8	3.15	3.0	3.0	3.1	3.1
120	7.0	7.5	2.5	2.4	1.9	0.8	3.15	3.1	3.1	3.2	3.1
150	7.0	7.5	2.6	2.5	1.9	0.8	3.15	3.2	3.2	3.3	3.2
185	7.0	7.5	2.7	2.6	2.0	0.8	3.15	3.3	3.2	3.4	3.3
240	7.0	7.5	2.8	2.7	2.1	0.8	3.15	3.4	3.4	3.5	3.5
300	7.0	7.5	2.9	2.8	2.2	0.8	3.15	3.6	3.5	3.6	3.6
400	7.0	7.5	3.1	3.0	2.3	0.8	3.15	3.8	3.7	3.8	3.8

a 截面积 95 mm² 及以上可以为扇形导体。

b 对每一芯最小值中包括导体屏蔽和绝缘半导电层或金属化层最多至 0.3 mm，标称值中最多至 0.4 mm。

c 仅适用于无铠装电缆。

d 外被层：近似厚度 2.0 mm（纤维）。

e 绕包衬垫层：近似厚度 1.5 mm。

A.C. 试验电压：45.0 kV（单相试验）。

D.C. 试验电压：108.0 kV。

应用指导见表 25。

表 25　电缆选择指导

序号	U_0/U	径向	带绝缘	第 1 类 U	第 1 类 U_m	第 2 类 U	第 2 类 U_m	第 3 类 U	第 3 类 U_m
1	0.6/1	1 芯		1.0	1.2	1.0	1.2	1.0	1.2
2	0.6/1		2 芯	1.0	1.2	1.0	1.2	1.0	1.2
3	0.6/1		3 芯	1.0	1.2	1.0	1.2	1.0	1.2
4	0.6/1		3+1 芯	1.0	1.2	1.0	1.2	1.0	1.2
5	0.6/1		4 芯	1.0	1.2	1.0	1.2	1.0	1.2
6	1.8/3	1 芯		3	3.6	3	3.6	—	—
7	1.8/3		3 芯	3	3.6	3	3.6	—	—
8	3/3	—	3 芯	—	—			3	3.6
9	3.6/6	1 芯		6	7.2	6	7.2	3	3.6
10	3.6/6		3 芯	6	7.2	6	7.2	3	3.6
11	6/6		3 芯	—	—	—	—	6	7.2
12	6/10	1 芯		10	12	10	12	6	7.2
13	6/10		3 芯	10	12	10	12	—	—
14	6/10	3 芯		10	12	10	12	6	7.2
15	8.7/10		3 芯	—	—	—	—	10	12
16	8.7/15	1 芯和 3 芯分相		15	17.5	15	17.5	10	12
17	8.7/15	3 芯		15	17.5	15	17.5	10	12
18	12/20	1 芯和 3 芯分相		20	24	20	24	15	17.5
19	12/20	3 芯		20	24	20	24	15	17.5
20	18/30	1 芯和 3 芯分相		30	36	30	36	20	24
21	18/30	3 芯		30	36	30	36	20	24

U 为三相系统电压。

U_m 为最高系统电压。

5.2.3 线芯标识

对额定电压0.6/1 kV电缆:正在考虑之中。

对额定电压0.6/1 kV以上电缆:不要求。

5.3 屏蔽

额定电压U_0大于等于8.7 kV所有电缆每一导体外都应有半导电纸层和/或金属化纸层。

额定电压U_0大于等于8.7 kV所有单芯和分相铅套电缆绝缘外应有半导电纸层和/或金属化纸层。

所有三芯径向电场电缆在每一导体外应有半导电纸层和/或金属化纸层,在每一线芯外应有半导电纸层和/或金属化纸层。

对6/10 kV单芯和三芯带绝缘电缆,导体外半导电纸层(和/或金属化纸层)和/或铅套内绝缘外半导电纸层(和/或金属化纸层)是否采用由制造商选择。

对8.7/10 kV三芯带绝缘电缆,带绝缘外是否采用半导电纸层(和/或金属化纸层)由制造商选择。

5.4 铅套

铅套应采用符合JB/T 5268.2—1991规定的铅合金。

铅套标称厚度见相应表中要求,其数值按附录A方法计算。

按GB/T 12976.3—2008中7.1.2方法测得的铅套最小厚度应不小于规定标称值的95%减0.1 mm。

注:表中规定的标称值适用于较宽范围的应用。

当敷设条件保证时,制造商和用户协商同意可采用较大的厚度。

5.5 铠装下的衬垫层

5.5.1 绕包衬垫层

5.5.1.1 分相铅套(**S.L.**)电缆

衬垫层应包括每一铅套外的衬垫和铅套后包带线芯成缆后的覆盖层。

每一铅套外的衬垫应包括下列之一:

a) 至少两层浸渍纸或沥青纸;

b) 或一层塑料带和一层浸渍纸,均涂沥青;

c) 或一层浸渍纸和一层浸渍纤维材料,均涂沥青。

成缆后线芯覆盖层应包括一层或多层浸渍纸,和/或浸渍或浸沥青纤维材料。

衬垫材料可用沥青浸渍或其他防腐材料浸渍。

5.5.1.2 所有其他铅套电缆

涂沥青的金属套衬垫层应包括合适的浸渍纸和沥青纸或由两层浸渍纸和沥青纸再绕包一层或多层沥青纤维材料的复合结构。

衬垫材料可用沥青浸渍或其他防腐材料浸渍。

5.5.1.3 衬垫层厚度

5.5.1.1和5.5.1.2的电缆铠装层和铅套之间的保护层总厚度在铠装后测得的厚度近似值应为1.5 mm。

5.5.2 挤包衬垫层

5.5.2.1 一般要求

当在铅套外采用挤包衬垫层时,应优选采用黑色的符合GB/T 12706.2—2002中ST1或ST3型材料。在挤包衬垫层前在铅套和挤包衬垫层之间可有一层合适的混合物材料。

5.5.2.2 厚度

标称厚度在相应表中给出,由附录A方法计算得出。按GB/T 12976.3—2008中7.1.3方法测得的平均厚度应不小于相应表中的标称值,最小厚度应不小于标称厚度的85%减0.1 mm。

5.6 铠装

5.6.1 一般要求

要求时，金属铠装通常应由符合5.6.2的钢带铠装或符合5.6.3的镀锌钢丝铠装组成。除特殊结构外，用于交流回路的单芯电缆的铠装应采用非磁性材料。

注：用于交流回路的单芯电缆的铠装采用磁性材料，即使为某种特殊结构，电缆载流量仍将大为降低，应慎重选用。

5.6.2 钢带铠装

钢带铠装仅应使用在铅套假定外径大于12 mm的电缆上。两层钢带螺旋状绕包，外层金属带的中间大致在内层金属带间隙上方，包带间隙应不大于金属带宽度的50%。

钢带可以为热轧或冷轧钢带，在钢带的每一面应有防腐涂层。钢带标称厚度应符合本部分表4～表24中相应的要求，其数值是按附录A方法计算得到。最小厚度测量按GB/T 12976.3—2008中7.1.4方法，最小厚度应不低于标称值的90%。

5.6.3 镀锌圆钢丝

铠装钢丝的标称直径应不小于本部分表4～表24中相应的规定值，按附录A方法计算得到。测得的直径应不小于标称直径的95%。

5.6.4 镀锌扁线

扁线铠装仅适用于铅套假定外径超过15 mm的电缆。

扁线的标称厚度为0.8 mm，1.2 mm，1.4 mm。

测量的镀锌扁钢线的厚度应不小于标称厚度的92%。

注：厚度为0.8 mm的扁线适用于较大直径范围的电缆。

5.6.5 扎带

在铠装扁钢丝线或铠装圆钢丝线(若必要)外可以有扎带，扎带方向可以与铠装方向同向或反向。

轧带应为标称厚度不小于0.2 mm的镀锌钢带。按GB/T 12976.3—2008中7.1.4方法测得的最小厚度应不小于标称值的90%。

5.7 外被层和外护套

5.7.1 铠装层上的纤维外被层

外被层应由适当数量的浸沥青纤维材料层组成，近似厚度为2 mm。

注：纤维外被层可用沥青浸渍或其他防腐材料浸渍。

5.7.2 电缆的挤包外护套

5.7.2.1 一般要求

应优选采用黑色的符合GB/T 12706.2—2002中ST1或ST3型材料。当直接挤包在铅套上时，可在铅套上加一层合适的混合物材料。

5.7.2.2 厚度

标称厚度见相应表中，按附录A方法计算得到。

对无铠装电缆，铅套外的外护套厚度按GB/T 12976.3—2008中7.1.3测量，平均厚度应不小于相应表中值，最小厚度应不小于标称值的85%减0.1 mm。

对铠装电缆的外护套厚度按GB/T 12976.3—2008中7.1.3测量，平均厚度应不小于相应表中值，最小厚度应不小于标称值的80%减0.2 mm。

注：如果国家安全规定要求有外部标志，外护套上应采用浮凸字体标志。

6 产品验收、标志及包装、运输和保管

6.1 验收规则

6.1.1 产品应由制造厂的质量检验部门检验合格方可出厂。每个出厂的包装件上应附有产品质量检

验合格证。

6.1.2 产品应按 GB/T 12976.3—2008 规定的试验项目进行试验验收。

6.2 标志

成品电缆标志应符合 GB/T 6995.3—2008 规定。

在电缆绝缘表面的绝缘带或标志带上应印上制造商名称;挤包塑料外护套电缆在护套上应有制造商名称、型号、额定电压等标志。

6.3 包装、运输和保管

6.3.1 电缆应妥善包装,在符合规定要求的电缆盘上交货,全木结构交货盘应符合 JB/T 8137.1—1999 和 JB/T 8137.2—1999 要求,全钢瓦楞结构交货盘应符合 JB/T 8137.1—1999 和 JB/T 8137.3—1999 要求、型钢复合结构交货盘应符合 JB/T 8137.1—1999 和 JB/T 8137.4—1999 要求。

电缆端头应可靠密封,铅套必须金属性密封。伸出盘外的电缆端头应加保护罩,伸出的长度应不小于 300 mm。

6.3.2 每盘电缆的电缆盘上应标明:

a) 制造厂名称或商标;
b) 电缆型号和规格;
c) 长度,m;
d) 毛重,kg;
e) 制造日期:年　月;
f) 表示电缆盘正确滚动方向的符号;
g) 本部分编号。

6.3.3 运输和保管应符合下列要求:

a) 电缆应避免在露天存放,电缆盘不允许平放;
b) 运输中严禁从高处扔下装有电缆的电缆盘,严禁机械损伤电缆;
c) 吊装时,严禁几盘同时吊装。在车辆、船舶等运输工具上,电缆盘必须放稳,并用合适方法固定,防止互撞或翻倒。

附　录　A
（规范性附录）
假定计算方法

采用本方法是为了消除在不同计算方法中引起的差异，假定计算方法仅用于确定电缆的各种包覆层的厚度。

d_L——按照标称截面积确定的导体假定直径，不考虑导体的形状或紧压情况（见表 A.3）。导体可以为实心、绞合、圆形或扇形；

D_f——铅套内的假定直径；

D_{pb}——铅套外假定直径；

D_{SL}——线芯成缆后衬垫层内的假定直径；

D_u——挤包外护套内的假定直径；

t_i——绝缘标称厚度；

t_b——带绝缘标称厚度；

t_p——挤包衬垫层标称厚度；

t_{pa}——铠装外挤包外护套标称厚度；

t_{pu}——铅套外挤包外护套标称厚度；

t_{pb}——铅套标称厚度。

所有直径 D 都应按附录 B 中的规则修约到一位小数。

a)　一根的线芯直径

$D_{线芯}=d_L+2t_i$，mm

b)　线芯成缆后直径

对两芯电缆，　$D=D_{线芯}\times 2.0$，mm

对三芯电缆，　$D=D_{线芯}\times 2.15$，mm

对有绕包衬垫三芯分相铅套电缆，　$D_{SL}=D_{pb}\times 2.15$，mm

对有挤包衬垫三芯分相铅套电缆，　$D_{SL}=(D_{pb}+2t_p)\times 2.15$，mm

对四芯电缆，　$D=D_{线芯}\times 2.41$，mm

对有一小截面积绝缘线芯的四芯电缆，$D=\dfrac{3D_{c1}+D_{c2}}{4}\times 2.41$，mm

式中：

D_{c1}——相线芯直径；

D_{c2}——其中小截面中性线或保护线芯的直径。

c)　铅套内直径

对带绝缘电缆，　$D_f=D+2t_p$；

对有屏蔽电缆，　$D_f=D$[见 b)]；

对分相铅套电缆，　$D_f=D_{线芯}$[见 a)]。

d)　铅套厚度

所有单芯电缆：

$t_{pb}=0.03D_f+0.8$ mm

8.7/10 kV 及以下所有扇形导体电缆：

$t_{pb}=0.03D_f+0.6$ mm

所有其余电缆（包括分相铅套电缆）：

$t_{pb}=0.03D_f+0.7$ mm

所有情况下最小厚度为 1.2 mm,计算值修约到 0.1 mm(见附录 B)。

e) 铅套外直径

$D_{pb}= D_f+2t_{pb}$ mm

f) 铅套外挤包外护套厚度

$t_{pu}=0.028D_{pb}+0.6$ mm

修约到 0.1 mm(见附录 B),最小厚度 1.4 mm。

g) 挤包衬垫层厚度

$t_p=0.02D_{pb}+0.6$ mm

修约到 0.1 mm,最小厚度 1.0 mm。

h) 铠装

表 A.1 圆钢丝直径

假定直径 D_{pb} 或 D_{SL}/mm	钢丝直径/mm
≤15	0.8
>15 和≤25	1.6
>25 和≤35	2.0
>35 和≤60	2.5
>60	3.15

表 A.2 扁钢带厚度

假定直径 D_{pb} 或 D_{SL}/mm	钢带标称厚度/mm
>12 和≤50	0.5
>50	0.8

i) 铠装外挤包外护套

$D_{pa}=0.028D_u+1.1$ mm

修约到 0.1 mm(见附录 B),最小厚度 1.1 mm。

其中:D_u=挤包外护套内假定直径

$D_u= D_{pb}$ 或 D_{SL}+2 倍衬垫层厚度+2 倍钢丝铠装厚度(钢带铠装等于 4 倍钢带厚度)

用于计算护层厚度和铠装钢丝和钢带尺寸的每一标称导体截面积的假定直径见表 A.3:

表 A.3 用于计算的假定导体直径

导体标称截面积/mm²	假定导体直径 d_L/mm
4	2.3
6	2.8
10	3.6
16	4.5
25	5.6
35	6.7
50	8.0
70	9.4
95	11.0

表 A.3（续）

导体标称截面积/mm²	假定导体直径 d_L/mm
120	12.4
150	13.8
185	15.3
240	17.5
300	19.5
400	22.6
500	25.2
630	28.3
800	31.9
1 000	35.7

附 录 B
（规范性附录）
数值修约

B.1 假定计算法的数值修约

在按附录A计算假定直径和确定单元尺寸而对数值进行修约时，采用下述规则。

当任何阶段的计算值小数点后多于一位时，数值应修约到一位小数，即精确到0.1 mm。每一阶段的假定直径数值应修约到0.1 mm，当用来确定包覆层厚度或尺寸时，在用到相应的公式和表格中去之前应先进行修约。按附录A要求从修约后的假定直径计算出的厚度应依次修约到0.1 mm。

用下述实例来说明这些规则：

a） 修约前数据的第二位为0、1、2、3或4时，则小数点后第一位数字保持不变（舍弃）；

例如：

2.12 ≈2.1

2.449 ≈2.4

25.0478 ≈25.0

b） 修约前数据的第二位小数为9、8、7、6或5时则小数点后第一位数字应增加1（进1）。

例如：

2.17 ≈2.2

2.453 ≈2.5

30.050 ≈30.1

B.2 用作其他目的的数值修约

除B.1考虑的用途外，有可能有些数据要修约到多于一位小数，例如计算几次测量的平均值，或标称值加上一个百分率公差后的最小值。在这些情况下，应按有关条文修约到小数点后面的规定位数。

这时修约的方法应为：

a） 如果修约前应保留的最后数值后一位数为0、1、2、3或4时，则最后数值应保持不变（舍弃）；

b） 如果修约前应保留的最后数值后一位数为9、8、7、6或5时，则最后数值加1（进1）。

例如：

2.449	≈2.45	修约到两位小数
2.449	≈2.4	修约到一位小数
25.047 8	≈25.048	修约到三位小数
25.047 8	≈25.05	修约到两位小数
25.047 8	≈25.0	修约到一位小数

附　录　C
（资料性附录）
本部分章条编号与 IEC 60055-2:1981 章条编号对照

表 C.1 给出了本部分章条号与 IEC 60055-2:1981 章条号对照一览表

表 C.1　本部分章条号与 IEC 60055-2:1981 章条号对照一览表

本部分章条号	对应的国际标准章条号
3	2
3.1	2.1
3.2	2.2
3.3	2.3
3.4	2.4
3.5	2.5
3.6	2.6
5.1	3
5.1.1	3.1
5.1.2	3.2
5.1.3	3.3
5.2	4
5.2.1	4.1
5.2.2	4.2
5.2.3	4.3
5.3	5
5.4	7、7.1
5.5	8
5.5.1	8.1
5.5.1.1	8.1.1
5.5.1.2	8.1.2
5.5.1.3	8.1.3
5.5.2	8.2
5.5.2.1	8.2.1
5.5.2.2	8.2.2
5.6	9
5.6.1	9.1
5.6.2	9.2
5.6.3	9.3
5.6.4	9.4

表 C.1（续）

本部分章条号	对应的国际标准章条号
5.6.5	9.5
5.7	10
5.7.1	10.1
5.7.2	10.2
5.7.2.1	10.2.1
5.7.2.2	10.2.2
表 1	1.3 中，无表号
表 2	3.1 中，无表号
表 3	3.2 中，无表号
表 4	表 1
表 5	表 2
表 6	表 3
表 7	表 4
表 8	表 5
表 9	表 6
表 10	表 7
表 11	表 8
表 12	表 9
表 13	表 10
表 14	表 11
表 15	表 12
表 16	表 13
表 17	表 14
表 18	表 15
表 19	表 16
表 20	表 17
表 21	表 18
表 22	表 19
表 23	表 20
表 24	表 21
表 25	表 22
附录 A	附录 A
附录 B	附录 B
附录 C	—
附录 D	—
—	附录 C

附 录 D
（资料性附录）
本部分与 IEC 60055-2：1981 的技术性差异及其原因的一览表

表 D.1 给出了本部分与 IEC 60055-2：1981 的技术性差异及其原因的一览表

表 D.1 本部分与 IEC 60055-2：1981 的技术性差异及其原因

本部分的章条编号	技术性差异	原 因
4	增加了产品的代号和命名	原标准有，适应我国国情需要
5	删除 IEC 60055-2：1981 中 6 制造商标示	在本标准第 6 章中有相应规定
5.6.1	增加注	经实践和试验验证，单芯电缆铠装如采用磁性材料，即使为某种特殊结构，电缆载流量仍将大为降低，应慎重选用，因此加注
6	增加了产品验收、标志及包装、运输和保管	原标准有，适应我国国情需要
—	删除了 IEC 60055-2：1981 的资料性附录 C	对我国无指导意义

ICS 29.060.20
K 13

中华人民共和国国家标准

GB/T 12976.2—2008
代替 GB/T 12976.1～GB/T 12976.3—1991

额定电压 35 kV(U_m＝40.5 kV)及以下纸绝缘电力电缆及其附件 第2部分:额定电压 35 kV 电缆一般规定和结构要求

Paper-insulated power cables and their accessories with rated voltages up to and including 35 kV—
Part 2:General and construction requirements for power cables with rated voltages 35 kV

(IEC 60055-2:1981,Paper-insulated metal-sheathed cables for rated voltages up to 18/30 kV—Part 2:General and construction requirements,NEQ)

2008-06-30 发布　　　　2009-04-01 实施

中华人民共和国国家质量监督检验检疫总局
中国国家标准化管理委员会　发布

前 言

GB/T 12976《额定电压 35 kV(U_m=40.5 kV)及以下纸绝缘电力电缆及其附件》由以下三个部分组成：

——第 1 部分：额定电压 30 kV 及以下电缆一般规定和结构要求；

——第 2 部分：额定电压 35 kV 电缆一般规定和结构要求；

——第 3 部分：电缆和附件试验。

本部分为 GB/T 12976 的第 2 部分，对应于 IEC 60055-2:1981《额定电压 18/30 kV 及以下纸绝缘金属护套电缆(铜或铝导体、不包括压气和充油电缆)第 2 部分：通用和结构要求》和其第 1 号修正单(1989)及第 2 号修正单(2005)。本部分和 IEC 60055-2:1981 的一致性程度为非等效，主要差异如下：

——增加了 21/35 kV、26/35 kV 的相关内容。

本部分代替 GB/T 12976.1—1991《额定电压 35 kV 及以下铜芯、铝芯纸绝缘电力电缆 第 1 部分：一般规定》、GB/T 12976.2—1991《额定电压 35 kV 及以下铜芯、铝芯纸绝缘电力电缆 第 2 部分：不滴流油浸纸绝缘金属套电力电缆》和 GB/T 12976.3—1991《额定电压 35 kV 及以下铜芯、铝芯纸绝缘电力电缆 第 3 部分：粘性油浸纸绝缘金属套电力电缆》。

本部分与 GB/T 12976.1—1991、GB/T 12976.2—1991 和 GB/T 12976.3—1991 相比，主要变化如下：

——本部分删除了 GB/T 12976.1—1991、GB/T 12976.2—1991 以及 GB/T 12976.3—1991 中铝护套结构、粗钢丝铠装结构的内容；

——增加了电缆结构尺寸(本部分的表 2 到表 5)；

——增加了附录 A“假定计算方法”、附录 B“数值修约”；

——增加铅套厚度计算方法(本部分附录 A)。

本部分的附录 A 和附录 B 为规范性附录。

本部分由中国电器工业协会提出。

本部分由全国电线电缆标准化技术委员会(SAC/TC 213)归口。

本部分起草单位：上海电缆研究所、武汉高压研究院。

本部分主要起草人：阎孟昆、张智勇、宗曦华、邓长胜、徐晓峰、张喜泽、韩云武。

本部分所代替标准的历次版本发布情况为：

——GB/T 12976.1—1991、GB/T 12976.2—1991、GB/T 12976.3—1991。

额定电压35 kV(U_m=40.5 kV)及以下纸绝缘电力电缆及其附件 第2部分:额定电压35 kV电缆一般规定和结构要求

1 范围

1.1 GB/T 12976的本部分规定了额定电压21/35 kV、26/35 kV(U_m=40.5 kV)铜芯或铝芯浸渍纸绝缘铅套电力电缆(不包括压气和充油电缆)的一般规定和结构要求。

GB/T 12976的本部分适用于额定电压21/35 kV、26/35 kV(U_m=40.5 kV)铜芯或铝芯浸渍纸绝缘铅套电力电缆(不包括压气和充油电缆)。海底电缆及特殊用途电缆,不包括在本部分内。

注:试验方法及相应要求在第一部分中规定。

1.2 最大允许运行温度

表1所给温度适用于粘性油浸渍和不滴流浸渍。

当采用其他最高可允许持续运行温度时,试验温度应作相应调整。

表1 不同电压及绝缘的导体最高温度

电缆的额定电压(U_0/U)/kV	设备最高电压 U_m/kV	正常运行导体最高允许温度	
		不滴流油浸渍电缆/℃	粘性油浸渍电缆/℃
21/35	40.5	65	60
26/35	40.5	65	60

注1:对采用粘性油浸渍,本表所给温度仅适用于电缆基本上是水平直埋于土壤中。

注2:对采用不滴流浸渍,电缆可适用于垂直敷设场合。

注3:若电缆埋在土壤中持续运行在最大允许导体温度下(100%负载因数),电缆周围的土壤起始热阻可能会随着时间由于土壤变干而使热阻变大。因此,导体温度可能明显超出最大允许值,如果预期存在这种运行条件,应采取适当的相应措施。

2 规范性引用文件

下列文件中的条款通过GB/T 12976的本部分的引用而成为本部分的条款。凡是注日期的引用文件,其随后所有的修改单(不包括勘误的内容)或修订版均不适用于本部分,然而,鼓励根据本部分达成协议的各方研究是否可使用这些文件的最新版本。凡是不注日期的引用文件,其最新版本适用于本部分。

GB/T 2900.10—2001 电工术语 电缆(IEC 60050-461:1984,IDT)

GB/T 2952.1—1989 电缆外护层 第1部分:总则

GB/T 2952.2—1989 电缆外护层 第2部分:金属套电缆通用外护套

GB/T 3956—1997 电缆的导体(idt IEC 60228:1978)

GB/T 6995.3—2008 电线电缆识别标志方法 第3部分:电线电缆识别标志

GB/T 12706.2—2002 额定电压 1 kV(U_m=1.2 kV)到 35 kV(U_m=40.5 kV)挤包绝缘电力电缆及附件 第 2 部分:额定电压 6 kV(U_m=7.2 kV)到 30 kV(U_m=36 kV)电力电缆(IEC 60502-2:1997,MOD)

GB/T 12976.3—2008 额定电压 35 kV(U_m=40.5 kV)及以下纸绝缘电力电缆及其附件 第 3 部分:电缆和附件试验(IEC 60055-1:2005,MOD)

JB/T 8137.1—1999 电线电缆交货盘 第 1 部分:一般规定

JB/T 8137.2—1999 电线电缆交货盘 第 2 部分:全木结构交货盘

JB/T 8137.3—1999 电线电缆交货盘 第 3 部分:全钢瓦楞结构交货盘

JB/T 8137.4—1999 电线电缆交货盘 第 4 部分:型钢复合结构交货盘

JB/T 8996—1999 高压电缆选择导则(mod IEC 60183:1984)

3 术语和定义

GB/T 2900.10—2001 确立的以及下列术语和定义适用于 GB/T 12976 的本部分。

3.1

额定电压 rated voltages

U_0 电缆设计用的导体与地或金属护套之间的额定工频电压。

U 电缆设计用的相导体之间的额定工频电压。

3.2

设备最高电压 U_m highest voltages for equipment

设备最高电压在 1.2 的表 1 中给出。

3.3

接地故障时间 earth fault duration

A 类:包括接地故障能在 1 min 内被分离的系统。

B 类:可在单相接地故障时作短时运行,根据 JB/T 8996—1999 规定,接地故障时间不应超过 1 h,对于本部分包括的电缆允许更长的带故障运行时间,但在任何情况下不允许超过 8 h,每年接地故障总持续时间不应超过 125 h。

C 类:不属于 A 类、B 类的系统。

3.4

近似值 approximate value

一个既不保证也不检查的数值,例如用于其他尺寸值的计算。

3.5

假定直径 fictitious diameters

按附录 A 计算所得的值,用以确定电缆各覆盖层厚度。

3.6

修约规则 rounding rules

对所有尺寸,测量结果和计算值,适用附录 B 给出的修约规则。

4 产品的代号和命名

4.1 代号

铜导体 ………………………………… (T)省略

铝导体 ………………………………… L

纸绝缘 ………………………………… Z
铅套 …………………………………… Q
分相电缆 ……………………………… F
不滴流电缆 …………………………… D
黏性电缆 ……………………………… 省略
外护层代号 …………………………… 按 GB/T 2952.1—1989 和 GB/T 2952.2—1989 规定

4.2 型号

产品型号的组成和排列顺序如下：

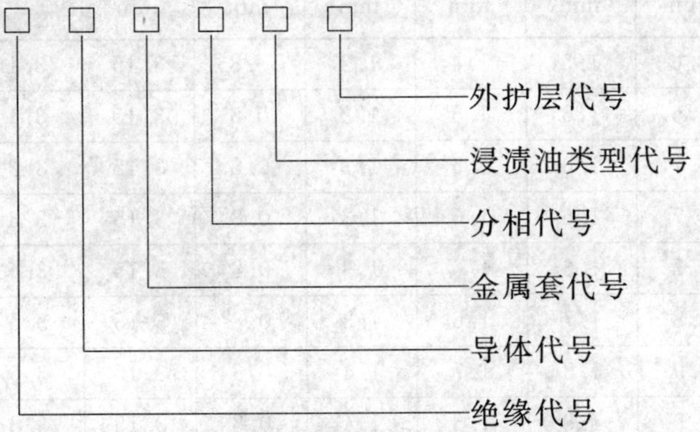

4.3 产品表示方法

4.3.1 产品用型号、规格(额定电压、芯数×标称截面积)及标准编号表示。

4.3.2 示例：

铝芯不滴流油浸纸绝缘分相铅套钢带铠装聚氯乙烯套电力电缆，额定电压 21/35 kV，三芯，标称截面积 240 mm^2，表示为：

ZLQFD22—21/35 3×240 GB/T 12976.2—2008

5 结构要求

5.1 导体

5.1.1 一般要求

导体应符合 GB/T 3956—1997 中第 2 种导体要求。

5.1.2 扇形导体

本部分暂不考虑扇形导体结构。

5.1.3 圆形绞合导体

圆形绞合导体可以为紧压和非紧压导体。

5.2 绝缘

5.2.1 材料

绝缘应由浸渍纸组成，纸应以带状螺旋状绕包，绝缘纸应在绕包前或后用浸渍剂(绝缘混合物)浸渍，如果电缆采用不滴流油浸渍剂，还应符合 GB/T 12976.3—2008 中 7.3 和 8.4 要求。

5.2.2 规定厚度

按 GB/T 12976.3—2008 中 7.1.1 所测得的绝缘厚度应不小于所对应表(表 2～表 5)中的相应最小值。

在检查绝缘厚度时表中数值应减去相应半导电层(屏蔽层)厚度。

表 2　U_0/U＝21/35 kV 径向电场单芯和三芯分相铅套电缆

导体标称截面积/mm²	绝缘厚度[b]		铅护层厚度		铅护层上的PVC护套厚度	分相铅套电缆铅护层外挤出衬垫层和铠装厚度[c,d]			分相铅套电缆 铠装层外PVC标称厚度			
			单芯电缆	分相铅套电缆	单芯电缆	挤出衬垫层	铠装		钢带铠装		钢丝铠装	
							钢带	钢丝	电缆衬垫			
	最小值/mm	标称值/mm	标称值/mm	标称值/mm	标称值/mm	标称值/mm	标称值/mm	直径/mm	挤包/mm	绕包/mm	挤包/mm	绕包/mm
50[a]	9.0	9.5	1.6	1.5	1.4	1.2	0.8	3.15	3.1	3.0	3.2	3.1
70	8.5	9.0	1.6	1.5	1.5	1.2	0.8	3.15	3.1	3.0	3.3	3.1
95	8.4	8.9	1.7	1.6	1.5	1.2	0.8	3.15	3.2	3.1	3.3	3.2
120	8.4	8.9	1.7	1.6	1.5	1.3	0.8	3.15	3.3	3.2	3.4	3.3
150	8.4	8.9	1.7	1.6	1.6	1.3	0.8	3.15	3.4	3.2	3.5	3.4
185	8.4	8.9	1.8	1.7	1.6	1.3	0.8	3.15	3.5	3.3	3.6	3.5
240	8.4	8.9	1.9	1.8	1.7	1.4	0.8	3.15	3.6	3.5	3.8	3.6
300	8.4	8.9	1.9	1.8	1.8	1.4	0.8	3.15	3.8	3.6	3.9	3.7
400[a]	8.4	8.9	2.0	1.9	1.8	1.5	0.8	3.15	4.0	3.8	4.1	3.9
500	8.4	8.9	2.1	—	1.9	—	—	—	—	—	—	—
630	8.4	8.9	2.2	—	2.0	—	—	—	—	—	—	—
800	8.4	8.9	2.3	—	2.1	—	—	—	—	—	—	—
1 000	8.4	8.9	2.4	—	2.2	—	—	—	—	—	—	—

a　最小单芯电缆的导体标称截面积应为 50 mm²，最大三芯分相铅套电缆的导体标称截面积应为 400 mm²。

b　对每一芯最小值中包括导体屏蔽和绝缘半导电层或金属化层最多至 0.3 mm，标称值中最多至 0.4 mm。

c　外被层：近似厚度 2.0 mm(纤维)。

d　绕包衬垫层：近似厚度 1.5 mm。

A.C. 试验电压：53.0 kV(单项试验)。

D.C. 试验电压：127.0 kV。

表 3　U_0/U＝21/35 kV 三芯径向电场电缆

导体标称截面积/mm²	绝缘厚度[a]		铅护层厚度	铅护层上的PVC护套厚度	挤出衬垫层和铠装厚度[c,d]			铠装层外PVC标称厚度			
					挤出衬垫层	铠装		钢带铠装		钢丝铠装	
						钢带	钢丝	电缆衬垫			
	最小值/mm	标称值/mm	标称值/mm	标称值[b]/mm	标称值/mm	标称值/mm	直径/mm	挤包/mm	绕包/mm	挤包/mm	绕包/mm
50	9.0	9.5	2.4	2.4	1.9	0.8	3.15	3.0	2.9	3.0	3.0
70	8.5	9.0	2.5	2.4	1.9	0.8	3.15	3.0	2.9	3.2	3.1
95[a]	8.4	8.9	2.6	2.5	1.9	0.8	3.15	3.1	3.0	3.3	3.2
120	8.4	8.9	2.6	2.6	2.0	0.8	3.15	3.2	3.1	3.4	3.2

表 3（续）

导体标称截面积/mm²	绝缘厚度[a]		铅护层厚度	铅护层上的 PVC 护套厚度	挤出衬垫层和铠装厚度[c,d]			铠装层外 PVC 标称厚度			
					挤出衬垫层	铠装		钢带铠装		钢丝铠装	
						钢带	钢丝	电缆衬垫			
	最小值/mm	标称值/mm	标称值/mm	标称值[b]/mm	标称值/mm	标称值/mm	直径/mm	挤包/mm	绕包/mm	挤包/mm	绕包/mm
150	8.4	8.9	2.7	2.7	2.1	0.8	3.15	3.3	3.2	3.4	3.3
185	8.4	8.9	2.8	2.8	2.1	0.8	3.15	3.4	3.3	3.5	3.4
240	8.4	8.9	3.0	2.9	2.2	0.8	3.15	3.6	3.4	3.7	3.6
300	8.4	8.9	3.1	3.0	2.3	0.8	3.15	3.7	3.6	3.8	3.7
400	8.4	8.9	3.3	3.2	2.5	0.8	3.15	3.9	3.8	4.0	3.9

a 对每一芯最小值中包括导体屏蔽和绝缘半导电层或金属化层最多至 0.3 mm，标称值中最多至 0.4 mm。

b 仅适用于无铠装电缆。

c 外被层：近似厚度 2.0 mm(纤维)。

d 绕包衬垫层：近似厚度 1.5 mm。

A. C. 试验电压：53.0 kV(单项试验)

D. C. 试验电压：127.0 kV

表 4 U_0/U＝26/35 kV 径向电场单芯和三芯分相铅套电缆

导体标称截面积/mm²	绝缘厚度[b]		铅护层厚度		铅护层上的 PVC 护套厚度	分相铅套电缆铅护层外挤出衬垫层和铠装厚度[c,d]			分相铅套电缆			
									铠装层外 PVC 标称厚度			
									钢带铠装		钢丝铠装	
			单芯电缆	分相铅套电缆	单芯电缆	挤出衬垫层	铠装		电缆衬垫			
							钢带	钢丝				
	最小值/mm	标称值/mm	标称值/mm	标称值/mm	标称值/mm	标称值/mm	标称值/mm	直径/mm	挤包/mm	绕包/mm	挤包/mm	绕包/mm
50[a]	11.3	11.8	1.7	1.6	1.6	1.3	0.8	3.15	3.4	3.2	3.5	3.4
70	10.4	10.9	1.7	1.6	1.6	1.3	0.8	3.15	3.4	3.2	3.5	3.4
95	10.2	10.7	1.8	1.7	1.6	1.3	0.8	3.15	3.5	3.3	3.6	3.4
120	10.0	10.5	1.8	1.7	1.6	1.3	0.8	3.15	3.5	3.4	3.7	3.5
150	10.0	10.5	1.8	1.7	1.7	1.4	0.8	3.15	3.6	3.4	3.7	3.6
185	10.0	10.5	1.9	1.8	1.7	1.4	0.8	3.15	3.7	3.5	3.8	3.7
240	10.0	10.5	2.0	1.9	1.8	1.4	0.8	3.15	3.9	3.7	4.0	3.8
300	10.0	10.5	2.0	1.9	1.8	1.5	0.8	3.15	4.0	3.8	4.1	3.9
400[a]	10.0	10.5	2.1	2.0	1.9	1.6	0.8	3.15	4.2	4.0	4.3	4.1
500	10.0	10.5	2.2	—	2.0	—	—	—	—	—	—	—
630	10.0	10.5	2.3	—	2.1	—	—	—	—	—	—	—

表 4（续）

导体标称截面积[a]/mm²	绝缘厚度[b]		铅护层厚度		铅护层上的PVC护套厚度	分相铅套电缆铅护层外挤出衬垫层和铠装厚度[c,d]			分相铅套电缆 铠装层外PVC标称厚度			
							铠装		钢带铠装		钢丝铠装	
			单芯电缆	分相铅套电缆	单芯电缆	挤出衬垫层	钢带	钢丝	电缆衬垫			
	最小值/mm	标称值/mm	标称值/mm	标称值/mm	标称值/mm	标称值/mm	标称值/mm	直径/mm	挤包/mm	绕包/mm	挤包/mm	绕包/mm
800	10.0	10.5	2.4	—	2.2	—	—	—	—	—	—	—
1 000	10.0	10.5	2.5	—	2.3	—	—	—	—	—	—	—

a 最小单芯电缆的导体标称截面积应为 50 mm²，最大三芯分相铅套电缆的导体标称截面积应为 400 mm²。

b 对每一芯最小值中包括导体屏蔽和绝缘半导电层或金属化层最多至 0.3 mm，标称值中最多至 0.4 mm。

c 外被层：近似厚度 2.0 mm(纤维)。

d 绕包衬垫层：近似厚度 1.5 mm。

A. C. 试验电压：65.0 kV(单项试验)

D. C. 试验电压：156.0 kV

表 5　U_0/U=26/35 kV 三芯径向电场电缆

导体标称截面积/mm²	绝缘厚度[a]		铅护层厚度	铅护层上的PVC护套厚度	挤出衬垫层和铠装厚度[c,d]			铠装层外PVC标称厚度			
						铠装		钢带铠装		钢丝铠装	
					挤出衬垫层	钢带	钢丝	电缆衬垫			
	最小值/mm	标称值/mm	标称值/mm	标称值[b]/mm	标称值/mm	标称值/mm	直径/mm	挤包/mm	绕包/mm	挤包/mm	绕包/mm
50	11.3	11.8	2.7	2.7	2.1	0.8	3.15	3.3	3.2	3.4	3.3
70	10.4	10.9	2.7	2.6	2.1	0.8	3.15	3.3	3.2	3.4	3.3
95[a]	10.2	10.7	2.8	2.7	2.1	0.8	3.15	3.4	3.3	3.5	3.4
120	10.0	10.5	2.9	2.8	2.2	0.8	3.15	3.4	3.3	3.6	3.4
150	10.0	10.5	2.9	2.9	2.2	0.8	3.15	3.5	3.4	3.7	3.5
185	10.0	10.5	3.0	3.0	2.3	0.8	3.15	3.6	3.5	3.8	3.6
240	10.0	10.5	3.2	3.1	2.4	0.8	3.15	3.8	3.6	3.9	3.8
300	10.0	10.5	3.3	3.2	2.5	0.8	3.15	3.9	3.8	4.0	3.9
400	10.0	10.5	3.5	3.4	2.6	0.8	3.15	4.1	4.0	4.2	4.1

a 对每一芯最小值中包括导体屏蔽和绝缘半导电层或金属化层最多至 0.3 mm，标称值中最多至 0.4 mm。

b 仅适用于无铠装电缆。

c 外被层：近似厚度 2.0 mm(纤维)。

d 绕包衬垫层：近似厚度 1.5 mm。

A. C. 试验电压：65.0 kV(单项试验)

D. C. 试验电压：156.0 kV

5.3 屏蔽

所有电缆每一导体外都应有半导电纸层和/或金属化纸层。

所有单芯和分相铅套电缆绝缘外应有半导电纸层和/或金属化纸层。

5.4 铅套

铅套应由铅或铅合金组成，应是紧密包覆的无缺陷的无缝铅管。

铅套厚度见相应表(表 2～表 5)中要求，其数值按附录 A 方法计算。

按 GB/T 12976.3—2008 中 7.1.2 方法测得的铅套最小厚度应不小于规定标称值的 95%－0.1 mm。

注：表中规定的标称值适用于较宽范围的应用。

当敷设条件保证时，制造商和用户协商同意可采用较大的厚度。

5.5 铠装下的衬垫层

5.5.1 绕包衬垫层

5.5.1.1 分相铅套(S. L.)电缆

衬垫层应包括每一铅护层外的衬垫和铅套后包带线芯成缆后的覆盖层。

每一铅护层外的衬垫应包括以下：

a) 至少两层浸渍纸或沥青纸；

b) 或一层塑料带和一层浸渍纸，均涂沥青；

c) 或一层浸渍纸和一层浸渍纤维材料，均涂沥青。

成缆后线芯覆盖层应包括一层或多层浸渍纸，和/或浸渍或浸沥青纤维材料。

衬垫材料可用沥青浸渍或其他防腐材料浸渍。

5.5.1.2 其他铅套电缆

涂沥青的金属护层衬垫层应包括合适的浸渍纸和沥青纸或由两层浸渍纸和沥青纸再绕包一层或多层沥青纤维材料的复合结构。

衬垫材料可用沥青浸渍或其他防腐材料浸渍。

5.5.1.3 衬垫层厚度

5.5.1.1 和 5.5.1.2 的电缆铠装层和铅护层之间的保护层总厚度在铠装后测得的厚度近似值应为 1.5 mm。

5.5.2 挤包衬垫层

5.5.2.1 一般要求

当在铅护层外采用挤包护层时，应采用优选黑色的符合 GB/T 12706.2—2002 中 ST1 或 ST3 型材料。挤包护层前，在挤包衬垫层前在铅护层和挤包衬垫层之间可有一层合适的混合物材料。

5.5.2.2 厚度

标称厚度在相应表中给出，由附录 A 方法计算得出。按 GB/T 12976.3—2008 中 7.1.3 测得的平均厚度应不小于相应表(表 2～表 5)中的标称值，最小厚度应不小于标称厚度的 85%－0.1 mm。

5.6 铠装

5.6.1 一般要求

要求时，金属铠装通常有符合 5.6.2 的合格的钢带铠装或符合 5.6.3 的合格的镀锌钢丝铠装组成。除特殊结构外，用于交流回路的单芯电缆的铠装应采用非磁性材料。

注：用于交流回路的单芯电缆的铠装采用磁性材料，即使为某种特殊结构，电缆载流量仍将大为降低，应慎重选用。

5.6.2 钢带铠装

钢带铠装仅应使用在铅护层假定外径大于 12 mm 的电缆上。两层钢带螺旋状绕包，外层金属带的中间大致在内层金属带间隙上方，包带间隙应不大于金属带宽度的 50%。

钢带可以为热轧或冷轧钢带，在钢带的每一边应有防腐涂层。钢带标称厚度应符合相应表(表 2～表 5)中要求，其数值是按照按附录 A 方法计算得出。最小厚度测量按 GB/T 12976.3—2008 中 7.1.4

规定进行，最小厚度应不低于标称值的90%。

5.6.3 镀锌圆钢丝

铠装钢丝的标称直径应不小于相应表(表2～表5)中的规定值，按附录A方法计算得出。测得的直径应不小于标称直径的95%。

5.6.4 镀锌扁线

扁线铠装仅适用于铅护层假定外径超过15 mm的电缆。

扁线的厚度为0.8 mm、1.2 mm、1.4 mm。

测量得到的镀锌扁钢线的厚度应不小于标称厚度的92%。

注：厚度为0.8 mm扁线适用于较大直径范围的电缆。

5.6.5 扎带

在铠装扁线或铠装圆钢丝线(若必要)外可以有扎带，扎带方向可以与铠装方向同向或反向。

轧带应为标称厚度不小于0.2 mm的镀锌钢带。按GB/T 12976.3—2008中7.1.4测得的最小厚度应不小于标称值的90%。

5.7 外被层和外护套

5.7.1 铠装层上的纤维外被层

外被层应由适当数量的浸沥青纤维材料层组成，近似厚度为2 mm。

注：纤维外被层可用沥青浸渍或其他防腐材料浸渍。

5.7.2 电缆的挤包外护套

5.7.2.1 一般要求

应采用优选黑色的符合GB/T 12706.2—2002中ST1或ST3型材料。当直接挤包在铅护层上时，可在铅护层上加一层合适的混合物材料。

5.7.2.2 厚度

标称厚度见相应表(表2～表5)中，按附录A规定的方法计算得出。

对于无铠装电缆，铅护层外的外护套厚度应按GB/T 12976.3—2008中7.1.3测量，平均厚度应不小于相应表中值，最小厚度应不小于标称值的85%－0.1 mm。

对于铠装电缆，铅护层外的外护套厚度应按GB/T 12976.3—2008中7.1.3测量，最小厚度应不小于标称值的80%－0.2 mm。

6 产品验收、标志及包装、运输和贮存

6.1 验收规则

6.1.1 产品应由制造厂的质量检验部门检验合格后方可出厂。每个出厂的包装件上应附有产品质量检验合格证。

6.1.2 产品应按GB/T 12976.3—2008规定的试验项目进行试验验收。

6.2 标志

在电缆绝缘表面的绝缘带或标志带上应印上制造商名称；对挤包塑料外护套电缆，在护套上应有制造商名称、型号、额定电压等标志。

成品电缆标志应符合GB/T 6995.3—2008规定。

6.3 包装、运输和贮存

6.3.1 电缆应妥善包装，在符合规定要求的电缆盘上交货，全木结构交货盘应符合JB/T 8137.1—1999和JB/T 8137.2—1999要求，全钢瓦楞结构交货盘应符合JB/T 8137.1—1999和JB/T 8137.3—1999要求、型钢复合结构交货盘应符合JB/T 8137.1—1999和JB/T 8137.4—1999要求。

电缆端头应可靠密封，铅套必须金属性密封。伸出盘外的电缆端头应加保护罩，伸出的长度应不小于300 mm。

6.3.2 每盘电缆的电缆盘上应标明：

a) 制造厂名称或商标；

b) 电缆型号和规格；

c) 长度，m；

d) 毛重，kg；

e) 制造日期：年 月；

f) 表示电缆盘正确滚动方向的符号；

g) 本部分的标准编号。

6.3.3 运输和贮存应符合下列要求：

a) 电缆应避免在露天存放，电缆盘不允许平放；

b) 运输中严禁从高处扔下装有电缆的电缆盘，严禁机械损伤电缆；

c) 吊装时，严禁几盘同时吊装。在车辆、船舶等运输工具上，电缆盘必须放稳，并用合适方法固定，防止互撞或翻倒。

附 录 A
（规范性附录）
假定计算方法

采用本方法是为了消除在不同计算方法中引起的差异，假定计算方法仅用于确定电缆的各种包覆层的厚度。

d_L——按照标称截面积确定的导体假定直径，不考虑导体的形状或紧压情况（见表 A.1）。导体为绞合圆形；

D_f——铅护层内的假定直径；

D_{pb}——铅护层外假定直径；

D_{SL}——线芯成缆后衬垫层内的假定直径；

D_u——挤包外护套内的假定直径；

t_i——绝缘标称厚度；

t_p——挤包衬垫层标称厚度；

t_{pa}——铠装外挤包外护套标称厚度；

t_{pu}——铅护层外挤包外护套标称厚度；

t_{pb}——铅护层标称厚度。

所有直径 D 都应按附录 B 中的规则修约到一位小数。

a） 单芯电缆的线芯直径

$D_{线芯}=d_L+2t_i$，mm

b） 线芯成缆后直径

对三芯电缆，$D=D_{线芯}\times 2.15$，mm；

对有绕包衬垫三芯分相铅套电缆，$D_{SL}=D_{pb}\times 2.15$，mm；

对有挤包衬垫三芯分相铅套电缆，$D_{SL}=(D_{pb}+2t_p)\times 2.15$，mm。

c） 铅护层内直径

对有屏蔽电缆，$D_f=D$[见 b)]；

对分相铅套电缆，$D_f=D_{线芯}$[见 a)]。

d） 铅护层厚度

所有单芯电缆：

$t_{pb}=0.03D_f+0.8$，mm

所有其余电缆（包括分相铅套电缆）：

$t_{pb}=0.03D_f+0.7$，mm

所有情况下最小厚度为 1.2 mm，计算值修约到 0.1 mm（见附录 B）。

e） 铅护层外直径

$D_{pb}=D_f+2t_{pb}$，mm

f） 铅护层外挤出外护套厚度

$t_{pu}=0.028D_{pb}+0.6$，mm

修约到 0.1 mm（见附录 B），最小厚度 1.4 mm。

g） 挤出衬垫层厚度

$t_p=0.02D_{pb}+0.6$，mm

修约到 0.1 mm，最小厚度 1.0 mm。

h） 铠装

铠装圆钢丝直径见表 A.1，铠装钢带厚度见表 A.2。

表 A.1 圆钢丝直径

假定直径(D_{pb}或 D_{SL})/mm	钢丝直径/mm
≤15	0.8
>15 和≤25	1.6
>25 和≤35	2.0
>35 和≤60	2.5
>60	3.15

表 A.2 钢带厚度

假定直径(D_{pb}或 D_{SL})/mm	钢带标称厚度/mm
>12 和≤50	0.5
>50	0.8

i) 铠装外挤包外护套

$D_{pb}=0.028D_u+1.1$，mm

修约到 0.1 mm(见附录 B)，最小厚度 1.1 mm。

其中：D_u 挤包外护套内假定直径

D_u D_{pb}或 D_{SL}+2×衬垫层厚度+2×铠装厚度(钢带铠装等于 4×钢带厚度)

用于计算护层厚度和铠装钢丝和钢带尺寸的每一标称导体截面积的假定直径见表 A.3：

表 A.3 用于计算的假定导体直径

导体标称截面积/mm^2	假定导体直径 d_L/mm
4	2.3
6	2.8
10	3.6
16	4.5
25	5.6
35	6.7
50	8.0
70	9.4
95	11.0
120	12.4
150	13.8
185	15.3
240	17.5
300	19.5

表 A.3（续）

导体标称截面积/ mm^2	假定导体直径 d_L/ mm
400	22.6
500	25.2
630	28.3
800	31.9
1 000	35.7

附 录 B
（规范性附录）
数值修约

B.1 假定计算法的数值修约

在按附录A计算假定直径和确定单元尺寸而对数值进行修约时，应采用下述规则。

当任何阶段的计算值小数点后多于一位时，数值应修约到一位小数，即精确到0.1 mm。每一阶段的假定直径数值应修约到0.1 mm，当用来确定包覆层厚度和直径时，在用到相应的公式和表格中之前应先进行修约，按附录A要求根据修约后的假定直径计算出的厚度应依次修约到0.1 mm。

修约规则如下：

a) 修约前数据的第二位为0、1、2、3或4时，则小数点后第一位小数保持不变（修约舍弃）。

示例1：2.12　≈2.1

示例2：2.449　≈2.4

示例3：25.047 8　≈25.0

b) 修约前数据的第二位小数为9、8、7、6或5时则小数点后第一位数应增加1（修约进位）。

示例1：2.17　≈2.2

示例2：2.453　≈2.5

示例3：30.050　≈30.1

B.2 用作其他目的的数值修约

除B.1考虑的用途外，有可能有些数据需要修约到多于一位小数，例如计算几次测量的平均值，或标称值加上一个百分率偏差以后的最小值。在这些情况下，应按有关条文修约到小数点后面的规定位数。

此时修约的规则为：

a) 当修约前应保留的最后数值后一位数为0、1、2、3或4时，则最后数值应保持不变（修约舍弃）。

b) 当修约前应保留的最后数值后一位数为9、8、7、6或5时，则最后数值加1（修约进位）。

示例1：2.449　≈2.45　修约到两位小数

示例2：2.449　≈2.4　修约到一位小数

示例3：25.047 8　≈25.048　修约到三位小数

示例4：25.047 8　≈25.05　修约到二位小数

示例5：25.047 8　≈25.0　修约到一位小数

ICS 29.060.20
K 13

中华人民共和国国家标准

GB/T 12976.3—2008
代替 GB/T 12976.1～GB/T 12976.3—1991

额定电压 35 kV(U_m = 40.5 kV)及以下纸绝缘电力电缆及其附件 第 3 部分：电缆和附件试验

Paper-insulated power cables and their accessories with rated voltages up to and including 35 kV—Part 3：Test on cables and their accessories

(IEC 60055-1：2005，Paper-insulated metal-sheathed cables for rated voltages up to 18/30 kV—Part 1：test on cables and their accessories，MOD)

2008-06-30 发布　　2009-04-01 实施

中华人民共和国国家质量监督检验检疫总局
中国国家标准化管理委员会　发布

前言

GB/T 12976《额定电压 35 kV(U_m=40.5 kV)及以下纸绝缘电力电缆及其附件》由以下三个部分组成：

——第 1 部分：额定电压 30 kV 及以下电缆一般规定和结构要求；

——第 2 部分：额定电压 35 kV 电缆一般规定和结构要求；

——第 3 部分：电缆和附件试验。

本部分为 GB/T 12976 的第 3 部分。

本部分修改采用 IEC 60055-1:2005《额定电压 18/30 kV 及以下纸绝缘金属套电缆(铜或铝导体、不包括压气和充油电缆)第 1 部分：电缆和附件试验》。

本部分根据 IEC 60055-1:2005 重新起草。在附录 C 中列出了本部分章条编号与 IEC 60055-1:2005 章条编号的对照一览表。

考虑到我国国情，本部分对部分内容作了一些修改，有关技术性差异已编入正文中并在它们所涉及的条款的页边空白处用垂直单线标识，并在附录 D 中给出了这些技术性差异及原因的一览表以供参考。

为便于使用，对于 IEC 60055-1:2005，本部分做了下列编辑性修改：

——"本标准"一词改为"本部分"；

——删除了 IEC 60055-1:2005 的前言；

——用小数点"."代替作为小数点的逗号。

本部分代替 GB/T 12976.1—1991《额定电压 35 kV 及以下铜芯、铝芯纸绝缘电力电缆　第 1 部分：一般规定》、GB/T 12976.2—1991《额定电压 35 kV 及以下铜芯、铝芯纸绝缘电力电缆　第 2 部分：不滴流油浸纸绝缘金属套电力电缆》和 GB/T 12976.3—1991《额定电压 35 kV 及以下铜芯、铝芯纸绝缘电力电缆　第 3 部分：粘性油浸纸绝缘金属套电力电缆》。

本部分与 GB/T 12976.1—1991、GB/T 12976.2—1991 和 GB/T 12976.3—1991 相比，主要变化如下：

——将接地故障的两类(第 1 类和第 2 类)修改为三类(A 类、B 类、C 类)(GB/T 12976.1—1991 的表 1 注，本部分 3.3)；

——将抽样试验中的滴流试验 8h 后浸渍剂的滴出量不超过试样金属内部体积的 1.5%修改为对单芯电缆和分相铅包电缆不超过 2%、对多芯电缆不超过 3%(GB/T 12976.1—1991 的 14.5，本部分 7.3)；

——将 6/10 kV 及以上电缆型式试验中的滴流试验中 168 h 后浸渍剂的滴出量不超过试样金属内部体积的 2.5%修改为 3%(GB/T 12976.1—1991 的 15.3，本部分 8.4)；

——将不滴流电缆的型式试验中的 4 h 交流耐压试验电压 $4U_0$ 修改为 $3U_0$(GB/T 12976.1—1991 的 15.2.1，本部分 8.3.1)；

——将 26/35 kV 电缆冲击电压试验峰值由 250 kV 修改为 200 kV(GB/T 12976.1—1991 的表 18，本部分表 6)；

——增加了附件试验部分(本部分第 9 章)；

——增加了安装后试验(本部分第 10 章)。

本部分的附录 A、附录 C 和附录 D 为资料性附录，附录 B 为规范性附录。

本部分由中国电器工业协会提出。

本部分由全国电线电缆标准化技术委员会(SAC/TC 213)归口。

本部分起草单位:上海电缆研究所、武汉高压研究院。

本部分主要起草人:阎孟昆、张智勇、宗曦华、邓长胜、徐晓峰、张喜泽、韩云武。

本部分所代替标准的历次版本发布情况为:

——GB/T 12976.1—1991、GB/T 12976.2—1991、GB/T 12976.3—1991。

额定电压 35 kV(U_m=40.5 kV)及以下纸绝缘电力电缆及其附件 第3部分:电缆和附件试验

1 范围

GB/T 12976 的本部分规定了额定电压 0.6/1 kV(U_m=1.2 kV)到 26/35 kV(U_m=40.5 kV)浸渍纸绝缘金属护套电力电缆(不包括压气和充油电缆)的试验。

GB/T 12976 的本部分规定了额定电压 3.6/6 kV(U_m=7.2 kV)到 26/35 kV(U_m=40.5 kV)浸渍纸绝缘金属护套电力电缆(不包括压气和充油电缆)用附件的型式试验。

GB/T 12976 的本部分适用于额定电压 0.6/1 kV(U_m=1.2 kV)到 26/35 kV(U_m=40.5 kV)浸渍纸绝缘金属护套电力电缆(不包括压气和充油电缆)和 3.6/6 kV(U_m=7.2 kV)到 26/35 kV(U_m=40.5 kV)浸渍纸绝缘金属护套电力电缆(不包括压气和充油电缆)用附件。特殊电缆及其附件,例如海底电缆,不包括在本部分内。

2 规范性引用文件

下列文件中的条款通过 GB/T 12976 的本部分的引用而成为本部分的条款。凡是注日期的引用文件,其随后所有的修改单(不包括勘误的内容)或修订版均不适用于本部分,然而,鼓励根据本部分达成协议的各方研究是否可使用这些文件的最新版本。凡是不注日期的引用文件,其最新版本适用于本部分。

GB/T 2900.10—2001 电工术语 电缆(idt IEC 60050-461:1984)

GB/T 2951.1—1997 电缆绝缘和护套材料通用试验方法 第1部分:通用试验方法 第1节:厚度和外形尺寸测量—机械性能试验(idt IEC 60811-1-1:1993)

GB/T 2951.2—1997 电缆绝缘和护套材料通用试验方法 第1部分:通用试验方法 第2节:热老化试验方法(idt IEC 60811-1-2:1985)

GB/T 2951.3—1997 电缆绝缘和护套材料通用试验方法 第1部分:通用试验方法 第3节:密度测定方法 吸水试验 收缩试验(idt IEC 60811-1-3:1993)

GB/T 2951.4—1997 电缆绝缘和护套材料通用试验方法 第1部分:通用试验方法 第4节:低温试验(idt IEC 60811-1-4:1985)

GB/T 2951.6—1997 电缆绝缘和护套材料通用试验方法 第3部分:聚氯乙烯混合料专用试验方法 第1节:高温压力试验 抗开裂试验(idt IEC 60811-3-1:1985)

GB/T 2951.8—1997 电缆绝缘和护套材料通用试验方法 第4部分:聚乙烯和聚丙烯混合料专用试验方法 第1节:耐环境应力开裂试验 空气热老化后的卷绕试验-熔体指数测量方法-聚乙烯中炭黑和/或矿物质填料含量的测量方法(idt IEC 60811-4-1:1985)

GB/T 3048.13—2007 电线电缆电性能试验方法 第13部分:冲击电压试验(IEC 60230:1966,IEC 60060-1:1989,MOD)

GB/T 3956—1997 电缆的导体(idt IEC 60228:1978)

GB/T 12976.1—2008 额定电压 35 kV(U_m=40.5 kV)及以下纸绝缘电力电缆及其附件 第1部分:额定电压 30 kV 及以下电缆一般规定和结构要求(IEC 60055-2:1981,MOD)

GB/T 12976.2—2008 额定电压 35 kV(U_m=40.5 kV)及以下纸绝缘电力电缆及其附件 第2

部分：额定电压 35 kV 电缆一般规定和结构要求(IEC 60055-2:1981,NEQ)

GB/T 16927.1—1997 高电压试验技术 第1部分：一般试验要求(mod IEC 60060-1:1989)

GB/T 18889—2002 额定电压 6 kV(U_m＝7.2 kV)到 35 kV(U_m＝40.5 kV)电力电缆附件试验方法(IEC 61442: 1997,MOD)

JB/T 8996—1999 高压电缆选择导则(mod IEC 60183:1984)

IEC 60986:1989 额定电压 1.8/3(3.6)kV 到 18/30(36)kV 电力电缆短路温度规定导则

3 术语和定义

GB/T 2900.10—2001 确立的以及下列术语和定义适用于 GB/T 12976 的本部分。

3.1

额定电压 rated voltages

U_0 电缆设计用的导体与地或金属护套之间的额定工频电压。

U 电缆设计用的相导体之间的额定工频电压。

3.2

设备最高电压 U_m highest voltage for equipment

设备最高电压 U_m 列举于表 1 中。

表 1 设备最高电压

电缆的额定电压(U_0/U)/kV	设备的最高电压 U_m/kV
0.6/1	1.2
1.8/3 和 3/3	3.6
3.6/6 和 6/6	7.2
6/10 和 8.7/10	12
8.7/15	17.5
12/20	24
18/30	36
21/35 和 26/35	40.5

3.3

接地故障时间 earth fault duration

A 类：接地故障能在 1 min 内与系统分离。

B 类：可在单相接地故障时作短时运行，根据 JB/T 8996—1999 规定，接地故障时间不应超过 1 h，对于本部分包括的电缆允许更长的带故障运行时间，但在任何情况下不应超过 8 h，每年接地故障总持续时间不应超过 125 h。

C 类：包括不属于 A 类、B 类的系统。

3.4

额定值 rated values

制造商必须保证的规定值，且总是有规定公差。

3.5

近似值 approximate values

一个既不保证也不检查的数值，例如用于计算其他尺寸值的数值。

3.6

测量值 measured values

按照规定的方法，测量或试验所得到的值。

3.7

连接管 connector

把电缆导体连接起来的金属部件。

3.8

终端 termination

安装在电缆末端，以保证与该系统其他部分的电气连接并保持绝缘至连接点的装置。

3.9

户内终端 indoor termination

在既不受阳光照射又不暴露在气候环境下使用的终端。

3.10

户外终端 outdoor termination

在受阳光照射或暴露在气候环境下或两者都存在的情况下使用的终端。

3.11

终端盒 terminal box

空气或混合物填充、并完全密封终端的壳体。

3.12

直通接头 straight-joint

连接两根电缆形成连续电路的附件。

3.13

分支接头 branch-joint

将支线电缆连接到干线电缆的附件

3.14

过渡接头 transition-joint

连接纸绝缘电缆和挤包绝缘电缆的直通接头或分支接头。

3.15

漏电痕迹 tracking

由于通道的形成出现不可逆的老化，该通道甚至在干燥情况下也是导电的。通道是在绝缘材料表面形成和发展的，它可能出现在与空气接触的表面上，也可能出现在不同绝缘材料之间的界面上。

3.16

电蚀 erosion

由于材料损耗而引起的绝缘体表面不可逆的和不导电的老化痕迹，它可以是均匀的、局部的、或树枝状的。

注：局部闪络之后，通常在终端可能形成树枝状的浅的表面痕迹，只要它们是不导电的，这些痕迹是允许的；当它们是导电的，则划为漏电痕迹。

4 试验条件

4.1 工频试验电压的频率和波形

交流试验电压的频率应不低于 49 Hz 且不高于 61 Hz，其波形应基本是正弦波。

4.2 冲击试验电压波形

冲击电压波形应符合 GB/T 3048.13—2007 规定。

4.3 环境温度

除非特殊试验中另有规定，试验应在 5 ℃～35 ℃之间的环境温度下进行。

5 电缆的试验类型和频数

5.1 例行试验

例行试验(见第6章)由制造方在所有成品电缆长度上进行,以验证电缆是否符合规定的要求。由制造商和需方协商同意,在交货长度上例行试验可全部或部分省去。

5.2 抽样试验

当需方订货时要求,第7章所述抽样试验应由制造商在双方达成协议数量的成品电缆的样品或从成品电缆上取下的试样上进行,以证明成品电缆符合设计要求。

测量尺寸用的样品数量应不超过合同长度数量的10%。

机械性能试验和滴流试验用的样品数量应不大于表2所列:

表2 机械性能试验和滴流试验用的样品数量

电缆长度				电压为 U_0 的电缆样品数量	
多芯电缆		单芯电缆			
以上/km	至(包括)/km	以上/km	至(包括)/km	＜8.7 kV	≥8.7 kV
2	10	4	20	0	1
10	20	20	40	1	2
20	30	40	60	2	3
依此类推		依此类推		依此类推	

5.3 型式试验

型式试验是制造商在开发一种新的绝缘等级或新的电缆设计时的初期阶段进行的,以确定使用性能。该试验的特点为:除非绝缘材料或电缆设计改变,因而改变了电缆的特性,试验做过之后就不需要重做。

5.4 安装后试验

用以证明安装后的电缆及其附件完好的试验。

6 电缆的例行试验

6.1 导体电阻

a) 对多芯电缆,应在选用做例行试验的每一个电缆长度的所有导体上进行测量。

b) 成品电缆或从成品电缆上取下的试样,应在保持适当温度的试验室内至少存放12 h后测量。若怀疑导体温度是否与室温一致,电缆应在试验室内存放24 h后测量。也可选择另一种方法,即将导体试样浸在温度可以控制的恒温液体槽内,至少浸入1 h后测量电阻。

电阻测量值应按GB/T 3956—1997规定的公式和系数校正到20 ℃下1 km长度的数值。

c) 每一导体20 ℃的直流电阻应符合GB/T 3956—1997中表1或表2的规定。

6.2 高电压试验

6.2.1 径向电场电缆

在每一导体和金属护套或屏蔽之间施加5 min工频电压,试验电压为:

——对额定电压3.6/6 kV及以下电缆,为 $2.5U_0+2$ kV;

——对额定电压6/10 kV及以上电缆,为 $2.5U_0$。

应逐渐升高电压到规定的值,绝缘应不击穿。

或由需方和制造商协商同意,试验也可采用直流电压,所施加的电压为工频试验电压的2.4倍,时间为5 min。

6.2.2 非径向电场电缆(带绝缘电缆)

该试验或者作为三相试验或者作为一系列单相试验,如下述。应逐渐升高电压到规定值,绝缘应不击穿。

6.2.2.1 三相试验(仅适用于三芯电缆)

试验电压通过三相变压器施加到导体上,变压器的中性点和金属套相连。

相间试验电压应为:

——对额定电压 6/6 kV 及以下电缆,为 $2.5U+2$ kV;

——对额定电压 6/10 kV 及以上电缆,为 $2.5U$。

时间为 5 min。

对额定电压 3/3 kV,6/6 kV 和 8.7/10 kV 电缆,应进行附加试验,把三个导体连在一起,在导体和金属护层之间施加单相电压。附加试验的试验电压应按 6.2.2.2 规定的电压,时间为 5 min。

6.2.2.2 单相试验

单相试验应按以下进行,试验电压为:

对额定电压 6/6 kV 及以下电缆,为 $\left(2.5\times\frac{U_0+U}{2}\right)+2$ kV

对额定电压 6/10 kV 及以上电缆,为 $\left(2.5\times\frac{U_0+U}{2}\right)$ kV

依次在每一相导体和与金属护套连在一起的其他导体之间进行,时间为 5 min。

或由需方和制造商协商同意,试验也可采用直流电压,所施加的电压为交流试验电压的 2.4 倍,每次时间为 5 min。

6.3 介质损耗角正切试验

介质损耗角正切试验仅适用于额定电压 U_0 大于等于 8.7 kV 的径向电场电缆。

对不滴流电缆,该试验应在 6.2 所规定的高压试验前进行。

绝缘的介质损耗角正切应在如下所述环境温度下进行测量。如果是在低于 20 ℃的温度下测量,结果应换算到 20 ℃,或按试验温度和 20 ℃之间的差值,每摄氏度减去 2%的测量值;或者通过该绝缘材料的校正曲线,该曲线应得到需方和制造商的双方同意。如果试验温度大于等于 20 ℃,则不必进行校正。

试验应在每一相导体和屏蔽或金属护套之间分别在 $0.5U_0$、$1.25U_0$ 和 $2.0U_0$ 下进行。

介质损耗角正切值,在 $0.5U_0$ 应不超过 0.006。

介质损耗角正切随电压增加允许的最大增加值见表 3:

表 3 介质损耗角正切随电压增加允许的最大增加值

试 验 电 压	径向电场电缆			
	粘性浸渍		不滴流	
	$U\leqslant 15$ kV	$U>15$ kV	$U\leqslant 15$ kV	$U>15$ kV
0.5 倍~1.25 倍 U_0 之间	0.001 0	0.000 8	0.005 0	0.004 0
1.25 倍~2.0 倍 U_0 之间	0.002 5	0.001 6	0.010 0	0.008 0

7 电缆的抽样试验

7.1 厚度测量

7.1.1 绝缘厚度测量

绝缘厚度的测量应在取自 5.2 规定的每一个成品电缆长度的一端的样品上进行。可采用下列方法中的一种,但在对 18/30 kV 以下电缆发生争议时,应采用厚度测微计法。厚度应不小于规定的最小值。

7.1.1.1　直径带尺测量法

将试样剥去护套及绝缘屏蔽带，直到露出绝缘线芯为止，用直径测量带尺在距绝缘线芯端部50 mm与100 mm处测量绝缘线芯直径。

测量带尺的分度应不大于0.5 mm。

然后剥去绝缘直到导体屏蔽(若有)或导体(若无导体屏蔽)，用测量带尺测量原测量位置的导体屏蔽外径或导体外径。每个测量点的绝缘厚度用该处两个直径测量值之差的一半来计算。

7.1.1.2　厚度测微计法

将从试样上剥下的纸带叠在一起，不必除去多余的浸渍剂，用厚度测微计测出总厚度。必要时，可将绝缘分成几个小部分测量。

测微计的精度应不低于±0.006 mm。

压杆直径应不小于6 mm，且不大于8 mm。所施加的压力应为350 kN/m^2±5%，压杆和压座两端面应平直，同心，在行程范围内的平行度应在0.003 mm以内。

7.1.2　铅套厚度测量

铅套厚度应选用下列方法之一进行测量，测量值应不小于规定的最小值。

7.1.2.1　窄条法

从按5.2要求的成品电缆上切取大约50 mm长的试验样品，进行铅套厚度测量。

应沿纵向剥开试样，并仔细展平。在清洁试片后，应沿着铅套圆周距边沿不小于10 mm处进行多点测量，以确保测量到最小厚度。测微计压杆直径应在4 mm～8 mm之间，精度为±0.01 mm。

7.1.2.2　圆环法

从试样上仔细切取铅套圆环进行测量。沿圆环圆周进行多点测量，以确保测量到最小厚度。测微计的两个测量面，一个为平面，另一个为球面，或一个为平面，另一个为长2.4 mm、宽0.8 mm的矩形平面。球面或矩形平面应适合与环的内侧面接触。测微计精度应为±0.01 mm。

7.1.3　非金属护套的厚度测量

非金属护套的厚度测量应按GB/T 2951.1—1997中8.2进行。

7.1.4　钢带厚度测量

对宽度小于等于40 mm的钢带，应在中心位置测量。对更宽的钢带，应在距每一边20 mm处测量。

7.1.5　圆钢丝的直径和扁钢丝的厚度测量

圆钢丝的直径和扁钢丝的厚度应采用测微计测量。

7.2　机械性能试验

7.2.1　弯曲试验

除非用户和制造商另有协议，弯曲试验应在10 ℃～25 ℃之间进行，电缆试样长度至少能满足绕试验圆柱体弯曲一整圈。

试验用圆柱体直径应按表4规定：

表4　弯曲试验用圆柱体直径

额定电压(U_0/U)/kV		8.7/10及以下	8.7/15～12/20	18/30～26/35
弯曲直径(+5%误差)	单芯电缆	18(D+d)	21(D+d)	25(D+d)
	多芯电缆	15(D+d)	18(D+d)	21(D+d)
	分相铅套三芯电缆	15(2.15D+d)	15(2.15D+d)	18(2.15D+d)

注：D——铅套的测量外径；

d——(最大)导体测量直径(对非圆形导体，d=1/3.14倍测量周长)。

试验样品应以匀速绕圆柱体弯曲一整圈。然后展直，再在反方向弯曲一整圈。此操作应反复进行三次。

7.2.2 电气性能试验

上述试验结束后，试样应进行 5 min 交流耐压试验，试验电压规定如下：

—— 对额定电压大于 3.6 kV 电缆，试验电压为 6.2 中电压值的 1.6 倍；

—— 对额定电压小于等于 3.6 kV 电缆，试验电压按 6.2 中电压值。

也可由用户和制造商协商同意，采用直流进行试验，电压值为交流试验电压的 2.4 倍，时间为 5 min。

注：推荐安装敷设时弯曲半径应不小于弯曲试验半径。当电缆拖入管道时的条件很复杂，或者温度很低，可能导致绝缘发脆，制造商和用户协商一致后可进行特殊的机械性能试验。

7.2.3 护套、铠装和保护层的检查

在按 7.2.2 的电压试验后，从试验样品的中间部位取 300 mm 长的样品进行检查，外护层或护套不应有裂缝，铠装不应有显著位移，铅或铅合金护套不应有裂纹和开裂。

7.3 滴流试验(对不滴流电缆)

从电缆上切取一段包括护层的样品，长度为 290 mm～300 mm。

样品两端敞开，垂直悬挂在烘箱中，烘箱温度为电缆最高允许持续运行温度±2 ℃。

8 h 后，测量滴出来的浸渍剂，对单芯电缆和分相铅套电缆，应不超过试验样品金属套内部体积的 2%；对多芯电缆，应不超过 3%。

7.4 复试

如果任一样品不符合本章中规定的任一试验要求，应从同一批中再取两个试样就不合格项目重新试验。两个附加试样均合格时，则该批电缆符合标准要求。如果有一个试样不合格，则应认为该批电缆不符合本部分要求。进一步的取样试验应协商进行。

8 电缆的型式试验

8.1 一般规定

下列试验为型式试验：

a) 介质损耗角正切/温度试验(8.2)；

b) 交流电压试验(8.3.1)；

c) 冲击电压试验(8.3.2)；

d) 滴流试验(8.4)，仅适用于不滴流电缆；

e) 非金属护套的非电气性能试验(8.5)。

由制造商选择，在同一试样上可进行试验 a)、b)、c)项中的一项以上试验。然而，如果在随后的试验中未满足要求，则应在同一电缆上重新取样试验，且只有后一个试验结果才对最终评价结果有效。对三芯电缆，型式试验 a)、b)、c)应仅在一芯上进行。

8.2 介质损耗角正切/温度试验

本试验仅适用于额定电压 U_0 大于等于 8.7 kV 径向电场电缆。试样的金属护层内长度应不小于 4 m。

在额定电压 U_0 下，绝缘的介质损耗角正切应在不少于四种温度下测量，如：

a) 室温；

b) 约 40 ℃；

c) 约 60 ℃；

d) 额定运行温度以上 10 ℃。

试验时应注意确保沿整根电缆的纵向和径向的温度都是均匀的。

所测得的电缆的介质损耗角正切，不包括终端，应不大于表 5 中的规定值：

表5　允许的最大介质损耗角正切值

样品温度/℃	最大介质损耗角正切
20～60	0.006 0
70	0.013 0
75	0.016 0
80	0.019 0
85	0.023 0

在所列温度之间的介质损耗角正切值应通过线性插值法求得。

8.3　绝缘安全性试验

绝缘安全性试验仅适用于额定电压 U_0 大于等于 8.7 kV 径向电场电缆，8.3.1 和 8.3.2 中的试验均应进行。

8.3.1　交流电压试验

在环境温度下，对一段不小于 5 m 长的电缆试样的一相导体和屏蔽之间施加 4 h 交流电压，其他相导体和屏蔽连接，试验期间电缆应不击穿。对粘性浸渍电缆施加电压为 $4U_0$，对不滴流电缆施加电压为 $3U_0$。

电压应连续施加，如果在 4 h 期间出现不可避免的试验中断时，应把中断的时间补上。中断的总时间应不超过 1 h，否则试验应重新开始。

8.3.2　冲击电压试验

冲击电压试验应由按下列顺序进行的三个试验组成：弯曲试验，冲击试验，交流耐压试验。

试样长度应满足弯曲试验要求，两个终端之间的长度至少为 5 m。

8.3.2.1　弯曲试验

试样应经受 7.2.1 所规定的弯曲试验。

8.3.2.2　冲击电压试验

冲击电压试验按 GB/T 3048.13—2007 要求进行。试验温度为最高允许持续运行温度加 0～5 ℃。

冲击试验电压应按表 6 规定值：

表6　冲击试验电压峰值

额定电压 U_0/kV	冲击试验电压峰值/kV
3.6	60
6	75
8.7	95
12	125
18	170
21,26	200

8.3.2.3　室温下的交流电压试验

试验方法和试验电压应按 6.2.1 规定。

8.4　滴流试验

从有护套的电缆上截取不少于 1 m 的试样。在不加热的情况下将试样两端密封，下部密封端应留有收集试验时从试样内滴流出的浸渍剂的空间位置。

样品垂直悬挂在烘箱中，放置 7 天，烘箱温度等于导体的最高允许持续运行温度，误差±2 ℃。

试验结束后，测量流出的浸渍剂，应不超过试样金属套内部体积的 3%。

如果试样没有通过试验，则应从所选的电缆上再切取两个样品，在这两个样品上重复试验。仅当两个试样都通过试验时，才认为符合本条要求。

8.5 非金属护套的非电气性能试验

非电气性能试验应按 GB/T 2951.1—1997、GB/T 2951.2—1997、GB/T 2951.3—1997、GB/T 2951.4—1997、GB/T 2951.6—1997、GB/T 2951.8—1997 规定。

9 附件型式试验

9.1 概述

按 9.3.1 进行相应的试验后将获得本部分认可，这些型式试验仅适用于新设计的附件。对于制造商能够提供满意的运行经验证明的附件，经与用户协商同意，可不必做型式试验。

附件一经成功通过型式试验后，在可能影响性能的材料、结构或制造的工艺过程未发生变化时，这些试验不必重复。

试验方法见 GB/T 18889—2002。

9.1.1 附件种类

本部分所包括的附件如下：

——所有结构的户内终端、户外终端，包括终端盒；

——适合用于地下或空气中敷设的所有结构的直通接头和分支接头；

——纸绝缘电缆和挤包绝缘电缆相互连接的过渡接头。

9.1.2 额定电压

附件的额定电压 $U_0/U(U_m)$ 见 3.2。

注：额定电压 1.8/3(3.6)kV 及以下电缆附件不包括在内。

对于给定用途的附件的额定电压应与其配套的电缆的额定电压相一致，并应符合按 JB/T 8996—1999 推荐的所在系统的运行条件。

9.1.3 最大导体温度

附件应适用于 GB/T 12976.1—2008 和 GB/T 12976.2—2008 中规定的正常运行的导体温度和 IEC 60986-1989 规定的短路温度的电缆上。

9.2 试验附件的安装

9.2.1 用于试验的电缆应符合 GB/T 12976.1—2008 或 GB/T 12976.2—2008 的规定。对纸绝缘电缆建议采用附录 A 中 A.1 所示方法正确标示，对用于过渡接头的电缆建议采用 A.1 和 A.2 标示进行正确标示。

9.2.2 用于附件的连接金具应正确标示下述内容：

——安装工艺；

——工具和必要的配件；

——接触表面的处理；

——连接金具的型号、编号和任何其他标示；

——型式试验认可的细述。

用于过渡接头的连接金具在所有的运行条件下都应堵油，并应按附录 B 进行试验，除非是本身堵油的金具，即由未钻穿的实心棒加工的。

9.2.3 试验用的附件应正确标示下述内容：

——制造商名称；

——类型、标志、生产日期或批号；

——电缆的最大和最小截面积，电缆导体材料及形状；

——最大和最小的电缆绝缘直径；

——额定电压(见3.2和9.1);

——安装说明书(标准和日期)。

9.2.4 附件应按制造商的说明书(包括提供的材料的等级和数量,还应包括润滑剂(若有))规定的方式安装。

9.2.5 附件应是干燥和清洁的,且电缆和附件均不应经受可能改变被试组件的电气或热或机械性能的任何方式的处理。

9.2.6 有关试验安装的主要细节,尤其是支撑装置都应记录。

9.3 认可的条件和范围

9.3.1 一种类型附件按GB/T 12976.1—2008和GB/T 12976.2—2008给出的截面积的所有范围的认可是在按本部分对截面积为120 mm^2、150 mm^2、185 mm^2 或240 mm^2 中任一截面电缆依照表8和表9所列的型式试验全部试验项目成功地完成后而获得。

9.3.2 认可与电缆导体材料无关,试验可以用铝导体或铜导体电缆进行。

9.3.3 对安装在具有整形过的导体电缆上的附件进行的试验,应认为适用于圆形导体电缆的相同类型的附件,反之则不适用。

9.3.4 对三芯附件进行的试验认为适用于相同设计的单芯附件,反之则不适用。

9.3.5 认可只限于已进行试验的电气结构和电缆类型(即带绝缘或径向电场、滴流或不滴流)。

9.3.6 对给定额定电压被试验的任何附件认为也被认可用于相同设计原则的较低电压的附件。

9.3.7 试验排列和试验样品数量见图1和图2。

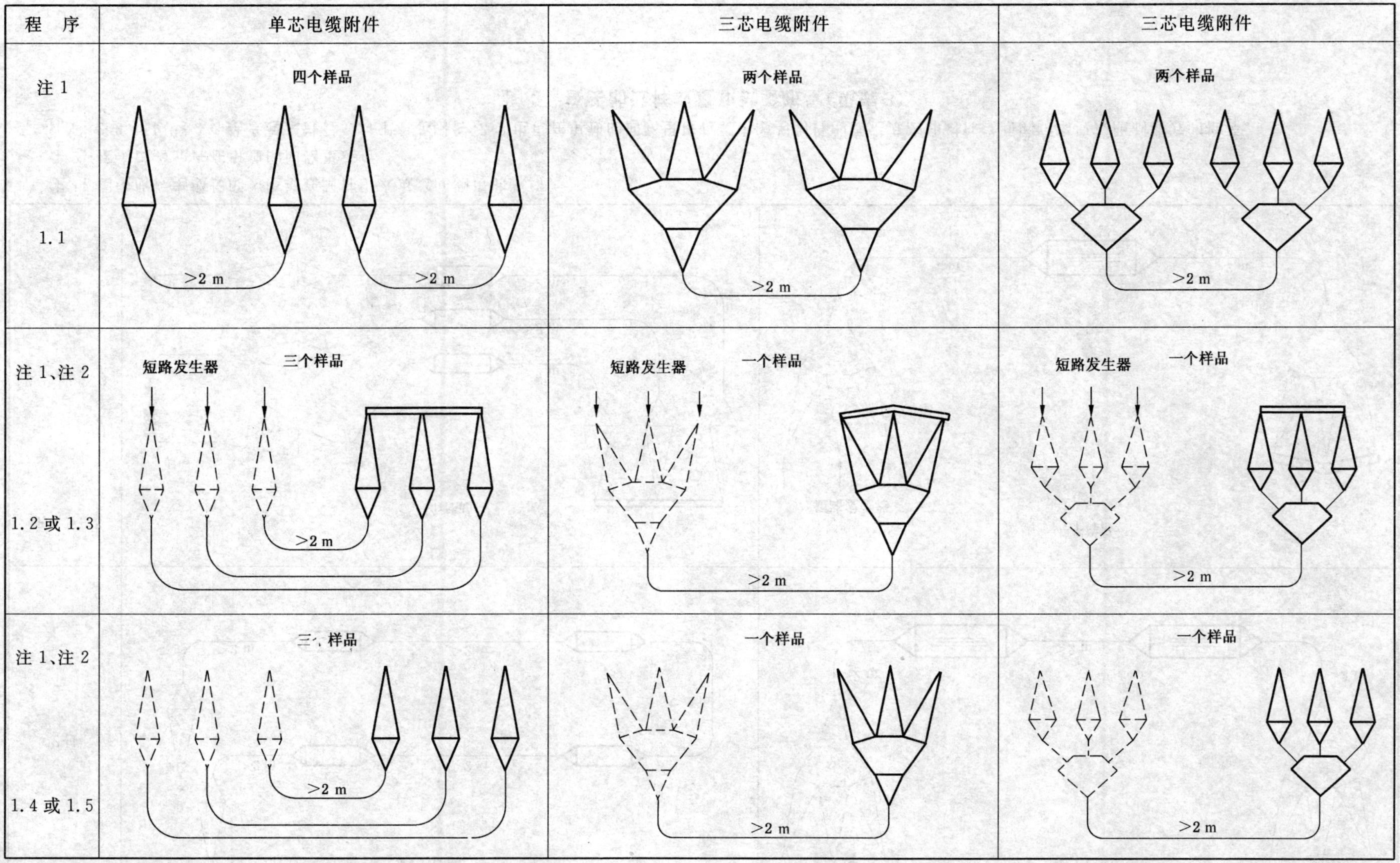

注 1：图中所标电缆长度为电缆的附件引入点之间测得的距离。

注 2：1.2 项可以与 1.3 项结合起来进行。对于单芯附件，1.2 项也可在单独的回路里进行，电缆与附件的固定方法和附件之间的距离应按照制造商的推荐。

图 1　终端的试样数量和试验布置(见表 2)

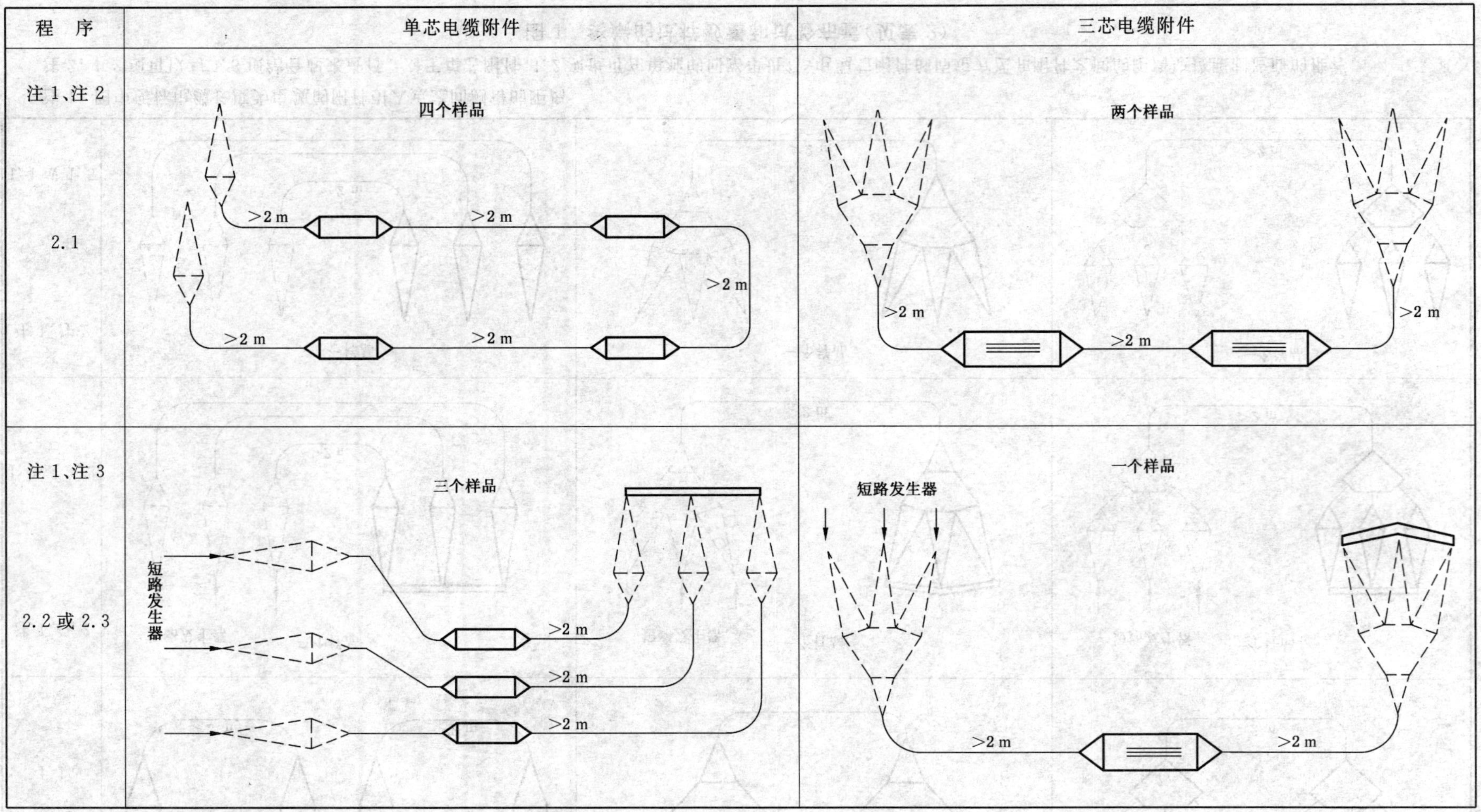

注 1：图中所标电缆长度为电缆在附件引入点之间测得的距离。

注 2：接头试验允许在单独的回路里进行。

注 3：2.2.可以与 2.3 结合起来进行。对于单芯附件，2.2 也可在单独的回路里进行。电缆与附件的固定方法和附件之间的距离应按照制造方的推荐。

图 2　接头的试样数量和试验布置（见表 3）

9.4 试验方法

所有试验方法见 GB/T 18889—2002。

9.5 试验程序

适用于附件的试验应按表 7 中所列程序进行：

表 7 试验程序

附件	表	图
终端	8	1
直通或分支接头	9	2

对终端和接头，如果程序和要求是相同的，则可组合起来试验。试验电压和要求归纳见表 10。

9.6 试验结果

按 9.3 及表 8 和表 9 规定进行试验的所有试样都应满足所有试验程序的要求。

任一试样未满足要求，应拆除并检查，以确定是否为 9.6.1 或 9.6.2 故障，并应记录检查结果。

9.6.1 附件失效

如果一个附件由于试验安装和试验程序错误而未能满足要求，则该试验无效，但不否定该附件，整个试验程序应在新装置的试样上重复进行，如果没有上述错误迹象，该附件则不被认可。

9.6.2 电缆失效

如果除附件任何部分以外的电缆失效，则该试验应被视为无效，但不否定该附件。可用新的附件重新试验(按规定程序从头开始试验)或者修复电缆(从中断的时刻开始继续试验)。

10 安装后试验

当电缆及其附件安装完成后，应进行直流电压试验。绝缘应不击穿。

试验应按 6.2 进行，只是试验的直流电压应为 6.2 中规定值的 70%。

注：当终端与开关或任何其他设备不能便于隔离时，试验电压应由有关各方协商确定。

表 8 终端试验程序和要求

序号	试验项目[a]	要求	试验方法	试验程序(见图 1)				
				1.1	1.2	1.3	1.4	1.5
1	交流耐压或直流耐压	$4.5U_0$，5 min 或 $6U_0$，15 min	GB/T 16927.1—1997，GB/T 18889—2002 第 4 章或第 5 章	×	×	×		
	交流耐压	$4U_0$，1 min，淋雨[b]	GB/T 16927.1—1997，GB/T 18889—2002 第 4 章	×				
2	冲击电压试验(在 θ_t^c 下)	每个极性冲击 10 次	GB/T 3048.13—2007，GB/T 18889—2002 第 6 章	×				
3	恒压负荷循环，在空气中	63 次[d]，在 θ_t^c 和 $1.5U_0$	GB/T 18889—2002 第 9 章	×				
4	短路热稳定(导体)	升高到电缆导体的 θ_{sc}，短路两次，无可见损坏	GB/T 18889—2002 第 11 章		×	×[e]		
5	短路动稳定[f]	在 I_d 下短路一次，无可见损坏	GB/T 18889—2002 第 12 章			×		
6	冲击试验	每个极性冲击 10 次	GB/T 3048.13—2007，GB/T 18889—2002 第 6 章	×	×	×		
7	交流耐压	$2.5U_0$，15 min	GB/T 16927.1—1997，GB/T 18889—2002 第 4 章	×	×	×		

表 8（续）

序号	试验项目[a]	要　求	试　验　方　法	试验程序(见图 1)				
				1.1	1.2	1.3	1.4	1.5
8	潮湿试验[g,h]	1.25U_0,300 h,见表 4	GB/T 18889—2002 第 13 章				×	
9	盐雾试验[b,h]	1.25U_0,1 000 h,见表 4	GB/T 18889—2002 第 13 章					×

[a] 除非另有规定,试验应在环境温度下进行;

[b] 仅适用于户外终端;

[c] θ_t 为正常运行时最高导体温度加(0～5)℃;

[d] 每一循环 8 h,温度稳定时间至少 2 h,冷却时间至少 3 h;

[e] 短路热稳定试验可以与短路动稳定试验结合起来进行;

[f] 仅对起始峰值电流 i_p>80 kA 的单芯电缆附件和起始峰值电流 i_p>63 kA 的三芯电缆附件有此要求;I_d 值由制造商提供。

[g] 仅适用于户内终端,对有瓷绝缘套管的终端无此要求;

[h] 对有瓷绝缘套管的终端无此要求。

表 9　直通或分支接头试验程序和要求

序号	试　验[a]	要　求	试　验　方　法	试验程序(见图 2)		
				2.1	2.2	2.3
1	交流耐压或直流耐压	4.5U_0,5 min 或 6U_0,15 min	GB/T 16927.1—1997,GB/T 18889—2002 第 4 章或第 5 章	×	×	×
2	冲击试验,在 $\theta_t^{b,c}$ 下	每个极性冲击 10 次	GB/T 3048.13—2007,GB/T 18889—2002 第 6 章	×		
3	恒压负荷循环,在空气中	三次[d],在 $\theta_t^{b,c}$ 和 1.5U_0 下	GB/T 18889—2002 第 9 章	×		
4	恒压负荷循环,在水中[e]	60 次[d],在 $\theta_t^{b,c}$ 和1.5U_0	GB/T 18889—2002 第 9 章	×		
5	短路热稳定(导体)[b]	升高到电缆导体的 θ_{sc},短路两次,无可见损坏	GB/T 18889—2002 第 11 章		×	×[f]
6	短路动稳定[g]	在 I_d 下短路一次,无可见损坏	GB/T 18889—2002 第 12 章			×
7	冲击试验	每个极性冲击 10 次	GB/T 3048.13—2007,GB/T 18889—2002 第 6 章	×	×	×
8	交流耐压	2.5U_0,15 min	GB/T 16927.1—1997,GB/T 18889—2002 第 4 章	×	×	×

[a] 除非另有规定,试验应在环境温度下进行;

[b] 对过渡接头(纸绝缘到挤包绝缘),试验参数是由额定值较低的电缆来确定;

[c] θ_t 为正常运行时最高导体温度加(0～5)℃;

[d] 每一循环 8 h,温度稳定时间至少 2 h,冷却时间至少 3 h;

[e] 对采用焊接连接的连续金属护层(如金属套)结构的电缆和接头,该试验可在空气中进行;

[f] 短路热稳定试验可以与短路动稳定试验结合起来进行;

[g] 仅对起始峰值电流 i_p>80 kA 的单芯电缆附件和起始峰值电流 i_p>63 kA 的三芯电缆附件有此要求,I_d 值由制造商提供。

表 10 试验电压和要求的归纳(见 9.5)

试验项目	试验电压	额定电压 $U_0/U(U_m)$/kV 3.6/6 (7.2)	6/10 (12)	8.7/15 (17.5)	12/20 (24)	18/30 (36)	21/35 (40.5)	26/35 (40.5)	要求
潮湿试验和盐雾试验	$1.25U_0$	4.5	7.5	11	15	22.5	26.25	32.5	不击穿或闪络，跳闸不超过三次，无显著损伤[a]
恒压负荷循环	$1.5U_0$	5.4	9	13	18	27	31.5	39	不击穿或闪络
交流耐压/15 min	$2.5U_0$	9	15	23	30	45	52.5	65	不击穿或闪络
交流耐压/1min	$4U_0$	14.5	24	35	48	72	84	104	不击穿或闪络
交流耐压/5min	$4.5U_0$	16	27	39	54	81	94.5	117	不击穿或闪络
直流耐压/15min	$6U_0$	21.6	36	52	72	108	126	156	不击穿或闪络
冲击试验(峰值)	—	60	75	95	125	170	200	200	不击穿或闪络

[a] 当由于以下情况造成附件性能明显下降时，即认为附件显著损坏：

(Ⅰ)由于漏电痕迹造成介质质量损失；

(Ⅱ)电蚀深度达到绝缘材料的 2 mm 或者厚度的 50%；

(Ⅲ)材料开裂；

(Ⅳ)材料穿孔。

附 录 A
（资料性附录）
试验电缆的标示

A.1 纸绝缘电缆(见5.1)

额定电压 $U_0/U(U_m)$		kV	
结构：	☐ 单芯	☐三芯	☐ 带绝缘 ☐ 分相屏蔽 ☐ 分相铅套
导体：	☐ 铝	☐ 铜	
	☐ 绞合	☐ 实心	
	☐ 圆形导体	☐ 整形导体	
	☐ 120 mm^2	☐ 150 mm^2	
	☐ 185mm^2	☐ 240 mm^2	
浸渍：	☐ 滴流	☐ 不滴流	
金属护层：	☐ 铅	☐ 铝	☐ 平的 ☐ 皱纹的
外护层：	☐ 纤维覆盖物	☐ 挤包	☐ PVC ☐ PE(ST_3)
直径：	导体：		mm
	绝缘(包括屏蔽)：		mm
	金属护层：		mm
	外护层：		mm

A.2 挤包绝缘电缆(见5.1)

额定电压 $U_0/U(U_m)$		kV	
结构：	☐ 单芯	☐三芯	☐ 总屏蔽 ☐ 分相屏蔽
导体：	☐ 铝	☐ 铜	
	☐ 绞合	☐ 实心	
	☐ 圆形导体	☐ 整形导体	
	☐ 120 mm^2	☐ 150 mm^2	
	☐ 185 mm^2	☐ 240 mm^2	
绝缘：	☐ PVC	☐ XLPE	
	☐ EPR	☐ HEPR	
绝缘屏蔽：	☐ 不可剥离	☐ 可剥离	
金属屏蔽：	☐ 丝	☐ 带	☐ 挤包
外护层：	☐ PVC	☐ PE(ST_3)	☐ PE(ST_7)
堵水层(若有)：	☐ 导体内	☐ 外护层下	

直径：	导体：	mm
	绝缘：	mm
	绝缘屏蔽：	mm
	外护层：	mm

电缆标识：

附　录　B
（规范性附录）
用于浸渍纸绝缘与挤包绝缘电缆之间的过渡接头"堵油"连接金具的试验

为了模拟运行条件而提供下列方法：

B.1　该试验应在两根短段(每根长约 0.5 m)非填充的绞合导体之间压接的单独金具上进行。

B.2　试样应保持垂直，施加于连接金具最上端的水头为 1 m 高，如图 B.1 所示，应使用含荧光染料的水。

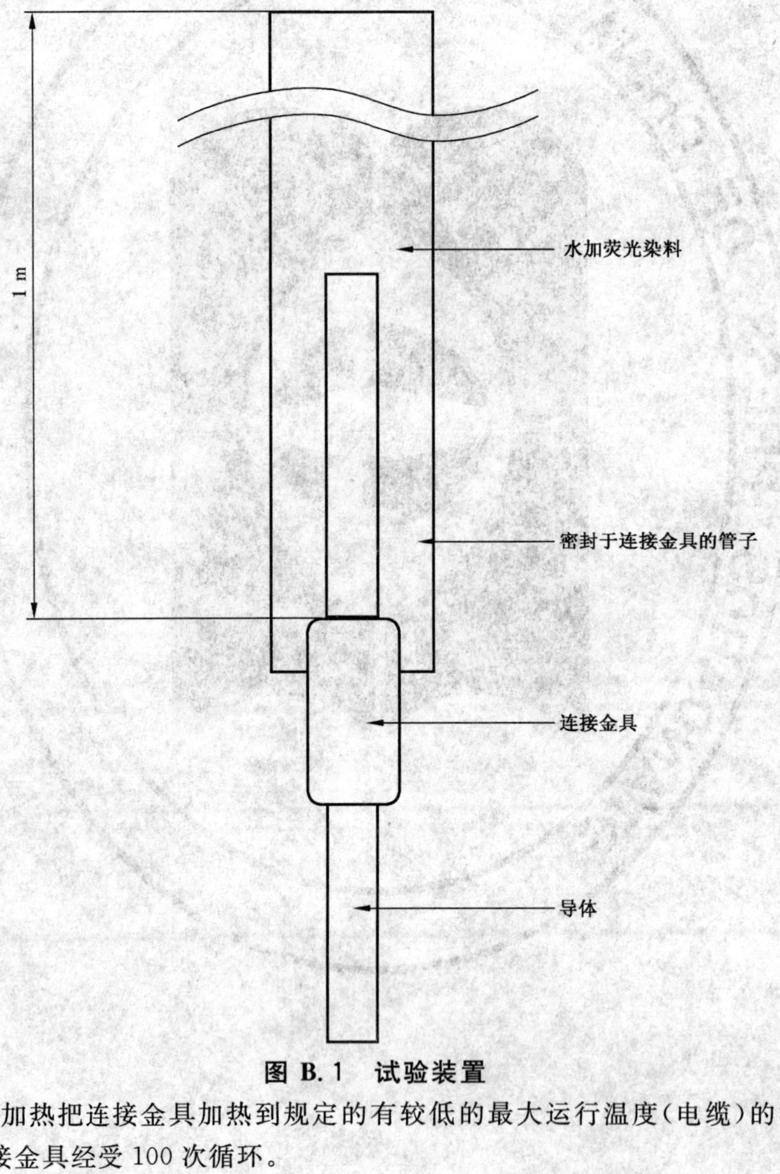

图 B.1　试验装置

B.3　用烘箱或导体加热把连接金具加热到规定的有较低的最大运行温度(电缆)的温度，允许冷却温度不高于 30 ℃，连接金具经受 100 次循环。

B.4　如果未发现水渗透到较低一端导体内，则认为符合该试验要求。

附 录 C
（资料性附录）
本部分章条号与 IEC 60055-1:2005 章条号对照

表 C.1 给出了本部分章条号与 IEC 60055-1:2005 章条号对照一览。

表 C.1 本部分章条号与 IEC 60055-1:2005 章条号对照表

本部分章条号	对应的国际标准章条号
2	1
3	2
3.1	2.1
3.2	2.2
3.3	2.3
3.4	2.4
3.5	2.5
3.6	2.6
3.7	2.7
3.8	2.8
3.9	2.9
3.10	2.10
3.11	2.11
3.12	2.12
3.13	2.13
3.14	2.14
3.15	2.15
3.16	2.16
4.1	3
4.2	4
4.3	5
5.1	6
5.2	7
5.3	8
5.4	9
6.1	10
6.2	11
6.2.1	11.1
6.2.2	11.2
6.2.2.1	11.2.1

表 C.1（续）

本部分章条号	对应的国际标准章条号
6.2.2.2	11.2.2
6.3	12
7.1	13
7.1.1	13.1
7.1.1.1	13.1.1
7.1.1.2	13.1.2
7.1.2	13.2
7.1.2.1	13.2.1
7.1.2.2	13.2.2
7.1.3	13.3
7.1.4	13.4
7.1.5	13.5
7.2	14
7.2.1	14.1
7.2.2	14.2
7.2.3	14.3
7.3	15
7.4	16
8.1	17
8.2	18
8.3	19
8.3.1	19.1
8.3.2	19.2
8.3.2.1	19.2.1
8.3.2.2	19.2.2
8.3.2.3	19.2.3
8.4	20
8.5	21
9.1	22
9.1.1	22.1
9.1.2	22.2
9.1.3	22.3
9.2	23
9.2.1	23.1
9.2.2	23.2

表 C.1(续)

本部分章条号	对应的国际标准章条号
9.2.3	23.3
9.2.4	23.4
9.2.5	23.5
9.2.6	23.6
9.3	24
9.3.1	24.1
9.3.2	24.2
9.3.3	24.3
9.3.4	24.4
9.3.5	24.5
9.3.6	24.6
9.3.7	24.7
9.4	25
9.5	26
9.6	27
9.6.1	27.1
9.6.2	27.2
10	28
表 1	2.2 中,无表号
表 2	7 中,无表号
表 3	12 中,无表号
表 4	14.1 中,无表号
表 5	18 中,无表号
表 6	19.2.2 中,无表号
表 7	表 1
表 8	表 2
表 9	表 3
表 10	表 4
附录 A	附录 B
附录 B	附录 A
附录 C	—
附录 D	—

附　录　D
（资料性附录）
本部分与 IEC 60055-1:2005 的技术性差异及其原因

表 D.1 给出了本部分与 IEC 60055-1:2005 的技术性差异及其原因。

表 D.1　本部分与 IEC 60055-1:2005 的技术性差异及其原因

本部分的章条号	技术性差异	原　因
1	增加了 35 kV 电压等级	IEC 60055-1:2005 电压等级为 1 kV 到 30 kV，而我国有 35 kV 电压等级。
表 1	增加了 21/35 kV 和 26/35 kV 电压等级内容	同上
表 4	增加了 35 kV 电压等级内容	同上
表 6	增加了 21/35 kV 和 26/35 kV 电压等级内容	同上
表 10	增加了 21/35 kV 和 26/35 kV 电压等级内容	同上

ICS 21.120.40
N 73

中华人民共和国国家标准

GB 12977—2008
代替 GB 12977—1991

平衡机 防护罩和测量工位的其他保护措施

Balancing machines—Enclosures and other protective measures for the measuring station

(ISO 7475:2002, Mechanical vibration—Balancing machines—Enclosures and other protective measures for the measuring station, MOD)

2008-01-04 发布 2008-12-01 实施

中华人民共和国国家质量监督检验检疫总局
中国国家标准化管理委员会 发布

前　　言

本标准第1章、第2章和第3章为推荐性的，其余为强制性的。

本标准修改采用国际标准ISO 7475:2002《机械振动　平衡机防护罩和测量工位的其他保护措施》(英文第二版)。

本标准等同翻译ISO 7475:2002，在标准结构和技术内容上与其完全一致。为便于使用，本标准对ISO 7475:2002做了如下编辑性修改：

——按我国习惯修改了标准名称；

——删除了ISO 7475:2002的前言，重新编写了本标准前言；

——将“本国际标准”一词改为“本标准”；

——用小数点符号“.”代替英文中作为小数点的逗号“,”；

——对第2章中所引用的国际标准，已转化成我国标准的，本标准直接引用了与之相对应的我国国家标准；

——在7.2中增加了“在中国境内生产制造和使用的平衡机以及进口到中国的平衡机，其使用手册应以中文印制”的条款；删除了A.4中不属于公式的公式编号“(A.8)”；将A.5.1中原公式编号“(A.10)”修改为“(A.9)”，并对应这些修改的条文位置在正文的页边处用垂直单线予以标识；

——对“参考文献”中所列出的标准资料，已转化成我国标准的，本标准直接引用了与之相对应的我国国家标准。

本标准代替GB 12977—1991《平衡机　防护罩和其他安全措施》。

本标准与GB 12977—1991相比主要变化如下：

——修改了标准名称；

——按ISO 7475:2002对标准的结构和内容进行了调整；

——增加了前言；

——增加了第3章“术语和定义”(见本版的第3章)、第4章“重大危险清单”(见本版的第4章)；

——扩大了允许的碎片速度范围；

——采用碎片单位面积能量作为阻挡脱离了转子碎片的防护罩材料的性能指标；

——采用碎片绝对能量作为整个防护罩或其部件的牢固强度指标；

——研究了在碎片撞击处于自由状态的防护罩时碎片的动量；

——增加了平衡机其他的本质安全观点和结合操作人员在内完整考虑的其他安全说明；

——增加了附录A、附录B和附录C。

本标准的附录A为规范性附录；附录B和附录C为资料性附录。

请注意本标准的某些内容有可能涉及专利。本标准的发布机构不应承担识别这些专利的责任。

本标准由中国机械工业联合会提出。

本标准由全国试验机标准化技术委员会(SAC/TC 122)归口。

本标准负责起草单位：长春试验机研究所。

本标准参加起草单位：长春中联试验仪器有限公司、上海申克机械有限公司。

本标准主要起草人：王学智、邵春平、孙华刚。

本标准所代替标准的历次版本发布情况为：

——GB 12977—1991。

引　言

虽然平衡机的设计制造者和使用者都尽力把源于自身使用平衡机的危险减至最小程度，但是，更需要加强工作现场的安全，特别是针对待平衡的转子要求增加防护。平衡机的操作人员或车间工作区域周围都可能存在潜在的危险，例如：人接触平衡机部件或转子时，转子部件或不平衡校正质量飞脱时，转子从支承架上跳起或碎裂时。这些潜在的危险从理论上是可以随着转子尺寸和平衡转速增加的，然而通常都是通过适当的转子设计和平衡规程减小了这些危险。

专用平衡机，如在汽车制造业的大批量生产中使用的那些平衡机，通常都包含了所有必要的保护措施，因为工件以及平衡机的工作条件是已知的，故能够被平衡机的制造者所考虑。然而，对于通用平衡机，平衡机的制造者对于待平衡的工件通常是未知的，因而也难以由其控制，基本的保护措施仅限于明显的危险，例如：轴端驱动联接器护罩和(或)传动皮带罩。因此平衡机的使用者应说明其转子可能的危险来源，以便于平衡机的制造者提供等量的保护措施，或使用者应自主装备满足要求的保护措施。

对于预先未知的转子，例如：使用中的转子和正在修理的转子，需要对其进行很好地评估。表 A.2 对应不同规格的平衡机标明了典型值。但是对于每个单独的待平衡转子，使用者宜检查保护措施是否包括了所有危险。

遵守本标准推荐的这些措施一般会给平衡机的操作者和车间现场工作人员提供足够的保护措施。然而，有些应用场合，推荐的防护罩或其他保护措施可能非常昂贵或者它应用起来很费时间，那么应考虑别的保护措施，例如：清空足够距离的无人区域，对平衡设备进行遥控，或在非常规时间工作，等等。

如果需要平衡转子或在其工作转速或高于其工作转速下进行超速试验(此情况正像低速平衡过程一样也肯定不能不考虑转子会发生较大的事故)，则考虑事故发生的概率可能是重要的。最大工作转速和超速试验转速一般要大大低于能够预料到转子会发生较大事故的转速。

从另一方面来说，在低转速下平衡的转子可由若干部件组装而成，如涡轮机叶轮。此时重要的是考虑用于低转速平衡的防护罩是否能经受住涡轮机叶片的穿透，或是否能足以防住平衡过程中可能飞出的不平衡校正质量。如果叶片脱离的概率几乎不存在，仅采用一个能防护校正质量的轻量级的防护罩就足够了。

本标准概述了平衡机和保护措施，未能针对规定的转子型式和平衡设备说明风险的详情。将来大概需要在每一规定的情况下，根据实际转子参数进行专门研究。就此而论，对可能发生事故的风险分析宜包括平衡机本身的特性。至于随后的损害程度，对了解由平衡机支承架和轴承能够经受多少单独由转子事故(如转子部件在运行中脱离)引起的不平衡量可能具有决定意义。

本标准述及的重大危险就是第 4 章列出的那些危险。第 5 章给出了为预防或减小表 1 中识别出的那些危险而规定的安全要求和(或)保护措施，以及检验这些要求或保护措施的程序。

平衡机　防护罩和测量工位的其他保护措施

1　范围

本标准规定了防护罩和其他保护措施的要求。防护罩和保护措施是用于减小在离心式(旋转的)平衡机测量工位上的不平衡转子产生的机械危险。这些危险是在平衡各类转子和不同的平衡状态下操作平衡机时产生的。本标准为防护罩和其他保护措施定义了不同的防护级别,并限定了每个防护级别的适用范围。

本标准不包括调整转子质量分布的装置和输送转子的装置,尽管它们有些是组装在测量工位上。

本标准不包括特殊防护罩的性能,例如:在平衡以平衡转速旋转的带叶片的转子时可能需要的降低噪声、减小风阻或抽真空等性能。

2　规范性引用文件

下列文件中的条款通过本标准的引用而成为本标准的条款。凡是注日期的引用文件,其随后所有的修改单(不包括勘误的内容)或修订版均不适用于本标准,然而,鼓励根据本标准达成协议的各方研究是否可使用这些文件的最新版本。凡是不注日期的引用文件,其最新版本适用于本标准。

GB/T 2298　机械振动与冲击　术语(GB/T 2298—1991,neq ISO 2041:1990)

GB/T 6444　机械振动　平衡术语(GB/T 6444—1995,eqv ISO 1925:1990)

ISO 2806　工业自动化系统　机器数字控制词汇

ISO 4849　个人用护目镜　技术条件

3　术语和定义

GB/T 6444 和 GB/T 2298 确立的术语和定义适用于本标准。

4　重大危险清单

4.1　概述

表 1 列出了在离心式(旋转的)平衡机的测量工位识别出的重大危险以及相关的危险状态、活动和危险区的示例。

4.2　风险评价

本标准的使用者(即:用户、设计者、制造者和供应商)应进行风险评价。作为风险评价的一部分,本标准的使用者应描述平衡机的预定使用,包括手动工具加载,工件安装,维护、修理和清洁以及平衡机可预见的误用。作为风险评价的另一部分,本标准的使用者还应检验表 1 的危险清单是否周全和适用于所考虑的平衡机。

4.3　接近平衡机的风险

风险评价应假设从各个方向接近平衡机。应识别出操作者和可以进入到危险区的其他人员二者的风险,并要考虑到在平衡机的寿命期内可能发生的所有危险。该评价应包括对控制系统保护功能失效后果的分析。

表 1　特有的重大危险清单和与平衡机测量工位相关的危险源示例

项目	分类危险	危险源示例	关联活动	相关危险区
1	机械			
1.1	挤压	工件移动	装载工件	转子与支承架之间
1.2	剪切	工件转动	检查圈带驱动	围绕传动轴和转子/导向滚轮附近
		工件转动	润滑滚轮	轴颈与滚轮之间
		旋转时工件轴向移动	工艺控制过程中	转子与轴架之间，围绕接近平衡机的区域
		电动操纵夹紧装置	装载转子	转子与夹紧装置之间
1.3	质量撞击	转子飞出	保护架未关紧，大的不平衡量，高平衡转速	根据速度和质量能量而定的围绕平衡机周围的区域和离平衡机较远的区域
		转子零件飞出	零件松动，平衡转速过高	
		校正质量飞出	质量固定不牢	
1.4	刺伤或刺穿	轴端驱动装置没有与转子连接好并且驱动装置已动作	启动驱动装置	轴端驱动装置附近
		带有突起零件的转子在转动中	在转子转动时检查固定情况	在转子上
1.5	缠绕	圈带驱动运行中	检查圈带驱动	传动带与转子/导向滚轮之间
		带有突起零件的转子在转动中	在转子转动时检查固定情况	在转子上
1.6	滑倒、拌倒和跌落	润滑油从套筒轴承中流出	在平衡机运行中	围绕平衡机的地面
2	电气			
2.1	高压	接触带电的零部件		
2.2	驱动装置电源	停电后自动重新启动	在安装转子过程中	转子和驱动装置周围
		在转位动作中速度控制失灵	转子转位中	转子与紧固装置之间
3	过大噪声	平衡带有叶片的转子压缩空气驱动	平衡操作中	平衡机附近
4	忽略人类工效学原则			
4.1	不健康的姿势或过度用力(重复承受)	用手工抬起和传递工件及平衡机零部件时	在装/卸和维护过程中	装/卸工位，维护活动地点
4.2		对人的手臂或腿足构造考虑不周	在操作平衡机时	工作场所
4.3	局部照明不足	在设置和加载过程中人的动作的判断力和准确性	在加载和设置过程中	在驱动部件、支承架和加/卸载过程
5	人的各种差错	对控制装置的不适当的操作，保护控制装置的误用	在设置过程中测量不平衡量	转子周围

注：此清单没有考虑到全部的危险。

5 安全要求和(或)保护措施

5.1 一般要求

5.1.1 综合考虑

平衡机应牢固地安装在基础(或地面)上,这样才能安全地经得住由转子质量、不平衡量、飞离转子的碎片或零件和防护罩打开或关闭时不可避免的运动而产生的所有载荷。

在平衡机工作过程中,对于平衡机的操作者或车间工作区域可能存在各种各样潜在的危险,例如:

——人与运动着的平衡机部件或转子接触产生的危险;

——转子部件或不平衡校正质量飞脱产生的危险;

——转子从支承架上跳起或破碎产生的危险。

因此,一般安全要求应包含两个方面:对接触危险运动(主要是旋转工件)的防护和对飞离转子的碎片与零件的防护。

5.1.2 防接触保护装置

在平衡过程中许多转子由于其表面(例如:有叶片的转子)或由于蓄积的旋转能量都存在危险,为此动平衡机的工作区域应使用防护装置(隔板、防护栏)来进行防护,以防止人与旋转工件和传动部件接触。

如果能够遵守下列的全部准则,在这一特定情况下可不需要这样的防护装置:

a) 转子的表面应光滑,达到接触时无危险;

b) 校正方法不致产生飞离的碎片(通常采用去除材料法);

c) 转子在最高转速下不致发生较大的转子事故;

d) 应防止转子从平衡机的轴承上跳起,其保护措施如表 3 中 1.3 所述,或使转子在最高平衡转速下其转动能量应足够小,即使转子从平衡机上跳起也不致造成任何损害;

e) 最大驱动扭矩应小到能够保证所有相应半径[对应着转动惯量,见 f)]的切线力要低于 100 N;

f) 在平衡转速下转子与驱动装置(假设二者的连接无相对滑动)的动能应小于 20 N·m。对于大直径的转子(例如汽车轮),如果在不可能缠绕操作者衣服的情况下,可允许较大的值。

5.1.3 防护飞出的碎片或零件

根据转子上飞出物(碎片或零件)的质量和速度,需要不同的保护措施,从个人的护目用具(护目镜或面罩)、整机防护罩到防爆保护。通常应考虑以下三个不同的指标:

a) 单位面积能量

此指标是基于飞出物的动能以其可能的最小面积集中作用于防护装置上的情况[见 A.2.1 和公式(A.1)]。碎片或零件不应穿透或飞出防护装置之外;

b) 绝对能量

此指标是基于飞出物的动能施加到防护结构上的情况[见 A.3.1 和公式(A.6)]。防护应阻止碎片或零件飞出而不破裂;

c) 动量

此指标是基于飞出物的动量传递到防护上[见 A.5.1 和公式(A.10)]。防护不应翻倒,并对其位移应适当地限定。

5.1.4 防护系统的级别

平衡机防护系统的级别见表 2,其防护级别能依据以下两个准则来描述:

——转子上飞出物的单位面积能量、绝对能量和动量;

——防护装置(例如:隔板、防护栏等)对于平衡机的必要性(见表 2)。

在某些情况下,可采取 A 级和 B 级的组合,例如,若转子存在接触危险并且在平衡过程中仅有有限能量的小碎片能够飞出来。

表 2　根据防护装置对平衡机的必要性以及为阻挡飞出的碎片与零件而规定的防护级别

防护装置(隔板、防护栏)的必要性		不需要		需要		
阻挡碎片和零件	单位面积能量	视需要戴护目镜或面罩	需要戴护目镜或面罩	视需要戴护目镜或面罩	超过 B 级，最高达到大约 340 mN·m/mm²	超过 C 级的各值
	绝对能量				超过 B 级，最高达到大约 2 000 N·m	
	动量				超过 B 级，最高达到大约 200 kg·m/s	
防护级别		0	A	B	C	D

5.1.5　操作模式

如果在工作区给平衡机装备了防护装置，应有以下两种操作模式：

a)　模式 1——正常(生产)操作：在防护罩关闭和(或)保护装置(例如：防护锁、压敏保护装置、电控保护设备)起作用的条件下，工件的运转是在手动或数控的条件下实现连续操作；

b)　模式 2——设定模式操作：在工作区的防护罩打开且联锁装置不起作用的条件下，通过手动或数控旋转工件，使设置生效。

模式 2 只应由技能水平达到使用说明书要求的操作人员按说明书规定的预定应用的详细程序来选用。降低平衡转速对此模式的风险减小是一个重要因素，同时许用的最高转速需要仔细地考虑，并要通过风险评价进行确定。

操作模式应通过按键开关，密码或等效的可锁方式进行选择，应仅允许在工作区之外选择，并不应是初始启动。模式的应用见表 3。

选定的模式应明确地指明。

5.1.6　控制

用于联锁、监控、减速和使动装置控制系统有关安全部件的设计应使单一的控制故障不应导致保护功能的丧失，在任何地方都要切实有效，处于保护功能状态时，在下一个指令给出时或之前就应检测到单一故障。

通过分立通道，自动监控和其他适当的方式均可以实现监测。

使动装置可以是与急停装置连在一起的两位装置或三位装置。

5.2　特殊要求

每一平衡机均应按表 3 规定的特殊要求和(或)保护措施进行设计和保护。

6　安全要求和(或)保护措施的检验

根据第 5 章提出的安全要求和(或)保护措施，应使用表 3 中最后一栏给出的推荐方法进行检验。

表 3　安全要求和(或)保护措施及其检验方法清单

项目	危险源	安全要求和(或)保护措施	检验方法
1	机械		
1.1	轴端驱动的联轴器脱开或发生故障	万向联轴节传动轴的防护罩应防止一旦连接不上转子时联轴节的甩动。另一可选择的方法是联锁装置应防止万向联轴节未与转子连接时的空转	通过目测检查
1.2	转子轴向移动脱开平衡机的支承架	对于圈带驱动的平衡机，轴向推力止推装置宜防止转子轴向移动，对于轴端驱动的平衡机，传动轴宜能承受轴向负载	通过目测检查

表 3（续）

项目	危险源	安全要求和(或)保护措施	检验方法
1.3	转子从平衡机的开式支承里跳起	平衡机宜装备闭式支承或压紧固定架(见注)	通过目测检查，如需要同时还要经过计算
1.4	操作者同旋转的转子的任何零件或转子特定的驱动部件接触	操作者应使用固定式防护装置和(或)带联锁的活动式防护装置，或为防止进入工作区而设计的防护栏来保护工作区。联锁防护装置应采用冗余技术并能监控。冗余技术可以通过两个分立开关或通过一个闭合保护开关同时探测锁定保护位置来实现。应采取把联锁装置可能失效降低到最小程度的措施。 在某些应用场合，仅需对转子的某个部位进行防护，因为转子的其他部位已归入了0级防护。在这种情况下仅防止与转子的危险表面接触就足够了(例如：对于低速的车轮平衡机，就应只防护夹紧机构即可，或者说以这样的方式设计是不可能缠绕操作者的衣服的)	通过目测和实际检查
1.4.1		在模式1[见5.1.5a)]中，仅当防护装置关闭和(或)保护装置起作用时，才能使平衡机运动。在此模式中，当可能打开联锁的活动式防护装置时，应使危险运动中断并被禁止。 如果联锁防护装置的打开会产生表1中1.1到1.6的危险，则应提供带锁的防护装置	测验电路图并实际检查。检查以确保联锁防护装置被打开时，不可能接近危险的运动部件
1.4.2		在模式2[见5.1.5b)]中，仅当下列的所有条件都满足后，接通电的平衡机才可能运行： a) 通过按键或密码进入到此模式，对程序的执行限制到单个的功能块或固定周期/闭合循环(见ISO 2806)； b) 通过循环启动控制器与使动装置一起才能启动平衡机运行； c) 选择模式1应自动地恢复到所有相应的保护状态(例如：联锁功能)； d) 在恢复后的模式1状态，只有操纵循环启动控制器，才可能重新使平衡机运行	测验电路图并实际检查
1.5	很小碎片的飞出	如果从转子飞离出来的碎片可能具有的最大冲击能量是不可忽视的，但不超过ISO 4849和相关标准规定的限值，就应使用个人护目用具(护目镜或面罩)来保护操作人员	通过目测检查并检查个人护目用具规范
1.6	碎片的飞出	应将可能飞离出碎片的转子部件完全封闭起来。如果达到了下列条件也可满足此要求： a) 整机，包括转子被封闭起来并且阻挡了封闭式防护罩的进口； b) 危险区为无人区。 碎片撞击以后，只有对防护罩的全部或部分进行修复或更换后，防护罩才能再继续用。如果转子的防护罩仅是局部的(即轴向敞开)，宜考虑回跳的碎片是可能逃逸的。如果防护罩使用的是多孔的材料，应确信就是最小的碎片也不能穿过它。	按附录A提供的指标计算，或用等效的方法计算

表 3（续）

项目	危险源	安全要求和(或)保护措施	检验方法
1.6	碎片的飞出	使用者应评定所使用的转子、平衡转速和不平衡校正方法以估算在平衡过程中可能从转子上飞出来的碎片的特性。应考虑每个碎片的单位面积能量、绝对能量和动量，以选择一个满足要求的防护罩。对通用平衡机的更多的建议见附录 A	按附录 A 提供的指标计算，或用等效的方法计算
1.7	大碎片的飞出（转子破碎）	防护罩应能阻挡住转子发生较大事故时的碎块，这种情况下，撞击防护罩的质量可能达到转子整体质量的四分之一（见注）。 这种型式的抗破裂防护罩的设计应考虑待平衡或待检测的特殊转子，以及所有相关的参数和制造加工程序与要求	如果这些高速的转子碎块的穿透势能已不适合于附录 A 给出的公式，它们的穿透势能应基于装甲穿孔或相似的技术进行计算
1.8	失稳	平衡机的设计应考虑到在最大工件尺寸和质量分布的全部功能范围和动态运动的所有工况下，保持结构的稳定性（见第 7 章）	
1.9	流体喷射	a) 流体的密封：在提供了流体应用系统的场合，其设计应把飞溅、喷射和喷雾减小到最低限度。应装备固体材料的固定式或活动式保护装置，以把操作过程中的喷射减至最小或把雾驱散。“使用信息”中要警示人员注意防止流体泄漏到外界区域而引起滑倒的危险	目测检验并带流体进行实际试验
		b) 接近方式：针对不同的接近平衡机的方式（例如：梯子、平台、通道）应设计适当的把柄、脚蹬，必要时通过防滑表面的保护以把滑倒、绊倒和跌落的可能性减到最小程度。应按照相关标准提供防护栏杆和踏板	目测检验
2	停电后自动重新启动	电气设备应符合相关标准，防止停电后自动重新启动	通过检验并符合要求
3	平衡带有叶片的转子、噪声和风阻	依据待平衡转子的型式，平衡机应配备将空气中噪声的传播或风阻引起的风险减小到最低水平的设备，配备时应考虑技术进步，特别是在噪声源处有效降低噪声的方法。这些设备能够与防护罩或防护装置结合在一起	通过使用合适的仪器测量
4	忽略人类工效学原则		
4.1	用手工搬运工件和机器零部件	对于不可避免地需要重复过度用力或以不利健康的姿势作业的场合，应有利用机械搬运设备搬运部件而不需过度用力或对健康无有害影响的措施。对于平衡机间有连续相连的防护装置，应有使用（或借助）搬运设备使工件和机器零部件进入工作区的措施。在手工装载部件的场合，应把夹具、贮器、工具盒配置在接近平衡机最方便拿取的位置	通过实际试验检查重量、距离和姿势，不应超过规定的要求并符合相关标准
4.2	对人体构造考虑不足	采用的方式应确保通过控制、观测进行安全操作并容易到达作业场地	检查正常操作所用的距离是否与相关标准一致

表 3（续）

项目	危险源	安全要求和(或)保护措施	检验方法
4.3	由于局部照明不足降低了人的动作的准确性	工作区内提供的照明应与相关标准一致以使转子的运转通过观测面板(屏)应明显易见，并且当联锁的活动式防护装置打开时，在转子轴颈处测量至少为 500 lx。 当照明采用荧光灯时，应采取措施避免电源频率对旋转转子产生的频闪效应	通过测量和观察
4.4		屏幕显示的信息应清晰明显，反射和眩光最小。 输入装置(例如：键盘、按钮)应符合相关标准	从操作位置检查清晰度和可见度
5	动力源故障、平衡机零部件损坏、其他功能失灵	平衡机的设计和构造应使任何动力源故障和中断不应导致危险产生	实际检测
6	制定的安全措施/方法有遗漏和(或)不正确	应为使用者提供他们不容易获得的调整和维护平衡机所用的设备和附件[另见 7.2e)]	通过目测检查
注：在平衡万向节轴时，一个或所有的夹持装置可能破坏，这时转子作为一个整体应被保护装置挡住。夹持装置的碎块应被适当防护级别的防护装置阻挡住。			

7 使用信息

7.1 一般要求

平衡机报警装置(例如：声觉和视觉的信号)、标识(例如：标志、图形符号，另见 GB/T 9238)和说明文件(例如：操作维护手册)应符合相关标准。

7.2 指导手册

除 7.1 的要求外，每一台平衡机应随机提供一本至少以预定使用者国家一种文字印制的使用手册。在中国境内生产制造和使用的平衡机以及进口到中国的平衡机，其使用手册应以中文印制。使用手册应包括以下内容：

a) 制造者或供应商名称、地址；

b) 引用本标准(防护级别和抗穿透强度)和平衡机设计中使用的任何其他的标准；

c) 安全安装需要的所有信息(例如：地面条件、使用)；

d) 对平衡机如何进行初次测试和检验以及首次使用前和投入生产中如何设置其防护系统的指导；

e) 对平衡机、防护装置和其他保护装置进行定期保养、测试和检验的指导；对常用的设备和附件应能进行定期检验，或随平衡机应提供这样的附件或设备的指导；

f) 对能够影响平衡机防护功能的零部件更换或添加任选装备(硬件和软件二者)之后进行必要的测试或检验的指导；

g) 对安全使用、设置、维护和清洁，包括对避免伴随平衡机以及伴随流体和其他材料产生的危险状态的指导；

h) 关于控制系统，包括电路图、液压和气压系统的指导；

i) 润滑、制动或传动系统使用液体的规范；

j) 关于陷入平衡机中的人员紧急解脱方法的指南。

上述 e)、f)和 g)项宜列出定期检查清单并用符号标记，也可绘图和图解。

使用信息应包括下列内容：

——安全工作常识(例如：操作、设置、维护、清理)；

——有关对尖锐附件和(或)部件产生的危险以及人员需要穿戴合适防护装备,特别是戴护目镜或面罩的警告;

——减小装配差错(特别是对有关安全功能维护时)概率的程序;

——对外壳占用空间、最大质量、转子重心位置和工件支承夹持装置的限定;

——描述遗留风险的信息。

7.3 标识

平衡机(或防护装置)应标明防护级别(见表 2)和其抗穿透强度。第 A.4 章给出了 C 级防护的示例。

标识上应标明级别(或级别的组合)和与该级别对应的指标与限值。指标和限值应以容易理解的方式进行解释以便操作者根据防护的限制条件比较其实际任务和危险。

另外,每台平衡机应以清晰、耐久的方式标明以下内容:

a) 制造者名称、地址、型号和制造年份;

b) 平衡机的质量;

c) 实际使用的电源、液压和气压系统等动力源数据(例如:最低气压);

d) 实际的用于运输和安装的起吊点;

e) 实际的速度范围;

f) 主要部件的承载限值(例如:轴承座上的最大正负载荷、滚轮和驱动轴的最大载荷与转速)。

属于平衡机一部分但未安装的防护装置、保护装置和其他组件应使用识别数据和安装需要的其他信息进行标识。

附 录 A
（规范性附录）
C级防护罩的选择

A.1 概要

为选择合适的C级防护罩，假设碎片或零件可能在转子最高平衡转速下飞离转子，则应考虑以下三个指标：

a） 单位面积能量；

b） 绝对能量；

c） 动量。

单位面积能量应考虑的是：飞出物中具有的绝对能量与最小横截面积之比的最大值。绝对能量应考虑的是：所产生的飞出物中的最大动能。动量可能对在相对低的速度下非常重的部件具有重要意义。

平衡机的使用者应对转子系列进行研究并说明基于前述指标的潜在危险。

A.2 单位面积能量 E_{spec} 的说明

A.2.1 概述

单位面积能量 E_{spec}（见图 A.1）是转子上飞出物穿透能力的一种量度。

碎片和零件单位面积能量 E_{spec}（$mN\cdot m/mm^2$）由公式（A.1）给出：

$$E_{spec}=\frac{E_{abs}}{A_p}=\frac{mv^2}{2A_p} \qquad \cdots\cdots（A.1）$$

式中：

E_{abs}——飞出物的绝对能量[见 A.3.1 和公式（A.6）]，但为满足第 A.4 章的约定，单位为毫牛顿米（$mN\cdot m$）；

A_p——飞出物的最小横截面积，单位为平方毫米（mm^2）；

m——飞出物的质量，单位为克（g）；

v——飞出物直线运动速度，单位为米每秒（m/s）。

图 A.2 图解了各种形状物体的最小横截面（根据公式 A.2 穿透能力的定义，考虑各种物体形状和材料）。

以与标准弹头（见图 A.3 和表 A.1）相等的单位面积能量表示的飞出物的穿透能力 P_{cap}（$mN\cdot m/mm^2$）按公式（A.2）计算：

$$P_{cap}=f_{P,rel}\times E_{spec} \qquad \cdots\cdots（A.2）$$

式中：

$f_{P,rel}$——考虑了飞出物材料和形状的影响，与标准弹头相关的飞出物穿透烈度系数（无量纲）；

E_{spec}——飞出物的单位面积能量，单位为毫牛顿米每平方毫米（$mN\cdot m/mm^2$）。

对于标准弹头（见图 A.3），$f_{P,rel}$为 1。

注 1：该标准弹头是平头的，因此与前版（GB 12977—1991）中的弹头不同。

注 2：使用单位 $mN\cdot m/mm^2$ 很方便，因为其值比较接近实际，参见图 A.1 和表 A.1。

作为穿透试验的结果，材料的抗穿透强度（$mN\cdot m/mm^2$）即是当挡住碎片时，材料能够吸收的碎片的单位面积能量，可按近似公式（A.3）计算：

$$P_{res}=f_{m,std}\times R_m\times \varepsilon_B\times t \qquad \cdots\cdots（A.3）$$

式中：

$f_{m,std}$——对于标准弹头，防护罩材料的材料抵抗系数(无量纲)，见 A.2.2；

R_m——防护罩材料的抗撕裂强度，单位为牛顿每平方毫米(N/mm^2)；

ε_B——防护罩材料断后总伸长率(无量纲)；

t——防护罩材料的厚度，单位为毫米(mm)。

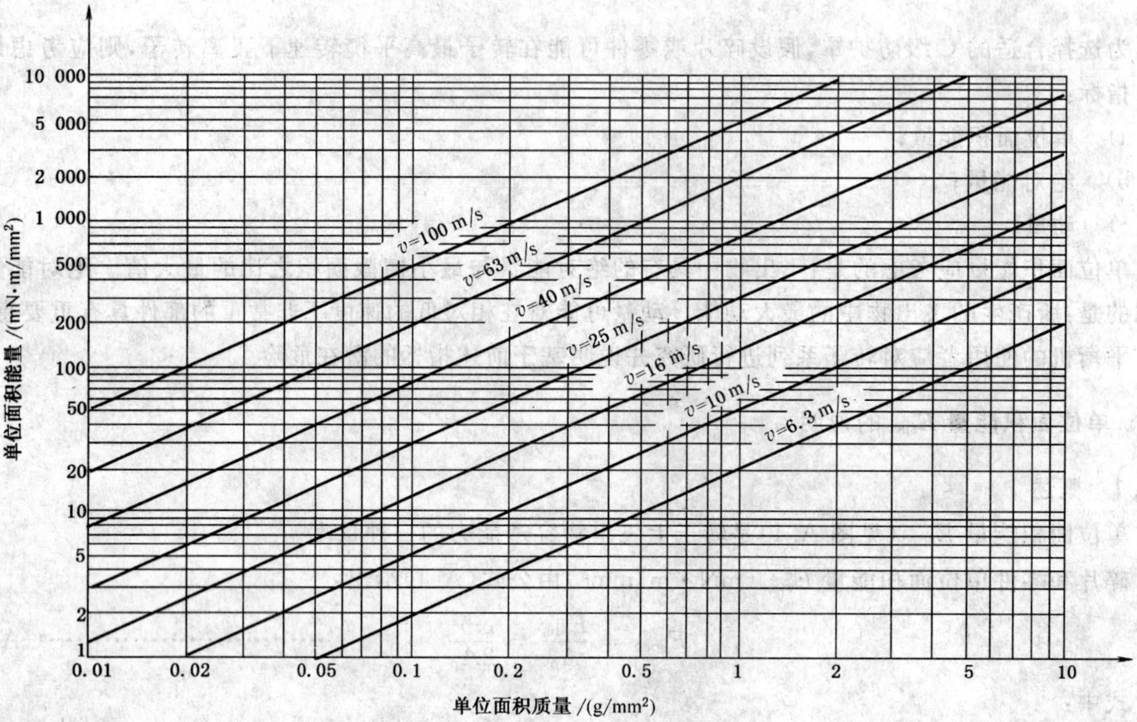

图 A.1 由单位面积质量和直线运动速度决定的单位面积能量

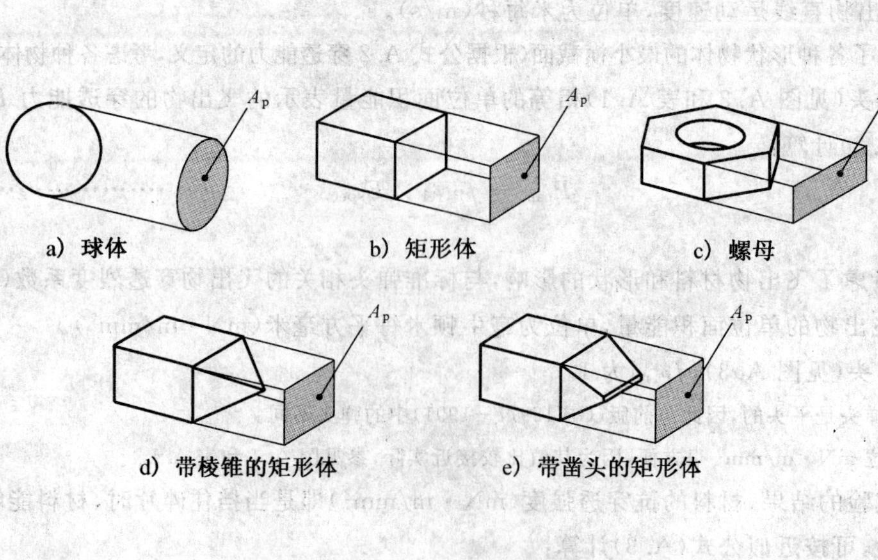

a) 球体　　b) 矩形体　　c) 螺母

d) 带棱锥的矩形体　　e) 带凿头的矩形体

图 A.2 各种形状物体的最小横截面

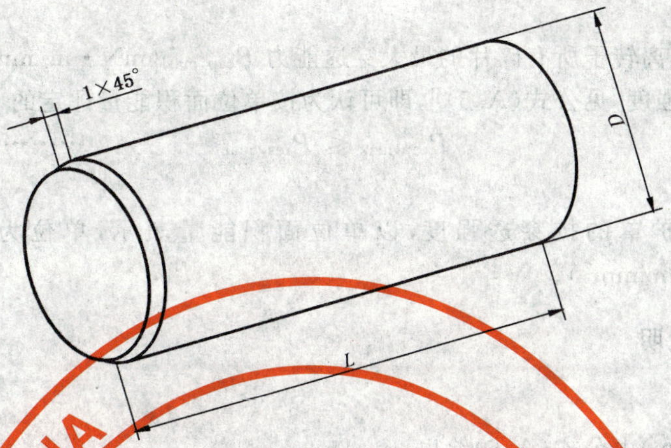

图 A.3 平头标准弹头(钢制,洛氏硬度 40 HRC～50 HRC)

表 A.1 平头标准弹头及其在 20 m/s 速度下的能量和动量

质量 m/ kg	直径 D/ mm	长度 L/ mm	速度 v/ (m/s)	单位面积能量 E_{spec}/ ($mN \cdot m/mm^2$)	绝对能量 E_{abs}/ ($N \cdot m$)	动量 I/ ($kg \cdot m/s$)
0.01	8.6	22.1	20	34	2	0.2
0.03	12.5	31.3	20	50	6	0.6
0.1	18.6	47.0	20	70	20	2
0.3	26.8	67.8	20	110	60	6
1	40.1	100.9	20	160	200	20
3	57.8	145.7	20	230	600	60
10	86.4	217.3	20	340	2 000	200

A.2.2 检验

通过计算或实验能够对抗穿透强度进行检验。

为能实验测定防护罩最易破区域内的抗穿透强度,将弹头先垂直对准取自防护罩的样品板表面,然后再进行撞击。根据在最高可达 150 m/s 范围内所选定的速度,可使用不同的试验装置(见附录 B)。

样品板的长度和宽度均应为所用标准弹头直径的 10 倍。此外,支承该板应模拟防护罩的实际工况。

弹头不能穿过防护罩,但允许嵌入到防护罩的材料上。

防护罩的抗穿透强度(即系数 $f_{m,std}$)应使用按图 A.3 和表 A.1 选择的标准弹头进行测定。

碎片穿透烈度系数 $f_{P,rel}$ 应使用经换算后使头部截面等于所研究碎片的标准弹头来测定。

A.2.3 由制造者设计

若防护罩的抗穿透强度 $P_{res,qual}$($mN \cdot m/mm^2$)满足公式(A.4),则可以认为按单位面积能量评定的防护罩满足要求:

$$P_{res,qual} = \frac{P_{res}}{S_{F,spec}} \qquad \text{(A.4)}$$

式中:

P_{res}——在阻挡碎片时能够吸收的单位面积能量,单位为毫牛顿米每平方毫米($mN \cdot m/mm^2$);

$S_{F,spec}$——与单位面积能量有关的足够安全系数,例如 2(无量纲)。

A.2.4 由使用者选择

对于使用者,如果飞离转子所有碎片的最大穿透能力 $P_{cap,max}$(mN·m/mm²)均小于或等于经鉴定合格的防护罩的抗穿透强度[见公式(A.5)],即可认为按单位面积能量评定的C级防护罩合格。

$$P_{cap,max} \leqslant P_{res,qual} \qquad \cdots\cdots(A.5)$$

式中:

$P_{res,qual}$——合格防护罩的抗穿透强度,以单位面积能量表示,单位为毫牛顿米每平方毫米(mN·m/mm²)。

A.3 绝对能量 E_{abs} 的说明

A.3.1 概述

绝对能量 E_{abs}(N·m)由公式(A.6)给出:

$$E_{abs} = \frac{1}{2} m \times v^2 \qquad \cdots\cdots(A.6)$$

式中:

m——飞出物的质量,单位为千克(kg);

v——飞出物直线运动速度,单位为米每秒(m/s)。

图A.4示出了对应于质量从0.01 kg~10 kg及直线运动速度从6.3 m/s~100 m/s的绝对能量。绝对能量是整个防护罩或其部件牢固强度的指标。碎片撞击之后,防护罩不应开裂,碎片只能全部从防护罩的内部排出。

尤其是防护罩的接合处和窗框,应满足此条件。

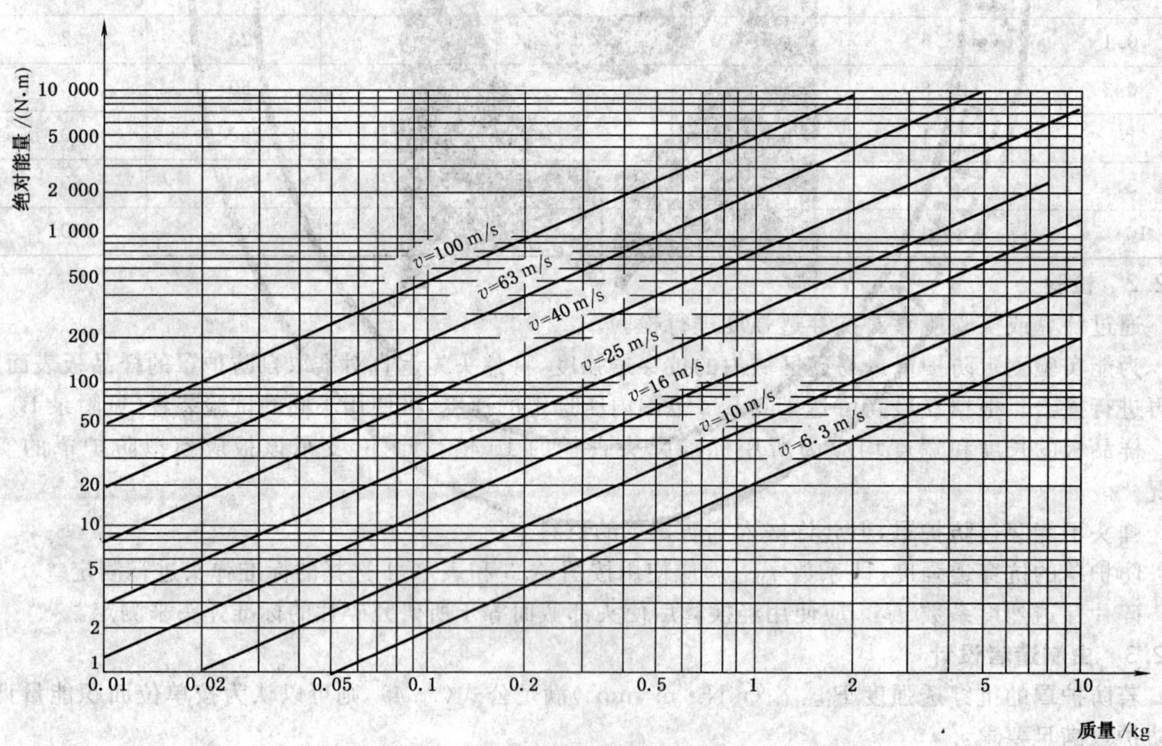

图 A.4 由质量和直线运动速度决定的绝对能量

A.3.2 检验

应使用标准弹头(见图A.3和表A.1)在大约10 m/s~30 m/s(或足够高)的速度范围内,试验检查防护罩抗解体的强度。

可使用垂直立管或附录B描述的枪式装置进行试验检测。可在整体的防护罩自身或合适的部件上做撞击试验。试验时，宜以与实际防护罩相似的工况对其进行支承。关于撞击的方向和目标区域，宜设想到最坏的状况。

试验检测的目的是测定整个防护罩或其部件的牢固强度，而不是测定抗穿透强度。然而，若在试验过程中所用的标准弹头穿透了防护罩材料，则应使用较低速度，但绝对能量相同的较大的标准弹头。

A.3.3 由制造者设计

若公式(A.7)成立，则可认为按绝对能量评定的防护罩满足要求：

$$E_{abs,qual}=\frac{E_{abs,adm}}{S_{F,abs}} \qquad \cdots\cdots(A.7)$$

式中：

$E_{abs,adm}$——防护罩在试验过程中未出现不可接受损坏的绝对能量，单位为牛顿米(N·m)；

$S_{F,abs}$——足够的绝对能量安全系数，例如2(无量纲)。

A.3.4 由使用者选择

对于使用者，如果飞离转子任何碎片的最大能量 $E_{abs,max}$(N·m)小于或等于经鉴定合格的防护罩的绝对能量[见公式(A.8)]，即可认为按绝对能量评定的防护罩合格。

$$E_{abs,max}\leqslant E_{abs,qual} \qquad \cdots\cdots(A.8)$$

式中：

$E_{abs,qual}$——合格防护罩的绝对能量，单位为牛顿米(N·m)。

A.4 C级防护罩的表示方法

C级防护罩的表示方法如下：

$$C(E_{abs,qual}值)/(P_{res,qual}值)$$

说明：

$E_{abs,qual}$——合格防护罩的绝对能量，单位为牛顿米(N·m)；

$P_{res,qual}$——合格防护罩的抗穿透强度，以单位面积能量表示，单位为毫牛顿米每平方毫米(mN·m/mm²)。

示例：C600/230 含义：防护能力为最大 600 N·m 和最大 230 mN·m/mm^2 的C级防护罩。

注：单位故意选择 N·m 和 mN·m/mm^2 是为避免这些数值相差太大。

A.5 动量 *I* 的说明

A.5.1 概述

动量 I(kg·m/s)由公式(A.9)给出：

$$I=m\times v \qquad \cdots\cdots(A.9)$$

式中：

m——飞出物的质量，单位为千克(kg)；

v——飞出物直线运动速度，单位为米每秒(m/s)。

当由于动量的交换被转子的碎片或零件撞击时，处于自由状态的防护罩可能会产生位移，甚至可能被撞翻。

A.5.2 检验

抗撞击能力应通过计算检查。对于动量交换应考虑到最坏的情况(典型情况是低速度下的大质量)。

应避免撞翻防护罩。对于可能的位移，应在平衡机和(或)防护罩的安装图中合理地限定，清楚地说明和标注。

需要时，应将防护罩适当地加固，以避免它被撞翻或产生不可接受的移动量。

A.6 高速飞出物

如果预料飞出物的速度高于 150 m/s，则宜在预定的最高速度下单独进行试验。

A.7 通用平衡机的 C 级防护罩

如果转子的型式事先未知(例如：使用和修理中的转子)，则在转子被确定以前不可能指出任何危险。各种平衡机尺寸的一些典型数据(见表 A.2)可有助于选定合适的防护罩。

表 A.2 在事先不能预料可能出现的危险时提出的供通用平衡机选用的 C 级防护罩

平衡机容量/kg	1.5	8	50	250	1 500	8 000	50 000
合格的绝对能量 $E_{abs,qual}$/(N·m)	2	6	20	60	200	600	2 000
合格的单位面积能量 $E_{res,qual}$/(mN·m/mm^2)	30	50	70	110	160	230	340
防护罩的表示方法	C2/30	C6/50	C20/70	C60/110	C200/160	C600/230	C2000/340

对于要在这种平衡机上平衡的每一个转子，均应进行风险评价。如果所有风险都在所标明的防护罩的能力之内，可启动平衡机；否则，要么将风险减小到与能力相符(如改变转速、平衡和(或)校正方法)，或对防护罩予以加强。

附 录 B
（资料性附录）
撞击试验装置

B.1 枪式装置

B.1.1 设计

枪式装置由带有法兰盘枪管的压缩空气罐组成（见图B.1），当压缩空气释放时，按规定值加速的弹头会对着试验物进行撞击。

B.1.2 操控装置

压缩空气由空气压缩机提供，弹头的速度由空气压力和容量控制。

弹头的速度通过合适的速度计（例如使用接近传感器或光电元件）在靠近枪口的位置进行测量。

B.2 管式装置

如果能提供一个足够长的垂直竖立的管，通过重力就能以相似的方法加速弹头。速度由结构的高度限定；通过计算可用来代替其较低速度的测量。

1——试验物；
2——速度计；
3——枪管；
4——弹头；
5——压缩空气罐；
6——控制盘。

图 B.1 撞击试验装置（枪式装置）的示例

附 录 C
（资料性附录）
防护级别示例

图 C.1～图 C.6 示出了不同的防护示例。

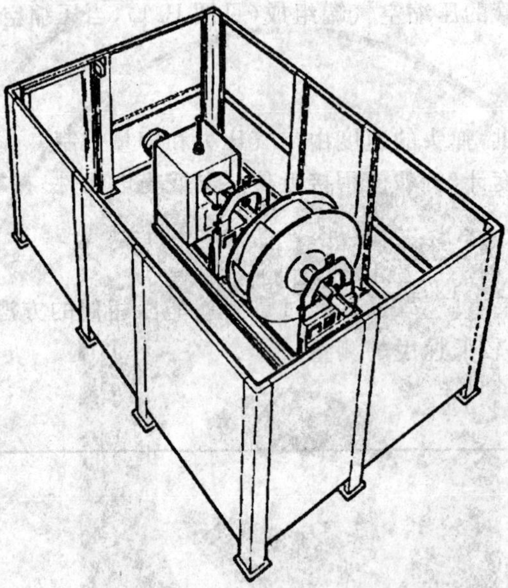

图 C.1 卧式平衡机的防护装置（B 级防护）

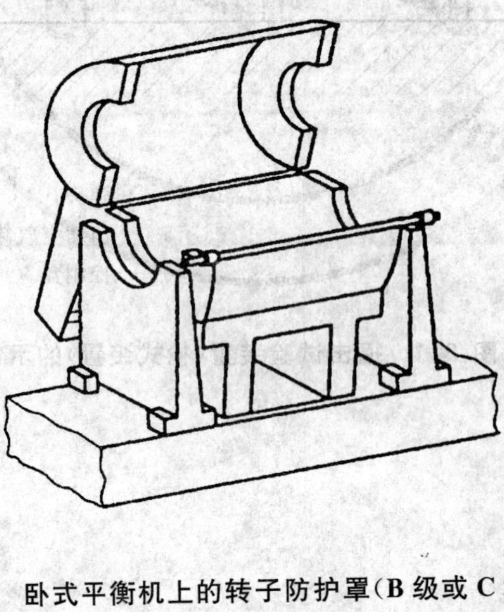

图 C.2 卧式平衡机上的转子防护罩（B 级或 C 级防护）

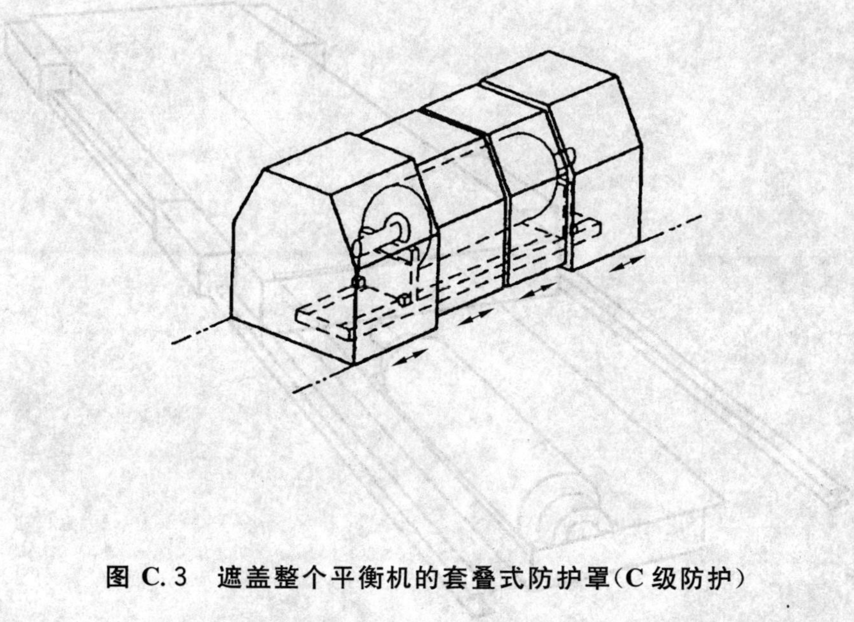

图 C.3 遮盖整个平衡机的套叠式防护罩(C 级防护)

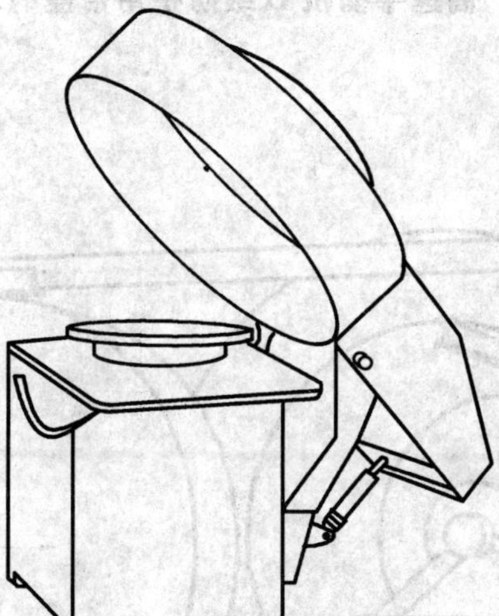

图 C.4 立式平衡机上的转子防护罩(B 级或 C 级防护)

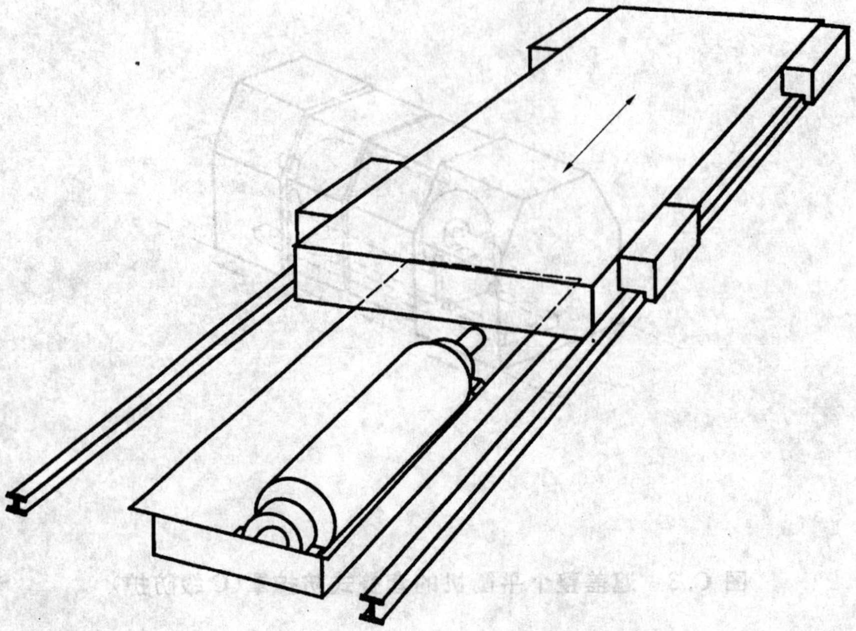

图 C.5　高速平衡机 D 级防护用带盖的地坑(防爆)

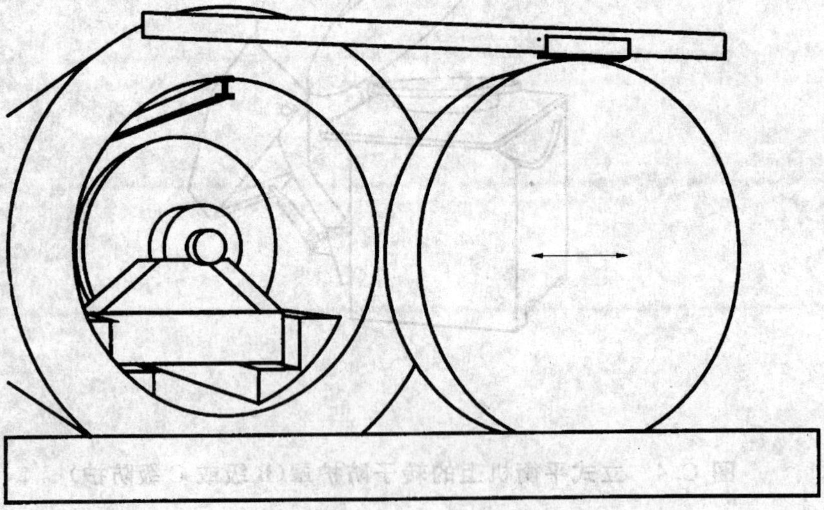

图 C.6　高速平衡机 D 级防护用带门的管道(防爆)

参 考 文 献

[1] GB/T 4201/ISO 2953 平衡机的描述检验与评定(GB/T 4201—2006,ISO 2953:1999,Mechanical vibration—Balancing machines—Description and evaluation,IDT)

[2] GB/T 6557 挠性转子机械平衡的方法和准则(GB/T 6557—1999,idt ISO 11342:1998)

[3] GB/T 8196 机械安全 防护装置 固定式和活动式防护装置设计与制造一般要求(GB/T 8196—2003,ISO 14120:2002,MOD)

[4] GB/T 9238 平衡机及其仪器仪表用图形符号(GB/T 9238—1998,idt ISO 3719:1994)

[5] GB/T 9239.1/ISO 1940-1 机械振动 恒态(刚性)转子平衡品质要求 第1部分:规范与平衡允差的检验(GB/T 9239.1—2006,ISO 1940-1:2003,MOD)

[6] GB/T 9239.2/ISO 1940-2 机械振动 恒态(刚性)转子平衡品质要求 第2部分:平衡误差(GB/T 9239.2—2006,ISO 1940-2:1997,Mechanical vibration—Balance quality requirements of rigid rotors—Part 2:Balance errors,MOD)

[7] GB 12265.1 机械安全 防止上肢触及危险区的安全距离(GB 12265.1—1997,eqv EN 294:1992)

[8] GB 12265.3 机械安全 避免人体各部位挤压的最小距离(GB 12265.3—1997,eqv EN 349:1993)

[9] GB/T 15706(所有部分) 机械安全 基本概念与设计通则(ISO 12100:2003,MOD)

[10] GB/T 16754 机械安全 急停 设计原则(GB/T 16754—1997,eqv ISO 13850:1995)

[11] GB/T 16855.1 机械安全 控制系统有关安全部件 第1部分:设计通则(GB/T 16855.1—2005,ISO 13849-1:1999,MOD)

[12] GB/T 16856 机械安全 风险评价的原则(GB/T 16856—1997,eqv prEN 1050:1994)

[13] GB 17888(所有部分) 机械安全 进入机器和工业设备的固定设施[eqv ISO 14122(所有部分)]

[14] GB/T 18831 机械安全 带防护装置的联锁装置 设计和选择原则(GB/T 18831—2002,ISO 14119:1998,MOD)

[15] GB/T 19670 机械安全 防止意外启动(GB/T 19670—2005,ISO 14118:2000,MOD)

[16] GB/T 19671 机械安全 双手操纵装置 功能状况及设计原则(GB/T 19671—2005,ISO 13851:2002,MOD)

[17] GB/T 19876 机械安全 与人体各部位接近速度相关防护设施的定位(GB/T 19876—2005,ISO 13855:2002,MOD)

[18] GB/T 20000.4 标准化工作指南 第4部分:标准中涉及安全的内容(GB/T 20000.4—2003,ISO/IEC Guide 51:1999,MOD)

[19] ISO 9355(所有部分) 显示和控制指示器设计的人类工效学要求

[20] EN 166 个人用护目镜 技术条件

[21] EN 168 个人用护目镜 非光学试验方法

ICS 07.040
A 77

中华人民共和国国家标准

GB/T 12979—2008
代替 GB/T 12979—1991

近景摄影测量规范

Specifications for close-range photogrammetry

2008-06-20 发布　　　　2008-12-01 实施

中华人民共和国国家质量监督检验检疫总局
中国国家标准化管理委员会　发布

前　言

本标准代替 GB/T 12979—1991《近景摄影测量规范》。本标准与 GB/T 12979—1991 相比主要变化如下：

——按照 GB/T 1.1—2000《标准化工作导则　第 1 部分：标准的结构和编写规则》对标准进行了修改；

——增加了前言和引言，将原标准 3.1、3.2 的内容纳入引言；

——增加了两项引用标准；

——删除了原标准 6.1.3.6 的内容；

——对本标准内的语言表述进行了统一和规范。

本标准的附录 C 为规范性附录，附录 A、附录 B 为资料性附录。

本标准由国家测绘局提出。

本标准由全国地理信息标准化技术委员会归口。

本标准起草单位：国家测绘局测绘标准化研究所。

本标准主要起草人：宋耀东、段怡红、许卓群、左永军。

本标准所代替标准的历次版本发布情况为：

——GB/T 12979—1991。

引　言

近景摄影测量是摄影测量的一个分支，它不以测绘地形图为目的，而是利用对300 m以内近距离目标摄影所获取的图像来确定其形态、几何位置和大小的技术。它所摄的目标可以是物体或生物、静态的或动态的；所获取的图像可以是影像的或数字的。它可提供平面图、立体图、剖面图、目标点的二维坐标、三维坐标和包括时间的四维参数，以至工程建设其他参数等多样化成果、数据。

近景摄影测量包括古建筑摄影测量、工业摄影测量和生物医学摄影测量。

古建筑摄影测量，是指在文物考古中的摄影测量工作。包括文物(历史纪念物)测量、考古测量和古遗址测量。

古建筑摄影测量主要内容是古建筑和文物立面图、平面图、等值线图、影像图的测绘，以及古建筑物主要结构数据测定，资料具有档案价值。

工业摄影测量是指机械、汽车、造船、航空、土木和建筑工程等方面的摄影测量。是通过摄影测量提供目标物的坐标、长度、角度、形状、体积、位移、变形以至轨迹等。常用于产品质量控制，模型设计，交通事故记录，构筑物(如水坝、高层建筑物、桥梁)的变形测量。

从近景摄影测量角度分析，可按目标物尺寸分类为：大型目标(20 m～300 m)、中型目标(2 m～20 m)、小型目标(0.2 m～2 m)、微型目标(0.2 m以下)。

生物医学摄影测量是通过摄影测量手段，对医疗对象以及各类生物形态和功能进行空间的或时空的分析。例如人体外形或动物躯体测量，牙床模型测定，花粉形态测定等静态目标的测定，以及各种生物体的成长过程或运动轨迹等动态目标的测定。

随着科学技术的发展，测绘生产技术和生产体系发生了巨大变化。为保持原技术体系的完整性、现有标准之间的协调性以及标准体系的系统性、完整性，在标准修订过程中，对经过实践检验的正确合理的技术方法和技术指标予以保留，对与相关标准不协调的内容进行了修改。有关新技术和新方法将另行制定标准。

近景摄影测量规范

1 范围

本标准规定了模拟法和解析法近景摄影测量的精度要求、成果规格，及图像数据获取和处理的方法。

本标准适用于近景摄影测量技术在建筑物、构筑物形态测量中的应用。其他领域也可参照。

2 规范性引用文件

下列文件中的条款通过本标准的引用而成为本标准的条款。凡是注日期的引用文件，其随后所有的修改单(不包括勘误的内容)或修订版均不适用于本标准，然而，鼓励根据标准达成协议的各方研究是否可使用这些文件的最新版本。凡是不注日期的引用文件，其最新版本适用于本标准。

GB/T 7930 1∶500 1∶1000 1∶2 000 地形图 航空摄影测量内业规范

CH 1002 测绘产品检查验收规定

CH 1003 测绘产品质量评定标准

3 基本要求

3.1 精度

3.1.1 精度要求

近景摄影测量的精度常以摄影距离的相对中误差 m_y/y 表示，一般为：1/1 000～1/50 000；也可用点位中误差表示。

3.1.2 模拟法精度

模拟法相对中误差一般为 1/1 000～1/5 000；或者点位中误差不大于 0.5 mm×M(M 为成图比例尺分母)。

3.1.3 解析法精度

解析法相对中误差一般为 1/500～1/50 000；点位中误差按用途和被测目标的不同，可分为高精度、中精度、低精度，各要求如下：

a) 低精度目标：10 mm 以内；

b) 中精度目标：5 mm 以内；

c) 高精度目标：1 mm 以内。

3.2 近景摄影测量的优化设计

近景摄影测量网的优化设计，一般包括精度优化、可靠性优化、经济性优化和可检验性设计，从而给实际工作提出指导性建议，提高经济效益，满足用户要求。

多重摄影测量是近景摄影测量中为提高精度和可靠性指标所采取的重要措施。其广义含意涉及多摄站、多帧幅(同方位情况下的多次摄影)、多次量测(或选用精度高一档的摄影和量测设备)、多种控制方式以至多功能的程序。

各项近景摄影工作，除使用规范规定的方法外，还可采用经过实践验证，能满足本规范精度及用户要求的其他新技术和新方法。用户可以提出本规范未列入的其他技术要求。

4 物方控制

4.1 物方控制的精度要求

物方控制包括控制点和相对控制。物方控制的精度一般小于总精度要求的 1/3。

4.2 坐标系与投影面

4.2.1 坐标系的选择

一般采用独立坐标系(图 1),需要时,也可以与其他坐标系联测。

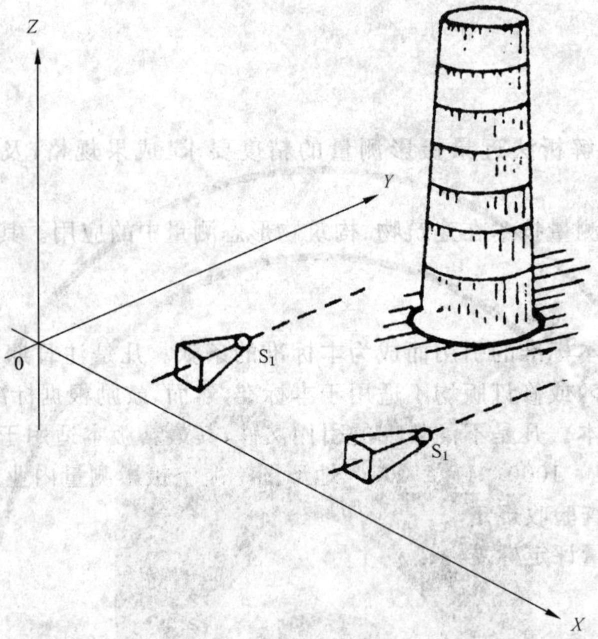

图 1

4.2.2 投影面的选择

选择投影面应遵循使投影的度量性好、直观性强及作图简便的原则,应减少投影变形并保证数学精度。

当建筑物只有一个立面时,应选定一个平行于该立面的坐标系平面作为投影面。

当建筑物外表面为曲面或不规则的多立面时,可视为由若干单个立面组成的建筑物,选择多个相应的投影面。

4.2.3 坐标系的变换

当所选的坐标系与建筑物的投影面不平行时,应进行坐标系的变换,即将控制点坐标转换到要测定的建筑物立面的投影面上。

4.3 物方控制布设

4.3.1 为将所建立的模型纳入统一的物方空间坐标系或加强模型的内在强度,应布设物方控制。

4.3.1.1 模拟法测图时,在一个像对立体模型范围内,当没有采用相对控制情况时,最少要布设位于被摄目标四周的三个控制点。当目标景深较大时,点位应在前后景深中均匀分布。对复杂立面或建筑物弧度较大的部位,应增设控制点。多个像对时,相邻像对重叠范围内若无明显点,应布设作连结用的标志点。

4.3.1.2 解析法的物方控制宜根据不同的方法而定,见 6.3.3。

4.3.2 平面型目标的物方控制可采用相对控制。相对控制包括物方的已知长度、角度等。

4.3.3 对小型目标,可用活动控制系统。

4.3.4 物方控制点应尽可能采用人工标志,在无法布设人工标志处,可采用明显点作为物方控制点。选用明显点作为控制点时,应在像片上标出点位,在像片反面绘出点位略图和简要文字说明。

4.4 控制测量方法

4.4.1 物方控制点三维坐标测定

物方控制测量一般是在被测物周围先施测导线点,高程用直接水准联测。或采用光电测距导线施测,或用间接高程联测,然后在导线点上用前方交会和三角高程方法测定物方控制点的三维坐标。

4.4.2 近距离的物方控制测量

在精度要求较高的近景摄影测量中,常采用近距离的物方控制测量方法。这种方法是借助于标准尺(如日内瓦尺、铟钢尺和高度卡尺)建立一假定的三维坐标系,把经纬仪测站纳入到此坐标系内,最后由测站测定各控制点的坐标。要求如下:

a) 将标准尺用长水准器置平,以标准尺有刻划线的边缘为假定空间坐标系的 X 轴,Y 轴与 X 轴在同一水平面上,铅垂线为 Z 轴;

b) 取标准尺上一定数量的刻划线作为已知平面控制点,一般是在尺子的两端和中央各取数个;

c) 置两台经纬仪于标准尺一侧的适当部位,也可以按需要在标准尺的两侧各置两部经纬仪,放置时需要考虑前方交会,后方交会的角度;

d) 根据标准尺上的选定点位,实施后方交会;或采用前方交会法解已知长度两端点距离,逐渐改变两侧站间距离的方法,测定经纬仪竖轴的平面位置;

e) 经纬仪横竖轴交点的高程确定:以游标高度卡尺作为丈量工具,用经纬仪水准法测定两个经纬仪间的高差;

f) 物方控制点的平面坐标可用前方交会法进行确定;

g) 物方控制点的高程采用间接高程方法确定。

4.4.3 相对控制测量

使用相对控制是改善精度和提高强度的有效作业方法,常用的相对控制是应用被测物本身或摄影范围内含有的已知距离,如测量一系列人工标志点之间的距离、将标准尺的整数刻划部分贴上人工标志等,或规则几何图形,如长方形、立方体等,均可作为相对控制。

4.5 人工标志

4.5.1 标志的形状

人工标志的形状,可根据实际需要进行设计。见图 2、图 3、图 4、图 5。

图 2

图 3

图 4

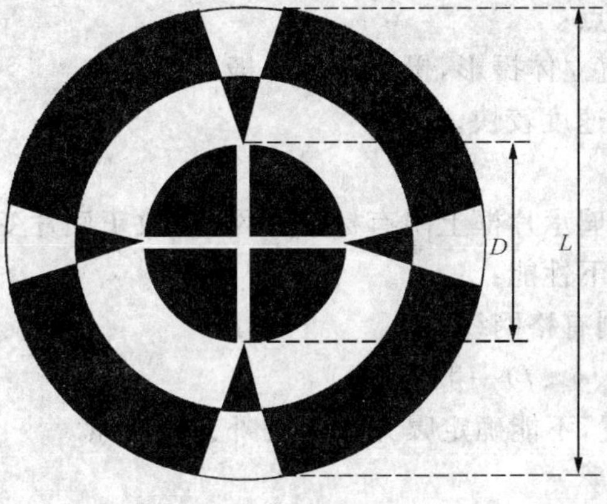

图 5

其圆形标志的中心圆直径 D 可按公式(1)计算：

$$D=\frac{5}{3}d\cdot\frac{y}{f} \qquad \cdots\cdots(1)$$

式中：

D——中心圆直径，单位为米(m)；

y——摄影距离，单位为米(m)；

d——摄影测量仪器的测标直径，单位为毫米(mm)；

f——摄影机主距，单位为毫米(mm)。

在大角度的交向摄影中，人工标志应做成立体形的，如塑料制作的球形标志和圆柱形标志。在特殊情况下，可采用发光标志。

4.5.2 标志的颜色

标志影像与其背景色调应有适当的反差，以便于判别和量测。背景为天空时，宜设立红、白两色相间的标志；背景为植被及暗色调的土壤、岩石时，采用白、黄两色相间的标志；以建筑物(灰、黄)为背景时，一般采用黑白或蓝白等两色相间的标志。

4.5.3 标志的材料

标志的材料可采用印像纸，即用摄影方法制作。也可用油漆将标志直接画在摄影目标上。对于永久性的人工测量标志，宜用金属材料制作。立体形人工标志可用塑料材料制作。特殊需要时，采用发光材料制作。

5 近景图像的获取

5.1 摄影机系统

5.1.1 量测摄影机

5.1.1.1 量测摄影机可分为单个量测摄影机和立体量测摄影机两类。

5.1.1.2 量测摄影机应具有以下基本条件：

a) 摄影机具有框标，摄影机内方位元素(x_0、y_0、f)已知，有定向与置平装置；

b) 物镜畸变差严格控制在允许范围之内(一般为微米级)。

5.1.1.3 在采用模拟法测图或高精度测量时，宜采用量测摄影机。在选择焦距时，应考虑目标的大小和物距远近。对远距离高精度的变形观测，应尽量选用长焦距、大像幅的摄影机；在石窟、洞穴、巷道内近距离摄影时，宜选用短焦距摄影机。

5.1.1.4 单个量测摄影机的特点：

a) 基线值或摄影物距可随意变动；

b) 可进行正直摄影、交向摄影、多摄站摄影等。

5.1.1.5 立体量测摄影机的特点：

a) 可用于固定基线的正直立体摄影，摄影距离一般较小；

b) 摄影测量处理较简单，速度较快。

5.1.2 半量测摄影机

5.1.2.1 半量测摄影机是在玻璃承片框上附有标准格网，以改正底片变形误差的摄影机。

5.1.2.2 半量测摄影机具有以下性能：

a) 摄影机玻璃承片框上刻有格网线；

b) 摄影机内方位元素(x_0、y_0、f)一般未知；

c) 没有水准器和定向装置，不能确定曝光瞬间的外方位元素。

5.1.3 非量测摄影机

5.1.3.1 非量测摄影机不是专门为摄影测量目的而设计的摄影机，包括各类普通照像机、电影摄影机和高速摄影机等。

5.1.3.2 非量测摄影机具有以下特点：

a) 摄影机没有框标；

b) 摄影机内方位元素(x_0、y_0、f)不稳定，无压平装置，且畸变差较大；

c) 没有水准器和定向装置，在曝光时不能确定方位；

d) 轻便，能随意调焦，有的可连续或同步摄影。

5.1.3.3 非量测摄影机适用于以下情况：

a) 中、低精度摄影测量任务；

b) 为细部测图提供辅助资料的摄影；

c) 在特殊环境下，可完成不宜用量测摄影机开展的任务。

5.2 摄影机检校

5.2.1 摄影机检校方法

检校与所建光束形状有关的基本参数，包括：主点坐标和主距(x_0、y_0、f)；物镜畸变差系数(k_1、k_2、k_3、p_1、p_3)；不正交系数 $d\beta$ 和比例尺不一系数 ds。对立体摄影机，还需包括某些外方位元素值的检测。

摄影机的检校方法有摄影测量解析法和专用光学机械检校仪法等。其中摄影测量解析法可分为：

a) 实验室三维控制场法(单片空间后方交会法)；

b) 解析铅垂线法；

c) 各种解析自检校法；

d) 直接线性变换解法；

e) 结合任务检校。

单片空间后方交会检校法和直接线性变换检校法，见附录 A。

5.2.2 摄影机内方位元素的检定精度要求

摄影机内方位元素的检定精度要求如下：

a) 主距为±0.02 mm～±0.04 mm；

b) 主点为±0.02 mm。

5.2.3 物镜前节点偏心值的测定

5.2.3.1 在变形观测及其他高精度测量中，应测定摄影机物镜前节点相对于旋转中心的偏心值 EC。对于垂直旋转轴与水平旋转轴交于一点的量测摄影机，投影中心(物镜前节点)S坐标 X_s、Y_s、Z_s 与旋转中心 R 坐标 X_R、Y_R、Z_R 之间的关系按公式(2)计算：

$$\left.\begin{aligned} X_s &= X_R + EC\sin\psi\cos\omega \\ Y_s &= Y_R + EC\cos\psi\cos\omega \\ Z_s &= Z_R + EC\sin\omega \end{aligned}\right\} \qquad \cdots\cdots\cdots(2)$$

式中：

X_s、Y_s、Z_s——物镜前节点坐标，单位为毫米(mm)；

X_R、Y_R、Z_R——仪器旋转中心坐标，单位为毫米(mm)；

EC——物镜前节点与仪器旋转中心不重合而产生的偏心值，单位为毫米(mm)。

对于垂直和水平旋转轴不相交的摄影机，按公式(3)计算：

$$\left.\begin{aligned} X_s &= X_R + EC_h\sin\psi\cos\omega \\ Y_s &= Y_R + EC_h\cos\psi\cos\omega \\ Z_s &= Z_R + EC_V\sin\omega \end{aligned}\right\} \qquad \cdots\cdots\cdots(3)$$

式中：

EC_h、EC_V——分别为水平偏心值和垂直偏心值，单位为毫米(mm)。

5.2.3.2 物镜前节点偏心值的测定精度应与物方控制精度相应。精度要求不高的变形观测，可以在不同的已知距离上拍摄横基线尺，在算得摄影测量所得的距离后，两者之差即为 EC。

在高精度的变形观测中，应用一台外调焦的视准管直接测定偏心距，见图 6。

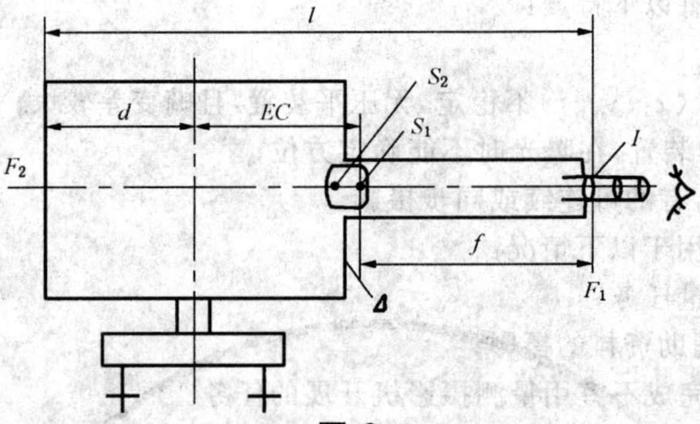

图 6

偏心距 EC 按公式(4)计算

$$EC = l - f - d \quad \cdots\cdots(4)$$

式中：

f——用视准管的外调节螺旋，使观测者测到远方目标，S_1 至十字丝板 F_1 间的距离即为摄影机的主距，单位为毫米(mm)；

d——用卡尺量测承片框 F_2 至旋转中心的距离，单位为毫米(mm)；

l——用卡尺量测承片框 F_2 至十字丝板 F_1 间的距离，单位为米(m)。

5.3 摄影站布设与摄影方式

5.3.1 摄影站布设原则

摄影站的布设原则如下：

a) 摄影站的布设和摄影方式的选定，应以保证精度、可靠性以及获取最有效的摄影覆盖为原则。尽量避开屏障，防止出现摄影死角；

b) 摄影站可设在地面和建筑物上，或选用脚手架、升降车、系留气球和其他低空飞行器作为摄影平台。

5.3.2 摄影站布设方式

5.3.2.1 单站布设

从一摄影站上进行摄影，或对目标拍摄多次(如变形测量)。这种摄影称为零基线摄影；适用于测定物点二维坐标变化，也适用于平面型目标的两维测定。

5.3.2.2 双站布设

对形状复杂的目标或需测定物点空间三维坐标时，应从基线两端对被测物进行摄影，组成立体像对。

还可采用单个摄影机保持位置不动，在物体移动一段距离或旋转某一角度前后分别摄影，获取立体像对。

5.3.2.3 多摄站布设

对复杂立面，如对长条形目标、圆柱形目标、曲面目标的测绘，可采取多站的布设方式。

高精度变形观测，大都采用多摄站摄影测量；摄影站的布设一般是环绕被测物周围安排多个摄影站，自每个摄影站拍摄一张或数张像片；站与站方向的选择应使多重像片对被摄物体多次覆盖，而不必要求各站间的等间隔以及摄影方向线的彼此平行。

5.3.3 摄影方式的确定

摄影方式的选择，应根据被测物的大小形状及其环境条件、采用摄影机的类别、内业测图仪器的性能，以及近景像片的摄影测量处理方法所决定。通常采用正直摄影，也可选用等倾摄影、交向摄影或其他摄影方式。

当采用模拟测图仪测图时，应以正直摄影方式摄影；当采用解析测图仪或解析法处理像片时，则不受此限制。变形观测采用多站交向摄影方式可提高精度。

5.3.4 最佳摄影参数的确定

5.3.4.1 摄影系数的选择范围

摄影系数 K(即摄影距离 y 与摄影基线 B 之比)值,一般在 4～15 的范围内选择。对于平面型目标,允许 K 值小于 4。

5.3.4.2 正直摄影基线 **B** 的确定

正直摄影基线长度 B 的最佳值按公式(5)计算:

$$B_{最佳} = \Delta x \sqrt{1 + a/\Delta x} \approx \Delta x \quad \cdots\cdots(5)$$

式中:

$B_{最佳}$——摄影基线长度,单位为米(m);

Δx——被摄物体沿 X 轴方向的待测宽度,单位为米(m);

a——摄影机水平方向的像幅尺寸,单位为米(m)。

5.4 现场摄影要求与工作程序

5.4.1 摄影前的准备工作

摄影前的准备工作要求如下:

a) 摄影前必须对摄影机、及有关仪器进行作业检校;

b) 布置野外暗室;

c) 检查暗盒是否漏光;

d) 应用曝光表,进行试拍以确定适宜的曝光量。

5.4.2 曝光注意事项

注意影响被摄目标立面内的光线条件,最好是选择顺光,以避免阴影遮盖细部,应尽量避免顶光和逆光。野外摄影须选择光照较好的时间进行;阴天摄影时,应注意大气清晰度及物方控制点标志的反差。在室内摄影,应在不同位置设置光源,使被摄目标照度均匀;进行彩色、彩红外摄影时,应注意光源的色温与感光材料型号是否匹配。

对动态目标摄影时,曝光时间的确定,应考虑使影像模糊圈的大小在允许的范围内。

5.4.3 目标的表面处理

可采用向目标投影格网、斑点或涂布花纹等办法,增强目标物表面的反差,以提高内业立体量测精度。

5.4.4 现场摄影工作程序

现场摄影工作的程序如下:

a) 选择合适的摄站位置和布设摄影基线;

b) 摄影前,应记录必要的摄影数据(如主距值、垫圈厚度、调焦距、干板或软片安置号码等);

c) 记录所有能够量测的外方位元素,包括 X_s、Y_s、Z_s、ϕ、ω、κ 以及摄影基线长度 B;

d) 进行摄影;

e) 在野外简易暗室内进行现场摄影处理,并检查摄影质量;

f) 摄影底片质量合格后,晒印一套像片,供控制转点及现场记录时使用。

5.5 精度估算

5.5.1 正直摄影精度估算公式

作业前,应按所采用的摄影方式进行精度估算,以确保摄影的质量指标与经济指标。正直摄影精度应按公式(6)、(7)、(8)进行估算。

$$m_X = \pm K_2 \sqrt{K_1^2 (X/f)^2 m_p^2 + m_x^2} \quad \cdots\cdots(6)$$

$$m_Y = \pm K_1 K_2 m_p \quad \cdots\cdots(7)$$

$$m_Z = \pm K_2 \sqrt{K_1^2 (Z/f)^2 m_p^2 + m_z^2} \quad \cdots\cdots(8)$$

式中:

$K_1 = y/B$;

$K_2 = y/f$;

y——摄影距离，单位为米(m)；

B——摄影基线长度，单位为米(m)；

f——摄影机主距，单位为米(m)；

X、Z——像点坐标，单位为米(m)；

m_x、m_z、m_p——视差的观测中误差，单位为毫米(mm)。

5.5.2 交向摄影精度估算公式

交向摄影(见图 7)的被摄影区内任一点的精度估算可以对称摄影方向角 ϕ 和基线长度 B 为自变量，按公式(9)、(10)、(11)计算：

$$m_X = y/f \cdot (1+\mathrm{tg}\alpha \cdot \mathrm{tg}\phi)/[1-\mathrm{tg}(\alpha-\phi) \cdot \mathrm{tg}\phi] \cdot m_x \quad \cdots\cdots(9)$$

$$m_Y = \sqrt{2}y^2/Bf \cdot (1+\mathrm{tg}\alpha \cdot \mathrm{tg}\phi)/[1-\mathrm{tg}(\alpha-\phi) \cdot \mathrm{tg}\phi] \cdot m_x \quad \cdots\cdots(10)$$

$$m_Z = y/f \cdot \sec\phi/[1-\mathrm{tg}(\alpha-\phi) \cdot \mathrm{tg}\phi] \cdot m_z \quad \cdots\cdots(11)$$

式中：

α——形容点位的角度，$\mathrm{tg}\alpha = B/2y$，单位为度(°)；

B——基线长度，单位为米(m)；

y——摄影距离，单位为米(m)；

f——摄影机主距，单位为米(m)；

ϕ——摄影方向角，单位为度(°)。

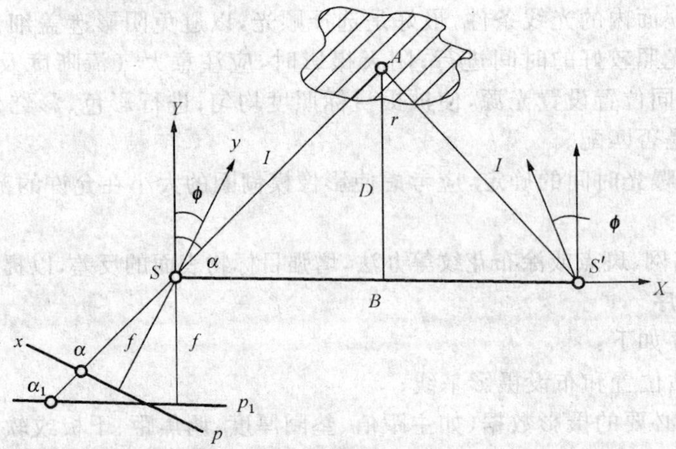

图 7

6 近景图像的处理

6.1 近景图像的处理方法

近景图像的处理方法有模拟法和解析法，需要时，也可将模拟法和解析法综合使用。当近景像片由量测摄影机摄取，且输出成果以图解(线划图)形式表示时，一般采用模拟法处理。

6.2 模拟法处理

6.2.1 比例尺系列

6.2.1.1 成图比例尺

根据目标的大小和设计的要求，成图比例尺系列一般为：1∶1、1∶2、1∶5、1∶10、1∶20、1∶50、1∶100、1∶200。

特殊需要时，还可增加其他比例尺，对微型目标，还应用放大比例尺测图。

6.2.1.2 像图比例尺的要求

测绘立面图及等值线图的像图比例尺，应根据成图精度要求及使用仪器的放大倍数而定，一般为1∶3～1∶6。

6.2.1.3 幅面规格

图幅大小按表 1 规定选择，幅面规格和格式见图 8。

表 1 幅面要求 单位为毫米

<table>
<tr><td>基本幅面代号</td><td>A0</td><td>0.625</td><td>0.75</td><td>A1</td><td>A2</td><td>A3</td><td>A4</td></tr>
<tr><td>$b \times L$</td><td>841×1189</td><td>473×420</td><td>591×420
841×420</td><td>594×841</td><td>420×594</td><td>297×420</td><td>297×210</td></tr>
<tr><td>c</td><td colspan="5">10</td><td colspan="2">5</td></tr>
<tr><td>a</td><td colspan="7">25</td></tr>
<tr><td colspan="8">注：A0、A1、A2、A3、A4 表示国家标准幅面，0.625，0.75 表示设计图常规幅面。</td></tr>
</table>

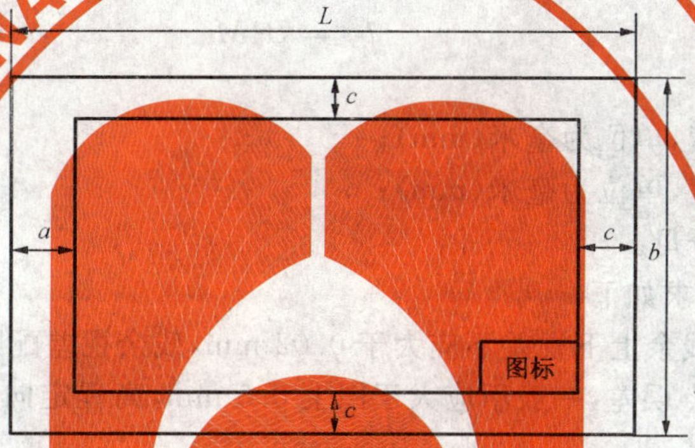

图 8

在特殊情况下，允许加长 A1～A3 号图纸的长度和宽度，零号图纸只能加长，加长部分的尺寸应为边长的 1/8 及其倍数。

由于近景目标的多样性，必要时也可采用用户提出的幅面规格。

图标可安排在幅面四角任一合适的位置。图标内容包括：图名、摄影机类型、测图仪类型、图种（如果是等值线图，应注等值距）、施测单位、比例尺、作业日期等。

6.2.2 精密立体测图仪测图

6.2.2.1 作业准备的要求如下：

a) 收集外业资料：外业技术设计书，控制观测及计算手簿、外业控制片及调查说明资料，并对资料进行必要的分析。
b) 编写内业技术设计书。
c) 检查摄影底片或复制的透明正片。影像应清晰、层次丰富、反差适中，光学框标的影像清晰齐全。
d) 图板展点。图板应选用毛面聚脂薄膜或刻图膜，控制点不得漏展、误展，要有足够的定向点。根据成图比例尺及图形面积，确定图廓点坐标。图上一般要设置格网标志，每隔 10 cm 展出格网点，以便与 10 cm×10 cm 标准格网紧密套合。展点针孔及展点误差均应在 0.1 mm 以内。

6.2.2.2 仪器检校与安置的要求如下：

a) 精密立体测图仪应保持良好的作业状态，仪器要经过检校，测定零位置，合格后方可进行作业；
b) 计算模型比例尺按公式(12)计算：

$$M_{模} = Y/z \qquad \cdots\cdots(12)$$

式中：

$M_{模}$——模型比例尺分母；

Y——平均摄影距离，单位为米(m)；

z——所用仪器的平均 Z 向距离，单位为米(m)。

c) 安放摄影底片或透明正片，应使框标严格对准承片盘的相应标志线；

d) 安置主距，左右投影器分别安置改正后的主距，安置值按公式(13)计算取至 0.01 mm 或仪器最小刻划值：

$$\left.\begin{aligned} f'_x = l_X/L_X \cdot f \\ f'_y = l_Y/L_Y \cdot f \end{aligned}\right\} \qquad \cdots\cdots\cdots\cdots(13)$$

式中：

f'_x、f'_y——改正后的主距，单位为毫米(mm)；

l_X、l_Y——底片框标距，单位为毫米(mm)；

L_X、L_Y——摄影机框标距，单位为毫米(mm)；

f——摄影机主距，单位为毫米(mm)。

e) 安置概略模型基线长度 b_x，其安置值按公式(14)计算。

$$b_x = B/M_{模} \qquad \cdots\cdots\cdots\cdots(14)$$

式中：

b_x——模型基线长度，单位为毫米(mm)；

B——摄影基线长度，单位为毫米(mm)；

$M_{模}$——模型比例尺分母。

6.2.2.3 像片定向精度的要求如下：

a) 相对定向后各点的残余上下视差不应大于 0.02 mm，残余视差配赋应合理；

b) 绝对定向的平面对点误差，一般不应大于图上 0.5 mm，高程定向误差一般不应大于等值距的二分之一。

6.2.2.4 等值距选择的要求如下：

等值线应能充分显示被摄物体的形态和特征。其等值距按公式(15)计算。

$$\Delta Y = C yy/Bf \cdot m_p = Cm_y \qquad \cdots\cdots\cdots\cdots(15)$$

式中：

ΔY——等值距，单位为毫米(mm)；

y——摄影距离，单位为米(m)；

B——摄影基线长度，单位为米(m)；

f——摄影机主距，单位为米(m)；

m_p——仪器视差量测精度，单位为毫米(mm)；

m_y——测定点的摄影精度，单位为毫米(mm)；

C——常数，随被摄物体的坡度变化，一般为 2～4。

6.2.2.5 轮廓线和等值线的测绘，对石刻、雕塑等物体，根据用户要求，可测绘轮廓线和等值线。如：

a) 物体表面的结构复杂破碎，坡度变化大，应先勾绘轮廓线。

b) 测绘等值线前，应先在特征部位测注点的 Y 向量测数据。

c) 描绘等值线时，应用测标切准模型，等值线描绘误差不应超过二分之一等值距。

d) 物体边缘多数较“陡峭”，等值线有重叠现象，应在陡峭部位用合并曲线表示，并交待清楚。

e) 在平坦有特征起伏的部位，应加测二分之一等值距曲线或四分之一等值距曲线。

f) 在物体的破损断裂部位，应按摄影时的形态如实描绘。

g) 同一张图上，等值线应与轮廓线配合自然、合理。若轮廓线较复杂，与等值线分版进行测绘时，应用同一像对，其套合误差不应大于 0.2 mm。

h) 等值线图见附录 B。

6.2.2.6 古建筑立面图测绘表示方法及要求如下：

a) 在施测的古建筑范围内，应选择有代表性的位置来确定建筑物的起始基准面，设高程为 ±0.00。并在最后成果资料说明书中附注基准面的绝对高程，即 ±0.00 等于海拔×××。

b) 测绘时先绘主体轮廓以控制全局，然后再描绘细部。

c) 建筑物在图上表示的各部分名称应与专业的术语名称一致。

d) 为正确掌握建筑结构的表示方法和细部的合理取舍，测图人员应掌握建筑结构的一般知识。

e) 图上点位精度要求应在 0.5 mm 以内，对主要结构如立柱、木梁、檐、椽、主要门窗框架、斗拱等，其点位精度应在 0.3 mm 以内。

f) 主要框架应注上尺寸，明显标志应提供标高。

g) 古建筑细部，如斗拱、门窗、花饰、砖雕、木刻、吻兽等部位，根据用图单位需要，可加测详图。测绘时应征求文博单位的意见，注意反映出不同历史年代的艺术风格。

h) 描绘细部时，应晒印放大照片作为参考。

i) 古建筑立面图测绘具体要求见附录 C。

6.2.2.7 原图修编要求如下：

a) 铅稿原图完成后，一般应征求用图单位意见后进行修测与补测；

b) 编绘轮廓图及等值线图，应力求忠实于原稿，进行线条修饰及艺术加工；

c) 清绘原图时，控制点中心位置偏移不应大于 0.1 mm，其他各特征要素偏移不应大于 0.2 mm。

6.2.2.8 建筑物图件包括立面图、平面图、剖面图、结构图、透视图等。其绘制要求如下：

a) 立面图的绘制。用近景摄影像片对，在测图仪上进行测绘。对古建筑用轮廓线表示，对石刻、雕塑等珍贵历史文物应测绘轮廓线及等值线。

b) 平面图的测绘。建筑物平面结构，可采用低空摄影测量或常规测量方法。

c) 剖面图的测绘。根据测绘立面图和平面图获得有关尺寸，特别是檐口与边缘细部的测绘尺寸，补充某些现场量测数据（与建筑专业人员配合），可绘制建筑物内部的剖面图。

6.2.2.9 绘制的系列图件应几何尺寸准确，反映出不同时期的艺术风格与特点，符合文物、考古及建筑设计部门的要求。

6.2.3 解析测图仪数字化测图

6.2.3.1 资料准备工作应符合 6.2.2.1 的规定。

6.2.3.2 仪器检校与安置的要求如下：

a) 解析测图仪主机、电子计算机、数控绘图桌和其他外围设备，均应处在良好的作业状态下方可进行作业。作业室应具备计算机房应有的温度、湿度和洁净条件；

b) 作业时应遵守仪器操作规程并逐一输入有关参数。

6.2.3.3 像片定向的要求如下：

a) 内定向：安放底片或透明正片的 X 方向大致平行于仪器的 X 方向。调用相应程序将测标逐点严格对准框标，框标坐标测量误差不应大于 0.01 mm；

b) 相对定向时，至少要使用 6～9 个在不同层次均匀分布的定向点定向，各点的残余上下视差不应大于 0.008 mm；

c) 绝对定向平面坐标误差不应超过图上 0.4 mm，高程定向误差一般不应大于二分之一等值距；

d) 定向结束，应打印及存储有关参数和成果；

e) 绘图桌定向，平面对点误差不应大于图上 0.4 mm，误差经合理配赋后进行测图。

6.2.3.4 立体测图方法有直接测图及存储测图，其要求如下：

a) 直接测图应符合 6.2.2.4～6.2.2.6 的规定；

b) 存储测图除了利用功能键盘的相应键，还应按要求在绘图过程中生成一个成批点文件和一个绘图文件。测标沿模型，按一定的时间或距离间隔，逐点将坐标数据信息记录在磁盘文件中。对雕塑等文物，每采集完某个部分，应在终端显示图像的等值线，观察有无遗漏、不光滑等，加以修改后，存储于磁盘文件中，以便调用与放回；

c) 存储测图作业完成后，应一次回放输出绘图，并将磁盘或磁带存档；

d) 其他测图有关规定，应符合 6.2.2.5 及 6.2.2.6 的规定。

6.2.3.5 原图修编应符合6.2.2.7的规定。

6.2.4 纠正仪成图

6.2.4.1 纠正仪成图适用于较平坦的平面型目标和壁画等，可提供影像平面图或线划图。其准备工作如下：

a) 收集资料：外业设计书、外业观测及计算控制点手簿，近景摄影底片，外业控制刺点片，并对资料进行必要的分析。

b) 编写内业技术设计书。

c) 底图准备。在底图上按规定的比例尺展绘控制点及纠正点，展点针孔及展点误差不应大于0.1 mm。

d) 纠正点的投影差改正按公式(16)计算：

$$\delta_y = \Delta y/(y-\Delta y)\cdot R \qquad \cdots\cdots(16)$$

式中：

δ_y——投影差改正数(取位到0.1 mm)，单位为毫米(mm)；

Δy——纠正点对起始平面的高差，单位为米(m)；

y——起始平面的摄影距离，单位为米(m)；

R——图板上纠正点至主点的距离，单位为毫米(mm)。

e) 在纠正点控制的像片面积内，当高差符合公式(17)时，用一带纠正，否则，应进行分带纠正，一般不宜超过三带。用立体测图仪确定分带的边缘曲线，作业要求参照GB 7930执行。

$$\Delta h < 0.001 f_K/r\cdot M \qquad \cdots\cdots(17)$$

式中：

f_K——摄影机焦距，单位为毫米(mm)；

r——像片主点至纠正点的距离，单位为毫米(mm)；

M——成图比例尺分母。

f) 纠正仪应经过检校。

g) 纠正时应考虑纠正底图下加衬板，以抵消像纸的收缩。

6.2.4.2 纠正镶嵌作业参照GB/T 7930执行。其要求如下：

a) 摄影底片比例尺相对于成图比例尺的放大倍数，应在所使用纠正仪的最大放大倍数之内；

b) 纠正时对点精度为0.3 mm～0.4 mm；

c) 纠正需要4个控制点，对具有规则性轮廓建筑物的近景摄影像片，可借用规则图形减少控制点；

d) 像片与投影面的不平行角度值的限差由公式(18)确定：

$$\alpha_{max} \leqslant \arcsin(f\sin\phi_{max}/F) \qquad \cdots\cdots(18)$$

式中：

α_{max}——像片与投影面的最大不平行角，单位为度(°)；

f——摄影机主距，单位为毫米(mm)；

F——纠正仪物镜焦距，单位为毫米(mm)；

ϕ——承影面倾角，单位为度(°)。

采用大角度倾斜摄影，其像片角度与投影面的不平行角度值超过公式(18)的计算值时，应进行二次纠正；

e) 对大型建筑物或平面型的大幅壁画，可应用惯用的镶嵌技术，相邻片接边差一般为0.6 mm～0.8 mm，切割线重叠或裂缝不应大于0.2 mm，切割线应通过接边误差较小、及色调大致相同处。

6.2.5 微分纠正成图

6.2.5.1 制作正射影像图，一般采用微分纠正方法完成。准备工作要求如下：

a) 资料准备：收集透明正(负)片、控制像片、感光胶片、原始数据、外业控制片、外业控制点成果表等技术资料；

b) 编写内业设计书；

c) 框标影像应清晰、完整、齐全。在扫描范围内，除点位刺孔外，不得有注记或整饰符号；

d) 作业仪器及其外围设备均应处于良好的作业状态下，方可进行作业；

e) 装片(或归心)、输入已知数据和参数、装感光胶片。

6.2.5.2 微分纠正扫描用的透明正片和正射影像负片的要求按表2规定。

表2 微分纠正成图像片要求

	扫描用的透明正片	正射影像负片
灰雾度 D_0	≤0.1	≤0.2
密度值 D_{min}	0.2～0.3	0.2～0.3
密度值 D_{max}	1.0～1.2	0.8～1.1
影像反差 ΔD	0.8～0.9	0.6～0.8
反差系数 ν	0.6	0.65

6.2.5.3 采集断面数据一般使用精密立体测图仪、立体坐标量测仪(及其外围设备)或解析测图仪获取。其要求如下：

a) 用精密立体测图仪、立体坐标量测仪(及其外围设备)采集断面数据时，相对定向、绝对定向等要求与6.2.2.3相同；

b) 用解析测图仪采集断面数据时，内定向、相对定向和绝对定向等要求与6.2.3.3相同；

c) 根据成图精度、高差及坡度综合考虑，正确选择模型断面的横向间隔 Δx 和纵向间隔 Δy；

d) 采集断面数据，测标一般应与模型表面相切。

6.2.5.4 正射投影仪纠正的一般要求按GB/T 7930执行。其要求如下：

a) 供扫描用的透明正片不应有划痕、斑点、指纹等；

b) 平面定向，平面控制点经定向配赋后，测标位置与点位不符值以像片比例尺计不应大于0.03 mm，最大不应超过0.05 mm；

c) 选择缝隙长度和宽度；

d) 扫描和晒印正射正(负)片，应晒满面积，不应遗漏。

6.2.5.5 接边规定如下：

a) 扫描带间的接边误差不应大于0.3 mm，最大不应大于0.6 mm；

b) 邻片接边差不应大于0.8 mm，最大不应大于1.0 mm。

6.2.6 蒙(透)绘线划图

6.2.6.1 蒙(透)绘线划图，是为了勾绘平面型物体(如壁画、碑刻、瓷砖银嵌图案等)的细部图像。蒙(透)绘铅笔稿图要求如下：

a) 在晒印好的像片影像图或正射影像图上，用毛面聚脂薄膜蒙(透)绘线划图(铅笔稿)。

b) 影像不很清晰的像片图，可直接在像片影像图上着墨清绘，然后退掉影像，即成线划图。或经计算机图像增强处理后，再蒙绘线划图。

c) 蒙(透)绘时应注意突出重点，取舍合理，能反映出原貌。

6.2.6.2 清绘原图要求如下：

a) 铅笔稿原图应征求用图单位意见后修改、着墨；

b) 清绘铅笔稿原图时，应力求忠实于原稿，做到线条流畅、均匀光滑、墨色饱满、形象逼真；

c) 图幅整饰应符合6.2.1.3规定。

6.3 解析法处理

6.3.1 坐标量测精度

近景像片的解析法处理，应用于物方空间离散点的二维坐标和三维坐标的测定。坐标量测精度要求如下：

a) 对近景摄影像片上控制点及待定点(标志点)，在解析测图仪，立体坐标量测仪或单像坐标量测仪上进行量测，两人对测剔除粗差、取中数作为最后观测值；

b） 解析测图仪、立体坐标量测仪及单像坐标量测仪，像点坐标量测精度一般为：±0.002 mm～±0.015 mm。

6.3.2 近景摄影测量的软件功能

6.3.2.1 近景摄影测量软件的一般要求为：

a） 数学模型的合理与严谨；

b） 程序解算稳定可靠；

c） 可在微机上解算、操作简便。

6.3.2.2 近景摄影测量软件应力求具备以下功能：

a） 有系统误差的补偿能力；

b） 具有像点坐标粗差的定位能力；

c） 各类未知数的理论精度的输出以至可靠性指标的输出；

d） 适应不同摄影方法（含多重摄影）、不同摄影机（含非量测摄影机）、不同控制方式和不同精度的要求；

e） 有对摄影测量观测值和非摄影测量观测值进行联合平差的能力。

6.3.3 解析处理方法

6.3.3.1 近景像片解析处理方法的选择，取决于实地控制条件、摄影机性能精度要求、像片质量、外方位元素是否提供及精度、摄影环境、标志点状态、以及软件所具备的功能等。

6.3.3.2 单站时间视差法（又称伪视差法）如下：

a） 时间视差法适用于量测物体二维运动或变形；

b） 摄影时，应使摄影底片面尽量平行于物体的运动或变形的所在平面，其不平行性的限差值按公式(19)计算；

$$\left.\begin{aligned}\Delta\phi_{限} &= f\cdot\delta_{(dx)}/(2x\cdot\Delta x)\cdot\rho\\ \Delta\omega_{限} &= f\cdot\delta_{(dx)}/(z\cdot\Delta x)\cdot\rho\end{aligned}\right\}\quad\cdots\cdots(19)$$

式中：

$\Delta\phi_{限}$、$\Delta\omega_{限}$——不平行性的限差值，单位为秒(″)；

$\delta_{(dx)}$——像点的位移误差，单位为毫米(mm)；

Δx——像点最大位移值，单位为毫米(mm)；

f——摄影机焦距，单位为毫米(mm)；

x、z——目标物在像片上的横向、纵向距离，单位为毫米(mm)；

ρ——常数，为 206 265′。

c） 在变形前拍摄一单张像片，称作零像片，记录物体的起始状态。在物体变形后，在同样内、外方位元素情况下再拍摄另一张像片，将前后两张像片组成像对，量测各特征点的视差值，然后按公式(20)计算位移量 Δx、Δz；

$$\left.\begin{aligned}\Delta x &= \Delta x_i\cdot y/f\\ \Delta z &= \Delta z_i\cdot y/f\end{aligned}\right\}\quad\cdots\cdots(20)$$

式中：

Δx、Δz——位移量，单位为米(m)；

Δx_i、Δz_i——像片上量测的位移值，即视差值，单位为毫米(mm)；

y——摄影距离，单位为米(m)；

f——主距，单位为毫米(mm)。

d） 摄影前应在物方设立至少三个以上固定点（或控制点），根据控制点在位移值中加入外方位元素变化的改正。改正值按公式(21)计算。

$$\left.\begin{aligned}\delta_x &= a_0 + a_1x + a_2y\\ \delta_y &= b_0 + b_1x + b_2y\end{aligned}\right\}\quad\cdots\cdots(21)$$

式中：

δ_x、δ_y——位移值，单位为毫米(mm)；

a_i、b_i——变换系数(i=0、1、2)；

x、y——量测的像点坐标，单位为毫米(mm)。

6.3.3.3 多片空间后方交会和空间前方交会解法如下：

a) 适用于像片外方位元素未知，而内方位元素已知，且物方空间有足够控制点时解求物方空间未知点坐标；

b) 在共线条件方程式的基础上，已知物方控制点坐标 X、Y、Z 时，可以得到以控制点像点坐标为观测值；外方位元素 X_S、Y_S、Z_S、ϕ、ω、κ 为未知数的误差方程式为公式(22)：

$$V = BX - L \quad \cdots\cdots(22)$$

式中：

V——像点坐标改正数矩阵；

B——系数矩阵；

$X=[\Delta X、\Delta Y、\Delta Z、\Delta\phi、\Delta\omega、\Delta\kappa]^T$；

L——常数项矩阵。

在每片有足够的物方控制点时(至少3个)，可逐片解出各片的六个外方位元素，然后用两片或多片前方交会，求出各未知点的坐标。这时物方点坐标系未知数的误差方程式为公式(23)：

$$V = AX - L \quad \cdots\cdots(23)$$

式中：

V——未知点的改正数矩阵；

A——系数矩阵；

$X=[\Delta X、\Delta Y、\Delta Z]^T$；

L——常数项矩阵。

6.3.3.4 共面条件方程式解法如下：

a) 适用于近景摄影测量网的加密工作，当每张像片不具备三个控制点而整个区域有足够的控制点(至少三个)时，可以完成未知点的加密计算工作；

b) 以共面条件方程式为基础，其解法的主要计算步骤包括相对定向、计算模型坐标以及模型的绝对定向：

1) 相对定向是利用像片对的同名光线共面且对对相交的原理完成。见公式(24)：

$$\begin{vmatrix} B_x & B_y & B_z \\ u & v & w \\ u' & v' & w' \end{vmatrix} = 0 \quad \cdots\cdots(24)$$

式中：

B_x、B_y、B_z——摄影基线分量；

u、v、w、u'、v'、w'——分别为左右像点在摄影测量坐标系内的坐标。

2) 公式(25)需进行线性化，组成误差方程式：

$$AV = BX - L \quad \cdots\cdots(25)$$

式中：

V——像点坐标改正数矩阵；

X——相对定向元素 B_y、B_z、ϕ'、ω'、κ'的改正数矩阵；

A、B——系数矩阵；

L——常数项矩阵。

采用迭代法逐渐解求相对定向元素。

3) 模型点的摄影测量坐标 X_p、Y_p、Z_p 是用摄影测量空间前方交会法按公式(26)计算：

$$\begin{bmatrix} X_p \\ Y_p \\ Z_p \end{bmatrix} = N_1 \begin{bmatrix} u \\ v \\ w \end{bmatrix} = N_1 R_1 \begin{bmatrix} x_1 \\ y_1 \\ -f \end{bmatrix} \quad \cdots\cdots(26)$$

式中：

X_p、Y_p、Z_p——以左摄站为原点的摄影测量坐标；

u、v、w、和 x_1、y_1、$-f$——左像片上像点的摄测坐标和像空间坐标；

R_1——左像片在摄测坐标系内的旋转矩阵；

N_1——投影系数。

4) 最后用绝对定向公式计算物方空间坐标 X、Y、Z，按公式(27)计算：

$$\begin{bmatrix} X \\ Y \\ Z \end{bmatrix} = \lambda R \begin{bmatrix} X_p \\ Y_p \\ Z_p \end{bmatrix} + \begin{bmatrix} X_G \\ Y_G \\ Z_G \end{bmatrix} \quad \cdots\cdots (27)$$

式中：

X_p、Y_p、Z_p——任意点的模型坐标；

X_G、Y_G、Z_G——坐标原点平移值；

λ——缩放系数；

R——摄测坐标系与物方空间坐标系间的旋转矩阵。

6.3.3.5 光线束解法如下：

a) 适于控制点为人工标志点，高精度的摄影测量处理；

b) 以共线条件方程式为基础，依据少量控制点为已知值，又以控制点和大量未知点的像点坐标为观测值，以单张像片为处理单元，其误差方程式见公式(28)：

$$\left.\begin{aligned} \text{控制点}: V_1 &= A_1 t - L_1 \\ \text{未知点}: V_2 &= A_2 t + BX - L_2 \end{aligned}\right\} \quad \cdots\cdots (28)$$

式中：

t——像片外方位元素改正数矩阵；

X——未知数的物方空间坐标改正数矩阵；

A、B——相应的误差方程式系数矩阵；

L_1、L_2——常数项矩阵；

V——像点坐标改正数矩阵。

然后组成法方程式：经过约化和回代求出坐标改正数矩阵 X。法方程式的约化和回代可逐点进行。

c) 单模型也可用光线束解法。

6.3.3.6 直接线性变换解法如下：

a) 直接线性变换解法适用于非量测摄影机所摄像片；

b) 在解算非量测摄影机所摄像片时，以布设 8～12 个控制点为宜，最少不少于 6 个物方控制点；

c) 算法的基本公式见公式(29)；

$$\begin{bmatrix} V_x \\ V_y \end{bmatrix} = -\frac{1}{A}\begin{bmatrix} XYZ10000 - xX - xY - xZ - xr^2 \\ 0000XYZ1 - yX - yY - yZ - yr^2 \end{bmatrix} \cdot L - \frac{1}{A}\begin{bmatrix} x \\ y \end{bmatrix} \quad \cdots\cdots (29)$$

式中：

V_x、V_y——改正数；

$A = l_9 X + l_{10} Y + l_{11} Z + 1$；

$L = (l_1, l_2 \cdots l_{11}, k_1)^T$；

$r = [(x-x_0)^2 + (y-y_0)^2]^{\frac{1}{2}}$；

k_1——物镜径向畸变差系数。

d) 解算的主要步骤如下：

1) 取分布合理的 6 个点的 12 个线性方程求解 11 个系数 L 的近似值；由计算的 L_i 系数计算 A 的初始值。

2) 将新 A 值代入方程，再计算新的 L_i 系数，依次逐步迭代到满足限差为止。迭代的完成，

以内方位元素 x_0、y_0、f 值的计算为判据，即相邻两次迭代循环的内方位元素应满足公式(30)。

$$|\Delta_n - \Delta_{n-1}| \leqslant \delta \qquad \cdots\cdots (30)$$

式中：

Δ 代表 x_0、y_0、f；

n——为迭代次数；

δ——一般为 0.001 mm。

3) 解算待定点改正了畸变差的坐标仪坐标，并逐步解算相应的 X、Y、Z。

6.3.3.7 二维线性变换解法如下：

a) 适用于物体二维变形的测定，其投影变换公式为：

$$\left.\begin{aligned} x &= (L_1X + L_2Y + L_3)/(L_7X + L_8Y + 1) \\ y &= (L_4X + L_5Y + L_6)/(L_7X + L_8Y + 1) \end{aligned}\right\} \qquad \cdots\cdots (31)$$

式中：

$L_i(i=1,2,\cdots\cdots,8)$——投影系数。

b) 至少有 4 个物方控制点。

6.3.3.8 还可采用其他公认的解析处理方法(如角锥体空间后交-前交方法)。

7 成果精度评定方法

7.1 依据已知坐标之坐标精度评定

依据已知坐标之坐标精度评定按公式(32)计算。

$$\begin{aligned} m_x &= \pm\sqrt{\sum_{i=1}^{n}(\Delta x_i \Delta x_i)/n} \\ m_y &= \pm\sqrt{\sum_{i=1}^{n}(\Delta y_i \Delta y_i)/n} \\ m_z &= \pm\sqrt{\sum_{i=1}^{n}(\Delta z_i \Delta z_i)/n} \\ m_D &= \pm\sqrt{m_x^2 + m_y^2 + m_z^2} \end{aligned} \qquad \cdots\cdots (32)$$

式中：

m_x、m_y、m_z——点位 x、y、z 向中误差，单位为米(m)；

m_D——点位中误差，单位为米(m)；

Δx、Δy、Δz——量测 x、y、z 坐标与相应物方控制点坐标之差，单位为米(m)；

n——多余物方控制点的个数。

7.2 依据已知长度(面积、体积)之精度评定

依摄影测量长度(D_0)、面积(A_0)、体积(V_0)，及被测目标相应之真长度(D)、面积(A)、体积(V)，按公式(33)、(34)、(35)计算相对误差：

$$1/m_D = |(D - D_0)/D| \qquad \cdots\cdots (33)$$

$$1/m_A = |(A - A_0)/A| \qquad \cdots\cdots (34)$$

$$1/m_V = |(V - V_0)/V| \qquad \cdots\cdots (35)$$

式中：

m_D、m_A、m_V——相对误差分母；

D_0、A_0、V_0——摄影测量长度、面积、体积；单位为米(m)，平方米(m^2)，立方米(m^3)；

D、A、V——被测目标相应部位真长度、真面积、真体积；单位为米(m)，平方米(m^2)，立方米(m^3)。

7.3 间接观测平差之精度评定

评定方法如下：

a) 单位权方差按公式(36)计算：

$$\hat{\sigma}_0 = \sqrt{V^{T}PV/(n-r)} \quad \cdots\cdots(36)$$

式中：

r——未知数个数；

n——观测值个数。

b) 未知数精度按公式(37)计算：

$$m_{xi} = \hat{\sigma}_0 \sqrt{Q_{ii}} \quad \cdots\cdots(37)$$

式中：

Q_{ii}——第 i 点的协因数阵。

c) 未知数函数的精度按公式(38)计算：

$$设\ Y = F^{T}X$$

$$m_Y = \hat{\sigma}_0 \sqrt{F^{T}Q_{XX}F} \quad \cdots\cdots(38)$$

式中：

Q_{XX}——X 的协因数阵。

8 成果的质量检查验收

8.1 检查验收

成果的质量检查验收按 CH 1002、CH 1003 规定执行。

8.2 成果成图资料整理及归档

8.2.1 外业资料目录

外业资料应包括：

a) 摄影底片；

b) 摄影像片覆盖示意图；

c) 摄影机的原始数据或检定数据(包括机型、主距及框标距)；

d) 控制点像片及控制点分布图；

e) 外业观测手簿；

f) 计算手簿及成果表；

g) 技术设计书；

h) 检查验收报告。

8.2.2 内业资料目录

内业资料应包括：

a) 解析法观测成果及计算打印手簿；

b) 立体测图定向手簿；

c) 测绘原图(各种线划图或影像图等)；

d) 技术设计书；

e) 检查验收报告；

f) 蓝晒图或复印图、缩微片、照片、数字化磁带等，以及合同规定的其他资料。

附 录 A
（资料性附录）
摄影机检校方法

A.1 摄影机检校方法和场所

使用单片空间后方交会解法或三维直接线性变换法检定摄影机，宜在高精度而稳定的三维控制网内进行。

A.2 单片空间后方交会检定摄影机程序

A.2.1 单片空间后方交会检定数学模型

单片空间后方交会检定摄影机程序主要用来检定或测定各种摄影机（包括非量测用摄影机）的外方位元素、内方位元素和物镜畸变差系数等系统误差参数。其数学模型为：

$$\left.\begin{aligned} x-x_0+\Delta x &= f[a_1(X-X_S)+b_1(Y-Y_S)+c_1(Z-Z_S)]/[a_2(X-X_S)+b_2(Y-Y_S)+c_2(Z-Z_S)] \\ z-z_0+\Delta z &= f[a_3(X-X_S)+b_3(Y-Y_S)+c_3(Z-Z_S)]/[a_2(X-X_S)+b_2(Y-Y_S)+c_2(Z-Z_S)] \end{aligned}\right\} \qquad \text{(A.1)}$$

将公式(A.1)按泰勒级数展开，可得线性化的误差方程式，在已知足够的物方三维控制点时，可解出各内外方位元素和系统误差参数。

一般应提供四个系统误差参数，见公式(A.2)：

$$\left.\begin{aligned} \Delta x &= k_1(x-x_0)(r^2-r_0^2)+k_2(x-x_0)(r^4-r_0^4)+(z-z_0)(1+ds)\sin d\beta \\ \Delta z &= k_1(z-z_0)(r^2-r_0^2)+k_2(z-z_0)(r^4-r_0^4)+(z-z_0)[(1+ds)\cos d\beta-1] \end{aligned}\right\} \qquad \text{(A.2)}$$

上式中 k_1、k_2 为径向畸变差系数，ds、$d\beta$ 为仿射变形误差参数，即比例尺不一致性误差和不正交性误差。

公式(A.3)、(A.4)为误差方程式： $V=BX-l$

则 $$X=(B^TPB)^{-1}B^TPl \qquad \text{(A.3)}$$

$$Q_{xx}=(B^TPB)^{-1} \qquad \text{(A.4)}$$

这种解法是一种迭代解法，直到所求未知数的改正数满足了限差要求为止。

A.2.2 基本功能和特点

A.2.2.1 可以分别或整体地解求内、外方位元素、畸变差系数 k_1、k_2 和仿射误差系数 ds、$d\beta$。

A.2.2.2 可以提供各未知数的中误差及各像点残差。

A.2.2.3 可以预先对像点坐标进行二维仿射变换或简单的比例变换（利用框标），亦可不考虑这种像点坐标预处理。基本式为：

a) 仿射变换；

$$\left.\begin{aligned} \bar{x} &= x+a_0+a_1x+a_2z \\ \bar{z} &= z+b_0+b_1x+b_2z \end{aligned}\right\} \qquad \text{(A.5)}$$

b) 比例变换；

$$\left.\begin{aligned} \bar{x} &= \lambda_2 x \\ \bar{z} &= \lambda_2 z \end{aligned}\right\} \qquad \text{(A.6)}$$

公式(A.5)、(A.6)中 x、z 为观测坐标，$\bar{x}$、$\bar{z}$ 为变换后坐标，（改正了部分系统误差的影响）。

A.3 三维直接线性变换程序

A.3.1 三维直接线性变换数学模型

三维直接线性变换程序主要用在像片内外方位元素均未知的情况下，借助于一定数量的物方控制点，进行物方未知点坐标的计算。其变换基本公式为：

$$\left.\begin{array}{l} x+\Delta x=[l_1X+l_2Y+l_3Z+l_4]/[l_9X+l_{10}Y+l_{11}Z+1] \\ z+\Delta z=[l_5X+l_6Y+l_7Z+l_8]/[l_9X+l_{10}Y+l_{11}Z+1] \end{array}\right\} \quad \cdots\cdots\cdots\cdots (A.7)$$

其中 Δx、Δz 为非线性系统误差对像点坐标的影响，一般情况下考虑对称性畸变差误差就可以了，故本程序中取 Δx、Δz（见公式(A.8)）为：

$$\left.\begin{array}{l} \Delta x=k_1(x-x_0)(r^2-r_0^2) \\ \Delta z=k_1(z-z_0)(r^2-r_0^2) \end{array}\right\} \quad \cdots\cdots\cdots\cdots (A.8)$$

由(A.7)式可得误差方程式为：

$$\begin{bmatrix} V_x \\ V_y \end{bmatrix}=\frac{1}{A}\begin{bmatrix} XYZ10000-xX-xY-xZ-A(x-x_0)B \\ 0000XYZ1-zX-zY-zZ-A(z-z_0)B \end{bmatrix}X-\frac{1}{A}\begin{bmatrix} x \\ z \end{bmatrix} \quad \cdots\cdots (A.9)$$

式中：

$A=l_9X+l_{10}Y+l_{11}Z+1$

$B=r^2-r_0^2$

$X=[l_1,l_2,\cdots\cdots,l_{11}k_1]^{\mathrm{T}}$

将误差方程式(A.9)写成矩阵形式：

$$V=AX-l \qquad 权\ p$$

$$解为：X=(A^{\mathrm{T}}PA)^{-1}A^{\mathrm{T}}Pl \quad \cdots\cdots\cdots\cdots (A.10)$$

由公式(A.10)求出 11 个 l 系数后，可按公式(A.11)、(A.12)、(A.13)、(A.14)、(A.15)求出内外方位元素和两个附加参数

即由：

$$\left.\begin{array}{l} l_1X_S+l_2Y_S+l_3Z_S=-l_4 \\ l_5X_S+l_6Y_S+l_7Z_S=-l_8 \\ l_9X_S+l_{10}Y_S+Z_{11}Z_S=-1 \end{array}\right\} \quad \cdots\cdots\cdots\cdots (A.11)$$

求出 X_S、Y_S、Z_S。

而

$$\left.\begin{array}{l} x_0=(l_1l_9+L_2l_{10}+l_3l_{11})/(l_9^2+l_{10}^2+l_{11}^2) \\ z_0=(l_5l_9+l_6l_{10}+l_7l_{11})/(l_9^2+l_{10}^2+l_{11}^2) \end{array}\right\} \quad \cdots\cdots\cdots\cdots (A.12)$$

令

$$M=[l_5^2+l_6^2+l_7^2]/[l_9^2+l_{10}^2+l_{11}^2]-z_0^2$$

$$N=[l_1^2+l_2^2+l_3^2]/[l_9^2+l_{10}^2+l_{11}^2]-x_0^2$$

则有：

$$ds=\sqrt{N/M-1}$$

$$d\beta=\arcsin[[x_0z_0-(l_1l_5+l_2l_6+l_3l_7)/(l_9^2+l_{10}^2+l_{11}^2)]/MN] \quad \cdots\cdots (A.13)$$

$$f=\sqrt{N}\cos d\beta \qquad f_y=\sqrt{M}\cos d\beta \quad \cdots\cdots\cdots\cdots (A.14)$$

又因

$$\left.\begin{array}{l} a_1=r_2[(l_9x_0-l_1)+(l_9z_0-l_5)\sin d\beta/f_y=r_2A_1 \\ b_1=r_2[(l_{10}x_0-l_2)+(l_{10}z_0-l_6)\sin d\beta/f_y=r_2B_1 \\ c_1=r_2[(l_{11}x_0-l_3)+(l_{11}z_0-l_7)\sin d\beta/f_y=r_2C_1 \\ a_2=-r_2l_9=r_2A_2 \\ b_2=-r_2l_{10}=r_2B_2 \\ c_2=-r_2l_{11}=r_2C_2 \\ a_3=r_2(l_9z_0-l_5)\cos d\beta/f_y=r_2A_3 \\ b_3=r_2(l_{10}z_0-l_6)\cos d\beta/f_y=r_2B_3 \\ c_3=r_2(l_{11}z_0-l_7)\cos d\beta/f_y=r_2C_3 \end{array}\right\} \quad \cdots\cdots\cdots\cdots (A.15)$$

其中$|r_2|=1/(l_9^2+l_{10}^2+{}_{11}^2)$

而 r_2 的符号同行列式

$$\begin{vmatrix} A_1 & A_2 & A_3 \\ B_1 & B_2 & B_3 \\ C_1 & C_2 & C_3 \end{vmatrix} \text{的符号}$$

故可求出 ϕ、ω、κ：

$\mathrm{tg}\phi=a_2/b_2$

$\mathrm{tg}\kappa=c_1/c_2$

$\mathrm{tg}\omega=c_2$

求出所有像片的 11 个 l 系数后，利用这些 l 函数进行多片空间前方交会，以求出各物方点的坐标值。

A.3.2　基本功能

A.3.2.1　可以完成多张像片从像点坐标到物方点坐标的解算工作。

A.3.2.2　能够提供各残差，以检查粗差和进行其他分析。

附 录 B
（资料性附录）
等值线图

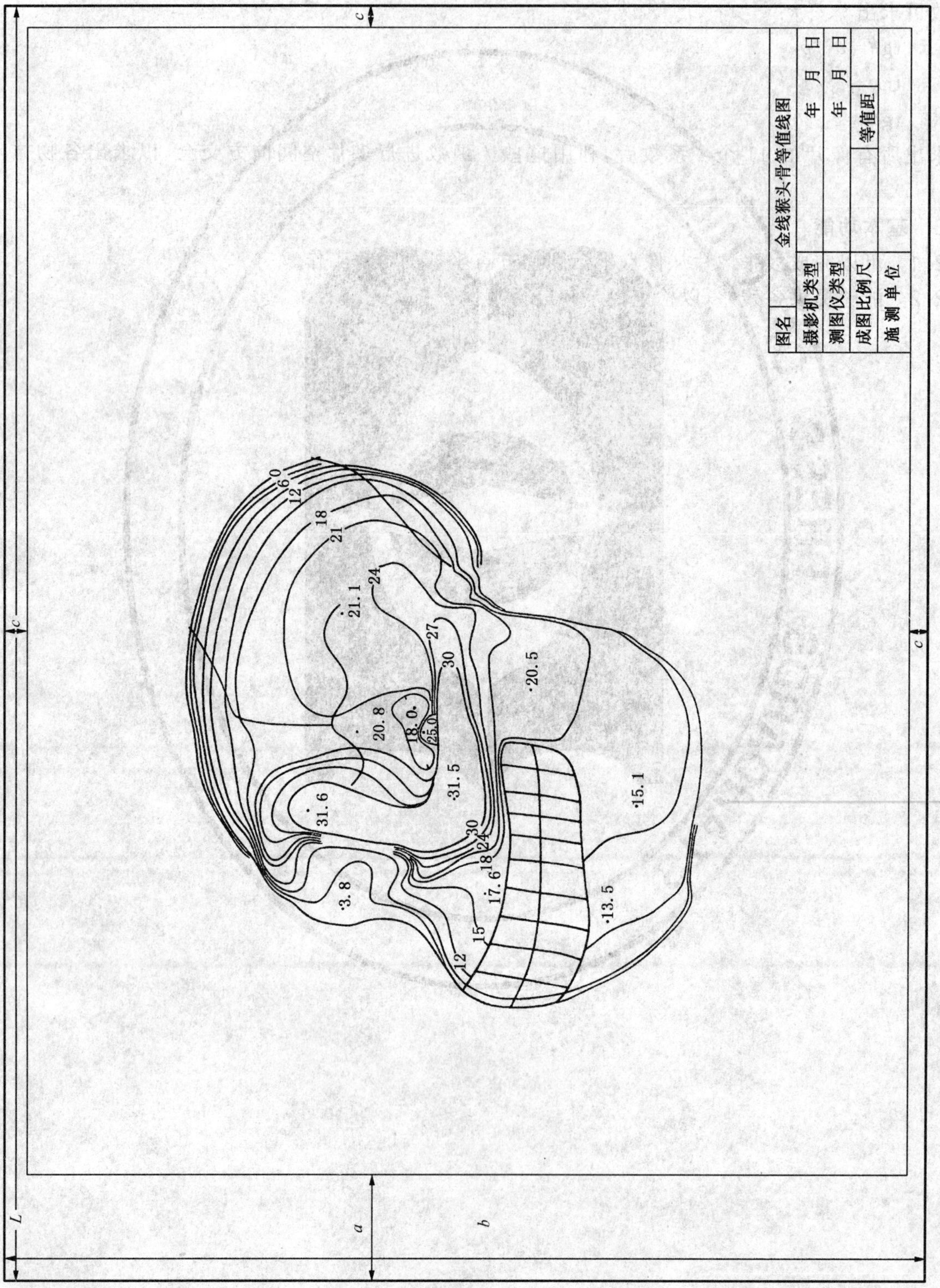

图 B.1

附　录　C
（规范性附录）
近景摄影测量测绘古建筑立面图的要求

C.1　测绘立面图

测绘立面图（见图 C.1）包括下列各项：

a)　建筑物立面的外轮廓；

b)　屋顶部分：应绘出屋脊和吻、兽及其交接的位置、瓦陇部分的当沟、勾头、滴水及钉帽的位置；

c)　屋檐及翼角部分：椽头及飞檐（正面仅看到椽头，翼角翘飞可见到椽的一个侧面）仔角梁、老角梁、连椽、套兽（仔角梁头装饰物）；

d)　柱、枋、斗拱部分：柱子（比例尺小于 1∶50 时，金柱径虽大于檐柱径，可只画檐柱）、额枋、雀替、吊挂楣子、花牙子、平板枋、斗拱（比例尺小于 1∶50 时、可只绘外轮廓）、挂落、坐凳、栏杆；

e)　墙身部分：檐墙、山墙、槛墙（包括塌板、柱门、窗）、墀头的砖雕部分（比例尺小于 1∶25 时，可只绘外轮廓）；

f)　台明及台阶：压面石（阶条石）、柱顶鼓镜、垂带、踏跺、角柱石。

C.2　需要提供的标高

需要提供的标高包括以下各项：

a)　正脊两端的上表面和围脊的标高，挂落上皮标高，楼层标高；

b)　正吻的最高点；

c)　明间中央连檐下皮（飞檐头上皮）；

d)　仔角梁梁头上皮中央；

e)　明间中央阶条石边沿。

C.3　需要提供的尺寸

需要提供的尺寸包括以下各项：

a)　上檐出尺寸：明间屋檐飞椽椽头与檐柱轴线的水平投影距离；

b)　翼角冲出尺寸；

c)　翼角上翘尺寸。

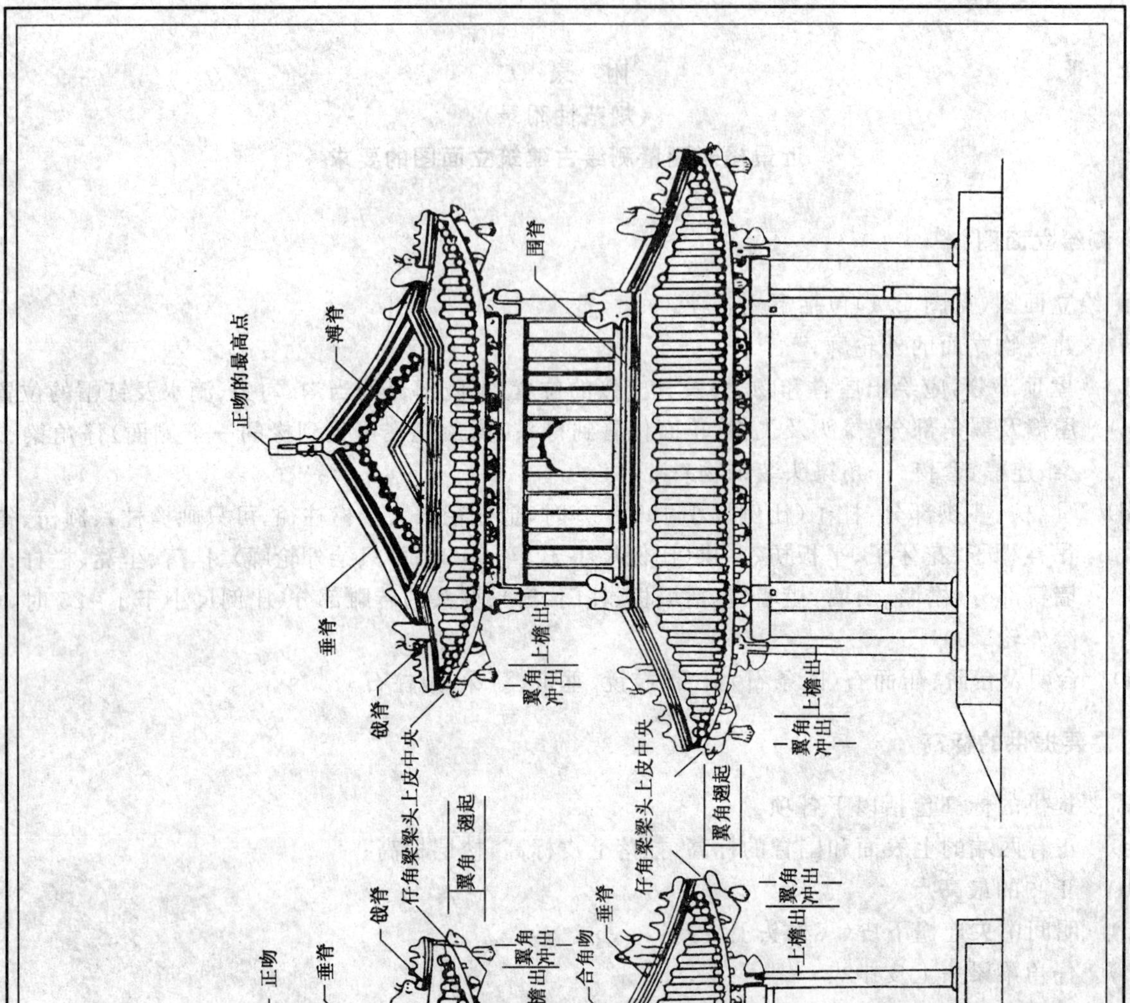
正吻的最高点
正脊两端上表面
正脊
正吻
垂脊
戗脊
仔角梁梁头上皮中央
翼角 翘起
翼角冲出
上檐出
合角吻
围脊
围脊中央上表面
明间中央大连檐下皮
垂兽
戗兽
走兽
仙人
台明中央外边沿
博脊

图 C.1

ICS 91.100.30
Q 14

中华人民共和国国家标准

GB 12987—2008
代替 GB 12987—1997、GB 15230—1994

乡村建设用混凝土圆孔板和配套构件

Concrete hollow floor slab and complete sets for village constructs

2008-09-18 发布　　2009-09-01 实施

中华人民共和国国家质量监督检验检疫总局
中国国家标准化管理委员会　发布

前　言

本标准第5章是强制性的，其余为推荐性的。

本标准代替GB 12987—1997《农房用混凝土圆孔板》和GB 15230—1994《农房混凝土配套构件》。

本标准与GB 12987—1997和GB 15230—1994的主要差异在于：

——标准的名称修改为《乡村建设用混凝土圆孔板和配套构件》；

——标准包括了乡村建设用混凝土圆孔板和乡村建设用混凝土配套构件；

——增加了引言；

——增补了部分规范性引用文件；

——修改了标记示例；

——取消了原标准分等分级的规定；

——增加了施加预应力要求(5.4)并将原国家标准GB 12987—1997附录A的内容列入；

——出厂检验项目统一为混凝土强度、外观质量和尺寸偏差；

——产品出厂检验批量调整为与GB 50204—2002一致，外观质量和尺寸偏差检验数量调整为10块；

——混凝土抗压强度项目判定增加了试块制作频次的规定，并明确按月评定；

——阳台梁力学性能试验方法修改为标准附录A。

本标准附录A为规范性附录。

本标准由中国建筑材料联合会提出。

本标准由全国水泥制品标准化技术委员会(SAC/TC 197)归口。

本标准负责起草单位：苏州混凝土水泥制品研究院、广州市建筑机械施工有限公司。

本标准参加起草单位：上海市建筑科学研究院、河南温县建委质量监督站、如皋市南方混凝土制品公司、大丰县水泥制品厂、邗江县杭集建筑安装公司预制厂、宿州市第一水利构件厂、如皋市东方水泥制管厂、宜兴市建材工业公司、苏州市横塘预制构件厂、兴化市边城水泥制品厂。

本标准主要起草人：谈永泉、许晓东、丁昌银、冼聪颖、叶彬彬、庄启才、陆乃鼎、陈卫平、马虎臣、苏汉林、宗国荃、蔡庭礼、王作儒、傅永平、邹伯君、张宝根、曹银宝。

本标准委托苏州混凝土水泥制品研究院负责解释。

本标准所代替标准的历次版本发布情况为：

——GB 12987—1991，GB 12987—1997；

——GB 15230—1994。

引　言

我国生产使用乡村建设用混凝土圆孔板和混凝土构配件已有几十年历史，自20世纪70年代开始，钢筋混凝土圆孔板、预应力混凝土圆孔板、钢筋混凝土和预应力混凝土门、窗过梁、楼梯踏步板，以及混凝土阳台梁配套构件已在农村、乡镇建造的房屋建筑中得到广泛的应用。为规范农房用混凝土圆孔板和配套构件的生产，1991年我国首次发布了GB 12987—1991《农房用混凝土圆孔板》，并于1997年对该标准进行修订，修订后标准为GB 12987—1997《农房用混凝土圆孔板》；我国于1994年发布了GB 15230—1994《农房混凝土配套构件》标准。农房用混凝土圆孔板和配套构件标准发布已十多年。由于设计规范、标准编制格式等已作变更，原标准有关内容已不符合要求，加上二个产品均为乡村建设用混凝土构件产品，检验项目、判定等有许多相同，为此国家下达任务，要求对这二个标准进行整合修订。

在城市建设中，由于建筑楼层高、抗震要求严等原因，混凝土圆孔板已较少使用；但在乡村建设中，混凝土圆孔板和配套构件因具有结构合理、安装方便、建筑成本低、施工进度快等特点，仍然是最主要的建筑材料。随着我国施工技术水平的提高和房屋建筑普遍采用抗震结构设计的进一步完善，混凝土圆孔板和配套构件在乡村建设中所发挥的作用将越来越大。

相信随着国家标准的整合修订和颁布执行，对控制乡村建设用混凝土圆孔板和配套构件的产品质量、引起各地主管部门的重视和强制各生产厂执行标准、建设和谐社会等必将产生深远的影响，从而使混凝土圆孔板和配套构件更好地为社会主义新农村建设提供服务。

乡村建设用混凝土圆孔板和配套构件

1 范围

本标准规定了乡村建设用混凝土圆孔板(以下简称圆孔板)和配套构件(以下简称配套构件)的分类、原材料、技术要求、试验方法、检验规则、出厂合格证、标志、贮存与运输等。

本标准适用于农村和乡镇建造的住房、办公室、中小学教室等用作建筑楼面、屋面和天棚等的圆孔板和混凝土门、窗过梁(以下简称过梁)、阳台悬臂梁(以下简称阳台梁)及楼梯踏步板(以下简称踏步板)等配套构件。

2 规范性引用文件

下列文件中的条款通过本标准的引用而成为本标准的条款。凡是注日期的引用文件,其随后所有的修改单(不包括勘误的内容)或修订版均不适用于本标准,然而,鼓励根据本标准达成协议的各方研究是否可使用这些文件的最新版本。凡是不注日期的引用文件,其最新版本适用于本标准。

GB 175 通用硅酸盐水泥

GB 1499.1 钢筋混凝土用钢 第1部分:热轧光圆钢筋

GB 1499.2 钢筋混凝土用钢 第2部分:热轧带肋钢筋

GB/T 5223 预应力混凝土用钢丝

GB 8076 混凝土外加剂

GB 13788 冷轧带肋钢筋

GB/T 14684 建筑用砂

GB/T 14685 建筑用卵石、碎石

GB 50010 混凝土结构设计规范

GB/T 50081—2002 普通混凝土力学性能试验方法标准

GB 50119 混凝土外加剂应用技术规范

GB 50164 混凝土质量控制标准

GB 50204—2002 混凝土结构工程施工质量验收规范

GBJ 107 混凝土强度检验评定标准

JC/T 540 混凝土制品用冷拔低碳钢丝

JC/T 624 农房混凝土构件质量检测方法

JGJ 55 普通混凝土配合比设计规程

JGJ 63 混凝土用水标准

JGJ 95 冷轧带肋钢筋混凝土结构设计规程

3 分类

3.1 品种

品种及代号见表1。

表 1　品种及代号

<table>
<tr><th colspan="3">品　种</th><th>代号</th></tr>
<tr><td rowspan="2">圆孔板</td><td colspan="2">预应力混凝土圆孔板(以下简称预应力板)</td><td>NYKB</td></tr>
<tr><td colspan="2">钢筋混凝土圆孔板(以下简称非预应力板)</td><td>NGKB</td></tr>
<tr><td rowspan="6">配套构件</td><td rowspan="2">过梁</td><td>预应力混凝土过梁(以下简称预应力过梁)</td><td>YGL</td></tr>
<tr><td>钢筋混凝土过梁(以下简称混凝土过梁)</td><td>GL</td></tr>
<tr><td colspan="2">阳台梁</td><td>YTL</td></tr>
<tr><td rowspan="3">踏步板</td><td>预应力 L 形混凝土踏步板(以下简称预应力 L 板)</td><td>YLTB</td></tr>
<tr><td>混凝土平板形踏步板(以下简称平板)</td><td>PTB</td></tr>
<tr><td>混凝土 L 形踏步板(以下简称 L 板)</td><td>LTB</td></tr>
</table>

3.2　级别

圆孔板按正常使用均布活荷载标准值划分为五个级别(见表 2)。阳台梁和踏步板分别按不同均布活荷载标准值划分为两个级别(见表 3),过梁按其上部承担的墙体自重及板面传给的均布荷载划分为 6 个级别(见表 4)。

表 2　圆孔板级别　　单位为千牛每平方米

级　别	Ⅰ	Ⅱ	Ⅲ	Ⅳ	Ⅴ
活荷载标准值	1.5	2.0	2.5	3.0	3.5

表 3　阳台梁及踏步板荷载级别　　单位为千牛每平方米

构件种类	不同级别的均布活荷载级别	
	Ⅰ	Ⅱ
阳台梁	2.5	3.5
踏步板	1.5	2.0

表 4　过梁荷载级别　　单位为千牛每米

级别	Ⅰ	Ⅱ	Ⅲ	Ⅳ	Ⅴ	Ⅵ
组合荷载	墙重	G+5	G+10	G+15	G+20	G+25
注:表中 G 系指过梁上部 1/3 净跨高度的墙体自重,(5～25)kN/m 指板面传给的均布荷载。						

3.3　规格

3.3.1　外形

3.3.1.1　圆孔板外形见图 1 所示。

单位为毫米

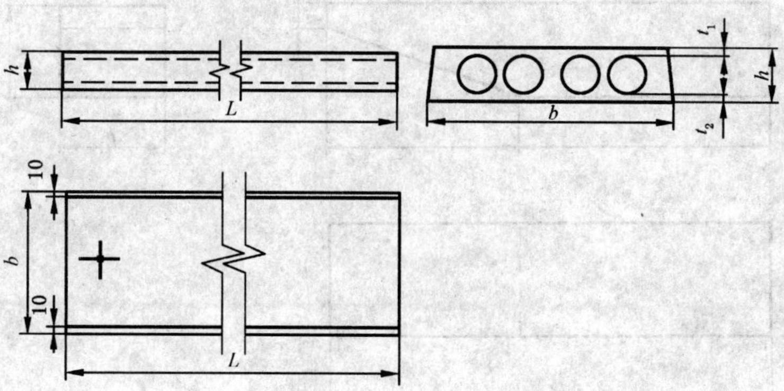

b——板宽；

h——板厚；

L——板长；

t_1——圆孔顶端至板上表面距离；

t_2——圆孔底端至板下表面距离。

图 1 圆孔板外形

3.3.1.2 过梁外形见图 2 所示。

单位为毫米

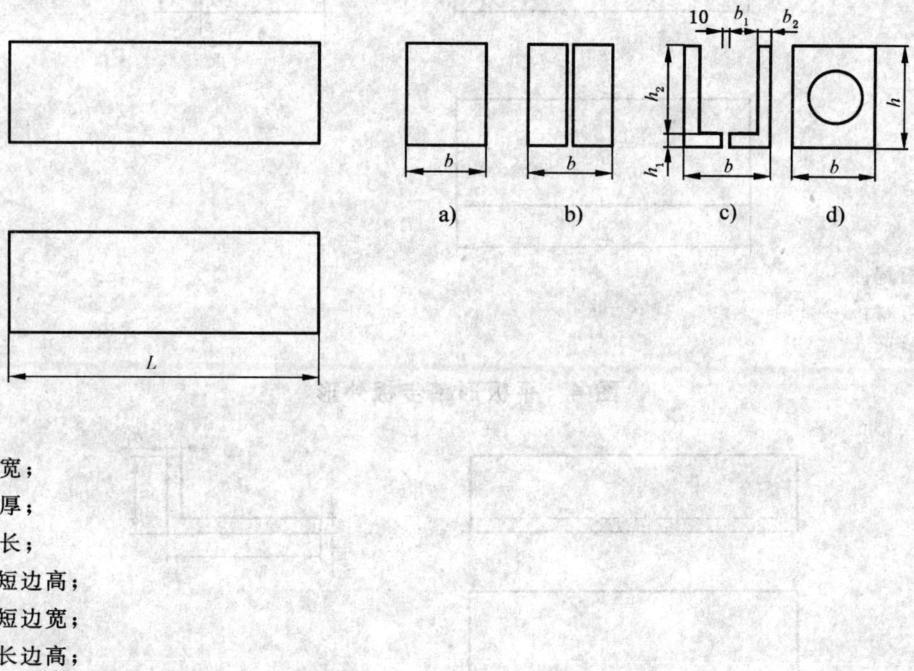

b——过梁宽；

h——过梁厚；

L——过梁长；

h_1——L 形短边高；

b_1——L 形短边宽；

h_2——L 形长边高；

b_2——L 形长边宽；

a)——矩形截面；

b)——两个矩形组合截面；

c)——两个 L 形组合截面；

d)——抽孔的矩形截面。

图 2 过梁外形

3.3.1.3 阳台梁外形见图 3 所示。

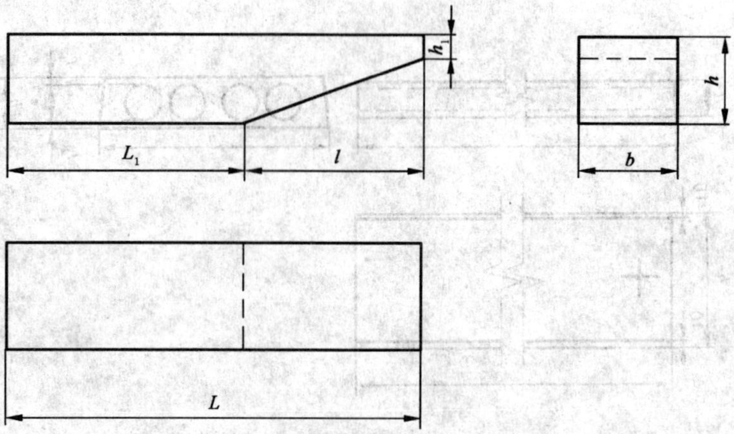

b——阳台梁宽；
h——阳台梁厚；
L——阳台梁长；
h_1——梢端高度；
L_1——阳台梁根部长度；
l——阳台梁梢部长度。

图 3 阳台梁外形

3.3.1.4 平板形踏步板和 L 形踏步板外形见图 4 和图 5 所示。

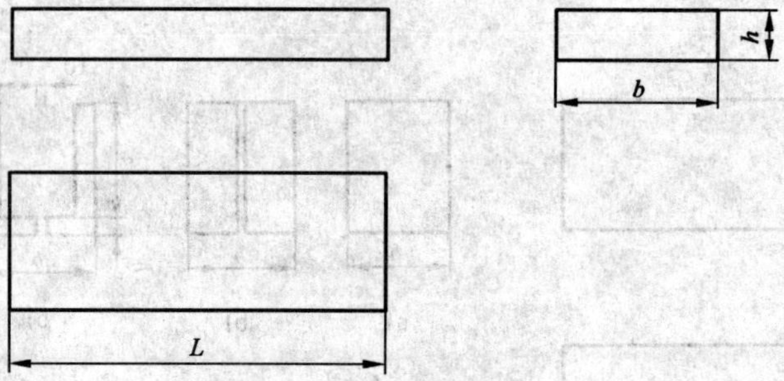

b——踏步板宽；
h——踏步板厚；
L——踏步板长。

图 4 平板形踏步板外形

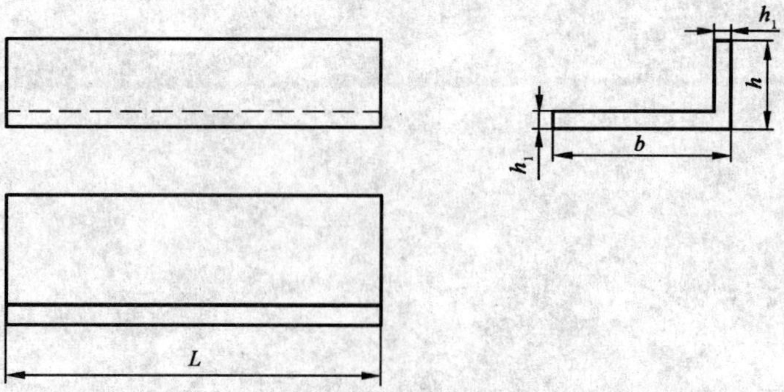

b——踏步板宽；
h——踏步板厚；
L——踏步板长；
h_1——踏步板厚度。

图 5 L 形踏步板外形

3.3.2 **截面尺寸、公称长度**

3.3.2.1 预应力板、非预应力板截面尺寸、公称长度应分别符合表 5、表 6 规定。

3.3.2.2 过梁、阳台梁及踏步板截面尺寸、公称长度应分别符合表 7、表 8 和表 9 规定。

表 5 预应力板截面尺寸及公称长度

单位为毫米

截面尺寸 $b \times h$	级别	公称长度
490×110 590×110	Ⅰ、Ⅱ、Ⅲ、Ⅳ、Ⅴ	2 700 3 000 3 300 3 400 3 600 3 800 4 000 4 200
490×120 590×120	Ⅰ、Ⅱ、Ⅲ、Ⅳ、Ⅴ	3 000 3 300 3 400 3 600 3 800 4 000 4 200 4 300 4 500
490×130 590×130	Ⅰ、Ⅱ、Ⅲ、Ⅳ、Ⅴ	3 600 3 800 4 000 4 200 4 300 4 500 4 700 4 800 5 000

表 6 非预应力板截面尺寸及公称长度

单位为毫米

截面尺寸 $b \times h$	级别	公称长度
490×110 590×110	Ⅰ、Ⅱ、Ⅲ、Ⅳ、Ⅴ	2 700 3 000 3 300 3 400 3 600
490×130 590×130	Ⅰ、Ⅱ、Ⅲ、Ⅳ、Ⅴ	2 700 3 000 3 300 3 400 3 600 3 800
490×150 590×150	Ⅰ、Ⅱ、Ⅲ、Ⅳ、Ⅴ	2 700 3 000 3 300 3 400 3 600 3 800 4 000 4 200

表 7 过梁截面尺寸及长度

单位为毫米

截面		荷载级别	长度 L
$b \times h$	型式		
180×50 240×50 370×50	矩形	Ⅰ	1 100、1 200、1 300、1 400
180×60 240×60 370×60	矩形	Ⅰ	1 100、1 200、1 300、1 400、1 500、1 600、1 700
		Ⅱ	1 100、1 200
		Ⅲ	1 100

表 7(续)　　单位为毫米

截面		荷载级别	长度 L
b×h	型式		
180×100 240×100 370×100	矩形	Ⅰ～Ⅱ	1 200、1 300、1 400、1 500、1 700、1 900
		Ⅲ～Ⅳ	1 200、1 300、1 400、1 500、1 700
		Ⅴ～Ⅵ	1 100、1 200、1 300、1 400
180×120 240×120 370×120	矩形	Ⅰ～Ⅱ	1 400、1 500、1 700、1 900、2 000、2 300
		Ⅲ	1 300、1 400、1 500、1 700、1 900、2 000
		Ⅳ	1 100、1 200、1 300、1 400、1 500、1 700、1 900
		Ⅴ	1 100、1 200、1 300、1 400、1 500、1 700
		Ⅵ	1 100、1 200、1 300、1 400、1 500
180×180 240×180 370×180	矩形 2 个矩形 2 个 L 形	Ⅰ	2 000、2 300、2 600、2 900、3 200、3 500
		Ⅱ～Ⅲ	1 900、2 000、2 300、2 600、2 900
		Ⅳ～Ⅴ	1 700、1 900、2 000、2 300、2 600
		Ⅵ	1 700、1 900、2 000
180×240 240×240 370×240	矩形 2 个矩形 2 个 L 形	Ⅱ～Ⅲ	2 600、2 900、3 200、3 500
		Ⅳ	2 300、2 600、2 900、3 200
		Ⅴ	2 300、2 600、2 900
		Ⅵ	2 300、2 600
180×300 240×300 370×300	矩形 2 个矩形 2 个 L 形	Ⅳ～Ⅵ	2 900、3 200、3 500
240×100	2 个 L 形	Ⅰ～Ⅳ	1 100、1 200、1 300、1 400、1 500、1 700
		Ⅴ～Ⅵ	1 100、1 200、1 300、1 400
240×150		Ⅰ～Ⅳ	1 500、1 700、1 900、2 000、2 100、2 300
		Ⅴ～Ⅵ	1 500、1 700
240×180 抽孔 ϕ(50～60)	矩形	Ⅰ～Ⅳ	1 700、1 900、2 000
240×100 (ϕ57)	预应力矩形	Ⅰ～Ⅳ	1 100、1 200、1 300、1 400、1 500、1 700
		Ⅴ～Ⅵ	1 500、1 700
240×160 (ϕ102)		Ⅰ～Ⅳ	1 500、1 700、1 900、2 000、2 100、2 300
		Ⅴ～Ⅵ	1 500、1 700、1 900
注：其他规格由设计部门设计确定。			

表 8　阳台梁截面尺寸及长度

单位为毫米

种类	截面尺寸 $b \times h/h_1$	级别	长度 L_1	长度 L	阳台宽度（开间尺寸）
单阳台梁	240(220)×240/120(150)	Ⅰ	1 000 1 200	2 100、2 200、2 300、2 400、2 500、2 600、2 700、2 800、2 900	3 000～5 000
			1 400	2 900、3 000、3 100、3 200、3 300、3 400	3 000～4 700
			1 500	3 100、3 200、3 300、3 400、3 500	3 000～4 000
		Ⅱ	1 000 1 200	2 200、2 300、2 400、2 500、2 600、2 700、2 800、2 900、3 000、3 100	3 000～5 000
			1 400	2 900、3 000、3 100、3 200、3 300、3 400	3 000～4 000
			1 500	3 100、3 200、3 300、3 400、3 500	3 000～3 600
单阳台梁	240(220)×300/150	Ⅰ	1 400	3 100、3 200、3 300、3 400	5 000
			1 500	3 200、3 300、3 400、3 500、3 600	4 000～5 000
		Ⅱ	1 400	3 100、3 200、3 300、3 400、3 500	4 200～5 000
			1 500	3 200、3 300、3 400、3 500、3 600	3 800～5 000
中间阳台梁	240(220)×240/120(150)	Ⅰ	1 000	2 400、2 500、2 600、2 700、2 800、2 900、3 000	3 000～4 000
			1 200	2 800、2 900、3 000、3 100	3 000
		Ⅱ	1 000	2 500、2 600、2 700、2 800、2 900、3 000、3 100	3 000～3 400
	240(220)×300/150	Ⅰ	1 000	2 500、2 600、2 700、2 800、2 900、3 000、3 100	4 200～5 000
			1 200	2 800、2 900、3 000、3 100、3 200	3 300～5000
			1 400	3 200、3 300、3 400、3 500、3 600、3 700	3 000～5 000
			1 500	3 400、3 500、3 600、3 700、3 800、3 900	3 000～5 000
		Ⅱ	1 000	2 500、2 600、2 700、2 800、2 900、3 000、3 100、3 200	3 600～5 000
			1 200	2 900、3 000、3 100、3 200	3 000～5 000
			1 400	3 300、3 400、3 500、3 600	3 000～5 000
			1 500	3 700、3 800、3 900、4 000	3 000～5 000

注 1：括号内 220 是以非标准砖的截面宽度而定的。

注 2：其他规格需要由设计部门设计确定。

表 9　踏步板截面尺寸及长度

单位为毫米

种类	级别	截面尺寸 b	截面尺寸 h	截面尺寸 h_1	长度
平板	Ⅰ、Ⅱ	250～350	40、50	—	1 000～1 400
L 板	Ⅰ、Ⅱ	240～320	150～200	40	1 000～1 400
预应力 L 板	Ⅰ、Ⅱ	240～320	150～200	35	1 000～1 400

注：其他规格需由设计部门设计确定。

3.3.3 结构尺寸

3.3.3.1 预应力板结构尺寸参见表10。

表 10 预应力板结构尺寸

单位为毫米

截面尺寸 $b\times h$	圆孔		t_1	t_2
	孔数	孔径		
490×110	5	70	20	20
590×110	6	70	20	20
490×120	5(4)	76(80)	22	22
590×120	6(5)	76(80)	22	22
490×130	5(4)	76(80)	25	29
590×130	6(5)	76(80)	25	29

注1：t_1 为圆孔顶端至板上表面距离；t_2 为圆孔底端至板下表面的距离。

注2：经供需双方协议也可以生产其他规格尺寸的圆孔板。

3.3.3.2 非预应力板结构尺寸参见表11。

表 11 非预应力板结构尺寸

单位为毫米

截面尺寸 $b\times h$	圆孔		t_1	t_2
	孔数	孔径		
490×110	5	70	20	20
590×110	6	70	20	20
490×130	5	76	25	29
590×130	6	76	25	29
490×150	4	108	20	22
590×150	4	108	20	22

注1：t_1 为圆孔顶端至板上表面距离；t_2 为圆孔底端至板下表面的距离。

注2：经供需双方协议也可以生产其他规格尺寸的圆孔板。

3.4 标记

圆孔板、配套构件中的过梁和混凝土平板形踏步板以品种、产品长度×宽度×高度、级别、标准编号编排。

配套构件中的阳台梁以品种、产品长度×宽度×阳台梁高度/梢端高度、级别、标准编号编排。

配套构件中的预应力L形踏步板和混凝土L形踏步板以品种、产品长度×宽度×高度×厚度、级别、标准编号编排。标记示例如下：

公称长度为3 800 mm、公称宽度为500 mm、高度为110 mm、级别为Ⅱ级的农房用预应力混凝土圆孔板标记如下：

NYKB 3 800×500×110 Ⅱ GB 12987—2008

长度为3 400 mm、宽度为240 mm、阳台梁高度为240 mm、梢端高度为150 mm、荷载级别为Ⅰ级的阳台梁标记如下：

YTL 3 400×240×240/150 Ⅰ GB 12987—2008

长度为1 000 mm、宽度为320 mm、高度为150 mm、厚度为35 mm、级别为Ⅰ级的预应力L形踏步板标记如下：

YLTB 1 000×320×150×35 Ⅰ GB 12987—2008

4 原材料

4.1 生产圆孔板和配套构件宜采用强度等级不低于 42.5 的通用硅酸盐水泥，其性能应符合 GB 175 的规定。

4.2 细集料应符合 GB/T 14684 的规定。

4.3 粗集料宜采用碎石或卵石，其性能应符合 GB/T 14685 的规定，其中石子最大颗粒粒径不应超过两个相邻圆孔之间的净距离，也不应超过钢筋净距的 3/4，同时应符合 GB 50204—2002 的有关规定。

4.4 混凝土拌合和养护用水应符合 JGJ 63 中的规定。

4.5 混凝土外加剂应符合 GB 8076 的规定。预应力构件严禁使用氯盐类外加剂或其他对钢筋有腐蚀作用的外加剂。混凝土外加剂的应用应符合 GB 50119 的规定。

4.6 若使用掺合料，掺合料不得对制品性能产生有害影响，掺合料应符合相关产品标准的规定，使用前必须进行试验验证。

4.7 预应力构件中的预应力筋宜采用 CRB 650 或 CRB 800 冷轧带肋钢筋，也可采用碳素钢丝及刻痕钢丝，非预应力构件宜采用 CRB 550 冷轧带肋钢筋、钢筋混凝土热轧光圆Ⅰ、Ⅱ级钢筋或冷拔低碳钢丝，其性能应分别符合 GB 13788、GB/T 5223、GB 1499.1、GB 1499.2 及 JC/T 540 中相应的规定。

5 技术要求

5.1 生产依据

圆孔板、配套构件应按本标准规定和有相关资质的设计单位设计的图纸进行生产。构件结构设计应符合 GB 50010、JGJ 95 的规定。

5.2 构造要求

5.2.1 圆孔板的受力钢筋（丝）混凝土保护层厚度不宜小于 15 mm。圆孔板主筋间净距不宜小于 15 mm，当采用冷轧带肋钢筋配筋数量较多排列有困难时，也可采用两根并列。板端主筋外伸长度应符合设计要求。

5.2.2 预应力踏步板和高度不大于 60 mm 的预应力过梁的主筋保护层厚度不应小于 15 mm，高度大于 60 mm 的过梁及阳台梁的主筋保护层厚度不应小于 20 mm，混凝土踏步板的主筋保护层厚度不应小于 10 mm。

5.2.3 钢筋的加工、焊接、绑扎和安装应符合 GB 50204—2002 的有关规定并应符合设计图纸的要求。

5.3 施加预应力要求

5.3.1 冷轧带肋钢筋、预应力钢丝等施加预应力时的张拉控制应力、张拉程序及预应力钢丝检验规定值应符合 GB 50010 及 GB 50204—2002 的有关规定。

5.3.2 每一个生产班应在张拉程序完成后 1 h 至少检测一条生产线的全部钢丝实际建立的预应力平均值。该值与设计检验规定值偏差不应超过±5%。

5.4 混凝土强度

5.4.1 混凝土强度等级：预应力构件当采用冷轧带肋钢筋时不宜低于 C30，当采用碳素钢丝时，不宜低于 C40；非预应力构件不宜低于 C30。混凝土的配合比设计应符合 JGJ55 的规定，混凝土抗压强度的检验应符合 GB/T 50081—2002 的规定，混凝土的质量控制应符合 GB 50164 的要求。

5.4.2 放张预应力筋时，与构件同条件养护的混凝土抗压强度不得低于混凝土设计强度等级的 75%。

5.4.3 标准养护条件下 28 d 混凝土抗压强度检验评定应满足 GBJ107 的要求。

5.4.4 圆孔板、配套构件出厂时与构件同条件养护的混凝土抗压强度不得低于设计强度值。

5.5 外观质量和尺寸偏差

5.5.1 圆孔板外观质量及尺寸偏差应符合表 12 规定。

表 12 圆孔板外观质量和尺寸偏差

单位为毫米

类别	项次	项目	允许偏差
			合格品
外观质量	1	露筋	不允许
	2	裂缝	不允许
	3	蜂窝、麻面	不大于同一面面积的1%
	4	孔洞	不允许
	5	缺角、掉边	每件不超过1处，长度≤40，宽度≤20
	6	端部疏松	长度≤50，宽度≤20
	7	活筋	每件不超过一根，长度≤50
	8	凸瘤	每件不超过3个，高度≤5
尺寸偏差	9	长度	$^{+10}_{-5}$
	10	宽度	±5
	11	高度	±5
	12	侧向弯曲	≤L/750
	13	表面平整度	2 m长度内不大于5
	14	主筋保护层厚度	$^{+5}_{-3}$
	15	圆孔直径	$^{+3}_{-5}$
	16	对角线差	≤10
	17	预应力中心位移	±3

5.5.2 配套构件外观质量及尺寸偏差应符合表13规定。

表 13 配套构件外观质量和尺寸偏差

单位为毫米

类别	项次	项目		允许偏差
				合格品
外观质量	1	露筋		不允许
	2	裂缝		不允许
	3	孔洞		不允许
	4	缺角掉边		每件不超过1处，长度≤40，宽度≤20
	5	蜂窝麻面		不大于同一面面积的3%
尺寸偏差	6	长度		$^{+10}_{-5}$
	7	宽度		±5
	8	高度		±5
	9	主筋保护层厚度	梁	$^{+10}_{-5}$
			板	$^{+5}_{-3}$
	10	侧向弯曲		≤L/750
	11	表面平整度		2 m长度内不大于7
	12	对角线差		≤12
	13	预留孔中心位移		≤7
注：对角线差仅适用于踏步板。				

5.6 力学性能

预应力构件力学性能检验指标应包括承载力、挠度和抗裂检验；非预应力构件力学性能检验指标应包括承载力、挠度和裂缝宽度。

5.6.1 承载力

5.6.1.1 要求按混凝土结构设计规范规定进行检验时，应符合式(1)要求：

$$\gamma_u^0 \geqslant \gamma_0[\gamma_u] \qquad \cdots\cdots(1)$$

式中：

γ_u^0——承载力检验系数实测值，即试验达到 GB 50204—2002 表 9.3.2 所列检验标志之一时的荷载实测值与承载力检验荷载设计值(均包括自重)的比值：承载力检验荷载设计值按 JC/T 624 规定计算；

$[\gamma_u]$——承载力检验系数允许值，按 GB 50204—2002 表 9.3.2 取用；

γ_0——结构构件的重要性系数，对于圆孔板和配套构件取 $\gamma_0=1$。

5.6.1.2 要求按实配钢筋的承载力进行检验时，应符合式(2)要求：

$$\gamma_u^0 \geqslant \gamma_0 \eta[\gamma_u] \qquad \cdots\cdots(2)$$

式中：

η——承载力检验修正系数，即按实配钢筋面积确定的承载力计算值与内力组合设计值的比值(由设计部门给定)。

5.6.2 挠度

5.6.2.1 要求按混凝土结构设计规范规定挠度允许值检验时，应符合式(3)、式(4)要求：

$$\alpha_s^0 \leqslant [\alpha_s] \qquad \cdots\cdots(3)$$

$$[\alpha_s]=\frac{M_k}{M_q(\theta-1)+M_k}[\alpha_f] \qquad \cdots\cdots(4)$$

式中：

α_s^0——在荷载标准值下的构件挠度实测值，单位为毫米(mm)，按 JC/T 624 规定计算；

$[\alpha_s]$——挠度检验允许值，单位为毫米(mm)；

M_k——按荷载标准组合计算所得的弯矩值，单位为千牛米(kN·m)；

M_q——按荷载准永久组合计算所得的弯矩值，单位为千牛米(kN·m)；

θ——考虑荷载长期作用对挠度增大的影响系数，一般取 $\theta=2$；

$[\alpha_f]$——挠度允许值，对于圆孔板、过梁和踏步板为其计算跨度的 1/200；对于阳台梁为其计算跨度的 1/125，单位为毫米(mm)。

5.6.2.2 要求按实配钢筋进行挠度检验或仅检验构件的挠度、抗裂或裂缝宽度时，应符合式(5)要求：

$$\alpha_s^0 \leqslant 1.2\alpha_s^c \qquad \cdots\cdots(5)$$

同时还应符合式(3)的要求。

式中：

α_s^c——在荷载标准值下，按实配钢筋确定的构件挠度计算值，单位为毫米(mm)。

5.6.3 抗裂

抗裂检验应符合式(6)、式(7)要求：

$$\gamma_{cr}^0 \geqslant [\gamma_{cr}] \qquad \cdots\cdots(6)$$

$$[\gamma_{cr}]=0.95\frac{\sigma_{pc}+\gamma f_{tk}}{\sigma_{ck}} \qquad \cdots\cdots(7)$$

当冷轧带肋钢筋配筋时，其抗裂检验系数允许值，按下列两种情况考虑：

a) 当按 JGJ95 规定进行检验时，按式(8)计算：

$$[\gamma_{cr}]=0.95\frac{\sigma_{pc}+\gamma f_{tk}}{\sigma_{pc}+\alpha_{ct,s}\gamma f_{tk}} \qquad \cdots\cdots(8)$$

b) 当设计要求按实际的抗裂计算值进行检验时，则按式(7)计算。但当式(7)的计算结果小于式(8)的计算结果时，则应取式(8)的计算值。

式中：

γ_{cr}^{0}——抗裂检验系数实测值，即试验时构件的开裂荷载实测值与荷载标准值(包括自重)的比值；

$[\gamma_{cr}]$——抗裂检验系数允许值；

σ_{ck}——荷载的标准值产生的抗拉边缘的混凝土法向应力值，单位为牛每平方毫米(N/mm^2)；

γ——混凝土构件截面抵抗矩塑性影响系数，圆孔板取 $\gamma=1.50$，配套构件取 $\gamma=1.75$；

σ_{pc}——由预加力产生的构件抗拉边缘的混凝土法向应力值，单位为牛每平方毫米(N/mm^2)；

f_{tk}——混凝土抗拉强度标准值，单位为牛每平方毫米(N/mm^2)；

$\alpha_{ct,s}$——荷载标准值下，混凝土拉应力限制系数，一般取 $\alpha_{ct,s}=0.6$。

5.6.4 裂缝宽度

非预应力板的裂缝宽度检验应符合式(9)的要求：

$$w_{s,max}^{0} \leqslant [w_{max}] \qquad \cdots\cdots(9)$$

式中：

$w_{s,max}^{0}$——在荷载标准值作用下，受拉主筋处最大裂缝宽度的实测值；

$[w_{max}]$——最大裂缝宽度允许值，对于圆孔板、过梁和踏步板一般取 $[w_{max}]=0.20$ mm，对于阳台梁一般取 $[w_{max}]=0.15$ mm。

6 试验方法

6.1 混凝土抗压强度、外观质量和尺寸偏差按 JC/T 624 规定进行。

6.2 圆孔板、踏步板和过梁力学性能试验按 JC/T 624 中板类、梁类构件进行，阳台梁力学性能试验按标准附录 A 进行。

7 检验规则

7.1 检验项目

7.1.1 出厂检验：包括混凝土强度、外观质量、尺寸偏差；

7.1.2 型式检验：包括混凝土强度、外观质量和尺寸偏差及力学性能。

7.2 出厂检验

7.2.1 批量

按正常生产的不超过 1 000 块且不超过 3 个月的同类型产品为一个批量，如出厂时不足 1 000 块或不足 3 个月仍可作为一个检验批量。

注："同类型产品"是指同一钢种、同一混凝土强度等级、同一生产工艺和同一结构形式的构件。

7.2.2 抽样方法

7.2.2.1 检验混凝土抗压强度的试块数量应符合下列规定：

a) 检验混凝土设计强度等级用的试块，在同一原材料、配合比及相同工艺条件下，每生产日至少成型一组，按月进行评定。

b) 检验出厂强度用的试块，每生产日至少成型一组试件用于检验出厂强度；预应力构件还应每生产日成型一组试件用于检验放张强度。

7.2.2.2 外观质量和尺寸偏差检测从同一批量中随机抽取 10 件。

7.3 型式检验

7.3.1 凡符合下列情况之一者，需进行型式检验：

a) 新产品投产时；

b) 正式生产后，如结构、材料、工艺有较大改变，可能影响产品性能时；

c) 在正常生产情况下，一年需进行一次型式检验；

d) 产品长期停产，恢复生产时；

e) 出厂检验结果与上一次型式检验有较大差异时；

f) 国家质量监督机构提出进行型式检验时。

7.3.2 型式检验的批量及抽样方法按7.2规定进行，力学性能按在同一批量中随机抽取生产数量最多或设计荷载最大的一件构件进行检验，抽取二件进行复检备用。

7.4 判定规则

7.4.1 混凝土抗压强度

试块制作频次符合规定，在标准养护条件下28 d混凝土抗压强度检验评定同时满足GBJ107的要求，则判该项合格。

7.4.2 外观质量

每件圆孔板、配套构件的外观质量中露筋、裂缝、孔洞应符合表12、表13的规定，其他项目中仅有一项或没有项目不符合表12、表13规定时，则该件判外观质量合格。

7.4.3 尺寸偏差

每件构件的几何尺寸中高度、侧向弯曲、主筋保护层厚度中仅一项不符合表12、表13中的规定，几何尺寸项目共有二项或二项以下不符合规定，则该件判尺寸偏差为合格。

7.4.4 力学性能

构件的力学性能应满足本标准5.6规定的要求。如果当该件的承载力及抗裂检验系数仅达到规定允许值的0.95倍，挠度达到规定允许值1.10倍，可再抽取两个试件检验。当再抽取的第一个试件能满足本标准5.6规定要求，或二个试件都达到承载力和抗裂检验系数规定允许值的0.95倍时，挠度达到规定允许值的1.10倍，均可评为合格。

7.5 综合判定

构件的质量检验结果全部符合下列条件者则判该检验批为合格品，若有一项不符合即为不合格品。

a) 混凝土抗压强度合格；

b) 外观质量不符合本标准7.4.2中合格品要求的不合格件数不超过2件；

c) 尺寸偏差不符合本标准7.4.3中合格品要求的不合格件数不超过2件；

d) 力学性能检验合格。

8 出厂合格证

构件出厂合格证应包括下列内容：

a) 批量编号；

b) 执行标准；

c) 生产厂名或商标，生产年、月、日；

d) 标记、数量；

e) 外观质量和尺寸偏差检验结果；

f) 混凝土强度检验结果；

g) 力学性能检验结果；

h) 质量检验部门签章。

9 标志、堆放与运输

9.1 标志

构件表面应设有标志。标志内容包括生产厂名、商标、标记、生产日期和检验章。

9.2 堆放

9.2.1 构件应按品种、规格、制作日期分别码垛堆放。

9.2.2 堆放场地应坚实、平整，码垛件数每垛不超过10件，其中过梁和阳台梁不超过6件。

9.2.3 构件码垛应将其正向平放在支垫物上，各层间用两个平整支垫物隔开，各层支垫物应在同一垂直线上。支垫物位置距圆孔板两端100 mm～250 mm处，踏步板为100 mm，过梁为200 mm，阳台梁（埋入段端头）为250 mm～300 mm（另一端搁置在变截面交点处）。

9.3 运输

9.3.1 构件在运输过程中支垫要求同9.2.3规定。

9.3.2 构件在起吊、运输中应轻起、轻放、严禁碰撞。

附 录 A
（规范性附录）
阳台梁力学性能试验方法

本附录适用于阳台梁的力学性能试验，包括试验支承方式、荷载及仪表布置、加荷方法、结果计算等。

A.1 支承方式、荷载及仪表布置

试验时采用悬臂梁方式进行，支承方式、荷载及仪表布置见图A.1。

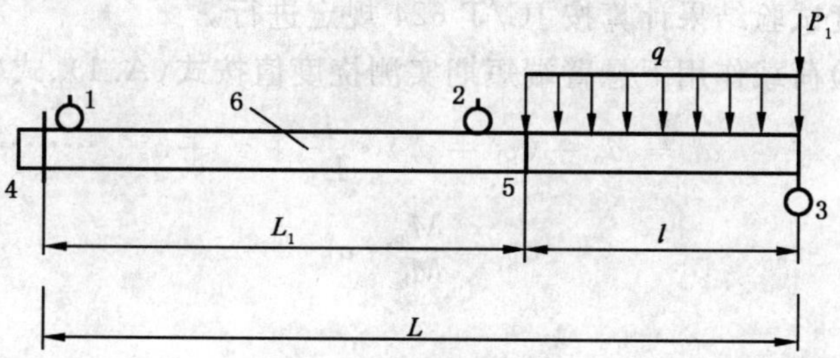

a）均布加荷

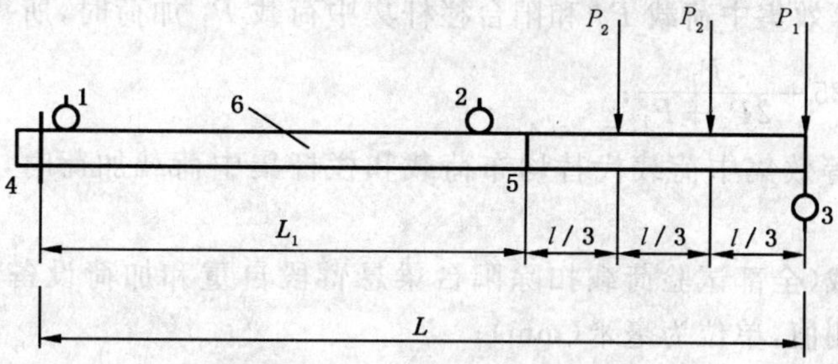

b）两个等效集中荷载三分点加荷

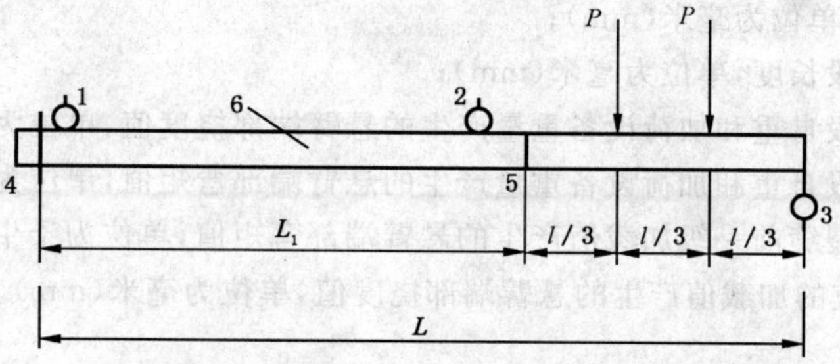

c）两个等效集中荷载三分点加荷（包括栏杆集中荷载）

1、2、3——百分表；
4、5——锚固端；
6——阳台梁；
q——均布荷载；
P_1——阳台栏杆自重；
P_2——与均布荷载等效的集中荷载；
P——包括 P_1 在内的等效集中荷载；
L——计算跨度；
L_1——阳台梁根部长度；
l——阳台梁梢部长度。

图A.1 阳台梁支承方式及荷载、仪表布置

A.2 静力加荷方法

阳台梁的力学性能检验采用短期静力加荷试验方法，当采用均布荷载加荷时(图 A.1a))，q 为阳台梁承受的永久荷载和可变荷载(N/m)，P_1 为阳台栏杆自重(N)；当采用两个等效集中荷载代替均布荷载，而 P_1 单独作为集中荷载加荷时(图 A.1b))，$P_2=q/2$，(N)；当采用两个等效集中荷载代替均布荷载和栏杆集中荷载时(图 A.1c))，$P=P_2+P_1$。

试验方法和步骤按 JC/T 624 规定进行。

A.3 阳台梁力学性能结果计算方法

A.3.1 阳台梁的承载力试验结果计算按 JC/T 624 规定进行。

A.3.2 阳台梁的裂缝宽度试验结果计算按 JC/T 624 规定进行。

A.3.3 阳台梁在各级试验荷载作用下悬臂端短期实测挠度值按式(A.1)、式(A.2)计算：

$$a_t^0 = v_m^0 - (v_l^0 + v_r^0)\cdot\frac{L}{L_1} + v_l^0 + a_g^c \qquad \text{(A.1)}$$

$$a_g^c = \frac{M_g}{M_b}\cdot a_b^0 \qquad \text{(A.2)}$$

式中：

a_t^0——全部试验荷载作用下阳台梁悬臂端部挠度实测值，单位为毫米(mm)。

当采用两个三分点等效集中荷载 P_2 和阳台栏杆集中荷载 P_1 加荷时，所得 a_t^0 需乘以修正系数 K，此时 $K=\frac{2P_2}{2P_2+P_1}\times1.125+\frac{P_1}{2P_2+P_1}$；

当采用两个三分点等效集中荷载代替均布荷载和栏杆集中荷载加荷时，所得 a_t^0 需乘以修正系数 K，此时 $K=1.125$；

v_m^0——外加试验荷载(全部试验荷载扣除阳台梁悬臂段自重和加荷设备重量)作用下阳台梁悬臂端部位移实测值，单位为毫米(mm)；

v_l^0、v_r^0——外加试验荷载作用下阳台梁埋入段两个端部位移实测值，单位为毫米(mm)；

L——阳台梁长度，单位为毫米(mm)；

L_1——阳台梁埋入段长度，单位为毫米(mm)；

a_g^c——阳台梁悬臂段自重和加荷设备重量产生的悬臂端部挠度值，单位为毫米(mm)；

M_g——阳台梁悬臂段自重和加荷设备重量产生的悬臂端部弯矩值，单位为千牛米(kN·m)；

M_b——阳台梁出现裂缝前一级加载值产生的悬臂端部弯矩值，单位为千牛米(kN·m)；

a_b^0——与 M_b 相对应的加载值产生的悬臂端部挠度值，单位为毫米(mm)。

ICS 35.060
L 74

中华人民共和国国家标准

GB/T 12991.1—2008/ISO/IEC 9075-1:2003
代替 GB/T 12991—1991

信息技术 数据库语言 SQL
第1部分:框架

**Information technology—Database languages—SQL—
Part 1:framework**

(ISO/IEC 9075-1:2003,Information technology—
Database languages—SQL—Part 1:Framework(SQL/Framework),IDT)

2008-07-16 发布　　2008-12-01 实施

中华人民共和国国家质量监督检验检疫总局
中国国家标准化管理委员会　发布

前　言

GB/T 12991 在《信息技术　数据库语言 SQL》总标题下分为 9 个部分：

——第 1 部分：框架；

——第 2 部分：基础；

——第 3 部分：调用层接口；

——第 4 部分：持久存储模块；

——第 9 部分：外部数据管理；

——第 10 部分：对象语言绑定；

——第 11 部分：信息和定义模式；

——第 13 部分：使用 Java 程序设计语言的 SQL 例程和类型；

——第 14 部分：与 XML 相关的规范。

本部分为 GB/T 12991 的第 1 部分。本部分等同采用 ISO/IEC 9075-1:2003《信息技术　数据库语言 SQL　第 1 部分：框架(SQL/框架)》、ISO/IEC 9075-1:2003/cor.1:2005 技术勘误表 1、ISO/IEC 9075-1:2003/cor.2:2007 技术勘误表 2，并做了如下编辑性修改：

——改正 ISO/IEC 9075-1:2003 标准中出现的印刷错误，将原英文版 4.6.2.2“理序”一节第三行中出现的 14561 更改为 14651，此改动在正文中的页边空白处用垂直线(|)标识。

——将 ISO/IEC 9075-1:2003 对应的两个技术勘误 ISO/IEC 9075-1:2003/Cor.1:2005 和 ISO/IEC 9075-1:2003/Cor.2:2007 并入到 GB/T 12991.1:2003 的文本中，并在正文中的页边空白处用垂直双线(‖)标识。

——用“本标准”代替了“本国际标准”。

——在第 1 部分“框架”后增加资料性附录 NA，说明 GB/T 12991 标准的发展历程。

——删除 ISO/IEC 9075-1:2003 国际标准的前言，增加国家标准对应的前言。

——第 2 章“规范性引用文件”中对 ISO/IEC 10646 标准的引用，由原来的引用 ISO/IEC 10646-1:2000 和 ISO/IEC 10646-2:2001 两个标准改为引用 ISO/IEC 10646:2003 一个标准。

本部分与 GB/T 12991 的其他部分共同代替标准 GB/T 12991—1991。本部分与前一版本的主要技术变化在附录 NA 中有详细介绍。

本部分的附录 A、附录 B、附录 C、附录 NA 为资料性附录。

本部分由中华人民共和国信息产业部提出。

本部分由全国信息技术标准化技术委员会归口。

本部分起草单位：中国电子技术标准化研究所、武汉达梦数据库有限公司。

本部分主要起草人：冯玉才、吴恒山、谢美意、班鹏新、李晨阳、李海波、赵菁华、卫凤林、余云涛。

本部分所代替标准的历次版本发布情况为：

——GB/T 12991—1991。

引　言

GB/T 12991 本部分的内容组织如下：

a) 第 1 章"范围"，说明 GB/T 12991 本部分所涉及的范围。

b) 第 2 章"规范性引用文件"，标识 GB/T 12991 本部分引用的附加标准，通过对附加标准的引用构成 GB/T 12991 本部分的补充条款。

c) 第 3 章"术语的定义和使用"，定义 GB/T 12991 中所使用的术语。

d) 第 4 章"概念"，描述 GB/T 12991 中使用的概念。

e) 第 5 章"GB/T 12991 中的各部分说明"，依据第 4 章"概念"中所描述的概念，概括 GB/T 12991 各部分的基本内容。

f) 第 6 章"GB/T 12991 中其他各部分使用的记法和约定"，定义 GB/T 12991 中其他部分使用的记法和约定。

g) 第 7 章"GB/T 12991 中各部分的附录"，描述 GB/T 12991 中其他部分相关的附录内容。

h) 第 8 章"符合性"，说明对 GB/T 12991 中全部或部分内容满足符合性所须达到的要求。

i) 附录 A"SQL 国际标准的维护和解释"，属于资料性附录。该附录描述维护和解释 ISO/IEC 9075标准的正式程序。

j) 附录 B"实现定义的元素"，属于资料性附录。该附录列出了 GB/T 12991 本部分内容的语法、含义、返回结果、对 SQL 数据和/或模式的影响或任何其他行为是部分还是全部是实现定义的那些特征。

k) 附录 C"实现相关的元素"，属于资料性附录。该附录列出了 GB/T 12991 本部分内容的语法、含义、返回结果、对 SQL 数据和/或模式的影响或任何其他行为是部分还是全部是实现相关的那些特征。

l) 附录 NA"GB/T 12991 标准发展历程"属于资料性附录。该附录列出了 GB/T 12991 的发展历程及各版本之间的差异。

m) 参考文献介绍了一些 Unicode 标准及相关链接。

信息技术 数据库语言 SQL
第 1 部分:框架

1 范围

GB/T 12991 的本部分描述 GB/T 12991 其他部分中所使用的概念性框架,规定了 SQL 语法和 SQL 实现的处理语句的结果。

本部分还定义了 GB/T 12991 其他部分使用的术语和记法。

2 规范性引用文件

下列文件中的条款通过 GB/T 12991 的本部分的引用而成为本部分的条款。凡是注日期的引用文件,其随后所有的修改单(不包括勘误的内容)或修订版均不适用于本部分,然而,鼓励根据本部分达成协议的各方研究是否可使用这些文件的最新版本。凡是不注日期的引用文件,其最新版本适用于本部分。

GB/T 12991 的所有部分(ISO/IEC 9075:2003,IDT)

GB/T 16262.1—2006 信息技术 抽象语法记法一(ASN.1) 第 1 部分:基本记法规范(ISO/IEC 8824-1:2002,IDT)

ISO/IEC 10646:2003 信息技术 通用多八位编码字符集(UCS)

ISO/IEC 14651:2001 信息技术 国际字符串排序和比较 比较字符串和描述公用模板可裁剪的排序方法

3 术语的定义和使用

3.1 定义

3.1.1 本标准中提供的定义

下列定义适用于 GB/T 12991 的本部分及其他部分。

3.1.1.1

原子的 atomic

不能被进一步分割的。

3.1.1.2

编译单元 compilation unit

可能由一个或多个子程序组成的一段可执行代码。

3.1.1.3

数据类型 data type

可表示的值的集合。

3.1.1.4

描述符 descriptor

SQL 对象的编码描述。它包括一个符合 SQL 实现所要求的对象的全部信息。

3.1.1.5

某些 SQL 对象名的完全限定 fully qualified of a name of some SQL object

带有显式说明的所有可选部分。

注 1:完全限定名对于唯一标识一个对象并不一定是必需的。例如,虽然由目录名、模式名和专用名组成的完全限定专用名能唯一标识一个例程,但并非必须要完全限定例程名。

3.1.1.6

标识符 identifier

标识事物的方式。

3.1.1.7

识别 identify

无歧义性地指认事物。

3.1.1.8

实现定义的 implementation-defined

SQL 实现之间可能不同，而由每个特定 SQL 实现的实现者进行规定。

3.1.1.9

实现相关的 implementation-dependent

SQL 实现之间可能不同，但 GB/T 12991 中没有规定的、且不要求任何特定 SQL 实现的实现者进行规定的内容。

3.1.1.10

(一个值的)实例 instance (of a value)

一个值的物理表示。每个实例都确切地存在于一场所。每个实例都有其数据类型，该数据类型就是其值的数据类型。

3.1.1.11

空值 null value

用来表示任何数据值暂缺的特殊值。

3.1.1.12

对象(如“X 对象”) object (as in “X object”)

任何事物。一个 X 对象是某个 X 的组成部分或与其相关，不能脱离 X 独立存在的事物。例如，一个 SQL 对象必须存在于 SQL 上下文中；一个 SQL 模式对象必须存在于某个 SQL 模式中。

3.1.1.13

持久的 persistent

除非有意撤销，始终持续存在。引用和级联动作视为有意的动作。SQL 事务或 SQL 会话偶然发生的终止动作不视为有意的动作。

3.1.1.14

(对象的)性质 property (of an object)

有关某个对象的属性、质量和特征。

3.1.1.15

行 row

(字段名，值)对的序列，每个值的数据类型由行类型来指定。

3.1.1.16

(标准的)范围 scope (of a standard)

本标准中的条款。该条款定义本标准的主题和所涉及的内容，从而指出本标准或其中某个部分的适用限制。

3.1.1.17

(名字或声明的)作用域 scope (of a name or declaration)

使得名字或声明有效的一个或多个 BNF 非终结符。

3.1.1.18

(引用类型的)作用域 scope (of a reference type)

引用类型的值所引用的表。

3.1.1.19

序列 sequence

未必相异的对象的有序集合。

3.1.1.20

场所 site

某个指定数据类型(或它的子类型)的值的实例占用的地方。

3.1.1.21

规模化项 sizing item

SQL 实现或配置文件中实现定义项的值。

3.1.1.22

SQL 连接 SQL-connection

SQL 客户与 SQL 服务器之间的联系。

3.1.1.23

SQL 环境 SQL-environment

SQL 数据存在和 SQL 语句执行的上下文环境。

3.1.1.24

SQL 实现 SQL-implementation

处理 SQL 语句的处理器。符合 SQL 实现是指满足第 8 章"符合性"中定义的要求的 SQL 实现。

3.1.1.25

SQL 会话 SQL-session

在一个 SQL 连接上,单个 SQL 代理的单个用户执行一个连续 SQL 语句序列的上下文环境。

3.1.1.26

SQL 语句 SQL-statement

符合 GB/T 12991 中规定的格式和语法规则的字符串。

3.1.1.27

表 table

具有一个或多个列的有序汇集的行的无序汇集。每一列有一个名称和一个数据类型。对于每一列,每一行只有一个属于该列的数据类型的值。

3.2 术语的使用

GB/T 12991 中的概念是依据对象并按照通常的意义来描述的。

一个对象可以看作是它所依赖的那个对象的组成部分。如果一个对象不复存在,则依赖于它的每个对象也不再存在。对象的表示被称为描述符,对象的描述符表示了须要知道的有关该对象的所有信息,见 6.3.4"描述符"。

3.3 提示性内容

在 GB/T 12991 中的某些地方,出现了提示性注解。例如:

注 2:这是一个注解的例子。

这些注解并不属于 GB/T 12991 的标准内容,由于对非标准内容声明其符合性是毫无意义的,因此不要对注解内容声明符合性。

4 概念

4.1 防止误解的说明

本章中描述的概念,绝大多数在 GB/T 12991 其他部分中有准确的详细说明。如有出入,以其他部分的说明为准。

4.2 SQL环境及其组成

4.2.1 SQL环境

一个SQL环境包括：

——一个SQL代理。

——一个SQL实现。

——零个或多个SQL客户模块，包含适用于SQL代理的外部调用过程。

——零个或多个授权标识符。

——零个或多个用户映射。

——零个或多个例程映射。

——零个或多个目录，每个目录包含一个或多个SQL模式。

——包含模式内容所描述的SQL数据的场所，主要是基表。这种数据可以被看作“数据库”，但是GB/T 12991中并不使用“数据库”这个术语，因为这个词在一般的上下文中有不同的含义。

4.2.2 SQL代理

SQL代理就是引起SQL语句执行的主体。在SQL直接调用的情况下(见5.3.3.3“SQL直接调用”)，它是由实现定义的。换句话说，SQL代理可以由一个或多个编译单元组成。这些编译单元执行时调用SQL客户模块中的外部调用过程。

4.2.3 SQL实现

SQL实现是执行SQL代理所请求的SQL语句的处理器。一个SQL实现，由SQL代理可以看出，包括一个与SQL代理相关联的SQL客户和一个或多个SQL服务器。即使SQL环境中不允许多个SQL服务器存在，一个SQL实现也是可能符合GB/T 12991的。

由于SQL实现是依据其如何执行SQL语句规定的，所以这个概念通常表示某个安装的软件实例(数据库管理系统)。GB/T 12991不区别软件供应商确定的和安装者确定的SQL实现之间的特征。

GB/T 12991认为SQL客户和SQL服务器可能来自于不同的供应商，因此没有规定SQL客户与SQL服务器之间的通信方法。

4.2.3.1 SQL客户

SQL客户是一个处理器，SQL代理将其视为SQL实现的一部分，它建立自身与SQL服务器之间的SQL连接，维护其自身、SQL代理、SQL服务器三者之间交互的诊断区和其他状态数据。

当为一个SQL客户建立了一个或多个SQL连接时，该SQL客户所维护的诊断区为当前SQL连接的SQL服务器所维护的诊断区栈(见4.8.4)中第一个诊断区的副本。当不存在SQL连接时，该诊断区要么是空的，要么包含与某个失败的SQL连接相关的诊断信息。

4.2.3.2 SQL服务器

每个SQL服务器是一个处理器，SQL代理将其视为SQL实现的一部分，它管理SQL数据。

每个SQL服务器：

——管理发生在SQL服务器与SQL客户之间的SQL连接上的SQL会话；

——执行从SQL客户接收到的SQL语句，接收和发送要求的数据；

——维护SQL会话的状态，包括授权标识符和一些会话的缺省信息。

4.2.4 SQL客户模块

一个SQL客户模块是由实现定义的机制显式创建和撤销的模块。

一个SQL客户模块的名字不是必须的；如果有，其允许的名字是由实现定义的。

一个SQL客户模块包含零个或多个外部调用过程。一个外部调用过程是由一条SQL语句组成的。外部调用过程由宿主语言的编译单元调用。

任何时候，只有一个SQL客户模块与一个SQL代理相关联。然而，在直接绑定方式或SQL/CLI方式下，SQL客户模块可以是一个缺省的SQL客户模块，其存在对于用户是不可见的。

SQL会话模块是为准备的SQL语句隐式创建的模块(见GB/T 12991.2中的4.37“SQL会话”)。

与一个SQL会话(而不是一个SQL会话模块)相关联的每个〈SQL客户模块定义〉M可能与一个影子模块M1相关联,在相同的SQL会话中,该影子模块具有一个实现相关的名字,该名字不等于任何其他〈SQL客户模块定义〉的〈模块名〉,且其〈模块授权子句〉指明“SCHEMA SN”,其中SN是M的〈模块授权子句〉的显式或隐式〈模式名〉。M1的〈语言子句〉、SQL路径(若规定)和〈模块字符集说明〉等同于M所对应的特征。当M包含一个〈模块授权子句〉指明“FOR STATIC ONLY”,则该影子模块实际上包含M中所含的〈准备语句〉或〈立即执行语句〉所准备的每条SQL语句的一个〈外部调用过程〉。

4.2.5 用户标识符

用户标识符代表一个用户。创建和撤销用户标识符的方法,以及到真实用户的映射,在GB/T 12991中没有做出规定。

4.2.5a 角色

角色是特权或其他角色的潜在的接受者和授予者。角色也可以拥有模式和其他对象。

角色授权允许接受者(见4.6.12)使用已授予该角色的所有特权。它也指明了该角色授权是否是可授予的,在这种情况下,接受者被授权可以将该角色授权、回收对该角色的授权及销毁该角色。

4.2.6 用户映射概念

一个用户映射把一个授权标识符与一个外部服务器描述符对应起来。

4.2.7 例程映射概念

一个例程映射把一个SQL调用例程与一个外部服务器描述符对应起来。

注3:按GB/T 12991的本版本,与外部服务器描述符对应的SQL调用例程被限制为SQL调用规则函数,将来的版本可能撤销这一限制。

4.2.8 目录和模式

4.2.8.1 目录

目录是在一个SQL环境中的SQL模式、外部服务器描述符、外部数据封装器描述符的命名集合。创建和撤销目录的机制是由实现定义的。

在当前SQL会话中,通过〈准备语句〉和〈立即执行语句〉的执行而动态准备的〈可准备语句〉的缺省目录名起初是由实现定义的,但可利用〈设置目录语句〉来改变。

4.2.8.2 SQL模式

SQL模式,通常简称为模式,是一个持久的、描述符的命名集合。任何其描述符属于某个SQL模式的对象被称为SQL模式对象。

与模式关联的授权标识符拥有该模式、模式中的模式对象以及由模式对象描述的SQL数据。

SQL模式的创建和撤销通过执行SQL模式语句(或由实现定义的机制)来完成。

4.2.8.3 信息模式

每个目录均包含一个名为INFORMATION_SCHEMA的SQL模式,该模式包括一定数量的模式对象的描述符,大多数是视图定义,它们使得该目录中的每个描述符都能够像SQL数据一样被访问,但不能被修改。

通过信息模式中的视图可获得的数据包括该信息模式自身的描述符,不包括定义模式(见4.2.8.4)中的模式对象和基表。

每个信息模式视图规定一个给定用户只能访问视图中该用户在其表示的描述符上具有特权的那些行。

4.2.8.4 定义模式

定义模式是一个虚构的名为DEFINITION_SCHEMA的模式。如果它真的存在,那么,其基表中的SQL数据应该描述一个SQL服务器可以获得的所有SQL模式。GB/T 12991中的定义模式仅作为信息模式中视图的基础而定义。

定义模式的结构是SQL数据模型的一种表示。

4.2.9 外部服务器和描述符

外部服务器是一个处理器,它并不是SQL实现的一部分。一个外部服务器由一个外部服务器描述符来描述。外部服务器管理不属于SQL环境的数据。SQL服务器和SQL客户能够使用外部服务器描述符(它是一个目录元素)与一个外部服务器通信。外部服务器管理的数据可由SQL服务器或SQL客户通过外部表(属于SQL模式元素)来访问。

4.2.10 外部数据封装器和描述符

外部数据封装器提供一种机制,SQL服务器通过这种机制能够访问由外部服务器管理的数据。外部数据封装器由外部数据封装器描述符来描述。

4.2.11 SQL数据

SQL数据是由SQL模式描述的数据,即SQL环境中在SQL实现的控制之下的数据。

4.3 表

表具有一个或多个列的有序汇集和零个或多个行的无序汇集。每一列有一个名称和一个数据类型。每一行,相对于每一列而言,只有一个属于该列的数据类型的值。

完全由表变量组成的SQL数据称为基表。引用零个或多个基表且返回一个表的操作称为查询。查询的结果称为导出表。

表的行具有一个类型,称为“行类型”,表中的每一行具有相同的被称为“行类型”的类型。基于某个结构类型声明的表称为“类型表”,其列名和声明的类型对应于该结构类型中属性的名字和类型。类型表还有一个附加列,称为“自引用列”,其类型是与该表的结构类型相关联的引用类型。

如果类型表TB1有一个关联结构类型TP1,TP1是某结构类型TP2的子类型,则可以把TB1定义成其关联类型为TP2的类型表TB2的子表。这种情况下,TB2称为TB1的“超表”。

视图是一个命名查询,能够通过其名字进行调用,这种的调用结果称为视图表。

有些查询,即有些视图是可更新的,这意味着它们可以作为改变SQL数据的那些语句的操作目标。视图上的更新最终还是体现为相应基表上的更新。

基表或视图表中,任意两列不能有相同的名字。除视图表外的导出表可以包含同名列。

基表可以是一个模式对象(其描述符属于模式,见4.6.6),也可以是一个模块对象(其描述符属于模块,见4.9)。描述符属于模式的基表称为创建基表,它可以是持久的或临时的(虽然两种情况的描述符都是持久的)。一个持久基表包括零或多行持久的SQL数据。模块中声明的基表只能是临时的,且称为声明临时表。

临时表是一个SQL会话对象,不能在其他SQL会话中进行访问。全局临时表可以在任何相关的SQL客户模块中访问。局部临时表只能在其所属的模块中访问。

当SQL会话初始时,临时表是空的。依据其描述符的描述,临时表会在SQL事务终止时,或是SQL会话终止时被清空(即所有的行都被删除)。

4.4 SQL数据类型

4.4.1 一般数据类型信息

每个数据值都属于某个数据类型。

每个数据类型可以是预定义类型、构造类型或用户定义类型。每个数据类型有一个名字。预定义和构造数据类型的名字使用GB/T 12991中用来指定数据类型的保留字。用户定义类型的名字在其定义中指定。一个用户定义类型是一个模式对象,见4.6.4。

一个预定义数据类型是GB/T 12991中指定的一种数据类型,因而它由SQL实现提供。虽然定义预定义数据类型时要求(或允许)用户提供相关参数(例如一个数的精度),但它依然是预定义的。

一个预定义数据类型是原子的。原子类型是指其值不能由其他数据类型的值构成的数据类型。虽然存在某些操作(SUBSTRING、EXTRACT)可以从一个字符串或一个日期时间值中提取一部分,但这并不表示字符串类型或日期时间类型不是原子的。

一个构造类型可以是原子的，也可以是复合的。复合类型指的是这样一种数据类型，它的每个值由零个或多个值组合而成，其中每个值都属于一个已声明数据类型。

4.4.2 空值

每种数据类型都包含一个特殊值，称为空值，有时用关键词 NULL 表示。这个值在以下方面与其他的值不同：

——由于每种数据类型都有空值，所以不能从关键字 NULL 表示的空值推断出其数据类型，因此 NULL 只能在某些特定的上下文中用来表示空值，而不是任何允许有字面出现的地方。

——尽管空值既不等于任何其他值，也不是不等于任何其他值—它是否等于一个给定值是未知的。但在某些上下文环境中，多个空值可以一起处理，例如，〈GROUP BY 子句〉可以一起处理所有的空值。

4.4.3 预定义类型

4.4.3.1 数值类型

数值类型有两类：精确数值类型和近似数值类型。精确数值类型包括整数类型和具有指定精度和标度的类型；近似数值类型实质上是浮点数值类型，其精度说明是可选的。

每个数具有一个精度（数字的个数），精确数值类型还具有一个标度（小数点后的数字个数）。算术运算的操作数可以是相同或不同的数值类型，其运算结果的数值类型仅取决于操作数的数值类型。如果结果类型不能准确表示结果值，那么是进行四舍五入、还是截断，这是由实现定义的。如果结果值超出结果数据类型的表示范围，或是操作数上没有定义该算术运算，则将产生一个异常状态。

4.4.3.2 字符串类型

一个字符串类型的值是从某个字符表中抽出的一个字符串（序列）。一个字符串 S 中的字符都来自于同一个字符集 CS。如果 S 是某个表达式 E 的值，则 CS 是 E 的声明类型所指定的字符集。字符串可以是定长的，也可以是变长的（直到某个实现定义的上限）。一个字符大对象类型的值是来自于某个字符表的字符串，且总是只与一个字符集关联。一个大对象字符串是变长的，直到某个实现定义的上限，这个上限可能要比其他字符串的上限大。

字符串或字符大对象的字符集可以使用 CHARACTER SET 在数据类型中进行指定。如果实现选择的特定字符集是国家标准字符集，则可以使用 NATIONAL CHARACTER、NATIONAL CHARACTER VARYING、NATIONAL CHARACTER LARGE OBJECT（或其他语法上等价的方式）来说明数据类型。

一个二进制串类型（称为二进制大对象或 BLOB）的值是一个八位位组的变长序列，直到某个实现定义的上限。

4.4.3.3 布尔类型

一个布尔数据类型的值可以是真（TRUE）或假（FALSE）。未知（UNKNOWN）的值有时由空值来表示。

4.4.3.4 日期时间类型

日期时间类型有三种，每种类型的值由日期时间字段构成。

TIMESTAMP 数据类型的值由日期时间字段值 YEAR（从 0001～9999）、MONTH、DAY、HOUR、MINUTE 和 SECOND 组成。

TIME 数据类型的值由日期时间字段值 HOUR、MINUTE 和 SECOND 组成。

DATE 数据类型的值由日期时间字段值 YEAR（从 0001～9999）、MONTH 和 DAY 组成。

一个 DATE 的值是一个有效的格林尼治日期。一个 TIME 的值是一天中的有效时间。

TIMESTAMP 和 TIME 可以说明十进制的小数秒的精度。

TIMESTAMP 和 TIME 说明可以包含选项 WITH TIME ZONE，在这种情况下，每个值都与一个时区偏移量相关联。在比较数据类型带有 WITH TIME ZONE 的时间值时，将会忽略其时区偏移量。

4.4.3.5 时间间隔类型

一个时间间隔类型的值表示一段持续的时间。时间间隔类型有两类：一类称为年月时间间隔，其时间间隔精度或包含 YEAR 字段，或包含 MONTH 字段，或两者都包含；另一类称为日时时间间隔，其指明或隐含的时间间隔精度可包含除 YEAR 字段和 MONTH 字段外的任何相邻字段的组合。

4.4.3.6 XML 类型

XML 类型的值称为 XML 值。

4.4.4 构造原子类型

4.4.4.1 引用类型

引用类型是一种构造数据类型，引用类型的值引用(或指向)某个拥有被引用类型的一个值的场所。能够这样被引用的场所只有类型表中的行，由此可见每个被引用类型必然是一个结构类型。

4.4.5 构造复合类型

4.4.5.1 集合类型

集合由零个或多个指定数据类型(称为元素类型)的元素构成。

数组是一个其值未必相异的有序集，其元素可通过它们在数组中的位置进行引用。

数组类型由数组类型构造符说明。

多重集是一个其值未必相异的无序集。

多重集类型由多重集类型构造符说明。

4.4.5.2 行类型

行类型是一个或多个被称为字段的(字段名，数据类型)对的序列。一个行类型的值由它的每个字段的一个值构成。

4.4.5.3 字段

字段是一个(字段名，数据类型)对。字段值是其数据类型的一个值。

4.5 场所及场所上的操作

4.5.1 场所

场所是一个保存指定数据类型值的实例的地方。每个场所具有一个定义的持久度，独立于其数据类型。除非有意撤销，否则一直存在的场所，称为持久的；在复合 SQL 语句、SQL 事务或 SQL 会话结束后就必须终止其存在的场所，称为临时的；仅用于保存一个变量或一个返回值的场所，则称为过渡的。

如上所述，主要的持久性场所或临时性场所是基表。基表是一种特殊类型的场所，在基表中可以指定其值的约束，并要求 SQL 实现强制执行这些约束(见 4.6.6.3)。

某些场所可以由其名称来引用，例如基表和 SQL 变量(见 GB/T 12991.4)。某些场所可以由 REF 值来引用。数组元素占用的场所可以由其元素号来引用。

4.5.2 赋值

场所上的实例可以通过赋值操作来改变。赋值操作将场所上的实例(称为目标)替换为一个新的(可能不同的)值的实例(称为源)。赋值操作不影响对场所值的引用(如果有的话)。

4.5.3 可空性

每个场所都具有一个可空特性，表明该场所是可以包含空值(可能为空)还是不可以包含空值(已知不可空)。只有基表的列可以被约束为已知不可空，但由这些列导出的列也可以继承该特性。

虽然基表可以不包含任何行，但基表本身是不可为空的。

4.6 SQL 模式对象

4.6.1 一般 SQL 模式对象信息

每个 SQL 模式对象都有一个描述符。持久基表的描述符描述了一个与其分离的(尽管依赖于它)作为 SQL 数据而存在的持久对象。而其他描述符所描述的对象与其描述符在存在上则是不可区别的。

例如，当严格说来使用术语“断言描述符”更正确时，使用术语“断言”并不会影响表达的精确性。

每个模式对象都具有一个名字，这个名字在模式内的其所属的名称类对象中是唯一的。模式名称类对象包括：

——基表和视图；

——域和用户定义类型；

——表约束，域约束和断言；

——SQL 服务器模块；

——触发器；

——SQL 调用例程(仅指专用名，它不要求被显式指定，但如果没有显式指定，则是实现相关的)；

——字符集；

——理序；

——变换；

——序列生成器。

某些模式对象具有命名的组成元素，这些组成元素的名字在其所属的对象中要求是唯一的。因此，列是基表或视图的唯一命名组成元素；属性是结构类型的唯一命名组成元素；字段是行类型的唯一命名组成元素。

有些模式对象可能是由 SQL 实现提供的。对于这些模式对象，用户既不能创建也不能撤销。

4.6.2 与字符集相关的描述符

4.6.2.1 字符集

字符集包括一个命名的字符集合(字符表)，该字符集合用来形成字符串类型的值，以及一个命名的字符编码形式。每个字符集都有一种缺省理序。SQL 实现提供的字符集是由其他标准定义的还是由 SQL 实现定义的，这些信息在信息模式中表示。

当字符完全属于某个 SQL 实现时，字符的编码方法和形成字符串的方法是实现相关的。当与宿主程序或 SQL 实现以外的其他实体交换字符时，该字符集还有一种编码(说明表示每个字符的比特位)和字符编码形式(说明形成字符串的方式)。

SQL 实现所支持的每个字符集的字符表均为 ISO/IEC 10646 所说明的通用字符集的字符表的某个子集。

ISO/IEC 10646 的 6.5 中说明的符号是 GB/T 12991 中字符和字符串的标准表示。

注 4：ISO/IEC 10646 为“私用”字符指派了编码范围。ISO/IEC 10646 的将来版本可能增加更多编码点，这些编码点要求 SQL 实现提供支持。

4.6.2.2 理序

理序是对一个特定的字符表中的字符串进行排序的命名操作。

声明具有字符数据类型的场所可以指定一个理序，这个理序被当作其数据类型的一部分。

每个理序都应该是由一个国际标准(如 ISO/IEC 14651)或国家标准定义的或者推导出来的，也可以是实现定义的理序。

4.6.2.3 变换

变换是一个命名操作，该操作将某个字符集的字符串映射成给定字符集(不必不同)的字符串。该操作由变换名标识的外部函数调用来完成。由于变换时是将整个字符串传递给这个函数并返回一个字符串，因此映射不必是从一个字符到一个字符，而可以是从一个或多个字符的序列到一个或多个字符的另一个序列。

4.6.3 域及其组成

4.6.3.1 域

域是一个命名用户定义对象，在能够说明数据类型的地方，可将该对象说明为一个数据类型的替换。域由一个数据类型，一个可能有的缺省选项，以及零个或多个(域)约束组成。

4.6.3.2 域约束

域约束应用于基于该域的每一列，其操作就像表约束对表上的每一列一样。

域约束只能应用于基于其关联的域的那些列。

域约束被应用于该域上的转换操作的任何结果值。

4.6.4 用户定义类型

4.6.4.1 结构类型

结构类型是一个命名的用户定义数据类型。结构类型的值由若干属性值组成，结构类型的每个属性有一个数据类型，由属性类型来说明，属性类型包括在该结构类型的描述符中。

属性值是被封装的，即它们不能由用户直接访问。只有通过调用一个称为观察函数的函数才能访问属性值，属性值就是这个函数的返回值。一个结构类型的实例还可以通过定位器来访问。

一个结构类型可以被定义为另一个结构类型(称为直接超类型)的子类型。子类型继承其直接超类型的每个属性，且可以具有自己的附加属性。子类型的表达式可以出现在其任何超类型表达式可以出现的任何地方(这个概念称为可替代性)，此外，表达式的值可以是声明类型表达式的任何子类型的值。

基于结构类型，可以创建一个或多个基表。基于结构类型 ST 的基表可以是基于 ST 的超类型的基表的子表。

基于结构类型，可以创建一个或多个视图。基于结构类型 ST 的视图可以是基于 ST 的超类型的视图的子视图。

4.6.4.2 属性

属性是结构类型的命名元素，它具有一个数据类型和一个缺省值。

4.6.5 相异类型

相异类型是一种基于某种预定义类型的用户定义数据类型。相异类型的值通过它所基于的类型的值来表示。

一个相异类型的变元只能被传递给相同相异类型的参数。这样，就可以对由这种数据类型的变元调用的例程进行精确的控制。

4.6.6 基表及组成

4.6.6.1 基表

基表是一个保存表数据(见 4.3)的场所。所有 SQL 数据都保存在基表中。

如果一个基表建立在一个结构类型上，它可能是一个或多个其他基表的子表，这些基表称为它的超表。

4.6.6.2 列

列是表的命名组成。它有一个数据类型、一个缺省值和一个是否可空的特性。

4.6.6.3 表约束

表约束是与单个基表相关联的完整性约束。

表约束可以是唯一性约束、主键约束、引用约束或检验约束。

唯一性约束规定表中一个或多个列为唯一性列。当且仅当表中唯一性列上不存在相同的非空值时，唯一性约束才被满足。

主键约束是通过 PRIMARY KEY 指定的唯一性约束。当且仅当表中唯一性列上不存在相同的非空值，且规定列上不存在空值时，主键约束才被满足。

引用约束规定一个或多个列为引用列，且对应于某个基表(不必是不同的表)中的被引用列，该基表称为被引用表。这样的被引用列是被引用表中某个唯一性约束的唯一性列。对于引用表中的每一行，如果每个引用列的值都等于被引用表中某一行相对应的每个被引用列的值，则引用约束总是被满足的。如果出现空值，则引用约束满足与否决定于指定的空值处理方式(称为匹配类型)。

通过规定引用动作，可以确定在被引用表数据发生变化导致违反引用约束时，应如何对引用表进行相应的修改。

表检查约束规定了一个搜索条件。对于表中的任何行，如果搜索条件的结果为假(不包括未知)，就违反了检查约束。

4.6.6.4 触发器

触发器虽然未被定义成基表的组成元素，但却是与单个基表相关联的对象。每个触发器指明一个触发事件、一个触发动作时间、一个或多个触发动作。

触发事件指明基表上的什么操作将会引起触发动作。触发事件可以是 INSERT、DELETE 或 UPDATE。

触发动作时间指明所要采取的触发动作是在触发事件前(BEFORE)还是事件后(AFTER)执行。

触发动作或者是一个 SQL 过程语句；或者是 BEGIN ATOMIC，后跟以〈分号〉结束的一个或多个〈SQL 过程语句〉，后跟 END 的形式。

4.6.7 视图定义

视图(严格地说应为视图定义)是一个命名查询。视图具有多种用途，可以像基表一样使用。视图的值就是该查询的结果。见 4.3。

4.6.8 断言

断言就是一个检查约束。如果搜索条件的结果为假(不包括未知)，就违反了该约束。

4.6.9 SQL 服务器模块

SQL 服务器模块(在 GB/T 12991.4，SQL/PSM 中定义)是一个属于模式对象的模块。见 4.9。

4.6.10 模式例程

模式例程是一个 SQL 调用例程，该例程是一个模式对象。见 4.10。

4.6.11 序列生成器

序列生成器是一种生成连续精确数值的机制，每次生成一个。序列生成器或者是一个外部序列生成器，或者是一个内部序列生成器。外部序列生成器是一个命名模式对象，而内部序列生成器则是另一个模式对象的元素。序列生成器有一个数据类型，且应是标度为 0 的精确数值类型。序列生成器还有一个随时间变化的当前基值，该值为其数据类型的一个值。详见 GB/T 12991.2 中 4.21。

4.6.12 特权

特权代表某个授权者对权限的指定接受者(授权标识符、角色或 PUBLIC)的一种认可，即要求使用指定的模式对象，或在规定的模式对象上实施指定动作的权力。其具体动作包括 SELECT、INSERT、UPDATE、DELETE、REFERENCES、USAGE、UNDER、TRIGGER 和 EXECUTE。

带有 WITH GRANT OPTION 的特权允许接受者把该特权授予其他的接受者，接受者授权时可以带也可以不带 WITH GRANT OPTION 选项。

带有 WITH HIERARCHY OPTION 的 SELECT 特权自动提供给接受者被授权表的所有子表上的 SELECT 特权，包括现存的和将来会被加入的子表。

PUBLIC 代表可以接受特权的每个接受者。对信息模式中的所有模式对象，带 WITH GRANT OPTION 的 SELECT 特权已授予 PUBLIC。

创建模式对象的授权标识符自动被授予该对象上的所有可能的特权，且包括 WITH GRANT OPTION。

只有拥有模式对象上的某个特权的授权标识符才能够发现该对象的存在。

4.7 完整性约束和约束检查

4.7.1 约束检查

有两种模式对象描述约束：断言和表约束(包括表中某一列所基于的域的域约束)，它们用相同的方法来检查。

每种约束或者是可延迟的,或者是不可延迟的。

在每个 SQL 会话中,每个约束都具有一个约束模式,它是该 SQL 会话的一个性质。每个约束都有一个(持久的)缺省约束模式,在每个 SQL 会话中的每个 SQL 事务,约束以缺省约束模式开始。

约束模式或者是延迟的,或者是立即的,只要约束是可延迟的,就可以使用 SQL 语句进行设置。

当事务初始化时,每个约束的约束模式被设置为其缺省方式。

如果约束模式是立即的,则当每条 SQL 语句执行结束时,对每个约束都会进行约束检查。

在事务终止前,每个约束的约束模式都置为立即的(所以这时将检查所有的约束)。

4.7.2 确定性和约束

表达式计算结果可能是非确定性的。例如,在列的数据类型为变长字符串的情况下,即使数据是相同的,由于时机不同,消除重复值后的剩余数据也可能不同。出现这种情况是因为重复值尾部的空格数可能不同,而 GB/T 12991 并没有规定消除重复值时应该保留其中的哪个值。因此,值的长度是不确定的。在这样的情况下,该表达式及从该表达式导出的任何表达式被称为是可能非确定性的(所谓“可能”,是因为曾经更新该列的部分 SQL 代理可能删除了尾部空格,但 SQL 实现是不可能知道这一情况的)。

由于包含一个可能非确定性的表达式的约束可能会一时满足条件,稍后又变得不满足,因此,不允许约束包含非确定性表达式。

例程可以声明为确定的,否则调用例程的结果是实现相关的。

4.8 SQL 代理和 SQL 服务器之间的通信

4.8.1 宿主语言

只有当 SQL 代理使用的某种编程语言符合 GB/T 12991 规定的标准时,SQL 实现与 SQL 代理才能成功地进行通信。这种语言通常称为宿主语言,符合 SQL 实现至少要支持一种宿主语言。

有几种称为绑定方式的通信方法:

——SQL 客户模块绑定方式(在 GB/T 12991.2 中说明)。在这种绑定方式中,用户通过使用实现定义的一种机制,指定一个模块作为 SQL 客户模块。

——调用层接口(在 GB/T 12991.3 中说明)。在这种方式中,SQL 代理在标准例程中选择一个进行调用,传递适当的变元,例如内容为某 SQL 语句的字符串。

——嵌入式 SQL(在 GB/T 12991.2 中说明)。在这种方式中,SQL 语句直接编写在应用程序中。此外还有一套实现相关的机制,用于:

- 为每条 SQL 语句生成一个外部调用过程。这些过程将被收集到一个模块中,以后作为 SQL 客户模块使用。
- 将每条 SQL 语句替换为对其生成的外部调用过程的调用。

——直接 SQL 调用(在 GB/T 12991.2 中说明)。直接调用是一种直接执行 SQL 语句的方法,通过前端直接和用户进行通信。

无论选择哪种绑定方式,SQL 语句都是按照实现定义的字符集(称为源语言字符集)来编写的。并不要求源语言字符集与出现在 SQL 数据中任何字符串的字符集相同。

GB/T 12991.2 规定了当 SQL 客户模块中的外部调用过程被符合标准要求的宿主语言程序调用时,外部调用过程的动作。

4.8.2 参数传递和数据类型对应性

4.8.2.1 一般参数传递和数据类型对应性信息

外部调用过程参数表中的每一个参数都有一个名字和一个数据类型。在外部例程对编译单元的引用和该编译单元之间进行绑定的时间和方法是实现定义的。

4.8.2.2 数据类型对应性

GB/T 12991 规定了 SQL 数据类型和宿主语言数据类型之间的对应关系。并不是每一种 SQL 数据类型在每一种宿主语言中都有一个对应的数据类型。

4.8.2.3 定位器

宿主变量、宿主参数、外部例程的 SQL 参数、外部函数的返回值都可以规定为定位器。设置定位器的目的是:当要操作大规模数据实例时,不需向 SQL 代理来回转移整个数据。详见 GB/T 12991.2 中的 4.29.5。

4.8.2.4 状态参数

每个外部调用过程都要求有一个输出参数 SQLSTATE,称为状态参数。

SQLSTATE 是一个长度为 5 的字符串,具体取值在 GB/T 12991 其他部分中定义。值为"00000"(五个零)的 SQLSTATE 表示,最近一次的外部调用过程的调用是成功的。

4.8.2.5 指示符参数

指示符参数是一个整型参数,紧随其相关联的参数(而不是指示符参数)后。值为负的指示符参数表示其相关的参数为空;指示符参数的值大于零表示其相关参数值的长度需要截断,该指示变量存放了该列值的实际长度,通常在字符串及某些其他数据类型的情况下会出现。

如果一个参数的值被赋为空值,且没有相关的指示符参数,则会产生一个异常状态。

4.8.3 描述符区

描述符区是一个由 SQL 实现在 SQL 代理的要求下分配的命名区。描述符区用于 SQL 实现和 SQL 代理之间的通信,有些 SQL 语句可在 SQL 代理和描述符区之间传递信息。

4.8.4 诊断信息

诊断区是一个由 SQL 实现分配的通信区,能够保存一个或多个发生的状态。

当 SQL 实现执行一条 SQL 语句(SQL 诊断语句除外)时,就在诊断区中设置一个或多个状态信息的值,以表示执行语句所发生的情况。通过使用 SQL 诊断语句,可以访问诊断信息。诊断语句的执行信息不被记录。

符合 SQL 实现不要求同时设置多于一个的状态信息。

当 SQL 服务器执行一条 SQL 语句 SS 时,可能存在多个诊断区。当 SS 执行完成之前,由于 SS 的执行引起了另外的 SQL 语句同时执行时,就会发生这种情况。多诊断区形成栈,栈的第一个元素包含最近所执行的 SQL 语句相关的信息。这种情况的两个例子是:SS 是或者包含一个〈调用语句〉;SS 的执行引发了触发动作的执行。

4.8.5 SQL 事务

SQL 事务是一个 SQL 语句的执行序列,对于恢复它是原子的。也就是说,执行结果要么是完全成功的,要么对于任何 SQL 模式或 SQL 数据都不起作用。

任何时刻,在 SQL 代理和 SQL 实现之间最多只能有一个当前 SQL 事务。

如果没有当前 SQL 事务,事务初始化语句的执行或〈子查询〉的计算将会初始化一个 SQL 事务。‖

SQL 事务由提交语句或回滚语句终止,这两种语句的执行可能是隐式的。

SQL 事务具有一个事务状态。事务状态的某些性质通过 SQL 语句的执行来设置。只有不存在当前 SQL 事务时,这样的 SQL 语句才会被执行。事务初始化时或初始化之后,当 SQL 客户与 SQL 服务器连接或设置连接时,这些性质将在第一时间传递给 SQL 服务器。

SQL 事务的访问方式表示该事务是只读的(不允许改变任何持久 SQL 数据)还是可读写的(允许改变持久 SQL 数据)。

SQL 事务的隔离级规定在事务内感受到的 SQL 环境之外的 SQL 代理的行为效果的程度。

每个隔离级都要保证每个 SQL 事务被执行,SQL 事务不是完全执行完就是完全失败。每个隔离级都要保证 SQL 事务的更新不会丢失。最高隔离级可串行化(SERIALIZABLE)保证执行的可串行化,这意味着在时间上重叠的多个事务执行的效果与它们依次执行的效果完全相同。其他的隔离级包括可重复读(REPEATABLE READ)、读提交(READ COMMITTED)、读未提交(READ UNCOM-

MITTED)保证的隔离级是依次降低的。

4.9 模块

有三种不同类型的模块,每种模块都具有一些具体的性质,且包含不同种类的模块对象(也称为模块内容)。主要模块对象是一个或多个例程(见4.10)。

模块是下列描述之一:

——一个 SQL 客户模块,仅包含外部调用过程;

——一个 SQL 服务器模块,仅包含 SQL 调用例程;

——一个 SQL 会话模块,仅包含该 SQL 会话中已准备的 SQL 语句。

4.10 例程

4.10.1 一般例程信息

表1表示了用 SQL 或其他语言编写的例程及例程在 SQL 或其他语言中被调用的各种可能的组合情况,并给出了在这些情况下使用的术语。

表1 外部调用例程和 SQL 调用例程间的关系

例程类别	用 SQL 编写的例程	非 SQL 编写的例程
由 SQL 调用的例程	SQL 函数和 SQL 过程	外部函数和过程
由非 SQL 调用的程	外部调用过程	(与 SQL 无关)

SQL 调用例程是一个能够在 SQL 中调用的例程,它或者是一个函数或者是一个过程。有些函数具有一些特定的性质,这种函数被称为方法。

SQL 调用例程可以是一个模式对象也可以是一个 SQL 服务器模块(本身为模式对象)的成员。

SQL 调用过程是一个由 SQL 调用语句(CALL 语句)调用的过程。SQL 调用函数由某个表达式中的例程调用来调用。

外部例程指的是引用 SQL 环境之外的特定标准程序设计语言的某个编译单元的 SQL 调用例程。这种引用的绑定方法和时间是由实现定义的。

SQL 例程是指例程体是用 SQL 编写的 SQL 调用例程。

SQL 调用例程的名字不必唯一。如果两个或更多的例程具有相同的名字,那么该名字被称为重载的,对同名例程的调用将调用变元最佳匹配的例程。正常情况下,在进行变元类型最佳匹配的过程中,仅考虑表示变元值的表达式的声明类型,但是对于方法而言(其调用语法是有区别的),还必须考虑变元的最有效类型。

4.10.2 类型保留函数

如果 SQL 调用函数有一个参数说明为 RESULT,该参数称为结果参数,如果结果参数的数据类型和结果的数据类型为相同的用户定义类型,则该函数称为类型保留函数。类型保留函数的结果是结果参数的值,这个结果可能是经过变异的。

每个变异函数都是一个类型保留函数。

4.11 SQL 语句

4.11.1 SQL 语句分类

SQL 语句是符合 GB/T 12991 中规定的格式和句法规则的字符串。

大多数 SQL 语句都可以在 SQL 客户模块中进行准备,然后执行。在这种情况下,当准备 SQL 语句时就创建了一个对应于单条 SQL 语句的外部调用过程,且每当执行准备的 SQL 语句时就会隐含调用该外部调用过程。

SQL 语句分类的方法至少有五种:

——根据它们对 SQL 对象的作用,是持久对象(即:SQL 数据、SQL 模式及其内容、SQL 客户模块)还是临时对象(例如 SQL 会话和其他 SQL 语句);

——根据它们是否初始化了一个 SQL 事务，或者当没有活动的 SQL 事务时，该语句是否能够或需要被执行；
——根据它们是否可以嵌入到用标准程序设计语言编写的程序中；
——根据它们是否可以直接执行；
——根据它们是否可以动态准备并执行。

GB/T 12991 允许实现提供附加的、实现定义的语句，这些语句也可以归入上述类别。

4.11.2 按功能分类的 SQL 语句

下面是 SQL 语句的主要分类：

——SQL 模式语句，用来创建、变更、撤销模式和模式对象；
——SQL 数据语句，用来对表执行查询、插入、更新、删除操作，一个 SQL 数据语句的执行可能影响到多个表中的多行记录；
——SQL 事务语句，用来设置事务参数、启动或结束事务；
——SQL 控制语句，可用来对一个 SQL 语句序列的执行进行控制；
——SQL 连接语句，用来初始化和终止连接，允许 SQL 客户从与一个 SQL 服务器的会话转移到与另一个 SQL 服务器的会话；
——SQL 会话语句，用来设置 SQL 会话的缺省值和其他参数；
——SQL 诊断语句，用来(从诊断区)获取诊断信息和报告 SQL 例程中的异常信号；
——动态 SQL 语句，支持动态产生的 SQL 语句的准备和执行，并获取其相关信息。

5 GB/T 12991 中的各部分说明

5.1 概述

GB/T 12991.1，框架，是 GB/T12991 其他各部分的引导，该部分描述了其他各部分使用的基本概念和记法。

GB/T 12991.2，基础，规定 SQL 语句的结构和执行 SQL 语句的效果。

GB/T 12991 中除了第 1 部分和第 2 部分外的其他各部分都是作为 GB/T 12991 的补充来规定的。详见 6.3.5。

GB/T 12991.3，调用层接口，规定 SQL 代理和 SQL 实现之间的另一种通信机制。

GB/T 12991.4，持久存储模块，规定使得 SQL 计算功能更加完备的重要的附加部分。

GB/T 12991.9，外部数据管理，规定 SQL 重要的附加部分，即允许 SQL 代理访问不受 SQL 环境中 SQL 服务器控制的数据。

GB/T 12991.10，对象语言绑定，规定 SQL 语句嵌入到 Java 程序中的方式。

GB/T 12991.11，信息和定义模式，规定一些视图，应用通过这些视图能够获悉持久数据库对象(如表、视图、列)的名字。

GB/T 12991.13，使用 Java 程序设计语言的 SQL 例程和类型，规定将 Java 语言编写的静态方法当作 SQL 调用例程来调用，以及将 Java 语言中定义的类作为 SQL 结构类型来使用的功能。

GB/T 12991.14，与 XML 相关的规范，定义数据库语言 SQL 与 XML 结合使用的方法。

每一部分的内容将在下面分别介绍。

5.2 GB/T 12991.1：框架

GB/T 12991 本部分包括：

——SQL 环境的描述，以及 GB/T 12991 中使用的一些概念的简要描述；
——每部分内容的简要描述，这些描述是资料性的，不是标准的组成部分；
——适用于 GB/T 12991 中所有或大多数部分的记法和约定，其他各部分根据需要对约定作了进一步说明。

5.3 GB/T 12991.2:基础

GB/T 12991.2 规定 SQL 的以下特征。

5.3.1 GB/T 12991.2 规定的数据类型

以下是 GB/T 12991.2 中所规定的数据类型:

——所有的数值类型和字符串类型;

——布尔类型;

——所有的日期时间和时间间隔类型;

——行类型;

——集合类型;

——用户定义类型;

——域;

——引用类型。

5.3.2 表

定义确定表的函数依赖和候选键的规则。

5.3.3 绑定方法

GB/T 12991.2 规定了绑定 SQL 代理与 SQL 实现的三种方法。

5.3.3.1 嵌入式 SQL

嵌入式 SQL 是一种将 SQL 语句嵌入到符合标准指定的特定程序语言的编译单元中的方法,这种程序设计语言称为宿主语言。它定义了如何在宿主语言的环境中,按照特定宿主语言的规范,导出一个等价的编译单元。在该等价编译单元中,每条嵌入的 SQL 语句由调用包含该 SQL 语句的数据库语言过程的一条或多条语句所替代。

5.3.3.2 动态 SQL

动态 SQL 是嵌入式 SQL 的扩展。这些设施的作用如下:

——分配和释放用于 SQL 代理和 SQL 实现之间通信的描述符区;

——促成 SQL 语句的执行,包括为随后执行的语句作准备。

5.3.3.3 SQL 直接调用

SQL 直接调用是一种直接执行 SQL 语句的方法。在 SQL 直接调用过程中,以下内容是由实现定义的:

——调用 SQL 语句的方法;

——报告因执行这种 SQL 语句而产生的状态的方法;

——访问因执行这种 SQL 语句而产生的诊断信息的方法;

——返回结果的方法。

5.3.4 GB/T 12991.2 中规定的 SQL 语句

以下是 GB/T 12991.2 中规定的几类 SQL 语句:

——SQL 模式语句,用来创建、变更、撤销 GB/T 12991.2 中规定的模式和模式对象;

——SQL 数据语句,用来执行对表的查询、插入、更新、删除操作,有些 SQL 数据语句在其名字中包含词"dynamic",不要与 SQL 动态语句混淆;

——SQL 事务语句,用来设置事务性质、初始化或结束事务;

——SQL 控制语句(CALL 和 RETURN),分别用来调用一个过程及说明函数的返回值;

——SQL 连接语句,用来初始化和终止连接,允许 SQL 客户从与一个 SQL 服务器的会话转移到与另一个 SQL 服务器的会话;

——SQL 会话语句,用来设置 SQL 会话的缺省值和其他参数;

——SQL 诊断语句,用来(从诊断区)获取诊断信息;

——SQL 动态语句，支持动态生成的 SQL 语句的准备和执行，并获取这些语句的有关信息；

——SQL 嵌入异常声明，这些声明被转换成宿主语言中的语句。

对于定义的每条 SQL 语句，GB/T 12991.2 规定了在当前没有活动事务的情况下，哪些语句会初始化一个新事务，哪些语句不会。

对于每条 SQL 语句，GB/T 12991.2 规定了：

——是否可以嵌入到宿主语言中。

——是否可以动态地准备和执行。除了那些要获取数据到描述符区中的语句外，任何可准备的 SQL 语句都可以立即执行。

——是否可以直接执行。

5.4 GB/T 12991.3：调用层接口

GB/T 12991.3 规定用标准程序设计语言编写的应用程序和 SQL 实现之间的绑定方法。其效果在功能上等价于 GB/T 12991.2(SQL/基础)中说明的动态 SQL。

规定的过程(例程)能够用来：

——分配和释放资源(包括描述符或通信区)；

——初始化、控制和终止 SQL 客户和 SQL 服务器之间的 SQL 连接；

——促成 SQL 语句的执行，包括为随后执行的语句作准备；

——获取诊断信息；

——获取有关 SQL 实现的信息，例如，SQL 客户能够连接的 SQL 服务器。

调用层接口 CLI 和绑定的重要区别在于：在后者的上下文中仅有一个 SQL 环境；而对于调用层接口而言，能够独立地初始化和管理多个 SQL 环境。所以，尽管 SQL 环境被简单地定义为具有各种特征的环境集合，但在 CLI 中，该术语指的是一个 SQL 环境的当前状态(描述符)，这个 SQL 环境可能是多个 SQL 环境中的一个。因此，该术语用来表明应用(SQL 代理)和 SQL 客户之间的会话。而 CLI 中的 SQL 会话指的是 SQL 客户和 SQL 服务器之间的 SQL 连接。

5.5 GB/T 12991.4：持久存储模块

GB/T 12991.4 规定了附加 SQL 语句的句法和语义，使得 SQL 计算功能更加完备。

这些语句包括如下功能：

——用于控制流程的语句说明；

——将表达式的结果赋给变量和参数；

——允许复合语句对其执行期间产生的各种状态进行处理的状态句柄说明；

——设置信号状态和重置信号状态的语句说明；

——局部游标声明；

——局部变量声明。

本部分还定义信息模式表，这些信息模式表包含描述 SQL 服务器模块的模式信息。

5.5.1 GB/T 12991.4 中规定的 SQL 语句

下面是 GB/T 12991.4 中规定的 SQL 语句的大致分类及功能为：

——附加的 SQL 控制语句，可用来控制 SQL 例程的执行；

——SQL 控制声明，可用来声明变量和异常句柄；

——附加的 SQL 诊断语句，可用来设置异常信号；

——附加的 SQL 模式语句，可用来创建和撤销模块。

5.6 GB/T 12991.9：外部数据管理

GB/T 12991.9 定义扩展的 SQL 数据库语言，以支持使用外部表和数据链接数据类型来进行外部数据管理。

包括定义下列对象的机制：

——外部服务器；

——外部数据封装器；

——外部表。

此外，还包括这样的例程，它们能够用于 SQL 服务器和外部数据封装器之间通信，从而实现和外部数据源之间的交互。

5.7 GB/T 12991.10：对象语言绑定

GB/T 12991.10 定义在 Java 程序中嵌入 SQL 语句的机制。

5.8 GB/T 12991.11：信息和定义模式

GB/T 12991.11 定义了信息模式（INFORMATION_SCHEMA）和定义模式（DEFINITION_SCHEMA）两个模式。应用程序可以通过信息模式提供的视图了解到持久数据库对象的名称，包括表、视图、列等。这些视图是根据定义模式中的基表进行定义的。定义模式的唯一目的就是提供一个支持信息模式的数据模型，并有助于理解。从信息模式视图的角度来看，SQL 实现仅需要模拟定义模式的存在。

5.9 GB/T 12991.13：使用 Java 程序设计语言的 SQL 例程和类型

GB/T 12991.13 定义对数据库语言 SQL 的扩展，使之能够将 Java 语言编写的静态方法当作 SQL 调用例程来调用，并且将 Java 语言中定义的类作为 SQL 结构类型来使用。

内容包括：

——对 SQL 调用例程的定义、操纵和调用的扩展；

——用户定义类型的定义和操纵的扩展；

——新的内置过程。

5.10 GB/T 12991.14：与 XML 相关的规范

GB/T 12991.14 定义对数据库语言 SQL 的扩展，使之能够创建和操纵 XML 文档。

内容包括：

——新的预定义类型 XML；

——创建和操纵 XML 类型数据的新内置操作符；

——表、模式和目录与 XML 文档之间的映射规则。

6 GB/T 12991 中其他各部分使用的记法和约定

本章中定义的记法和约定用于 GB/T 12991 中其他各部分，除非其他各部分提供有更确切的定义。

6.1 取自 ISO/IEC 10646 中的记法

表示 UCS 代码点的记法定义于[UCS]，见 6.5“短字符标识符”。

在本标准中，该记法仅用来无歧义地标识字符，并不隐含任何实现使用该字符的特定编码。

6.2 本标准中使用的记法

GB/T 12991 中使用的句法记法是 BNF（“巴科斯范式”或“巴科斯诺尔范式”）的扩展版本。

在 BNF 语言定义中，语言的每一个句法元素（称为 BNF 非终结符）都由产生式规则来定义。它采用公式的形式定义句法元素，每个公式由一些字符、字符串及句法元素组成，该公式可用来生成句法元素的实例。

GB/T 12991 使用的 BNF 版本中，具体符号的含义如表 2 所示。

表 2 BNF 中使用的符号

符号	含　义
〈 〉	尖括号内的字符串表示 SQL 语言的一个句法元素(BNF 非终结符)的名称
::=	定义符,用于产生式规则,用来分割规则定义的元素及其定义。被定义的元素出现在定义符的左边,而定义元素的公式出现在定义符的右边
[ ]	方括号表示公式中的可选元素。方括号内公式中的部分可以显式指定也可以省略
{ }	花括号括着公式中的分组元素。花括号内公式中的部分必须显式说明
|	选择符。竖线表示在公式中后边的部分可以代替在它前面的部分。如果竖线不是出现在方括号或大括号中,则表示由产生式规则定义的元素可相互完全替换。如果竖线出现在方括号或大括号中,则表示竖线所在最内层大括号或方括号中的内容可互相替换
...	省略号表示公式中使用了该符号的元素可以重复任意多次。如果省略号直接出现在大闭括号"}"之后,则它应用于该大闭括号"}"和对应的大开括号"{"之间所括的公式部分。如果省略号出现在任意其他元素之后,则仅用于该元素。在"语法规则"、"访问规则"、"一般规则"和"符合性规则"中,如果没有特别说明,则对由此生成的列表中第 n 个元素的引用就表示列表中该序号对应的元素
!!	引入一段汉语正文。当语法元素没有用 BNF 表示时使用

空格用来分隔句法元素。多个空格和换行作为单个空格处理。除了上面给出的那些有特殊功能的符号外,公式中的其他字符和字符串均代表它们自身。另外,如果产生式中定义符右边的符号完全由 BNF 符号组成,则这些符号也代表它们自身,不再具有它们的特殊含义。

成对大括号和方括号对可以多重嵌套,选择符可在上述嵌套中的任意一层出现。

构成句法元素实例的字符串根据该句法元素的 BNF 定义生成,步骤如下:

1) 从产生式规则右边定义的选项中任选其中一个,并用这个选项代替该元素;

2) 将每个省略号及其作用的对象替换为一个或多个该对象的实例;

3) 对方括号所括字符串中的每一个部分,或者删除该括号及其内容,或者将方括号改为大括号;

4) 对每个大括号中所括的内容,应用步骤 1)到步骤 5)进行处理,然后删除大括号;

5) 对字符串中还存在的 BNF 非终结符,应用步骤 1)到步骤 5)进行处理。

当字符串中不再含有任何非终结符,展开或生成过程完成。

由 BNF 非终结符 NT 在原语言字符集中生成一个字符串 CS 的左范式推导,可以通过应用步骤 1)到步骤 5)完成,并且在步骤 5)中,总是先挑选最左边的 BNF 非终结符来处理。

6.3 约定

6.3.1 句法元素说明

句法元素规定如下:

——功能:元素用途的简要描述。

——格式:该元素句法的 BNF 句法定义。

——句法规则:元素句法性质的说明,或 BNF 范式无法表示而该元素应该满足的附加的句法约束的规范,或是上述两者。

——访问规则:对控制模式对象可存取性规则的说明,这些规则应该作用在一般规则之前。

——一般规则:元素运行时效果的说明。当用多条一般规则来说明元素的效果时,由第一条一般规则开始,按数字顺序应用这些规则,会获得所需要的效果,除非所用规则指明或隐含的顺序有变化或规则应用的终止。除非特定规则另有所指或另有隐含,只有按顺序应用了最后一条规则之后,一般规则的应用才能终止。

——符合性规则:关于应如何支持该元素以保证 SQL 符合性的说明。

记法的范围是定义这些符号的条款。在一个条款中,句法规则、访问规则、一般规则中所定义的符号可以被其他规则引用，只要它们在被引用之前已定义。

6.3.2 信息模式和定义模式的说明

GB/T 12991 中信息模式和定义模式的对象规定如下：

——功能：关于该定义的用途的简要说明。

——定义：用 SQL 对该对象进行定义。

——描述：对象运行时的值的说明，由于(对对象运行时的值)定义不清晰而增加该描述。

——符合性规则：关于应如何支持该元素以保证 SQL 符合性的说明。

信息模式中视图定义的唯一作用就是指明那些视图表的内容。这些视图基于的实际对象是实现相关的。

6.3.3 术语的使用

6.3.3.1 句法含义

令〈A〉、〈B〉和〈C〉是句法元素；令 A1、B1 和 C1 分别是〈A〉、〈B〉和〈C〉的实例。

在格式中，如果〈B〉出现在〈A〉的 BNF 产生式规则的右边，则称〈A〉立即包含〈B〉。如果〈A〉立即包含〈C〉，或〈A〉立即包含〈B〉，而〈B〉又包含〈C〉，则称〈A〉包含或规定〈C〉。

在 SQL 语言中，如果〈A〉立即包含〈B〉，且 B1 是 A1 的文本的一部分，则称 A1 立即包含 B1。如果 A1 立即包含 C1，或 A1 立即包含 B1，而 B1 包含 C1，则称 A1 包含或规定 C1。如果 A1 包含 C1，则 C1 包含于 A1 且 C1 由 A1 规定。

如果 A1 包含 B1，且 A1 包含〈C〉的一个实例，而〈C〉又包含 B1，则称 A1 包含带中介〈C〉的 B1。如果 A1 包含 B1，且 A1 不包含〈C〉的一个实例，而〈C〉又包含 B1，则称 A1 包含不带中介〈C〉的 B1。

如果 A1 包含不带中介〈A〉或中介〈B〉的实例的 B1，则称 A1 简单包含 B1。

如果 A1 包含不带中介〈子查询〉、〈查询多重集值构造符〉、〈查询表值构造符〉、〈查询数组值构造符〉、〈内分组说明〉或〈集函数说明〉(不是〈有序集函数〉)的 B1，则称 A1 直接包含 B1。

如果〈A〉包含〈B〉，则称〈B〉被包含在〈A〉中，且称〈A〉是包含〈B〉的产生式符号。如果〈A〉简单包含〈B〉，则称〈B〉被简单包含在〈A〉中，且称〈A〉是简单包含〈B〉的产生式符号。

如果 A1 满足条件 C 且 A1 不包含满足 C 的〈A〉的实例，则称 A1 是满足条件 C 的最内层的〈A〉。如果 A1 满足条件 C 且 A1 不被包含在满足 C 的〈A〉的实例中，则称 A1 是满足条件 C 的最外层的〈A〉。

如果〈A〉包含一个〈表名〉，该〈表名〉标识了由〈视图定义〉V 定义的视图，则称〈A〉一般包含 V 中包含的〈查询表达式〉。如果〈A〉包含一个〈查询表达式〉QE 标识的〈查询名〉，则称〈A〉一般包含 QE。如果〈A〉包含一个〈例程调用〉RI，则称〈A〉一般包含 RI 的目标例程集中所有〈SQL 调用例程〉的例程体。如果〈A〉包含〈B〉，则〈A〉一般包含〈B〉。如果〈A〉一般包含〈B〉且〈B〉一般包含〈C〉，则〈A〉一般包含〈C〉。

注 5："〈例程调用〉的目标例程集"在 GB/T 12991.2 的 10.4"例程调用"中定义。

在格式中，动词"to be"(包括所有的语法变种，例如"is")定义如下：如果存在形如〈A〉::=〈B〉的一个 BNF 产生式规则，则称〈A〉是〈B〉。如果〈A〉是〈B〉且〈B〉是〈C〉，则〈A〉是〈C〉。如果〈A〉是〈C〉，则称〈C〉构成〈A〉。在 SQL 语言中，如果〈A〉是〈B〉且 A1 的正文是 B1 的正文，则称 A1 是 B1；反之，如果 A1 是 B1，则称 B1 构成 A1。

6.3.3.2 表示规则要求的术语

在句法规则中，术语应该定义句法上要求符合的 SQL 语言为真的条件。当这样的条件依赖于一个或多个模式的内容时，则在一般规则所指明的动作执行之前要求它们为真。对于不符合 SQL 格式和句法规则的语言的处理是实现相关的。当试图运用访问规则或一般规则求值时，如果有任何句法规则要求的条件未被满足，且实现既不是在处理不符合的 SQL 语言，也不是在以不符合的方式处理符合的 SQL 语言，则会产生一个异常：句法错误或违反访问规则。

在访问规则中，术语应该定义成功应用一般规则所需满足的条件。当应用一般规则时，如果有任何这样的条件未被满足，则会产生一个异常：句法错误或违反访问规则。

在符合性规则中，术语应该定义当命名特征不要求被支持时需要为真的条件。

6.3.3.3 规则求值顺序

符合性实现并不要求严格按照一般规则中定义的动作序列来执行，只要执行对于 SQL 数据与模式、宿主参数与宿主变量以及 SQL 参数与 SQL 变量产生的效果与该序列的效果相同。术语有效地用来强调实现可能通过其他方法获得其效果的动作。

包含句法元素的句法规则和访问规则同时也作为句法规则和访问规则被有效地应用于包含它的句法元素。包含句法元素的一般规则，可在一般规则之前被有效地应用于包含它的句法元素。

在操作符的优先级是通过 GB/T 12991 的格式或括号确定的场合，那些操作符按该优先级规定的顺序被有效地应用。

在优先级不是通过格式或括号确定的场合，表达式的有效求值通常从左到右执行。然而，表达式实际上是否从左到右求值依赖于实现，尤其当操作数或操作符可能导致状态的产生，或者表达式的结果不需对表达式的所有部分完全求值就能确定的情况下更是如此。

通常，如果某个句法元素包含一个以上的其他句法元素，则该句法元素的产生式中早出现的被包含元素的一般规则先于晚出现的被包含元素的一般规则被应用。

例如，在下面的产生式中：

〈A〉::=〈B〉〈C〉

〈A〉、〈B〉和〈C〉的句法规则和访问规则可同时有效地被应用。〈B〉的一般规则在〈C〉的一般规则之前被应用，〈A〉的一般规则在〈B〉和〈C〉的一般规则之后被应用。

如果表达式或搜索条件的结果不依赖于该表达式或搜索条件的某个部分的结果，则该表达式或搜索条件的那个部分被称为是非本质的。如果 SQL 调用函数的调用结果是确定的且不可能修改 SQL 数据，则它是非本质的；否则，它是本质的还是非本质的是实现定义的。

如果与非本质部分相关的访问规则不被满足，则无论非本质部分实际上是否被求值，均产生异常状态句法错误或违反访问规则。如果非本质部分的求值可能会引起产生一个异常状态，则是否产生异常状态依赖于实现。

在计算表达式的结果期间，SQL 实现可能产生用于确定结果的一个或多个中间结果。包含中间结果之场所的声明类型是实现相关的。

6.3.3.4 条件规则

条件规则是用“IF”和“CASE”约定指明的。用“CASE”约定指明的规则包括一个使用“IF”约定的条件子规则的清单。第一个条件为真的“IF”子规则就是该“CASE”规则的有效子规则。“CASE”规则的最后一个子规则可指明为“OTHERWISE”，如果“CASE”规则中前面的“IF”子规则中没有一个条件为真，则这个子规则就是“CASE”规则的有效子规则。

6.3.3.5 句法替换

在句法规则和一般规则中，短语“X 是隐含的”表示句法规则和一般规则是在元素 X 实际上已经被说明的情况下解释的。在某一给定条款的句法规则内，可以知道该元素是显式规定的还是隐含的。

在句法规则和一般规则中，短语“下列〈X〉是隐含的：Y”表示该句法规则和一般规则是在包含 Y 的句法元素〈X〉实际上已被说明的情况下解释的。

在句法规则和一般规则中，短语“前者等价于后者”表示该句法规则和一般规则是在元素中前者的所有实例均为后者的实例的情况下解释的。

如果在一个条款中引用了 BNF 非终结符，而没有指明它在该条款所定义的 BNF 产生式中是如何被包含的，则有以下情况：

——如果 BNF 非终结符是在该条款中自定义的，则该引用应该被假定是在定义它的产生式的左边出现的那个 BNF 非终结符；

——否则，该引用应该被假定是立即包含着该 BNF 非终结符的 BNF 产生式。

6.3.3.6 其他术语

某些句法规则定义了一些术语，如 T1，表示命名表或非命名表。这些术语被用为表名或相关名。在被用为相关名时，它既不表示对指定的表实际上定义了任何新的相关名，也不会影响任何实际相关名的作用域。

如果 SQL 语句 S2 是一条〈调用语句〉CS，且 SQL 语句 S1 是〈SQL 调用例程〉包含的最外层 SQL 语句，而〈SQL 调用例程〉是 CS 中所含〈例程调用〉的目标例程，则称 S1 是作为执行 S2 的直接结果而被执行的。

如果 SQL 语句 S1 是在由执行 SQL 语句 S2 而激活的一个触发器执行上下文中被执行的，则称 S1 是作为执行 S2 的间接结果而被执行的。

值 P 是值 W 的一部分，当且仅当：

——W 是一个表，而 P 是 W 中的一行；

——W 是某一行，而 P 是 W 中的一个字段；

——W 是一个集合，而 P 是 W 中的一个元素；

——P 是某个值的一部分，而该值是 W 的一部分。

如果一个值包含几个部分，则该值的一个实例也包含几个部分；因此，它所在的场所也包含几个部分，而每个部分也是一个场所。

项 X 是项 Y 的一部分，当且仅当：

——Y 是一行，而 X 是 Y 的某个列；

——Y 是一个例程调用，而 X 是 Y 的一个 SQL 参数；

——Y 是一个用户定义类型的实例，而 X 是 Y 的一个属性；

——存在一个项 X2，且 X 是 X2 的一部分，而 X2 是 Y 的一部分。

GB/T 12991 中其他部分定义的附加术语，仅在该部分中使用。

6.3.3.7 异常

除非另有所指，一般规则或其他地方的短语“产生异常状态：”(后面跟随一个状态名)表示：

——语句的执行是不成功的；

——在 6.3.3.8“异常状态下不终止的一般规则”中没有说明的一般规则的应用可能被终止；

——诊断信息变得有效；

——语句的执行对 SQL 数据或模式无影响。

除非 GB/T 12991 有明确定义，否则以异常状态终止的 SQL 语句对任何赋值目标和 SQL 描述符区的影响是实现相关的。

一般规则或其他地方的短语“产生完成状态：”(后随一个状态名)表示，一般规则的应用未被终止，且诊断信息变得有效；除非同时产生了一个异常状态，否则语句的执行是成功的。

如果因一个语句执行出现多个状态，则有关多个状态的诊断信息是否有效是实现相关的。有关状态参数值的优先规则，见 GB/T 12991.2 中 4.29.2。

6.3.3.8 异常状态下不终止的一般规则

在异常状态产生的地方，下列条款的一般规则并不终止：

——GB/T 12991.2 中 10.4“〈例程调用〉”；

——GB/T 12991.2 中 13.5“〈SQL 过程语句〉”；

——GB/T 12991.2 中 14.27“触发器的执行”；

——GB/T 12991.2 中 21.1“〈直接 SQL 语句〉”；

——GB/T 12991.4 中 13.1“〈复合语句〉”；

——GB/T 12991.4 中 13.2“〈句柄声明〉”。

6.3.4 描述符

描述符是一个概念性结构的数据集合，它定义指定类型的对象。描述符的概念用来说明 SQL 的语义。在任何 SQL 环境中并不一定存在任何特定形式的任何描述符。

某些 SQL 对象离开了其他 SQL 对象的上下文是不能存在的。例如，离开了表的上下文，列是不能存在的。每个这样的对象都是由它自己的描述符来独立描述的，并且称属主对象(例如：表)的描述符包括每个从属对象(例如：列或者表约束)的描述符。反之，称该从属对象的描述符被包括在属主对象的描述符中。如果某个对象 A 的描述符包括某个对象 B 的描述符，且 B 的描述符一般包括某个对象 C 的描述符，则对象 A 的描述符一般包括 C 的描述符。

在另一些情况下，除非其他 SQL 对象存在，否则某些 SQL 对象是不可能存在的，并且它们之间没有包括关系。例如，如果某个断言所引用的表不存在，则 SQL 不允许该断言存在。因此，断言描述符依赖于或取决于一个或多个表描述符(等价地，断言依赖于或取决于一个或多个表)。一般而言，描述符 D1 可被称作取决于或依赖于某个描述符 D2。

如果对象 A 的描述符依赖于对象 B 的描述符，且 B 的描述符一般依赖于对象 C 的描述符，则 A 的描述符一般依赖于 C 的描述符。

SQL 语句的执行可能导致很多描述符的创建。作为 SQL 语句的结果而创建的 SQL 对象可能依赖于其他描述符，这样的描述符是作为该 SQL 语句的执行结果而创建的。

注 6：这是〈模式定义〉SQL 语句的特殊情况。例如，一个〈模式定义〉可能包含很多〈表定义〉，而〈表定义〉中又包含很多〈表约束〉。在一个〈表定义〉中的〈表约束〉可以引用由另外的〈表定义〉所创建的第二个表，而第二个表又包含对第一个表的引用。在〈模式定义〉执行期间，只有创建了所有必需的描述符，描述符之间的相互依赖才是有效的。

表示一个 SQL 对象依赖于另一个 SQL 对象的方式有两种。大多数情况下，依赖 SQL 对象的描述符被称为"包含它所依赖的 SQL 对象名"。这时，"名"可理解为"标识描述符的足够信息"。另一种情况下，依赖 SQL 对象的描述符可被称为包含它所依赖的 SQL 对象的文本(如〈查询表达式〉，〈搜索条件〉)。不过在这种情况下，究竟包含的是实际文本(其中缺省和隐式部分可能被变为显式)还是其对应的语法分析树则无关紧要，描述符的有效性明确地"依赖于"其引用对象的描述符的存在。

列"基于"某个域，等价于说列"依赖于"这个域。

当企图撤销一个 SQL 对象时，如果存在其他描述符依赖于该对象的描述符，则此撤销操作可能失败，具体结果取决于撤销行为是如何规定的。如果要撤销的描述符被包含在其他描述符中，撤销操作也可能会失败。撤销描述符将导致自身包括的所有描述符的撤销，但对于它所依赖的描述符没有影响。

由描述符所描述的某些 SQL 对象的实现需要一些本标准中没有规定的对象存在。在需要这种对象的地方，当相关的描述符被创建时，对象就会被创建；当相关的描述符被撤销时，对象就会被撤销。

6.3.5 GB/T 12991 中各部分的关系

除 GB/T 12991 的本部分和 GB/T 12991.2 外的其他各部分都依赖于 GB/T 12991.1、GB/T 12991.2，并作为增加部分被引用。每个增加部分在使用时就像它与 GB/T 12991 的内容已融合在一起。本条描述用于融合的相关约定。

有关条款的修改调整是通过"在 TC 中"的短语来指明的。

6.3.5.1 新增的和修改的章、条、表及附录

如果 GB/T 12991 任一增加部分的某章(除第 1 章"范围"和第 2 章"规范性引用文件"外)、条、表或附录的名字与 GB/T 12991.1、GB/T 12991.2、GB/T 12991.3、GB/T 12991.4 或 GB/T 12991.11(除非该增加部分本身是 GB/T 12991.3、GB/T 12991.4 或 GB/T 12991.11)中的某章、条、表或附录的名字相同，则它分别补充 GB/T 12991.1、GB/T 12991.2、GB/T 12991.3、GB/T 12991.4 或 GB/T 12991.11 中的该章、条、表或附录，而不管该章、条、表或附录的编号、字母或位置是不是相对应。典型的做法是通过增加或替换段落、格式项、表项或规则来实现。

被修改的表中的行通常为要插入到对应表中的新行，不过在极少数情况下，是将原表中已有的一行替换为增加部分中的表中的一行。当对应表的第一列的值相同的时候，就要求进行这种替换。

在每个增加部分中，每章、条、表及附录与 GB/T 12991.1 和/或 GB/T 12991.2 和/或 GB/T 12991.3 和/或 GB/T 12991.4 和/或 GB/T 12991.11 中对应的章、条、表或附录之间的关系按如下方法表示：

——在增加部分中：形如"本对象修改 GB/T 12991.n 中的对象 nn.nn"xxxxx""的陈述直接跟随该对象标题。

——在上一步的陈述所引用的部分中：形如"本对象由 GB/T 12991.m 中的对象 mm.mmm"yyyyy"修改"的陈述直接跟随该对象标题。

——该对象可以为章、条、表或附录。

如果增加部分的某章、条、表或附录的名字与 GB/T 12991.1 和/或 GB/T 12991.2 和/或 GB/T 12991.3 和/或 GB/T 12991.4 和/或 GB/T 12991.11 中的章、条、表或附录的名字不同，则它提供的语言说明是特别针对那个部分的。属于某个已经标识为新的章条的条款或表自然是新的，没有再作标记。

每个增加部分的章、条或附录按照它们在融合文档中被确定的顺序出现。当缺少关于其位置的显式说明时，任何新章、条或附录按下述方法定位：在 GB/T 12991.1 和/或 GB/T 12991.2 和/或 GB/T 12991.3 和/或 GB/T 12991.4 和/或 GB/T 12991.11 中定位前一条其名字与 GB/T 12991 增加部分的对应章、条或附录的名字相同的章、条或附录，新的章、条或附录直接跟随在该章、条或附录的后面。如果存在多个新章、条或附录，且它们之间没有修改已有章、条或附录的中间章、条或附录，则这些新章、条或附录跟随在前一个其名字匹配的章、条或附录后依次出现。

增加部分对 GB/T 12991.3 和/或 GB/T 12991.4 和/或 GB/T 12991.11 中的章、条、表或附录进行修改时，按下列顺序实施修改：

1) 实施该增加部分对 GB/T 12991.3 的全部修改；
2) 实施该增加部分对 GB/T 12991.4 的全部修改；
3) 实施该增加部分对 GB/T 12991.11 的全部修改；
4) 实施 GB/T 12991.11 对 GB/T 12991.2 的全部修改(包括第 3 步中所有增加、扩展或替换的结果)；
5) 实施 GB/T 12991.3 对 GB/T 12991.2 的全部修改(包括第 1 步中所有增加、扩展或替换的结果)；
6) 实施 GB/T 12991.4 对 GB/T 12991.2 的全部修改(包括第 2 步中所有增加、扩展或替换的结果)；
7) 实施该增加部分对 GB/T 12991.2 的全部修改，注意最后一步的修改可能扩展或替换第 4 步、第 5 步、第 6 步的修改。

多个增加部分对 GB/T 12991.2、GB/T 12991.3、GB/T 12991.4 和/或 GB/T 12991.11 实施的修改不会相互影响。由某一个增加部分所作的修改只对该部分的语言说明有影响，而这些说明不会受到任何其他增加部分所作修改的影响。

6.3.5.2 功能

在修改的条款中，用来自修改条款中的功能完全替换原条款中的功能。

6.3.5.3 新的和修改的格式项

在修改的章条中，定义一个 BNF 非终结符(即：该 BNF 非终结符出现在记法::=的左边)的格式项，或是修改其定义出现在 GB/T 12991.2 和/或 GB/T 12991.3 和/或 GB/T 12991.10 和/或 GB/T 12991.11 中的某个格式项；或是替换其定义出现在 GB/T 12991.2 和/或 GB/T 12991.3 和/或 GB/T 12991.10 和/或 GB/T 12991.11 中的某个格式项；或是定义一个 GB/T 12991.2 和/或

GB/T 12991.3 和/或 GB/T 12991.10 和/或GB/T 12991.11 中没有的某个新格式项。

在增加部分中，对于修改其定义出现在 GB/T 12991.2 和/或 GB/T 12991.3 和/或 GB/T 12991.10 和/或 GB/T 12991.11 中的格式项的那些格式项，是通过“格式注释”来标识的，例如：

〈修改项〉::=!! 来自 GB/T 12991.2 的全部替换项

| 〈新替换项〉

相比而言，完全替换 GB/T 12991.2 和/或 GB/T 12991.3 和/或 GB/T 12991.10 和/或 GB/T 12991.11 中的格式项的那些格式项，具有与 GB/T 12991.2 和/或 GB/T 12991.3 和/或 GB/T 12991.10 和/或GB/T 12991.11 中的 BNF 非终结符相同的 BNF 非终结符，但并未声明其包含 GB/T 12991.2 和/或 GB/T 12991.3 和/或 GB/T 12991.10 和/或 GB/T 12991.11 中的任何替换项。

在 GB/T 12991.2 和/或 GB/T 12991.3 和/或 GB/T 12991.10 和/或 GB/T 12991.11 中没有任何对应项的那些新格式项在增加部分是不作区别的。

新条框中的格式项不作标记。

6.3.5.4 新的和修改的段落和规则

在修改的章条中，每个段落或规则都作了标记，以表明其是对 GB/T 12991.1 和/或 GB/T 12991.2 和/或 GB/T 12991.3 和/或 GB/T 12991.10 和/或 GB/T 12991.11 中段落或规则的修改，还是由该增加部分新增的段落或规则。

段落或规则的修改是通过封装在条形框中的指示短语来标识的。

[代替第 5 段] 表示随后的正文用于替换条标题后的语句所标识的部分中对应条的第 5 段。

[代替 SR6)b)ii)] 表示随后的正文用于替换条标题后的语句所标识的部分中对应条的句法规则 6)b)ii)。

[扩展 SR3)] 表示随后的正文用于扩展或增强句法规则 3)。在大多数实例中，该扩展是为了支持新句法而新加的替换项。

没有限定的“替换”意味着被指示层次的整个段或规则都要被替换。例如，[代替 SR6)b)] 意味着句法规则 6)b)和由它包含的任何子规则都要被替换。如果包括引导语这个术语，则替换的范围为该段或规则中从开始直到(但不包括)第一个列项的正文部分。例如，[代替 SR1)b)的引导语] 意味着下列规则中只有斜体正文要被替换。

1) 句法规则 1)的引导语

2) a) 句法规则 1)a)的正文

   b) 句法规则 1)b)的引导语

   情况如下：

      i) 语法规则 1)b)i)的正文

      ii) 语法规则 1)b)ii)的正文

   c) 句法规则 1)c)的正文

增加部分的新段或规则作了标记，以指示插入的地方。

[插在第 2 段之前] 表示随后的正文应直接插到条标题后的语句所标识的部分中对应条的第 2 段之前。

[插在 GR4)之前] 表示随后的正文应直接插到条标题后的语句所标识的部分中对应条的一般规则 4)之前。

如果没有指定具体插入点，如[插入此段]或[插入此 GR]，则随后的正文应添加到条标题后的语句所标识的部分中对应条中相应部分的末尾。

每个条中的段落从1开始编号，列项的内容作为同一段的正文部分来看待。编号注释不作为段统计。

在这些指示短语中，"SR"表示"句法规则"，"AR"表示"访问规则"，"GR"表示"一般规则"，"CR"表示"符合性规则"，"Desc"表示"描述"，"Func"表示"功能"。

新章条中的所有的段、格式项和规则也是新的，因此不作标记。

6.3.5.5 修改的附录

在修改的附录中，修改附录段的引导语被废止。

注7：这将导致只有表和列项保持不变。

所有其他的正文和/或表被融入原附录的正文和/或表中，并考虑原附录的原始段所隐含的分组和理序。

注8：正文中引用的章条将被调整为归并后的正文中的引用章条的值。

6.3.5a 作为子例程使用的条款

在本标准的各部分中，某些条款没有定义调用其语义的显式语法。这种条款(称为子例程条款)的典型情况是列出了其他一个或多个条款所需要的，且被确定为由那些条款中的规则所调用的规则。在少数情况下，这些没有显式语法的条款被确定为由其他标准和/或通过使用实现定义的机制来调用。

换句话说，这些条款中的规则就像是一种由其他条款、标准或实现定义的机制调用的说明性的子例程。这些子例程条款典型的说明方式是要求其调用者向其传递信息。这些必须传递的信息被表示为该子例程条款的参数，并且该信息必须由该子例程条款的调用者以变元的形式传递。

对子例程条款的每次调用都必须为被调用的子例程条款的每个参数显式提供信息。如果调用一个子例程条款时没有为每个要求的参数提供信息，其结果是实现相关的。

6.3.6 索引排版格式

有关GB/T 12991的索引，遵循下述约定：

——黑体索引项指出的是该词、短语、BNF非终结符定义所在的页；

——斜体索引项指出的是该BNF非终结符用作格式项所在的页；

——既非黑体也非斜体的索引项指出的不是该词、短语、BNF非终结符定义所在的页，而是其用于除格式外的其他部分(例如，标题、功能、句法规则、访问规则、一般规则、符合性规则、表或其他描述性文本)所在的页。

6.3.7 特征ID和特征名

特征包括标准定义的特征和实现定义的特征。

标准定义的特征在GB/T 12991的各部分中定义，实现定义的特征由SQL实现定义(见8.4.8)。

特征通过特征ID和特征名来引用。特征ID要么由一个字母和三个数字组成，要么由一个字母、三个数字、一个连字符和一个或两个数字组成。包含连字符和附加数字的特征ID表示"子特征"，子特征有助于定义完整的特征，该特征以不带连字符的特征ID来表示。

字母为"V"的特征ID是为实现定义的特征所保留的。

一个特征的子特征集列出了该特征中值得注意的特殊情况，但并不要求完备。另外，一个特征的各子特征之间不必是互斥的，在某些情况下，一个子特征可能包含另一个子特征。

只有整个特征才能用于说明符合性要求。

标准定义的特征要么是某个部分的必选特征，要么是由符合性规则定义的可选特征。标准定义的特征的特征ID是稳定的，且保持不变。

为方便起见，GB/T 12991中某个部分定义的所有特征被收集到该部分的附录中。例如，GB/T 12991.2中定义的特征能够在GB/T 12991.2的附录F"SQL特征分类"中找到。

通常情况下，符合性规则放在定义受特征控制的BNF非终结符的条款中。在非终结符的使用被控制于特定环境的情况下，符合性规则放在使用非终结符的地方。如果非终结符的使用受特征控制的事实能够根据其他条款的句法规则和符合性规则的检查而推断出，符合性规则也放在使用非终结符的地方，且通常是冗余的。符合性规则的其他冗余则能避免就避免。

6.4 数据库语言SQL的对象标识符

数据库语言SQL具有一个采用GB/T 16262.1中机制定义的对象标识符，它标识了一个SQL实现的特性。

功能

数据库语言SQL的对象标识符标识了SQL实现的特征，以区别于开放系统环境中的其他实体。

注9：SQL用户可从信息模式中得到等价的信息。

格式

〈SQL对象标识符〉∷=〈SQL源〉〈SQL变种〉

〈SQL源〉∷=〈参数1〉〈参数2〉〈参数3〉

〈参数1〉∷= iso | 1 | iso〈左圆括号〉1〈右圆括号〉

〈参数2〉∷= standard | 0 | standard〈左圆括号〉0〈右圆括号〉

〈参数3〉∷= 9075

〈SQL变种〉∷=〈SQL版本〉〈SQL符合性〉

〈SQL版本〉∷=〈版本号〉|〈版本日期〉〈左圆括号〉〈版本号〉〈右圆括号〉

〈版本号〉 ∷= 4

〈版本日期〉∷=edition2003

〈SQL符合性〉∷=〈部分〉[〈包〉][〈特征集〉]

〈部分〉∷=〈部分n〉

〈部分n〉∷=〈部分n否〉|〈部分n是〉

〈部分n否〉∷= 0 | Part-n-No〈左圆括号〉0〈右圆括号〉

〈部分n是〉∷= 1 | Part-n-Yes〈左圆括号〉1〈右圆括号〉

〈包〉∷=〈包PKGi〉 …

〈包PKGi〉∷=〈包PKGi是〉|〈包PKGi否〉

〈包PKGi是〉∷= 1 | Package-PKGi-Yes〈左圆括号〉1〈右圆括号〉

〈包PKGi否〉∷= 0| Package-PKGi-No〈左圆括号〉0〈右圆括号〉

〈特征集〉∷=〈特征FEATi〉…

〈特征FEATi〉∷=〈特征FEATi是〉|〈特征FEATi否〉

〈特征FEATi是〉∷= 1 | Feature-FEATi-Yes〈左圆括号〉1〈右圆括号〉

〈特征FEATi否〉∷= 0 | Feature-FEATi-No〈左圆括号〉0〈右圆括号〉

注10：标识GB/T 12991标准不同版本的对象标识符的变种是通过〈SQL版本〉的不同值来区分的。对于标准的不同版本，〈SQL符合性〉的结构和解释可能是不同的。〈SQL版本〉的区分值和〈SQL符合性〉的相关结构和解释，在其应用的GB/T 12991的各版本中定义。

句法规则

1) 〈部分n是〉意味着GB/T 12991.n的符合性被声明；

2) 〈部分n否〉意味着GB/T 12991.n的符合性未被声明；

3) 〈包PKGi是〉意味着由PKGi标识的可选包的符合性被声明，其中PKGi是GB/T 12991的本部分或GB/T 12991的某个轮廓中描述的一个可选包的包ID；

4) 〈包PKGi否〉意味着由PKGi标识的可选包的符合性未被声明；

5) 〈特征FEATi是〉意味着由FEATi标识的可选特征的符合性被声明，其中FEATi是GB/T 12991的某部分中描述的一个可选特征的特征ID；

注11：有关特征的定义，见6.3.7。

6) 〈特征 FEATi 否〉意味着由 FEATi 标识的可选特征的符合性未被声明。

7 GB/T 12991 中各部分的附录

GB/T 12991 中每个部分的附录都是资料性的。每个附录的内容提供附加的信息，某些内容重申了标准正文中某个地方所声明的内容。

7.1 实现定义的元素

GB/T 12991 中的每部分都包含这样一个附录，该附录列出了该部分说明的允许 SQL 实现之间不同但要求特定 SQL 实现的实现者说明的每个 SQL 元素及其处理。

7.2 实现相关的元素

GB/T 12991 中的每部分都包含这样一个附录，该附录列出了该部分提到而未作规定、因而允许 SQL 实现之间不同、但不要求特定 SQL 实现的实现者说明的每个 SQL 元素及其处理。

7.3 不推荐的特征

GB/T 12991.2 和每个增加部分都包含这样一个附录，该附录列出了该部分说明的、但是在未来版本中可能不再规定的每个 SQL 元素及其处理。

7.4 与以前版本的不兼容性

GB/T 12991.2 和每个增加部分都包含这样一个附录，该附录列出了该部分的以前版本说明过、而当前版本不是按相同方法说明的每个 SQL 元素及其处理。导致这种不兼容性的常见原因是在语言中增加保留字，这将使得它们在符合 GB/T 12991 早期版本的 SQL 语言中的使用变得无效。

8 符合性

被声明的符合性可以有多种类型。每个符合性声明均应包括最小符合性声明。另外，还可以声明零个或多个增加部分、零个或多个可选特征及零个或多个包的符合性。

8.1 最小符合性

每个符合性声明均应包括最小符合性声明，最小符合性声明定义为满足 GB/T 12991.2 和 GB/T 12991.11 中说明的符合性要求。最小符合性声明应包括 GB/T 12991.2 和 GB/T 12991.11 的符合性要求所要求的语句。

仅声明最小符合性声明的 SQL 语言称为核心 SQL。

8.2 部分的符合性

GB/T 12991 某个部分的符合性声明隐含着支持那个部分定义的所有必选特征。

此外，每个对 GB/T 12991 某个部分的符合性声明还应满足该部分规定的符合性要求。

对 GB/T 12991 某个增加部分的符合性声明，应包括声明了符合性的 GB/T 12991 中那个部分的符合性要求所要求的声明。

8.3 特征的符合性

除了 GB/T 12991 中每个部分(包括 GB/T 12991.2 和 GB/T 12991.11)的符合性所强制要求的那些特征外，GB/T 12991 的任何部分都可定义一些可选特征。这些特征由特征 ID 来标识，且受符合性规则控制(见 6.3.7)。

一个可选特征 FEAT 由通过放宽所选择的一些符合性规则来定义。每个符合性规则的开始，都由短语“如果没有特征 FEAT‘特征名’，…”提示。一个应用指出该应用所要求的 SQL 特征集，该应用的 SQL 语言应注意到所有符合性规则的限制，除了明显放宽的这些特征外。反过来，符合性 SQL 实现应标识 SQL 实现所支持的那些 SQL 特征。一个 SQL 实现应能处理任何这样的应用，该应用要求的特征是 SQL 实现所支持特征的子集。

一个特征 FEAT1 可能隐含另一个特征 FEAT2。声明支持 FEAT1 的 SQL 实现也应支持由 FEAT1 所隐含的每个特征 FEAT2。反过来，一个应用只需要指出它要求 FEAT1，则假定包括了由

FEAT1 所隐含的每个 FEAT2。由某些特征所隐含的特征清单在名为“……的隐含特征关系”的表中列出，该表位于 GB/T 12991 的每个部分中名为“符合性”的章中。要注意的是，有些特征隐含着多个其他特征，有些特征则隐含着其他部分所定义的特征。GB/T 12991 的每个可选特征的符合性声明应满足符合性被声明的所有部分的符合性要求，就像控制该特征的符合性规则不存在一样。

句法规则和一般规则可以根据一条 SQL 句法来定义另一条。这种变换用于定义变换句法的语义，并且在检查可用符合性规则后就被有效地实施。变换可以使用一个 SQL 特征的 SQL 句法来定义另一个 SQL 特征。这些变换用来定义句法的行为，但与被如此定义的特征允许或禁止的特征句法无任何牵连。一个符合性 SQL 实现只需处理其声明支持的特征集的符合性规则所定义的未转换句法，虽然带有转换所隐含的语义。

8.4 SQL 包的符合性

包是 GB/T 12991 的一个可选特征组。它与核心 SQL 一起为某个应用领域或实现环境提供平台。包由包 ID 来标识。

对 GB/T 12991 的某个包的每个符合性声明应满足所有部分和组成该包的所有可选特征的符合性要求。

本条规定了几个这样的包，预计这些包的一些特征可能在 GB/T 12991 范围之外规定。

表 3“SQL 包”包含由 GB/T 12991 定义的 SQL 语言包清单。

表 3“SQL 包”中的列“包 ID”说明表中所包含的包的正规标识。包 ID 是稳定的且保持不变。

表 3“SQL 包”中的列“包描述”包含与包 ID 值相关联的包的简要描述。

表 3 SQL 包

包 ID	包 描 述
PKG001	增强日期时间设施
PKG002	增强完整性管理
PKG004	PSM
PKG006	基本对象支持
PKG007	增强对象支持
PKG008	主动数据库
PKG010	OLAP

8.4.1 增强日期时间设施

包“增强日期时间设施”由下列 SQL 语言特征组成，这些特征在 GB/T 12991 各部分的 SQL 特征分类附录中说明：

——特征 F052“时间间隔和日期时间算法”；

——特征 F411“时区说明”；

——特征 F555“增强秒精度”。

8.4.2 增强完整性管理

包“增强完整性管理”由下列 SQL 语言特征组成，这些特征在 GB/T 12991 各部分的 SQL 特征分类附录中说明：

——特征 F191“引用删除动作”；

——特征 F521“断言”；

——特征 F701“引用更新动作”；

——特征 F491“约束管理”；

——特征 F671“CHECK 约束中的子查询”；

——特征 T201“引用约束的可比较数据类型”；

——特征 T211“基本触发器能力”；

——特征 T212“增强触发器能力”；

——特征 T191“引用动作 RESTRICT”。

8.4.3 **PSM**

包“PSM”由下列 SQL 语言特征组成，这些特征在 GB/T 12991 各部分的 SQL 特征分类附录中说明：

——特征 T322“SQL 调用函数和 SQL 调用过程的重载”；

——特征 P001“存储模块”；

——特征 P002“计算完备性”；

——特征 P003“信息模式视图”。

8.4.4 **基本对象支持**

包“基本对象支持”由下列 SQL 语言特征组成，这些特征在 GB/T 12991 各部分的 SQL 特征分类附录中说明：

——特征 S032“基本结构类型”；

——特征 S041“基本引用类型”；

——特征 S051“创建类型表”；

——特征 S151“类型谓词”；

——特征 T041“基本 LOB 数据类型支持”。

8.4.5 **增强对象支持**

包“增强对象支持”由包“基本对象支持”的所有特征和下列 SQL 语言特征组成，这些特征在 GB/T 12991 各部分的 SQL 特征分类附录中说明。

——特征 S024“增强结构类型”；

——特征 S043“增强引用类型”；

——特征 S071“函数和类型名解析中的 SQL 路径”；

——特征 S081“子表”；

——特征 S111“查询表达式中的 ONLY”；

——特征 S161“子类型处理”；

——特征 S211“用户定义转换函数”；

——特征 S231“结构类型定位器”；

——特征 S241“转换函数”。

8.4.6 **主动数据库**

包“主动数据库”由下列 SQL 语言特征组成，这些特征在 GB/T 12991 各部分的 SQL 特征分类附录中说明：

——特征 T211“基本触发器能力”。

8.4.7 **OLAP**

包“OLAP”由下列 SQL 语言特征组成，这些特征在 GB/T 12991 各部分的 SQL 特征分类附录中说明：

——特征 T431“增强分组能力”；

——特征 T611“基本 OLAP 操作符”。

8.4.8 **扩展和选项**

除了 GB/T 12991 规定的那些特征外，SQL 实现可以提供实现定义的特征，并将其加到保留字清单中。

注 12：如果增加了保留字，可能无法正确地处理符合性 SQL 语句。

SQL 标记符是否标记实现定义的特征是实现定义的。

注 13：SQL 标记符可以使用本标准没有定义的任何特征 ID 标记实现定义的特征，但不保证本标准将来的某个版本不使用该特征 ID 作为标准定义的特征。

注 14：由 SQL 标记符所标记的实现定义的特征可以标识来自多个 SQL 实现的实现定义的特征。

注 15：不同 SQL 标记符为实现定义的特征分配的特征 ID 可能不同。

注 16：SQL 实现可选择(但不要求)使实现定义的特征在信息模式的 SQL_FEATURES 视图中可见。

SQL 实现可以提供对增加的实现定义的 SQL 调用例程或实现定义的 SQL 调用例程变元值的支持。

SQL 实现可以提供一些用户选项来处理非符合性 SQL 语句或例程调用。SQL 实现可以提供一些用户选项来处理 SQL 语句或例程调用，以便产生不同于 GB/T 12991 中各个部分所规定的结果。

只有当用户选项显式要求时，才产生这样的结果。增加的扩充和选项可以在 GB/T 12991 的增加部分中说明。

8.5 SQL 标记符

SQL 标记符是实现提供的设施，它能够标识符合性 SQL 实现可能提供的 SQL 语言扩展或其他 SQL 处理替换项(见 8.4.8“扩展和选项”)。

SQL 标记符旨在帮助 SQL 程序员在本标准的不同级别下，编写便于在不同符合性 SQL 实现之间移植和互操作的 SQL 语言。

SQL 标记符旨在影响 SQL 语言的静态检查，不要求探测在运用一般规则之后才能确定的那些扩展。

就实现而言，SQL 实现只需标记没有错误的 SQL 语言。

注 17：如果一个系统正在处理包含错误的 SQL 语言，那么，在单条语句内要确定什么是错误什么是扩展是很困难的。作为一种可能性，一个实现可以选择按两步来检查 SQL 语言：首先通过正常的句法分析器；其次通过 SQL 标记符。第一个步骤对实现不能处理或不能识别的非标准 SQL 语言产生错误消息；第二个步骤只处理就实现而言没有任何错误的 SQL 语言，它同时探测和标记能够由实现处理的所有非标准 SQL 语言。任何这样的两步处理对最终用户来说都应该是透明的。

SQL 标记符允许应用程序员来标识符合性 SQL 实现提供的符合性 SQL 语言，该符合性 SQL 语言在不同处理环境下的执行可能是不同的。如果 SQL 语言从非符合性 SQL 处理环境迁移到符合性 SQL 处理环境，还必须提供一个工具用以标识不得不修改的 SQL 元素。

SQL 标记符提供一个或多个下述“标记级”选项：

——核心 SQL 标记；

——部分 SQL 标记；

——包 SQL 标记。

提供这些选项之一的 SQL 标记符应能够标识违反 SQL 语言的指定子集的 SQL 语言结构。“核心 SQL 标记”使用的 SQL 语言子集为核心 SQL；“部分 SQL 标记”使用的 SQL 语言子集为核心 SQL 加上符合 GB/T 12991 的各指定部分所要求的那些特征。“包标记”使用的 SQL 语言子集为核心 SQL 加上符合 GB/T 12991 的各指定包所要求的那些特征。

SQL 标记符还提供“SQL 特征标记”。“SQL 特征标记”指出，除了指定的 SQL 语言子集外，还需要哪些可选特征来保证 SQL 语言的符合性。

SQL 标记符提供一个或多个下述“范围检查”选项：

——仅限句法；

——目录检查。

在仅检查句法的情况下，SQL 标记符只分析碰到的 SQL 语言，它检查无须访问信息模式便能确定的任何违反句法规则的情况，不必探测依赖于句法元素的数据类型的非法情况，即使理论上这样的非法情况根据句法就能推断出来。

在目录检查的情况下,SQL 标记符假设了定义模式信息的可用性,并检查违反所有句法规则的情况。例如,某些句法规则在数据类型上施加了一些限制,该标记符选项会标识放宽这些限制的扩展。为安全起见,本选项应通过特定的信息模式检查定义模式。标记符不必执行或模拟任何〈模式定义语句〉或〈模式操纵语句〉的执行。

8.6 符合性声明

符合 GB/T 12991 的声明应包括下列所有声明:

1) 最小符合性声明;

2) 零个或多个增加部分的符合性声明;

3) 零个或多个包的符合性声明;

4) 零个或多个可选特征的符合性声明。

注 18:除本章的要求外,GB/T 12991 的每个部分均说明了该部分的符合性声明需要陈述的内容。

8.6.1 对 SQL 应用的要求

术语"SQL 应用"这里用来表示一组编译单元的汇集,每个编译单元均采用某种标准程序设计语言,其中包含一个或多个:

——SQL 语句;

——SQL/CLI 例程的调用;

——外部调用过程的调用。

符合性 SQL 应用不应包含句法错误,并满足下列要求:

——每个 SQL 语句或 SQL/CLI 调用在句法上都符合 GB/T 12991;

——模式内容满足 SQL 应用的要求;

——SQL 数据与模式内容相符;

——不允许用户提交有句法错误的直接执行 SQL 语句。

符合性 SQL 应用不应使用任何附加特征,或超出所声明的符合性级别的特征。

SQL 应用的符合性声明还应说明:

——正确运行依赖于哪些实现定义的元素和动作;

——需要由用户提供什么样的模式内容。

8.6.2 对 SQL 实现的要求

符合性 SQL 实现应提供一个对象标识符(见 6.4),该对象标识符陈述 GB/T 12991 中被声明了符合性的那些部分、包和特征。

符合性 SQL 实现应根据相关的一般规则、定义和描述处理符合性 SQL 语言。

符合性 SQL 实现应根据相关的定义和一般规则处理符合性例程调用。

SQL 应用的符合性声明还应说明:

——GB/T 12991 规定为实现定义的各个元素和动作的定义。

提供附加设施或超出"核心"规定范围的设施的符合性 SQL 实现应提供 SQL 标记符。

附 录 A
（资料性附录）
SQL 国际标准的维护和解释

ISO/IEC JTC1 提供对 JTC1 标准所进行的修改、维护和解释的正式规程。JTC1 规程"国际标准的维护"中的第 14 章，规定了建立和处理"缺陷报告"的过程。缺陷报告可能导致现行国际标准的技术性勘误、修正、解释或其他注释的产生。

自 ISO/IEC 9075:1999 出版以来，已出版了两个技术勘误。

1） ISO/IEC 9075:1999/Cor. 1——该勘误表包含对 GB/T 12991.1:1999、GB/T 12991.2:1999、ISO/IEC 9075-3:1999、ISO/IEC 9075-4:1999、ISO/IEC 9075-5:1999 的更正累积。

2） ISO/IEC 9075(部分 1 到部分 5):1999/Cor. 2:2003(E)、ISO/IEC 9075-9:2001/Cor. 1:2003(E)、ISO/IEC 9075-10:2000/Cor. 1:2003(E)、ISO/IEC 9075-1:1999/Amd. 1:2001/Cor. 1:2003(E)、ISO/IEC 9075-2:1999/Amd. 1:2001/Cor. 1:2003(E)和 ISO/IEC 9075-5:1999/Amd. 1:2001/Cor. 1:2003(E)——该勘误表包含对 ISO/IEC 9075-1:1999、ISO/IEC 9075-2:1999、ISO/IEC 9075-3:1999、ISO/IEC 9075-4:1999、ISO/IEC 9075-5:1999、ISO/IEC 9075-9:2001、ISO/IEC 9075-10:2000、ISO/IEC 9075-1:1999/Amd. 1:2001、ISO/IEC 9075-2:1999/Amd. 1:2001 和 ISO/IEC 9075-5:1999/Amd. 1:2001 的更正累积。它完全包含并替换了 ISO/IEC 9075 的所有以前的技术勘误。

这些技术勘误表中所包含的 SQL 语言更正都包括在 ISO/IEC 9075:2003 中。

关于 ISO/IEC 9075 中潜在的新问题或新的缺陷报告，可以用下面的地址联系：

Secretariat, ISO/IEC JTC1/SC32
American National Standards Institute
11 West 42nd Street
New York, NT 10036
USA

附　录　B
（资料性附录）
实现定义的元素

本附录引用 GB/T 12991 的本部分标识为 SQL 实现定义的那些特征。

术语“实现定义的”用来标识实现之间可能不同、但每个特定实现均应定义的特征。

1） 4.2.2“SQL 代理”

在 SQL 直接调用(见 5.3.3.3)中，引起 SQL 语句执行的 SQL 代理是实现定义的。

2） 4.2.4“SQL 客户模块”

a） 创建或撤销 SQL 客户模块的机制是实现定义的。

b） 如果一个 SQL 客户模块有一个名字，其允许的名字是实现定义的。

3） 4.2.8.1“目录”

a） 创建或撤销目录的机制是实现定义的。

b） 在当前 SQL 会话中，通过〈准备语句〉和〈立即执行语句〉动态准备的〈可准备语句〉执行的默认目录名是实现定义的。

4） 4.2.8.2“SQL 模式”

SQL 模式既可以通过执行 SQL 模式语句来创建和撤销，也可以通过实现定义的机制来创建和撤销。

5） 4.4.3.1“数值类型”

如果算术运算的结果不能用结果类型精确表示，则结果是四舍五入还是截断是实现定义的。

6） 4.4.3.2“字符串类型”

a） 字符串类型的最大长度是实现定义的；

b） 字符大对象类型的最大可变长度是实现定义的；

c） 二进制大对象类型的最大可变长度是实现定义的。

7） 4.6.2.2“理序”

所支持的理序若不是由国家标准或国际标准定义的理序派生的，则是实现定义的。

8） 4.8.1“宿主语言”

a） 当使用 SQL 客户模块绑定方式时，说明 SQL 客户模块的机制是实现定义的。

b） 无论选择什么方式，SQL 语句按实现定义的字符集编写，该字符集称为源语言字符集。

9） 4.10.1“一般例程信息”

外部例程对编译单元的引用和该编译单元之间的绑定时间和方法是实现定义的。

10） 4.11.1“SQL 语句分类”

SQL 实现提供的附加 SQL 语句是 SQL 实现定义的。

11） 5.3.3.3“SQL 直接调用”

在 SQL 直接调用过程中，调用 SQL 语句、产生状态、访问诊断信息以及报告结果的方法都是实现定义的。

12） 6.3.3.3“规则求值顺序”

如果 SQL 调用函数是确定的，且不会修改 SQL 数据，则该函数的调用是非本质的；否则，它是本质的还是非本质的是实现定义的。

附 录 C
（资料性附录）
实现相关的元素

本附录引用GB/T 12991的本部分明确声明符合性实现的动作是实现相关的。

术语“实现相关的”用来标识实现之间可能不同、但无需特定实现说明的特征。

1） 4.6.1“一般SQL模式对象信息”

一个SQL调用例程的专用名，如果没有明确指定，则是实现相关的。

2） 4.6.2.1“字符集”

对于完全包含在某个SQL实现中的那些字符，其编码和形成字符串的方法是实现相关的。

3） 4.7.2“确定性和约束”

若一个例程被声明为确定的，而实际上它不是确定的，则其调用效果是实现相关的。

4） 4.8.1“宿主语言”

对于绑定方式的嵌入式SQL，根据SQL语句生成外部调用过程、将那些外部调用过程集成到SQL客户模块、将SQL语句替换为由它生成的外部调用过程的调用，这些机制都是实现相关的。

5） 6.3.2“信息模式和定义模式的说明”

信息模式视图所基于的实际对象是实现相关的。

6） 6.3.3.2“表示规则要求的术语”

对不符合GB/T 12991的格式和句法规则的语言的处理是实现相关的。

7） 6.3.3.7“异常”

a） 除非GB/T 12991有明确定义，否则以异常状态终止的SQL语句对任何赋值目标和SQL描述符区的影响是实现相关的。

b） 如果因一个语句执行出现多个状态，则有关多个状态的诊断信息是否有效是实现相关的。

8） 6.3.3.3“规则求值顺序”

a） 当优先级不是通过格式或括号确定时，表达式实际上是否从左到右求值是实现相关的。

b） 如果一个表达式或搜索条件的非本质部分的求值可能会产生一个异常状态，则是否产生该状态是实现相关的。

c） 包含中间结果的场所的声明类型是实现相关的。

附 录 NA
（资料性附录）
GB/T 12991 标准发展历程

GB/T 12991 经历了两个发展阶段。1991 年 8 月 19 日我国发布了 GB/T 12991—1991《信息处理系统　数据库语言 SQL》，该标准等同采用国际标准 ISO/IEC 9075—1989《信息处理系统　数据库语言具有完整性增强特征的 SQL》。这是 GB/T 12991 发展的第一阶段。

从 1987 年至今，数据库语言 SQL 国际标准经历了多次修订，其版本有 1987 年版、1989 年版、1992 年版、1999 年版和 2003 年版，从 1999 年版开始将一个标准分成 9 个部分进行规定。

2006 年按照国家标准化管理委员会的国家标准修订计划，全国信息技术标准化技术委员会实施了 GB/T 12991—1991 版的修订工作。GB/T 12991 新版标准等同采用 ISO/IEC 9075 新版系列标准，也将分为 9 个部分，共同替代 GB/T 12991—1991。GB/T 12991 新版标准与 GB/T 12991—1991 相比无论在内容、技术还是在结构上和上一版本相比都作了非常大的调整。这是 GB/T 12991 发展的第二个阶段。

两个版本的具体差异如下：

——标准的名称发生改变，GB/T 12991—1991 的名称是《信息处理系统　数据库语言 SQL》，而新版名称改为《信息技术　数据库语言 SQL》

——GB/T 12991—1991 是一个独立标准，内容涉及概念、公用元素、模式定义语言、模块语言、数据操纵语言和级 6 个方面内容。而 GB/T 12991 新版是一个拥有 2000 多页内容的系列标准，共分为 9 部分。

——GB/T 12991—1991 标准中的一些术语在新版中都被删除掉了，如：集、数据库、参数、SQL-CODE 参数等。有些术语虽然仍存在，但解释也不一样了，例如：数据类型、列、行、指示符参数等等。

——GB 12991 新版标准中增加了很多内容，例如第 3 部分调用层接口、第 4 部分持久存储模块、第 9 部分外部数据管理、第 10 部分对象语言绑定、第 11 部分信息和定义模式、第 13 部分 Java 历程和类型、第 14 部分 XML 相关的规范等。

参 考 文 献

[1] [Unicode3.0]The Unicode Consortium, The Unicode Standard, Version 3.0, Reading, MA, Addison—Wesley Developers Press, 2000. ISBN 0-202-61633-5.

[2] [Unicode 3.1]The Unicode Consortium, The Unicode Standard, Version 3.1.0, Unicode Standard Annex #27: Unicode 3.1(which amends The Unicode Standard, Version 3.0). 2001-03-23.
http://www.unicode.org/unicode/reports/tr27

[3] [Unicode 10]Davis, Mark and Whistler, Ken. Unicode Technical Standard #10, Unicode Collation Algorithm, Version 8.0, 2001-03-23. The Unicode Consortium.
http://www.unicode.org/unicode/reports/tr10/tr10-8.html

[4] [Unicode 15]Davis, Mark and Durst, Martin. Unicode Standard Annex #15, Unicode Normalization Forms, Version 21.0, 2001-03-23. The Unicode Consortium.
http://www.unicode.org/unicode/reports/tr15/tr15-21.html

[5] [Unicode 19]Davis, Mark. Unicode Standard Annex #19, UTF-32, Version 8.0, 2001-03-23. The Unicode Consortium.
http://www.unicode.org/unicode/reports/tr19/tr19-8.html

ICS 65.060.99
B 91

中华人民共和国国家标准

GB/T 12994—2008
代替 GB/T 12994—1991

种子加工机械 术语

Seed processing machinery—Terminology

2008-07-09 发布 2009-02-01 实施

中华人民共和国国家质量监督检验检疫总局
中国国家标准化管理委员会 发布

前言

本标准是对 GB/T 12994—1991《种子加工机械　术语》的修订。

本标准与 GB/T 12994—1991 相比主要变化如下：

——对种子干燥、种子预加工、种子清选、种子贮存、净种子、摇动清选机、冲孔筛、编织筛、钢丝焊接筛、标准作物种子等定义进行了修改；

——增加了自然干燥、机械干燥、其他植物种子、杂质等词汇；

——删除了除大杂筛选(上筛选)、除小杂筛选(下筛选)、正分选、逆(反)分选、单色光电分选机、双色光电分选机、混杂物等词汇。

本标准自实施之日起代替 GB/T 12994—1991。

本标准由中国机械工业联合会提出。

本标准由全国农业机械标准化技术委员会(SAC/TC 201)归口。

本标准起草单位：中国农业机械化科学研究院、中国农业大学。

本标准主要起草人：张廷英、汪裕安。

本标准所代替标准的历次版本发布情况为：

——GB/T 12994—1991。

种子加工机械　术语

1　范围

本标准规定了种子加工机械的加工工艺、种子加工机具、零部件、技术指标和工作参数有关的术语和定义。

本标准适用于农作物种子、林木种子、牧草种子加工机械。

2　加工工艺部分

2.1

种子加工　seed processing

种子从收获后到播种前所进行的加工处理的全过程。主要包括：干燥、预加工、清选、分级、选后处理、定量包装、贮存等。

2.2

种子干燥　seed drying

使用各种方法降低种子的水分，使其达到可以安全贮存要求的过程，以保持种子旺盛的发芽力和活力。种子的干燥方法分自然干燥和机械干燥。

2.3

自然干燥　natural drying

在大气中进行的干燥方法。借太阳的辐射热或自然界的风力，使物料中的水分气化而达到除去水分的目的。不需人工加热和排出干燥介质。

2.4

机械干燥　mechanical drying

强制自然空气或加热空气通过种子层，对种子进行干燥的过程。

2.5

种子预加工　seed preconditioning

为种子清选预先进行的脱粒、取籽、脱壳、脱绒、除芒、除翅、除刺毛、清洗、磨光与破皮等各种作业。

2.6

种子清选　seed cleaning；seed separating

将种子与杂质、废种子分离的过程。主要分为初清选、基本清选、精选。

2.7

种子尺寸分级　seed size grading

将清选后的种子按其相互间物理特性和外形尺寸的差异分选为若干个等级。

2.8

种子选后处理　treatment after seed separation

为防治病、虫害和提高种子发芽能力与促进作物的生长、发育以及某些特殊目的而在种子清选加工后进行的各种化学、生物、物理(非纯机械作用的)等方面的处理。

在临近播种时进行的处理又称播前处理。

2.9

种子贮存　seed storage

将种子按不同贮存期限贮存在容器内或库房内。包括暂时贮存、短期贮存、中期贮存与长期贮存(基因库贮存)。

2.10

种子加工工艺流程　seed processing technology sequence

种子加工采用的方法、步骤和技术路线。

2.11

初清选(预清选)　precleaning;scalping

为了改善种子物料的流动性、贮藏性和减轻主要清选作业的负荷而进行的初步清除杂质的作业。

2.12

基本清选　main cleaning;basic separating

利用风选和筛选对种子物料进行的以基本达到净度要求的主要清选作业。

2.13

精选　precise separating

在基本清选之后进行的各种分选清选作业。

2.14

风选　air separating

按种子物料的空气动力学特性差异进行的清选作业。

2.15

筛前风选　primary air separating

在风筛清选机中,筛选前的初步风选。

2.16

筛后风选　fine air separating

在风筛清选机中,筛选后精细风选。

2.17

筛选　screen separating;sieve separating

按种子物料的宽度、厚度或外形轮廓尺寸的差异用筛子进行的清选作业。

2.18

窝眼选　indent separating

用带窝眼的圆筒或圆盘等装置按种子物料长度差异进行的清选作业。

2.19

色选　colour separating

光电选　electronic colour separating

通过光电转换装置,按种子物料的光反射特性的差异进行分选的作业。只能按反射光的亮度进行分选的,称单色分选,按反射光的波长进行分选的,称双色分选。

2.20

电特性分选　electrical property separating

按种子物料传导电荷与极化性能等电学性能上的差异进行分选的作业。

2.21

表面特性分选　surface texture separating

按种子物料表面形态和粗糙程度差异进行的分选作业。

2.22

湿式清选　wet type cleaning

以水、水溶液或其他液体为工作介质,按种子物料密度差异进行的分选作业。

2.23

破皮处理　scarifying treatment

对外皮渗透性差的硬实种子将其表面擦破的处理过程,包括酸作用破皮、机械擦皮等。

2.24

球果干燥　cone drying

减少球果的水分使之开裂进而便于取籽的作业。

2.25

机械单胚种处理　technical monogerm seed treatment

采用机械方法将甜菜遗传多胚种变成单胚种的加工过程。

2.26

种子湿加工　wet processing of seed

从对茄、瓜果类蔬菜等的种果中取籽到籽粒干燥的全部作业过程。

2.27

蔬菜种子被膜发酵处理　ferment treatment of vegetable seed membrane

使茄、瓜果类蔬菜等种果的种子、果肉和种皮表面的胶质被膜分离的浸泡发酵过程。

2.28

蔬菜种子被膜无发酵处理　non-ferment treatment of vegetable seed membrane

不经浸泡发酵，直接将酸或碱等化学制剂的稀释溶液施加到茄、瓜类蔬菜种果的籽粒脱出物上，以加速种子与果实黏膜分离的过程。

2.29

棉籽脱绒处理　cotton seed delinting treatment

清除常规剥绒后残留在棉籽上短绒的过程。

2.30

棉籽化学脱绒　chemical delinting of cotton seed

以化学处理的方法除去残留在棉籽上的短绒。

2.31

棉籽稀硫酸脱绒　dilute acid delinting of cotton seed

用浓度不大于10%的稀硫酸对带短绒的棉籽进行脱绒。包括定量式稀硫酸脱绒与过量式稀硫酸脱绒。

2.32

棉籽泡沫酸脱绒　foamed acid delinting of cotton seed

用硫酸和发泡剂制成的泡沫酸对带短绒的棉籽进行脱绒的方法。

2.33

棉籽气体酸脱绒　gas acid delinting of cotton seed

用无水盐酸蒸汽作用于带短绒的棉籽表面进行脱绒的方法。又称干酸脱绒。

2.34

棉籽残酸中和　residual acid neutralizing of cotton seed

将无水氨或碱性物质施加于经酸脱绒后的棉籽表面以减少其残酸含量的过程。

2.35

种子物理处理　physical treatment of seed

通过一定的物理作用对种子进行选后(播前)处理。包括各种能量处理与层积处理、春化处理、吸胀处理、干湿处理等。

2.36

种子能量处理　energy treatment of seed

以各种物理能量对种子进行的选后(播前)处理。包括光、热、电场、磁场、超声波、电离辐射处理等。

2.37

种子高(低)频处理 high(low) frequency treatment of seed

为提高种子发芽率和增强作物抗病、虫害能力,以高频(或低频)电场对种子进行的处理。

2.38

种子化学处理 chemical treatment of seed

通过施加化学作用的物质(杀虫剂、杀菌剂、微量营养元素、维生素、激素及其他生长调节剂、惰性渗透剂等)对种子进行的选后(播前)处理。

2.39

种子药物处理(拌药) chemicals treatment of seed

将杀虫剂或杀菌剂及其他添加剂施加到种子表面的过程。包括粉剂处理、浆剂处理、液剂处理。经药物处理后的种子,其大小与形状基本不变。

2.40

种子包衣 seed coating

在种子外表面包敷一层包衣剂的过程。包衣剂可包括杀虫剂、杀菌剂、染料及其他添加剂等。包衣后的种子形状不变而尺寸有所增加。

2.41

种子制丸 seed pelleting

将制丸材料粘裹在种子外表面制成具有一定尺寸的丸状颗粒的过程。制丸材料可包括杀虫剂、杀菌剂、营养物质、染料、黏合剂及其他添加剂等。丸化后的种子,其尺寸与形状均有明显变化。

2.42

种子暂时贮存 temporary storage of seed

在种子加工线上等待加工或等待下道工序加工种子的贮存。

2.43

种子短期贮存 short term storage of seed

大于暂时贮存时间,而不超过该种作物的下一个播种期的种子贮存。

2.44

种子加工线 seed processing line

按加工工艺流程顺序连续执行所要求的各项加工作业的若干机具的组合。

3 机具

3.1

种子加工机组 seed processing combination unit

由若干可独立作业的种子加工机械通过机械联结组合成的整体。

3.2

移动式种子加工机 mobile seed processing machine

带牵引底盘或自走底盘的种子加工机具。

3.3

种子清选机 seed separating machine;seed cleaning machine

将种子与混杂物和废种子分离的机具。

3.4

组合清选机 multiple separator

两种及两种以上不同分离原理的部件组合成的清选机具(除风筛清选机外)。其中组合风选、筛选、窝眼筒选的称复式清选机。

3.5

全自动清选机　full-automatic separator

采用微机控制自动调节工作参数的清选机具。

3.6

风选机　air separator

以气流为介质进行清选作业的机具。

3.7

吸式风选机　aspirating separator

以负压气流进行清选作业的机具。

3.8

吹式风选机　pneumatic separator

以正压气流进行清选作业的机具。

3.9

筛选机　screen separator; sieve separator

以筛子进行清选作业的机具。

3.10

平面筛清选机　flat screen separator

以往复振动(或回转运动)的平筛进行清选作业的机具。

3.11

圆筒筛清选机　cylinder screen separator

以旋转的圆筒筛进行清选作业的机具。用于进行分级作业时又称圆筒筛分级机。

3.12

离心式圆筒筛清选机　centrifugal cylinder screen separator

以离心力使种子物料经筛孔而分离的圆筒筛清选机。

3.13

立式圆筒筛清选机　vertical cylinder screen separator

绕立轴旋转并借离心力使种子物料经筛孔而分离的圆筒筛清选机。包括单筒式、行星式。

3.14

风筛式清选机　air-screen separator

风选与筛选组合进行清选作业的机具。用于进行初清选时称风筛初清机。

3.15

鼠笼筛初清机　squirrel cage scalper; air-drum separator

用鼠笼筛或气流与鼠笼筛组合进行清选作业的机具。

3.16

错流式风筛清选机　cross flow type air-screen separator

气流垂直贯穿筛片、风选与筛选同时进行的风筛清选机。

3.17

窝眼筒清选机　indent cylinder separator

以内壁带窝眼的圆筒进行清选作业的机具。用于进行分级时又称窝眼筒分级机。

3.18

窝眼盘清选机　indent disc separator

以两侧壁带窝眼的圆盘进行清选作业的机具。

3.19

重力式清选机（比重式清选机） gravity separator；specific gravity separator

以双向倾斜，往复振动的工作台和贯穿工作台网面的气流（正压气流或负压气流）相结合进行清选或分级作业的机具。

3.20

去石机 stoner；destoner

清除物料中碎石的机具。

3.21

之形板清选机 zigzag table separator；paddy separator

以纵向倾斜、横向往复振动的带之形板的工作台进行清选作业的机具，用于粮食加工中分离谷、糙时又称谷糙分离机。

3.22

摇动清选机 vibrating separator

往复振动的台面粗糙或凸形的工作台进行清选作业的机具。

3.23

螺旋清选机 spiral separator

以环绕立轴的多头螺旋片进行清选作业的机具。

3.24

带式清选机 inclined belt separator

按种子物料的流动或滑动能力的差异以倾斜带面进行清选作业的机具。

3.25

绒辊清选机 velvet roll separator

按种子物料表面粗糙程度的差异以成对绒辊进行清选作业的机具。

3.26

磁力清选机 magnetic separator

按种子物料表面粗糙程度的差异以磁性滚筒进行清选作业的机具。

3.27

弹跳清选机 resilience separator

按种子物料弹性差异以弹跳板进行清选作业的机具。

3.28

撞击清选机 bumper separator

按种子物料的形状差异以往复撞击作用的倾斜板进行清选作业的机具。

3.29

静电清选机 electrostatic separator

按种子物料导电能力的差异以电极形成的电场进行清选作业的机具。

3.30

电力清选机 electro polar separator

按种子物料电极化性能的差异以电极化作用的滚筒进行清选作业的机具。

3.31

色清选机（光电清选机） colour separator；electronic colour separator

按种子物料光反射特性的差异通过光电转换装置进行清选作业的机具。

3.32

漂浮式清选机 floatation separator

按种子物料在液体中漂浮性能的差异进行清选作业的机具。

3.33

种子干燥机 seed dryer

使种子含水率降低到符合要求的机具。

3.34

种子脱粒机 seed thresher

从果穗、荚果等果实上脱取种子的机具。

3.35

种子脱壳机 seed huller

使种子与其外壳分离的机具。

3.36

擦皮机 scarifier

擦破种子表皮以增加其对空气、水液渗透性的机具。

3.37

除芒机 debearder;deawner

采用旋转打杆或翼板及与其配合的外壳,对种子表面施加搓挤、打击作用,以除去芒、刺毛、松散的颖片及分离未脱净的穗头、荚壳等的机具。

3.38

刷清机 brushing machine

采用旋转条刷及与其配合的筛筒,对种子表面施加搓刷作用,以除去芒、膜、刺毛、松散的颖片等的机具。

3.39

种子抛光机 seed polisher

采用旋转的刷条或橡胶条及与其配合的圆筒,对种子表面施加轻微的搓擦作用,以除去刺毛、膜和粘附的泥土等,增加种子清洁度、亮度的机具。

3.40

除翅机 dewinger

除去种子表面翅片的机具。包括干式除翅机、湿式除翅机。

3.41

甜菜多胚种剥裂机 beet seed multigerm spliter

将甜菜多胚种剥裂成单胚种的机具。

3.42

甜菜种子磨光机 beet seed abrader

对甜菜球果或籽粒进行研磨光整作业的机具。

3.43

浆果取籽机 fleshy fruit seed extracter

破开肉质浆果并使种子与果皮、果肉、果汁分离的机具。

3.44

湿籽分离机 wet seed separator

将破裂浆果获得的种子与其粘连物和残留果肉分离的机具。包括机械分离、水力分离等。

3.45

湿籽刮板分离机 scraper separator of wet seed

对经初步分离的浆果种子进行刮除表面残留果胶及肉绒的机具。

3.46

湿籽洗涤机　wet seed washer

对经初步分离的浆果种子进行清洗并除去残余浮渣、果皮、瘪粒及残酸成分等的机具。

3.47

湿籽除石机　destone of wet seed

通过清洗按密度差异除去混在湿籽中的石块、砂粒的机具。

3.48

种子离心脱水机　seed centrifugal hydro extractor

借助离心力除去种子表面自由水的机具。

3.49

棉花种子酸处理机　acid applicator of cotton seed

对棉籽表面施加酸剂使其充分浸润的机具。

3.50

棉花种子摩擦脱绒机　delinting buffer of cotton seed

以旋转滚筒内壁及其附加抄板对种子的摩擦作用和种子相互间的擦撞，使经加酸浸润并烘干后脆化的棉籽短绒脱落的机具。

3.51

棉花种子残酸中和机　cotton seed neutralizer

对经酸脱绒后的棉籽表面施加中和剂以减少其残酸含量的机具。

3.52

种子药物处理机（拌药机）　seed chemical treater

将杀虫剂或杀菌剂及其他添加剂施加于种子表面的机具。包括搅龙混合式、滚筒混合式和转盘混合式等。

3.53

通用药物处理机（通用拌药机）　combination chemical treater

适用于粉剂、液剂或浆剂处理的种子药物处理机。

3.54

种子包衣机　seed coater

将包衣剂包敷于种子外表面上的机具。

3.55

种子制丸机　seed pelleter

将制丸材料粘裹在种子外表面制成具有一定尺寸的丸状颗粒的机具。

3.56

带式制丸机　belt pelleter

以环形带对种子进行制丸作业的机具。

3.57

滚筒制丸机　cylinder pelleter

以滚筒对种子进行制丸作业的机具。

3.58

种子高（低）频处理机　seed high(low) frequency treater

以高频（或低频）电场对种子进行处理的机具。

3.59

种子加工成套设备　seed processing complete equipment

能够完成种子全部加工要求的加工设备及其配套、附属装置的总称。

3.60

种子加工成套设备输送系统　conveying system of seed processing complete equipment

种子加工成套设备中，各种输送设备、给料排料装置及其管道阀门等的总称。

3.61

种子加工成套设备除尘系统　dusting system of seed processing complete equipment

种子加工成套设备中，吸尘、排尘装置及其管道、阀门等的总称。

3.62

种子加工成套设备排杂系统　wastage removing system of seed processing complete equipment

种子加工成套设备中，杂余和废料的接收、输送、排出装置及其管道、阀门等的总称。

3.63

种子加工成套设备贮存系统　storage system of seed processing complete equipment

种子加工成套设备中，贮存仓、贮存箱及其附属装置的总称。

3.64

种子加工成套设备电控系统　electric control system of seed processing complete equipment

种子加工成套设备中，电气控制柜、电气线路和线路上各种电器、仪表的总称。

4　零、部件

4.1

前风道　primary air separating duct

风筛清选机筛子进料端的风选管道。在种子物料进入筛子之前清除其中的轻杂质。

4.2

后风道　fine air separating duct

风筛清选机筛子尾端的风选管道。在种子物料筛选后清除其中残存的轻杂质和瘪籽粒。

4.3

沉降室　setting chamber

气流清选中，利用管道截面扩大、气流速度下降使轻杂质受重力作用而沉降的装置。

4.4

筛片(板)　screen

筛网　sieve

筛片(板)、筛网等进行筛选作用的零件与安装它们的筛框所构成的整体。

4.5

清筛装置　screen cleaning device

在筛选过程中进行筛面清理以清除筛孔被物料堵塞物的装置。

4.6

筛体　screen box

筛箱　screen cradle

安装筛子及清筛装置并进行筛选运动的部件。

4.7

圆筒筛　cylinder screen

圈成圆筒形绕筒轴心线旋转进行分选作业的筛子。包括整体式与分片组合式。

4.8

鼠笼筛　squirrel-cage screen

以旋转圆筒的外表面清除大杂的大孔眼编织圆筒筛。

4.9

冲孔筛　perforated screen

将金属薄板冲制形成一定形状与大小孔眼的筛子。

4.10

编织筛　woven screen

将金属或其他材料细丝编织成一定孔眼的筛子。

4.11

钢丝焊接筛　wire welded screen

将钢丝焊接形成一定孔眼的筛子。

4.12

滚子筛　roller screen

多根平行转轴上交错套上圆片与套筒,各轴同向旋转时带动物料移动,从圆片与套筒构成的方孔中筛下细小物料的筛子。

4.13

波纹形长筛孔　ribbed oblong hole

垂直筛孔长度方向的横截面呈波纹状,分选孔口沿波谷排列的冲制长筛孔。

4.14

凹窝形圆筛孔(沉孔型圆筛孔)　recessed round hole

筛孔横截面呈凹窝状,分选孔口在凹底的冲制圆筛孔。

4.15

窝眼盘　indent disc

两侧有窝眼、按种子及其混杂物的长度差异进行分选的圆盘。

4.16

窝眼筒　indent cylinder

内壁有窝眼、按种子及其混杂物的长度差异进行分选的滚筒。包括整筒式与分片组合式。

4.17

正分选窝眼筒　right separating indent cylinder

用以清除种子物料中的短杂,并将其从承料槽中排出的窝眼筒。

4.18

逆(反)分选窝眼筒　reverse separating indent cylinder

用以清除种子物料中的长杂,并将其从筒体末端排出的窝眼筒。

4.19

双作用窝眼筒　bi-action indent cylinder

筒身前后两段窝眼大小不同,一次能顺序清除种子物料中长杂与短杂的窝眼筒。

4.20

窝眼筒承料槽(窝眼筒 V 形槽)　receiving trough

窝眼筒内沿筒体长度方向设置用于承接分离出来的较短物料的敞口槽。

4.21

窝眼片　indent segment

用以组成窝眼筒的弧形或半圆形的窝眼板。

4.22

半球形窝眼　hemispherical indent

呈半球状或窝底为球台形的近似半球状的窝眼。

4.23

圆台形窝眼　conical indent

孔口大于窝底的近似圆台形的窝眼。

4.24

圆柱形窝眼　cylindrical indent

孔身呈圆柱状的窝眼。

4.25

窝眼盘Ⅰ型窝眼　"R"indent(pocket)

孔口承托物料边为直线,对边为半圆的窝眼。

4.26

窝眼盘Ⅱ型窝眼　"V"indent(pocket)

孔口承托物料边为半圆,对边为直线的窝眼。

4.27

窝眼盘Ⅲ型窝眼　"square"indent(pocket)

孔口四边平直成矩形的窝眼。

4.28

三角形分选工作台　triangle separating table

台面为近似三角形(不等腰梯形)的重力式清选机工作台。

4.29

长方形分选工作台　rectangle separting table

台面为近似长方形的重力式清选机工作台。

4.30

之字形分离板　zigzag separating plate

之形板清选机工作台面与台面垂直并呈连续之字形的反射分离板。

4.31

绒辊　velvet rolls

按种子及其混杂物表面粗糙程度差异进行分选的表面包覆绒布的圆辊。

4.32

磁性滚筒　magnetic drum

筒内安置磁铁或电磁线圈形成磁场,以吸附磁性物质的滚筒。

4.33

输送对辊　conveying rolls

光电分选机中,输送物料进入光学检测箱的高速旋转的对辊。

4.34

光学检测箱　optical box

光电分选机中由检测透镜组、光源、背景板以及清理器组成的进行光学检测的部件。

4.35

检测透镜组　lens block

光电分选机中由透镜、光电管、前置放大器等组成以接收光信号并进行光电转换的装置。

4.36

背景板　background

光电分选机中提供预置光信号的色板。

5 技术指标、工作参数

5.1

悬浮速度(临界速度) suspension velocity;critical velocity

物料在垂直上升气流中所受的气流作用力等于物料自身重力时的气流速度。

5.2

悬浮系数 aerodynamic drag coefficient

衡量物料在气流中飘浮特性的指标,悬浮系数(K_1)越大,则物料悬浮速度(v)越小。

$$K_1 = g/v^2$$

式中:

g——重力加速度。

5.3

动力学参数 dynamical parameter

往复振动筛、圆筒筛或窝眼筒工作时运动特性的综合参数(K)。

$$K = \omega^2 r/g$$

式中:

ω——曲柄或筒体旋转角频率;

r——曲柄或筒体半径。

5.4

筛体振幅 amplitude of screen box

筛体从平衡原点到振动折回点极限位置之间的距离。

5.5

筛体振动方向角 vibration angle of screen box

筛体的振动方向与水平面之间的夹角。

5.6

筛面倾角 screen slope

筛面与水平面之间的夹角。

5.7

工作台面纵向倾角 end slope of table

工作台面双向倾斜的清选机(重力式清选机等),沿振动方向的铅垂面内,工作台面与水平面之间的夹角(一般在排料边度量)。

5.8

工作台面横向倾角 side slope of table

工作台面双向倾斜的清选机(重力式清选机等),垂直于振动方向的铅垂面内,工作台面与水平面之间的夹角(一般在靠喂料处端边度量)。

5.9

滚筒倾角 cylinder slope

窝眼筒或卧式圆筒筛等的滚筒轴线与水平面之间的夹角。

5.10

滚筒临界速度 critical velocity of cylinder

在窝眼筒或圆筒筛等旋转部件内壁处,种子物料向心加速度与重力加速度绝对值相等时的滚筒转速。

5.11

筛分面积百分比　percentage of screening surface

筛子上筛孔的总面积占筛片有效总面积的百分率。

5.12

标准作物种子　standard crop seed

在种子加工作业中为标定机器生产率而统一指定的作物种子,通常情况指小麦种子。

5.13

标准生产率　standard productivity

以加工一定状态的作物种子(通常情况指小麦种子),按喂入量标定机器生产率。

5.14

生产率折算系数　conversion coefficient of productivity

加工不同作物种子时,以加工小麦种子为标准折算各自的生产率系数。

5.15

标准台(套)　standard set

以标准生产率为1 t/h的加工机械为一个标准台(套)。对不同规格的种子加工机械或成套设备进行折算所得的数值。

5.16

净种子　pure seed

在种子构造上凡能明确鉴别出属于所分析的种(已变成菌核、黑穗病孢子团或线虫瘿的除外)。即使是未成熟的、瘦小的、皱缩的、带病的或发过芽的种子都作为净种子。

5.17

其他植物种子　other seeds

除净种子以外的任何植物种子,包括杂草种子和异作物种子。

5.18

杂质　inert matter

除净种子和其他植物种子外的种子和所有其他物质。

5.19

种子物料　seed materials

未加工和处在不同加工阶段的好种子与混杂的废种子和各种杂质的总称。对单机作业时投入加工的种子物料和成套设备加工时最初投入加工的种子物料又称为原始种子物料。

5.20

种子净度　physical purity of seed; seed purity

符合要求的本作物种子(好种子)的质量占种子物料(好种子、废种子和杂质)的总质量的百分率。

5.21

湿加工种子清洁度　seed cleanliness of wet process

浆果脱籽后,本作物种子的质量占种子脱出物料(本作物种子、果肉、皮渣与杂质)总质量的百分率。

5.22

获选率　percentage of chosen seed

实际选出的好种子占原始种子物料中好种子含量的百分率。

5.23

除杂率　separating rate of impurity

种子物料中已清除的杂质占原有杂质含量的百分率。

5.24

全分离率　full separating percentage

等于或相当于获选率与除杂率的平均值。用以综合衡量合格种子获选与不合格要求物料清除的效果或种子分级的效果。

5.25

有害杂草籽清除率　separating rate of noxious weed seed

种子物料中已清除的有害杂草籽占种子物料中原有该类杂草籽含量的百分率。

5.26

除芒率　separating rate of awns

种子物料中已清除芒刺的种子数量占种子物料中原有芒刺种子数量的百分率。

5.27

破损率　percentage of damaged seed

加工过程中好种子的破碎损伤量占好种子总质量的百分率。

5.28

种子脱净率　percentage of shelled seed

从果穗、荚果或其他果实上脱取的种子量占原有种子总质量的百分率。

5.29

种子粘结率　percentage of cohered seed

相互粘连的两颗或两颗以上种子占种子总质量的百分率。

5.30

拌药均匀度　evenness of dressing

用药物处理种子时，药物粘附均匀的种子数量占全部处理种子数量的百分率。

5.31

干燥不均匀度　nonuniformity of drying

干燥后的同一批种子物料中，最大含水率与最小含水率的差值。

5.32

筛分完全度　fullness of screen separating

实际通过筛孔筛下的物料质量占应筛下物料质量的百分率。

5.33

酸籽比　acid-to-seed ratio

棉籽采用酸剂脱绒时用酸量与种子量的质量比。

5.34

棉籽含残绒率　residual lint rate of cotton seed

经脱绒处理后，棉籽的残绒含量占棉籽总质量的百分率。

5.35

棉籽含残酸率　residual acid rate of cotton seed

经酸脱绒处理后，棉籽表面残留的酸量(不包括棉籽原有的游离酸含量)占棉籽总质量的百分率。

5.36

甜菜种子单芽率　percentage germination of beet seed monogerm

甜菜种子中只含单胚芽的种子数量占种子总数量的百分率。

5.37

种子物理特性　physical characteristics of seed

可根据其差异进行分选加工的种子在物理学方面的特性。如尺寸、形状、质量、表面粗糙程度、悬浮速度、颜色、导电性等物理学方面的特性。

5.38

种子表面特性 seed surface characteristic;surface texture of seed

种子表面粗糙程度和外复绒毛钩刺等的状态特性。

5.39

种子平衡水分 equilibrium water content of seed

在一定的空气相对湿度与温度条件下,种子从空气中吸收的水分与向空气中释放的水分相等时的含水率。

5.40

偏析(自动分级) deviating stratifying

在一定的机械振动或气流作用下,籽粒群按某些物理特性的差异有规律地聚集排列的现象。

5.41

种子分离曲线 separating curve of seed

以种子各分离特性的不同量度为横坐标,以各量度间种子质量或颗粒百分率为纵坐标画出种子特性分布图。分布图提供了对种子物料进行分选的可能性和分离程度的依据。

5.42

特性相关图 relative diagram of characteristics

在同一纵、横平面坐标上同时表示任意两项种子特性以显示其相关性的曲线图。

ICS 29.160.10
K 20

中华人民共和国国家标准

GB/T 13002—2008/IEC 60034-11:2004
代替 GB/T 13002—1991

旋转电机 热保护

Rotating electrical machines—Thermal protection

(IEC 60034-11:2004,Rotating electrical machines—
Part 11:Thermal protection,IDT)

2008-04-23 发布　　2008-12-01 实施

中华人民共和国国家质量监督检验检疫总局
中国国家标准化管理委员会　发布

前　言

本标准等同采用 IEC 60034-11:2004(第 2 版)《旋转电机　热保护》。

IEC 60034-11:1978(第 1 版)分为 3 部分:IEC 60034-11-1,IEC 60034-11-2,IEC 60034-11-3。此次修订,IEC 将第 2 部分和第 3 部分的内容划分到其他标委会,而 SAC/TC 26 只负责相应于原来第一部分的工作。

本标准代替 GB/T 13002—1991《旋转电机装入式热保护　旋转电机的保护规则》。

本标准与 GB/T 13002—1991 相比,在技术内容和编排格式上进行了修改。其中主要技术内容的改变是将慢变化热过载和快变化热过载时绕组温度最大值由原来的两种类别缩减为一种,以避免混淆。本标准图 3 和图 4 标题中"热临界部件"是指温度最快达到危险值的电机部件。

本标准由中国电器工业协会提出。

本标准由全国旋转电机标准化技术委员会(SAC/TC 26)归口。

本标准负责起草单位为:上海电器科学研究所(集团)有限公司、卧龙电气集团股份有限公司、上海强辉电机有限公司、浙江金龙电机有限公司、泰豪科技股份有限公司、中国北车集团永济电机厂、中船重工电机科技股份有限公司、福建福安闽东亚南电机有限公司、上海麦格特电机有限公司、上海电科电机科技有限公司、兰州电机有限公司。

本标准主要起草人:李军丽、叶月君、赵文钦、叶锦武、康茂生、周卫江、周效龙、梁伯山、陈伯林、刘宇辉、李杰。

本标准所代替标准的历次版本发布情况为:

——GB/T 13002—1991。

引　　言

热保护系统是基于保护或监控电机易损坏部件，使其温度不超过正常工作温度的原理。为此需要选择相应的适合于所要求的保护型式和所需保护的电机部件两者的保护装置。本标准既未详述具体的保护方法，也未明确规定某特定应用时所采用的保护措施，而是明确了电机在发生故障或违反运行规程时，被保护部分的温度不能超过允许的最高温度。

本标准的要求并不是确保“常规”电机在任何状况下运行都能达到预计的使用寿命，而是避免绕组绝缘失效和加速其热老化。热保护的性能指标不能定得太低，否则会引起保护系统频繁脱扣，但也不能定得太高，否则电机在高温下连续运行将会严重影响绕组绝缘的寿命。电机按正确方法使用和维护，才能确保绝缘寿命达到预期值。应该注意，当电机连续运行时温度每增加 8 K～10 K，绕组绝缘的寿命大约会为原来的一半。

旋转电机　热保护

1　范围

本标准规定了装入感应电机定子绕组内部或放置在感应电机其他适当位置，以防止热过载对电机造成严重损害的热保护器或热探测器的使用要求。

本标准适用于按IEC 60034-12要求制造且电压限值符合IEC 60034-12规定的电机。不适用于轴承和其他结构部件的保护。

注1：尽管本标准中给定的温度限值比IEC 60034-1中规定的值要高，但两者并不矛盾。

注2：对特殊用途的电机可能会有附加要求，如家用电器或爆炸性气体环境中使用的电机。

2　规范性引用文件

下列文件中的条款通过本标准的引用而成为本标准的条款。凡是注日期的引用文件，其随后所有的修改单(不包括勘误的内容)或修订版均不适用于本标准，然而，鼓励根据本标准达成协议的各方研究是否可使用这些文件的最新版本。凡是不注日期的引用文件，其最新版本适用于本标准。

IEC 60034-1:2004　旋转电机　第1部分　定额和性能

IEC 60034-12:2002　旋转电机　第12部分　单速三相笼型感应电动机起动性能

3　术语和定义

下列术语和定义适用于本标准。

3.1

热保护　thermal protection

用以保护旋转电机绕组不受热过载或者冷却系统失效而导致温度过高。

3.2

热保护系统　thermal protection system

通过热保护器或热探测器来保护旋转电机绕组不受热过载或者冷却系统失效而导致温度过高的保护系统。

3.3

热探测器　thermal detector

仅对温度敏感的电气绝缘器件，当温度达到预先设定值时能在保护系统中起切换功能。

3.4

热保护器　thermal protector

对载流电机绕组温度敏感的电气绝缘器件，当温度达到预定值时能直接使电机断开电源。

注：有些热保护器对温度和电流都很敏感，两种效果的结合触发系统中的开关，使其切断电源。

3.5

慢变化热过载　thermal overload with slow variation

热过载或冷却系统失效造成被保护部件的温度上升缓慢，使得热保护器或热探测器的温度能及时跟随其变化。

3.6

快变化热过载　thermal overload with rapid variation

热过载或冷却系统失效造成被保护部件的温度上升速度太快，以致热探测器或热保护器的温度不能及时跟随其变化，因而产生明显的延迟，造成热保护装置与被保护部件之间温差显著。

3.7

脱扣后的最高温度　maximum temperature after tripping

电机被保护部件在热保护系统脱扣后的一段时间内所达到的最高温度。

3.8

直接热保护　direct thermal protection

当装有热探测器或热保护器的电机部件属于热保护部分时，这种保护形式为直接热保护。

3.9

间接热保护　indirect thermal protection

当装有热探测器或热保护器的电机部件不属于热保护部分时，这种保护形式为间接热保护。

4 热保护限值

电机应能够额定输出并按 IEC 60034-1:2004 描述的所有运行条件下运行而不触发热保护装置。热保护装置应该限制绕组温度，使其不超过第 5 章或第 6 章表 2 中所给的值。

5 慢变化热过载的保护

当遇到热过载或违反电机运行规程所引起的慢变化热过载时，保护系统将会动作以阻止电机绕组温度升高并使其不超过表 1 的值。

图 1 和图 2 给出了温度作为时间函数而随时间变化的例子。

表 1　慢变化热过载时绕组温度的最大值

热分级	130(B)	155(F)	180(H)
绝缘绕组温度的最大值/℃	145	170	195

绕组温度的确定应符合 IEC 60034-1 中 8.6.2 电阻法的要求。

注 1：如果电机在表 1 所规定的限值下长期运行，则绝缘绕组温度限值就会超过所属的热分级，这将导致电机的寿命缩短。

注 2：慢变化热过载可能由于下列原因引起：

- 由于通风管上堆积灰尘过多，绕组或机座冷却筋等部件上附着污垢等原因引起的通风或通风系统失效；
- 环境温度或者冷却介质温度过高；
- 缓慢增加的机械过载；
- 电机电压长期欠压，过压或不平衡；
- 断续工作制电机违反其规定的工作方式运行；
- 频率偏差。

注 3：根据经验，最大温度限值应考虑以下因素的影响，比如环境温度，电源电压的变化以及电机起动时的常规要求。

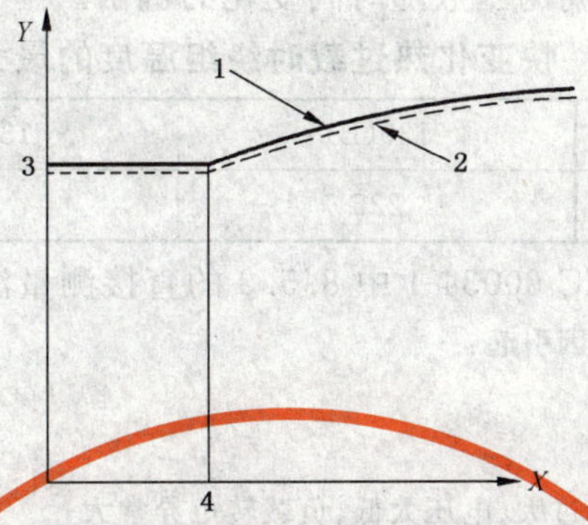

提示：

1——靠近热探测器或热保护器的绕组温度；

2——热探测器或热保护器的温度；

3——正常工作时的温度；

4——慢变化热过载开始的时刻；

X——时间坐标；

Y——温度坐标。

图 1 慢变化热过载和直接热保护示例

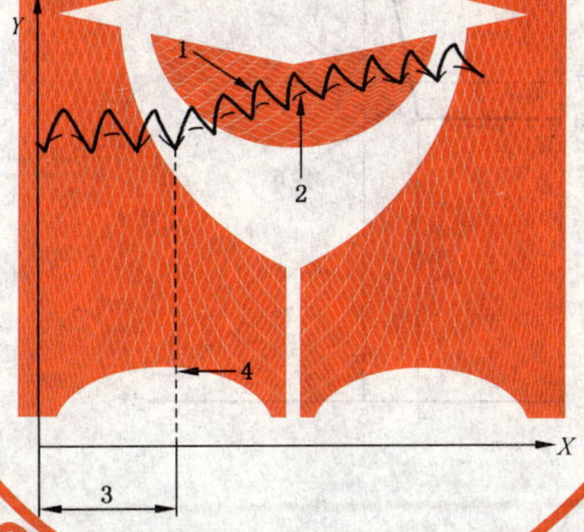

提示：

1——靠近热探测器或热保护器的绕组温度；

2——热探测器或热保护器的温度；

3——正常周期性工作；

4——慢变化热过载开始时刻；

X——时间坐标；

Y——温度坐标。

图 2 包括起动的断续周期工作制(S4)过渡时引起的慢变化热过载和直接热保护示例

6 快变化热过载的保护

当电机遇到快变化热过载时，热保护系统将会动作以防止电机绕组温度超过表 2 的值。

过电流继电器对重复的快变化热过载不提供保护，因此需考虑使用热保护装置。

图 3 和图 4 给出了温度作为时间的函数随时间变化的例子。

表 2　快变化热过载时绕组温度的最大值

热分级	130(B)	155(F)	180(H)
绝缘绕组温度的最大值/℃	225	240	260

绕组温度的确定方法应符合 IEC 60034-1 中 8.5.3 的直接测量法，比如使用热电偶。

注 1：快变化热过载可能由于下列原因引起：

- 电机堵转；
- 断相；
- 非正常状态下起动，如惯量过大、电压太低、负载转矩异常大；
- 负载突然大幅度增加；
- 短时间内重复起动。

注 2：根据经验，最大温度限值应考虑以下因素的影响，比如环境温度，电源电压变化以及电机起动时的常规要求。

注 3：表 2 中的温度与热保护器或热探测器的运行温度不能混淆，运行温度必须低于表 2 中的数值。

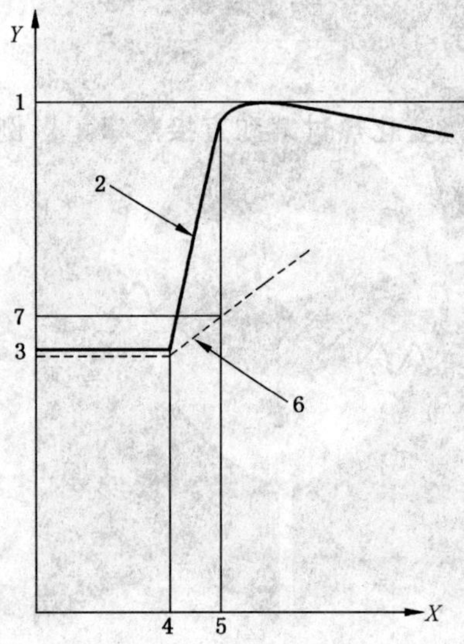

提示：

1——脱扣后绕组最高温度；
2——靠近热探测器或热保护器的绕组温度；
3——正常工作时的温度；
4——快变化热过载开始时刻；
5——脱扣时刻；
6——热探测器或热保护器的温度；
7——热探测器或热保护器的动作温度；
X——时间坐标；
Y——温度坐标。

图 3　热临界部件有直接热保护的快变化热过载示例

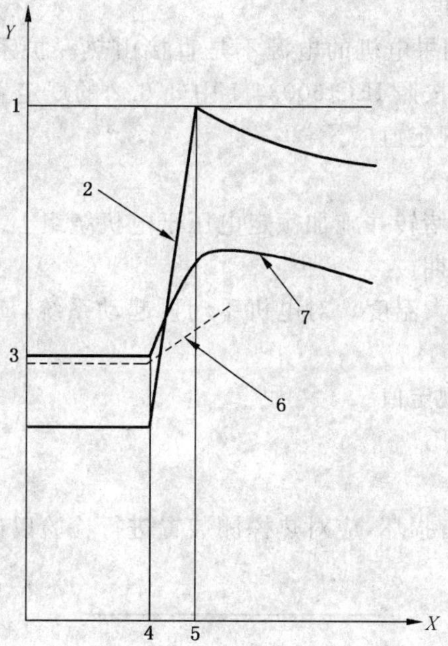

提示：

1——脱扣后绕组最高温度；

2——快变化热过载时热临界部件的温度；

3——正常工作时的温度；

4——快变化热过载开始时刻；

5——脱扣时刻；

6——慢变化热过载时装在热临界部件上的热探测器或热保护器的温度；

7——对快变化热过载不是热临界部件的温度，但对慢变化热过载是热临界部件的温度；

X——时间坐标；

Y——温度坐标。

图 4 热临界部件有间接热保护的快变化热过载示例

7 脱扣后再起动

电机在保护系统脱扣后再起动前，必须进行调查以明确引起电机保护装置动作的原因。当试图再起动电机时，应考虑 IEC 60034-12 中 6.3 或 8.3 所述的起动条件。

本标准中所包含的保护方法只能间接保护电机转子绕组。对于大型电机（特别是 2 极电机）和带大惯量负载起动的电机，需要重点关注起动时和脱扣后转子的温升。

注：对保护装置的规定是使电机在保护系统脱扣后能够自动再起动，这种规定对于全面考虑所有安全建议的特定协议是重要的。

8 型式试验

8.1 概述

型式试验的目的是检验热保护系统是否符合本标准的要求。

试验应在代表该电机型式的典型电机上进行，建议所使用的热保护系统在试验时应安装好。

试验中的温度传感器应安置于电机热保护系统中典型安装位置上。

8.2 慢变化热过载的温度验证

在运行温度下起动电机，缓慢增加负载，使绕组温度按每 5 min 不超过 1 K 的速率增加。至少在

10 min 的时间间隔内记录一次温度。

当热保护系统发生脱扣时，如果电机的电源不是直接由热保护系统的动作来切断，这时应切断电机的电源。热保护系统脱扣后，应按照 IEC 60034-1 中 8.6.2 的规定立刻测量绕组温度。

绕组温度不应超过表 1 中的规定值。

8.3 快变化热过载的温度验证

在环境温度下起动电机，转子堵转并施加额定电压于电机绕组上。

保护系统应至少动作 10 个周期。

在试验结束时，记录绕组的最大温度。对电机手动再起动系统，应尽可能快地重新接通保护器，恢复电源电压。

最高温度应不超过表 2 中的规定值。

9 常规试验

为确认热探测器在安装时没有损坏，应对热探测装置进行检验以确保其电气回路畅通。

ICS 77.040.99
H 21

中华人民共和国国家标准

GB/T 13012—2008/IEC 60404-4:2000
部分代替 GB/T 3656—1983、GB/T 3657—1983、代替 GB/T 13012—1991

软磁材料直流磁性能的测量方法

Methods of measurement of d. c. magnetic properties of magnetically soft materials

(IEC 60404-4:2000, IDT)

2008-10-10 发布　　2009-05-01 实施

中华人民共和国国家质量监督检验检疫总局
中国国家标准化管理委员会　发布

前　言

本标准等同采用 IEC 60404-4:2000《磁性材料——第 4 部分:软磁材料直流磁性能的测量方法》(英文版),主要内容和结构与 IEC 60404-4:2000 一致。

为了便于使用,本标准做了下列编辑性的修改:

——“本部分”(指 IEC 60404 第 4 部分)一词改为“本标准”;

——用小数点“.”代替作为小数点的逗号“,”;

——删除国际标准的前言;

——引用文件按对应的国家标准和行业标准作了变更;

——重新编排图片的编号和位置。

本标准代替 GB/T 13012—1991《钢材直流磁性能测量方法》,同时代替 GB/T 3657—1983《软磁合金直流磁性能测量方法》和 GB/T 3656—1983《电工用纯铁磁性能测量方法》中的“在 25 cm 双轭磁导计或环形试样中用冲击法测量直流磁感应强度”和“用环形试样测量磁导率以及磁滞特性”的相关内容。

本标准此次修订对 GB/T 13012—1991 的下列主要内容作了修改:

——变更标准名称;

——重新编排结构;

——补充环样法和磁导计法的相关内容;

——取消原标准的开磁路方法的相关内容;

——取消原标准的附录 A;

——增加附录 B 和附录 C。

本标准的附录 A 为规范性附录,附录 B 和附录 C 均为资料性附录。

本标准由中国钢铁工业协会提出。

本标准由全国钢标准化技术委员会归口。

本标准起草单位:宝山钢铁股份有限公司、冶金工业信息标准研究院。

本标准主要起草人:周星、胡志远、李和平、冯超、任翠英。

本标准所代替标准的历次版本发布情况为:

——GB/T 3656—1983;

——GB/T 3657—1983;

——GB/T 13012—1991。

软磁材料直流磁性能的测量方法

1 范围

本标准规定了在闭合磁路中使用环样或磁导计测量软磁材料的直流磁性能的方法。环样法适用于片材叠装的环样，或整体实心的环样以及烧结环样。

本标准规定了以下两种方法：

a) 环形试样方法，主要适用于磁场强度在 10 kA/m 以下的测量；

b) 磁导计方法，用于磁场强度范围在(1～200) kA/m 之间的测量。

注：开磁路的矫顽力测量方法由 GB/T 13888—1992 的规定。

2 规范性引用文件

下列文件中的条款通过本标准的引用而成为本标准的条款。凡是注日期的引用文件，其随后所有的修改单(不包括勘误的内容)或修订版均不适用于本标准，然而，鼓励根据本标准达成协议的各方研究是否可使用这些文件的最新版本。凡是不注日期的引用文件，其最新版本适用于本标准。

GB/T 2521 冷轧晶粒取向、无取向磁性钢带(片)(GB/T 2521—2008，IEC 60404-8-7:1998&IEC 60404-8-4:1998，MOD)

GB/T 13888—1992 在开磁路中测量磁性材料矫顽力的方法(eqv，IEC 60404-7:1982，Magnetic materials—Part 7:Method of measurement of the coercivity of magnetic materials in an open magnetic circuit)

YB/T 5224 中频用电工钢薄带技术条件(YB/T 5224—2006，IEC 60404-8-8:1991，Magnetic materials—Part 8:Specifications for individual materials—Section 8:Specification for thin magnetic steel strip for use at medium frequencies，MOD)

IEC 60404-8-3 磁性材料——第 8-3 部分：单项材料的技术条件——以半工艺状态交货的电工用冷轧非合金和合金钢带

IEC 60404-8-6 磁性材料——第 8-6 部分：单项材料的技术条件——软磁金属材料

3 环样法测定磁性能

3.1 目的

本章叙述用环样获得正常磁化曲线和磁滞回线的方法。

3.2 概述

本方法主要适用于磁场强度在 10 kA/m 以下的情况。但是在能避免试样发热的情况下，本方法也适用于更高的磁场强度。

3.3 测量温度的影响

应注意防止试样过热。测量应在(23±5) ℃的环境温度下进行。试样的温度应不超过 50 ℃，该温度可由传感器监测。

对于温度特别敏感的材料，可根据产品标准规定更低或更高的试样温度。

3.4 试样

试样是横截面为矩形或圆形的未经焊接的均质圆环。环样的横截面积由产品尺寸、磁性能的均匀性、所用设备的灵敏度以及测试线圈所需要的空间确定。通常横截面积在(100～500) mm^2 范围内。

制备试样时应防止材料加工硬化和受热，避免影响磁性能。整体实心环样可通过车削加工制备，并最终研磨抛光，加工时要充分冷却以防止试样发热。环样的棱边应去除毛刺。

为减小磁场强度径向变化的影响，环样尺寸应满足公式(1)：

$$D \leqslant 1.1d \qquad (1)$$

式中：

D——试样的外径，单位为米(m)；

d——试样的内径，单位为米(m)。

用适当的千分尺或游标卡尺测量环样尺寸，即内径、外径和高度。平均横截面积计算值对应的测量不确定度在±0.5%范围内。

试样的平均磁路长度由公式(2)计算，计算值对应的测量不确定度在±0.5%范围内：

$$L = \pi \frac{D+d}{2} \qquad (2)$$

式中：

D——试样的外径，单位为米(m)；

L——试样的平均磁路长度，单位为米(m)；

d——试样的内径，单位为米(m)。

3.5 绕组

绕线前，可先从铁芯上引出一条导线，以备绕组绝缘性的后续检查；然后可在试样表面直接安放一个温度传感器，再在环样上覆上一层薄的绝缘材料。

首先，在铁芯上均匀紧密地用绝缘铜线绕制次级绕组，测定次级绕组的尺寸并计算其平均横截面积 A。

然后，在铁芯上均匀紧密地绕一层或多层绝缘铜线，制成磁化绕组，磁化绕组应能负荷额定的最大磁化电流，其绕线匝数应足以产生出所需要的最大磁场强度。磁化绕组可由以下方式构成：

a) 单条导线均匀紧密地沿整个环样绕很多匝；

b) 多股芯线缆均匀紧密地沿整个环样相对少绕一些的匝数，各股芯线的两端相互连接形成多层绕组的效果；

c) 用刚性或半刚半柔的装置，相应的导线可按接插的方式打开，并可安放带次级绕组和绝缘层的环样，闭合后的导线形成一个沿环样均匀绕线的磁化绕组。

如有必要，将已绕线的环样浸入油槽或以鼓风机吹风冷却。

注：对任何采用上述均匀绕制次级绕组方式的环样测试，螺旋绕制的线圈将形成一个与环样平均直径等效的圆形回路，并因此产生误差，该误差可能被放大而造成显著影响。

由磁化绕组和次级绕组的等效圆形回路之间交互感应产生的磁通量，与同环样轴平行方向的磁通量一起，对环样周长方向的磁通量有增加或减小的影响。当磁化绕组采用多股芯线缆时，此附加交互感应与芯线的股数成正比。特别地，在高磁场强度和试样磁导率较低时，上述误差可能达到百分之几。为消除该误差，在绕制次级绕组时，可沿环样平均直径的对应的周长回绕一圈，或磁化绕组按偶数层绕制，并且沿环样以顺时针和逆时针方向交替进行。

3.6 环样测量方法

3.6.1 磁场强度

磁化电流的测量不确定度应在±0.5%范围内。磁场强度按式(3)计算：

$$H = \frac{N_1 I}{L} \qquad (3)$$

式中：

H——磁场强度，单位为安培每米(A/m)；

I——磁化电流，单位为安培(A)；

L——环样平均磁路长度，单位为米(m)；

N_1——磁化绕组的匝数。

3.6.2 磁通密度

次级绕组 N_2（B 线圈）与磁通积分器（电子积分器，冲击检流计或磁通计）连接，按附录 B 给出的方法之一校准磁通积分器，相关的测量不确定度应在±1%范围内。

磁通密度的变化按式(4)计算：

$$\Delta B=\frac{K_B\alpha_B}{N_2A} \qquad (4)$$

式中：

A——环样的横截面积，单位为平方米（m^2）；

N_2——次级绕组的匝数；

K_B——磁通积分器校准常数，单位为伏·秒（V·s）；

ΔB——测得的磁通密度的变化，单位为特斯拉（T）；

α_B——磁通积分器的示值。

为便于 ΔB 示值的直接读取，可调节磁通积分器，使 $K_B(N_2A)$ 的值为 10 的乘方。

假设次级绕组紧密绕在试样上，在（0～4）kA/m 的磁场强度范围内，次级绕组中的空气磁通不显著，不需要修正。当磁场强度值高于这个范围时，则应按公式(8)修正空气磁通。

3.6.3 设备连接

设备的电路连接如图 1 所示。

图 1 环样法测量磁性能的电路原理图

直流电源 E（一个波动量小于 0.1%的直流稳定电源，或者一个电池）的一端通过电流测量装置 A 和转换开关 S_1 连接到环样上的磁化绕组 N_1。如果使用双极电流源，则不需要转换开关 S_1。当开关 S_2 闭合时，磁化电路中的电流由电阻器 R_1 控制。如果使用输出连续可调的稳定电源，则不需要电阻器 R_1。此磁化电路用于测定正常磁化曲线和磁滞回线的顶点。在测定完整磁滞回线的电路中，应使用开关 S_2 和相连的电阻器 R_2。次级电路由磁通积分器及与其连接的次级绕组 N_2（B 线圈）构成。

3.6.4 正常磁化曲线的测定

试样应仔细退磁，从磁场强度不小于 5 kA/m 开始，反复换向，并逐渐降低退磁场。测试前经受过较高磁场强度的试样（如使用磁性夹具加工试样的情况），应从高于该磁场强度开始退磁。

注：为了使磁场完全穿过试样，对于横截面为 10 mm×10 mm 的试样，每次换向之后的停留时间应为 2 s 以上，而横截面为 20 mm×20 mm 的试样，停留时间应为 10 s 以上。

按附录 B 中描述的方法之一校准磁通积分器。闭合 S_2，用以下两种方法之一测定正常磁化曲线。

——方法 A：连续记录法

使用此方法时，连接磁通积分器的输出端与X-Y记录仪、绘图仪或计算机接口的Y轴端口。与磁化绕组串联一只带有两个电流接线端和两个电压接线端的经校准的低值电阻器(即0.1 Ω或1 Ω)。该电阻器的电压接线端应与X-Y记录仪、绘图仪或计算机接口的X轴端口连接。可对整个系统进行校准，直接在记录仪、绘图仪或计算机界面给出磁通密度和磁场强度的数值。

磁化电流应从零开始稳定增大，直至达到产生所需要的最大磁场强度的电流值。然后在X-Y记录仪、绘图仪或计算机界面上绘制出磁化曲线。

——方法B:逐点记录法

在磁化绕组 N_1 中按公式(3)接一个对应低磁场强度的小电流，该电流应通过转换开关 S_1 反复换向10次，使材料进入稳定循环状态。在此操作过程中，应保持开关 S_3 闭合，使磁通积分器示值为零。断开开关 S_3，记录对应磁场换向的磁通积分器示值，并计算相应的磁通密度。

持续增加电流，重复上述操作，即可获得一组磁场强度和磁通密度的对应值，并以此绘制出正常磁化曲线。

上述测量过程中，不应出现减小磁化电流的情况，否则应对试样退磁，重新测量。

3.6.5 完整磁滞回线的测定

试样应按3.6.4退磁，并用以下两种方法之一测定磁滞回线：

——方法A:连续记录法

使用3.6.4方法A中指定的附加部件。磁通积分器调零，然后在磁化绕组 N_1 中通以足够产生所需要的最大磁场强度的电流。慢慢减小该电流至零，然后换向增大至其最大负值，再减小至零，换向并增大至其最大正值。

注：虽然有些材料(如纯铁)可能需要时间长一些，但是一般完成此循环的时间应在30 s～60 s之间，这是为了有足够的时间随外加磁场的改变磁化试样，同时又要避免时间的延长使得磁通积分器零点的显著漂移。

——方法B:逐点记录方法

将试样退磁，在磁化绕组 N_1 中通以足够产生所需要的最大磁场强度的电流。磁滞回线的顶点按照3.6.4中方法B，由磁场强度和相应的磁通密度的测量值来确定。

在开关 S_1 闭合至位置1和开关 S_2 断开的状态下，测定磁滞回线的 PQ 部分(参见图2)，并测量相应的磁场强度以及磁通密度的变化。通过调节电阻器 R_2，可获得 PQ 曲线上的若干点。闭合开关 S_2 测得 Q 点，此时断开开关 S_1，测量磁通密度的变化。

每个点的磁场强度值由测得的相应电流值按式(3)计算。

每个点的磁通密度值由式(5)计算：

$$B_{P'} = B_P - \Delta B \qquad \cdots\cdots (5)$$

式中：

$B_{P'}$——PQ 曲线上 P' 点处的磁通密度，单位为特斯拉(T)；

B_P——磁滞回线顶点的磁通密度，单位为特斯拉(T)；

ΔB——开关 S_1 闭合到位置1和开关 S_2 断开时，测得的磁通密度的变化，单位为特斯拉(T)。

在开关 S_1 闭合和开关 S_2 断开的状态下，测定磁滞回线的 QS 部分。从开关 S_1 断开位置开始，将其闭合至位置2，测量磁场强度和磁通密度的变化。

每个点的磁场强度值由开关 S_1 闭合至位置2时测得的电流值按公式(3)计算。

每个点的磁通密度值由式(6)计算：

$$B_{Q'} = B_Q - \Delta B \qquad \cdots\cdots (6)$$

式中：

$B_{Q'}$——QS 曲线上 Q' 点处的磁通密度，单位为特斯拉(T)；

B_Q——Q 点处的磁通密度，单位为特斯拉(T)；

ΔB——开关 S_1 闭合到位置2和开关 S_2 断开时，测得的磁通密度的变化，单位为特斯拉(T)。

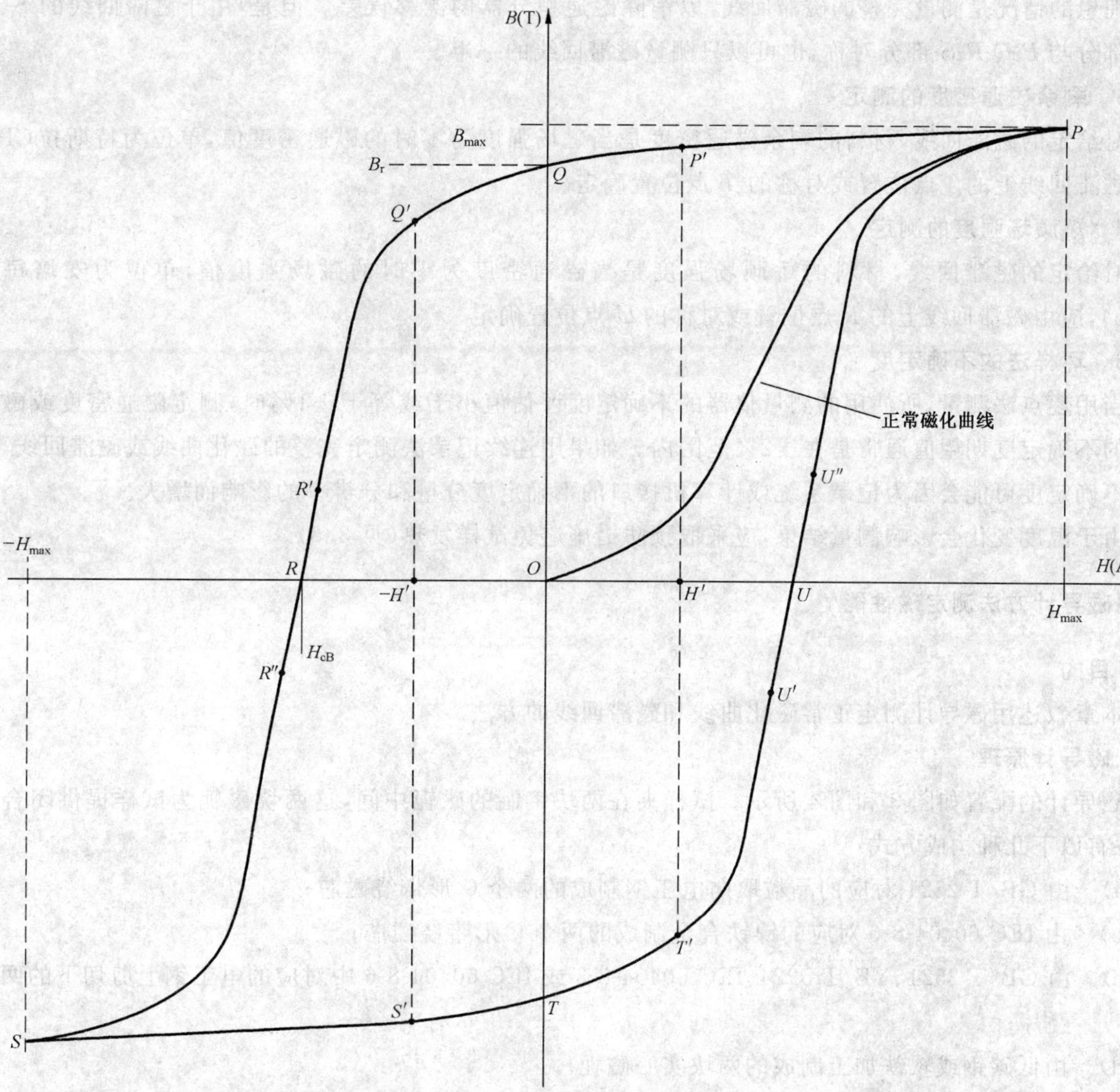

图 2 磁滞回线

为获得完整的磁滞回线，开关的闭合顺序应按照表 1 的排列，以使试样保持在稳定循环的状态。

分别调节电阻器 R_1 和 R_2，以获得相关的磁场强度：

——调节电阻器 R_1：磁场强度 $+H$ 或 $-H$ 的值，即磁滞回线上的 P 点或 S 点（图 2）；

——调节电阻器 R_2：磁场强度 $+H'$ 或 $-H'$ 的值，即磁滞回线上的 P' 点或 S' 点（图 2）。

表 1 使试样保持在稳定循环状态的开关闭合顺序

顺　序	开关 S_1	开关 S_2	回线上的点
1	闭合(1)	闭合	P
2	闭合(1)	断开	P'
3	断开	断开	Q
4	闭合(2)	断开	Q'
5	闭合(2)	闭合	S
6	闭合(2)	断开	S'
7	断开	断开	T
8	闭合(1)	断开	T'
9	闭合(1)	闭合	P

理想的情况是测量完整的磁滞回线，以消除磁通积分器的漂移误差。但是，由于磁滞回线的 *S-T-U-P* 部分与 *P-Q-R-S* 部分对称，也可以只测量磁滞回线的一半。

3.6.6 剩余磁通密度的测定

对给定的磁滞回线，材料的剩余磁通密度是当磁场强度为零时的磁通密度值，单位为特斯拉(T)，应由磁滞回线上的 4 点位置或对称的 *T* 点位置确定。

3.6.7 矫顽场强度的测定

对给定的磁滞回线，材料的矫顽场强度是当磁通密度为零时的磁场强度值，单位为安培每米(A/m)，应由磁滞回线上的 *R* 点位置或对称的 *U* 点位置确定。

3.6.8 环样法的不确定度

当用逐点法测量，所使用的测量仪器的不确定度评估值小于或等于±1%时，测定磁通密度或磁场强度的不确定度期望值通常是在±2%范围内。如果用连续记录法测定完整的磁化曲线或磁滞回线，相关的不确定度可能会因为记录系统或计算机接口的不确定度分量和分辨率的影响而增大。

由于温度变化会影响测量结果，应采取预防措施避免试样发热(见 3.3)。

4 用磁导计方法测定磁性能

4.1 目的

本章叙述用磁导计测定正常磁化曲线和磁滞回线的方法。

4.2 磁导计原理

磁导计的配置如图 3 和图 4 所示。试样夹在两块钢制的磁轭中间，这两块磁轭为试样提供闭合磁路，并有以下几种构成方式：

a) 由 GB/T 2521 对应的晶粒取向电工钢制成的两个 C 形带绕磁芯；

b) 由 IEC 60404-8-6 对应的镍铁合金制成的两个 C 形带绕磁芯；

c) 由 GB/T 2521、YB/T 5224、IEC 60404-8-3 或 IEC 60404-8-6 中对应的电工钢上剪切下的两组叠片；

d) 由低碳钢或软铁加工制成的两块实心磁轭。

对于圆形或方形条状试样的测试，需要两对用低碳钢或软铁制成的磁极靴，每一对都应尽可能加工成与试样密合的形状(见图 3c)和图 4c))。磁极靴的磁导率要足够高，以便为试样与磁轭之间的磁通提供低磁阻通路。

两类磁导计如图 3 和图 4 所示，并有以下特性：

——A 类：磁场强度范围，(1～200) kA/m；
磁化线圈，在围绕试样的骨架上；
试样的最小长度，250 mm；
H 测量系统，探测线圈或霍尔探头。

——B 类：磁场强度范围，(1～50) kA/m；
磁化线圈，绕在磁轭上；
试样的最小长度，100 mm；
H 测量系统，空心线圈(Rogowski-Chattock 线圈)。

3.3 条的要求也适用于磁导计方法。

单位为毫米

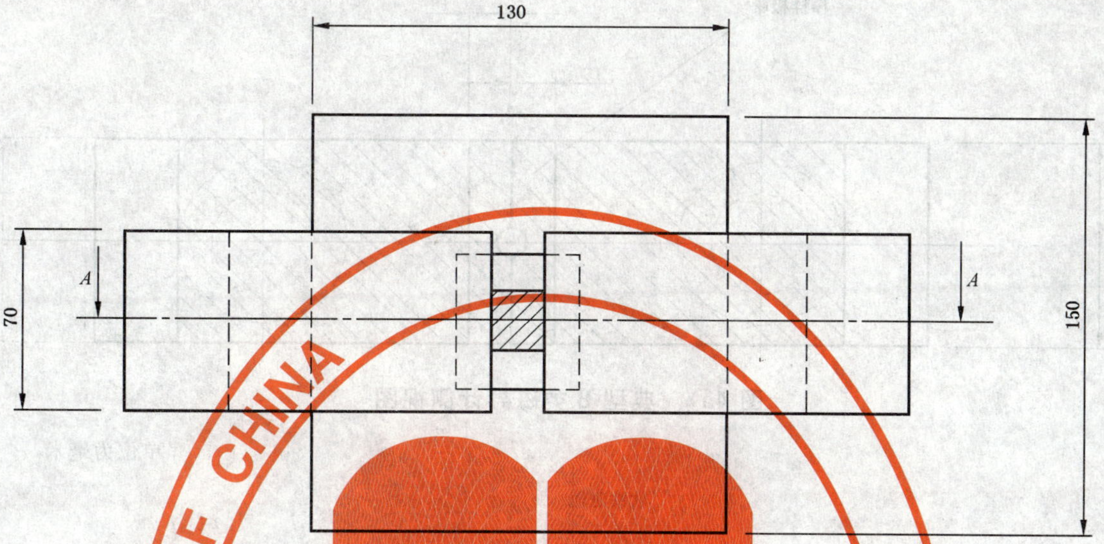

图 3a） 典型 A 类磁导计侧视图

单位为毫米

图 3b） 典型 A 类磁导计 A—A 剖视图

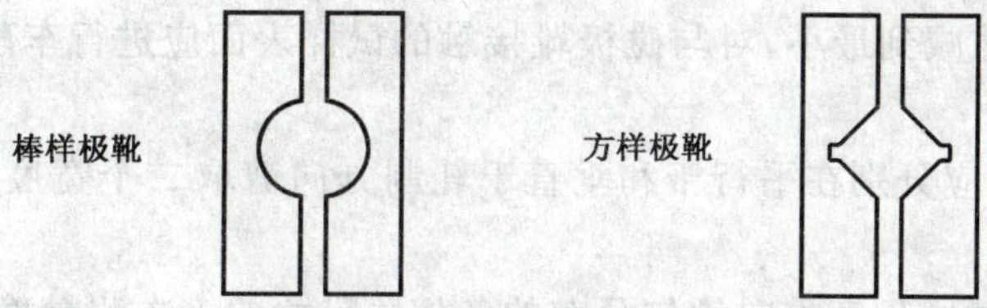

图 3c） 典型 A 类磁导计的磁极靴示意图

单位为毫米

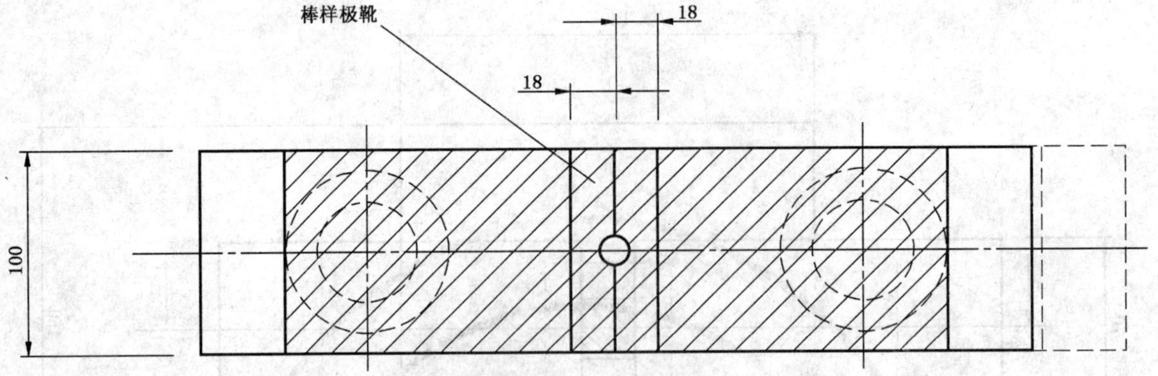

图 4a） 典型 B 类磁导计侧视图

单位为毫米

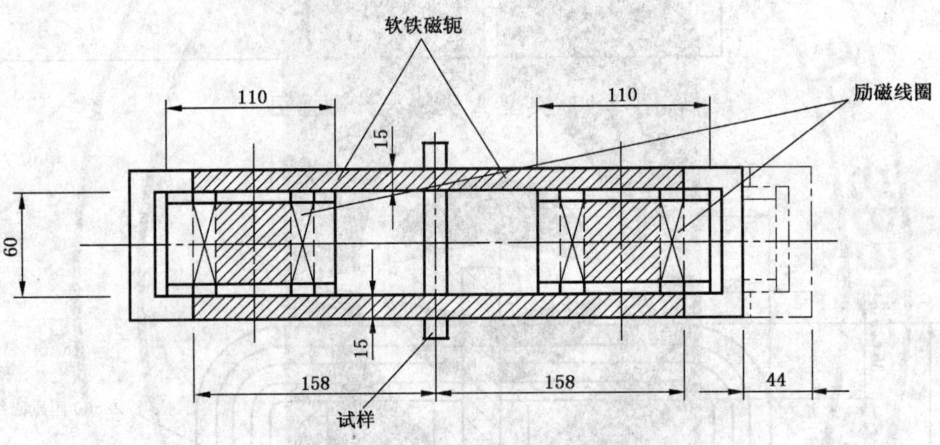

图 4b） 典型 B 类磁导计俯视图

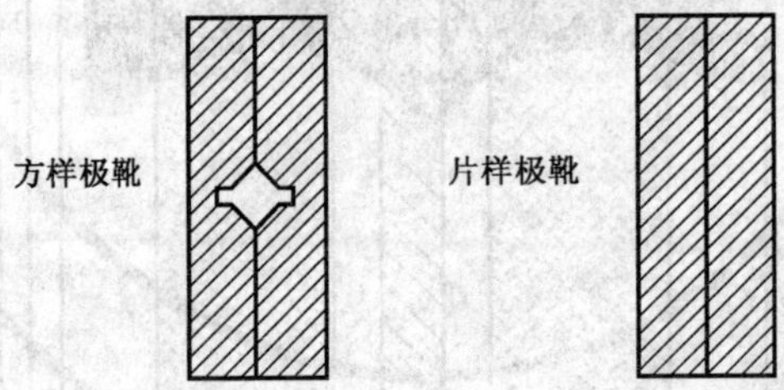

图 4c） 典型 B 类磁导计的磁极靴示意图

4.3 试样

除非产品标准中另有规定，用于 A 类磁导计的试样的最小长度为 250 mm，用于 B 类磁导计的试样的最小长度为 100 mm，其最小横截面积为 10 mm^2，最大横截面积为 500 mm^2，并有以下几种：

a） 圆形、方形、矩形或六角形的均匀横截面的棒状试样。需要时，应对试样进行机械加工，使得试样与磁极靴的间隙减到最小，对与磁极靴接触的试样表面应进行车削或研磨，加工时应充分冷却避免材料受热；

b） 对于板材或带材，应分别在平行于和垂直于轧制方向剪取二个宽度为 30 mm 的条形试样，用于后续测量。

试样的横截面积应由试样长度方向均匀分布的各相关尺寸的多次测量确定。横向尺寸应采用千分尺沿试样长度方向按约 10 mm 的间隔进行测量。由这些测量结果计算平均横截面积，相关的测量不确定度应在±0.5%范围内。最大和最小横截面积之间的极差应不超过平均横截面积的0.5%。

4.4 磁导计测量方法

4.4.1 磁场强度的测定

磁场强度应由以下方法测定,相关的测量不确定度应在±1.0%范围内。

4.4.1.1 A类磁导计

把长约10 mm～50 mm的探测线圈(见图5a))与磁通积分器相连接,磁通积分器应按附录B中给出的方法进行校准。

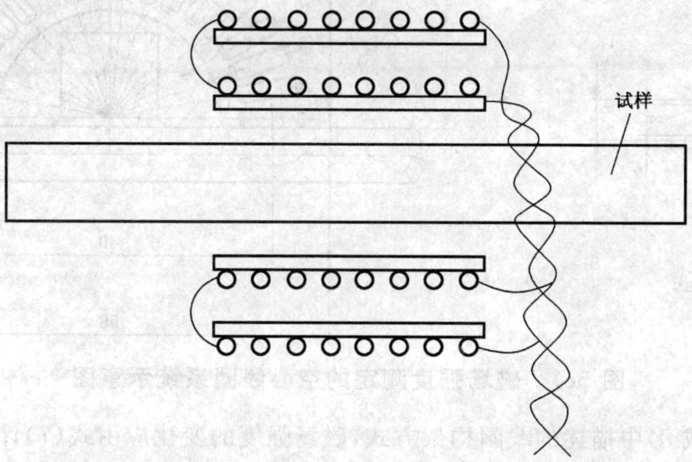

图5a) 同心型磁场强度探测线圈(H线圈)——内外两线圈反向串联示意图

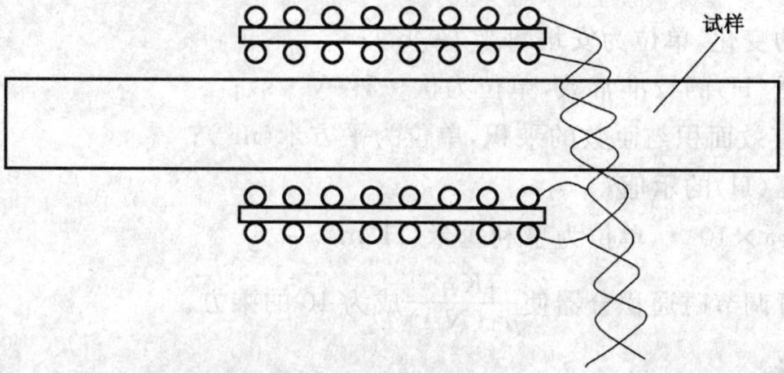

图5b) 同面型磁场强度探测线圈(H线圈)——上下两线圈正向串联示意图

探测线圈通常包括两个线圈,分别安装在试样相对的两边,并正向串联;或者两个线圈与试样同轴绕制,并反向串联。线圈应绕在无磁性和非导电的骨架上。探测线圈的有效面积与匝数的乘积应由附录A中给出的方法确定,相关的测量不确定度应在±0.5%范围内;

注:探测线圈的匝数取决于所用的磁通积分器的灵敏度和测量的磁场强度的范围。

霍尔效应仪或其他直接检测磁场的无源仪器的测量不确定度应在±0.5%范围内。这些仪器既可用已知电流常数及磁场的合适的螺线管校准,也可在均匀磁场中用符合要求的核磁共振探头校准。

4.4.1.2 B类磁导计

使用A类磁导计的方法时,假设径向磁场强度的偏差是可以忽略不计的;

连接磁通积分器与空心线圈(C形H电位计线圈,见图5c))。

H电位计线圈由一个连续绕线的线圈构成,线圈的轴位于最大直径为40 mm的半圆形上;或者由离散的串联连接的线圈组合而成,这些线圈的轴的排列接近,而且不会使得叠加后的磁势产生明显的不连续。线圈系统的端面应位于离试样表面0.5 mm的范围内。

H 线圈的有效面积与匝数的乘积应由附录 A 中给出的方法确定，相关的测量不确定度应在±0.5%范围内。

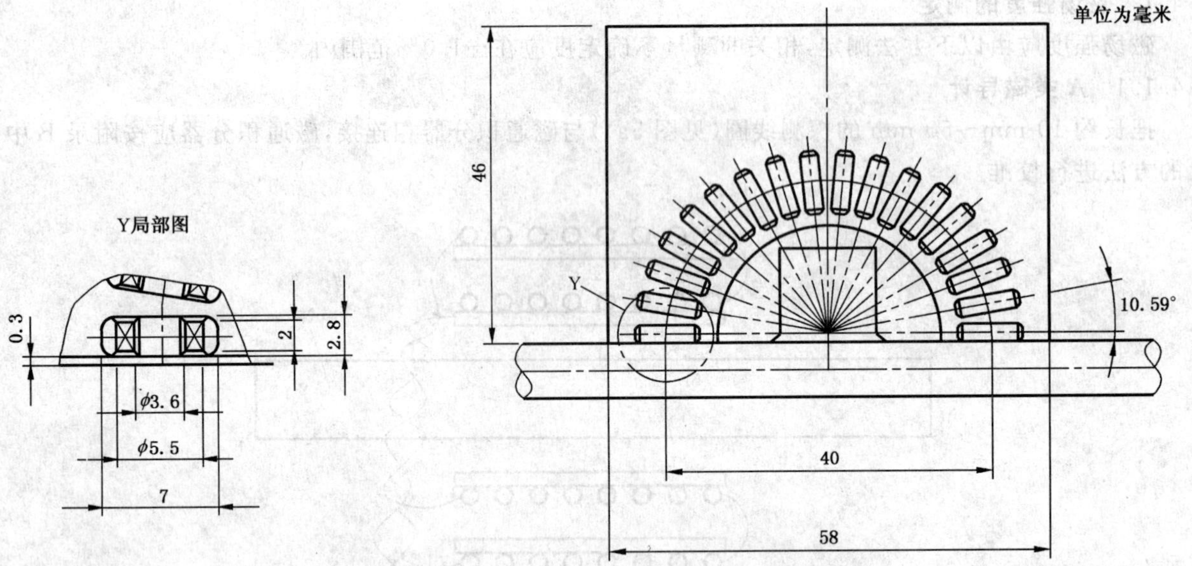

图 5c）　磁场强度测定的空心线圈系统示意图

如果使用上述 a)或 d)中描述的线圈构架方式，磁场强度的变化应由式(7)计算：

$$\Delta H=\frac{K_H\alpha_H}{\mu_0(NA)} \quad \cdots\cdots (7)$$

式中：

ΔH——磁场强度的变化，单位为安培每米(A/m)；

K_H——磁通积分器(H)的校准常数，单位为伏·秒(V·s)；

(NA)——H 线圈的有效面积与匝数的乘积，单位为平方米(m^2)；

α_H——磁通积分器(H)的示值；

μ_0——磁性常数 $4\pi\times10^{-7}$，单位为亨利每米(H/m)。

为直接读取示值，可调节磁通积分器使$\frac{K_H}{\mu_0(NA)}$成为 10 的乘方。

4.4.2　磁通密度的测量

磁通密度用以下两种方法之一进行测量，相关的测量不确定度应在±1%范围内。

4.4.2.1　将一个长度在 10 mm～50 mm 之间的磁通感应线圈(B 线圈，见图 5d))与磁通积分器连接。磁通积分器应按附录 B 中给出的方法校准。

由于线圈的空气磁通的存在，应当对磁通密度值进行修正，其修正量的大小决于磁场强度的高低以及试样与磁通感应线圈的相对横截面积。

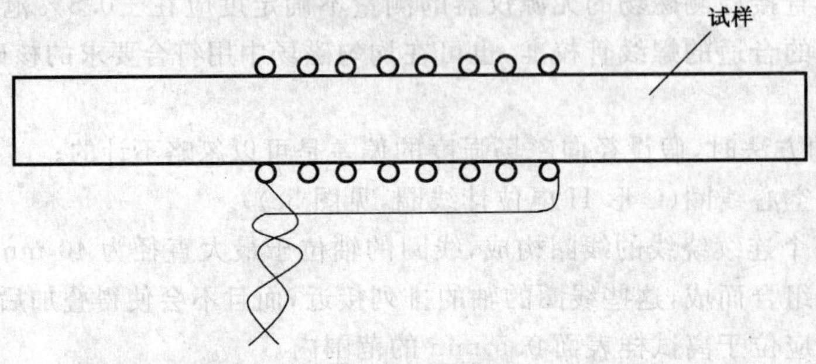

图 5d）　围绕试样的磁通测量线圈(B 线圈)示意图

磁通密度的修正值由式(8)得出：

$$B_C = B - \mu_0 H \frac{A_C - A}{A} \quad \cdots\cdots (8)$$

式中：

A——试样的横截面积，单位为平方米(m^2)；

B——测得的磁通密度值，单位为特斯拉(T)；

H——磁场强度，单位为安培每米(A/m)；

A_C——磁通感应线圈的横截面积，单位为平方米(m^2)；

μ_0——磁性常数 $4\pi\times10^{-7}$，单位为亨利每米(H/m)。

也可以采用另一种方式进行补偿，即将一个补偿线圈与磁通感应线圈串联反接，补偿线圈的有效面积和磁通感应线圈与试样之间的空气间隙的面积相等。

磁通密度的变化由式(9)计算：

$$\Delta B = \frac{K_B \alpha_B}{N_2 A} \quad \cdots\cdots (9)$$

式中：

ΔB——测得的磁通密度的变化，单位为特斯拉(T)；

A——试样的横截面积，单位为平方米(m^2)；

N_2——磁通感应线圈的匝数；

K_B——磁通积分器(S)的校准常数，单位为伏·秒(V·s)；

α_B——磁通积分器(B)的示值。

4.4.2.2 测量磁极化强度，相关的测量不确定度应在±1%范围内，并用测量值和磁场强度由式(10)计算磁通密度：

$$B = \mu_0 H + J \quad \cdots\cdots (10)$$

式中：

B——磁通密度，单位为特斯拉(T)；

H——磁场强度，单位为安培每米(A/m)；

J——测得的磁极化强度，单位为特斯拉(T)；

μ_0——磁性常数 $4\pi\times10^{-7}$，单位为亨利每米(H/m)。

磁极化强度 J 应通过与磁通积分器连接的已补偿的磁极化线圈(J 线圈，见附录 C)测量，用附录 B 中给出的方法进行校准。无需对空气磁通进行修正。

磁极化强度的变化由下式计算：

$$\Delta J = \frac{K_J \alpha_J}{N_2 A} \quad \cdots\cdots (11)$$

式中：

ΔJ——磁极化强度的变化，单位为特斯拉(T)；

K_J——磁通积分器(J)校准常数，单位为伏·秒(V·s)；

α_J——磁通积分器(J)的示值；

A——试样的横截面积，单位为平方米(m^2)；

N_2——磁极化强度感应线圈的匝数。

为直接读取示值，可调节磁通积分器使 $\frac{K_J}{N_2 A}$ 为 10 的乘方。

4.4.3 装置连接

装置的连接如图 6 所示。

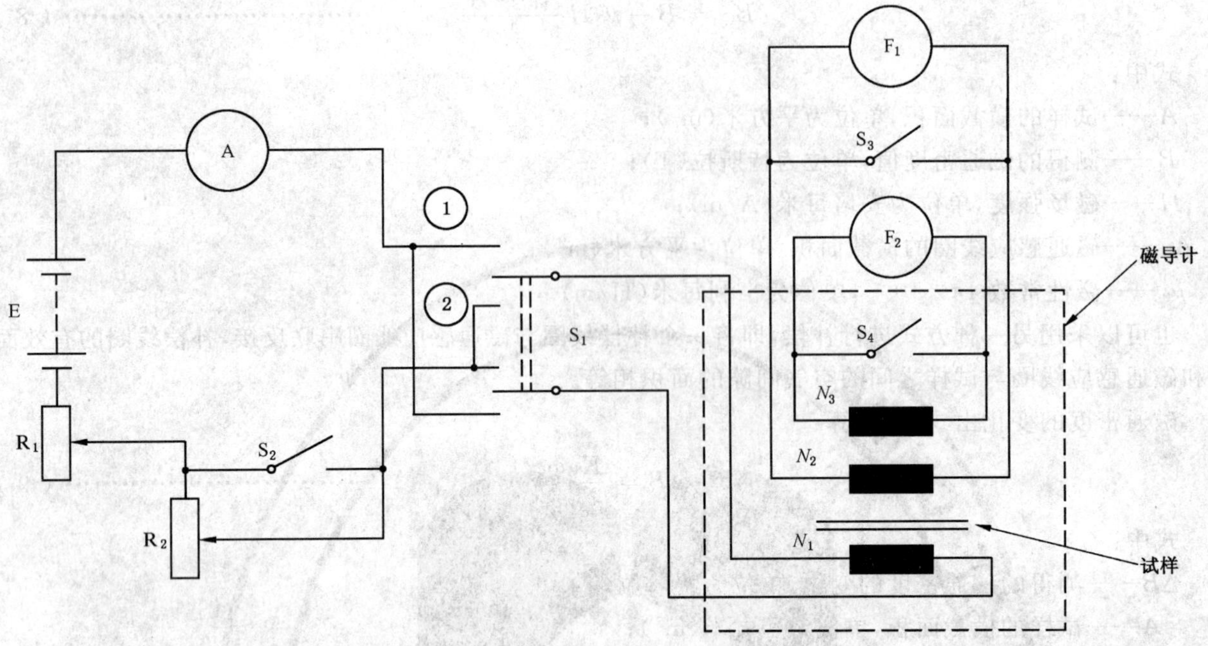

图 6 用双磁轭磁导计测定棒样的正常磁化曲线和磁滞回线的电路原理图

直流电源 E(一个波动量小于 0.1%的直流稳定电源,或者一个电池)通过转换开关 S_1 与磁化绕组 N_1 相连。如果使用两极电流源,则不须要转换开关 S_1。当开关 S_2 闭合时,磁化回路中的电流由电阻器 R_1 控制。

如果使用的稳定电源能对输出电流进行控制,则不需要电阻器 R_1。由此可按连续记录的方式测定正常磁化曲线和磁滞回线。对于逐点记录的方式,要使用开关 S_2 和电阻器 R_2 测量磁滞回线。次级回路由围绕试样的探测线圈及与之连接的磁通积分器构成。

4.4.4 正常磁化曲线的测定

试样应按 3.6.4 退磁。

用于测量磁场强度和磁通密度或磁极化强度的磁通积分器应按附录 B 校准。然后用下列方法测定正常磁化曲线。

4.4.4.1 方法 A:连续记录方法

为使用此方法,应将测量磁场强度的线圈组对应的磁通积分器的输出端与 X-Y 记录仪、绘图仪或计算机接口的 X 输入端连接,测量磁通密度或磁极化强度的磁通积分器的输出端与 X-Y 记录仪、绘图仪或计算机接口的 Y 输入端连接。应对系统进行全面校准,以便磁场强度和磁通密度示值的直接读取。

然后从零开始增大磁化电流,直至产生最大磁场强度的预定电流值。在 X-Y 记录仪、绘图仪或计算机界面上绘制出磁化曲线。

4.4.4.2 方法 B:逐点记录方法

在磁化绕组 N_1 中通以小电流,并通过转换开关 S_1 反复换向约 10 次,以使试样的材料处于稳定的循环状态。在此操作过程中,应闭合开关 S_3 和 S_4 以保持磁通积分器在零位。打开开关 S_3 和 S_4,磁场强度和磁通密度或磁极化强度的值由对应的磁通积分器示值给出。

通过持续增加电流并重复这一步骤,可绘制出正常磁化曲线。

在测量过程中,磁化电流不应出现减小,否则试样应再次退磁,并重新进行测量。

4.4.5 完整磁滞回线的测定

试样应按3.6.4退磁，并用下列方法测定磁滞回线：

4.4.5.1 方法A：连续记录方法

需要使用4.4.4的方法A中描述的附加部件。磁通积分器调零，然后在磁化绕组 N_1 中通过足以产生预定最大磁场强度的电流。慢慢减小该电流至零，变向，再增大至其最大负值，回调至零，再变向并增大至其最大正值。为了试样的磁化能跟随外加磁场变化，应有足够的时间完成这个循环，通常时间在30 s～60 s之间（有的材料，如纯铁，可能需要时间长一些），但也要避免随着时间延长探测部件的零点产生明显的漂移。

4.4.5.2 方法B：逐点记录方法

在磁化绕组 N_1 中通过足以产生预定最大磁场强度的电流。磁滞回线的顶点由按照4.4.4的方法B测得的相应的磁场强度和磁通密度或磁极化强度值来确定。

然后将开关 S_1 闭合至位置1，断开开关 S_2，测定磁滞回线的 PQ 部分（见图2），测量相应的磁场强度以及磁通密度或磁极化强度的变化。调节电阻器 R_2 并连续测量，可获得曲线 PQ 上的若干点。闭合开关 S_2，断开开关 S_1，由磁通密度或磁极化强度变化的测量值获得 Q 点。

为获得整个磁滞回线，开关的闭合顺序应按照3.6.5中表1的排列。

分别调节电阻器 R_1 和 R_2，以获得：

——电阻器 R_1：磁场强度 $+H$ 或 $-H$ 的值，即磁滞回线上 P 点或 S 点（图2）；

——电阻器 R_2：磁场强度 $+H'$ 或 $-H'$ 的值，即磁滞回线上 P' 点和 T' 点或 Q' 点和 S' 点（图2）。

理想的情况是对整个磁滞回线进行测量，以消除磁通积分器的漂移误差。但是，由于磁滞回线的 S-T-U-P 部分与 P-Q-R-S 部分对称，可以只测量磁滞回线的一半。

4.4.6 剩余磁通密度的测定

对于给定的磁滞回线，材料的剩余磁通密度是当磁场强度值为零时的磁通密度值，单位为特斯拉（T），应从磁滞回线上的 Q 点位置或对称的 T 点位置测定。

4.4.7 矫顽场强度的测定

对于给定的磁滞回线，材料的矫顽场强度（矫顽力）是当磁通密度值为零时的磁场强度值，单位为安培每米（A/m），应从磁滞回线上的 R 点位置或对称的 U 点位置测定。

4.5 磁导计方法的不确定度

当用逐点法测量，所使用的测量仪器的不确定度评估值小于或等于±1%时，不同方法测定磁通密度或磁场强度的不确定度期望值通常是在±3%范围内。如果用连续记录法测定完整的磁化曲线或磁滞回线，相关的不确定度可能会因为记录系统的不确定度分量和分辨率的影响而增大。

由于测量结果受温度变化的影响，应注意避免试样发热（见3.3）。

注：测量设备最终体现的不确定度是一个综合函数，取决于测量仪器以及测量条件和设备的特性。因此，不能确定总是得到可接受的精确度。当同一批材料制成的试样用不同磁导计进行测试时，由于形状参数、末端效应、角部效应、磁路长度和横截面的变化以及磁轭的磁滞特性可能导致实质上不同的测试结果。任何设备最佳使用的条件是这些误差因数能限制在允差的范围内。当试样的矫顽力比较大（>1 kA/m）或磁通在最大磁导率点以上，这一条件通常可以达到。

5 测试报告

如适用，测试报告应包括以下内容：

a) 本标准号；

b) 材料的类型和标识；

c) 试样的形状和尺寸；

d) 方法和(或)磁导计的类型；

e) H 和 B 或 J 检测器的类型；

f) 测量过程中的环境温度；

g) 测量过程中试样的温度(如需要)；

h) 测量结果,如分别是在平行和垂直于轧制方向上获得,可给出相同磁场强度设定值对应的磁通密度或磁极化强度的平均值；

i) 测量不确定度的评估值。

附　录　A
（规范性附录）
探测线圈的校准

探测线圈的校准按下列方法之一进行：

a)　探测线圈可提交给有双方都认可的校准实验室校准。

b)　探测线圈的有效面积与匝数的乘积可通过使用图 A.1 中所示的电路与标准探测线圈进行比较来测定。

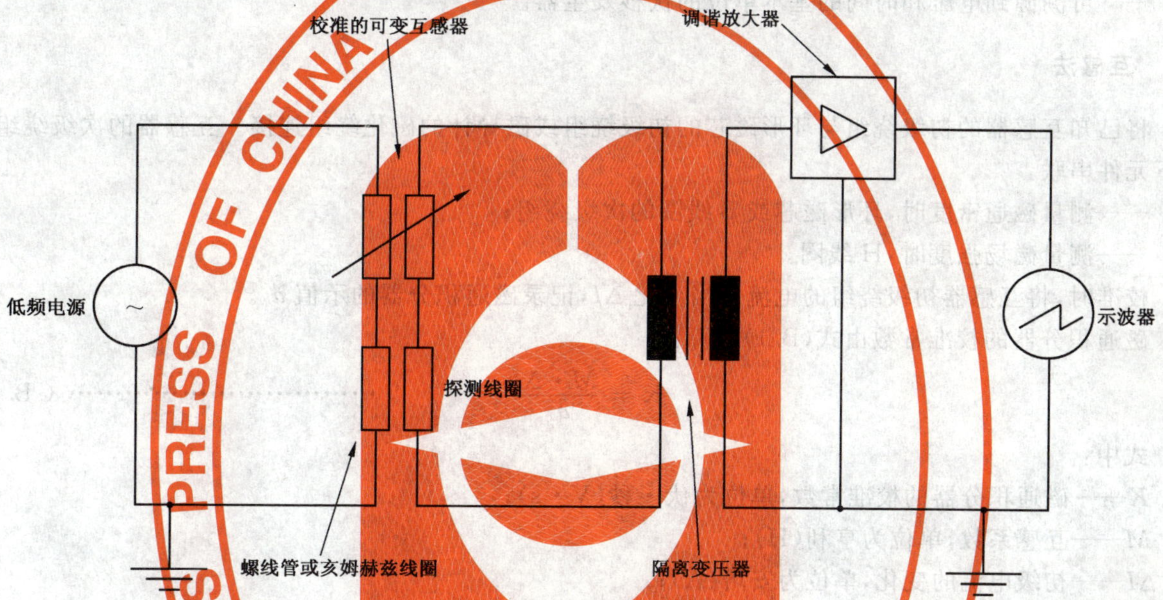

图 A.1　校准探测线圈的电路原理图

频率为 20 Hz 范围的电源由一个振荡器和一个功率放大器构成，其不同电路元件中的电容性电流较低。互感器的探测线圈和次级绕组反向串联，改变互感直至检测器指示平衡。具有高增益和频率选择放大器的阴极射线示波器可用作检测器。

将一个标准探测线圈放在一个线圈系统的中心，该线圈系统在探测线圈的测试区域能提供均匀的磁场，标准探测线圈的有效面积与匝数的乘积已由计量校准确定（准确度为±0.2%）。调节可变互感器直至平衡。

用待测线圈取代标准探测线圈，并重新平衡，待测线圈的有效面积与匝数的乘积由互感器的两个示值按式（A.1）计算：

$$(NA)=\frac{M_t(NA)_s}{M_s} \quad \cdots\cdots\cdots\cdots (A.1)$$

式中：

(NA)——待测线圈的有效面积与匝数的乘积，单位为平方米（m^2）；

$(NA)_s$——标准探测线圈的有效面积与匝数的乘积，单位为平方米（m^2）；

M_t——使用待测线圈，回路平衡时互感器的示值，单位为亨利（H）；

M_s——使用标准线圈，回路平衡时互感器的示值，单位为亨利（H）。

附 录 B
（资料性附录）
磁通积分器的校准方法

通常用以下四种方法之一来校准磁通积分器：

——改变校准过的互感器中的电流；

——校准过的电容器放电；

——使用一个连同校准过的探测线圈的参考磁体；

——可溯源到电压和时间的基本单位的伏秒发生器。

B.1 互感法

将已知互感器的初级绕组与环形磁芯的初级绕组或磁导计的磁化绕组连接。互感器的次级绕组与以下元件串联：

——测量磁通密度时，环形磁芯或 B 线圈的次级绕组；

——测量磁场强度时，H 线圈。

校准时，将互感器初级绕组的电流适当变化 ΔI，记录磁通积分器的示值 a_c。

磁通积分器的校准常数由式(B.1)计算：

$$K=\frac{M\cdot\Delta I}{a_c} \qquad \text{(B.1)}$$

式中：

K——磁通积分器的校准常数，单位为伏·秒(V·s)；

M——互感系数，单位为亨利(H)；

ΔI——初级电流的变化，单位为安培(A)；

a_c——磁通积分器的示值。

磁通密度和磁场强度的后续测量中，应将互感器的次级绕组短路。

如用一个电阻器与积分器串联，应调节这个电阻器。如果不使用任何串联电阻器，则应按式(B.2)对磁通积分器校准常数进行修正：

$$K_{corr}=K\frac{R_F+R}{R_F+R+R_M} \qquad \text{(B.2)}$$

式中：

R——感应线圈的内部电阻，单位为欧姆(Ω)；

R_F——磁通积分器的输入电阻，单位为欧姆(Ω)；

R_M——互感器次级绕组的电阻，单位为欧姆(Ω)。

B.2 电容器放电法

磁通积分器应按照图 B.1 的电路接线，包括：

a) 一只高精度电压表 V；

b) 一只数值为 C 的经校准的电容器；

c) 一只数值为 S 的分路电阻；

d) 一只数值为 r 的控制电阻；

e) 一个电阻为 R 的探测线圈；

f) 一只双掷换向开关(a=充电，b=放电)；

g) 一只电池 E;

h) 一只内阻为 R_F 的磁通积分器。

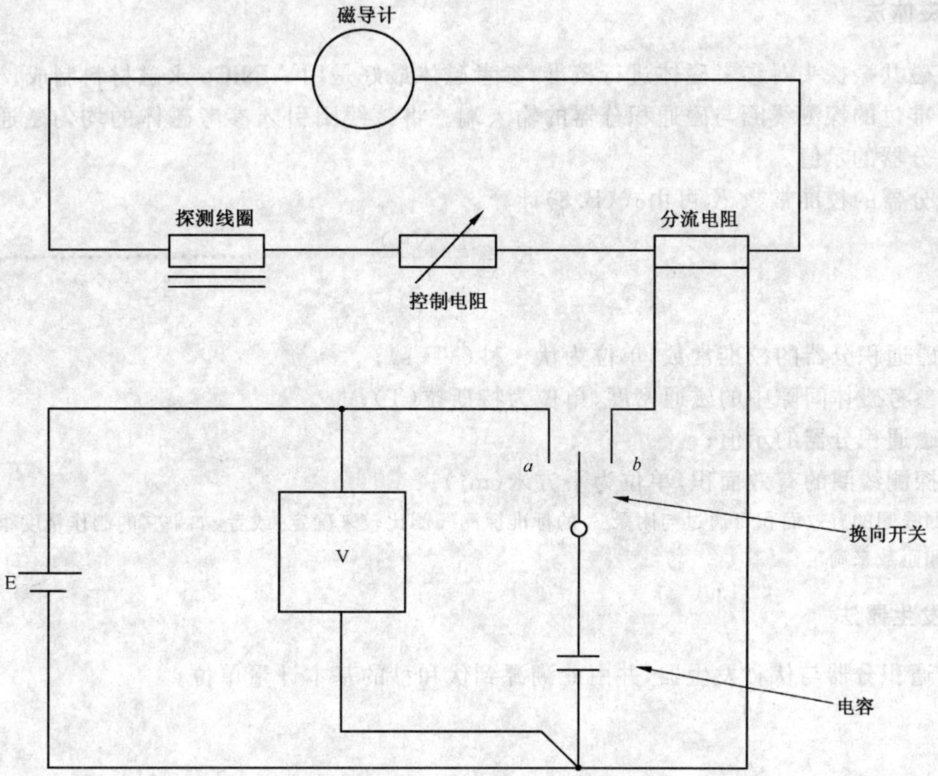

图 B.1 用电容器放电法校准磁通积分器的电路原理图

磁通积分器的校准按以下步骤进行:

用校准过的电压表测量电压 U,该电压由校准过的电容器 C 充电后提供,换向开关在位置 a。

开关换到位置 b,使电容放电。数值为 $Q=CU$ 的电荷流经整个回路,仅有电荷:

$$q = Q\frac{S}{R+r+S+R_F} \qquad \text{(B.3)}$$

流经磁通积分器,产生一个偏移 a。

电荷灵敏度由式(B.4)给出:

$$\sigma_q = \frac{q}{a} = \frac{Q}{a}\cdot\frac{S}{R+r+S+R_F} \qquad \text{(B.4)}$$

探测线圈一匝中的磁通量变化 $\Delta\varphi$ 产生的流动电荷为:

$$\Delta q = \frac{\Delta\varphi}{R+r+S+R_F} \qquad \text{(B.5)}$$

由此磁通积分器的校准常数 K 和电荷灵敏度的关系可表示为:

$$K = \sigma_q(R+r+S+R_F) \qquad \text{(B.6)}$$

磁通积分器校准常数 K 由式(B.7)给出:

$$K = \frac{QS}{a} = \frac{CUS}{a} \qquad \text{(B.7)}$$

式中:

K——磁通积分器的校准常数,单位为伏·秒(V·s);

C——电容,单位为法拉(F);

U——通过电容器的电势差,单位为伏(V);

S——分路电阻,单位为欧姆(Ω);

a——磁通积分器的示值。

B.3 参考磁体法

首先用磁共振探头对参考磁体进行校准,参考磁体最好是用 AlNiCo 永磁材料制成。

连接校准过的探测线圈与磁通积分器的输入端。将该线圈引入参考磁体的均匀磁通密度的区域,记录磁通积分器的示值。

磁通积分器的校准常数 K 可由式(B.8)计算:

$$K = \frac{B(NA)}{a} \quad \cdots\cdots\cdots\cdots\cdots\cdots\cdots\cdots\cdots\cdots\cdots (B.8)$$

式中:

K——磁通积分器的校准常数,单位为伏·秒(V·s);

B——参考磁体间隙中的磁通密度,单位为特斯拉(T);

a——磁通积分器的示值;

(NA)——探测线圈的有效面积,单位为平方米(m^2)。

注:探测线圈的有效面积可通过与附录 A 的标准探测线圈比较来确定,或者,如果它的制作精度很高,则可由其尺寸和匝数来确定。

B.4 伏秒发生器法

连接磁通积分器与伏秒发生器,并由此溯源到伏和秒的基本计量单位。

附 录 C
(资料性附录)
补偿的J线圈系统的要求

补偿的J线圈系统可由三个同心线圈组合而成(见图C.1)。匝数为N_{2a}的探测线圈与一对匝数为N_{2b}的线圈反向串联,此对线圈之间又相互反向串联。这对线圈用于补偿磁通感应线圈中的空气磁通。

图C.1 已补偿的磁极化线圈(J线圈)示意图

两个空气磁通补偿线圈之间的面积A_2按式(C.1)进行选择:

$$N_{2a}A_1 = N_{2b}A_2 \qquad \text{(C.1)}$$

式中:

A_1——磁通探测线圈的横截面积,单位为平方米(m^2);

A_2——两个反向串联的补偿线圈横截面积的差,单位为平方米(m^2)。

实际上,也许不可能选择N_{2b}和A_2恰好使得上式成立。在这种情况下,乘积$N_{2b}A_2$宜选择比$N_{2a}A_1$略大一点。通过增加一个与空气磁通补偿线圈并联的电阻,它们的灵敏度可减小至与磁通探测线圈一样。在没有试样的情况下,当把线圈系统移出均匀磁场时或周围的磁场强度有一个变化时,整个线圈系统宜无输出。

ICS 01.120
A 00

中华人民共和国国家标准

GB/T 13017—2008
代替 GB/T 13017—1995

企业标准体系表编制指南

Guidelines for preparing diagrams of enterprise standard system

2008-06-30 发布 2008-11-01 实施

中华人民共和国国家质量监督检验检疫总局
中国国家标准化管理委员会 发布

前 言

本标准是对 GB/T 13017—1995《企业标准体系表编制指南》的修订，与 GB/T 13017—1995 相比主要变化如下：

——改写“范围”，本标准“适用于各种企业，亦可为工程项目（如电子政务项目）建立标准体系提供指导和借鉴”；（见第 1 章）

——增加企业标准体系编制过程中“目的明确”原则；（见 4.2.1）

——增加“层次”内容；（见 4.2.3）

——增加“企业工程”、“企业集成”等术语；（见第 3 章）

——“企业标准体系表的编制要求”中增加和细化编制要求；（见第 4 章）

——“企业标准体系表的编制要求”中增加了对企业标准体系、企业标准体系概念、企业标准体系表之间关系的界定和说明；（见 4.3）

——增加“集成模式企业标准体系结构图”、“板块模式企业标准体系结构图”和“简易模式企业标准体系结构图”；（见 6.2、6.3 和 6.4）

——增加“结构图裁剪原则”，以方便企业更好地根据企业的实际情况选用适合的内容；（见 6.5）

——原附录 A 改为附录 D，并将“全国标准体系表层次结构图”中的“分类号”改为“ICS 代码”及其排序；（见附录 D）

——补充和细化“技术标准体系结构图”和“管理标准体系结构图”，并将原附录 C、附录 D 改为现附录 A、附录 B；（见附录 A、附录 B）

——取消原附录 B“企业标准代码编制示意图”和附录 E“代码编制的示例”，此部分内容参见国家标准 GB/T 20529 系列；

——将“技术标准体系基本组成图”和“管理标准体系基本组成图”合并，并通过集成模式、板块模式及简易模式三种结构图来表达，以便于不同企业的编制；（见图 7）

——增加附录 C“企业工程/集成标准体系结构图”；（见附录 C）

——增加附录 E“全国通用综合性基础标准”；（见附录 E）

——增加附录 F“缩略语”；（见附录 F）

——增加“参考文献”。（见参考文献）

GB/T 13016—1991《标准体系表编制原则和要求》是本标准的基础标准，与本标准配套使用。企业标准体系的相关国家标准还有：

——GB/T 15496—2003《企业标准体系　要求》；

——GB/T 15497—2003《企业标准体系　技术标准体系》；

——GB/T 15498—2003《企业标准体系　管理标准和工作标准体系》；

——GB/T 19273—2003《企业标准体系　评价与改进》。

本标准的附录 A、附录 B、附录 C、附录 D、附录 E、附录 F 都是资料性附录。

本标准由中国标准化研究院提出并归口。

本标准主要起草单位：中国标准化研究院、太原铁路局。

本标准主要起草人：岳高峰、鲍仲平、赵祖明、李小林。

本标准所代替标准的历次版本发布情况为：

——GB/T 13017—1991，GB/T 13017—1995。

引　言

编制企业标准体系表是建立科学、先进的企业标准体系的首要工作，也是企业标准化的基础工作。企业标准体系是企业内的标准按其内在联系、内在规律组织起来的有机的、系统的整体，是标准的集合；由于企业标准体系的复杂性，决定了在对其认识过程中经常产生偏差。为此，可以借助一种模型来辅助人们的认识，这种模型就是企业标准体系表。

根据企业标准体系明细表编制出来的一整套“标准文本”与根据质量、环境、职业健康安全、信息安全等企业管理体系的要求编制出来的“过程文件(非标准形式)”是相辅相成和共同成套的，毋须分别编出两套各自成套的文本。

在当前信息化、集成化与全球化的大环境下，从我国应迅速成为世界科技强国的角度看，企业标准体系除了仍适用于传统企业以外，还应为先进企业跻身世界最高水平的行列作出贡献。因此，本标准向高新水平看齐并力求与之接轨。

以企业工程/集成思想为指导，结合中国企业集成、企业信息化建设的国情，提出了企业工程/集成标准体系结构图，将企业工程/集成标准体系作为指导建立集成模式企业标准体系的第二层。这样企业可以参考企业工程/集成标准体系的参考模型和框架，编制出符合本企业的集成标准体系表。企业工程/集成项目具体可体现为企业信息化建设、业务流程重组、企业管理体系的实施，涉及到管理流程或业务流程的改变和管理理念的革新；企业工程/集成已不仅作为一种技术在某一部门应用，牵涉到企业各功能部门和业务领域；涉及到新技术的应用，涉及到业务、过程的重组，涉及到人员和组织机构的调整。企业工程/集成标准体系支持企业战略、方针目标、企业模型的建立与实施、企业运行系统、信息和通信基础设施以及信息安全等企业工程/集成标准，支持不同视图(观点)的系统集成。通过企业工程/集成标准体系的指导，在全企业范围内实现数据共享和信息集成、应用系统的集成、业务过程的协同，从而实现最广泛的企业集成。

企业工程/集成标准体系对企业标准体系的指导和制约作用：

a) 企业工程/集成标准体系是根据企业工程与集成的思想，对企业信息化系统集成过程中的基础标准进行系统化整理，并结合我国信息化建设的国情而提出来的；

b) 建设本企业标准体系时，应充分考虑采纳和兼容现有基础标准，以方便与外部企业的集成；

c) 企业工程/集成标准体系不仅适用于企业信息化建设，同时适用于各功能部门、专业领域；

d) 企业工程/集成项目不仅包括信息技术在企业的应用，并牵涉到企业管理理念革新、业务流程重组、组织机构调整等企业各方面。

此外，本次修订还面向包括中小企业、农业企业、第三产业等各类企业，为此提供了集成模式、板块模式和简易模式三种结构图，以及结构图的裁剪原则。

总之，本标准提出的既包括先进技术又包括传统技术的标准体系表的编制要求是中性的，并面向所有企业。

企业标准体系表编制指南

1 范围

本标准规定了企业标准体系表的相关术语、编制要求、组成、结构形式、表示格式，并给出了三种参考结构图以及结构图的裁剪原则。

本标准适用于各种企业，亦可为工程项目（如电子政务项目）建立标准体系提供指导和借鉴。

2 规范性引用文件

下列文件中的条款通过本标准的引用而成为本标准的条款。凡是注日期的引用文件，其随后所有的修改单（不包括勘误的内容）或修订版均不适用于本标准，然而，鼓励根据本标准达成协议的各方研究是否可使用这些文件的最新版本。凡是不注日期的引用文件，其最新版本适用于本标准。

GB/T 13016—1991 标准体系表编制原则和要求

GB/T 15497—2003 企业标准体系 技术标准体系

GB/T 15498—2003 企业标准体系 管理标准和工作标准体系

GB/T 15587—1995 工业企业能源管理导则

GB/Z 18728—2002 制造业企业资源计划(ERP)系统功能结构技术规范

GB/T 18757—2002 工业自动化系统 企业参考体系结构与方法论的需求(idt ISO 15704:2000)

GB/T 18999—2003 工业自动化系统 企业模型的概念与规则(ISO 14258:1998,IDT)

GB/T 19000—2000 质量管理体系 基础和术语(idt ISO 9000:2000)

GB/T 19001—2000 质量管理体系 要求(idt ISO 9001:2000)

GB/T 19004—2000 质量管理体系 业绩改进指南(idt ISO 9004:2000)

GB/T 19715.1—2005 信息技术 信息技术安全管理指南 第1部分：信息技术安全概念与模型(ISO/IEC 133351-1:1996,IDT)

GB/T 24001—2004 环境管理体系 要求及使用指南(ISO 14001:2004,IDT)

GB/T 28001—2001 职业健康安全管理体系 规范

JB/T 8422—1996 机械工业(制造业)MRPⅡ系统结构

ISO 19439:2006 企业集成 企业建模框架

ISO/IEC 15288:2002 系统工程 系统生命周期过程

ISO/IEC 17799:2005 信息技术 安全技术 信息安全管理的实践准则

ISO/IEC 27001:2005 信息技术 安全技术 信息安全管理系统 需求

AS/NZS 4369:1999 风险管理

3 术语和定义

GB/T 13016—1991 确立的以及下列术语和定义适用于本标准，缩略语参见附录F。

3.1

企业 enterprise

共同承担确定的使命、目标和目的，以提供产品或服务等输出的一个或多个组织。

[GB/T 18757—2002，定义3.6]

注：该术语包含诸如广义企业、虚拟企业等相关概念。

3.2

体系（系统）　system

相互关联或相互作用的一组要素。

［GB/T 19000—2000，定义 3.2.1］

注：系统可以指整个实体。系统的组件也可能是一个系统，此组件可称为子系统。

3.3

企业标准体系　enterprise standard system

企业内的标准按其内在联系形成的科学的有机整体。

3.4

企业标准体系表　diagram of enterprise standard system

企业标准体系内的标准按一定形式排列起来的图表。

注：企业标准体系表应包括标准体系结构图和标准体系明细表，是表达企业标准体系概念的模型，是策划、分析、设计、建立、实施、评估企业标准体系的重要方法和工具，企业标准体系表的编制是建立企业标准体系的基础工作。

3.5

企业工程　enterprise engineering

致力于建立、改进或重组企业的一种专业。

［GB/T 18757—2002，定义 3.7］

3.6

企业集成　enterprise integration

在企业实体之间保证互操作性以达到域目标的必要过程。

［ISO 19439：2006，定义 3.23］

3.7

管理标准　management standard

对企业标准化领域中需要协调统一的管理事项所制定的标准。

注："管理事项"主要指在企业管理中，如法人管理（发展战略与目标、实体定位、组织等）、营销、标准化与信息、设计、需求、人才、财务、生产、检验、销售、服务、质量、安全、卫生、环保、节能、退役等管理中与实施技术标准有关的重复性事物和概念。管理标准和与实施技术标准无关的规章制度可并行存在。

3.8

技术标准　technical standard

对标准化领域中需要协调统一的技术事项所制定的标准。

注："技术事项"在《中华人民共和国标准化法实施条例》中是指：包装、储存、运输以及生产技术、管理技术的要求；信息、能源、资源、交通运输的技术要求。工业产品的品种、规格、质量、等级或者安全、卫生要求；工业产品的设计、生产、试验、检验、包装、储存、运输、使用的方法或者生产、储存、运输过程中的安全、卫生要求；有关环境保护的各项技术要求和检验方法；建设工程的勘察、设计、施工、验收的技术要求和方法；有关工业生产、工程建设和环境保护的技术术语、符号、代号、制图方法、互换配合要求；农业（含林业、牧业、渔业，下同）产品（含种子、种苗、种畜、种禽，下同）的品种、规格、质量、等级、检验、包装、储存、运输以及生产技术、管理技术的要求；信息、能源、资源、交通运输的技术要求。《企业标准化管理办法》除了明确企业可对上述七个对象制定技术标准外，还规定工艺、工装、半成品和方法也应制定企业技术标准。

3.9

工作标准　duty standard

对企业标准化领域中需要协调统一的工作事项所制定的标准。

注："工作事项"主要指在执行相应管理标准和技术标准时与工作岗位的职责权限、工作内容和方法、岗位的任职资格和基本技能、检查考核等有关的重复性事物和概念。

3.10

基础标准 basic standard

具有广泛的适用范围或包含一个特定领域的通用条款的标准。

[GB/T 20000.1—2002,定义 2.5.1]

4 企业标准体系表的编制要求

4.1 基本要求

企业标准体系表的编制应符合 GB/T 13016—1991 的规定。

4.2 四原则

4.2.1 目标明确

根据不同的目的,可以编制不同的标准体系表,从而建立相应的标准体系。企业标准体系表的编制,应围绕着企业明确的目标开展。

示例:围绕质量而建立的企业标准体系,目的是改进企业的质量管理;围绕企业信息化建设而建立的企业标准体系,目的是实现数据共享、应用系统集成等目标。

4.2.2 全面成套

标准体系表结构图的全面成套应围绕着企业标准体系的目标展开,体现在体系的系统整体性,即体系的子体系及子子体系的全面成套和标准明细表所列标准的全面成套。为达到全面成套,除积极采用《全国通用综合性基础标准体系表》中适合本企业的标准外,更多的是要采用行业基础标准及企业自己制定的企业标准。我国的行业标准代号可参见表 D.2。

4.2.3 层次恰当

从一定范围内的若干个标准中,提取共性特征并制定成共性标准。然后将此共性标准安排在标准体系内的被提取的若干个标准之上,这种提取出来的共性标准构成标准体系中的一个层次。列入标准明细表内的每一项标准都应安排在恰当的层次上。基础标准应尽量安排在较高层次上,即尽量扩大其通用范围以利于一定范围内的统一。应注意同一标准不要同时列入两个以上体系或子体系内,以避免同一标准由两个或以上部门重复制修订。

4.2.4 划分清楚

标准体系表内的子体系或子子体系的划分,主要应按行业、专业或门类等经济活动性质的同一性,而不是按行政系统的管辖范围而划分。

4.3 企业标准体系与企业标准体系表

企业标准体系是客观存在于企业中标准的有机整体,是标准的集合。企业标准体系用于指导企业的建立、改造、生产、管理等各项企业活动。企业标准体系表是企业标准体系概念的显式表达,具体形式包括企业标准体系结构图和明细表,是表达企业标准体系概念的模型。

为了交流和表达企业标准体系的概念,并使企业标准体系的目标真正付诸实施,应编制企业标准体系表。编制企业标准体系表是为了策划、分析、设计、建立、实施、评估企业标准体系。

4.4 企业标准体系表的格式

企业标准体系表格式要求见 GB/T 13016—1991 中 4.1。

4.5 企业管理体系标准体系

实施管理体系的企业应满足企业管理体系标准的要求,在其指导下编制企业标准体系表。

4.6 企业工程/集成标准体系

实施企业工程/集成的企业应编制企业工程/集成标准体系表,企业工程/集成标准体系表可参见附录 C。

5 企业标准体系表的组成

5.1 企业标准体系表的组成

企业标准体系以技术标准为主体,还应包括管理标准和工作标准。企业标准体系的组成标准包括企业所贯彻和采用的上层标准和本企业制定的企业标准。所有标准都在上级标准化法规和本企业的方针目标及各种相关国际、国家法律和法规指导下形成。企业标准体系表由企业标准体系结构图和企业标准体系标准明细表组成。两者互相配套,缺一不可。

5.2 企业标准体系表的结构形式

5.2.1 一般要求

企业标准体系表可按层次结构、功能归口型结构或序列结构的形式列出;前二者适用于综合性或全局性管理,后者适用于以产品或服务、某专项或局部工作为中心的管理。前二者是基础,后者是建立在前二者的基础上对前二者的补充;对某产品、服务或过程可根据其生命历程用"序列结构"形式列出。

5.2.2 层次结构

5.2.2.1 一般要求

企业标准体系表第一种结构是层次结构,以技术标准、管理标准和工作标准子体系组成。如图1所示,其中:

a) 图1中的[方针目标](包括[定位]、[概念])、[法律法规]、[基础标准]是建立企业标准体系的依据,[基础标准]包括附录D中图D.1中作为第1层的全国通用综合性基础标准和作为第2层的行业基础标准,附录E是部分全国通用综合性基础标准的介绍。[基础标准(企)]位于企业标准体系的第一层,是本企业采用、实施的国家或行业基础标准;

b) 图1中的技术标准和管理标准位于第二层,这两个子体系间的连线表示二者之间的交互制约作用;

c) 图1中的工作标准应同时实施技术标准和管理标准中的相应规定,是技术标准和管理标准共同指导和制约下的下层标准。

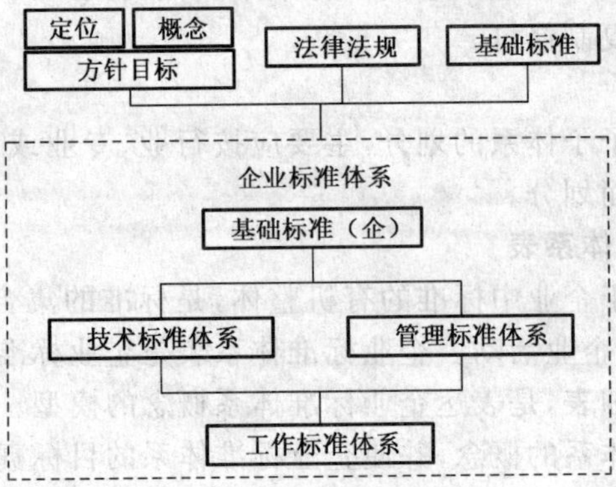

注1:由GERA(通用企业参考体系结构)提出的[定位]和[概念]将融入到[方针目标]内。

注2:虚线框代表企业标准体系的边界范围。

图1 企业标准体系表层次结构图

5.2.2.2 技术标准子体系的层次结构

企业技术标准体系的层次结构,可采用如下两种结构图:

a) 企业只生产一个行业产品时的层次结构如图2所示。企业应用的全国通用综合性基础标准可合并到行业基础标准层次里。

b) 企业生产两个以上行业产品时的层次结构,先并列此两个以上的行业标准体系层次结构图,再在各行业基础标准层次之上加一全国通用综合性基础标准层次,见图3。

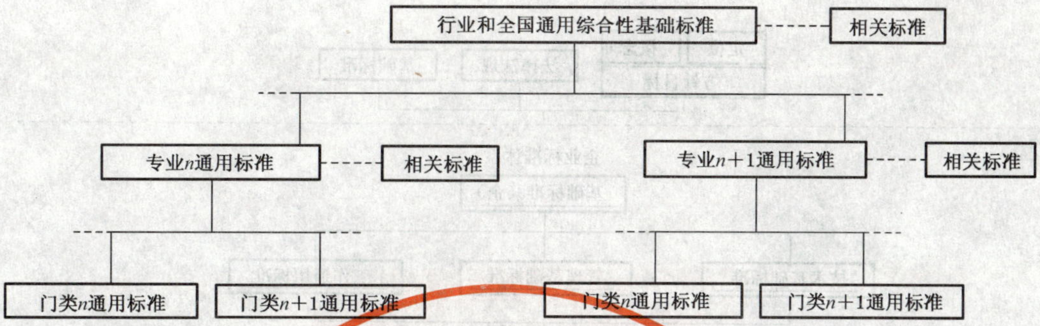

注：相关标准定义见 GB/T 13016—1991。

图 2　生产一个行业产品的技术标准体系结构图

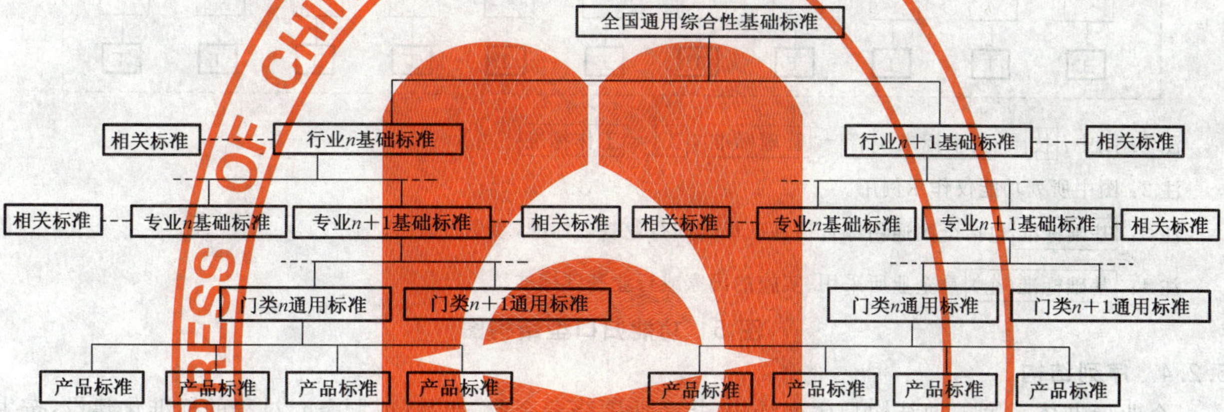

注：图内[专业 n 基础标准]表示第 n 个行业下的第 n 个专业的基础标准。

图 3　生产两个以上行业产品的技术标准体系结构图

5.2.2.3　管理标准和工作标准的层次结构

企业管理标准体系和企业工作标准体系应满足：

a)　图 1 中管理标准可分为企业通用管理标准和各专项管理标准两个层次；

b)　图 1 中工作标准可分为通用工作标准和岗位工作标准两个层次，如图 4 所示。

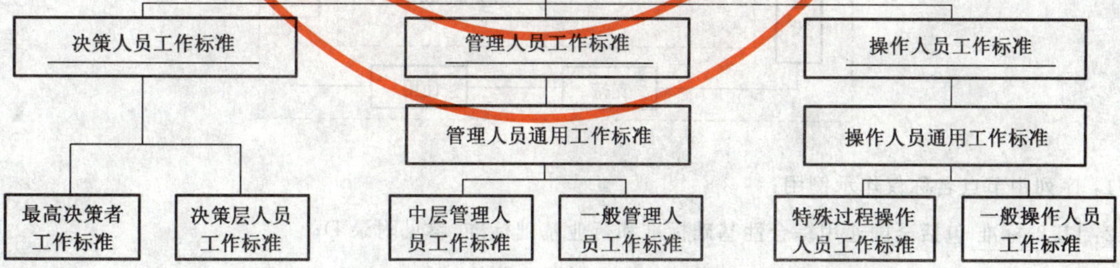

图 4　工作标准体系结构图

5.2.3　功能归口型结构

企业标准体系表的第二种结构——功能归口型结构，如图 5 所示。可将技术标准和管理标准按功能划分共同由相应功能部门负责此两种标准体系的建立。

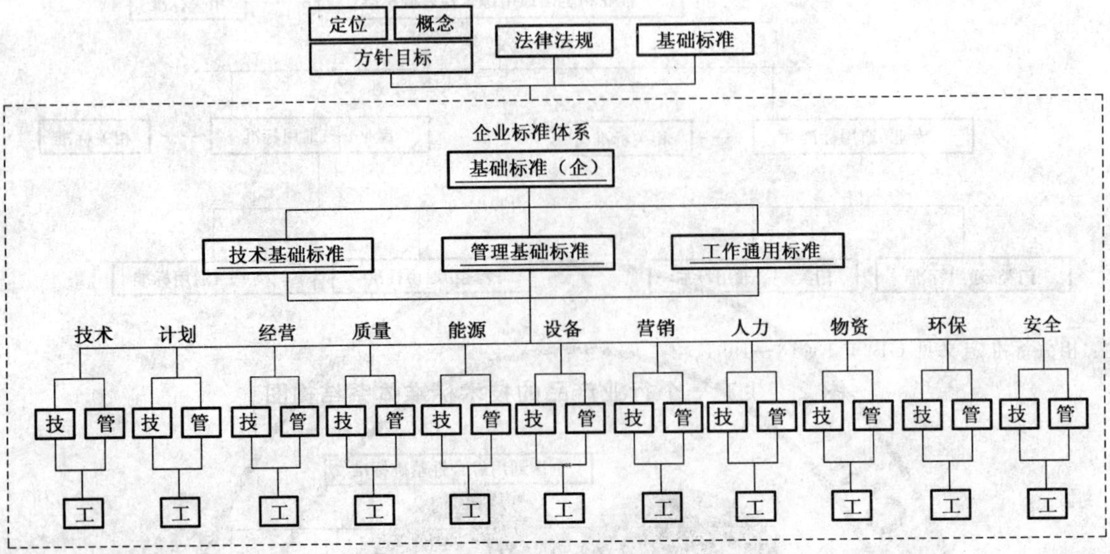

注 1：图中：技＝技术标准，管＝管理标准，工＝工作标准。

注 2：图中所列功能仅作示例用。

注 3：基础标准包括全国通用综合性基础标准和行业基础标准，参见附录 D。

注 4：基础标准（企）是企业所采用、实施的国家或行业基础标准。

图 5　功能归口型结构图

5.2.4　序列结构

企业标准体系第三种结构是序列结构，指企业围绕着企业、产品（或服务）、过程的标准化建设，按生命周期阶段的序列编制出的序列状标准体系结构图。

a)　企业标准体系序列结构如图 6 所示。

b)　生命周期阶段对照表参见表 1。

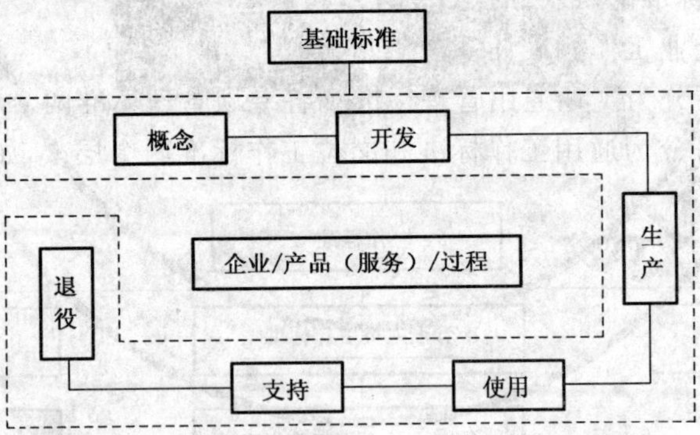

注 1：序列中节点名称仅作示例用；

注 2：基础标准包括全国通用综合性基础标准和行业基础标准，参见附录 D；

注 3：图 6 中的序列参见 ISO/IEC 15288：2002 生命周期阶段的划分。

图 6　序列结构图

c)　企业可以按企业（车间管理、分厂管理）、产品（或服务）、过程（如企业信息化建设、业务流程重组）的工作序列编出序列结构标准体系表。但编制出来的若干个序列结构标准体系表，最终宜整合成一个层次结构标准体系表。这样，才便于企业的综合管理，且可避免各序列中可能出现的相互矛盾、重复和不成系列化的缺陷。

d)　凡序列结构中所列各种技术标准都应按图 2 或图 3 的层次结构列出各层次标准。

表 1 生命周期阶段对照表

系统(参见 ISO/IEC 15288:2002)	概念	开发	生产	使用	支持	退役
企业或实体(参见 GB/T 18757—2002)	定位、概念、需求	设计	实施	运行		退役
质量管理(参见 GB/T 19001—2000)	质量方针	策划	产品实现	测量、分析和改进、管理评审		
产品实现(参见 GB/T 19001—2000)	策划,与顾客有关的过程	设计和开发	采购	生产和服务的提供	监视和测量装置的控制	
环境管理(参见 GB/T 24001—2004)	环境方针	策划	实施与运行、检查、管理评审			
设计与开发(参见 ISO/TR 14062:2002)	计划	概念设计、详细设计	测试/原型	市场试用,产品评审		
职业健康安全管理(参见 GB/T 28001—2001)	职业健康安全方针	策划	实施与运行、检查与纠正措施、管理评审			
信息安全管理(参见 ISO/IEC 27001 系列,ISO/IEC 17799:2005)	方针		建立	实施和运作	维护和提高、监视和评审	
IT 服务管理(参见 ISO/IEC 20000:2005)	方针	计划和实施	服务交付	关系过程、解决方案	控制、发布	

5.3 企业标准体系标准明细表格式

5.3.1 对标准体系结构图中各层次或各序列中只起标题作用而无标准内容的方框不给出编号,而对含有标准内容的方框给出编号,此编号同时又是标准明细表的标题编号。

5.3.2 标准体系标准明细表的一般格式如表 2 所示。

表 2 ××(层次或序列编号)标准明细表

序号	标准代号和编码	标准名称	宜定级别	实施日期	采用或对应的国际、国外标准号及采用关系	评审意见	被代替标准号或作废	备注

表 2 中的“标准代号和编码”系对应现有标准,而“宜定级别”则对应尚未制定的标准;对现有标准也可同时标出“标准代号和编码”和“宜定级别”,表示拟将现有级别改成宜订级别。

表 2 中的“评审意见”表示对标准应在一定期限内(比如,3 年或 5 年)进行评审,以确定该标准是否继续有效、需要修订或作废,并提出实施意见,审核的结果用“评审意见”表示(对国家标准或行业标准可提出建议)。

5.3.3 为适应企业的统计查找等需求,标准体系明细表可简化为表 3 标准明细简表格式。

表 3 ××(层次或序列编号)标准明细简表

序 号	标准代号和编码	标 准 名 称	备 注

6 企业标准体系结构图

6.1 一般要求

企业标准体系可根据企业需求采用不同的企业标准体系结构。

对于在企业管理体系的基础上实施企业工程/集成的企业,可考虑采用图 7 的集成模式的结构图;对于暂不能全面实施企业工程/集成管理且层次结构关系相对较为简单的企业,还可采用图 8 所示的板块模式结构图或图 9 所示的简易模式结构图。

在编制企业标准体系结构图时,可根据企业实际情况对结构图进行相应的裁剪,裁剪原则见 6.5。

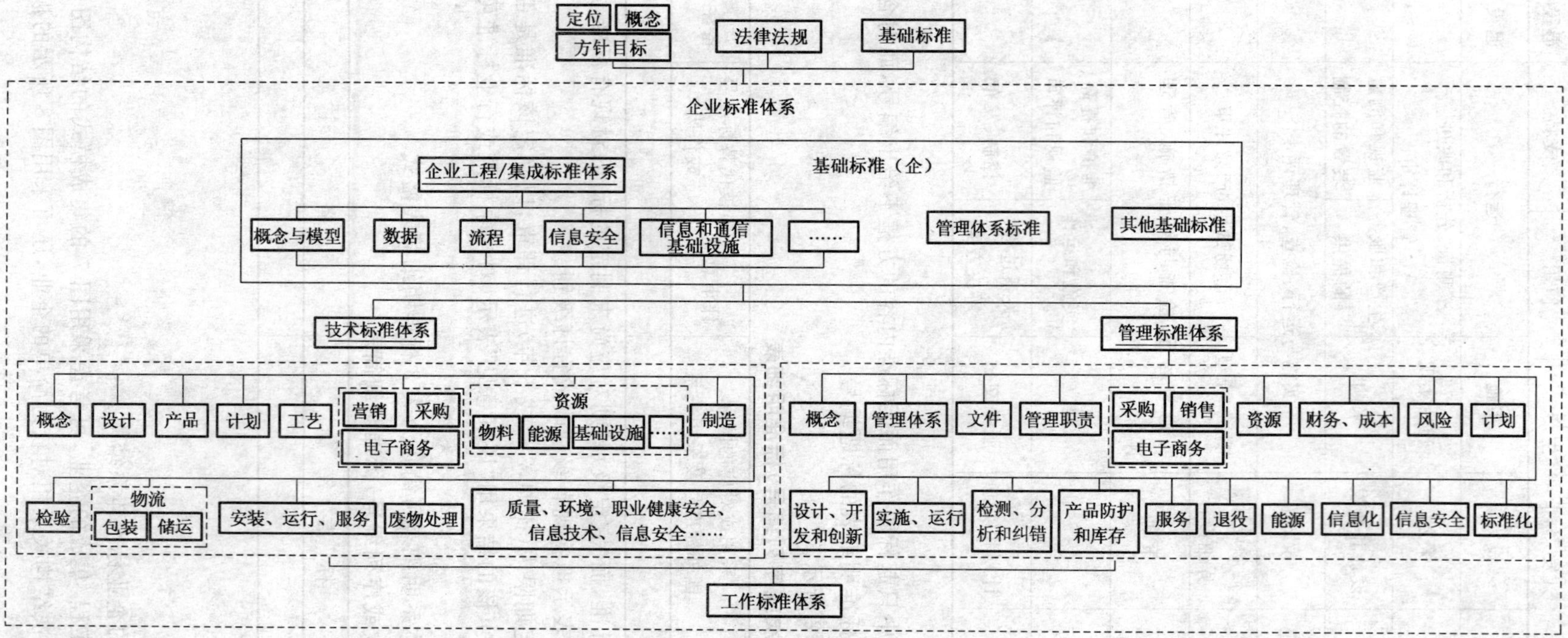

注 1：带下划线的方框，仅表示标准体系的标题，而不是具体的标准。

注 2：每一个方框都有一个层次或序列编号。（编号方法参见 GB/T 13016—1991 及 GB/T 20529）

注 3：图 7 中的省略号"……"表示此处还可扩充其他标准，根据企业实际情况而定。

注 4：图 7 中分别列出了电子商务和物流两个系统，但两者有所交叉。

注 5：图 7 中技术标准体系中质量、环境、职业健康安全、信息技术、信息安全……及管理标准体系中能源、信息化、信息安全、标准化跨功能部门及生命周期阶段，单独列出。

注 6：图 7 中的基础标准包括全国通用综合性基础标准和行业基础标准，参见附录 D。

注 7：图 7 中基础标准（企）包括企业工程/集成标准体系、管理体系标准及其他基础标准，是企业所采用、实施的基础标准，管理体系标准包括质量管理、环境管理、职业健康安全管理、信息安全管理、计量管理、IT 服务管理等企业采纳的管理体系标准，其他基础标准指除前两类之外的其他企业采纳或实施的基础标准。

图 7　集成模式企业标准体系结构图

注 1：带下划线的方框，表示“标题”之意，而不含标准明细内容；在企业标准体系中，阴影方框代表技术标准，斜体字方框表示工作标准，其余是管理标准；图中的结构图方框设置仅作示例用。

注 2：基础标准 包括全国通用综合性基础标准和行业基础标准，参见附录 D；基础标准（企） 是企业所采用、实施的国家或行业基础标准。

图 8　板块模式企业标准体系结构图

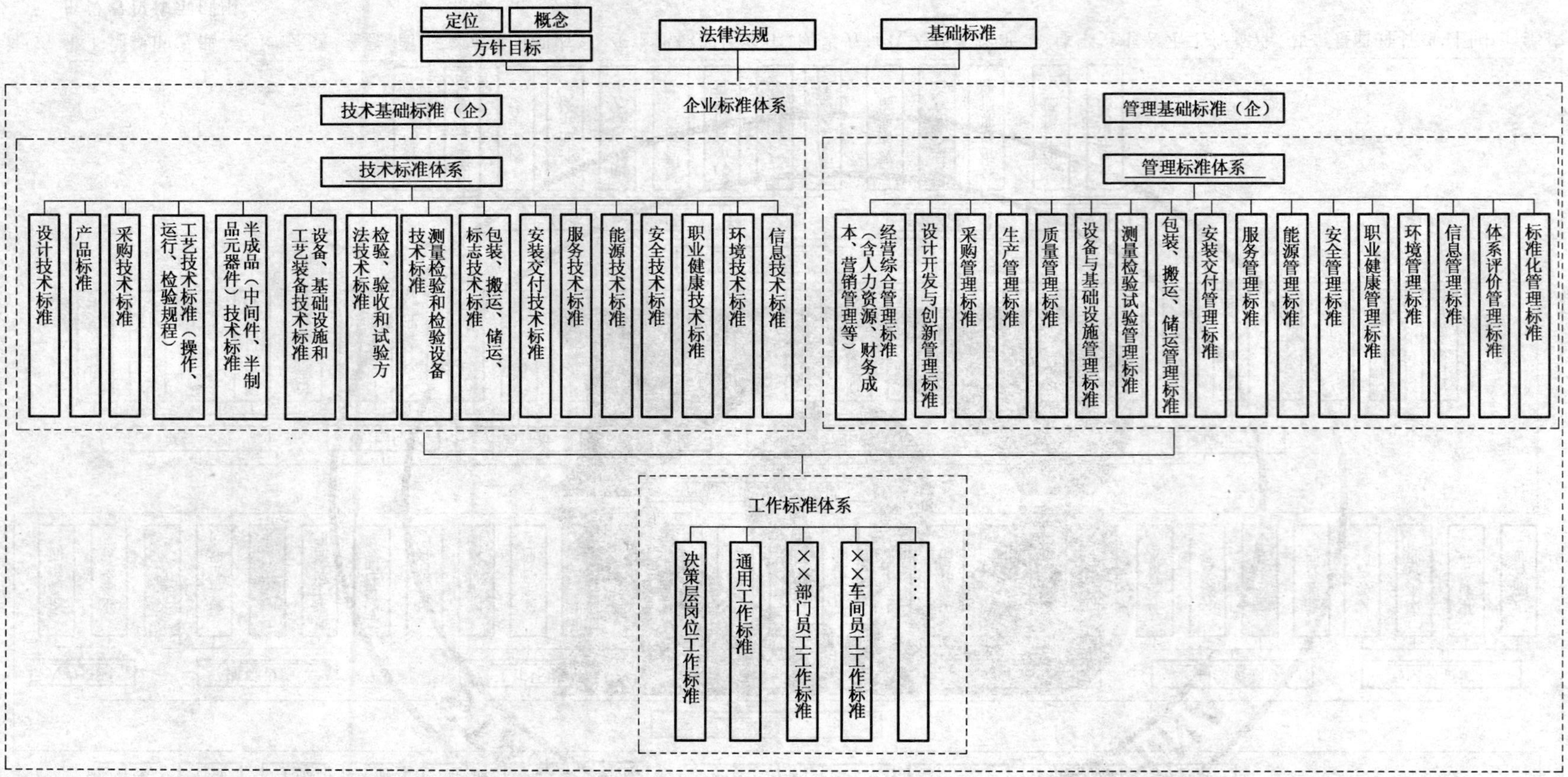

注 1：基础标准 包括全国通用综合性基础标准和行业基础标准，参见附录 D。

注 2：技术基础标准（企）、管理基础标准（企）是企业所采用、实施的国家或行业基础标准。

图 9　简易模式企业标准体系结构

6.2 集成模式企业标准体系结构图

6.2.1 设置原则

技术标准体系和管理标准体系结构图中方框设置的主要依据：

a) ISO/IEC 15288:2002 中企业、产品的生命周期阶段的划分；

b) ISO 发布的企业管理体系的生命周期阶段的划分；

c) 结合国情:企业功能部门的设置、生产制造过程的实际情况。

6.2.2 结构关系

企业标准体系结构图采用图 1 的层次结构，然后，再对层次内容予以细化，详见图 7。该图由 3 个层次组成，分别为：

a) 第一层为基础标准。为了突出企业工程/集成标准体系(参见附录 C)对技术标准体系和管理标准体系的密切指导和制约关系，在基础标准中着重列出。

b) 第二层为企业技术标准体系和企业管理标准体系。企业工程/集成标准体系与第二层关系：企业技术标准体系和管理标准体系在企业工程/集成思想的指导下完成，同时，技术标准体系和管理标准体系直接继承和采用企业工程/集成标准体系中的标准，并依据相应原则和要求制定企业标准。

c) 第三层为企业工作标准体系，见 5.2.2.3。

6.2.3 适用范围

集成模式企业标准体系结构图适用于大多数工业企业，对于服务性企业、其他非盈利的组织机构以及工程项目的标准体系表结构图，也可参照采用。

6.3 板块模式企业标准体系结构图

6.3.1 设置原则

结构图中方框设置的主要依据：

a) 采用了功能归口型结构和层次结构相结合的表达形式。由[企业基础管理]板块、[资源管理]板块、[产品实现或服务提供]板块和[检查改进]板块组成，形成四大类功能分别归口的结构；分别涵盖了所需要的技术标准、管理标准和工作标准。

b) GB/T 19004—2000 为质量管理体系更宽范围的目标提供了依据，其中：

1) 除了有效性，还特别关注持续改进组织的总体业绩与效率；

2) 提供以过程为基础的质量管理体系模式图所表达的“四大板块”表达方式，关注对象不仅包括顾客，还扩展到相关方；

3) 对“资源管理”划分为七种类型的资源。

c) 结合国情:ISO 9000 等企业管理体系在我国的推广和普遍应用。

6.3.2 结构关系——层次关系

板块模式企业标准体系结构图见图 8，其中：

a) 基础标准为第一层次；

b) 第二层的每个板块按功能归口设置若干个第三层组成方框；第三层方框又细分为第四层方框，第四层方框由相应的技术标准和管理标准组成；

c) 工作标准分别由“决策层”、“管理层”和“操作层”各岗位的人员工作标准和通用工作标准组成，纳入“企业基础管理”板块；

d) 四个板块为各类企业所通用，不能删除其中任何一个板块，但对板块内所包含的各层次要素，则应根据企业的实际情况，进行相应的裁剪或做新的组合。

6.3.3 适用范围

板块模式企业标准体系结构图特别适用于对“过程管理”有一定理解或曾建立、实施过“质量管理体系”的企业或组织，无论其产品是软件、硬件、流程性材料或服务。

6.4 简易模式企业标准体系结构图

6.4.1 设置原则

简易模式企业标准体系结构图设置的主要依据：

a) 本标准的图 1、GB/T 15497—2003 及 GB/T 15498—2003；

b) 简单易行、循序渐进、结合实际、方便实施；

c) 结合国情：我国相当数量的中小企业的管理水平在较长一段时期内尚需不断完善。

6.4.2 结构关系

简易模式企业标准体系结构图见图 9，其中：

a) 将图 1 中的技术标准体系、管理标准体系和工作标准体系方框直接展开；

b) 技术标准体系、管理标准体系分别由两个层次表达，即基础标准和其他专业标准；

c) 工作标准体系中除列出“决策层”决策人员的工作标准和“通用工作标准”外，将“管理层”和“操作层”的具体管理岗位和操作岗位重新整合，按照企业的实际管理机构，即按照管理部门和企业的基层单位为基础，分列出主要的工作标准方框；

d) 企业应根据实际对结构图中所列出的方框进行分析，进行相应的裁剪或做新的组合。

6.4.3 适用范围

简易模式企业标准体系结构图适用于标准数量较少、标准的层次结构关系较为简单的中小型企业。尚未全面建立、实施信息化的企业可以此为基础，逐步改进完善企业标准体系向更高阶段发展。

6.5 结构图裁剪原则

6.5.1 使用说明

本章中企业标准体系结构图中的组成方框应根据企业的实际情况做相应的裁剪(包含裁减和增补)。标准中提供的标准体系结构图是为企业建立企业标准体系而提供的标准化参考模型，为企业建立本企业具体的标准体系结构图提供借鉴和参考。技术标准体系的组成要素可参见附录 A，管理标准体系表的组成要素可参见附录 B。

6.5.2 标准内容的裁剪

本标准参考结构图中的内容基本涵盖了企业、产品(服务)、企业管理体系、企业工程/集成的全生命周期的各个方面。各类企业需要根据其自身情况和需求对标准的参考结构图中的相应组成方框做相应的裁剪，并应符合 GB/T 13016—1991 的要求。

6.5.3 工业企业

6.5.3.1 传统工业企业

企业产品(服务)标准化。不实施企业信息化建设的企业，可根据实际需要参照本标准中的内容，暂时不考虑信息化集成标准内容(包括企业集成的概念、概念表达、数据标准、流程、企业信息系统、语言以及信息安全标准等)，其他内容基本适用。此类企业应建立以产品标准为核心的企业标准体系，企业标准体系的目标主要是消灭无标生产。企业可依据企业的实际需求，选用其中任何一种企业标准体系结构图，并根据需要对结构图中的方框做相应的裁剪。

6.5.3.2 实施管理体系的企业

企业管理流程标准化。对于实施 ISO 9000 质量管理、ISO 14000 环境管理等企业管理体系的企业，不仅要满足产品标准为核心的标准化，还应为配合企业管理体系的实施，建立管理过程和业务流程的标准化。企业应根据本企业的实际需求，采用集成模式或板块模式的任意一种结构图，并根据需要对结构图中的方框做相应的裁剪。

6.5.3.3 实施企业集成的企业

企业集成的标准化适用于在实施了企业管理体系的基础上，正在开展信息化建设、实施企业集成的企业。这类企业一般地理上分布在各地，信息系统异质异构，业务范围和领域很广，信息系统和数据格式也不统一。这类企业代表中国企业的高水平,其标准体系应在满足产品标准化、管理过程标准化的基础上,建立企业工程/集成标准体系,从而为实现数据共享、信息集成、应用系统集成、业务流程协同建设好标准化的基础,最终实现广泛的企业集成。本标准的内容基本适用,可充分选用。企业可参见6.2中的集成模式企业标准体系结构图,并根据需要对结构图中的方框做相应的裁剪。

6.5.4 其他企业和组织机构

对于除工业企业之外的其他商业企业、农业企业、运输企业、建筑企业、金融企业、服务性企业和其他组织机构等,均可比照以上工业企业所划分的三种类型分别选用不同的企业标准体系结构图,并根据需要对结构图中的方框做相应的裁剪。

附 录 A
（资料性附录）
技术标准体系表组成要素

A.1 内容结构

技术标准体系结构图见图7左侧的“分体系”——技术标准体系。结构图的组成方框以企业工程/集成和质量管理、环境管理、职业健康安全管理等企业管理体系的生命周期各阶段为基准，再引用它们包含的关键过程和关键要求细化而成。以下对体系各组成方框的概念、主要标准及与其他标准之间的关系作简要介绍。

A.2 概念

A.2.1 一般要求

技术标准中的概念，主要是指产品概念，也称为产品定义、产品方针、产品策略，产品定位，说明产品在企业内部和市场环境中的定位，定义了产品的价值观、愿景、架构、设计指南、政策、商业计划。

A.2.2 主要标准

包括为产品概念、产品定义而制定或采纳的相关技术标准。ISO/TS 10303-1060规定了产品概念定义的应用模块。

A.3 设计

A.3.1 初步设计

A.3.1.1 一般要求

确定产品的总体结构，包括结构布局、零件主要形状和装配关系。产品初步设计阶段的标准是在产品概念设计阶段之后，根据产品的概念设计，在设计过程中考虑产品的可用性、可信性、环境适应性、人类工效学、环境保护、安全性、经济性、节约能源等因素，结合信息化要求，并根据企业的实际情况，应采用实施的行业、专业、门类的通用技术规范和产品标准。企业可制定高于行业、专业或门类的产品标准的内控标准。

A.3.1.2 主要标准

应包括下列标准：

——可用性标准；

——几何设计标准；

——可信性(可靠性、可维修性、可保障性)标准；

——环境适应性标准；

——人类工效学标准；

——环境保护标准；

——经济性标准(包括价值工程标准)；

——节能标准；

——形象设计标准；

——保护消费者权益标准。

A.3.2 详细设计

A.3.2.1 一般要求

详细设计是在初步设计的基础上，使初步设计的产品能付诸于生产制造。包括互换性标准和参数系列标准。

A.3.2.2　互换性

在详细设计阶段的互换性标准包括：

——极限与配合标准；

——形状与位置公差标准；

——表面结构标准；

——螺纹标准；

——键与花键标准；

——齿轮标准。

A.3.2.3　参数系列标准

参数系列标准对于合理确定产品品种规格，做到以最少品种满足多方面需要，以及规划产品发展方向，加强各类产品尺寸参数间的协调等，具有重要作用。

A.3.3　设计方法

A.3.3.1　设计规范和准则

通常，行业都根据专业的特点有各自行业或专业的设计规则和规范，企业应根据实际情况，采用相应的行业设计规范。

A.3.3.2　计算方法

产品设计过程中的计算方法标准，通过对设计参数的计算和校验，保证产品的功能与性能与其他产品要求。

A.3.4　设计对象

A.3.4.1　一般要求

设计对象是指设计的对象，不同的行业有不同的设计对象，从而形成不同设计对象标准。

A.3.4.2　主要标准

根据不同设计对象，主要包括：

——零部件标准；

——半成品标准；

——中间体（化工行业）标准；

——设备、基础设施标准；

——软件产品标准；

——过程标准。

A.3.4.3　与其他标准关系

产品标准由于其在企业生产制造过程中的重要作用，作为一个方框在结构图中单独列出，不作为设计对象在此列出。

A.3.5　设计图样和文件标准

设计图样和文件的主要标准：

——技术产品文件标准；

——设计图样和文件格式标准；

——设计图样和文件编制方法；

——行业标准中的图样文件管理制度。

A.3.6　CAD

A.3.6.1　一般要求

CAD 标准指 CAD 技术在企业应用方面的标准，主要包括企业在配置、扩充 CAD 系统，以及在应用 CAD 系统进行产品设计时应采用的标准。

A.3.6.2 主要标准

有关CAD的主要标准，包括：

——CAD技术制图标准；

——产品数据技术标准；

——CAD文件管理和光盘存档标准；

——其他标准。

A.4 产品

产品标准是对产品结构、规格、质量和检验方法所做的技术规定，它可以规定一个产品或同一系列产品应满足的要求，以确定其对用途适应性的标准。产品可以是软件、硬件、流程性材料或服务。产品标准按其功能分为产品交付标准和产品内控标准。

A.5 计划

A.5.1 生产计划信息化

A.5.1.1 生产计划模型标准

常用的生产计划模型包括：

——经济订货点(EOQ)模型；

——线性规划的生产计划(LP)模型；

——非独立需求计划(MPS/MRP)；

——有限能力计划(FCS)模型；

——基于约束理论(TOC)模型；

——看板计划——准时生产制(JIT)；

——需求流制造计划(DFM)；

——高级计划与排程(APS)；

——基于多层代理技术的高级计划(HMS)。

A.5.1.2 生产计划信息要求

企业应制定或采用行业标准中的业务执行消息，标准格式的XML shema数据模式，用于在与PPS协作企业内部或企业之间的信息系统进行通信的基础。

A.5.1.3 主要标准

生产计划信息标准，主要包括：

——制造执行的生产订单；

——生产要素：如最终产品、零件和物料；

——制造资源：机器、劳动力和工具；

——操作和产生生产项的事件。

A.5.2 与其他标准关系

计划方法、计算标准及网络计划技术标准参见附录D基础标准中的“03.100.40 网络计划技术”。

A.6 工艺

A.6.1 一般要求

工艺标准是在编排工艺过程中，根据产品加工工艺的特点对产品的工艺方案、工艺过程、工序的操作要求、操作方法和检验方法等进行规范化。工艺技术标准是指针对产品的设计文件编排工艺规程的需要而制定的标准。工艺标准在编制过程中，应同时考虑环境保护、节约能源、有利于职业健康等因素。

A.6.2　主要标准

工艺标准主要包括：

a）工艺基础标准；

b）工艺文件标准；

c）工艺余量标准；

d）工艺规程(作业指导书)；

e）投产前材料、辅助材料和零部件控制标准；

f）特殊工序工艺规程；

g）工时定额和材料定额；

h）计算机辅助工艺过程(CAPP)接口标准；

i）工序控制标准。

A.6.3　与其他标准关系

在编制工艺规程的过程中，除了执行国家环境保护基础标准之外，还应执行企业所在行业的环保标准。

A.7　营销

A.7.1　产品标志

A.7.1.1　一般要求

消费者在购买商品时，主要是凭产品标志来了解其性能，包括产品标签等。

A.7.1.2　主要标准

企业的产品标志标准主要包括：

——产品条码编制标准；

——印制检测标准；

——无线射频识别技术(RFID)标准。

A.7.2　产品描述标准

描述产品的特性的标准，如保质期、质量、生产厂家、产品成分等相关信息的标准。

A.7.3　营销设施标准

产品营销所需的场地环境、设施设备等基础设施要求，销售单位的要求，销售的包装要求的标准。营销设施标准应考虑有助于提高产品的安全性、卫生指标和环保性能，有利于规范管理技术和提高效率。

A.7.4　广告标准

A.7.4.1　传统广告

企业应根据企业的市场营销策略，根据需要制定企业的广告技术标准。根据广告的传播媒介，包括电视广告规范、电影广告片的制作标准、广告牌标准、报纸广告标准、旅游出版物广告标准、火车告示牌广告标准等。

A.7.4.2　因特网和无线广告标准

企业根据因特网广告的实际需要，采用或制定相应的因特网广告和无线广告标准。因特网广告标准包括通用广告包、弹出式广告、横幅(Banner)广告、赞助式广告、关键词搜索、分类广告、推荐式广告等，此外还应包括广告评价和认证、因特网广告的条款和条件、隐私指南。

A.8　采购

A.8.1　基础标准

企业采购标准首先应执行所在行业的基础标准，并建立“采购产品数据库”(包括供方提供的产品字典库)。

A.8.2 采购产品标准

采购、营销技术标准除充分采用行业、专业或门类标准以外，企业自行制定的标准包括：

a) 产品建议书；

b) 营销、市场调查的信息描述标准；

c) 营销、市场信息交换的接口标准。

此外，还应包括需方提出文件等，包括：

a) 产品标准；

b) 技术条件；

c) 向需方提供的有关标准、法规、产品说明书、认证文件等。

A.9 电子商务

A.9.1 一般要求

企业应根据企业所处供应链中的位置，考虑与供应商、客户以及政府部门的信息、应用、业务等集成的需求，采用相应的电子商务基础标准；同时，还应与“采购”、“物料”等标准化协调进行。

A.9.2 基础标准

包括基础信息[如地点代码、货币代码、EAN(国际物品编码)等]的分类与代码标准、信息安全技术标准、电子支付标准、网络与传输技术标准、信用体系标准、物流标准等。

A.9.3 方针目标

企业领导应制定企业电子商务的策略方针、目标，以指导和协调企业内各部门具体实施。

A.9.4 模型标准

企业信息技术部门应根据电子商务的策略和规划，制定企业电子商务系统的技术参考模型、总体框架，作为电子商务系统开发和运行的基础。

A.9.5 数据标准

企业应为电子商务制定以下电子商务数据标准：

——企业产品的分类和编码；

——商情发布信息标准；

——报价请求、应答标准；

——订单标准；

——物流信息标准；

——收发货信息标准；

——电子政务数据标准(信息分类编码、单证、数据元)。

A.9.6 流程标准

企业应根据本企业结合电子商务的需求，为电子商务流程制定如下标准：

——商情发布的流程；

——选定贸易伙伴流程；

——合同谈判与订立流程；

——物流运输业务流程；

——电子政务流程(许可证、银行、保险、商检、海关、外汇管理、税务等)。

A.10 资源

A.10.1 一般要求

企业应制定本企业资源的标准，包括物料资源、能源资源、基础设施资源等标准，人力资源、组织资源、财务资源、供方和合作方资源等资源标准见附录B的第B.10章“资源管理”。

A.10.2 物料资源

A.10.2.1 一般要求

企业采用或制定的物料标准主要用于信息的交换,分类检索。

A.10.2.2 与其他标准关系

特性描述标准可参见 GB/T 10091 系列、GB/T 15049 系列及 GB/T 17645"零件库"系列标准。

A.10.2.3 产品数据字典标准

企业应根据自身情况,按照数据字典基础标准的要求,建立本企业的产品字典库和物料信息库。

A.10.2.4 物料信息分类编码

可参考基础标准中的"信息分类编码"。

A.10.2.5 危险物品和环境保护

危险物品和环境保护因素在全球基本都是一个强制性的要素,企业应根据贸易伙伴的需要采纳或制定下列标准:

a) 危险物品的原料单标准;

b) 物料安全数据表信息规范;

c) 危险物品的分类标准。

此外,还应制定物料信息的传输协议与交换机制标准。

A.10.3 能源资源

A.10.3.1 一般要求

在执行国家和行业基础标准关于节能、合理用能要求的前提下,企业应制定煤炭、石油、电及其他能源标准,以加强企业各部门用能的规范化管理。

A.10.3.2 主要标准

能源技术标准有:

a) 能源通用标准,包括能源术语、符号、代号、图形、单位技术标准等;

b) 能源产品标准,包括煤、电、油、气体燃料、焦炭、热力等产品质量标准;

c) 能源设备系统经济运行标准,包括转换设备、用能终端设备的耗能定额标准;

d) 节能材料标准,包括载能、隔能材料及能量传导材料技术标准;

e) 能源方法标准,包括企业能量平衡通则、用能设备利用率测试方法、热工测试方法、用能设备经济运行规范等。

A.10.3.3 与其他标准关系

a) 有关能源要求及其他主要标准,见 A.16.1"能源"及基础标准中的能源基础和管理标准;

b) 有关水的技术要求、节水的技术要求也可包含在能源资源技术标准中。

A.10.4 基础设施资源

A.10.4.1 一般要求

根据产品要求对企业生产设备、基础设施、工装设置所提出的技术条件和对其维修保养的质量要求。

A.10.4.2 主要标准

生产设备技术标准包括:

a) 外购设备附带的技术资料;

b) 自制设备的设计技术资料;

c) 设备零配件、元器件、易损件的技术资料;

d) 设备维修保养规范及设备润滑标准;

e) 设备操作规程等。

基础设施技术标准包括:

a） 对产品质量特性发生作用的场所、运输、通讯的技术要求；

b） 与产品质量有关的生产卫生条件；

c） 温度、湿度、清洁度的要求等。

工装设置技术标准包括：

a） 夹具、模具、器具和工具样板标准；

b） 夹具、模具的零部件标准；

c） 工艺流转器具标准；

d） 工艺装备设计规范及编号方法标准等。

A.11 制造

A.11.1 制造基础标准

主要包括：

a） 劳动定额标准；

1） 人员定额标准；

2） 工时定额标准；

3） 原材料定额标准；

4） 辅料定额标准。

b） 工艺路线标准；

c） 生产环境标准；

d） 动作和时间分析标准；

e） 生产人员的心理减负标准；

f） 生产组织安排（流水线）标准；

g） 网络计划技术（网络图或流程图）标准；

h） 安全生产标准；

i） 职业健康标准；

j） 产品不合格标志标准。

A.11.2 计算机辅助制造

A.11.2.1 数字控制标准

数控系统（数字控制系统）是指实现数控技术相关功能的软硬件模块有机集成系统。主要标准包括：

a） 数控程序格式标准和地址字标准；

b） STEP-NC 标准。

A.11.2.2 工业机器人

工业机器人标准主要包括：

a） 安全标准；

b） 术语标准；

c） 方法标准；

d） 通用特性标准；

e） 性能标准；

f） 测试标准；

g） 机械接口标准。

A.12 检验

检验是保证质量的基础。主要标准包括：

a) 采购进货检验标准；

b) 工序检验标准；

c) 库存品检验标准；

d) 最终成品检验标准；

  1) 型式检验标准；

  2) 交收试验标准。

e) 抽样标准；

f) 计算机辅助测试(CAT)接口标准。

A.13 物流(包装、储运)

A.13.1 包装

包装工艺标准，包装通用标准，包装材料标准、容器标准，包装试验标准，集装箱标准，包装标志标准、包装标识标准等，这些标准均属于全国通用综合性基础标准，但也可有相应的行业标准。同时列出的需企业自行制定的标准包括：

a) 包装设计标准；

b) 包装质量要求标准；

c) 试验方法标准；

d) 检验规则标准。

A.13.2 储运

A.13.2.1 搬运标准

包括企业内和搬运产品出厂的运输标准：

a) 企业内搬运技术标准；

b) 产品出厂后的运输工具技术标准；

c) 搬运操作方法标准；

d) 运输标准(运输方式、运输条件、产品装卸)。

A.13.2.2 贮存标准

企业贮存标准应考虑：

a) 产品贮存方式、贮存方法、贮存条件、贮存期限方面的标准；

b) 产品的贮存要求，应在下列方面做出规定，特别是有毒、易腐、易燃、放射性等产品应规定的特殊要求：贮存场所、贮存条件、贮存方式、贮存期限、定期(或不定期)抽检等标准。

A.13.2.3 标识标准

应包括标签、铭牌、标记或标识方面的标准。

A.13.2.4 仓储信息化标准

通常包括物料的单证格式(领料、送料单等)、台账格式、信息交换接口方面的标准。

A.14 安装、运行、服务

A.14.1 要求

企业的安装、运行、服务方面应满足：

a) 对现场安装程序、方法、要求和注意事项作出规定；

b) 安装验收技术条件，应对安装完工后试运行技术要求和试运行方法作出规定；

c) 交付验收程序及环境保护产品质量的规定；

d) 交付抽样及试验方法标准；

e) 安装、交付技术文件的完整性要求。

A.14.2 主要标准

企业的安装、运行、服务标准主要包括：

a) 安装技术标准；

b) 安装操作和维修技术标准；

c) 检查项目标准；

d) 检查方法标准；

e) 测试设备标准。

A.15 废物处理

A.15.1 要求

企业在废物处理过程中通常需要考虑的环境因素：大气、水、噪声、固体废物、放射性。企业应根据所在行业的环保标准的要求，并结合企业产品生产过程中的技术规范，制定企业废物处理的标准。

A.15.2 主要标准

企业的废物处理标准主要包括：

a) 大气污染防治标准；

b) 水污染防治标准；

c) 噪声污染防治标准；

d) 固体废物污染防治标准；

e) 放射性、辐射污染防治标准。

A.16 其他

A.16.1 能源

A.16.1.1 要求

能源标准化是合理开发能源资源，提高能源利用率，更新和改造能量转换设备的科学技术依据，是能源管理的科学技术依据和基础。节能的标准化对象可以归纳为六个方面：

a) 改善能源产品质量和稳定供应；

b) 革新能源设备和器具的性能和质量；

c) 改善工艺和合理使用能源；

d) 节能材料；

e) 新技术应用；

f) 改善技术组织和管理(包括方式、程序、方法、手段)。

此外，还有能源的基础标准共同构成企业的能源标准体系。

A.16.1.2 主要标准

A.16.1.2.1 能源基础标准

能源基础标准是以燃料化学、工程热物理、电工理论等为基础，在工程技术应用中，对术语、单位和符号，以及各种图形、文字符号等所作的统一规定。

A.16.1.2.2 评价企业合理用能标准

重点耗能单位应定期进行综合节能监测。对一般企事业和其他用能单位，可进行单项节能监测。

A.16.1.2.3 能耗工艺和能耗产品标准

企业在执行国家标准和行业标准的基础上，应考虑制定企业的能耗工艺的标准。此外，还应制定企业产品能耗定额标准。

A.16.1.2.4 能源方法标准

包括对能源、原材料、产品的采样、分析、试验、鉴定方法、石油产品的台机实测和评定方法以及节能型产品的应用技术条件。主要标准包括：

a) 综合性能源方法标准；

b) 燃料产品(煤炭、石油、气体燃料)标准；

c) 设备产品标准；

d) 节能材料标准；

e) 能源工艺网络方法标准。

A.16.1.2.5 能源产品

供用户加工、转化或直接使用的能源产品。主要标准包括：

a) 一次能源产品标准(原煤、原油、可燃气体)；

b) 二次能源产品标准(商品煤、商品油、煤炭、电力、蒸汽、热水、煤气、液化气)。

A.16.1.2.6 能源设备、器具

主要标准包括：

a) 能源开采标准；

b) 能源设备生产(加工、转换)标准；

c) 能源设备使用标准；

d) 能源设备通用标准。

A.16.1.2.7 节能材料

节能材料包括保温、保冷、换热器、金属耐磨、润滑、密封、透光、反光、远红外材料和涂料及节能代用材料等。节能材料标准化就是以节能为目的的对这些材料的导电、导热、绝缘、耐温、隔热、密封等性能相应制定测试方法标准，或包括热物理化学性能的产品标准。为合理的选材，应控制并制定相应的各种材料使用的技术管理标准。

A.16.2 质量

企业质量标准应根据产品的市场定位、产品概念来具体制定，并执行国家和行业质量标准。包括：

a) 企业产品的质量标准；

b) 产品的质量评估标准；

c) 产品的检验检测标准；

d) 服务质量标准；

e) 企业质量档案。

此外，质量基础标准还包括：

a) 质量统计方法标准；

b) 质量控制图标准；

c) 常规控制图标准；

d) 累积和控制图标准；

e) 软件工程的质量标准。

A.16.3 环境

A.16.3.1 基础标准

企业应执行国家或行业制定的基础标准，包括环境保护术语标准、符号标准、图形标识标准等。

A.16.3.2 测试/分析方法标准

涉及水、气、噪声、土壤和固体废物等5个方面的环境质量或污染物排放标准中污染物检测的方法标准。

A.16.3.3 环保产品标准

企业应在执行基础标准的前提下，根据实际情况制定环保产品的标准。

A. 16. 4　职业健康安全

A. 16. 4. 1　基础标准

术语、危险分类代码、健康分类代码、危险货物标准等应执行相应的国家或行业基础标准。

A. 16. 4. 2　安全标志与报警信号

安全标志的绘制方法参见基础标准中图形符号标准。标志标准包括安全色、安全标志、危险标志等标准。

A. 16. 4. 3　危险有害因素的分类分级

参见常用危险因素分类分级基础标准。

A. 16. 4. 4　考核标准

对企业各类工作人员进行职业安全、健康和卫生的考核标准。

A. 16. 4. 5　事故统计分析

企业职工伤亡事故的分类、重伤范围、调查分析、经济损失统计等标准。

A. 16. 4. 6　职业病统计分析

企业职业病统计分析、经济预测方面的标准。

A. 16. 4. 7　安全工程通用标准

安全装置与设施标准和机械、电工、防火防爆等安全标准。

A. 16. 4. 8　生产操作规程

凡对人员的安全健康可能造成危害，对财产可能造成损失的生产过程，都应制定安全、卫生标准。

A. 16. 4. 9　生产设备安全要求

生产设备及其零部件应有足够的强度、刚度、稳定性和可靠性。在按规定条件制造、运输、贮存、安装和使用时，不得对人员造成危险。包括各类生产设备安全卫生设计的应遵循国家和行业基础标准的基本原则、一般要求和特殊要求，并根据企业生产运作的具体特征制定各类生产设备安全设计的专用标准。

A. 16. 4. 10　劳动防护用品

劳保用品是劳动者在生产过程中免遭或减轻事故伤害和职业危害的个人随身穿(佩)带用品。企业选用劳保用品的标准首先应执行国家关于劳动防护用品的基础标准。

A. 16. 5　信息技术

企业可参考图 7 所示的第二层中的企业工程/集成标准体系(基础标准)采用基础标准和(或)制定本企业的企业信息技术标准，主要指跨部门、跨专业领域的本企业通用标准，包括本企业的信息化规划(信息化概念)、数据标准、业务流程、信息和通信基础设施标准等。此处的标准，不含各部门专用的信息技术标准，如设计部门的 CAD 标准等。

A. 16. 6　信息安全

建设信息安全技术标准体系首先应根据企业的信息化规划、企业的安全策略、企业业务策略制定信息安全策略，建立信息安全组织，制定企业的信息安全管理措施，采用相应的信息安全基础标准，制定本企业的技术标准，并制定全体员工的工作规范。安全技术基础标准参见“信息安全技术”基础标准的内容。

附 录 B
（资料性附录）
管理标准体系表组成要素

B.1 一般要求

管理标准体系结构图的组成要素主要以ISO的质量管理、环境管理、职业健康安全管理等企业管理体系的生命周期各阶段为基准，再引用它们包含的关键过程和关键要求细化而成。

B.2 管理体系应实施和采用的基础标准

企业可根据自己情况，从表D.1中的全国通用综合性基础标准表中选择、实施和采用下列标准：术语(术语学)、图形符号、制图、量和单位、统计方法应用、优先数与优先数系、保护消费者利益、价值工程、网络计划技术、动作与时间分析、人类工效学、信息技术(IT)、字符集和信息编码、文件格式、事物特性描述(事物特性表、数据字典)、软件开发、系统文件(部分基础标准的扼要说明参见附录E)。

B.3 概念管理

概念管理，又称企业"战略、策略"管理，"通用企业参考体系结构(GERA)"中的"定位"和"概念"与"方针、目标"都属企业战略管理内容。企业"方针、目标"、"定位"、"战略"应编成文件。总方针和总目标应由最高领导者提出，各分方针和分目标由各职能部门提出。

B.4 管理体系

企业在提出管理标准体系结构图之前，应先对管理体系进行策划，以确定生命周期各阶段及其所包含的过程。

企业管理体系提出时，可参见GB/T 19004—2000，GB/T 24004—2004，GB/T 28001—2001及GB/Z 18728—2002的管理体系要求，并参考ISO/IEC 15288:2002中的22个"过程"，编制出自己的管理标准体系结构图。

B.5 文件

企业应对所有过程具有约束性和指导性的规范、规则、指南、要求以及情报资料等制定成文件，企业可将各管理体系的文件进行综合编制或分体系分别编制。

文件可分为三种性质和类型：其一是非标准形式的企业行政法规或规章制度；其二是企业标准；其三是资料性材料。第一种文件的制定、发布和归口按企业行政文件编发程序和规定进行；第二种文件按标准编制程序进行，文件格式按GB/T 1.1—2000规定，由标准化专职机构归口。第三种文件由相应部门编制和归口。三种文件相辅相成，共同构成企业管理文件体系。

B.6 管理职责

企业应为企业能获得高效和持续改进，对最高领导者及各职能机构明确管理职责并制定成管理标准和工作标准。

B.7 采购

采购管理过程中的管理标准通常包括：

a) 识别供方。包括：对供方的管理体系的审核和对有效和高效地按期提供所需产品的潜在能力的评价；供方的相关经验和与竞争对手相比的业绩；检查供方有关顾客满意程度的资料和数据；供方的财务状况；供方对寻价、报价和投标价的反应；供方的服务、安装和支持能力以及满足要求的历史业绩；供方对相关法律、法规要求的意识和遵守情况；供方的物流能力，包括场地和资源。

b) 合同管理。包括：由物料需求计划（MRP）产生采购订单，然后和供方协商，产生供方供货计划；对采购订单控制两个日期，即订单交货日期和订单项目的入库日期。

c) 采购产品的验证。应确定并实施检验或其他必要的活动，以确保产品满足规定的采购要求。当企业或其顾客拟在供方的现场实施验证时，应将对拟验证的安排和产品放行的方法在采购合同中作出规定。

B.8 销售

销售管理过程中的管理标准包括：从销售合同管理到客户管理、销售出货、开票结算直到售后服务的全过程进行跟踪管理、实时监督、控制销售合同执行状态和发运计划，以提高合同的执行率和销售服务水平，及时跟踪客户回款情况，定期进行分类统计及分析，为制定营销策略提供决策依据。内容有：

a) 编制销售计划，根据订货数据和预测，编制销售年、月计划；

b) 询价和定价管理，根据销售策略，提供报价信息，为销售人员进行销售活动提供依据；

c) 销售合同管理，应建立销售合同台账，对签订的合同进行维护和跟踪管理。包括开发票管理、合同发货管理、合同退货管理、合同结案管理等；

d) 客户档案管理，应建立客户档案，包括客户基本情况、客户函件信息、客户档案资料及售后服务情况；

e) 销售合同的查询，对已签订的合同，查询产品订货情况、发货情况、合同的执行情况和拖期情况等；

f) 销售统计与分析，定期计算产品销售总额，按产品、按地区统计各类产品销售总额和销售量，按客户统计购买各种产品的数量和金额。ABC 分析法在销售分析中经常使用。

B.9 电子商务

企业开展电子商务过程中的管理标准通常包括：

a) 电子订单管理；

b) 电子采购管理；

c) 电子商务流程管理；

d) 电子商情发布管理；

e) 电子合同管理；

f) 客户关系管理和供应链伙伴关系管理；

g) 物流运输管理；

h) 许可证和产地证等证件管理；

i) 电子支付管理；

j) 保险管理；

k) 报关管理。

B.10 资源

B.10.1 要求

企业的资源需求一般包括：资金、人员、基础设施、工作环境、信息、供方和合作者、自然资源和财务资源；除了有形资源以外，还有无形资源，如知识产权。

B.10.2 资金

资金是投资或经营等所需的资本金。资金管理标准包括：资金需求概算、预算及其风险评估；融资渠道、方法和程序。资金管理标准应严格执行国家证券交易管理机构（及国外同类机构）的各种规定，如：按各项资金指标提出资金运行季报、半年报和年报及分红方案等。

B.10.3 人员

最高管理者应制定人员（人力资源）管理标准，其内容应包括：培训和个人发展策划和管理（根据企业发展需要，针对员工进行文化、工作和创新能力、现代企业管理理念、企业标准化知识等方面），明确各种岗位的责、权、利，考核和评审，奖惩等管理标准及其他人事管理。

企业制定人力资源标准应考虑三个原则，即计划、执行、评审，以及一系列的用于评估企业是否满足标准要求的“指标”，包括业务战略、学习和开发战略、人力资源管理战略、领导和管理战略、管理有效性、牵连和授权、识别和奖赏、持续改进等。

B.10.4 基础设施

B.10.4.1 一般要求

生产经营所必需的基础设施可包括：工厂、车间、工具和设备、支持性服务、信息和通信技术及运输设施等。（参见 GB/T 19004—2000）

为了基础设施能保持性能优良、高效运转、排除环境污染因素和消除职业健康安全隐患，对所有设施都应经常维护和保养，规定定期检修，检定，登记精度数据，分门别类地制定维护保养标准。

B.10.4.2 设备

设备管理要求：

a) 设备购置管理，包括购置计划、申请审批程序；
b) 验收安装管理，包括当设备开箱后，按装箱单验收成套设备、制造厂产品标准及有关图样、安装说明书、使用说明书、合格证、保修单等；
c) 自制设备管理，包括设计图纸、运行试验报告及有关人的签证的验收交接记录；
d) 建立设备台账，记录设备管理的重要信息，包括设备的安装日期、投产日期、使用年限、类别等；
e) 编制设备维修计划，根据一定的原则编制大修和中修计划；
f) 建立设备维修档案，包括设备事故、检测、维修定额档案；
g) 设备运行管理，建立单台设备运行档案，可对单台设备查询三率（设备故障率、故障停机率和设备完好率）；
h) 设备备件管理，包括备件的仓库管理。利用 ABC 分类方法来合理设置并掌握各类备件的比例，设置最高储备和安全库存量来控制备件的积压及缺货，可自动编制采购计划；
i) 设备换油管理，编制换油计划，换油状态维护；
j) 日常维修管理，管理一定量的备品备件、工具、有机物料、工时等，进行设备损坏统计、精度统计、修复统计、各种消耗统计。

B.10.4.3 工具

工具管理包括：

a) 编制工具的物料需求计划（MRP）。工具的 MRP 根据现有库存、定货、工具的生产周期，提供有关工具的替代、补充、检修等工具计划；
b) 编制工具的能力需求计划（CRP）。工具的 CRP 给出按时间周期，各种工具的使用小时数。工具管理同其他管理模块一样，可以维护有关工具的基本信息，包括库存、计划接收量、生命周期等信息；可以单独编制一套独立的工具管理程序，然后捆到 MRP 程序上；
c) 工具的 MRP 与 CRP 报告及在线查询并显示；
d) 工具的库存管理；
e) 工具的寿命管理。

B.10.5 工作环境

组织应确定并管理为达到符合要求的企业输出(产品或服务)所需的工作环境。工作环境包括物的因素和人的因素两方面。

有关工作环境中物的因素有:人类工效,安全和防护,热度、湿度、光线、颜色、空气流动,卫生、清洁度、噪声、振动和污染等,应实施和采用附录E第E.10章ICS 13.180人类工效学标准说明及《全国通用综合性基础标准体系表》中人类工效学标准体系表中的标准;同时,还应参见《全国通用综合性基础标准体系表》中有关"环境保护标准体系表"内标准"和"职业安全,工业卫生标准体系表"内标准。

有关工作环境中人的因素有:潜能发挥的心理因素,社会影响、工作场所位置等(见GB/T 19004—2000)。应实施和采用的标准有GB/T 15241系列标准。

B.10.6 支持性设施

支持性设施标准应满足下列要求:

a) 企业依靠外部供给的水、电、暖、压缩空气等,应按合同建立良好的供方关系;

b) 建立内部或外部管理程序以保证运输、交通工具的提供。

B.10.7 基本建设

基本建设标准应满足下列要求:

a) 充分考虑可能引起的环境问题,如环境污染、减少自然资源的浪费等;

b) 执行有关国家土地政策和有关建设规范;

c) 规定基建的工程质量、环保和职业健康安全等方面的要求,并在工程的设计、准备、施工、验收等阶段进行管理;

d) 设计图、施工图、批准文件、施工记录等归档。

B.11 财务、成本

B.11.1 财务

企业可建立财务管理信息系统。一般地说,财务管理标准包括总账管理、固定资产管理、应收账款管理、应付账款管理等。

a) 总账管理标准:建立会计科目体系及各类账,账务处理,多币种账务管理,现金管理,报表及现金流量表生成并打印(传递),财务分析。

b) 固定资产管理标准:建立固定资产卡片及固定资产台账并可维护,固定资产折旧计算并自动产生记账凭据,固定资产变动处理,固定资产月处理。

c) 应收账款管理标准:应收账维护,客户回款维护,应收定金维护,退货/折让维护,记账凭证定义及自动生成,应收款月结转,坏账确认及处理,应收账款查询及处理,应收账与销售子系统集成。

d) 应付账款管理标准:应付账维护,回款维护,预付定金维护,退货/折让维护,记账凭证定义及自动生成,应付款月结转,应收账款查询及处理,应收账与采购子系统集成。

B.11.2 生产成本核算

生产成本核算的方法标准应包括下列内容:

a) 可根据企业需求自定义成本核算对象及成本项目分类,选择成本核算方法;

b) 支持产品标准成本、实际成本的成本核算;

c) 成本计算可计算到生产工序;

d) 提供多种"制造费用"的分摊方法;

e) 提供多种生产成本核算方法;

f) 多种材料费用核算;

g) 成本报表的编制及分析。

B.12 风险

B.12.1 风险源

“风险管理(risk management)”是“针对潜在的风险可能性和负面效应进行有效管理的文化、过程和结构”(见 AS/NZS 4369:1999)。

风险源包括:

a) 处于组织间的商业和法律关系,如供方、合同转包者、承租者等;

b) 经济环境,如组织的、国家的、国际的等;

c) 人类行为;

d) 自然事件;

e) 政治环境,如立法变更及其因素;

f) 技术保密和技术出口;

g) 管理活动和控制;

h) 个别活动。

B.12.2 风险过程

风险管理范围通常要符合以下要求:

a) 建立战略观点

明确组织与环境的关系,识别组织的强处、弱处、机会和威胁;战略观点包括:财政的、操作的、竞争的、政治的、社会的、顾客的、文化的和法律的多方面的组织功能。

b) 建立组织观点

在对风险管理进行研究之前,应理解组织以及它的能力、目的、目标和战略;理解组织的政策和目的有助于对风险的接收与否作出决定。

c) 建立风险管理观点

对在实施风险管理过程的部分组织或活动,应建立它们的目的、目标、战略、范围和参数,还要充分考虑成本、利益和机会之间的平衡。

B.12.3 风险分类

风险分类包括:疾病(人类、动、植物);经济(货币流通、利率、股市);环境(噪声、污染);财政(合同风险、盗窃、欺诈等);人类(骚乱、罢工、差错);自然灾害(气候、地震、森林火灾、虫害、火山);职业健康和安全;产品可靠性(设计误差、非标准质量控制、不当检测);职业可靠性(错误消息、设计错误);财产(水、火、地震、污染、人类错误);公共可靠性(公共通道、出口和安全);保密(现金安排、破坏、偷窃、不适信息、非法进账);技术(革新、废弃、爆炸和可信度)。

B.12.4 风险分析

风险分析包括对风险源、后果和可能性的识别和分析,还可利用统计和计算方法,用由后果和可能性组合的风险等级表示风险的严重程度。

B.12.4.1 信息源和技术

信息源和技术涉及以下内容:

a) 以往记录;

b) 相关经验;

c) 工业生产和经验;

d) 有关文献;

e) 市场调查和测试;

f) 实验和典型;

g) 经济的、工程的和其他模型;

h) 专家判断。

B.12.4.2 分析类型

分析类型有：

a) 定性分析；

b) 半定量分析；

c) 定量分析。

B.12.5 风险评估

将评估出来的风险等级对照预先确定的基准，排出管理顺序。

a) 后果或冲击的定性度量，参见表 B.1。

表 B.1 后果或冲击的定性度量

风险等级	等级说明	示例详细说明
1	忽略	无伤害，低经济损失
2	轻	即时救援处理，现场即刻释放，轻经济损失
3	中	需作医药处理，获得外部帮助并在现场解决，高经济损失
4	重	广泛地受伤害，丧失生产能力，重大经济损失
5	灾难	死亡，对场外释放毒物，巨大经济损失

b) 可能性的定性度量，参见表 B.2。

表 B.2 可能性的定性度量

风险等级	等级说明	示例详细说明
A	几乎肯定	期望任何情况下都发生
B	多半会	在多数情况下会发生
C	可能有	有时会发生
D	也许会	有时也许会发生
E	极少有	只在例外情况下可能发生

B.12.6 风险处理

a) 识别风险处理

风险处理有四种目标：1)减低可能性；2)减低损失；3)转移部分或全部风险；4)避免风险。

b) 评估处理选择

包括：1)考虑可行性、成本和利益；2)推荐处理战略，选择处理战略。

c) 制定处理计划

接受和监视低风险；对其他风险要制定一特定管理计划，包括资金需求。

d) 实施处理计划

包括：1)减低可能性；2)减低损失；3)转移部分或全部风险；4)避免风险。

B.12.7 监视和检查

监视和检查风险管理系统的成效及其变化。

B.13 计划

B.13.1 一般要求

计划种类有：主生产计划(MPS)、物料需求计划(MRP)、车间计划调度和能力需求计划(CRP)。

B.13.2 主生产计划(MPS)

MPS是以“独立需求(表示与其他项目的需求无关的需求，例如最终产品的需求，用于进行破坏性测试的零部件需求,以及维护的零部件需求)项目为对象的生产计划。

MPS管理标准的要求:主生产计划订单的维护(主计划订单是MPS产生的一种订单);计算生产预测量;产生MPS异常信息,以便重新安排计划;按项目显示异常信息;产生MPS报告并打印;按项目维护资源需求记录;产生资源需求计划并可按主生产计划显示;按资源编码和日期分类查询资源需求计划;产生资源需求计划报告并打印;可反查资源需求计划并打印;产生提前期图形。

B.13.3 物料需求计划(MRP)

物料管理过程中的管理标准包括以下:

B.13.3.1 MRP的净需求计算

MRP的净需求计算是对实际短缺物料的计算,即要知道什么时候短缺和短缺什么物料。

B.13.3.2 异常信息检查

异常信息包括:计划接收量和库存量不能满足需求;实际需求日期比计划接收日期早得多。

B.13.3.3 计划订单

当现有库存余额或计划接收不能满足需求时,通过计算机建立这些计划订单以满足需求并以文件方式进行储存,这些计划订单是制造和采购零部件的一种预测。

计划订单主要包括:项目号、交货日期、订单数量。

B.13.4 车间计划调度

不同的生产模式,其车间计划与调度差别甚大,本车间计划调度子系统主要针对离散型产品制造车间。车间计划和调度子模块提供计划员和车间之间传递车间生产任务及其优先顺序的一种方法。接受任务时应检查完成任务所需的时间、物料、工具是否具备,并完成物料占用或物料释放功能。车间计划调度的管理标准包括以下内容:

a) 下达车间订单的建立和维护。

b) 提供多种计划排产方法。可根据订单交付日期计算出计划日期,即计算工序的开始日期、结束日期、运行时间、交货日期。

c) 产生日调度表。有两种处理:记录物料从一道工序到另一道工序的移动处理;显示记录已完成的一道工序的工序完成处理。

d) 下达车间订单的状态显示。列出所有开始制造的计划接收订单的摘要信息和每道工序的详细信息及物料短缺信息。

e) 车间统计分析。生产工时、产品产量和在制品统计等。

B.13.5 能力需求计划(CRP)与控制

CRP是指为完成某生产任务确定需要多少劳动力和机器能力的过程。在MRP系统中,下达的车间订单和计划订单输入到CRP,CRP通过零件的工艺路线和时间标准将这些订单转换成各时间周期、各工作中心的加工工时需求,这些需求为计划人员提供调整能力的依据。需要制定的管理标准包括以下内容:

a) 从车间计划和调度系统提取能力需求;

b) 计划订单的能力需求计算。计算内容:通过工艺路线,对计划订单计算出在各个工序经过的时间;计算两道工序之间的时间;按标准工时计算计划订单的能力需求;按工作中心计算能力需求(如适用时,可应用“动作与时间分析”标准);

c) 提供能力需求报告;

d) 在线查询详细的能力需求;

e) 产生CRP的输入/输出控制报告;

f) 提供机制,使输入/输出控制信息在过去、现在、将来的不同时间周期中可移动。

B.14 设计、开发和创新

B.14.1 一般要求

设计、开发和创新管理工作须进行：

a) 策划和控制适合于每个设计、开发和创新阶段的评审、验证和确认活动；

b) 要明确设计和开发的职责和权限。

B.14.2 设计、开发和创新的输入要求

a) 国际、国家的法令和法规；

b) 企业方针目标中已明确的"产品定位"和发展战略；

c) 市场需求、顾客合同、订单或产品协议书对产品的要求，市场或顾客对现有产品的反馈意见；

d) 应实施的基础标准，如保护消费者利益、人类工效学、职业健康安全、环境、能源等；

e) 自然资源、原材料、能耗、价格等的约束；

f) 其他。

B.14.3 设计、开发和创新的输出要求

a) 成套的设计文件：如技术规范、验收规则、使用说明书、零部件汇总表、装箱单等；成套的图样：如结构图、加工图、组装图、安装图、电路图、接线图等；

b) 施工要求；

c) 采购要求；

d) 培训要求。

B.14.4 设计和开发评审、验证和确认

根据策划，应明确在适宜的阶段，安排参加人员并明确其职责，对设计、开发和创新进行系统的评审、验证和确认，以便：

a) 评价、验证和确认设计、开发和创新的结果满足要求的能力；

b) 通过观察、测量、实验和其他手段，识别和验证与产品或服务有关的任何质量问题、环境或职业健康安全因素并提出必要的措施；

c) 评审、验证和确认的结果及任何必要措施的记录予以保留。

确认的结果及任何必要措施的记录应予以保持。

B.14.5 设计、开发和创新更改的控制

a) 应识别设计、开发和创新的更改，并保持记录。适当时，对更改进行验证和确认，并在实施前获得批准；对评审、验证和确认结果及任何必要措施的记录应予以保留。

b) 对创新的管理：

1) 对任何技术革新、合理化建议和科技进步等予以积极响应和支持；对重大项目，予以立项、建立组织、明确任务和职权，调拨资金、物资等；

2) 技术革新、合理化建议和科技进步等获得的成果予以鉴定、评审和确认，经确认后予以推广应用；

3) 经推广应用后获得的效益，按奖励办法予以奖励；

4) 技术革新、合理化建议和科技进步全过程中的有关资料予以保留并建立档案。

B.14.6 设计文件

设计文件的成套性和分类编码，通常都有行业基础标准，企业应按照行业标准制定相应企业管理标准。

B.15 实施、运行

B.15.1 一般要求

注：本条题目"实施、运行"中的"实施"来自通用企业参考体系结构(GERA)中的"实施"，系指生产实施，相当于GB/T 19000系列中的"产品实现"，也相当于GB/T 24000系列和GB/T 28000系列中的"运行"。

实施、运行管理包括：生产管理、工艺管理、设备管理、工具管理等。

B.15.2 生产

生产管理标准包括：计划调度管理（见 B.13.4 车间计划调度）、生产资源管理（见 B.10 资源）、生产组织管理、生产环境、职业健康安全和人类工效学、生产记录和档案管理等方面需要采用和制定的标准。

a) 生产组织管理可包括生产流水组织管理和定额管理。其中生产流水组织管理，可应用“动作和时间分析”标准安排流水线的岗位设置、每个岗位的动作规定和时间分配；也可应用“网络计划技术”，规定生产流程和物料流程；

b) 定额管理：规定每道工序或单位产品的时间定额、物料定额、能耗定额、水耗定额 、加工物耗（如工具钢消耗）定额、定岗、定员等。

B.15.3 工艺

工艺管理包括工艺策划（包括计算机辅助工艺过程策划，CAPP）管理、工艺文件管理、工艺定额管理、工作环境管理、职业健康安全和人类工效学管理。

a) 工艺策划（包括计算机辅助工艺过程策划，CAPP）管理。企业应执行行业工艺规程标准并调用或参照 CAPP 数据库中的工艺过程数据，以策划工艺过程。同时，进行物流策划和管理；

b) 工艺验证和评审。经验证和评审证明有效的工艺过程策划应存入 CAPP 数据库；

c) 工作环境管理。应识别工艺过程中的环境因素，如向空气、水体和土壤的排放；原材料和自然资源的使用；对地方或社区的环境的影响；

d) 职业健康安全、人类工效学管理（参见 B.10.5 工作环境）；

e) 工艺文件管理，工艺文件的成套性和分类编码，通常都有行业基础标准，企业应按照行业标准制定相应企业管理标准；

f) 生产记录和档案管理；

g) 工艺定额管理，见 B.15.2 中的 b）“定额管理”。

此外，还要考虑危险物品的贮存和搬运。

B.16 检测、分析和纠错

B.16.1 检测

企业应对产品进行检测和监视。应根据行业通用技术规范规定或与需方议定的协议规定确定：

a) 检测的种类和时机，如产品定型时的型式试验（破坏性试验），设计、工艺或原材料改变后的试验和生产一定周期后的例行试验（均为破坏性试验），入库或向需方交付的交付试验（非破坏性试验）等；

b) 取样方法（执行和实施有关的国家或行业抽样标准）；

c) 破坏性试验时的试验环境条件种类和严酷度指标，包括：机械（如振动、冲击、加速度、碰撞、摇摆等）、气候（温度、湿度、气压、盐雾、辐射等）；

d) 须测量的产品特性种类（随不同的试验种类而异）；

e) 产品特性的测量方法（包括感官测试）、所用的软件和仪器、仪表、工具，测量指标的合格判定数；

f) 生产线上的定点检测：测量点位置的设定和检测方法；

g) 企业期望或根据法律法规授权机构的要求，由具有资格的第三方在何处、何时、如何进行检测；

h) 记录检测结果。

B.16.2 检测分析

企业应制定检测分析标准以指导对检测中出现的故障、损坏、报废的产品或零部件进行物理分析或化学分析，找出其中原因。

企业应利用质量管理中的统计方法如：常规控制图、累积和控制图以及其他控制图，对不正常现象及时纠正；利用排列图、因果图、鱼刺图和 ABC 图分析故障或缺陷中的主要原因。

B.16.3 纠正措施

企业应采取措施以消除不合格原因，防止不合格的再发生，纠正措施应与所遇到的不合格的影响相适应。应规定以下要求：评审不合格（包括顾客抱怨）；确定不合格的原因；评价确保不合格不再发生的措施；确定和实施所需的措施；记录所采取措施的结果；评审所采取的纠正措施。

B.17 产品防护和库存

B.17.1 产品防护

企业应规定并实施产品的搬运、包装、贮存、防护和交付的过程，以防止产品在生产过程和最终交付时损坏、变质或误用。在搬运、贮存过程中，应对每种危险材料对环境的潜在影响以及一旦发生泄漏事故时应采取的措施；对存在易燃液体、贮罐、压缩气体等，以及发生溅洒或意外泄漏时的应对措施。

B.17.2 库存

库存管理标准包括：

a) 库存环境和安全条件管理应根据库存物品（如产品、零部件、元器件、原材料、工具、设备仪器、仪表等）的特点，在环境条件上如温度、湿度、气压、盐雾等，及在防火、防爆、防意外事故等上采取防护设施；

b) 为保证库存物品的质量和可靠性，应对各种物品在规定的时间点上，采取相应抽样检验；对贵重物品可采用序贯抽样。

根据 ERP 的要求，库存管理的任务还有：

a) 发货和接收处理；

b) 多仓库、多仓位处理；

c) 批次处理、转库处理；

d) 库存账的结转处理；

e) 库存账数据的跟踪与查询；

f) 周期统计、盘库管理、录入盘库信息、调整盘库数量与现有库存量的关系；

g) 库存统计分析。

B.18 服务

B.18.1 服务

应包括以下内容：

a) 服务规范；

b) 服务评价和控制规范：

  1) 识别并分析对服务质量有重要影响的关键活动并加以控制；

  2) 规定特性的评价方法及建立控制手段。

B.18.2 产品售后服务

应包括以下内容：

a) 分析测量结果和数据信息，评价服务结果是否满足规范规定和顾客要求；

b) 建立、培训技术咨询队伍，健全配件、备品管理；

c) 对不合格项目及时采取纠正措施，施行包修、包换、包退；

d) 对售后活动应明确提供服务的方式（上门服务或定点服务）以及联系方法。

B.19 退役

在企业实体的生命周期结束时，退役管理标准可包括以下三方面内容：

a) 对原来参与生命周期全过程各类人员进行下一个实体的重新组织、重新培训和新一个生命周期的各项工作；

b) 对废物再生重用的工作：作出需要保留、转让、解散、拆卸或废弃实体的全部或部分；

c) 对废弃物按照 GB/T 24000 系列标准的要求进行处理。

B.20 能源

企业能源管理应执行 GB/T 15587—1995。包括：为实施能源管理，企业应建立和健全能源管理系统，包括完善组织，落实管理职责，配备计量器具，制定和执行有关文件，开发各项管理活动。该系统应能保证安全稳定供应生产所需能源，及时发现能耗异常情况，予以纠正，并不断挖掘节能潜力。能源管理标准包括：

a) 能源输入

应制定和实施文件并开展以下活动：

1) 选择能源供方；

2) 签订采购活动；

3) 输入能源计量；

4) 输入能源质量检测；

5) 贮存。

b) 能源转换

企业所用能源需经转换时，应重点对转换设备的运行调度、维护监测和定期检修实施管理，以提高转换效率。

c) 能源分配和传输

目的是保障安全连续供给，降低损耗。企业应制定和执行文件，对内部输配电线路、供水、供气、供热、供油管道等实施管理。

d) 能源使用

应通过优化工艺、耗能设备经济运行和实施定额管理，合理有效地利用能源。能源定额管理应明确规定：

1) 能源消耗定额的制定；

2) 定额的下达与责任；

3) 实际用能量的计量和核算；

4) 考核。

e) 能源消耗状况分析

是为了掌握各种影响能耗的因素及其变化规律，挖掘节能潜力。分析方法有：

1) 能源审计；

2) 能量平衡；

3) 统计分析。

f) 节能技术进步

企业应制定和执行管理文件，规范协调节能技术措施，包括：

1) 可行性研究，预计节能效果和经济效益；预计投资额及回收期；对产品质量和安全的影响；实施过程中对产品的影响；

2) 计划和实施；

3) 效果评价和保护。

g) 检查与评价

企业应依据管理文件和技术文件，每年对能源管理系统进行全面检查。检查内容包括：

1） 职责是否落实，执行的文件是否有效；

2） 记录是否齐全、准确并按规定保存传递；

3） 对能源消耗异常情况是否及时作出反映，予以纠正；

4） 能源消耗定额能否完成。

对能源管理系统的评价包括：目标能否实现；能否适应发生的变化；已查明的问题如何改进。

B.21 信息化

信息化管理标准包括：

a） 信息收集范围

1） 法律、法规，包括国际（联合国、国际标准化组织等）、国家（发达国家、进出口对象国）发布的标准化贸易法律、法规；我国发布的各种与贸易、产品（如食品法）、产业（如矿产法、森林法等）、环保、职业健康、劳保、保护消费者权益等相关的法律法规；

2） 标准文本。标准体系标准明细表内列出的标准，包括相对应的国际、国外先进标准都要及时收集，建立收集渠道；

3） 标准化期刊和标准化会议会议录、学术期刊和学术会议会议录、专著、国内外标准化和学术的技术报告等；

4） 其他。

b） 信息服务要求

1） 建立标准化信息资料库（包括上述的法律、法规、文本、文献等）和建立阅览室及提供咨询手段（电子）和阅览条件；

2） 公告新到的信息资料，公告标准的更改、作废、代替等信息，同时及时通知到有关部门和人员；

3） 建立生产、科研信息数据库及人才库、知识库、专利库等，根据领导意见，给有关人员分配电子密钥以利保密；

4） 保持资料库和数据库的及时更新、有序和完整；

5） 建立网站，向社会服务。

根据上述要求，企业应明确信息化管理职能部门的职责、规划、工作方法并制定相应的管理标准和工作标准。

B.22 信息安全

B.22.1 一般要求

企业在推进业务活动和面临风险的环境中，应建立"编有文件的建立、实施、动作、监察、检查、维护和改进的信息安全管理系统（ISMS）"，要求企业制定以下企业信息安全管理标准。

B.22.2 信息安全方针

信息安全策略、方针用以指导信息安全的管理，支持业务需求，并使其符合国家、行业和企业内部的相关安全法律、法规和规章制度。

B.22.3 信息资产

信息资产的内容包括信息资产的标识和信息资产范围的界定，并根据具体特征进行分类管理。

B.22.4 人力资源信息安全

为减少人为（包括员工、合同方、第三方用户等）的差错、盗窃、欺诈或滥用设施的风险，应制定人力资源信息安全管理标准。

B.22.5 物理和环境信息安全

为减少对业务办公场所的信息未授权访问、损坏和干扰，关键和敏感的业务信息处理设施要放置在安全区域内,并受到一种已定义的安全周边和适合的安全屏障以及入口控制的保护。这些设施要在物理上避免未授权访问、损坏和干扰。

B.22.6 通信和操作安全

为保证信息处理设施正确和安全地运作,企业应为所有的信息处理设施建立起管理和操作的职责及程序、操作规程。

B.22.7 访问控制

为了控制对信息资源的访问,企业应制定访问控制标准以对信息、信息处理设施以及业务流程的访问进行控制,以保证业务和安全的需要。

B.22.8 信息系统获取、开发和维护

为了保证信息安全是信息系统的一个完整部分,在设计和实现阶段对于信息系统的安全就应给予清晰的定位。

B.22.9 信息安全事件

为了保证与信息系统相关的信息安全事件和弱点能够及时地通信、汇报、通报,企业应建立程序化的报告和自动调整机制。所有员工、合同方和第三方用户应懂得不同事件和弱点的报告程序。

B.22.10 业务连续性管理(应急预案管理)

为了减少业务活动中断带来的消极影响,保护信息系统的故障或灾难不影响关键业务过程,并保证信息系统及时恢复,企业应制定和实施业务连续性管理规范。

B.23 标准化

注:本条的"标准化管理"系指企业标准化专职机构应开展的企业标准化管理工作。

企业标准化工作是《中华人民共和国标准化法》(1989-12)和《企业标准化管理办法》(1990-08)在企业得以实施和执行的基础工作。它的基本工作有以下几个方面,企业应制定和实施相应的管理标准:

a) 企业标准化工作规划、计划的制定

包括:

1) 企业标准体系表和企业标准的制定、修订计划;
2) 采用国际标准和国外先进标准的规划、计划;
3) 标准化科研规划、计划;
4) 标准实施计划;
5) 标准化培训计划;
6) 标准复审计划。

b) 编制企业标准体系表

在遵照本标准编出企业标准体系表的过程中,还要遵照 GB/T 16980.1—1997 开发出一个通用活动模型(GAM),最后编制出"车间生产标准体系表"。

c) 企业标准的制定工作

1) 根据企业标准体系表列出的待制定项目,结合企业需求及项目的重要性和迫切性,提出企业标准制定规划和计划;
2) 对现有超过一定年限的企业标准进行复审,对需要修订的标准提出企业标准修订计划;
3) 对需要制定的标准,首先,应充分采用上层标准(全国和行业基础标准)。根据情况,在有关指标水平上可高于上层标准;
4) 标准制定范围包括标准体系表内列出的各类标准。

d) 标准实施计划

标准实施工作有:

1) 领导决策和支持,应得到领导批准并在人、财、物及其他方面上的强力支持;

2） 成立组织，根据需要，成立组织或攻关小组；
3） 收集资料，收集国内外有关和最新的资料；
4） 人员培训；
5） 技术革新和创新，实施中涉及的新技术、新工艺、新材料，须通过技术革新和创新予以解决，包括硬件和软件；
6） 对成果的评审、确认和实施推广；
7） 保留记录和归档。

e） 标准化科研计划

由于标准中包含有许多技术创新或专利，使国际标准经常以国际先进企业的企业标准为基础；由此，如我国想取得国际标准的起草权，除了全面提高科技的竞争力以外，企业也应积极安排标准化的科研计划。

在标准化科研计划获得立项批准后，其实施步骤同上述的“标准实施”的各项步骤。

f） 标准化培训计划

1） 标准化专职人员应学习标准化基础教材、国际和国家标准化法规、标准化导则、指南等，学习综合性和行业基础标准；
2） 参与标准起草的有关人员应学习与写作有关的基础标准，如 GB/T 1.1、“术语”、“量和单位”、“图形符号”等，学习所起草标准的上层标准；
3） 参与标准实施的有关人员学习与实施有关的各种资料。

g） 标准化业务

标准化专职机构除执行以上工作以外，还有日常的标准化业务：

1） 所有设计文件和工艺文件的标准化审查和编号；
2） 负责产品编码、条形码、企业或事业单位编码的申请和管理工作；
3） 其他。

附 录 C
（资料性附录）
企业工程/集成标准体系结构图

C.1 一般要求

图 C.1 所示为企业工程/集成标准体系的参考结构图，主要依据企业工程/集成思想，结合我国企业系统集成现状，从数据(信息)、流程(功能、过程)、信息安全、信息和通信基础设施等视角的标准化；对于资源集成、组织集成、经济集成的标准，应从资源标准、企业组织结构(或相关规章制度)、财务会计制度和准则等开展，这些标准参见附录 A 和附录 B 中相关标准。

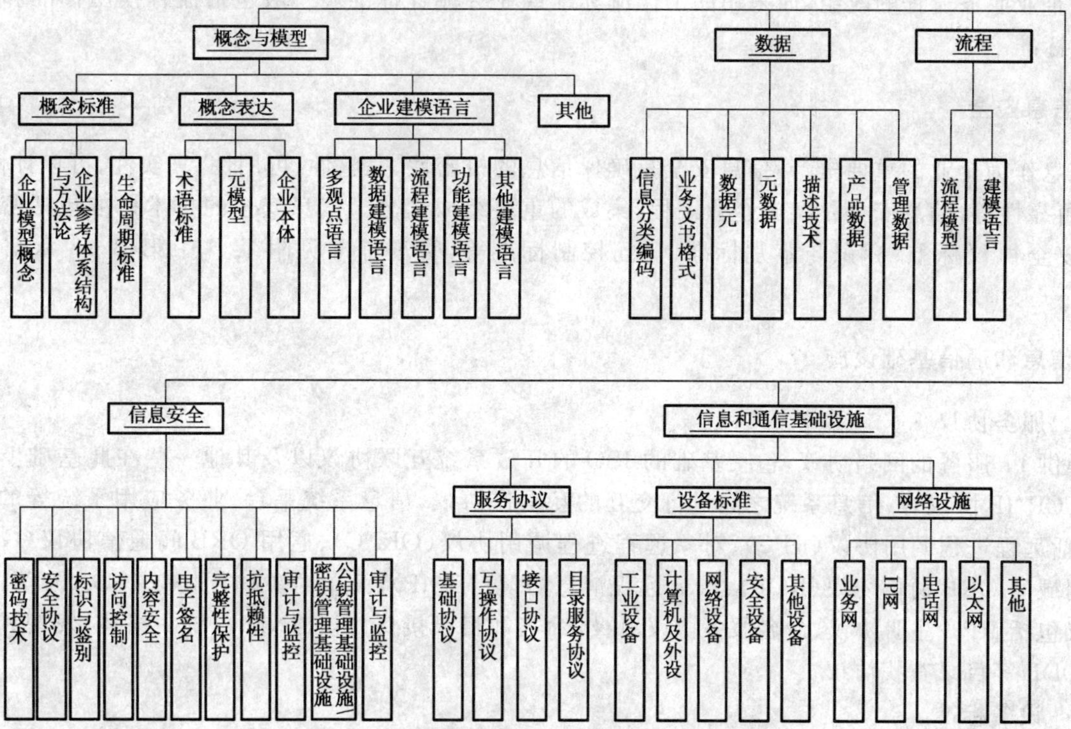

图 C.1 企业工程/集成标准体系结构图

C.2 概念与模型

C.2.1 概念与模型

“概念”是指导企业信息化建设的相关企业战略、策略方针，即企业标准体系结构图第一层的“概念”。概念标准指为实施企业工程/集成的策略方针而应遵循的基础标准，主要有 GB/T 18999—2003，GB/T 18757—2002，ISO/IEC 15288:2002。参见附录 E 第 E.18 章中“企业建模 ICS 35.240.50 ”。

C.2.2 概念表达

表达企业概念的术语、元模型及企业本体标准，参见企业建模系列标准。

C.2.3 语言

语言标准通过图形和符号等基本元素表达企业的概念和模型。同时，根据具体的概念和模型又具有不同观点(视图)的语言。根据计算机可以理解的程度，又分为非形式化语言、半形式化语言、形式化语言等。

C.2.4 其他

不能归到上述三类的概念模型标准，如建模工具标准、企业建模方法论方面的标准等。

C.3 数据

在业务流转过程中所需要的数据、信息、单证、业务文书以及分类编码方面的标准。在产品生产管理过程中的产品数据和工业管理数据。包括产品数据的表达与交换标准、零件库标准等；工厂制造管理用的数据，包括工厂和外部交换相关的数据、制造过程中使用的资源管理相关的数据以及制造流程管理相关的数据等。

C.4 流程

企业为配合企业工程/集成的实施，一般需要改造企业的业务流程，改进操作人员的具体操作程序。为配合企业业务流程的改组，而采用的工作流标准或业务流程标准。一般包括流程模型标准和流程建模语言标准。

C.5 信息安全

信息作为企业的重要资产，信息安全是确保信息的机密性、完整性、可用性、真实性、可审计性、抗抵赖性、可靠性等，信息安全是实施企业工程/集成的重要组成部分。信息安全的技术标准包括密码技术标准、安全协议标准、标识与鉴别标准、访问控制标准等，管理标准见附录 B 中第 B.22 章信息安全管理。

C.6 信息和通信基础设施

C.6.1 服务协议

提供 IT 服务的网络协议，包括基础的 ISO 的开放系统互联协议以及其他一些在此基础上发展而来的 TCP/IP 协议等；信息系统之间进行交互的互操作协议，信息系统平台、业务应用系统等的接口协议，包括远程进程调用协议（RPC）、对象远程进程调用协议（ORPC）、通用 ORB 间通信协议（GIOP）或因特网域间 ORB 通信协议（IIOP）、Java 远程消息协议（JRMP）、简单对象访问协议（SOAP）等；查找服务协议包括 RPC 注册协议、命名服务协议、Java 命名和目录接口协议（JNDI）、统一描述、发现和集成协议（UDDI）等目录查找协议。

C.6.2 设备标准

企业信息集成和信息安全设备的标准，用于指导企业设备的规划、采购，以实现信息处理设备能互相兼容、互联互通。工业设备指车间工厂的现代化生产设备（如激光切割设备、数控机床等）的标准，计算机和服务器及打印机、绘图仪、复印机等外围设备，路由器、交换机、线缆等网络设备，防火墙、备份设备、虚拟专用网络设备等安全设备，此外，还有不能列入上述几种的其他设备标准。

C.6.3 网络设施

将企业各信息处理系统、设备、设施及人员连接起来的网络设施的标准。包括业务网、IP 网、电话网、以太网及其他网络设施等标准。

附 录 D
（资料性附录）
基础标准体系结构图

D.1 全国标准体系层次结构图

全国标准体系层次结构图分四个层次：第一层为“全国通用综合性基础标准体系”；第二层为各行业标准体系；第三层为地方标准体系；第四层为企业标准体系。见图D.1。

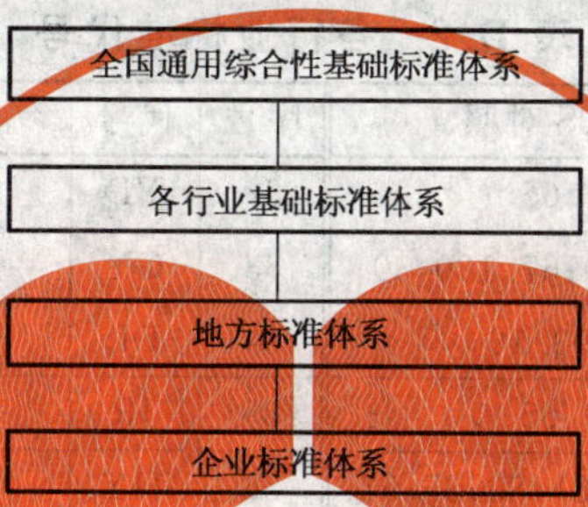

图 D.1 全国标准体系层次结构图

D.2 全国通用综合性基础标准列表

见表D.1。

表 D.1 全国通用综合性基础标准列表

标准体系表名称	ICS代码	标准体系表名称	ICS代码
标准化法规和通用管理标准 标准化经济效益标准、社会责任	01 01.120	术语（术语学）	01.020
量和单位	01.060	图形符号	01.080
制图	01.100	服务标准 工业服务（维护、清洗等） 公司服务（公关、广告、培训等）	03.080 03.080.10～ 03.080.99
保护消费者利益	03.080.30	公司组织和管理 采购、贸易、商业、市场、人才管理	03.100 03.100.01 03.100.10～ 03.100.30
研究与开发：价值工程、网络计划技术、动作与时间分析、判定表	03.100.40	质量管理	03.120
统计方法应用，优先数与优先数系	03.120.30	环境保护 废物，空气、水、土壤质量	13.020 13.030～13.080
职业安全，工业卫生	13.100	人类工效学	13.180
防火，防爆，防过压，防电击，防辐射	13.220～13.280	防食物中毒 防犯罪，警报系统，保护设备	13.300～13.340
计量学与测量	17	试验条件和程序，环境、机械、电子和电气、非破坏性、颗粒分析	19.020～19.120
试验	19	机械通用零部件、互换性和结构要素	21.040～21.260
能源基础和管理标准（对ICS 27的补充）	27	信息技术（IT） 企业信息分类编码；信息安全技术 软件开发、系统文件	35 35.040 35.080

表 D.1（续）

标准体系表名称	ICS代码	标准体系表名称	ICS代码
移动通信;无线通信	33.060 33.070	开放系统互连(OSI) 计算机图形技术	35.100 35.140
		IT工业应用(工业自动化); 企业建模	35.240.10 35.240.50

D.3 各行业标准代号

见表 D.2。

表 D.2 各行业标准代号

序号	代号	含义	ICS对照	序号	代号	含义	ICS对照
1	NY	农业	65	32	YD	通信	33
2	SC	水产	65.150;67.120.30	33	GY	广播电影电视	33;37.060
3	SL	水利	93.16	34	DL	电力	29
4	LY	林业	65	35	JR	金融	3.06
5	QB	轻工	67;71;81;83;85;97	36	HY	海洋	—
6	FZ	纺织	59;61	37	DA	档案	1.14
7	YY	医药	11	38	SN	出入境检验检疫	13
8	MZ	民政	11.040.40	39	WH	文化	37.06
9	JY	教育	3.18	40	TY	体育	03.200;97.220
10	YC	烟草	65.16	41	SB	国内贸易	3
11	YB	黑色冶金	77	42	WB	物资管理	67
12	YS	有色冶金	77	43	HJ	环境保护	13
13	SY	石油天然气	75	44	XB	稀土	73.060.99;77.120.99
14	HG	化工	71;83;87	45	CJ	城镇建设	93
15	SH	石油化工	71;75;83;87	46	JG	建筑工业	91
16	JC	建材	91.1	47	CY	新闻出版	37.1
17	DZ	地质矿产	73	48	MT	煤炭	73.040;75.160
18	TD	土地管理	—	49	WS	卫生	11;13.100
19	CH	测绘	07.040;07.060	50	GA	公共安全	13;43.180
20	JB	机械	21;23;25;29;53	51	BB	包装	55
21	QC	汽车	43	52	DB	地震	91.120.25
22	MH	民用航空	49;55.180.30	53	LB	旅游	3.2
23	WJ	兵工民品	—	54	QX	气象	7.06
24	CB	船舶	47	55	WM	外经贸	—
25	HB	航空	49	56	HS	海关	—
26	QJ	航天	49	57	YZ	邮政	3.24
27	EJ	核工业	27.12	58	ZY	中医药	—
28	TB	铁路运输	03.220.30;45;93.100	59	GH	供销	03.100.20
29	JT	交通	43;47.020	60	LS	粮食	65
30	LD	劳动和劳动安全	03.040;11.020;13	61	WW	文物保护	—
31	SJ	电子	31	62	AQ	安全生产	13

附 录 E
(资料性附录)
全国通用综合性基础标准

E.1 概述

本附录对基础标准的简要说明侧重于某类标准的体系构成、作用和意义及对其应用的知识,而不侧重于该类标准的专业内容。本附录的目的是引起企业对该类标准的关注,从《全国通用综合性基础标准体系表》内寻找适用的有关标准纳入本企业的标准体系表内,同时,也可从基础标准有关对口机构找到有关标准的体系结构图;国外国际标准,可从国家标准馆等标准服务机构处查找。

部分基础标准已在附录 A"技术标准体系表组成要素"和附录 B"管理标准体系表组成要素"内说明。

E.2 术语(ICS 01.020)

企业在制定本企业的企业标准或参与制定行业标准、国家标准或国际标准中的术语标准以及任何标准中的"术语"一章时,都应遵照术语(术语学)基础标准。

术语(术语学)标准的体系构成包括:全国通用的第一层术语标准和术语基础标准及第二层和第二层以下的行业、专业和门类通用的术语和专业词汇标准。

术语基础标准主要有:GB/T 10112 和 GB/T 16785。它们给术语工作指出了基本准则和方法,即提出编制术语标准的程序是"明确概念—给概念下定义—命名术语"。首先要明确概念在概念体系中的地位,即将要明确的概念同相关概念区分开来。概念体系有"属种"关系(如树与乔木、灌木)、"整体-部分"的隶属关系(如汽车-活塞式发动机-活塞-汽缸-连杆)、序列关系(如时间、空间、因果、源流、发展)及联想关系(如前提-结论的推理关系、形式-内容、函数、物体-属性、结构-功能、行为-动机、行为-客体、生产者-产品、工具-操作等)。

定义是对概念的语言描述。它将该概念与体系中其他概念的关系区分开来,界定概念的界限。定义的原则有:1)准确性(反映概念的本质特征);2)适度性(要紧扣概念的外延,不要过宽或过窄);3)简明性(除指明上位概念外,只需写明区别特性);4)正确使用否定定义(只有概念本身是否定性的情况下,才能使用否定定义);5)避免使用循环定义;6)遵循本族语言习惯;7)可应用注释和插图。术语是专业领域中概念的语言称谓。术语选择和术语构成的要求有:1)单名单义性(术语与概念之间应一一对应,即一个术语只表示一个概念(单义性);2)一个术语只有一个称谓,即只有一个术语来表示(单名性);3)顾名思义性(又称透明性);4)简明性;5)派生性(又称能产性);6)稳定性(对使用频率较高和范围较广的术语不要轻易改动);7)合乎本族语言习惯。

在建立术语数据库方面有:GB/T 13725、GB/T 15387.1 和 GB/T 15387.2 等,这些标准主要针对国家级或行业级术语数据库的建立,企业可根据需要来建立术语数据库。企业在建立企业标准体系时,应充分应用国际级、国家级和行业级的术语标准。

E.3 量和单位(ICS 01.060)

ISO 已颁布一套国际单位制(SI)标准,我国早已推行这一标准体系并颁布了国家计量法。因此,无论在国民经济、科学技术、文化教育等各种活动中,认真执行"量和单位标准体系"成为我国国民应尽的义务。该标准体系由基础标准、单位换算表和专业量和单位组成。

基础标准由 GB 3100 和 GB 3101 组成。主要内容有:

a) SI 基本单位:长度(米,m);质量[千克(公斤),kg];时间(秒,s);电流(安培,A);热力学温度

(开[尔文],K);物质的量(摩[尔],mol);发光强度(坎[德拉],cd);

b) SI 辅助单位:[平面]角(弧度,rad);立体角(球面度,sr);

c) 导出单位是用基本单位和(或)辅助单位以代数形式所表示的单位。如能[量],功,热量的 SI 导出单位为焦[耳](J);如果用 SI 单位表示则为 N·m;如果用 SI 基本单位表示则为 m^{-1}·kg·s^{-2};

d) 组合单位的名称规定:

1) 组合单位的名称与其符号的顺序一致,符号中的乘号没有对应名称,除号的对应名称为"每"字;

2) 乘方形式的单位名称的顺序应是指数名称在前,单位名称在后,指数名称由相应的数字加"次方"二字组成;

3) 书写单位名称时,不加任何表示乘和(或)除的符号和(或)其他符号;

4) SI 单位的倍数单位以正、负一、二、三、六、九、十二、十五、十八次方为词头(SI 词头)的名称、简称及符号、词头构成倍数单位。

GB 3101 还对"下标印刷方面规则"、"词头的使用和印刷"、"数的印刷"和"化学元素和核素符号"等作了规定。

单位换算表有 GB 4112 等共 11 个标准;专业量和单位由 GB 3102.1～3102.13 及 GB 14559 等构成。

E.4 消费者服务(ICS 03.080.30)

在应用和实施保护消费者利益标准方面,首先应贯彻国家的《保护消费者权益法》。

保护消费者利益标准体系构成包括:第一层全国通用的,采自 ISO/COPOLCO(消费者政策委员会)对制定消费品标准起指导作用的指南(Guide)或我国自己制定的基础标准;第二层采自 ISO、IEC 和 ISO/IEC JTC1 约涉及 55 个技术委员会负责制定的,或我国各行业自己制定的消费品标准。各种消费者委员会或类似机构都规定应承认消费者具有的各项权利:要求安全的权利;要求正确了解情况的权利;要求自由选择的权利;要求听取意见的权利。

第一层的组成标准主要有:GB/T 16759,ISO/IEC Guide14,GB/T 16760,GB/T 18760,GB/T 17242,GB 5296.1,GB/T 17306 等。

第一层主要标准的意义和用途:GB/T 16759 的目的是提出有意义的试验结果和信息的表述方法,即试验结果是否是消费者所期望和所认可的结果(相对广告上的虚假结果),以帮助消费者和其他人做出有信息根据的,适合自己需要的选择。GB/T 18760 提出生产者或销售者应建立明确的适用于企业自身特点的顾客服务理念和服务承诺,因为这种理念和承诺是企业营销策略的重要环节之一;GB/T 17242规定了组织处理消费者对产品质量投诉的基本原则,确定了投诉的基本要素、程序、解决争议的途径,是为了使消费者在购买商品和接受服务当中,对产品质量不满意的投诉能够得到合理的解决,以利保护消费者和组织双方的合法权益;该标准将投诉处理工作作为组织建立和完善质量体系中的一项重要内容,可以及时了解消费者对产品质量的反馈意见,有利于提高和改善产品质量。GB 5296.1 规定了家用和类似用途电器使用说明的编制原则,标注内容和标注要求。它的基本原则包括:1)使用说明是交付产品的组成部分;2)使用说明的内容应符合国家有关法律和法规的规定;3)使用说明应如实介绍产品,不应有夸大和虚假的内容,也不应借使用说明来掩盖产品设计上的缺陷;4)使用说明内容应简明、准确,易于阅读。5)使用说明应能指导使用者安全正确使用,以避免事故发生,减少产品的故障和损坏,并妥善安放和保养家用电器。

E.5 统计方法应用(ICS 03.120.30)

在企业生产或服务的活动及人类生活中,必然产生许多随机数据。这些数据经处理和解释后,将对企业管理中的各种决策、市场调查、产品发展、销售战略、产品设计和制造、质量控制、精度、故障、缺陷和磨损的监测和控制及各种试验等起着重要的决定和参照作用。统计方法应用标准的体系构成包括：1)术语与数值表；2)数据的处理和解释；3)质量管理；4)抽样检查；5)试验精度；6)可靠性；7)统计方法应用。

数据处理和解释是在数据处理之前，先要对数据进行解释，即对数据分布参数的检测和估计，这些分布参数主要有：均值、置信区间、标准差等。事先弄清数据总体的分布是数据处理前必不可少的过程。比如，当对电子元器件进行可靠性试验时，当数据总体为指数分布时，则应用 GB/T 1772，当为威布尔分布时，则应用 GB/T 2689.1～2689.4；又如 GB/T 2828.1、GB/T 2829 抽样标准是建立在二项分布上的，所谓"二项"，即检验结果只有"合格"与"不合格"两种(项)结果，其中"不合格"出现的概率是按照两个项目的排列组合计算出来的。而寿命试验标准 GB/T 6378 是建立在正态分布上的；质量管理中的控制图都是建立在正态分布上的。以上说明事先弄清数据分布的重要性。

质量管理中的统计方法应用有：常规控制图、累积和控制图以及其他控制图、排列图、因果图；抽样方法有计数、计量两大类及一次、二次及序贯抽样等。试验精度标准是对试验结果的可信度进行检验的试验，即对试验的可重复性和可再现性的检验。可靠性试验是对失效率或寿命进行的试验。数值表主要有：正态分布、X 分布、t 分布、F 分布、二项分布、泊松分布及寿命试验用表的极值分布和威布尔分布等。

E.6 优先数和优先数系(ICS 17.020)

优先数是各种量值(特别是产品参数)分级时应采用的数，其目的是把实际应用的"数"(产品的尺寸规格、性能参数等)限制在必需的最小范围内，并在不同的场合上为能优先选用或相协调的数创造一个先决条件，以达到简化统一。

优先数系是国际上统一的数值制度。现有 R 和 E 优先数系两种。优先数系中任何一个项值均为优先。R 优先数系(GB/T 321)是由公比为$\sqrt[5]{10}$、$\sqrt[10]{10}$、$\sqrt[20]{10}$、$\sqrt[40]{10}$或$\sqrt[80]{10}$，及项中含有 10 的整数幂的理论等比数列；各数列分别用符号 R5、R10、R20、R40 和 R80 表示。以 R5 为例，列出其公比和数列：公比 $q5=\sqrt[5]{10}=1.584\,9\approx1.6$；数列为：1.00，1.60，2.50，4.00，6.30，10.00。

E 优先数系主要适用于电子元器件，它是以$\sqrt[6]{10}$、$\sqrt[12]{10}$、$\sqrt[24]{10}$为公比的几何数列 E6、E12、E24；以 E6 为例，列出其数列为 1.0，1.5，2.2，3.3，4.7，6.8。此外，电子行业优先数系标准 SJ619 还规定采用了 E48、E96、E192 三个系列。

E.7 网络计划技术(ICS 03.100.40)

当对大型复杂工程需要制定一个庞大工程计划或对一个作业、工艺需要制定一个作业、工艺流程计划时，将广泛应用计划评审技术(Program Evaluation Review Technique，PERT)。它主要用于科研或新产品试制等开发性工作，是一项工程计划的全过程，从时间、资源和技术各方面进行综合平衡、合理安排，并以网络技术、数理统计和系统分析的方法，将一项复杂工程分解成一串逻辑步，和应用网络图表示出过程间的关系、过程步序和相应"权"值，得出工程全过程的合理安排。网络图中有一种"关键线路图"应用得十分广泛。确定关键线路图的方法有：1)从始点到终点的各线路中所需周期最长的线路；2)从始点到终点，总时差为零的各项活动联接起来的线路；3)从始点到终点，事项时差为零的各项事项联接起来的线路。网络计划技术的概念、图示方法、应用原则和工作程序可参见 GB/T 13400.1～13400.3。

网络图中 IT 应用：由于网络计划中存在不确定的估计因素，而且即使有依据的因素也可能因计划推进而变化。因此，对一个庞大和复杂的网络图需要有电子处理方法进行调整和修改。此时，需开发相应软件。如 SIEMENS 公司的 PROJACTS(Project Analysis and Control System)(可参见《标准体系的原理和实践》(ISBN-7-5066-1459-6，p229))。网络计划技术又应用于物流和货物配送。网络计划技术是工业工程中的标准化领域之一，另一是动作与时间分析。

E.8　动作与时间分析、定额(ICS 03.100.40)

动作与时间分析是工业工程(IE)的组成部分。美国工业工程师协会(AIIE)给IE定义为"工业工程是研究由人、原材料、机器设备组成的统一系统的设计、改进和实施的科学。"《日本企业管理百问百答丛书》定义为"所谓IE,即为提高工作效率,分析工序、作业、动作的做法,并进行改进,以消除不合理的、不稳定无效率的动作。"动作与时间分析标准体系由动作分析标准和时间分析标准组成。虽然当今生产高度自动化,但仍排除不了人的操作。

动作分析的目的是找出动作中不合理或多余的动作,研究和确定出效率最高的、质量最好的、差错最少的、最安全和最轻松舒适的操作方法。动作分析的步骤有:1)确定动作要素及其文字符号和图形符号;2)动作分析:应用摄像机、录像机、计算机等先进设备和根据物理学、生理学、解剖学对生产动作进行分析和实践后找出最佳动作方案以实现标准化。

时间分析是对最佳动作进行时间测量,测量方法有直接法,通常可用秒表法、摄像分析法(包括细微慢动作分析)等;或间接法,有:既定时间标准法、机械时间计算法、标准时间资料法和实际资料法等;时间计量通常用毫秒。动作与时间分析对组织生产线和设置岗位作业和定额甚有用处。动作与时间分析的应用范围十分广泛,尤其如对体育等竞技动作十分有用。(可参见《标准体系的原理和实践》(ISBN 7-5066-1459-6,p166)

E.9　价值工程(ICS 03.100.40)

消费者对产品质量的要求首先是可靠稳定的使用性能,即产品的使用价值;其次是在产品的寿命周期内,付出的购置和维护费用最低。要达到这一要求,需要在产品设计和制造阶段,对产品的功能、成本和二者的比例(价值系数)进行有组织的活动。"价值工程是对功能结构的诸因素(成本、效益)对价值增加趋向的影响,它不但为决策的准备(课题的范围、功能的解释、解决方法的取得)提供了辅助方法,也为实现预定的目标提供了有益的辅助方法"。价值工程的主要特点是:1)用计量的方法示出预定的发展趋向;2)功能趋向分析和基于逻辑找出解决问题的方法;3)根据作业计划建立多种学科的小组;4)针对人的特点制定行动计划。价值工程的工作步骤通常有:1)找出应改进的对象;2)对功能进行分析,包括功能定义、功能整理和功能评价;3)针对发现的问题,制定改进方案。(GB/T 8223)

E.10　人类工效学(ICS 13.180)

人类工效学标准体系的目的是人类为改善人的生活质量、安全和健康的最佳工作条件(包括环境和手段)以求得:增进工作效率和减少差错;降低事故危险和对健康的危害;减少疲劳;增加工作舒适;同时也考虑到技术和经济上的效果。人类工效学标准对企业在技术领域中的产品设计、生产工艺等以及管理领域中的生产组织和劳动管理等都是十分重要的。人类工效学标准体系的构成包括:

指导原则,它由:人体测量、生物力学、信号与控制、颜色、照明和物理环境等六个部分组成。它们是互相配套和形成一体的。

人体测量和生物力学两个指导原则中的GB/T 16251—1996(eqv ISO 6385:1981)《工作系统设计人类工效学原则》提出了三个原则:工作空间和工作设备;工作环境;工作过程。其中在"工作空间和工作设备"原则中又提出:1)与身体尺寸有关的;2)与身体姿势、肌肉、身体动作有关的;3)与信号、显示器和控制有关的三个原则。对1)和2)两个原则,除工作空间和工作设备应根据人体尺寸进行设计(GB/T 12985—1993)以外,还有GB/T 13547—1992、GB/T 14776—1993、GB/T 15759—1995。对于坐姿有GB/T 14779—1993、GB/T 14774—1993等。另外2)原则中的"肌肉"系指人体各部位肌肉的荷力(握力、提力、扭力、扛力、推力、拉力、顶力、蹬力、抬力、举力等)。

与信号、显示器和控制有关的标准有ISO 9355-1/-2/-3;GB/T 1251.1—1989提出险情听觉信号的特征应是,在信号接收区的任何人都能识别并对信号做出预期的反应;为了易于识别,险情听觉信号应有别于其他一切听觉信号,紧急撤离信号又应有别于一般警告听觉信号;听觉险情信号应具备:清晰可听性，可分辨性，含义明确性。ISO 还为信号、显示器和控制器应以人的感受特性的方式加以选择、设计和配置，提出了 ISO 9241 系列。

与颜色和照明有关的标准有：GB/T 12454—1990 提出颜色对人会产生心理的、生理的、病理上的正负效应，控制器和指示器的颜色和亮度也会直接影响操作的准确度、速度和安全度等。GB/T 16251（ISO 6385）对照明的设计原则提出："照明应提供为进行活动所必需的最佳视觉感受，应特别注意亮度、颜色、光分布、无弦光和不需要的反射、亮度和颜色的对比度。"

GB/T 16251（ISO 6385）还对工作环境的设计原则提出："应设计并保持工作环境中的物理、化学和生物的条件对人无有害的影响，而且保证人的健康和工作能力及便于工作。"

与心理学有关的工效学原则标准有：GB/T 15241.1～15241.3—1999（idt ISO 10075：1996）规定了合理的系统设计和人的能力的使用，其目的在于使工作条件在人的安全、健康、舒适、效率等方面达到优化，避免由于心理负荷过高或过低带来的在 GB/T 15241 中所指出的不利影响。另外，还提出"涉及疲劳的指南"，指出工作系统的设计中减少疲劳的主要方法是减少或优化心理负荷的强度，限制脑力活动的时间，通过安排休息来改变强度和时间的分配；还提出"涉及单调的指南"、"涉及警觉性下降的指南"和"涉及餍足的指南"；这些标准对生产管理尤为重要。

E.11 判定表（ICS 03.100.40）

判定表常用于表达工作流程的归纳和逻辑安排。它有简单、易于理解、一目了然和便于电子数据处理的优点，比文字档案简便很多，广泛地用于工程技术和各种管理。目前国际和国外标准有：ISO 5806：1984、BS 5487—1982、DIN 66241—1979 和 JIS 6274 等。以下举 DIN 标准化手册中的例子来对判定表作简单介绍。

在找出圆形薄板的最合适的工作方法的例子中，先以文字形式，后以表格形式，说明判定表的结构。

a) 文字形式

规则 1：如果材料有库存且有适当工具，则冲剪。

规则 2：如果材料有库存而没有适当冲剪工具，定货量大于或等于 50，则要制造冲剪工具并进行冲剪。

规则 3：如果材料有库存，没有冲剪工具，定货量小于 50 和直径小于 60，则锯切。

规则 4：如果材料有库存，没有适当冲剪工具，定货量小于 50 和直径大于 60，则凿出。

规则 5：如果材料没有库存，则退回任务。

b) 判定表形式

将以上文字描述，改用矩阵表格示出如表 E.1 所示。

表 E.1 简单式判定表

圆形薄板工作方法		规则（R）1	规则（R）2	规则（R）3	规则（R）4	规则（R）5
只条件	材料有库存	是	是	是	是	否
	有适当的冲剪工具	是	否	否	否	
	定货量≥50		是	否	否	
	直径<60，订货量<50			是	否	
措施	制造冲剪工具		×			
	冲剪	×	×			
	凿出				×	
	锯切			×		×
	将任务退回					×

表 E.1 是在规则栏内只给出“是”、“否”、“×(表示采取)”的简单填写表。如果在规则栏内再补充一些说明的话,则形成混合填写的判定表如表 E.2 所示。

表 E.2 混合式判定表

圆形薄板工作方法	R_1	R_2	R_3	R_4	R_5
材料有库存	是	是	是	是	否
有制造的冲剪工具	是				
定货量		>50	<50	<50	
直径			<60	>60	
制造冲剪工具		×			
制造方法	冲剪	冲剪	锯切	凿出	
退回任务					×

根据以上每一规则得出的结果,又可列出该结果的判定表,然后得出互相连接的判定表,见表 E.3。

表 E.3 逻辑串式判定表

工作方法	R_1	R_2	R_3	R_4	R_5
材料有库存	是	是	是	是	否
有适当的冲剪工具	是	否	否	否	0
订货量≥50	0	是	否	否	0
直径<60	0	0	是	否	0
制造冲剪工具		×			
冲剪	×	×			
凿出				×	
锯切			×		
退回任务					×
至表 10					
至表 18	×	×			
至表 20					
至表 21					

至表18 冲剪

	R_1	R_2	R_3	R_4
剪刀力	≤100	≤250	≤250	0
冲剪工具的结构高	≤250	≤280	≤400	
压力板号	12	15	18	
每件时间 $t_s/100$	12	17	20	
装备时间	15	15	30	
至表	31	31	32	

至表20 凿出

	R_1	R_2	R_3	R_4	R_5
板厚	≤5	≤5	5~8	3~8	5~8
直径	100	100	100	100	
机器号	91	91	92	92	
每件时间	0.5	0.5	0.8	1.1	
装备时间	10	10	10	10	
至表	25	25	25	25	

上表全部过程都可用计算机处理。

E.12 试验(ICS 19)

试验标准体系是产品生命周期中对各种不同试验所规定的试验要求。ISO-ICS 19 试验标准体系包括:试验条件和试验方法;环境试验;机械试验;电气和电子试验;破坏性试验;粒度分析和筛滤技术。试验条件和试验方法一般根据产品通用技术规范中所规定的试验种类(新产品试制、可靠性、寿命试验等破坏性试验,半成品、成品、入库或交收检验等非破坏性试验)规定了环境试验条件及其严格度、需检测的性能参数的名称和合格判定值,性能参数的检测方法、检测条件与检测仪器及取样方法、样本数等;性能参数的检测仪器需定期作计量检定。环境试验是对产品的环境适应性的考核;被考核的环境条件分气候条件(温度、湿度、气压、盐雾、辐射)和机械条件(振动、冲击、加速度、离心、摇摆)两方面。我国对电子电工产品采用 IEC 标准,在自然环境条件方面有 GB/T 4797.1～4797.7;在应用环境条件方面有 GB/T 4798.1～4798.10;在基本环境试验方法方面有 GB/T 2421(总则)和 GB/T 2423.1～2423.49;在环境参数测量方法方面有 GB/T 10593.1～10593.3;在环境试验设备基本参数检定方法方面有 GB 5170.1～5170.20。对机械产品在环境条件方面有 GB/T 14092.1～14092.7;在环境技术要求方面有 GB/T 14093.1～14093.6。环境试验方法是在单项环境参数或复合环境参数的条件下对产品进行考核或最后对性能参数进行复核的方法。破坏性试验是考核产品对恶劣环境承受的极限,通常是在新产品试制后,设计、生产工艺、原材料等有重大改变时及生产一定周期后及对可靠性、寿命进行的考核;对昂贵产品可采用"逐次或序贯"抽样标准。成品或交收试验等非破坏性试验,所选环境条件的严格度可适当降低,性能参数可适当减少。

E.13 能源基础和能源管理(ICS 27)

本条所针对的标准是关于能源使用而非能源生产方面的标准,其目的是:1)改革能源使用设备和器具的性能和质量;2)改善工艺和合理使用工质;3)采用节能材料;4)应用新技术;5)改善技术组织和管理以达到节省能源。

能源基础和管理标准的体系构成主要包括:能源基础标准、能源管理标准、能源方法标准和新能源标准。

能源基础标准包括:1)术语;2)图形符号和文字符号;3)能量单位、符号、换算。

能源管理标准包括:

a) 评价企业合理用能技术管理标准,主要有:GB/T 15587—1995、GB/T 3486—1993、GB/T 4272—1992、GB/T 11790—1989、GB/T 13338—1991 等;其中 GB/T 15587—1995 主要提出:"目的"为改进企业能源管理、实行节能技术改造、提高能源利用率提供科学依据;"定义"是以企业为对象的能量平衡,包括各种能源的收入与支出的平衡,消耗与有效利用及损失之间的数量平衡;"方法"有:企业能量平衡采用统计计算方法,统计计算以统计期内的计量、记录及统计数据为基础进行综合计算。

b) 评价企业合理用电技术导则标准,主要有:GB/T 3485—1983、GB/T 10201、GB/T 12497、GB/T 15911 等。

c) 重点耗能产品耗能定额标准,主要有:GB/T 11056 和 GB/T 12021 系列标准等。

能源方法标准包括:

a) 企业能量平衡标准,主要有:GB/T 3484—1993,该标准将"企业能量平衡"定义为:以企业为对象的能量平衡,包括各种能源的收入与支出的平衡,消耗与有效利用及损失之间的数量平衡;平衡方法采用统计计算的方法。计算的能耗指标有:产品单位产量实物能耗 E_m、产品单位产值(增加值)实物能耗 E_g、企业能源利用率、余能资源利用率;又计算出有效利用的能量;最后,提出企业能量平衡报告。作为 GB/T 3484 的组成部分的 GB/T 8222—1987 是为了考察企业内的用电设备和工艺装置的电能有效利用程度,促进技术进步,实现合理用电,提出用电设备和工艺装置进行电能平衡应遵循的基本原则。该基本原则是为了保证电能平衡的结果的可比性和准确性,同类用电体系应有相同的边界,即应有相同的包括考察对象的所有用电项目和达到预定目标的全部过程；

b) GB/T 15910—1995；

c) 产品单位产量耗能定额标准主要有：GB/T 12723—1991、GB/T 5623—1985 等；

d) 企业节能计量计算方法标准主要有：GB/T 13234—1991；

e) 企业节能效益计算和评价标准主要有：GB/T 13471—1992、GB/T 14909—2005 等。

新能源标准包括：核能、太阳能、沼气、风能、地热和潮汐能等。

E.14 信息分类编码(ICS 35.040)

信息分类编码标准化自 20 世纪 80 年代起，在我国已有二十年的发展历史，现形成了一套相对独立的理论体系、原则和方法。目前国家已颁布了 100 多项信息分类编码国家标准，广泛用于各行各业，其中具有指导作用的是：GB/T 7027—2002《信息分类和编码的基本原则与方法》、GB/T 20001.3—2001《标准编写规则　第 3 部分：信息分类编码》、GB/T 10113—2003《分类与编码通用术语》等标准，在这些标准中，定义了信息分类编码标准化的基本概念体系，规定了原则要求，阐述了实现方法。

信息分类的两个要素是分类对象和分类依据。分类对象由若干个被分类的实体组成。分类依据取决于分类对象的属性或特征。信息内容属性的相同或相异，形成了各种不同的类。在信息分类体系中，类可称为类目。

信息编码是将事物或概念(编码对象)赋予具有一定规律、易于计算机和人识别处理的符号，形成代码元素集合。代码元素集合中的代码元素就是赋予编码对象的符号，表现为编码对象的代码值。

所有类型的信息都可以进行编码：如关于产品、人、组织机构、国家、货币、程序、文字、文件、部件等各种各样的信息。关于这些对象，大多已制定出了相应的分类编码标准。信息分类编码的主要作用体现在标识、分类、参照三个方面。标识的目的是要把编码对象彼此区分开，在编码对象的集合范围内，编码对象的代码值是其唯一性标志；信息编码的分类作用实质上是对类进行标识；信息编码的参照作用体现在编码对象的代码值可作为不同应用系统或应用领域之间发生关联的关键字，这在信息共享与交流中尤为重要。

信息分类的标准化应遵循科学性、系统性、可延性和兼容性等基本原则；信息编码的标准化应遵循唯一性、可扩性、简短性、稳定性、可操作性、自检性等主要原则。企业应通过执行信息分类编码标准或借鉴信息分类编码标准化思想，管理和利用企业发展过程中所涉及的各种信息，提高信息化水平，增强竞争实力。

E.15 信息安全技术(ICS 35.040)

信息安全标准在信息安全保障体系建设中发挥着基础性、规范性作用，是确保信息安全产品和系统在设计、研发、生产、建设、使用、测评中保证其一致性、可靠性、可控性的技术规范和技术依据。信息安全涉及标准众多，现对安全体系结构、安全性评估准则和安全保障评估框架做简要介绍。

E.15.1 安全体系结构

GB/T 9387.2《信息处理系统　开放系统互连　基本参考模型　第 2 部分：安全体系结构》(idt ISO/IEC 7498-2)，提供了开放系统之间进行安全通信的安全体系结构，描述了安全服务与有关机制对于参考模型而言在体系结构上的关系，确定了在参考模型内可提供这些服务与机制的位置，并对基本的安全服务与机制以及它们的恰当配置按基本参考模型作了逐层说明。

E.15.2 安全性评估准则

信息技术安全性评估准则定义了安全评估信息安全产品和系统安全特性的基础准则，简称为通用准则(CC-Common Criteria)。

GB/T 18336《信息技术　安全技术　信息技术安全性评估准则》(idt ISO/IEC 15408)分为三部分：

第 1 部分：简介和一般模型　给出了信息技术安全性评估的基本概念和模型；

第 2 部分：安全功能要求　安全功能以类、子类和组件表示，定义了功能类结构和组件分类，并描述了这些功能类中所表述的评估对象的安全功能要求；

第3部分：安全保证要求　定义了包括衡量保证尺度的评估保证级、组成保证级的每个保证组件以及保护轮廓(PP)和安全目标(ST)的评估准则。

E.15.3　安全保障评估框架

信息系统安全保障是基于过程的保障，通过风险识别、风险分析、风险评估、风险控制等活动，降低信息系统的风险。信息系统安全保障评估框架描述了信息系统安全保障的模型，建立了信息系统安全保障的框架，从信息系统安全技术、管理和工程三方面制定了信息系统通用的安全保障要求。

GB/T 20274《信息安全技术　信息系统安全保障评估框架》分为四部分：

第1部分：简介和一般模型　给出了信息系统安全保障的基本概念和模型，并建立了信息系统安全保障框架；

第2部分：技术保障　描述了信息系统安全保障框架中的技术保障方面的内容，定义了一系列信息系统安全技术保障组件以及反映信息系统安全技术保障能力的成熟度模型和级别；

第3部分：技术保障　描述了信息系统安全保障框架中的管理保障方面的内容，定义了一系列信息系统安全管理保障组件以及反映信息系统安全管理保障能力的成熟度模型和级别；

第4部分：工程保障　描述了信息系统安全保障框架中的工程保障方面的内容，定义了一系列信息系统安全工程保障组件以及反映信息系统安全工程保障能力的成熟度模型和级别。

E.16　制造自动化协议/办公技术协议(ICS 35.100)

制造自动化协议/办公技术协议(MAP/TOP)是开放系统互连(OSI)的一个特例。OSI是遍及全球的广域网，MAP/TOP是仅遍及一个厂区的局域网；两者都有7个层次的功能。任何一层功能都是以以下各层功能为基础而建立的。层次排列顺序以最底层为第1层，最高层为第7层。第1层为物理层，即OSI所采用的通信线路，有市话、载波、微波接力、光缆及卫星通信等各种通信手段；而MAP/TOP所采用的主要是同轴电缆。第2层为数据链路层，是数据终端设备(DET)(用户)到数据线路设备(DCE，即数据交换机或主机)之间的协议。其目的是提供和管理各个数据帧的传输和保证所传信息在内容上和顺序上都正确。第3层为网络层，是在链路层提供无差错帧传输的基础上为通信用户建立端到端的连接。为了在一条物理线路上能同时进行多对用户之间的通信，可把物理线路划分成大量的逻辑信道，一对用户只占一条逻辑信道。网络层提供的所有逻辑信道都归运输层用。网络层将信息拆(disassemble)成以包(packet)为单位的信息进行传输。第4层运输层，其基本功能是从会话层接受文电并使用下一层的服务，向网络层要一个网络层地址(即逻辑通道号)，在这个地址上，把文电传到网络层(后由网络层组成包，再由链路层组成帧，最后经物理层发送出去)。第5层为会话层，是向表示层和应用层提供会话服务。大多数会话层提供：为组织数据交换，提供同步点；为用户应用设置相互作用的机构，必要时，为用户调换数据交换作出规定；在会话释放之前，利用同步点以保证所有数据单位都已被应用层所接收。第6层为表示层，通信双方用户在获得表示层以下各层的服务以后，由于以下问题仍不能进行通信：1)双方用的字符编码不同，如一方用ASCII/IAS编码而另一方用EBCDIS编码；2)双方用的比特结构不同，如一方先发低位比特，而另一方先发高位比特；3)双方描述协议数据单位(PDU)的语法不同；4)双方描述的数据结构不同，如一方将X字段放在Y字段之前，而另一方反之；5)双方计算机的内部符号不同等。表示层的功能是完成传送语法的协商，提供有关传送语法的交换，以便对数据结构的数据传输操作进行描述。第7层为应用层，包括各种应用实体，它们是根据用户对系统的不同要求而定的。目前有：文卷传送存取管理(FTAM)、目录服务(DS)、生产报文标准(MMS)、虚拟终端(VT)、作业传送和管理(JTM)等。

MAP/TOP是现代化计算机集成生产系统(CIMS)和管理信息系统(MIS)必备的信息交换基础，它由一整套的通信协议组成(具体的标准体系构成及其标准组成见《全国通用综合性基础标准体系表》)。

E.17　计算机图形技术(ICS 35.140)

计算机图形技术标准是建立图形数据库和图形信息交换的基础。它主要由GB/T 9544、

ISO/IEC 9592 系列、GB/T 14213、ISO 8632 及 ISO/IEC 9636 系列，ISO/IEC 9637 系列，ISO/IEC 9638-3 等组成。GKS 和 PHIGS 都是为了建立图形系统提出相同或基本相同的功能要求和相应的属性表示。这些功能和属性包括：输出功能和输出属性、输入功能(五个种类和三个方式)、控制功能、变换和裁剪功能、图段功能和属性、工作站(属性、状态表、功能等级)、错误表示和处理等。两个标准有以下共同目的：1)便于应用程序运转于不同的设备之间；2)使用户易于理解和掌握图形方法；3)为设备制造者能在一设备中有效地组合功能提供准则；4)降低程序开发时间和费用。两种标准都为了提高对不同系统的兼容性，分别配备了 ISO 8651(配备给 ISO 7942 GKS-2D)、ISO 8806(配备给 ISO 8805 GKS-3D)、ISO/IEC 9593(配备给 ISO 9592 PHIGS)等联编语言(binding language)；联编语言是一个由 GKS 或 PHGIS 的函数名与编程时调用的子程序名组成的对照表。此对照表分别用 FORTRAN、PASCAL、ADA、C 语言编成以供编程者使用。两种标准间的主要差别在：GKS 直接输出组合在图段内的图元，而 PHGIS 除了提供图形有关数据以外，还提出“数据结构”和编辑功能。此数据结构指一系列结构单元的线性数据排列，是一种以双亲和子女的关系组成的层次结构[如铆钉的正视图(双亲层)由一长方形和小半圆形(子女层)组成]。结构单元包括：输出图元、属性、变换和裁剪功能、控制、编辑、通用应用数据等。输出图形时，通过逐步检索和编辑这些结构单元而产生图形。ISO 8632 计算机图形元文件(Computer Graphics Metafile，CGM)：在图形信息处理中，往往需要给一些作局部修改、视图处理、假脱机绘图排列顺序、传达给其他设备进行显示或纳入到一个包括文本的图形文件等作业，需要将一些信息暂时地或永久地存贮起来，CGM 就是对如何建立这种存贮机构作出规定的标准。CGI 是对应用程序和设备间的接口作出规定的标准。

E.18 企业建模(ICS 35.240.50)

E.18.1 概念和模型

E.18.1.1 企业参考体系结构与方法论的需求

E.18.1.1.1 概述

GB/T 18757 提出的通用企业参考体系结构如图 E.1 所示。

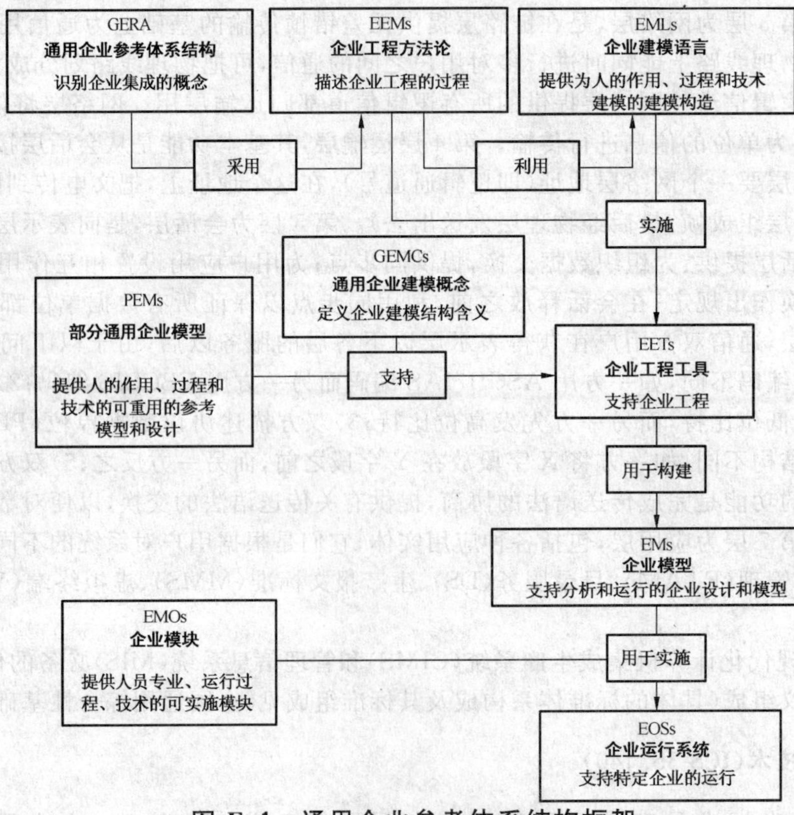

图 E.1 通用企业参考体系结构框架

通用企业参考体系结构框架由 9 个部分组成:1)通用企业参考体系结构(GERA);2)企业工程方法论(EEMs);3)通用企业模建概念(GEMCs);4)企业建模语言(EMLs);5)部分通用企业模型(PEMs);6)企业工程工具(EETs);7)(特定)企业模型(EMs);8)企业模块(EMOs);9)(特定)企业运行系统(EOSs)。其中最主要的部分是 GERA。

E.18.1.1.2 通用企业参考体系结构

a) 生命周期

在生命周期维(Y 轴)上,表示出企业集成的概念,即企业实体、企业实体的生命周期和生命历程等。企业集成中的企业实体有 5 个类型:1)战略管理实体;2)工程实施实体;3)企业实体;4)产品实体;5)方法论实体。生命周期有 7 个阶段:1)标识(定位);2)概念(战略管理);3)需求;4)初步设计;5)详细设计;6) 运行;7)退役。生命历程是根据企业工程的需要,由生命周期中的有关阶段组成。例如,当改造一个企业时,可以免去第 1 阶段和第 2 阶段而从第 3 阶段开始,直至第 7 阶段。

b) 通用性

在通用性维(X 轴)上,表示出企业模型的通用性,即通用企业模型、部分企业通用模型和特定企业模型。特定企业模型是具体企业的模型,是根据企业的特点集通用企业模型、部分通用企业模型及自身特点而形成的企业模型。

c) 视图

在视图维(Z 轴)上,表示出视图或观点(views)。GERA 提供的视图概念是把运行过程描述成集成化的模型。模型视图由所强调的集成模型生成。不同的视图可以突出模型的特定方面而隐蔽其他方面。GERA 有 4 个视图类型:模型内容视图、目的视图、实施视图、物理视图。

E.18.1.1.3 企业工程方法论

企业工程方法论(EEMs),描述企业工程、企业集成和企业建模的过程;并对用户在资源、组织和产品间关系的模型建立上进行指导;对解决问题的步骤和工作内容上进行帮助。

E.18.1.1.4 通用企业建模概念

通用企业建模概念(GEMCs),定义企业建模结构的含义,通过术语、元模型和本体论三个方面来表达。

E.18.1.1.5 企业建模语言

对 GERA 建模框架的每一个领域,都可能有一种按照企业工程方法论选取的和适合于表达该种领域的建模语言。EMLs 描述通用企业建模概念(GEMCs)的理论和定义,及定义企业建模的通用建模构件(constructs)以适应创建和应用企业模型的需要;在具体的企业中,建模语言应提供构件来对人的作用进行描述和模型化,并描述操作过程及其功能的内容,以及支持信息、办公和生产技术。

企业建模语言按计算机可理解的程度,可分为非形式化语言(即自然语言)、半形式化语言、形式化语言。按不同的建模对象可以分为:数据建模语言、流程建模语言、功能建模语言、组织建模语言等;按语言所支持的视图的种类,可以分为单观点语言和多观点语言。

E.18.1.1.6 企业模块

企业模块是被实施的构造块或系统(产品或系列产品),它们可以在企业工程与企业集成中当作通用资源使用。这些模块作为物理实体(系统、子系统、软件、硬件、可利用的人力资源/专业)都可在企业中存取,或者很容易从市场获得。

E.18.1.1.7 企业工程工具

企业工程工具(EETs)一方面以建模语言来支持企业工程方法学,又特别支持企业模型的建立、使用和管理。

E.18.1.2 GB/T 18999(ISO 14258)工业自动化系统 企业模型的概念与规则

GB/T 18999 只提出了有关企业模型的概念和规则,不包括企业建模过程、组织和数据。其主要的概念和规则有7个方面：

a) 企业模型的用途；

b) 将系统理论及基于系统论的方法论作为企业模型的基础；

c) 生产要素，在企业或产品的各生命阶段中的生产要素；

d) 企业模型的范围：

1) 构思、设计、实施并建设一个由某选定的工作过程集所构成的企业；

2) 管理和操作一个企业以达到实现其目标；

3) 支持企业的改进、重新设计、重建和解体。

e) 企业集成架构的语法和语义：模型，作为对企业的表达，应当展现其语义和语法，使模型的内容能被人理解；

f) 生命周期概念：另见E.18.1.1对生命周期的说明；

g) 模型视图：另见E.18.1.1对模型视图的说明。

E.18.1.3 系统工程-系统生命周期过程

ISO/IEC 15288《系统工程-系统生命周期过程》的目的是以明确的过程和术语提出系统的生命周期架构，以特定的工作和功能(类别)定义一系列过程，而不涉及特定的工作方法和技术。该标准提出了22个涉及全企业的文件制定、技术和计划的过程。标准应用者可选择所需要的过程(每个过程包括2个～5个活动及所推荐的工作)以满足系统特定的生命周期需求。过程分为4类：1)合同过程(获得、供应、协商)；2)企业过程[投资管理、多计划管理、使能基础设施(enabling infrastructure)、人员管理、过程管理、质量管理或风险管理]；3)计划管理过程(计划、评估和控制)；4)技术过程[收益需求定义、利益相关方(stakeholder)需求定义、系统需求定义、系统结构设计实施、系统产品核准、系统产品确认、系统产品转型或系统分析]。该标准所针对的是结合过程的生命周期，是对GB/T 18757和EN V 40003的补充。

E.18.2 数据

ISO/TC 184早期发布的数据标准有ISO 10303(STEP，产品数据表达与交换)、ISO 13584(零件库系列标准)，近期有ISO 15531(MANDATE系列标准)。以下只对ISO 15531作简要说明。

a) MANDATE

MANDATE系列标准包括：1)ISO 15531-1概述；2)20系列第21～23部分：生产数据的外部交换；3)30系列第31～33部分：制造资源管理数据；4)40系列第41～45部分：制造流程管理数据。标准的范围包括生产过程管理数据和企业内或企业间的管理数据的交换和共享。该标准没有将制造过程模型标准化，但对与时间紧密相关的数据提供标准数据模型。该标准的目的是用通用的和标准化的工具来对多个工业应用的集成进行简化，这些工具能对在生产周期全过程中和在制造的核心过程中共享和交换的上述3种数据进行表达。

b) MANDATE与现有标准的关系

MANDATE与STEP、P-LIB(ISO 13584系列标准)对比：

MANDATE系针对包括资源、能力、监视、维护、限制和控制的生产和资源信息的表达；而STEP是主要针对产品信息的表达。或者说，MANDATE所处理的是产品的制造过程的数据，而STEP描述的是该被制造的产品的数据。P-LIB处理的是应在厂内生产过程中或对厂外(如采购)进行交换的零件数据。以上三者可能有重叠之处，不过这些重叠也可作为连接三者的必要接口。三者的表达可用同一软件但应是一致的。例如，对实体“钻头”的描述，STEP是站在顾客的观点描述钻头的产品模型，MANDATE是站在制造者的观点描述资源模型，而P-LIB则是站在销售或采购的观点将钻头模型纳入库内。

STEP和MANDATE都允许建立制造对象的数据模型，两者虽各有特定用途，但它们都用了EXPRESS语言，因此，都可以获得中性的数据库。ISO 13399:2000给切削工具作了标准化；ISO 13584

零件库通过CAD文件或制造系统中的通用数据库对标准的数据交换作了改进。

E.18.3 流程

E.18.3.1 业务协同

企业进行业务处理都是以流程形式而进行的，信息化时代企业将这些业务处理、公文审批的过程信息化了。随着业务复杂的处理情况不断出现以及需求不断变更，工作流管理系统应运而生，通过对业务流程进行分析以及抽象，将不变和变化的部分进行划分，用户可轻松地通过可视化的工具对企业的流程、业务环节涉及的人员(角色)、流程环节的表单、流程环节的操作进行修改，从而达到了应对不断变化的需求的目的，而工作流管理系统通常提供的流程监控，查询统计模块更是极大程度地为用户优化流程提供支持，以提高企业的工作效率。

E.18.3.2 工作流管理联盟标准

1993年，工作流管理联盟(Workflow Management Coalition，WfMC)的成立标志着工作流技术开始进入相对成熟的阶段。为了实现不同工作流产品之间的互操作，WfMC在工作流管理系统的相关术语、系统架构以及工作流应用编程接口(WAPI)等方面制定了系列标准。

《工作流参考模型》界定了工作流的概念、术语和工作流管理系统的系统架构，提供了一个通用的工作流管理系统的元模型，包括主要的功能模块和接口之间的信息交换流。标识了适合标准化的领域，解释了可能需要互操作的领域(这些可以通过通用标准的支持)。还包括将现有的标准应用于工作流管理系统与标准的IT服务进行整合；不涉及业务流程重组的问题。

E.18.3.3 业务流程建模标记

业务流程建模标记(Business Process Modeling Notation，BPMN)标准是由业务流程管理促进会(Business Process Management Initiative，BPMI)制定的，并在2004年5月发布了V1.0版。BPMN的最初目标是提供能正确的被所有的业务用户所理解(包括业务分析师、技术开发人员，以及业务人员等)的一个标记方法。BPMN还支持能生成可执行的BPEL4WS语言的内部模型。BPMN在业务流程设计与流程实施之间创建了一个标准化的桥梁。BPMN定义了一个业务流程图(Business Process Diagram，BPD)，基于流程图技术并通过对其裁剪来创建业务流程操作的图形化模型。

E.18.3.4 业务流程执行语言

业务流程执行语言标准，如BPEL、XPDL、BPML等用于流程执行的建模语言，用XML语法表达，具有一个本地交换格式。

附 录 F
（资料性附录）
缩 略 语

下列缩略语适用于本标准：

ABC	基于活动的成本核算法	activity based costing
APS	高级计划与排程	advanced planning and scheduling
CAD	计算机辅助设计	computer aided design
CAPP	计算机辅助工艺过程	computer aided process planning
CAT	计算机辅助测试	computer aided testing
CRP	能力需求计划	capacity requirement planning
DFM	需求流制造计划	demand flow management
EAL	评估保证等级	evaluation assurance levels
EAN	国际物品编码	european article number
EOQ	经济订货点	economic order quantity
ERP	企业资源计划	enterprise resources planning
FCS	有限能力计划	finite capacity scheduling
GAM	通用活动模型	generic activity model
GERA	通用企业参考体系结构	generic enterprise reference architecture
GIOP	通用 ORB 间通信协议	general inter-ORB protocol
HMS	整子制造系统	holonic manufacturing systems
ICS	国际标准分类法	international classification for standards
IEC	国际电工协会	international electrotechnical commission
IIOP	因特网域间 ORB 通信协议	internet inter-ORB protocol
ISMS	信息安全管理系统	information security management systems
ISO	国际标准化组织	international standards organization
IT	信息技术	information technology
JNDI	Java 命名和目录接口协议	Java naming and directory interface
JIT	准时生产制	just in time
JRMP	Java 远程消息协议	Java remote method protocol
LP	线性规划的生产计划	linear programming
MAP/TOP	制造自动化协议/办公技术协议	manufacturing automation protocol/technical and office protocol
MPS	主生产计划	master production schedule
MRP	物料需求计划	material requirements planning
MRP	制造资源计划	manufacturing resource planning
NC	数字控制	numerical control
ORPC	对象远程进程调用	object remote procedure call
OSI	开放系统互连	open system interconnection
PDM	产品数据管理	product data management
PPS	生产计划与排程	production planning and scheduling
RFID	无线射频识别技术	radio-frequency identification

RPC	远程进程调用	remote procedure call
SOAP	简单对象访问协议	simple object access protocol
STEP	产品数据交换标准	standard for the exchange of product data
TOC	约束理论	theory of constraints
UDDI	发现和集成协议	universal description, discovery, and integration
XML	可扩展标记语言	extensible markup language

参考文献

[1] GB/T 19000 系列,质量管理体系[S].

[2] GB/T 24000 系列,环境管理体系[S].

[3] GB/T 28000 系列,职业健康安全管理体系[S].

[4] GB/T 2828 系列,计数抽样检验程序[S].

[5] GB/T 20529 系列,企业信息分类编码导则[S].

[6] GB/T 17645 系列,工业自动化系统与集成 零件库[S].

[7] GB/T 16656 系列,工业自动化系统与集成 产品数据表达与交换[S].

[8] GB/T 22000 系列,食品安全管理体系[S].

[9] GB/T 18391 系列,信息技术 数据元的规范与标准化[S].

[10] GB/T 17304—1998,CAD 通用技术规范[S].

[11] GB/T 16722 系列,技术产品文件 计算机辅助技术信息处理[S].

[12] GB/T 17825 系列,CAD 文件管理[S].

[13] GB/T 18976—2003,以人为中心的交互系统设计过程(ISO 13407:1999,IDT)[S].

[14] GB/T 16251—1996,工作系统设计的人类工效学原则(eqv ISO 6385:1981)[S].

[15] GB/T 15241 系列,人类工效学[S].

[16] GB/T 8223—1987,价值工程 基本术语和一般工作程序[S].

[17] GB/T 8566—2007,软件生存周期过程(ISO/IEC 12207:1995,MOD)[S].

[18] GB/T 16980,工业自动化 车间生产[S].

[19] GB/Z 18727—2002,企业应用产品数据管理(PDM)实施规范[S].

[20] GB 12904—2003,通用商品条码[S].

[21] GB 5296 系列,消费品使用说明[S].

[22] GB 7718—2004,预包装食品标签通则[S].

[23] GB 9969 系列,工业产品使用说明书[S].

[24] GB/T 10112—1999,术语工作 原则与方法(neq ISO/DIS 704-1997)[S].

[25] GB/T 16785—1997,术语工作 概念与术语的协调(eqv ISO 860:1996)[S].

[26] GB 3100—1993,国际单位制及其应用(eqv ISO 1000:1992)[S].

[27] GB 3101—1993,有关量、单位和符号的一般原则(eqv ISO 31-0:1992)[S].

[28] GB 5296 系列,消费品使用说明[S].

[29] GB/T 17306—1998,包装标准 消费者的需求(ISO 第 41 号指南,IDT)[S].

[30] GB/T 321—2005,优先数和优先数系(ISO 3:1973,IDT)[S].

[31] GB/T 13400 系列,网络计划技术[S].

[32] GB/T 13234—1991,企业节能量计算方法[S].

[33] GB/T 15316—1994,节能监测技术通则[S].

[34] GB/T 7027—2002,信息分类和编码的基本原则与方法[S].

[35] ISO/IEC 导则系列[S].

[36] IEC 62264 系列,企业控制系统集成[S].

[37] ISO 18629 系列,工业自动化系统与集成 过程规范语言[S].

[38] ISO/IEC 15414-2006,信息技术 开放分布式处理 参考模型 企业语言[S].

[39] ISO/IEC 20000 系列,信息技术 服务管理[S].

[40] ISO/IEC 27000 系列,信息技术 安全技术 信息安全管理体系[S].

[41] EN V 40003,用于建模的CIMS体系结构和框架[S].

[42] EN V 12204,企业建模构件[S].

[43] ENV 13550,企业模型执行和集成服务[S].

[44] CHELO-HAN KIM. 用于企业工程的集成方法论的研发[J]. 计算机集成制造，2001,14(5):473-488.

[45] AIAI. 企业本体[EB/OL]. http://www.aiai.ed.ac.uk/project/enterprise/.

[46] Mark S. Fox. 本体和企业建模[J/OL] http://www.eil.utoronto.ca/enterprise-modelling/papers/fox-eimt97.pdf.

[47] JB/T 5054 系列,产品图样及设计文件[S].

[48] SJ/T 10324—1992,工艺文件的成套性[S].

[49] 鲍仲平.全国通用综合性基础标准体系表[M].北京:中国标准出版社,1993.

ICS 85.060
Y 32

中华人民共和国国家标准

GB/T 13023—2008
代替 GB/T 13023—1991

瓦楞芯(原)纸

Corrugating medium

2008-01-04 发布　　2008-09-01 实施

中华人民共和国国家质量监督检验检疫总局
中国国家标准化管理委员会　发布

前言

本标准代替 GB/T 13023—1991《瓦楞原纸》。

本标准与 GB/T 13023—1991 相比，主要变化如下：

——将原标准名称“瓦楞原纸”改为“瓦楞芯(原)纸”。

——标准中对不同的定量水平进行了调整，增加了 80 g/m^2、90 g/m^2、100 g/m^2 级别。

——产品的质量分为优等品、一等品、合格品三个等级。其中优等品(又称为高强度瓦楞芯纸)为国际先进水平，一等品为国际一般水平，合格品为国内合格水平。优等品又细分了三个等级并规定了代号。

——部分技术指标有一定的提高，尤其是对优等品的技术指标进行了分类处理。并增加了吸水性的技术要求。

本标准由中国轻工业联合会提出。

本标准由全国造纸工业标准化技术委员会归口。

本标准起草单位：广东省造纸研究所、宁波海山纸业有限公司。

本标准主要起草人：陈洋、马学逵、陈海林、梁健文、胡芬、李佩仪。

本标准所代替标准的历次版本发布情况为：

——GB/T 13023—1991。

本标准由全国造纸工业标准化技术委员会负责解释。

瓦楞芯(原)纸

1 范围

本标准规定了瓦楞芯(原)纸术语和定义、等级、技术要求、试验方法、检验规则及标志、包装、运输、贮存。

本标准适用于制造瓦楞纸板芯层用的瓦楞芯(原)纸。

2 规范性引用文件

下列文件中的条款通过本标准的引用而成为本标准的条款。凡是注日期的引用文件,其随后所有的修改单(不包括勘误的内容)或修订版均不适用于本标准,然而,鼓励根据本标准达成协议的各方研究是否可使用这些文件的最新版本。凡是不注日期的引用文件,其最新版本适用于本标准。

GB/T 451.1 纸和纸板尺寸及偏斜度的测定

GB/T 451.2 纸和纸板定量的测定(GB/T 451.2—2002,eqv ISO 536:1995)

GB/T 451.3 纸和纸板厚度的测定(GB/T 451.3—2002,idt ISO 534:1988)

GB/T 453 纸和纸板抗张强度的测定(恒速加荷法)(GB/T 453—2002,idt ISO 1924-1:1992)

GB/T 462 纸和纸板 水分的测定(GB/T 462—2003,ISO 287:1985,MOD)

GB/T 1540 纸和纸板吸水性的测定可勃法(GB/T 1540—2002,neq ISO 535:1991)

GB/T 2679.6 瓦楞原纸平压强度的测定(GB/T 2679.6—1996,eqv ISO 7263:1985)

GB/T 2679.8 纸和纸板环压强度的测定(GB/T 2679.8—1995,eqv ISO/DIS 12192)

GB/T 2828.1 计数抽样检验程序 第1部分:按接收质量限(AQL)检索的逐批检验抽样计划(GB/T 2828.1—2003,ISO 2859-1:1999,IDT)

GB/T 10342 纸张的包装和标志

GB/T 10739 纸、纸板与纸浆试样处理和试验的标准大气条件(GB/T 10739—2002,eqv ISO 187:1990)

GB/T 12914 纸和纸板抗张强度的测定法(恒速拉伸法)(GB/T 12914—1991,eqv ISO 1924-2:1985)

3 术语和定义

下列术语和定义适用于本标准。

3.1

瓦楞芯纸 corrugating medium

用于制造瓦楞纸板芯层的包装用纸。

4 等级

瓦楞芯纸按质量分为优等品、一等品、合格品三个等级,其中优等品又分为三个等级,分别是:

AAA——瓦楞芯纸优等品中的最高等级。

AA——瓦楞芯纸优等品中的第二等级。

A——瓦楞芯纸优等品中的第三等级。

5 技术要求

5.1 瓦楞芯纸的技术指标应符合表1的规定。

按照供需双方协定,可生产其他定量的瓦楞芯纸。

表 1

指标名称	单位	规定			
		等级	优等品	一等品	合格品
定量(80、90、100、110、120、140、160、180、200)	g/m^2	AAA	(80、90、100、110、120、140、160、180、200)±4%	(80、90、100、110、120、140、160、180、200)±5%	
		AA			
		A			
紧度　不小于	g/cm^3	AAA	0.55	0.50	0.45
		AA	0.53		
		A	0.50		
横向环压指数　不小于 ≤90 g/m^2	N·m/g	AAA	7.5	5.0	3.0
>90 g/m^2~140 g/m^2		AAA	8.5	5.3	3.5
≥140 g/m^2~180 g/m^2		AAA	10.0	6.3	4.4
≥180 g/m^2		AAA	11.5	7.7	5.5
≤90 g/m^2		AA	7.0		
>90 g/m^2~140 g/m^2		AA	7.5		
≥140 g/m^2~180 g/m^2		AA	9.0		
≥180 g/m^2		AA	10.5		
≤90 g/m^2		A	6.5		
>90 g/m^2~140 g/m^2		A	6.8		
≥140 g/m^2~180 g/m^2		A	7.7		
≥180 g/m^2		A	9.2		
平压指数[a]　不小于	$N·m^2/g$	AAA	1.40	1.00	0.80
		AA	1.30		
		A	1.20		
纵向裂断长　不小于	km	AAA	5.00	3.75	2.50
		AA	4.50		
		A	4.30		
吸水性　不超过	g/m^2	—	100	—	—
交货水分	%	AAA	8.0±2.0	8.0±2.0	8.0±3.0
		AA			
		A			

a 不作交收试验依据。

5.2 瓦楞芯纸的规格可按订货合同规定,卷筒尺寸偏差应不超过$^{+8}_{-0}$ mm。

5.3 瓦楞芯纸不经外力作用不应有分层现象。

5.4 瓦楞芯纸应平整,不应有影响使用的折子、孔眼、硬杂物等外观纸病。

5.5 瓦楞芯纸应切边整齐,不应有裂口、缺角、毛边等现象。

5.6 卷筒纸断头用胶带纸牢固地粘接好,每个卷筒接头数:优等品应不超过一个,一等品和合格品应不超过三个,并作明显标志。

5.7 卷筒直径为 1 100 mm~1 300 mm,或按订货合同规定。

5.8 卷筒纸的筒芯应符合相关标准的要求，卷筒纸端面应平整，形成的锯齿形和凹凸面应不超过10 mm。

6 试验方法

6.1 定量、紧度分别按 GB/T 451.2 和 GB/T 451.3 规定进行。

6.2 尺寸偏差按 GB/T 451.1 进行测定。

6.3 横向环压指数：横向环压强度按 GB/T 2679.8 规定进行测定，横向环压指数按式(1)计算：

$$r = R/W \qquad (1)$$

式中：

r——横向环压指数，单位为牛顿·米每克(N·m/g)；

R——横向环压强度，单位为牛顿每米(N/m)；

W——定量，单位为克每平方米(g/m^2)。

6.4 平压指数：平压强度按 GB/T 2679.6 规定进行测定，起楞后在 GB/T 10739 规定的条件下处理30 min后再进行压缩试验。平压指数按式(2)计算：

$$f = CMT_{30}/W \qquad (2)$$

式中：

f——平压指数，单位为牛顿·平方米每克(N·m^2/g)；

CMT_{30}——平压强度，单位为牛顿(N)；

W——定量，单位为克每平方米(g/m^2)。

6.5 纵向裂断长：按 GB/T 12914 或 GB/T 453 规定进行测定，如有争议，按 GB/T 12914 进行仲裁。

6.6 交货水分：按 GB/T 462 规定进行测定。

6.7 吸水性：按 GB/T 1540 规定进行测定，吸水时间为 1 min。

7 检验规则

7.1 以一次交货数量为一批。

7.2 生产厂应保证所生产的瓦楞芯纸符合本标准的要求，每件纸交货时应附有一份合格证。

7.3 需方在验收检查时应先检查外包装情况，然后从中采取试样进行检验，计数抽样检验按 GB/T 2828.1 规定进行，样本单位为卷。接收质量限(AQL)：横向环压指数、纵向裂断长的 AQL 值为 4.0，定量、紧度、吸水性、交货水分、接头的 AQL 值为 6.5。采用正常检验二次抽样方案，检查水平为一般检查水平Ⅰ，其抽样方案见表 2。

表 2

批量/卷	一般检查水平Ⅰ的正常检查二次抽样方案				
	样本量	AQL=4.0		AQL=6.5	
		Ac	Re	Ac	Re
≤25	3	0	1	0	1
26～90	3	0	1	—	—
	5	—	—	0	1
	5(10)	—	—	1	2
91～280	8	0	2	0	3
	8(16)	1	2	3	4

7.4 可接收性的确定：第一次检验的样品数量应等于该方案给出的第一样本量。如果第一样本中发现

的不合格品数小于或等于第一接收数，应认为该批是可接收的；如果第一样本中发现的不合格品数大于或等于第一拒收数，应认为是不可接收的。如果第一样本中发现的不合格品数介于第一接收数与第一拒收数之间，应检验由方案给出样本量的第二样本并累计在第一样本和第二样本中发现的不合格品数。如果不合格品累计数小于或等于第二接收数，则判定批是可接收的；如果不合格品累计数大于或等于第二拒收数，则判定该批是不可接收的。

7.5 需方若对产品质量有异议，应在到货后 15 d 内向直接供方提出书面意见，由供需双方共同复验或委托共同商定的检验部门进行复验。复验结果如不符合本标准规定，则判为批不可接收，由供方负责处理；若符合本标准的规定，则判为批可接收，由需方负责处理。

8 标志、包装、运输、贮存

8.1 包装按照 GB/T 10342 规定进行，并作如下补充：

卷筒纸外五层瓦楞芯纸为外包装，两头用聚丙烯塑料带或铁皮扎紧，并在外包装皮上划上箭头，以标示退纸方向。

8.2 瓦楞芯纸应妥善保管，严防受潮。

8.3 瓦楞芯纸在运输中应使用有篷而洁净的运输工具。

8.4 不应将成件纸从高处扔下。

ICS 67.220.20
X 35

中华人民共和国国家标准

GB/T 13025.2—2008
代替 GB/T 13025.2—1991

制盐工业通用试验方法　白度的测定

General test method in salt industry—Determination of whiteness

2008-12-31 发布　　2009-05-01 实施

中华人民共和国国家质量监督检验检疫总局
中国国家标准化管理委员会　发布

前言

GB/T 13025《制盐工业通用试验方法》分为十三个部分：
——GB/T 13025.1 制盐工业通用试验方法 粒度的测定
——GB/T 13025.2 制盐工业通用试验方法 白度的测定
——GB/T 13025.3 制盐工业通用试验方法 水分的测定
——GB/T 13025.4 制盐工业通用试验方法 水不溶物的测定
——GB/T 13025.5 制盐工业通用试验方法 氯离子的测定
——GB/T 13025.6 制盐工业通用试验方法 钙和镁离子的测定
——GB/T 13025.7 制盐工业通用试验方法 碘离子的测定
——GB/T 13025.8 制盐工业通用试验方法 硫酸根离子的测定
——GB/T 13025.9 制盐工业通用试验方法 铅离子的测定(光度法)
——GB/T 13025.10 制盐工业通用试验方法 亚铁氰化钾的测定
——GB/T 13025.11 制盐工业通用试验方法 氟离子的测定
——GB/T 13025.12 制盐工业通用试验方法 钡离子的测定
——GB/T 13025.13 制盐工业通用试验方法 砷离子的测定

本部分为 GB/T 13025 的第 2 部分。

本部分代替 GB/T 13025.2—1991《制盐工业通用试验方法 白度的测定》。

本部分与 GB/T 13025.2—1991 相比主要修改如下：
——取消了同一试样连续三次测试；
——增加日晒盐平行测定三次，极差不大于 2.0。

本部分由中国轻工业联合会提出。

本部分由全国盐业标准化技术委员会井矿盐分技术委员会(SAC/TC 295/SC 1)归口。

本部分起草单位：全国井矿盐标准化中心。

本部分主要起草人：廖宣成、付淑英、孙劲松。

本部分所代替标准的历次版本发布情况为：
——GB/T 13025.2—1991。

制盐工业通用试验方法　白度的测定

1　范围

GB/T 13025 的本部分规定了制盐工业中食用盐和工业盐白度的测定方法。

本部分适用于制盐工业中食用盐和工业盐白度的测定。

2　规范性引用文件

下列文件中的条款通过 GB/T 13025 的本部分的引用而成为本部分的条款。凡是注日期的引用文件，其随后所有的修改单(不包括勘误的内容)或修订版均不适用于本部分，然而，鼓励根据本部分达成协议的各方研究是否可使用这些文件的最新版本。凡是不注日期的引用文件，其最新版本适用于本部分。

GB/T 9086　用于色度和光度测量的标准白板

JJG 512　白度计检定规程

3　术语和定义

下列术语和定义适用于 GB/T 13025 的本部分。

3.1

白度　whiteness

表征物体色的白的程度。白度值越大，则白的程度越大。

完全漫反射体(PRD)的白度值为 100。

3.2

蓝光白度　blu-ray brightness

仪器光谱响应在有效波长(457±2)nm，半宽度为 44 nm 的蓝光条件下测定的反射因素。

4　仪器、设备

4.1　白度计

4.1.1　本部分采用的白度计以 D65 或 A 光源照明，照明和观测条件采用垂直/漫射(0/d)；漫射/垂直(d/0)；45/垂直(45/0)中的任何一种。

4.1.2　仪器的有效峰值波长(主波长)(457±5)nm，半宽度(半波宽)44 nm，黑筒的绝对反射因数不大于 0.1%，10°视场。

4.1.3　仪器的技术要求不低于 JJG 512 的二级指标。

4.1.4　仪器的读数精度要求达到小数点后一位。

4.1.5　白度计应按 JJG 512 的要求进行检定。

4.2　标准白板

4.2.1　标准白板应符合 GB/T 9086 的规定。

4.2.2　标准白板应按 JJG 512 的要求进行检定。

4.2.3　标准白板应置于干燥器中避光保存。

4.3　工作白板

4.3.1　为了测定方便，可用表面平整、无污点、无裂纹和无影响其使用性能的划痕的白色陶瓷板作为日常校正仪器量值的工作白板。

4.3.2 工作白板应每月用标准白板自行校正，平行测定三次，极差不大于 0.3，以校正结果的算术平均值为工作白板的白度值。

4.3.3 工作白板应置于干燥器中避光保存。

4.4 恒压粉体压样器

恒压粉体压样器与压样盒见图 1。

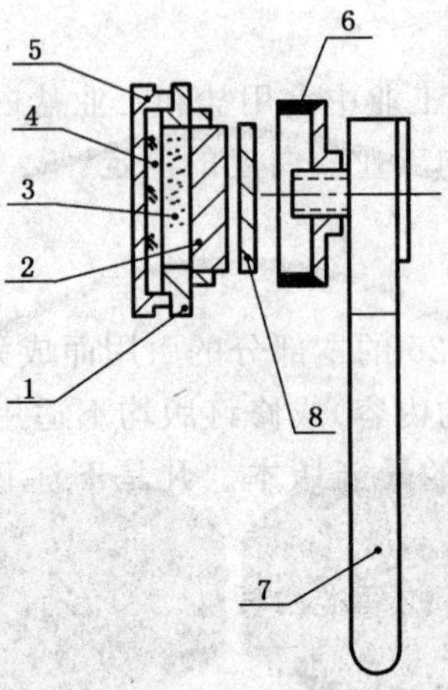

1——压容器(样品盒)；
2——压块；
3——试样；
4——玻璃板；
5——压盖；
6——压样器螺母；
7——手柄；
8——底盖。

图 1 恒压粉体压样器

5 试验步骤

5.1 试样压制

5.1.1 手工制样

5.1.1.1 将洁净的玻璃板的毛面放置于样品盒上，用压盖压住，拧紧，翻转 180°，装样盒口朝上置于平台面上。

5.1.1.2 将试样加入样品盒内，以满为宜，在台面上约 1 cm 高处自由落下 20 次，让试样充实于样品盒内。

5.1.1.3 将压块放置于试样上面，手工压紧，轻轻旋转后取出压块，将底盖拧到样品盒上压住试样，拧紧即可。

5.1.1.4 翻转样品盒 180°，拧下压盖，旋动中移出玻璃板，这样即完成了试样的压制工作。

5.1.2 压样器制样

5.1.2.1 首先按 5.1.1.1 和 5.1.1.2 的步骤制样，然后将压块放置于试样上面，再将压样器螺母拧到样品盒上，顺时针旋转 2 圈～3 圈，再顺时针旋转手柄，通过螺杆加压于试样上，当压力达到一定值时，手柄便产生滑动，听到响声后停止加压。

5.1.2.2 反时针旋转手柄 2 圈～3 圈，再反时针旋转卸下压样器螺母，轻轻旋转后取出压块。将底盖拧到样品盒上压住试样，拧紧即可。

5.1.2.3 翻转样品盒 180°，拧下压盖，旋动中移出玻璃板，这样即完成了试样的压制工作。

5.2 白度测定

仪器调校按仪器说明书要求进行,并对压制后的试样进行测定。

同一试样测定后若发现有压痕,测定数据无效应重测。

6 结果表示

试样的蓝光白度值即为试样的白度。

在同一测试条件下,两平行样测定值之差不大于1.0,日晒盐平行测定三次,极差不大于2.0,符合以上要求的,以测定结果平均值报告试样白度。

ICS 29.080.10
K 48

中华人民共和国国家标准

GB/T 13026—2008
代替 GB/T 13026—1991,GB/T 13027—1991

交流电容式套管型式与尺寸

Types and dimensions of a.c. capacitance graded bushings

2008-06-30 发布　　　　2009-04-01 实施

中华人民共和国国家质量监督检验检疫总局
中国国家标准化管理委员会　发布

前言

本标准将 GB/T 13026—1991《油纸电容式穿墙套管型式与尺寸》和 GB/T 13027—1991《油纸电容式变压器套管型式与尺寸》整合修订为一项国家标准。

本标准的结构和编写规则按 GB/T 1.1—2000《标准化工作导则　第一部分:标准的结构和编写规则》规定编写。

本标准与 GB/T 13026—1991 和 GB/T 13027—1991 相比主要变化如下：

a) 修改了标准名称及标准的适用范围；

b) 增加了电容复合干式穿墙套管的型式与尺寸；

c) 修改了额定电压标准值；

d) 取消了设计顺序号；

e) 增加、修改了套管的图示部分；

f) 调整了变压器套管型式尺寸表，增减了部分套管的型式尺寸；

g) 在标准中增加了安装法兰放气塞的位置和要求；

h) 按统一爬电比距的概念修改了各等级套管的爬电距离。

本标准由中国电器工业协会提出。

本标准由全国绝缘子标准化技术委员会(SAC/TC 80)归口。

本标准主要起草单位:南京电气(集团)有限责任公司、西安电瓷研究所、西安西电高压电瓷有限责任公司、保定天威保变电气股份有限公司、西安西电变压器有限责任公司。

本标准主要起草人:何平、李西育、李选刚、王文英、李希、倪玲臻。

本标准所代替标准的历次版本发布情况为：

——GB/T 13026—1991；

——GB/T 13027—1991。

交流电容式套管型式与尺寸

1 范围

本标准规定了油纸电容式穿墙套管(以下简称油纸穿墙套管)、电容复合干式穿墙套管(以下简称干式穿墙套管)以及油纸电容式变压器套管(以下简称油纸变压器套管)的型式与尺寸。

本标准适用于额定电压 40.5 kV～800 kV、频率 15 Hz～60 Hz 三相交流系统中使用的穿墙套管和变压器套管。

经供需双方协议,本标准可部分或全部用于下列情况:

——非三相交流系统用套管;

——高压直流系统用套管;

——试验变压器用套管;

——其他用途的套管。

本标准中对变压器套管的特殊要求也适用于电抗器套管。

2 规范性引用文件

下列文件中的条款通过本标准的引用而成为本标准的条款。凡是注日期的引用文件,其随后所有的修改单(不包括勘误的内容)或修订版均不适用于本标准,然而,鼓励根据本标准达成协议的各方研究是否可使用这些文件的最新版本。凡是不注日期的引用文件,其最新版本适用于本标准。

GB/T 772—2005　高压绝缘子瓷件　技术条件

GB/T 2900.8—1995　电工名词术语　绝缘子(mod IEC 60050-471)

GB/T 4109—2008　交流电压高于 1 000 V 的绝缘套管(IEC 60137 Ed.6.0,MOD)

GB/T 5273—1985　变压器、高压电器和套管的接线端子(neq IEC 60518:1975)

IEC 60815　污秽条件下高压绝缘子的选择和尺寸确定

3 术语和定义

GB/T 2900.8—1995、GB/T 4109—2008 确立的术语和定义适用于本标准。

4 套管的结构型式与尺寸

4.1 穿墙套管的结构型式

4.1.1 油纸穿墙套管

油纸穿墙套管应为密封结构,其内部充有优质变压器油,用油和纸作为主绝缘,户外端(或上端)顶部设有防雨罩和油枕。水平安装套管的储油柜或垂直安装套管的油枕应设有可观察到油面变化的油位计,中部连接法兰上应有抽取油样装置和测量用的测量端子,套管的结构型式示意于图 1～图 4。

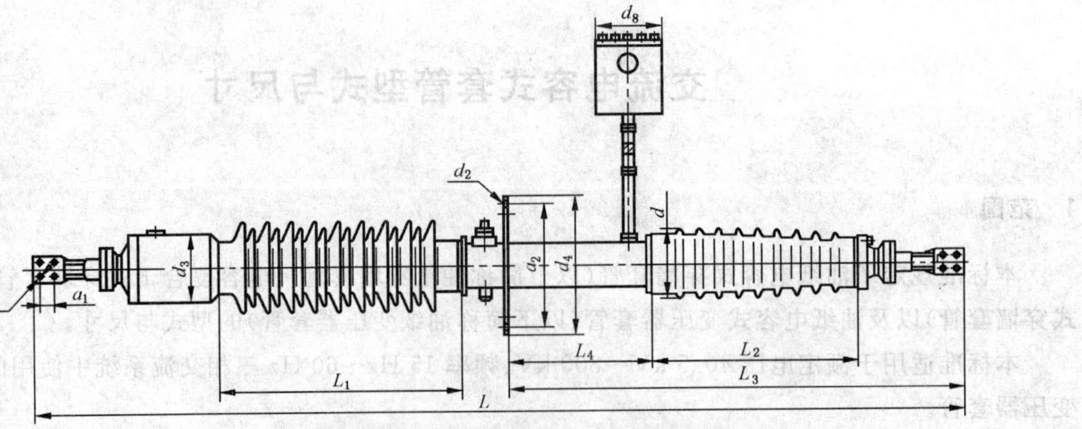

图 1　水平安装油纸穿墙套管的结构型式

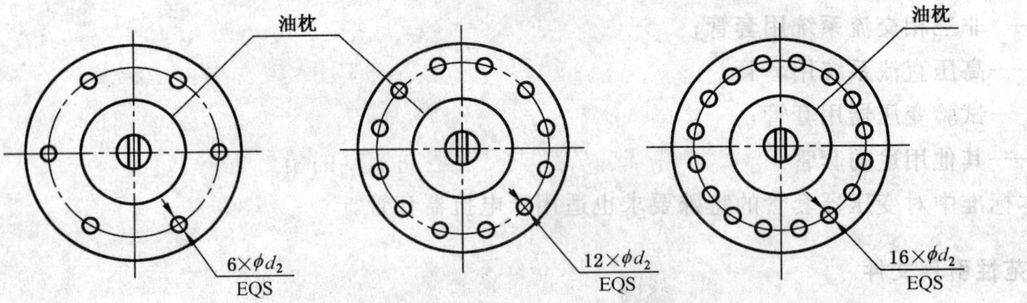

图 2　水平安装套管法兰与油枕的相对位置

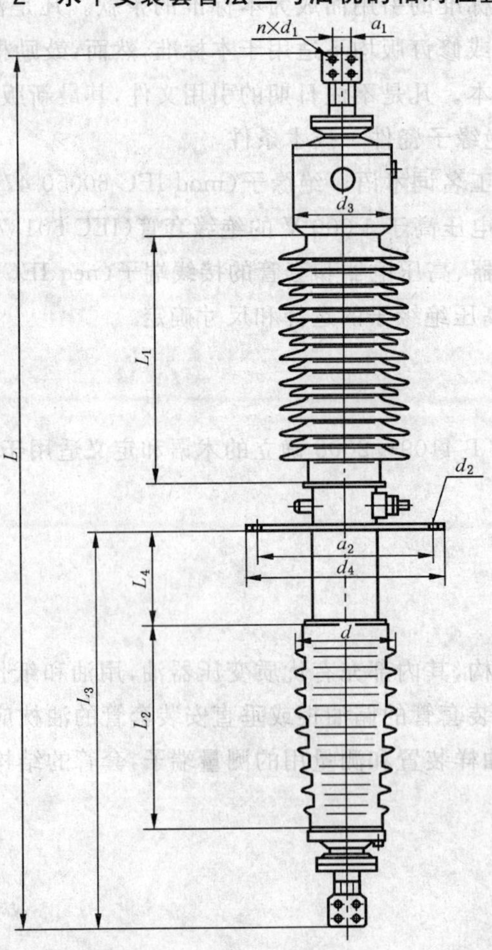

图 3　垂直安装油纸穿墙套管的结构型式

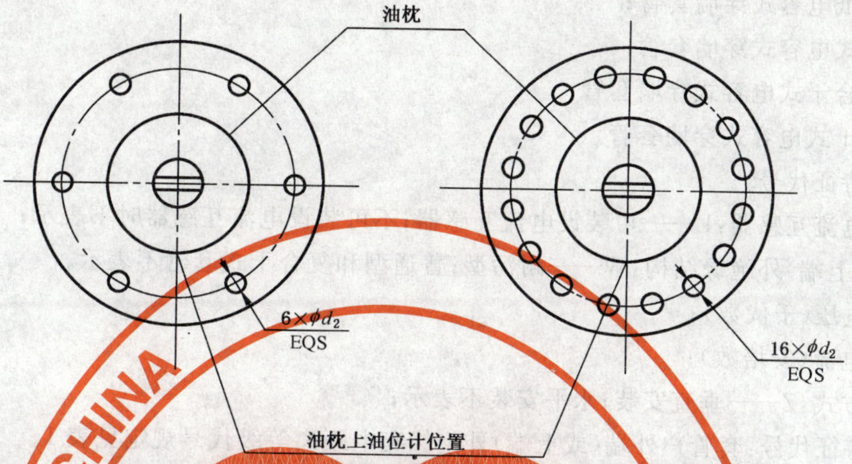

图 4 垂直安装套管法兰与油枕的相对位置

4.1.2 干式穿墙套管

干式穿墙套管应为密封结构，其内部为固体绝缘材料。中部连接法兰结构应有测量用的测量端子，套管的结构型式示意于图 5。

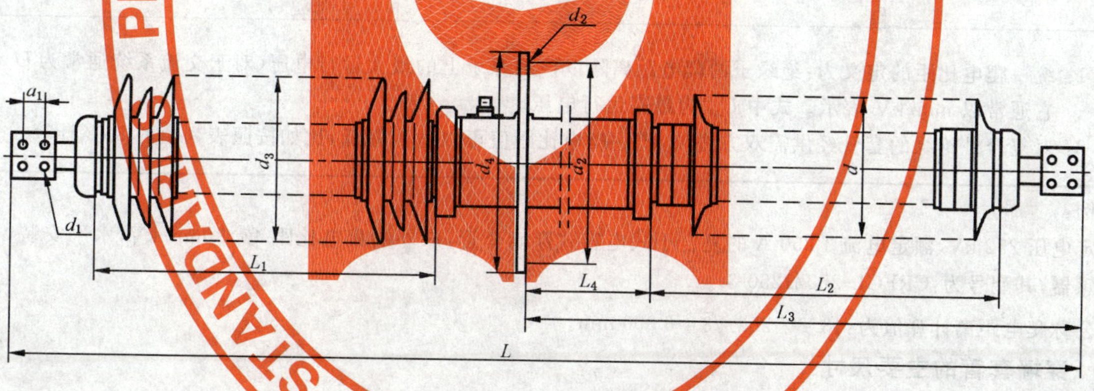

图 5 干式穿墙套管的结构型式

4.1.3 穿墙套管的型号

穿墙套管的型号表示及说明如下：

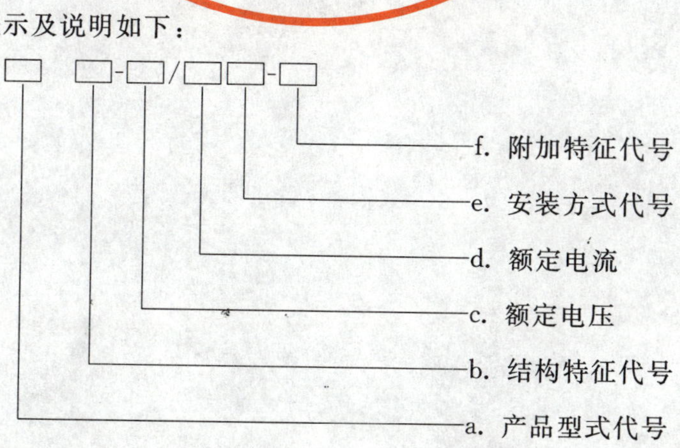

a） 产品型式代号：

CR——油纸电容式穿墙套管；

CRG——干式电容式穿墙套管；

CRFG——复合干式电容式穿墙套管；

CRCG——瓷干式电容式穿墙套管。

b） 结构特征代号：

可否装设电流互感器：L——可装设电流互感器；不可装设电流互感器时不表示；

户外端（或上端）外绝缘结构：W——耐污型；普通型和复合干式套管不表示。

c） 额定电压（千伏数）；

d） 额定电流（安培数）；

e） 安装方式：Z——垂直安装；水平安装不表示；

f） 附加特征代号：套管户外端（或上端）外绝缘爬电距离等级代号规定见表1。

表 1 外绝缘爬电距离等级代号

现场污秽等级	产品爬电距离等级代号	统一爬电比距
B	1	27.7
C	2	34.6
D	3	43.3
E	4	53.7

注1：统一爬电比距的定义为：绝缘子的爬电距离除以该绝缘子上的最大运行电压（对于交流系统通常为 $U_m/\sqrt{3}$）。它通常以 mm/kV 表示。式中 U_m 为最高运行电压。

注2：对复合外绝缘的套管经供需双方协议，统一爬电比距值可以适当降低，比如按照表列值的80%计算。

示例：

额定电压252 kV，额定电流1 250 A的复合干式电容式穿墙套管，户外端爬电比距43.3 mm/kV，水平安装，可安装电流互感器，其型号为：CRFGL-252/1250-3。

其公称爬电距离计算值为：$43.3\times252/\sqrt{3}=6\ 300$ mm。

4.1.4 穿墙套管的主要尺寸

穿墙套管的主要尺寸应符合表2、表3和表4的规定。

表 2 水平安装油纸穿墙套管型式与尺寸

产品型号	图号	总长/mm	上(下)接线板			油枕直径/mm	户外瓷套/mm		法兰/mm					户内瓷套/mm		户内端总长/mm
			孔数	孔距/mm	孔径/mm		绝缘距离	公称爬电距离	法兰外径	安装孔中心距	孔数	孔径	户内接地长度	绝缘距离	最大直径	
		L	n	a_1	d_1	d_3	L_1	S_1	d_4	a_2	m_1	d_2	L_4	L_2	d	L_3
CRW-72.5/630-3	1	2 240	4	40	14	200	700	1 820	400	350	6	24	200	580	205	960
CRW-72.5/630-4	1	2 390	4	40	14	200	850	2 250	400	350	6	24	200	580	205	960
CRLW-72.5/630-3	1	2 820	4	40	14	200	700	1 820	400	350	6	24	780	580	205	1 540
CRLW-72.5/630-4	1	2 970	4	40	14	200	850	2 250	400	350	6	24	780	580	205	1 540
CRW-72.5/1250-3	1	2 320	4	50	18	250	700	1 820	400	350	6	24	200	580	205	1 000
CRW-72.5/1250-4	1	2 470	4	50	18	250	850	2 250	400	350	6	24	200	580	205	1 000
CRLW-72.5/1250-3	1	2 900	4	50	18	250	700	1 820	400	350	6	24	780	580	205	1 580
CRLW-72.5/1250-4	1	3 050	4	50	18	250	850	2 250	400	350	6	24	780	580	205	1 580
CRW-126/630-3	1	3 060	4	40	14	250	1 150	3 150	400	350	6	24	200	950	230	1 470
CRW-126/630-4	1	3 260	4	40	14	250	1 350	3 910	400	350	6	24	200	950	230	1 470
CRLW-126/630-3	1	3 840	4	40	14	250	1 150	3 150	400	350	6	24	780	950	230	2 050
CRLW-126/630-4	1	4 040	4	40	14	250	1 350	3 910	400	350	6	24	780	950	230	2 050
CRW-126/1250-3	1	3140	4	50	18	250	1 150	3 150	400	350	6	24	200	950	230	1 510
CRW-126/1250-4	1	3 340	4	50	18	250	1 350	3 910	400	350	6	24	200	950	230	1 510
CRLW-126/1250-3	1	3 720	4	50	18	250	1 150	3 150	400	350	6	24	780	950	230	2 090
CRLW-126/1250-4	1	3 920	4	50	18	250	1 350	3 910	400	350	6	24	780	950	230	2 090
CRW-126/2000-3	1	3 180	4	50	18	270	1 150	3 150	400	350	6	24	200	950	335	1 530
CRW-126/2000-4	1	3 380	4	50	18	270	1 350	3 910	400	350	6	24	200	950	335	1 530
CRLW-126/2000-3	1	3 760	4	50	18	270	1 150	3 150	400	350	6	24	780	950	335	2 110
CRLW-126/2000-4	1	3 960	4	50	18	270	1 350	3 910	400	350	6	24	780	950	335	2 110
CRW-252/630-3	1	5 660	4	40	14	350	2 200	6 300	650	600	16	24	370	1 900	450	2 680

表 2（续）

产品型号	图号	总长/mm	上(下)接线板			油枕直径/mm	户外瓷套/mm		法兰/mm					户内瓷套/mm		户内端总长/mm
			孔数	孔距/mm	孔径/mm		绝缘距离	公称爬电距离	法兰外径	安装孔中心距	孔数	孔径	户内接地长度	绝缘距离	最大直径	
		L	n	a_1	d_1	d_3	L_1	S_1	d_4	a_2	m_1	d_2	L_4	L_2	d	L_3
CRW-252/630-4	1	5 860	4	40	14	350	2 400	7 820	650	600	16	24	370	1 900	450	2 680
CRLW-252/630-3	1	6 070	4	40	14	350	2 200	6 300	650	600	16	24	780	1 900	450	3 090
CRLW-252/630-4	1	6 270	4	40	14	350	2 400	7 820	650	600	16	24	780	1 900	450	3 090
CRW-252/1250-3	1	5 740	4	50	18	350	2 200	6 300	650	600	16	24	370	1 900	450	2 720
CRW-252/1250-4	1	5 940	4	50	18	350	2 400	7 820	650	600	16	24	370	1 900	450	2 720
CRLW-252/1250-3	1	6 150	4	50	18	350	2 200	6 300	650	600	16	24	780	1 930	450	3 130
CRLW-252/1250-4	1	6 350	4	50	18	350	2 400	7 820	650	600	16	24	780	1 930	450	3 130
CRW-252/1600-3	1	5 790	4	50	18	350	2 200	6 300	650	600	16	24	370	1 900	450	2 745
CRW-252/1600-4	1	5 990	4	50	18	350	2 400	7 820	650	600	16	24	370	1 900	450	2 745
CRLW-252/1600-3	1	6 200	4	50	18	350	2 200	6 300	650	600	16	24	780	1 930	450	3 155
CRLW-252/1600-4	1	6 400	4	50	18	350	2 400	7 820	650	600	16	24	780	1 930	450	3 155
CRW-252/2500-3	1	5 840	4	60	18	350	2 200	6 300	650	600	16	24	370	1 900	500	2 770
CRW-252/2500-4	1	5 840	4	60	18	350	2 400	7 820	650	600	16	24	370	1 900	500	2 770
CRLW-252/2500-3	1	6 250	4	60	18	350	2 200	6 300	650	600	16	24	780	1 930	500	3 180
CRLW-252/2500-4	1	6 450	4	60	18	350	2 400	7 820	650	600	16	24	780	1 930	500	3 180
CRW-363/630-3	1	7 300	4	40	14	400	2 950	9 080	720	700	16	24	370	2 600	500	3 520
CRW-363/1250-3	1	7 380	4	50	18	400	2 950	9 080	720	700	16	24	370	2 600	500	3 560
CRW-550/1250-3	1	10 020	4	50	18	500	4 100	13 750	800	750	16	24	370	4 000	600	4 670
CRLW-550/1250-3	1	10 430	4	50	18	500	4 100	13 750	800	750	16	24	780	4 000	600	5 080

注 1：L、L_3 为参考尺寸；

注 2：当油枕结构不同时，d_3 仅供参考。

表 3 垂直安装油纸穿墙套管型式与尺寸

套管型式	图号	总长/mm	上端/mm			下端/mm				接线端子/mm			安装法兰/mm			
			绝缘距离	最小公称爬电距离	油枕直径	绝缘距离	接地长度	下端总长	最大直径	孔距	孔数	孔径	法兰盘外径	孔中心圆直径	孔数	孔径
		L	L_1≮	S_1	d_3≯	L_2≮	L_4≮	L_3	d≯	a_1	n	d_1	d_4	a_2	m	d_2
CRW-72.5/630Z-3	2	2 240	700	1 820	200	580	200	960	205	40	4	14	400	350	6	24
CRW-72.5/630Z-4	2	2 390	850	2 250	200	580	200	960	205	40	4	14	400	350	6	24
CRW-126-/630Z-3	2	3 060	1 150	3 150	250	950	200	1 330	230	40	4	14	400	350	6	24
CRW-126-/630Z-4	2	3 260	1 350	3 910	250	950	200	1 330	230	40	4	14	400	350	6	24
CRLW-126-/630Z-3	2	3 590	1 150	3 150	250	950	730	1 860	230	40	4	14	400	350	6	24
CRLW-126-/630Z-4	2	3 790	1 350	3 910	250	950	730	1 860	230	40	4	14	400	350	6	24
CRW-126/1250Z-3	2	3 140	1 150	3 150	250	950	200	1 370	270	50	4	18	400	350	6	24
CRW-126/1250Z-4	2	3 340	1 350	3 910	250	950	200	1 370	270	50	4	18	400	350	6	24
CRLW-126/1250Z-3	2	3 670	1 150	3 150	250	950	730	1 900	270	50	4	18	400	350	6	24
CRLW-126/1250Z-4	2	3 870	1 350	3 910	250	950	730	1 900	270	50	4	18	400	350	6	24
CRW-126/2000Z-3	2	3 180	1 150	3 150	270	950	200	1 390	300	60	4	18	400	350	6	24
CRW-126/2000Z-4	2	3 380	1 350	3 910	270	950	200	1 390	300	60	4	18	400	350	6	24
CRLW-126/2000Z-3	2	3 710	1 150	3 150	270	950	730	1 920	300	60	4	18	400	350	6	24
CRLW-126/2000Z-4	2	3 910	1 350	3 910	270	950	730	1 920	300	60	4	18	400	350	6	24
CRW-252/630Z-3	2	5 695	2 200	6 300	350	1 900	370	2 645	450	40	4	14	650	600	16	24
CRLW-252/1250Z-3	2	6 135	2 200	6 300	350	1 900	730	3 045	450	40	4	14	650	600	16	24
CRW-363/630Z-3	2	7 140	2 950	9 080	400	2 600	370	3 235	500	40	4	14	720	650	16	28
CRLW-363/630Z-3	2	7 500	2 950	9 080	400	2 600	730	3 595	500	40	4	14	720	650	16	28
CRW-363/1250Z-3	2	7 220	2 950	9 080	400	2 600	370	3 275	500	50	4	18	720	650	16	28
CRLW-363/1250Z-3	2	7 580	2 950	9 080	400	2 600	730	3 635	500	50	4	18	720	650	16	28

注：L、L_3 为参考尺寸。

表 4　干式穿墙套管型式与尺寸

套管型号	图号	总长 L/mm	户外端/mm		户内端/mm				接线端子/mm			法兰/mm				户外端公称爬电距离/mm
			绝缘距离	最大直径	绝缘距离	户内端总长	接地部分长度	最大直径	孔距	孔数	孔径	孔中心圆直径	法兰外径	孔数	孔径	
			≮	≯	≮	L_3	≮	≯	a_1	个	d_1	a_2	d_4	个	d_2	
CRFG-40.5/630-3	5	1 510	340	160	315	760	200	160	40	4	14	300	350	6	17	1 020
CRFG-40.5/800-3	5	1 510	340	160	315	760	200	160	40	4	14	300	350	6	17	1 020
CRFG-40.5/1000-3	5	1 510	340	160	315	760	200	160	40	4	14	300	350	6	17	1 020
CRFG-40.5/1250-3	5	1 610	340	160	315	800	200	160	50	4	18	300	350	6	17	1 020
CRFG-40.5/1600-3	5	1 610	340	160	315	800	200	160	50	4	18	300	350	6	17	1 020
CRFG-40.5/2000-3	5	1 610	340	160	315	800	200	160	50	4	18	300	350	6	17	1 020
CRFG-40.5/2500-3	5	1 610	340	160	315	800	200	160	50	4	18	300	350	6	17	1 020
CRFGL-40.5/630-3	5	1 560	340	160	315	900	340	160	40	4	14	300	350	6	17	1 020
CRFGL-40.5/800-3	5	1 560	340	160	315	900	340	160	40	4	14	300	350	6	17	1 020
CRFGL-40.5/1000-3	5	1 560	340	160	315	900	340	160	40	4	14	300	350	6	17	1 020
CRFGL-40.5/1250-3	5	1 660	340	160	315	940	340	160	50	4	18	300	350	6	17	1 020
CRFGL-40.5/1600-3	5	1 660	340	160	315	940	340	160	50	4	18	300	350	6	17	1 020
CRFGL-40.5/2000-3	5	1 660	340	160	315	940	340	160	50	4	18	300	350	6	17	1 020
CRFGL-40.5/2500-3	5	1 660	340	160	315	940	340	160	50	4	18	300	350	6	17	1 020
CRFG-72.5/630-3	5	2 000	570	230	570	970	230	230	40	4	14	350	395	6	24	1 820
CRFG-72.5/800-3	5	2 000	570	230	570	970	230	230	40	4	14	350	395	6	24	1 820
CRFG-72.5/1000-3	5	2 000	570	230	570	970	230	230	40	4	14	350	395	6	24	1 820
CRFG-72.5/1250-3	5	2 100	570	230	570	1 020	230	230	50	4	18	350	395	6	24	1 820
CRFG-72.5/1600-3	5	2 100	570	230	570	1 020	230	230	50	4	18	350	395	6	24	1 820
CRFG-72.5/2000-3	5	2 100	570	230	570	1 020	230	230	50	4	18	350	395	6	24	1 820
CRFG-72.5/2500-3	5	2 100	570	230	570	1 020	230	230	50	4	18	350	395	6	24	1 820
CRFGL-72.5/630-3	5	2 210	570	230	570	1 190	450	230	40	4	14	350	395	6	24	1 820
CRFGL-72.5/800-3	5	2 210	570	230	570	1 190	450	230	40	4	14	350	395	6	24	1 820
CRFGL-72.5/1000-3	5	2 210	570	230	570	1 190	450	230	40	4	14	350	395	6	24	1 820

表 4（续）

套管型号	图号	总长 L/mm	户外端/mm		户内端/mm				接线端子/mm			法兰/mm				户外端公称爬电距离/mm
			绝缘距离	最大直径	绝缘距离	户内端总长	接地部分长度	最大直径	孔距	孔数	孔径	孔中心圆直径	法兰外径	孔数	孔径	
			≮	≯	≮	L_3	≮	≯	a_1	个	d_1	a_2	d_4	个	d_2	
CRFGL-72.5/1250-3	5	2 248	570	230	570	1 240	450	230	50	4	18	350	395	6	24	1 820
CRFGL-72.5/1600-3	5	2 248	570	230	570	1 240	450	230	50	4	18	350	395	6	24	1 820
CRFGL-72.5/2000-3	5	2 248	570	230	570	1 240	450	230	50	4	18	350	395	6	24	1 820
CRFGL-72.5/2500-3	5	2 248	570	230	570	1 240	450	230	50	4	18	350	395	6	24	1 820
CRFG-126/630-3	5	3 080	1 005	260	870	1 620	450	230	40	4	14	350	395	6	24	3 150
CRFG-126/800-3	5	3 080	1 005	260	870	1 620	450	230	40	4	14	350	395	6	24	3 150
CRFG-126/1000-3	5	3 080	1 005	260	870	1 620	450	230	40	4	14	350	395	6	24	3 150
CRFG-126/1250-3	5	3 190	1 050	260	870	1 675	450	230	50	4	18	350	395	6	24	3 150
CRFG-126/1600-3	5	3 190	1 005	260	870	1 675	450	230	50	4	18	350	395	6	24	3 150
CRFG-126/2000-3	5	3 190	1 005	260	870	1 675	450	230	50	4	18	350	395	6	24	3 150
CRFG-126/2500-3	5	3 190	1 005	260	870	1 675	450	230	50	4	18	350	395	6	24	3 150
CRFGL-126/630-3	5	3 165	1 050	260	870	1 690	520	230	40	4	14	350	395	6	24	3 150
CRFGL-126/800-3	5	3 165	1 005	260	870	1 690	520	230	40	4	14	350	395	6	24	3 150
CRFGL-126/1000-3	5	3 165	1 005	260	870	1 690	520	230	40	4	14	350	395	6	24	3 150
CRFGL-126/1250-3	5	3 275	1 005	260	870	1 745	520	230	50	4	18	350	395	6	24	3 150
CRFGL-126/1600-3	5	3 275	1 050	260	870	1 745	520	230	50	4	18	350	395	6	24	3 150
CRFGL-126/2000-3	5	3 275	1 005	260	870	1 745	520	230	50	4	18	350	395	6	24	3 150
CRFGL-126/2500-3	5	3 275	1 005	260	870	1 745	520	230	50	4	18	350	395	6	24	3 150
CRFG-252/630-3	5	5 670	1 970	350	1 775	2 830	500	320	50	4	18	600	660	16	24	6 300
CRFG-252/800-3	5	5 670	1 970	350	1 775	2 830	500	320	50	4	18	600	660	16	24	6 300
CRFG-252/1000-3	5	5 670	1 970	350	1 775	2 830	500	320	50	4	18	600	660	16	24	6 300
CRFG-252/1250-3	5	5 670	1 970	350	1 775	2 830	500	320	50	4	18	600	660	16	24	6 300
CRFG-252/1600-3	5	5 670	1 970	350	1 775	2 830	500	320	50	4	18	600	660	16	24	6 300
CRFG-252/2000-3	5	5 670	1 970	350	1 775	2 830	500	320	50	4	18	600	660	16	24	6 300

4.1.5 穿墙套管的接线端子尺寸

穿墙套管的接线端子尺寸除应符合本标准规定外，其余应符合 GB/T 5273—1985 的规定。

4.1.6 穿墙套管的主要尺寸偏差

a) 对法兰安装孔中心圆直径(a_2)

$a_2 \leqslant 350$ mm 时：±1 mm

$a_2 > 350$ mm 时：±1.5 mm

b) 对户外端(或上端)公称爬电距离，其正偏差不作要求，负偏差应不超过下式规定：

$0.025\,L + 6$ mm

式中：

L——公称爬电距离，mm。

4.1.7 贮油柜的安装

水平安装套管的贮油柜(如果装有贮油柜)应能通过连接管加以固定(不高于套管 2 m)，其连接法兰座尺寸如图 6 所示。

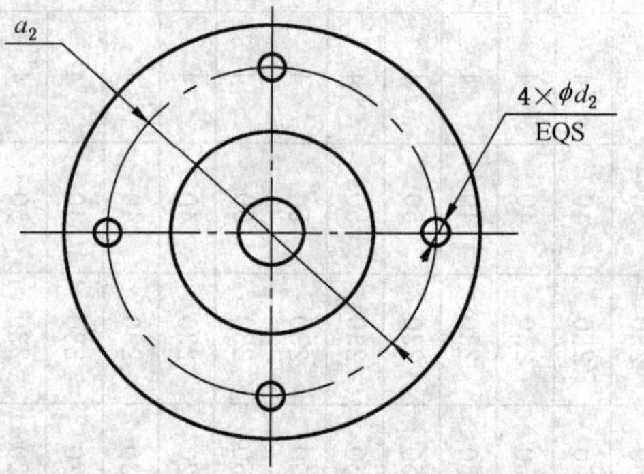

图 6 贮油柜连接法兰座尺寸

4.2 变压器套管的结构型式

4.2.1 油纸变压器套管

油纸变压器套管应为密封结构，其内部充有优质变压器油，用油和纸作为主绝缘，顶部设有防雨罩和可以观察到油面变化的油位计。外部接线端子应保证在接线时任意的转向不会影响套管的密封。中部连接法兰上应设有抽取油样装置，测量用的测量端子和供变压器充油时放气用的放气塞。变压器套管的结构型式示意于图 7～图 9。

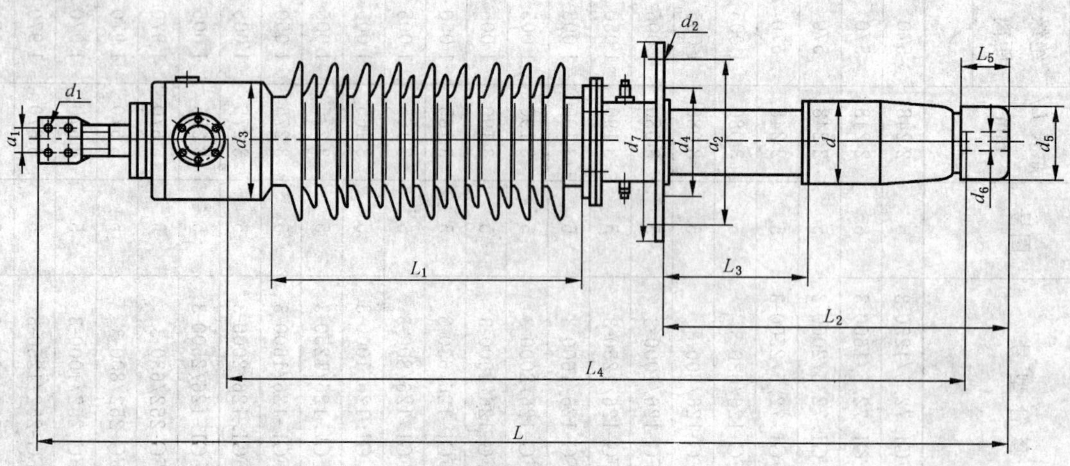

图 7 油纸变压器套管(穿缆式)结构型式

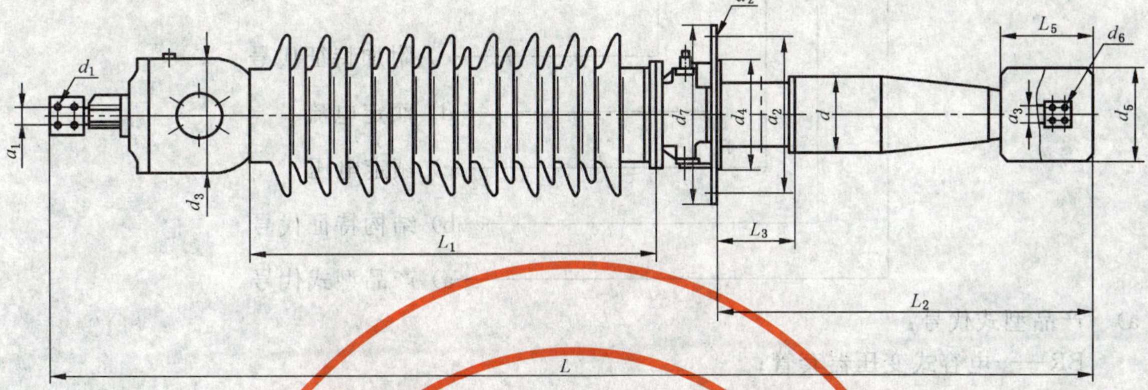

图 8 油纸变压器套管(导杆或穿杆式)结构式

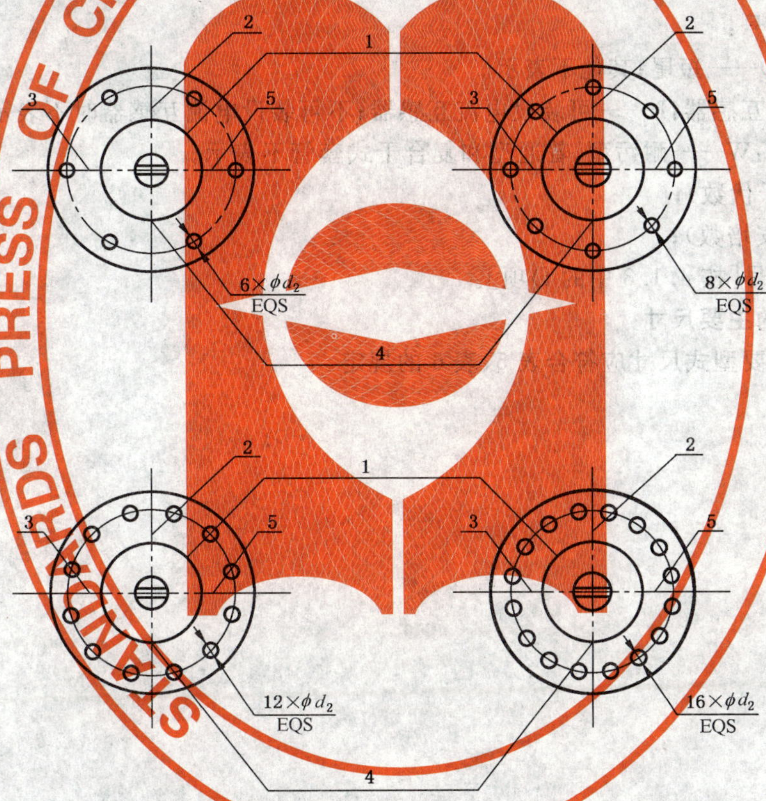

1——油枕；

2——安装法兰放气塞位置；

3——安装法兰上取油装置示意图；

4——油枕上油位计位置；

5——测量端子。

图 9 油枕与安装法兰的相对位置示意图

4.2.2 变压器套管的型号

油纸变压器套管的型号表示及说明如下：

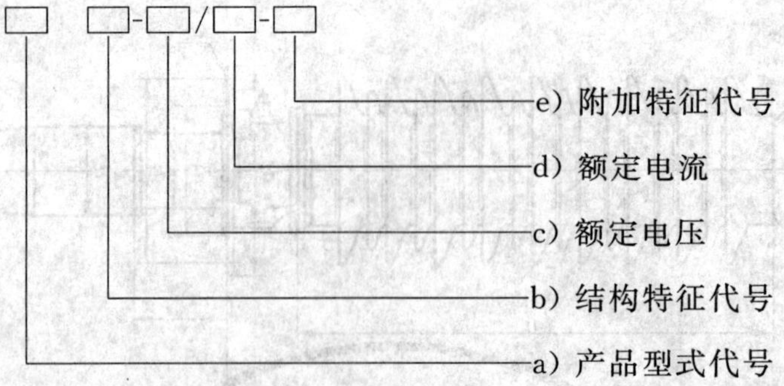

a) 产品型式代号：

BR——电容式变压器套管；

BRG——干式电容式变压器套管；

BRFG——复合干式电容式变压器套管；

BRCG——瓷干式电容式变压器套管；

b) 结构特征代号：

尾部型式：D——短尾；其他不表示。

可否装电流互感器：L——可装设电流互感器；不可装设电流互感器时不表示。

外绝缘结构：W——耐污型；普通型和复合干式套管不表示。

c) 额定电压(千伏数)；

d) 额定电流(安培数)；

e) 附加特征代号[按 4.1.3 中的 f)项]。

4.2.3 变压器套管的主要尺寸

变压器套管的主要型式尺寸应符合表 5、表 6 的规定。

表 5　油纸变压器套管(穿缆式)型式与尺寸

型号	图号	套管总长/mm	油中接地长度/mm	接线端子			电缆引入长度/mm	油枕直径/mm	引线接头连接孔径/mm	上瓷套		法兰					浸油部分总长/mm	油中最大直径/mm	下瓷套长/mm	均压球		导电管内径/mm
				孔数	孔距/mm	孔径/mm				绝缘距离/mm	公称爬电距离/mm	安装孔中心距/mm	法兰外径/mm	孔数	孔径	密封面直径/mm				高度/mm	直径/mm	
		L	L_3	n	a_1	d_1	L_4	d_3	d_8	L_1	S	a_2	d_7	m	d_2	d_4	L_2	d	(L_8)	L_5	d_5	d_6
BRW-72.5/630-3	7	1 930	80	4	40	14	1 580	200	28	700	1 820	280	330	6	18	180	490	138	300	110	120	35
BRLW-72.5/630-3	7	2 065	265	4	40	14	1 845	200	28	700	1 820	280	330	6	18	180	690	138	320	110	120	35
BRLW-72.5/630-3	7	2 200	400	4	40	14	1 980	200	28	700	1 820	280	330	6	18	180	825	138	320	110	120	35
BRW-72.5/630-4	7	2 080	80	4	40	14	1 730	200	28	850	2 250	280	330	6	18	180	490	138	300	110	120	35
BRLW-72.5/630-4	7	2 215	265	4	40	14	1 995	200	28	850	2 250	280	330	6	18	180	690	138	320	110	120	35
BRLW-72.5/630-4	7	2 350	400	4	40	14	2 030	200	28	850	2 250	280	330	6	18	180	825	138	320	110	120	35
BRDW-72.5/630-3	7	1 670	40	4	40	14	1 445	200	28	700	1 820	280	330	6	18	180	310	138	210	60	120	35
BRDLW-72.5/630-3	7	1 960	265	4	40	14	1 580	200	28	700	1 820	280	330	6	18	180	535	138	210	60	120	35
BRDLW-72.5/630-3	7	2 095	400	4	40	14	1 715	200	28	700	1 820	280	330	6	18	180	670	138	210	60	120	35
BRDW-72.5/630-4	7	1 820	40	4	40	14	1 595	200	28	850	2 250	280	330	6	18	180	310	138	210	60	120	35
BRDLW-72.5/630-4	7	2 110	265	4	40	14	1 730	200	28	850	2 250	280	330	6	18	180	535	138	210	60	120	35
BRDLW-72.5/630-4	7	2 245	400	4	40	14	1 865	200	28	850	2 250	280	330	6	18	180	670	138	210	60	120	35
BRW-72.5/1250-3	7	1 940	80	4	50	18	1 560	220	46	700	1 820	350	400	6	24	240	500	180	320	110	140	55
BRLW-72.5/1250-3	7	2 125	265	4	50	18	1 745	220	46	700	1 820	350	400	6	24	240	685	180	320	110	140	55
BRLW-72.5/1250-3	7	2 260	400	4	50	18	1 880	220	46	700	1 820	350	400	6	24	240	820	180	320	110	140	55
BRW-72.5/1250-4	7	2 090	80	4	50	18	1 710	220	46	850	2 250	350	400	6	24	240	500	180	320	110	140	55
BRLW-72.5/1250-4	7	2 275	265	4	50	18	1 895	220	46	850	2 250	350	400	6	24	240	685	180	320	110	140	55
BRLW-72.5/1250-4	7	2 410	400	4	50	18	2 030	220	46	850	2 250	350	400	6	24	240	820	180	320	110	140	55
BRDW-72.5/1250-3	7	1 755	80	4	50	18	1 530	250	46	700	1 820	350	400	6	24	240	375	180	210	85	155	55
BRDLW-72.5/1250-3	7	1 940	265	4	50	18	1 715	250	46	700	1 820	350	400	6	24	240	560	180	210	85	155	55

表 5（续）

型号	图号	套管总长/mm	油中接地长度/mm	接线端子			电缆引入长度/mm	油枕直径/mm	引线接头连接孔径/mm	上瓷套		法兰					浸油部分总长/mm	油中最大直径/mm	下瓷套长/mm	均压球		导电管内径/mm
				孔数	孔距/mm	孔径/mm				绝缘距离/mm	公称爬电距离/mm	安装孔中心距/mm	法兰外径/mm	孔数	孔径	密封面直径/mm				高度/mm	直径/mm	
		L	L_3	n	a_1	d_1	L_4	d_3	d_8	L_1	S	a_2	d_7	m	d_2	d_4	L_2	d	(L_8)	L_5	d_5	d_6
BRDLW-72.5/1250-3	7	2 075	400	4	50	18	1 850	250	46	700	1 820	350	400	6	24	240	695	180	210	85	155	55
BRDW-72.5/1250-4	7	1 905	80	4	50	18	1 680	250	46	850	2 250	350	400	6	24	240	375	180	210	85	155	55
BRDLW-72.5/1250-4	7	1 940	265	4	50	18	1 715	250	46	850	2 250	350	400	6	24	240	560	180	210	85	155	55
BRDLW-72.5/1250-4	7	2 075	400	4	50	18	1 850	250	46	850	2 250	350	400	6	24	240	695	180	210	85	155	55
BRW-126/630-3	7	2 525	80	4	40	14	2 195	200	28	1 150	3 150	350	400	6	24	240	685	170	500	110	120	35
BRLW-126/630-3	7	2 880	265	4	40	14	2 570	200	28	1 150	3 150	350	400	6	24	240	880	170	500	110	120	35
BRLW-126/630-3	7	3 015	400	4	40	14	2 705	200	28	1 150	3 150	350	400	6	24	240	1 015	170	500	110	120	35
BRW-126/630-4	7	2 725	80	4	40	14	2 395	200	28	1 350	3 910	350	400	6	24	240	685	170	500	110	120	35
BRLW-126/630-4	7	3 080	265	4	40	14	2 770	200	28	1 350	3 910	350	400	6	24	240	880	170	500	110	120	35
BRLW-126/630-4	7	3 215	400	4	40	14	2 905	200	28	1 350	3 910	350	400	6	24	240	1 015	170	500	110	120	35
BRDW-126/630-3	7	2 298	40	4	40	14	1 970	200	28	1 150	3 150	350	400	6	24	240	450	170	350	60	120	35
BRDLW-126/630-3	7	2 525	265	4	40	14	2 165	200	28	1 150	3 150	350	400	6	24	240	675	170	350	60	120	35
BRDLW-126/630-3	7	2 660	400	4	40	14	2 300	200	28	1 150	3 150	350	400	6	24	240	810	170	350	60	120	35
BRDW-126/630-4	7	2 500	40	4	40	14	2 170	200	28	1 350	3 910	350	400	6	24	240	450	170	350	60	120	35
BRDLW-126/630-4	7	2 725	265	4	50	18	2 365	200	28	1 350	3 910	350	400	6	24	240	675	170	350	60	120	35
BRDLW-126/630-4	7	2 860	400	4	50	18	2 500	200	28	1 350	3 910	350	400	6	24	240	810	170	350	60	120	35
BRW-126/1250-3	7	2 555	80	4	50	18	2 180	250	46	1 150	3 150	350	400	6	24	240	670	200	500	110	140	55
BRLW-126/1250-3	7	2 750	265	4	50	18	2 375	250	46	1 150	3 150	350	400	6	24	240	865	200	500	110	140	55
BRLW-126/1250-3	7	2 885	400	4	50	18	2 510	250	46	1 150	3 150	350	400	6	24	240	1 000	200	500	110	140	55
BRW-126/1250-4	7	2 755	80	4	50	18	2 380	250	46	1 350	3 910	350	400	6	24	240	670	200	500	110	140	55

表 5（续）

型号	图号	套管总长/mm	油中接地长度/mm	接线端子			电缆引入长度/mm	油枕直径/mm	引线接头连接孔径/mm	上瓷套		法兰					浸油部分总长/mm	油中最大直径/mm	下瓷套长/mm	均压球		导电管内径/mm
				孔数	孔距/mm	孔径/mm				绝缘距离/mm	公称爬电距离/mm	安装孔中心距/mm	法兰外径/mm	孔数	孔径	密封面直径/mm				高度/mm	直径/mm	
		L	L_3	n	a_1	d_1	L_4	d_3	d_8	L_1	S	a_2	d_7	m	d_2	d_4	L_2	d	(L_8)	L_5	d_5	d_6
BRLW-126/1250-4	7	2 950	265	4	50	18	2 575	250	46	1 350	3 910	350	400	6	24	240	865	200	500	110	140	55
BRLW-126/1250-4	7	3 085	400	4	50	18	2 710	250	46	1 350	3 910	350	400	6	24	240	1 000	200	500	110	140	55
BRDW-126/1250-3	7	2 380	40	4	50	18	2 000	250	46	1 150	3 150	350	400	6	24	240	485	200	350	95	155	55
BRDLW-126/1250-3	7	2 605	265	4	50	18	2 225	250	46	1 150	3 150	350	400	6	24	240	710	200	350	95	155	55
BRDLW-126/1250-3	7	2 740	400	4	50	18	2 360	250	46	1 150	3 150	350	400	6	24	240	845	200	350	95	155	55
BRDW-126/1250-4	7	2 585	40	4	50	18	2 200	250	46	1 350	3 910	350	400	6	24	240	485	200	350	95	155	55
BRDLW-126/1250-4	7	2 805	265	4	50	18	2 425	250	46	1 350	3 910	350	400	6	24	240	710	200	350	95	155	55
BRDLW-126/1250-4	7	2 940	400	4	50	18	2 560	250	46	1 350	3 910	350	400	6	24	240	845	200	350	95	155	55
BRLW-252/630-3	7	4 380	550	4	40	14	4 030	370	32	2 200	6 300	500	550	12	24	300	1 380	270	700	130	236	55
BRLW-252/630-3	7	4 580	750	4	40	14	4 230	370	32	2 200	6 300	500	550	12	24	300	1 580	270	700	130	236	55
BRLW-252/630-4	7	4 580	550	4	40	14	4 230	370	32	2 400	7820	500	550	12	24	300	1 380	270	700	130	236	55
BRLW-252/630-4	7	4 780	750	4	40	14	4 430	370	32	2 400	7 820	500	550	12	24	300	1 580	270	700	130	236	55
BRDLW-252/630-3	7	4 220	550	4	40	14	3 870	370	32	2 200	6 300	500	550	12	24	300	1 220	270	570	110	236	55
BRDLW-252/630-3	7	4 420	750	4	40	14	4 070	370	32	2 200	6 300	500	550	12	24	300	1 420	270	570	110	236	55
BRDLW-252/630-4	7	4 420	550	4	40	14	4 070	370	32	2 400	7 820	500	550	12	24	300	1 220	270	570	110	236	55
BRDLW-252/630-4	7	4 620	750	4	40	14	4 270	370	32	2 400	7 820	500	550	12	24	300	1 420	270	570	110	236	55
BRLW-252/1250-3	7	4 420	550	4	50	18	4 030	370	46	2 200	6 300	500	550	12	24	300	1 380	270	700	130	236	58
BRLW-252/1250-3	7	4 620	750	4	50	18	4 230	370	46	2 200	6 300	500	550	12	24	300	1 580	270	700	130	236	58
BRLW-252/1250-3	7	4 920	750	4	50	18	4 530	370	46	2 200	6 300	500	550	12	24	300	1 880	270	1 000	130	236	58
BRLW-252/1250-4	7	4 620	550	4	50	18	4 230	370	46	2 400	7 820	500	550	12	24	300	1 380	270	700	130	236	58

表 5（续）

型号	图号	套管总长/mm	油中接地长度/mm	接线端子			电缆引入长度/mm	油枕直径/mm	引线接头连接孔径/mm	上瓷套		法兰					浸油部分总长/mm	油中最大直径/mm	下瓷套长/mm	均压球		导电管内径/mm
				孔数	孔距/mm	孔径/mm				绝缘距离/mm	公称爬电距离/mm	安装孔中心距/mm	法兰外径/mm	孔数	孔径	密封面直径/mm				高度/mm	直径/mm	
		L	L_3	n	a_1	d_1	L_4	d_3	d_8	L_1	S	a_2	d_7	m	d_2	d_4	L_2	d	(L_8)	L_5	d_5	d_6
BRLW-252/1250-4	7	4 820	750	4	50	18	4 430	370	46	2 400	7 820	500	550	12	24	300	1 580	270	700	130	236	58
BRLW-252/1250-4	7	5 120	750	4	50	18	4 730	370	46	2 400	7 820	500	550	12	24	300	1 880	270	1 000	130	236	58
BRDLW-252/1250-3	7	4 580	550	4	50	18	4 180	370	46	2 200	6 300	500	550	12	24	300	1 320	270	570	110	260	58
BRDLW-252/1250-3	7	4 780	750	4	50	18	4 380	370	46	2 200	6 300.	500	550	12	24	300	1 520	270	570	110	260	58
BRDLW-252/1250-4	7	4 780	550	4	50	18	4 380	370	46	2 400	7 820	500	550	12	24	300	1 320	270	570	110	260	58
BRDLW-252/1250-4	7	4 980	750	4	50	18	4 580	370	46	2 400	7 820	500	550	12	24	300	1 520	270	570	110	260	58
BRLW-252/2000-3	7	4 420	550	4	50	18	4 030	370	46	2 200	6 300	500	550	12	24	300	1 380	270	700	130	236	58
BRLW-252/2000-4	7	4 620	550	4	50	18	4 230	370	46	2 400	7 820	500	550	12	24	300	1 380	270	700	130	236	58
BRDLW-252/2000-3	7	4 580	550	4	50	18	4 180	370	46	2 200	6 300	500	550	12	24	300	1 320	270	570	110	260	58
BRDLW-252/2000-4	7	4 780	550	4	50	18	4 380	370	46	2 400	7 820	500	550	12	24	300	1 320	270	570	110	260	58
BRDLW-363/630-3	7	5 810	430	4	50	18	5 540	520	46	3 250	9 080	600	650	16	24	395	1 610	400	900	280	280	70
BRDLW-363/630-3	7	5 930	550	4	50	18	5 660	520	46	3 250	9 080	600	650	16	24	395	1 730	400	900	280	280	70
BRDLW-363/630-4	7	6 485	430	4	50	18	6 215	520	46	3 925	11 260	600	650	16	24	395	1 610	400	900	280	280	70
BRDLW-363/630-4	7	6 605	550	4	50	18	6 335	520	46	3 925	11 260	600	650	16	24	395	1 730	400	900	280	280	70
BRDLW-363/1250-3	7	5 810	430	4	50	18	5 540	520	46	3 250	9 080	600	650	16	24	395	1 610	400	900	280	280	70
BRDLW-363/1250-3	7	5 930	550	4	50	18	5 660	520	46	3 250	9 080	600	650	16	24	395	1 730	400	900	280	280	70
BRDLW-363/1250-4	7	6 485	430	4	50	18	6 215	520	46	3 925	11 260	600	650	16	24	395	1 610	400	900	280	280	70
BRDLW-363/1250-4	7	6 605	550	4	50	18	6 335	520	46	3 925	11 260	600	650	16	24	395	1 730	400	900	280	280	70
BRLW-550/630-3	7	7 815	650	2×4	50	18	7 400	520	46	4 250	13 750	750	800	16	24	450	2 415	480	1 500	280	330	70
BRLW-550/630-3	7	8 065	900	2×4	50	18	7 650	520	46	42 50	13 750	750	800	16	24	450	2 665	480	1 500	280	330	70

表 5（续）

型号	图号	套管总长/mm	油中接地长度/mm	接线端子			电缆引入长度/mm	油枕直径/mm	引线接头连接孔径/mm	上瓷套		法兰					浸油部分总长/mm	油中最大直径/mm	下瓷套长/mm	均压球		导电管内径/mm
				孔数	孔距/mm	孔径/mm				绝缘距离/mm	公称爬电距离/mm	安装孔中心距/mm	法兰外径/mm	孔数	孔径	密封面直径/mm				高度/mm	直径/mm	
		L	L_3	n	a_1	d_1	L_4	d_3	d_8	L_1	S	a_2	d_7	m	d_2	d_4	L_2	d	(L_8)	L_5	d_5	d_6
BRLW-550/630-4	7	8 490	650	2×4	50	18	8 075	520	46	4 925	17 060	750	800	16	24	450	2 415	480	1 500	280	330	70
BRDLW-550/630-3	7	7 565	650	2×4	50	18	7 150	520	46	4 250	13 750	750	800	16	24	450	2 165	480	1 250	280	330	70
BRDLW-550/630-3	7	7 815	900	2×4	50	18	7 400	520	46	4 250	13 750	750	800	16	24	450	2 415	480	1 250	280	330	70
BRLW-550/1250-3	7	7 815	650	2×4	60	18	7 400	520	46	4 250	13 750	750	800	16	24	450	2 415	480	1 500	280	330	70
BRLW-550/1250-3	7	8 065	900	2×4	60	18	7 650	520	46	4 250	13 750	750	800	16	24	450	2 665	480	1 500	280	330	70
BRDLW-550/1250-3	7	7 565	650	2×4	60	18	7 150	520	46	4 250	13 750	750	800	16	24	450	2 165	480	1 250	280	330	70
BRDLW-550/1250-3	7	7 815	900	2×4	60	18	7 400	520	46	4 250	13 750	750	800	16	24	450	2 415	480	1 250	280	330	70
BRDLW-550/1250-4	7	8 490	900	2×4	60	18	8 075	520	46	4 925	17 060	750	800	16	24	450	2 415	480	1 250	280	330	70

注 1：L、L_1 及均压球尺寸作为参考尺寸，油中接地长可按用户要求设计。

注 2：对平均直径大于 ϕ300 mm 的产品，外绝缘爬电距离按 IEC 60815 的规定进行修正。800 kV 及以上套管伞间距要求不小于 70 mm。

表 6　油纸变压器套管(导杆载流或穿杆式)型式与尺寸

型号	图号	套管总长/mm	油中接地长度/mm	接线端子			油枕直径/mm	上瓷套		法兰					浸油部分总长/mm	油中最大直径/mm	下瓷套长/mm	下接线板			均压球	
				孔数	孔距/mm	孔径/mm		绝缘距离/mm	公称爬电距离/mm	安装孔中心距/mm	法兰外径/mm	孔数	孔径/mm	密封面直径				孔数	孔径/mm	孔距/mm	高度/mm	直径/mm
		L	L_3	n	a_1	d_1	d_3	L_1	S	a_2	d_7	m	d_2	d_4	L_2	d	(L_8)	n_1	d_6	a_3	L_5	d_5
BRLW-72.5/2500-3	8	2 350	265	4	60	18	250	700	1 820	350	400	6	24	240	875	180	320	4	14	40	300	300
BRLW-72.5/2500-3	8	2 485	400	4	60	18	250	700	1 820	350	400	6	24	240	1 010	180	320	4	14	40	300	300
BRLW-72.5/2500-4	8	2 500	265	4	60	18	250	850	2 250	350	400	6	24	240	875	180	320	4	14	40	300	300
BRLW-72.5/2500-4	8	2 635	400	4	60	18	250	850	2 250	350	400	6	24	240	1 010	180	320	4	14	40	300	300
BRLW-72.5/3150-3	8	2 375	265	4	80	22	250	700	1 820	350	400	6	24	240	1 010	180	320	4	18	50	300	300
BRLW-72.5/3150-3	8	2 510	400	4	80	22	250	700	1 820	350	400	6	24	240	1 010	180	320	4	18	50	300	300
BRLW-72.5/3150-4	8	2 525	265	4	80	22	250	850	2 250	350	400	6	24	240	875	180	320	4	18	50	300	300
BRLW-72.5/3150-4	8	2 660	400	4	80	22	250	850	2 250	350	400	6	24	240	1 010	180	320	4	18	50	300	300
BRLW-126/2500-3	8	2 980	265	4	60	18	250	1 150	3 150	400	450	8	24	320	1 050	220	500	4	40	14	300	300
BRLW-126/2500-3	8	3 115	400	4	60	18	250	1 150	3 150	400	450	8	24	320	1 185	220	500	4	40	14	300	300
BRLW-126/2500-4	8	3 180	265	4	60	18	250	1 350	3 910	400	450	8	24	320	1 050	220	500	4	40	14	300	300
BRLW-126/2500-4	8	3 315	400	4	60	18	250	1 350	3 910	400	450	8	24	320	1 185	220	500	4	40	14	300	300
BRLW-252/2500-3	8	4 670	550	4	60	18	370	2 200	6 300	600	650	12	24	330	1 540	300	700	4	14	40	300	300
BRLW-252/2500-3	8	4 870	750	4	60	18	370	2 200	6 300	600	650	12	24	330	1 740	300	700	4	14	40	300	300
BRLW-252/2500-4	8	4 870	550	4	60	18	370	2 400	7 820	600	650	12	24	330	1 540	300	700	4	14	40	300	300
BRLW-252/2500-4	8	5 070	750	4	60	18	370	2 400	7 820	600	650	12	24	330	1 740	300	700	4	14	40	300	300
BRLW-252/3150-3	8	4 670	550	4	80	22	370	2 200	6 300	600	650	12	24	330	1 540	300	700	4	18	50	300	300
BRLW-252/3150-3	8	4 870	750	4	80	22	370	2 200	6 300	600	650	12	24	330	1 740	300	700	4	18	50	300	300
BRLW-252/3150-4	8	4 870	550	4	80	22	370	2 400	7 820	600	650	12	24	330	1 540	300	700	4	18	50	300	300
BRLW-252/3150-4	8	5 070	750	4	80	22	370	2 400	7 820	600	650	12	24	330	1 740	300	700	4	18	50	300	300

表 6（续）

型号	图号	套管总长/mm	油中接地长度/mm	接线端子			油枕直径/mm	上瓷套		法兰					浸油部分总长/mm	油中最大直径/mm	下瓷套长/mm	下接线板			均压球	
				孔数	孔距/mm	孔径/mm		绝缘距离/mm	公称爬电距离/mm	安装孔中心距/mm	法兰外径/mm	孔数	孔径/mm	密封面直径				孔数	孔径/mm	孔距/mm	高度/mm	直径/mm
		L	L_3	n	a_1	d_1	d_3	L_1	S	a_2	d_7	m	d_2	d_4	L_2	d	(L_8)	n_1	d_6	a_3	L_5	d_5
BRLW-363/2500-3	8	6 710	500	4	60	18	500	3 800	9 080	660	720	12	24	380	1 860	300	1 200	2	14	40	300	300
BRDLW-550/1600-3	8	7 310	600	4	50	18	500	4 500	13 750	660	720	16	24	380	1 860	300	1 200	2	14	45	300	300
BRLW-550/2500-3	8	7 870	750	2×4	60	18	520	4 250	13 750	750	800	16	24	520	2 440	480	1 500	2	18	50	350	420
BRDLW-550/3150-3	8	7 560	550	2×4	60	18	520	4 250	13 750	750	800	16	24	520	2 100	480	1 200	2	18	50	350	420
BRDLW-550/3150-4	8	7 100	400	2×4	60	18	520	4 500	17 060	(660) 750	(720) 800	12	24	(380) 520	2 100	(300) 480	1 200	4	17	(40) 50	300	300
BRDLW-800/1250-4	8	10 810	430	2×4	60	18	620	7 300	24 810	711	780	12	32	585	2 020	546	1 420	2	14	50		
BRDLW-800/1600-3	8	10 615	605	2×4	60	18	700	6 935	20 000	711	780	12	32	600	2 020	528	1 270	6	M14	六面体		
BRDLW-800/2000-3	8	10 700	605	2×4	50	18	700	6 935	20 000	711	780	12	32	600	2 020	528	1 270	4	M14	四面体		
BRDLW-800/2500-3	8	10 625	605	2×4	60	18	620	6 650	20 000	711	780	12	32	585	2 515	546	1 420	4	14	40	400	450

注 1：由于用户要求的差异及制造厂家的不统一，L、L_1、L_2 及均压球尺寸作为参考尺寸，油中接地长可按用户要求设计。

注 2：制造厂家应给出套管的平均直径，并对平均直径大于 ϕ300 mm 的外绝缘爬电距离按 IEC 60815 的规定进行修正。

4.2.4 变压器套管外接线端子

套管外接线端子的制造除符合本标准外，其余应符合 GB/T 5273—1985 的规定。

4.2.5 变压器套管的主要尺寸偏差

a) 对浸油部分总长：

72.5 kV±8 mm

126 kV±10 mm

≥252 kV±20 mm

b) 对油中部分瓷件最大直径(d)应符合 GB/T 772—2005 对瓷件有限结构允许偏差的规定。

对法兰安装孔中心圆直径(a_2)

a_2≤350 mm 时：±1 mm

a_2>350 mm 时：±1.5 mm

c) 对上瓷套公称爬电距离，其正偏差不作要求，负偏差应不超过下式规定。

$$0.025L+6\ \text{mm}$$

式中：

L——公称爬电距离，mm。

4.2.6 放气塞

安装法兰上的放气塞，位置方向如图 9 所示。一般在油表的背面与其成 180°，其中心尺寸应小于密封面直径尺寸约 40 mm。

4.2.7 其他

应在图样上注明套管均压球下端开口尺寸。对 252 kV 及以上套管的头部结构，应考虑满足相应的无线电干扰要求。

ICS 13.260
K 47

中华人民共和国国家标准

GB/T 13034—2008
代替 GB/T 13034—2003

带电作业用绝缘滑车

Insulated pulleys for live working

2008-09-24 发布　　2009-08-01 实施

中华人民共和国国家质量监督检验检疫总局
中国国家标准化管理委员会　发布

前　言

本标准代替 GB/T 13034—2003《带电作业用绝缘滑车》。

本标准与 GB/T 13034—2003 相比，本次修订的主要内容有：

——将本标准的章、条进行了重新的编排，增加了附录 A、附录 B。

——为使试验更符合实际工况，对电气性能试验施加电压的方式进行了更改。

本标准的附录 A、附录 B 为规范性附录。

本标准由中国电力企业联合会提出。

本标准由全国带电作业标准化技术委员会归口并负责解释。

本标准由国网武汉高压研究院、宁波天河电力机具有限责任公司负责起草。

本标准主要起草人：易辉、邱以刚、胡毅、张丽华。

本标准所代替标准的历次版本发布情况为：

——GB/T 13034—1991；GB/T 13034—2003。

带电作业用绝缘滑车

1 范围

本标准规定了带电作业用绝缘滑车的要求、试验方法、检验规则和标记。

本标准适用于在高压电气设备上进行带电作业所使用的绝缘滑车。

2 规范性引用文件

下列文件中的条款通过本标准的引用而成为本标准的条款。凡是注日期的引用文件，其随后所有的修改单(不包括勘误的内容)或修订版均不适用于本标准，然而，鼓励根据本标准达成协议的各方研究是否可使用这些文件的最新版本。凡是不注日期的引用文件，其最新版本适用于本标准。

GB/T 1303.1 环氧玻璃布层压板(GB/T 1303.1—1998,neq IEC 60893-3-2:1993)

GB/T 6179 Ⅰ型 六角开槽螺母 C级(GB/T 6179—1986,neq ISO/DIS 7037:1982)

GB/T 6181 六角开槽薄螺母 A级和B级(GB/T 6181—1986,neq ISO/DIS 7038:1982)

GB/T 16927.1 高电压试验技术 第1部分:一般试验要求(GB/T 16927.1—1997,eqv IEC 60060-1:1989)

HG/T 2349 聚酰胺1010树脂

3 要求

3.1 整体技术要求

a) 零件及组合件按图纸合格后才能装配；

b) 装配后滑轮在中轴上应转动灵活，无卡阻和碰擦轮缘现象；

c) 吊钩、吊环在吊梁上应转动灵活；

d) 各开口销不得向外弯，并切除多余部分；

e) 侧面螺栓高出螺母部分不大于2 mm；

f) 侧板开口在90°范围内无卡阻现象。

3.2 电气性能

各种型号的绝缘滑车电气性能指标均应能通过交流工频30 kV(有效值)1 min耐压试验。其中，绝缘钩型滑车应能通过交流工频44 kV(有效值)1 min耐压试验。试验以不发热、不击穿为合格。

3.3 机械性能

a) 各种型号的绝缘滑车应分别满足5 kN、10 kN、15 kN、20 kN的系列额定负荷的要求(这里额定负荷指吊钩的承载负荷)；

b) 各种型号的绝缘滑车机械性能指标均应能通过2.0倍额定负荷，持续时间5 min的机械拉力试验，试验以无永久变形或裂纹为合格；

c) 各种型号的绝缘滑车的破坏拉力不得小于3.0倍额定负荷。

3.4 绝缘滑车各部件的材料及工艺要求

3.4.1 吊钩、吊环

3.4.1.1 材料

应采用40Cr钢或机械性能不低于40Cr钢的其他合金结构钢制造。

3.4.1.2 工艺要求

a) 必须用锻造件，机加工前正火处理；

b) 不得出现裂纹、重皮、过烧、过热、毛刺等缺陷，更不允许将缺陷补焊回用；

c) 调质后表面硬度不高于 266HB；

d) 螺纹精度不低于 6 g；

e) 表面应进行镀铬、镀锌等防腐蚀处理。

3.4.1.3 **螺母**

吊钩及吊环螺母采用 GB/T 6179 中的开槽螺母，其余螺母采用 GB/T 6181 中的开槽薄螺母。

3.4.2 **中轴、吊轴、联结轴**

3.4.2.1 **材料**

应采用 45 号钢或机械性能不低于 45 号钢的其他结构钢制造。

3.4.2.2 **工艺要求**

a) 不应出现裂纹及影响质量的缺陷；

b) 调质后表面硬度为 217 HB～255 HB；

c) 中轴表面粗糙度不低于 *Ra*3.2 μm，直径公差 g6；吊轴、联结轴表面粗糙度不低于 *Ra*12.5 μm，直径公差 h11；

d) 螺纹精度不低于 6 g；

e) 表面均应镀锌防腐蚀。

3.4.3 **吊梁、尾绳环**

3.4.3.1 **材料**

应采用 45 号钢或机械性能不低于 45 号钢的其他结构钢制造。

3.4.3.2 **工艺要求**

a) 采用的铸钢件不得有砂眼、裂纹、气孔、缩孔、疏松等缺陷；

b) 吊梁孔的位置公差不大于 ϕ0.1；

c) 吊梁孔对吊钩螺母接触面的垂直度公差不低于 9 级；

d) 吊梁轴孔对吊钩螺母接触面的平行度公差不低于 10 级；

e) 表面应进行镀铬、镀锌等防腐蚀处理。

3.4.4 **护板、隔板、拉板、加强板**

3.4.4.1 **材料**

应采用环氧玻璃布层压板制造，其机械性能及电气性能应符合 GB/T 1303.1 的规定。

3.4.4.2 **工艺要求**

a) 各孔的位置公差不大于 ϕ0.1；

b) 加工完毕后，表面应涂刷 1 次～2 次环氧绝缘清漆，端面涂刷不少于 2 次，每次须干燥后方可涂刷下一次。

3.4.5 **滑轮**

3.4.5.1 **材料**

采用聚酰胺 1010 树脂等绝缘材料制造，其机械性能应符合 HG/T 2349 及相关标准的规定。

3.4.5.2 **工艺要求**

a) 滑轮孔表面粗糙度不低于 *Ra*6.3 μm，公差为 N7；

b) 孔的径向全跳动公差不低于 10 级；

c) 加工完毕后，表面应涂刷 1 次～2 次环氧绝缘清漆，端面涂刷不少于 2 次，每次须干燥后方可涂刷下一次。

3.4.6 **轴承**

采用 G 级单列向心球轴承系列，其型号及个数，根据负荷和结构选定。

3.4.7 绝缘钩

3.4.7.1 材料

应采用环氧玻璃布层压板制造，其机械性能及电气性能应符合 GB/T 1303.1 的规定。

3.4.7.2 工艺要求

同与 3.4.4.2。

4 试验方法

4.1 抽样

4.1.1 绝缘材料制件的试样采取

每批绝缘材料制件出厂前要有供应厂家的材料检验合格证。其检验日期不得超过 12 个月。若超过时，则必须对制件按绝缘材料制品标准并按批次重新取样试验，其取样方法按 GB/T 1303.1 进行。

4.1.2 锻件、铸件试样的采取

锻件及铸件试样的采取按有关试样标准的要求进行。

4.1.3 滑车总成的取样方法

凡装配后的绝缘滑车(生产的产品，以生产同一型号的为一批)每批总量的 3%随机抽样，但不得少于 3 只。

4.2 工频耐压试验

a) 试品应清净干燥；

b) 将试品按附录 A 中图 A.1 的方式悬挂在接地的 50 mm 宽等边角钢横梁中部。横梁长度不小于 2 m，挂环固定在横梁中部，滑车吊钩挂在 U 型环上(多用钩滑车可直接挂在角钢横梁的中部)；

高压引线从滑车的中轴处引入。试品及高压引线与周围物体间的距离不小于试品干闪距离的1.5 倍，且应不小于 1 m；

c) 试验设备及加压方法应符合 GB/T 16927.1 的规定；

d) 按 3.2 要求的工频耐受电压值对试品施加工频电压，耐受 1 min，结果应符合 3.2 的规定。

4.3 机械试验

a) 将随机抽样的试品与绝缘绳组装后作拉力试验，联结及加载方式如附录 A 中图 A.2 所示；

b) 取 3 只试品均按 2.0 倍额定负荷做拉力试验，试验结果应符合 3.3b)项的规定；

c) 随机抽样的 3 只试品做整体破坏试验，应记录每只试品的破坏负荷值，每只试品的破坏负荷均应满足 3.3c)项的规定；

d) 吊钩、吊环、中轴、吊轴的试验方法按有关规定进行。

5 分类和标记

5.1 型号规格

绝缘滑车共分为十六种型号，其名称及种类见表 1，结构及主要尺寸见图 1～图 10。

表 1 各类绝缘滑车名称、型号

型号	名称	额定负荷/kN	滑轮个数
JH5-1B	单轮闭口型绝缘滑车	5	1
JH5-1K	单轮开口型绝缘滑车	5	1
JH5-1DY	单轮多用钩型绝缘滑车	5	1
JH5-2D	双轮短钩型绝缘滑车	5	2
JH5-2X	双轮导线钩型绝缘滑车	5	2

表 1（续）

型号	名称	额定负荷/kN	滑 轮 个 数
JH5-2J	双轮绝缘钩型绝缘滑车	5	2
JH5-3D	三轮短钩型绝缘滑车	5	3
JH5-3X	三轮导线钩型绝缘滑车	5	3
JH10-2D	双轮短钩型绝缘滑车	10	2
JH10-2C	双轮长钩型绝缘滑车	10	2
JH10-3D	三轮短钩型绝缘滑车	10	3
JH10-3C	三轮长钩型绝缘滑车	10	3
JH15-4D	四轮短钩型绝缘滑车	15	4
JH15-4C	四轮长钩型绝缘滑车	15	4
JH20-4D	四轮短钩型绝缘滑车	20	4
JH20-4C	四轮长钩型绝缘滑车	20	4

单位为毫米

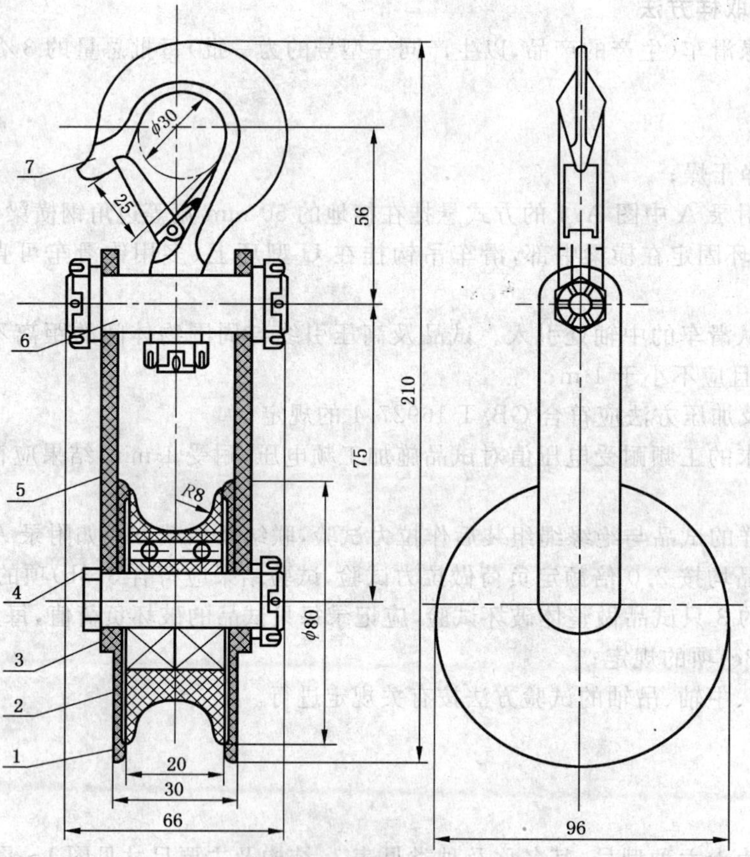

1——挡板；
2——滑轮；
3——轴承；
4——中轴；
5——拉板；
6——吊轴；
7——吊钩。

图 1 JH5-1B 滑车结构图

单位为毫米

1——固定销；
2——活动拉板；
3——吊钩；
4——吊轮；
5——隔板；
6——滑轮；
7——中轴；
8——轴承；
9——固定拉板。

图 2　JH5-1K 滑车结构图

单位为毫米

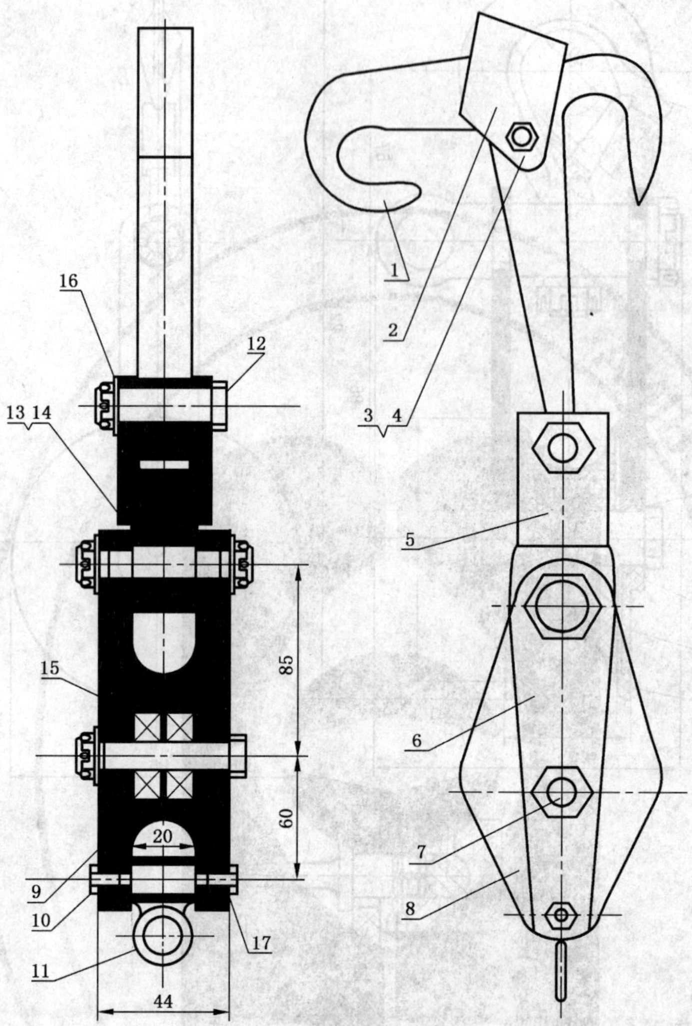

1——吊钩；
2——护盖；
3——螺母；
4——螺栓；
5——吊环；
6——护板；
7——中轴；
8——挡板；
9——滑轮；
10——小轴；
11——绳环；
12——吊轴；
13——上轴；
14——螺母；
15——轴承；
16——垫圈；
17——垫圈。

图 3　JH5-IDY 滑车结构图

单位为毫米

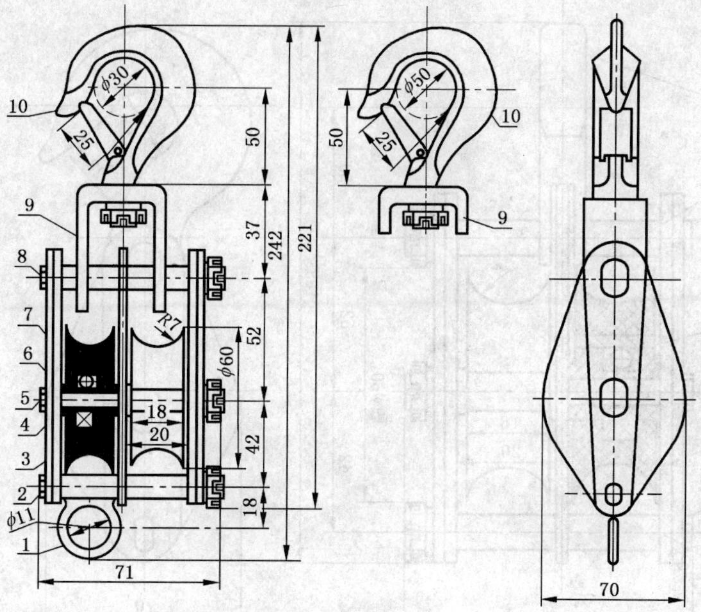

1——尾绳环；
2——联结轴；
3——拉板；
4——隔板；
5——中轴；
6——轴承；
7——滑轮；
8——吊轴；
9——吊梁；
10——吊钩。

图 4　JH5-2D，JH5-2X 型滑车结构图

单位为毫米

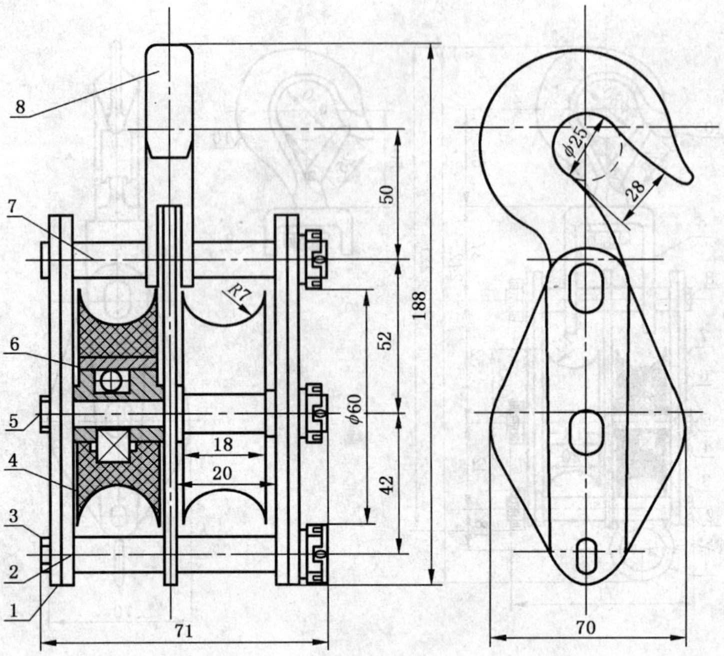

1——隔板；
2——拉板；
3——联结轴；
4——滑轮；
5——中轴；
6——轴承；
7——吊轴；
8——吊钩。

图5 JH5-2J 型滑车结构图

单位为毫米

1——尾绳环；
2——联结轴；
3——拉板；
4——隔板；
5——中轴；
6——轴承；
7——滑轮；
8——吊轴；
9——吊梁；
10——吊钩。

图 6　JHS-3D、JHS-3X 型滑车结构图

单位为毫米

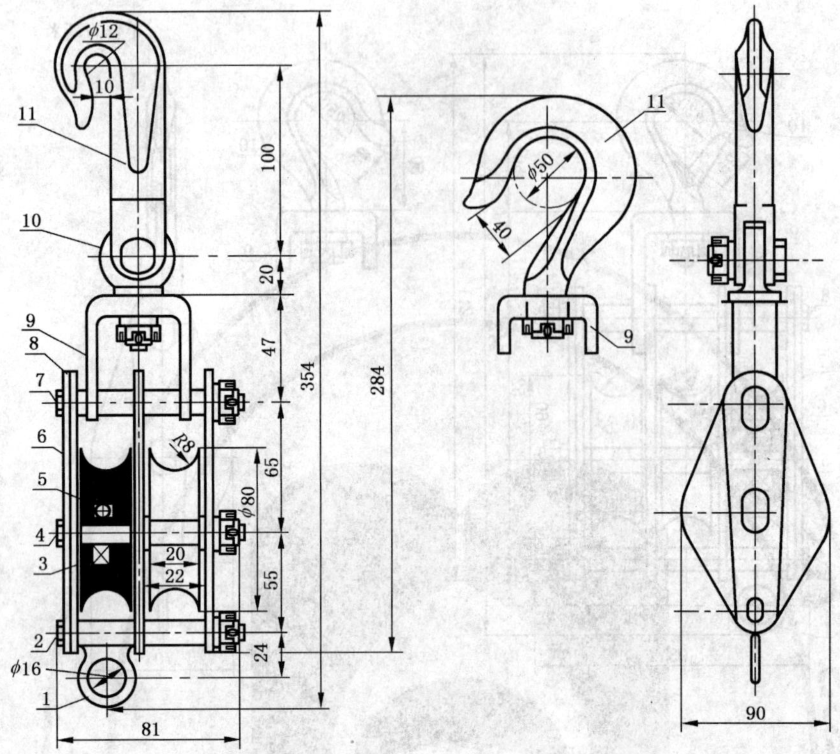

1——尾绳环；
2——联结轴；
3——滑轮；
4——中轴；
5——轴承；
6——拉板；
7——吊轴；
8——隔板；
9——吊梁；
10——吊环；
11——吊钩。

图7 JH10-2C、JH10-2D型滑车结构图

单位为毫米

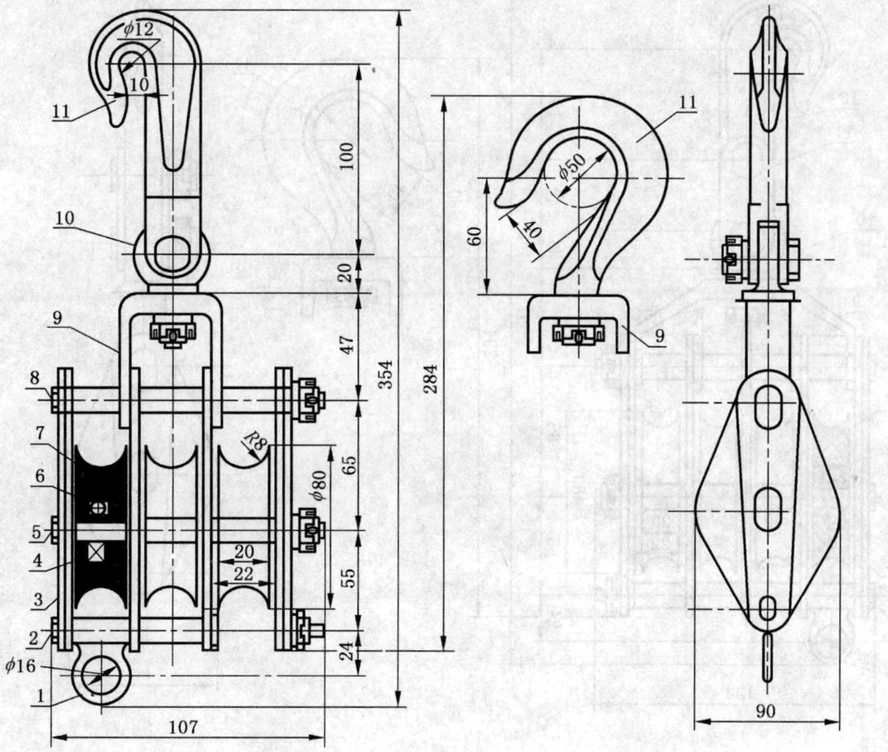

1——尾绳环；
2——联结轴；
3——拉板；
4——隔板；
5——中轴；
6——轴承；
7——滑轮；
8——吊轴；
9——吊梁；
10——吊环；
11——吊钩。

图 8 JH10-3C、JH10-3D 型滑车结构图

单位为毫米

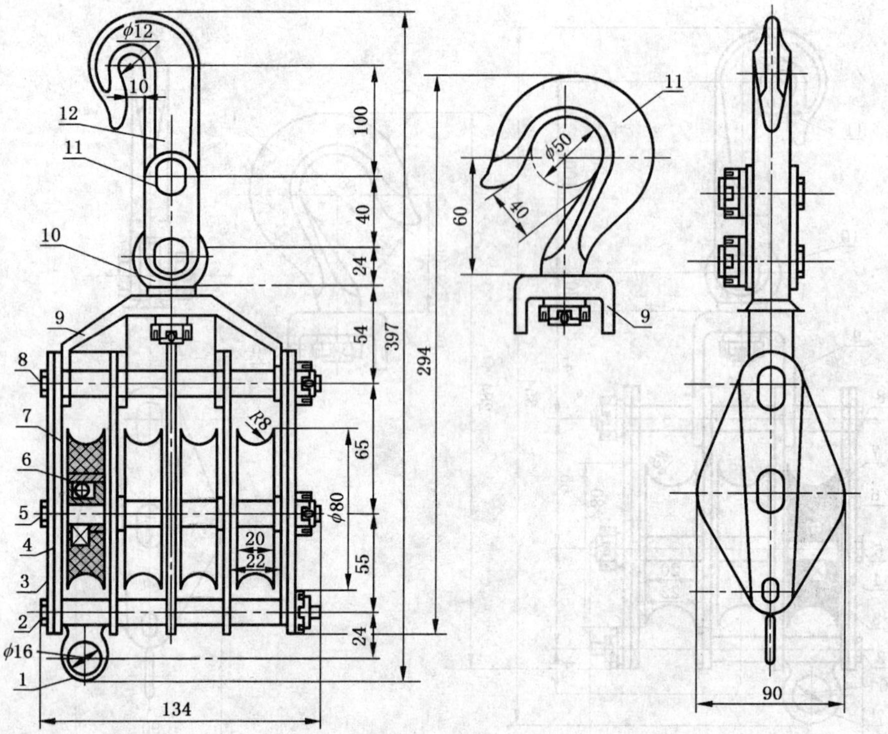

1——尾绳环；

2——联结轴；

3——拉板；

4——隔板；

5——中轴；

6——轴承；

7——滑轮；

8——吊轴；

9——吊梁；

10——吊环；

11——联结板；

12——吊钩。

图 9　JH15-4C、JH15-4D 型滑车结构图

单位为毫米

1——尾绳环；

2——隔板；

3——联结轴；

4——拉板；

5——中轴；

6——轴承；

7——滑轮；

8——吊轴；

9——吊梁；

10——吊钩；

11——联结板；

12——吊钩。

图 10　JH20-4C、JH20-4D 型滑车结构图

5.2　型号、表示方法

型号编制采用汉语拼音第一个字母与阿拉伯数字相结合表示的方法。

a）JH 表示绝缘滑车；

b）JH 之后的数字表示额定负荷；

c）短横线后的数字表示滑轮的个数；

d）最后的字母表示结构特点。

汉语拼音首字母表示的结构特点及类型：

B——侧板闭口型

K——侧板开口型

D——短钩型

C——长钩型

J——绝缘钩型

X——导线钩型

DY——多用钩型

6 检验规则

6.1 型式试验

有下列情形之一的绝缘滑车产品应进行型式检验。用于型式检验的试品应从生产线中一个批量的产品中随机抽样3%,但不得少于3只。

a) 新产品投产或老产品转厂生产的试制定型;

b) 正式生产后,产品结构有较大改动时;

c) 产品停产一年以上恢复生产时;

d) 型式检验项目见表2,不满足表2中任一项检验项目时,检验为不合格。

6.2 出厂试验

凡绝缘滑车产品出厂应进行逐只产品的外观检查和尺寸检查,并进行表2所列项目的出厂检验。

绝缘滑车生产厂家所有出厂产品应符合本标准规定的技术要求。经检验合格的绝缘滑车应有合格证和使用说明书。

表2 试验项目

序号	依 据	检验项目	型式试验	出厂试验
1	3.1	外观及尺寸检查	√	√
2	4.2	工频耐受电压试验	√	√
3	3.3 b)	机械拉力试验	√	√
4	3.3 c)	破坏拉力实验	√	—

注1:"√"表示必须进行的项目。

注2:"—"表示不执行。

注3:出厂机械拉力试验在同一批量中抽取3%进行,但工频耐受电压试验应逐只进行。

滑车进行型式试验、出厂试验时,其电气试验、机械试验的方法和试品布置见附录A。

7 标志、包装和贮存

7.1 标志

7.1.1 标志的位置

绝缘滑车产品应采用"双三角标志",应设在滑车固定框架的醒目处,如附录B中图B.1所示。

7.1.2 标志的制造方法

以薄铝板为材料,正面标以标志内容,背面与滑车所选定的外表面部件牢固胶合。

7.1.3 标志的内容

绝缘滑车的铭牌标志上要有商标及型号、制造日期、制造厂名、出厂编号。

7.2 包装

a) 绝缘滑车应采用塑料套包装。

b) 包装箱上应标明制造厂名称、产品名称、毛重和出厂日期,另外还须标出"防潮"、"密封"、"轻放"等。

7.3 贮存

绝缘滑车应置于通风良好、备有红外线灯泡或去湿设备的清洁干燥的专用房间存放。贮存期超过生产日期 12 个月，要按本标准进行电气性能检验，以后凡贮存日期达 12 个月，均应按本标准进行电气性能检验。

附 录 A
（规范性附录）
滑车的试验及试品布置

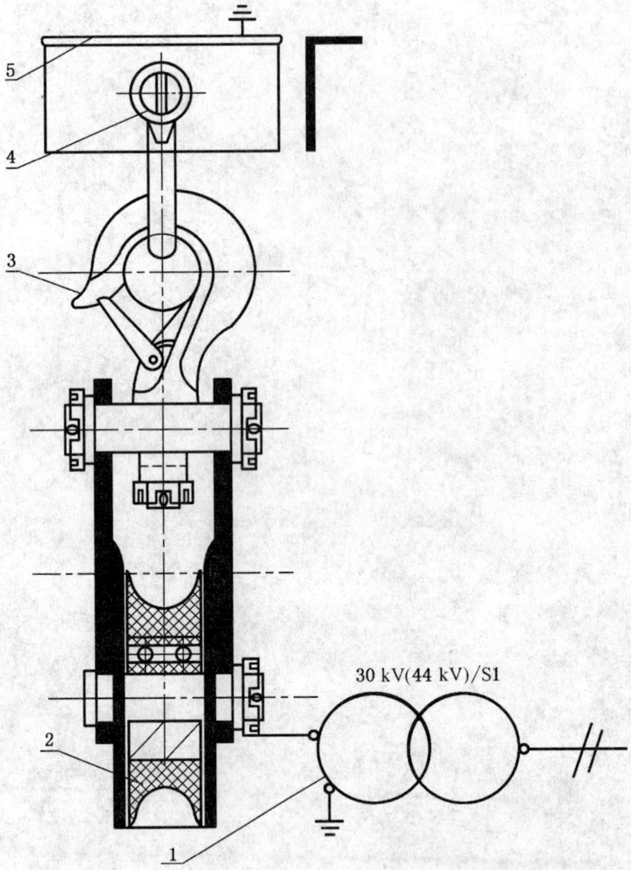

1——工频试验装置；
2——滑轮；
3——吊钩；
4——U 形环；
5——金属横担。

图 A.1 滑车电气试验布置图

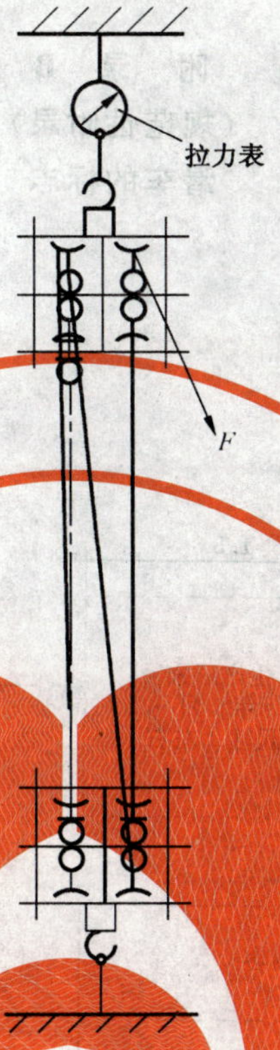

图 A.2 滑车机械试验布置图

附　录　B
（规范性附录）
滑车的标志

单位为毫米

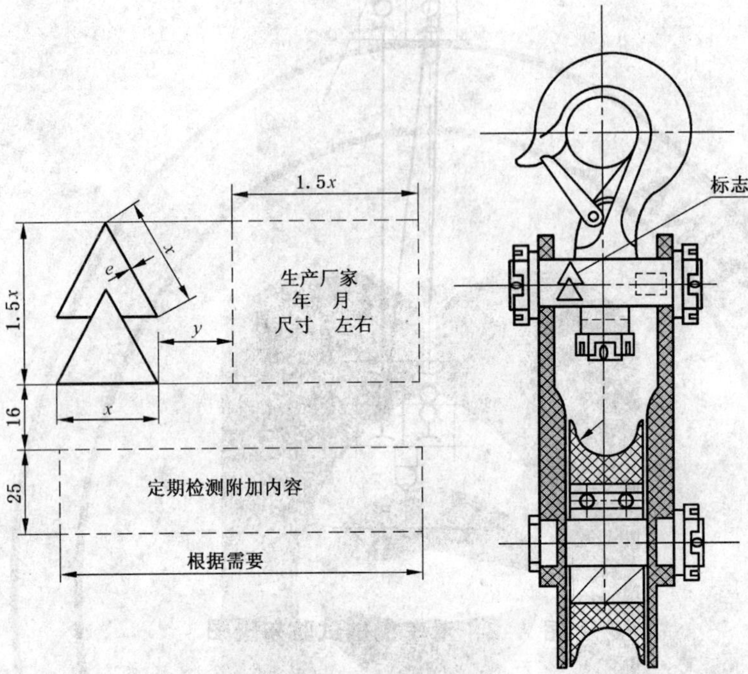

x——16、25 或 40；$y=\frac{x}{2}$；

e——线的最小宽度，e=1。

图 B.1　滑车标志和标志位置图

ICS 13.260;29.035
K 47

中华人民共和国国家标准

GB/T 13035—2008
代替 GB/T 13035—2003

带电作业用绝缘绳索

Live working—Insulating ropes

2008-09-24 发布

2009-08-01 实施

中华人民共和国国家质量监督检验检疫总局
中国国家标准化管理委员会 发布

前言

本标准代替 GB/T 13035—2003《带电作业用绝缘绳索》。

本标准与 GB/T 13035—2003 相比主要差异如下：

——适用范围扩展至交、直流各电压等级；

——修改了“断裂强度”、“伸长率”英文定义；

——将“机械性能要求”中对测量张力的要求单独列出，增加了表 6；

——增加了“断裂强度及伸长率试验”的试样长度的基本要求。

本标准的附录 A、附录 B、附录 C、附录 D、附录 E 为规范性附录。

本标准由中国电力企业联合会提出。

本标准由全国带电作业标准化技术委员会归口并负责解释。

本标准起草单位：国网武汉高压研究院、宁波天弘电力器具有限公司、江苏泰州宏达绝缘器材厂。

本标准主要起草人：胡毅、吴维宁、吕伟宏、姜文达、王宇、顾勇、易辉、张丽华、徐莹。

本标准所代替标准的历次版本发布情况为：

——GB/T 13035—1991；GB/T 13035—2003。

带电作业用绝缘绳索

1 范围

本标准规定了带电作业用绝缘绳索的分类、材料、技术要求、试验方法、检验规则、保管、贮存和运输等。

本标准适用于在交、直流各电压等级的电气设备上进行带电作业的绝缘绳索材料。

2 规范性引用文件

下列文件中的条款通过本标准的引用而成为本标准的条款。凡是注日期的引用文件，其随后所有的修改单(不包括勘误的内容)或修订版均不适用于本标准，然而，鼓励根据本标准达成协议的各方研究是否可使用这些文件的最新版本。凡是不注日期的引用文件，其最新版本适用于本标准。

GB/T 14286　带电作业工具设备术语(GB/T 14286—2008，IEC 60743：2001，MOD)

GB/T 16927.1　高电压试验技术　第一部分：一般试验要求(GB/T 16927.1—1997，eqv IEC 60060-1：1989)

DL/T 974　带电作业用工具库房

3 定义

GB/T 14286 确定的以及下列术语和定义适用于本标准。

3.1

绳索直径　diameter of rope

在测量张力下绳索外切圆的直径。

3.2

测量张力　measuring strain

在测量绳索特性时作用于绳索的张力。

3.3

断裂强度　breaking strength

绳索断裂时测得的最大张力。

3.4

伸长率　elongation

当外加拉力由测量张力值增至绳索额定断裂强度规定值的75%时，绳索的长度增加率。

3.5

常规型绝缘绳索　routine insulating rope

由天然纤维材料或合成纤维材料制成的在干燥状态下具有良好电气绝缘性能的绳索。

3.6

防潮型绝缘绳索　damp-resistant insulating rope

由天然纤维材料或合成纤维材料制成，经过专门防潮处理，在高湿度条件下仍具备良好电气绝缘性能的绳索。

3.7

高机械强度绝缘绳索　high strength insulating rope

采用高强度合成纤维材料制成，较常规强度绝缘绳索的断裂强度增高1倍以上的绝缘绳索。

4 材料

4.1 天然纤维绝缘绳索(蚕丝绳)应采用脱胶不少于25%、洁白,无杂质、长纤维的蚕丝为原材料。

4.2 合成纤维绝缘绳索应采用聚己内酰胺(锦纶6)等或其他满足电气、机械性能及防老化要求的合成纤维为原材料。

4.3 高强度绝缘绳索应采用高机械强度的合成纤维为原材料。

5 分类及型号规格标志

5.1 分类

5.1.1 根据材料,绝缘绳索分为天然纤维绝缘绳索和合成纤维绝缘绳索。

5.1.2 根据在潮湿状态下的电气性能,绝缘绳索分为常规型绝缘绳索和防潮型绝缘绳索。

5.1.3 根据机械强度,绝缘绳索分为常规强度绝缘绳索和高强度绝缘绳索。

5.1.4 根据编织工艺,绝缘绳索分为编织绝缘绳索、绞制绝缘绳索和套织绝缘绳索。

5.2 型号规格标志

5.2.1 型号规格标志

□□□—□—□□—□

名称—编织工艺—规格—防潮性

5.2.2 型号规格举例

TJS-B-12	天然纤维绝缘绳索	编织型	ϕ12 mm	
HJS-J-10	合成纤维绝缘绳索	绞制型	ϕ10 mm	
HJS-B-16-F	合成纤维绝缘绳索	编织型	ϕ16 mm	防潮型
GJS-T-18	高强度绝缘绳索	套织型	ϕ18 mm	
GJS-B-18-F	高强度绝缘绳索	编织型	ϕ18 mm	防潮型

6 技术要求

6.1 电气性能要求

6.1.1 常规型绝缘绳索的电气性能应符合表1的规定。

表1 常规型绝缘绳索的电气性能

序号	试验项目	试品有效长度/m	电气性能要求
1	施加工频电压100 kV时高湿度下交流泄漏电流 (相对湿度90%,温度20 ℃,24 h,试品长度0.5 m)	0.5	不大于300 μA
2	工频干闪电压	0.5	不小于170 kV

6.1.2 防潮型绝缘绳索的电气性能应符合表2的规定。

表2 防潮型绝缘绳索的电气性能

序号	试验项目	试品有效长度/m	电气性能要求
1	工频干闪电压	0.5	不小于170 kV
2	持续高湿度下工频泄漏电流 (相对湿度90%,温度20 ℃,168 h,施加工频电压100 kV)	0.5	不大于100 μA
3	浸水后工频泄漏电流 (水电阻率100 Ω·m,浸泡15 min,抖落表面附着水珠,加压100 kV)	0.5	不大于500 μA

表 2（续）

序　号	试　验　项　目	试品有效长度/m	电气性能要求
4	淋雨工频闪络电压 （雨量 1 mm/min～1.5 mm/min，水电阻率 100 Ω·m）	0.5	不小于 60 kV
5	50％断裂负荷拉伸后，高湿度下工频泄漏电流 （相对湿度 90％，温度 20 ℃，168 h，加压 100 kV）	0.5	不大于 100 μA
6	经漂洗后，高湿度下工频泄漏电流 （相对湿度 90％，温度 20 ℃，168 h，加压 100 kV）	0.5	不大于 100 μA
7	经磨损后，高湿度下工频泄漏电流 （相对湿度 90％，温度 20 ℃，168 h，加压 100 kV）	0.5	不大于 100 μA

6.2　机械性能要求

6.2.1　常规强度绝缘绳索（包括常规机械强度的防潮型绝缘绳索）的机械性能要求如表 3、表 4 所示。

表 3　天然纤维绝缘绳索机械性能

规　格	直径/mm	伸长率（不大于）/％	断裂强度（不小于）/kN
TJS-4	4±0.2	20	2.0
TJS-6	6±0.3	20	4.0
TJS-8	8±0.3	20	6.2
TJS-10	10±0.3	35	8.3
TJS-12	12±0.4	35	11.2
TJS-14	14±0.4	35	14.4
TJS-16	16±0.4	35	18.0
TJS-18	18±0.5	44	22.5
TJS-20	20±0.5	44	27.0
TJS-22	22±0.5	44	32.4
TJS-24	24±0.5	44	37.3

注 1：符号的含义：T——天然纤维、J——绝缘、S——绳索；
注 2：不论编织工艺及防潮性能的区别，同规格的绝缘绳的机械性能要求相同。

表 4　合成纤维绝缘绳索机械性能

规　格	直径/mm	伸长率（不大于）/％	断裂强度（不小于）/kN
HJS-4	4±0.2	40	3.1
HJS-6	6±0.3	40	5.4
HJS-8	8±0.3	40	8.0
HJS-10	10±0.3	48	11.0
HJS-12	12±0.4	48	15.0
HJS-14	14±0.4	48	20.0
HJS-16	16±0.4	48	26.0
HJS-18	18±0.5	58	32.0
HJS-20	20±0.5	58	38.0
HJS-22	22±0.5	58	44.0
HJS-24	24±0.5	58	50.0

注 1：符号的含义：H——合成纤维、J——绝缘、S——绳索；
注 2：不论编织工艺及防潮性能的区别，同规格的绝缘绳的机械性能要求相同。

6.2.2　高强度绝缘绳索(包括高强度防潮型绝缘绳索)的机械性能要求如表5所示。

表5　高机械强度绝缘绳索机械性能

规　格	直径/mm	伸长率(不大于)/%	断裂强度(不小于)/kN
GJS-4	4±0.2	20	6.2
GJS-6	6±0.3	20	10.8
GJS-8	8±0.3	20	16.0
GJS-10	10±0.3	20	22.0
GJS-12	12±0.4	20	30.0
GJS-14	14±0.4	20	40.0
GJS-16	16±0.4	20	52.0
GJS-18	18±0.5	20	64.0
GJS-20	20±0.5	20	75.0
GJS-22	22±0.5	20	88.0
GJS-24	24±0.5	20	100.0

注1：型号符号的含义：G——高机械强度、J——绝缘、S——绳索；

注2：不论编织工艺及防潮性能的区别，同规格的绝缘绳的机械性能要求相同。

6.3　工艺要求

6.3.1　绝缘绳索应在具有良好的通风防尘设备的室内生产，不得沾染油污及其他污染，不得受潮。

6.3.2　每股绝缘绳索及每股线均应紧密绞合，不得有松散、分股的现象。

6.3.3　绳索各股中丝线均不应有叠痕、凸起、压伤、背股、抽筋等缺陷。

6.3.4　接头应单根丝线联接，不允许有股接头。单丝接头应封闭在绳股内部，不得露在外面。

6.3.5　股绳和股线的捻距及纬线在其全长上应该均匀。

6.3.6　彩色绝缘绳索应色彩均匀一致。

6.3.7　经防潮处理后的绝缘绳索表面应无油渍、污迹、脱皮等。

7　试验方法

7.1　取样及试样处理

7.1.1　抽取试样时，在每条绳索端部切除1 m，然后，向里按规定长度取样。在取样时必须保证试样不得退捻或松散。

7.1.2　各试验项目所需试样数量、长度及试验次序见表7或表8。

7.1.3　试样应在温度为(23±5)℃、相对湿度60%～80%的环境中预置24 h后进行试验。

7.2　表面质量可采用目视检查，外观应符合6.3.2～6.3.7的规定。

7.3　测量绝缘绳索的直径，用游标卡尺在测量张力下按绳索外切圆进行测量，测量结果应满足6.2的要求，不同材质和规格的绝缘绳索的测量张力见表6。

表 6　测量直径时的测量张力

直径/mm	测量张力/N		
	天然纤维绝缘绳索	合成纤维绝缘绳索	高机械强度绝缘绳索
$\phi 4$	45	30	30
$\phi 6$	85	50	50
$\phi 8$	120	90	90
$\phi 10$	150	140	140
$\phi 12$	210	190	190
$\phi 14$	350	260	260
$\phi 16$	450	350	350
$\phi 18$	550	450	450
$\phi 20$	750	550	550
$\phi 22$	850	700	700
$\phi 24$	950	800	800

7.4　断裂强度及伸长率试验

7.4.1　试验仪器

拉伸强度试验机应符合下列要求：

a)　强度试验机刻度盘使用范围的选用应在全刻度盘的20%～75%以内；

b)　强度试验机的两夹钳间的最小距离应大于1 m。

7.4.2　操作方法

a)　绳索试品应编织后（试样有效直径部分的长度应不小于500 mm）通过专用连接件放置于两夹具之间，防止试样打滑或在夹口处断裂；

b)　启动强度试验机，当拉力值达到表6所示的绝缘绳索测量张力值时停止拉伸，量取试样中部500 mm长的一段距离，并在两端作好标记。再次启动强度试验机，以300 mm/min的速度拉伸至绳索断裂强度约50%时，试验速度改为250 mm/min，继续拉伸至绳索断裂强度的75%时，记录两标记间的距离，并计算绝缘绳索的伸长率，伸长率按式(1)计算：

$$A = (L_a - L_P)/L_P \quad \cdots\cdots(1)$$

式中：

A——伸长率；

L_a——拉力为断裂负荷规定值的75%时的绳索长度，mm；

L_P——拉力为测量张力时的绳索长度，mm。

7.4.3　继续拉伸绳索至断裂为止，此时的试验值为绳索的断裂强度。

7.4.4　如果试样在连接件处断裂，则试验无效，需另取试样复试。

7.4.5　常规强度绝缘绳索的试验结果应满足表3、表4的规定值，高强度绝缘绳索的试验结果应满足表5的规定值。

7.5　电气试验

7.5.1　电气试验应在专门的试验室进行，试验及测量设备应满足GB/T 16927.1的规定。

7.5.2　常规型绝缘绳索工频干闪试验前，应将试样放在50 ℃干燥箱里进行1 h的烘干，然后自然冷却5 min，防潮型绝缘绳索可在自然环境中取样，在规定的试验环境中进行试验，试品布置如附录A所示。试验结果应满足6.1的规定。

7.5.3　24 h高湿度下交流泄漏电流试验是将试品置于相对湿度90%、温度20 ℃的调温调湿箱中预处理 24 h 后，取出试品，在规定的试验环境中测量泄漏电流值。应从高压侧测量试验电压。从取出试品至测量的时间间隔应不超过 10 min。试品布置如附录 B 所示，测量结果应符合表 1 的规定。

7.5.4　168 h 高湿度下交流泄漏电流试验是将试品置于相对湿度 90%、温度 20 ℃的调温调湿箱中预处理168 h 后取出试品，在规定的试验环境中测量泄漏电流值。从取出试品至测量的时间间隔应不超过 10 min。试品布置见附录 B，测量结果应符合表 2 的规定。

7.5.5　浸水后工频泄漏电流试验是将试品置于电阻率为 100 Ω·m 的水中，浸泡 15 min，取出后抖落绳索表面附着的水珠，然后在规定的试验环境中测量泄漏电流值。试品布置见附录 B，测量结果应符合表 2 的规定。

7.5.6　淋雨工频闪络电压试验

淋雨试验按照 GB/T 16927.1 的要求进行，平均淋雨量为 1.0 mm/min～1.5 mm/min，水电阻率校准到 20 ℃的电阻率：(100±5) Ω·m。

用铜皮缠绕在绝缘绳索上作试验电极，两极间距为 0.5 m，试品成 45°布置，水温及环境温度应为(23±5) ℃，加压前预淋试品 5 min，然后以 1 kV/s 的速率施加工频电压，直至发生闪络。试验布置如附录 C 所示，测量结果应符合表 2 的规定。

7.5.7　50%断裂负荷拉伸后高湿度下工频泄漏电流试验，先将试品在强度试验机上拉至断裂负荷的50%，然后放置于相对湿度 90%，温度 20℃的调温调湿箱中 168 h，取出后测量泄漏电流值。从取出试品至测量的时间间隔应不超过 10 min，试品布置见附录 B，测量结果应符合表 2 的规定。

7.5.8　漂洗后高湿度下工频泄漏电流试验，先将试品放在洗衣机中，按中等洗涤强度漂洗 10 次，每次 3 min，取出后放在 50 ℃干燥箱里进行烘干，再放置于相对湿度 90%，温度 20 ℃的调温调湿箱中168 h，然后取出测量泄漏电流值。从取出试品至测量的时间间隔应不超过 10 min，试品布置见附录 B，测量结果应符合表 2 的规定。

7.5.9　磨损后高湿度下工频泄漏电流试验，指在绝缘绳索的下端吊 50 kg 重物体，将绝缘绳放在规格相配的绝缘滑轮中反复摩擦 100 次，然后将试品放置在相对湿度 90%，温度 20 ℃的调温调湿箱中 168 h，取出后测量泄漏电流值。从取出试品至测量的时间间隔应不超过 10 min，试品布置见附录 B，测量结果应符合表 2 的规定。

8　检验规则

8.1　型式检验

在下列情况下，应对产品进行型式检验：

a)　新产品投产前的定型鉴定；

b)　产品的结构、材料或制造工艺有较大改变，影响到产品的主要性能时；

c)　原型式检验已超过 5 年时。

型式检验按表 7(常规型绝缘绳索)或表 8(防潮型绝缘绳索)中所规定的试验项目进行。试验次序及各项试验所需试品数量参见各试验项目的具体要求，试验结果取 3 件试品的算术平均值，试验结果应满足本标准第 6 章中各项技术要求。

8.2　抽样检验

抽样检验按表 7(常规型绝缘绳索)或表 8(防潮型绝缘绳索)中所规定的试验项目进行，按照买方与生产厂家的协议，抽样检验可以包括表 7 或表 8 中的全部试验项目，也可以抽做部分试验项目。

抽样检验的样品数量及长度参见各试验项目的具体要求。

8.3　例行检验

例行检验项目按表 7(常规型绝缘绳索)或表 8(防潮型绝缘绳索)中的例行检验项目进行。

8.4　验收检验

根据用户或购买方的要求可进行产品的验收检验。验收检验项目可以是例行检验项目，也可以抽样做部分或全部试验项目。验收检验可在双方指定的有资质和试验条件的单位进行。

表 7　常规型绝缘绳索(包括无防潮性能的高强度绝缘绳索)试验次序、所需数量及长度

序号	试验项目		条款	型式检验			例行检验	
				第1组	第2组	第3组	第1组	第2组
1	外观检查		6.3.2～6.3.7	1			1	1
2	直径测量		6.2	2				
3	伸长率测量		6.2		1		2	
4	断裂强度试验		6.2		2*		3*	
5	高湿度下工频泄漏电流试验(24 h)		6.1.1			1		
6	工频干闪电压试验		6.1.1	3				2
备注	试验样品		数量/根	3	3	3	每件产品截取 0.7 m 进行电气试验,截取 2 m 进行机械试验。	
			长度/m	1	2	0.7		

注 1:表中数字表示试验的次序。

注 2:表中 * 表示高强度绝缘绳索的断裂强度试验值不同。

表 8　防潮型绝缘绳索(包含高机械强度防潮绝缘绳索)试验次序、所需数量及长度

序号	试验项目	条款	型式检验								例行检验		
			第1组	第2组	第3组	第4组	第5组	第6组	第7组	第8组	第1组	第2组	第3组
1	外观检查	6.3.2～6.3.7	1								1	1	1
2	直径测量	6.2	2										
3	伸长率测量	6.2		1								2	
4	断裂强度试验	6.2		2*								3*	
5	高湿度下工频泄漏电流试验(168 h)	6.1.2			1								
6	工频干闪电压试验	6.1.2	3								2		
7	浸水后工频泄漏电流试验	6.1.2				1							2
8	淋雨闪络电压试验	6.1.2					1						
9	漂洗后高湿度下工频泄漏电流试验	6.1.2						1					
10	50%拉伸后高湿度下工频泄漏电流试验	6.1.2							1				
11	磨损后高湿度下工频泄漏电流试验	6.1.2								1			
备注	试验样品	数量/根	3	3	3	3	3	3	3	3	每件产品截取 0.7 m 进行电气试验,截取 2 m 进行机械试验。		
		长度/m	1	2	0.7	0.7	0.7	0.7	0.7	0.7			

注 1:表中数字表示试验的次序。

注 2:表中 * 表示高强度绝缘绳索的断裂强度试验值不同。

9 包装、运输及保管

9.1 绝缘绳索成卷后应用塑料袋密封，并放在专用外包装箱或塑料桶内，包装箱或桶外部应标明：

a) 商标、制造厂名称、厂址；

b) 产品名称；

c) 质量，单位为 kg；

d) 须有防潮、防高温、防雨淋等标志；

e) 出厂日期；

f) 标志符号(双三角形)见附录 D。

9.2 密封塑料袋内必须装有合格证，合格证上必须标明：

a) 制造厂名称、厂址；

b) 产品规格、型号；

c) 检验员印记；

d) 生产批号或生产班组；

e) 制造日期。

9.3 绝缘绳索的运输中应防止受潮、淋雨、暴晒等，内包装运输袋可采用塑料袋，外包装运输袋可采用帆布袋或专用皮(帆布)箱。

9.4 绝缘绳索应放在满足 DL/T 974 规定的带电作业工具房内，绝缘绳索应放在干燥、通风、避免阳光直晒、无腐蚀及有害物质的位置，并与热源保持 1 m 以上的距离。防潮绝缘绳索也应放在干燥、通风的带电作业工具房内保管。

附　录　A
（规范性附录）
工频干闪电压试验布置图

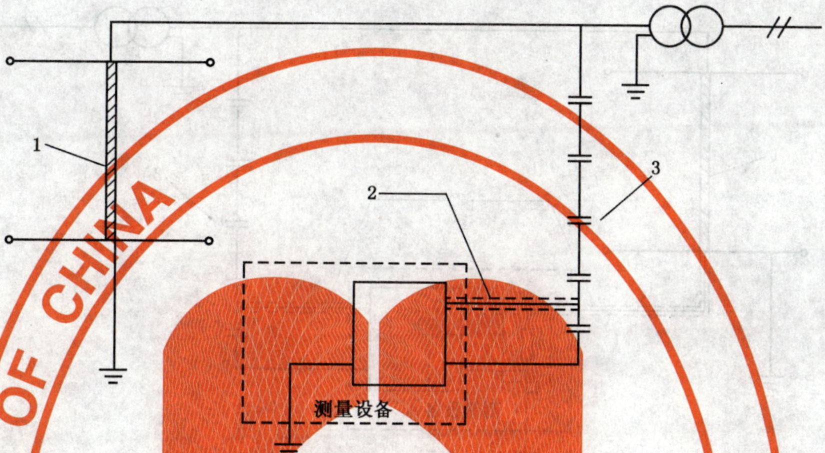

测量区应离开任何高电压源至少 2 m。

1——试品；

2——屏蔽引线；

3——电容(或电阻)分压器。

图 A.1　工频干闪电压试验布置图

附　录　B
（规范性附录）
受潮前和受潮后工频泄漏电流试验布置图

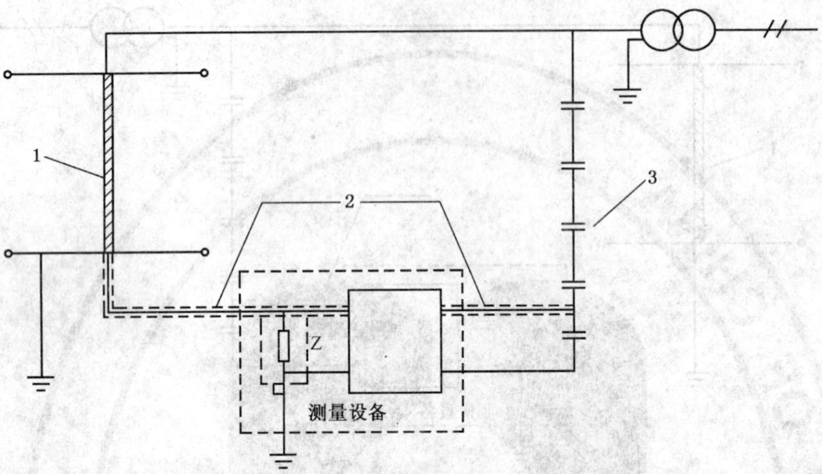

测量区应离开任何高电压源至少 2 m。

1——试品；

2——屏蔽引线；

3——电容(或电阻)分压器。

图 B.1　绝缘试验布置图

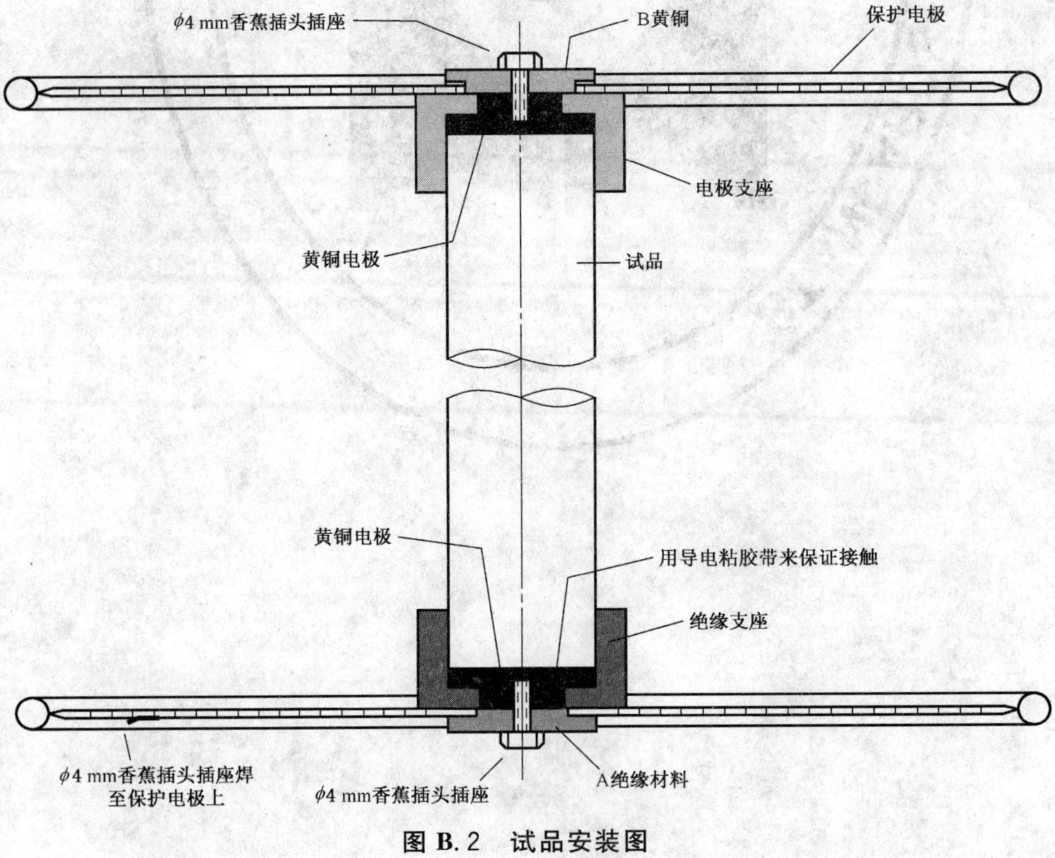

图 B.2　试品安装图

单位为毫米

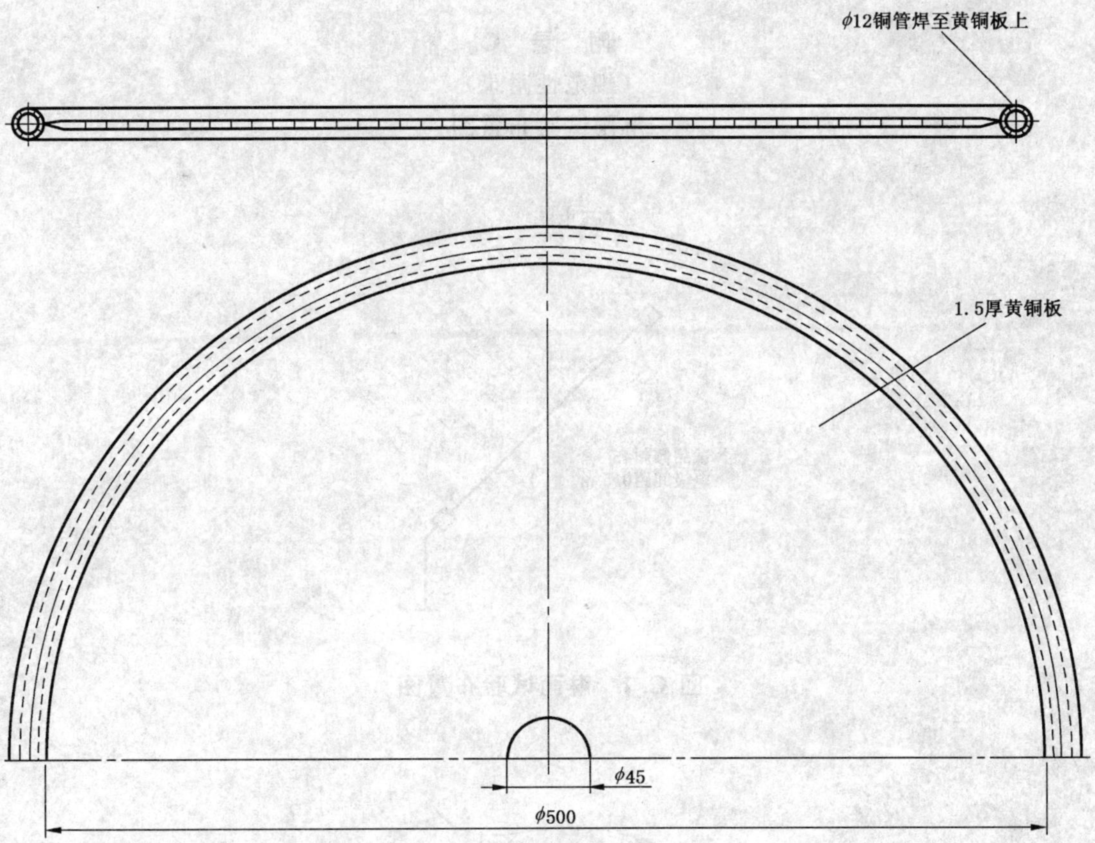

图 B.3　电极(两个)

单位为毫米

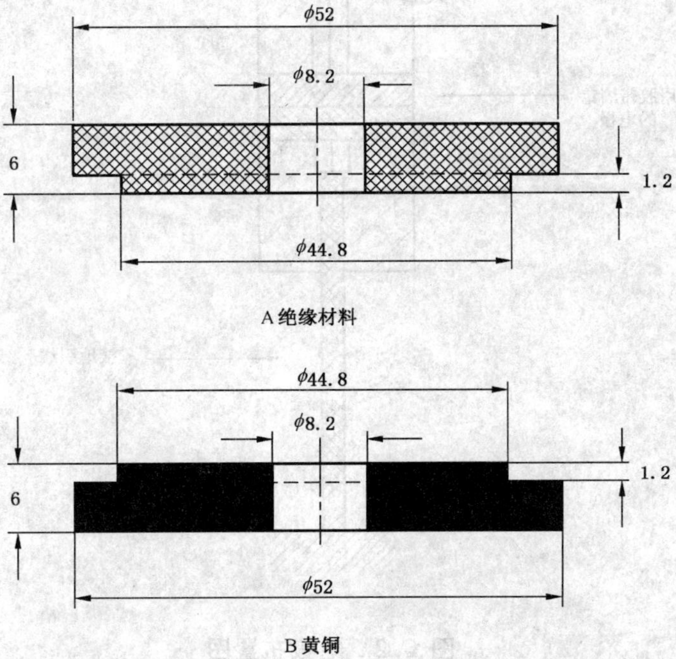

图 B.4　电极上的 A、B 部件

附　录　C
（规范性附录）
淋雨试验布置图

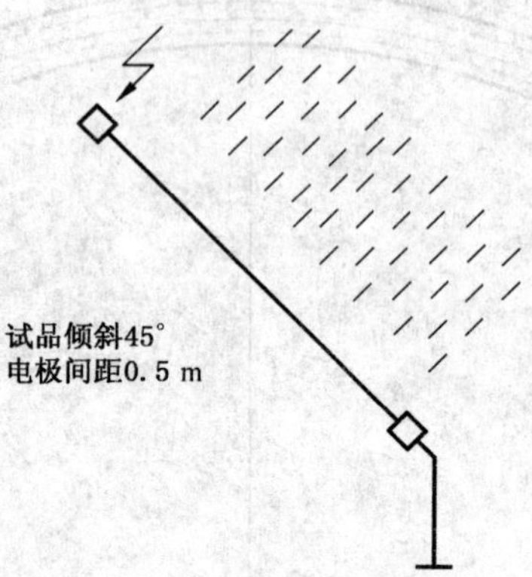

图 C.1　淋雨试验布置图

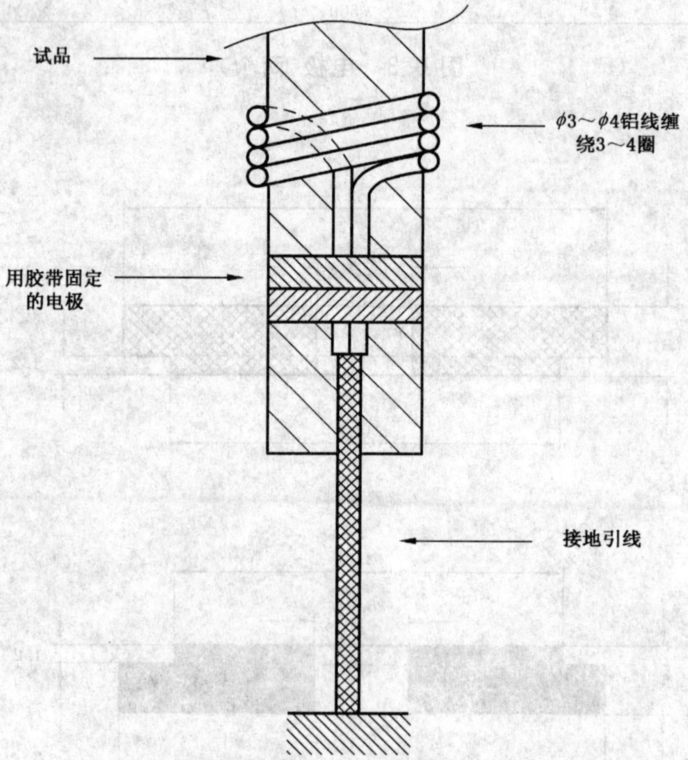

图 C.2　电极布置图

附 录 D
（规范性附录）
标 志 符 号

单位为毫米

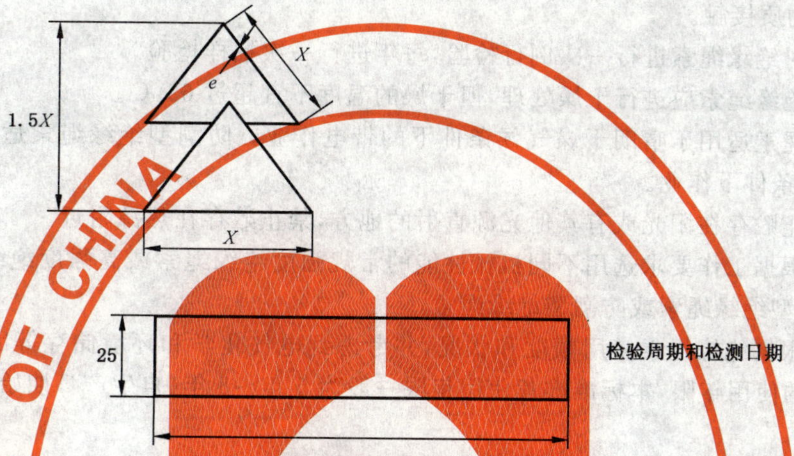

注：尺寸说明：

X——可以是 16,25 或 40；

e——线条的宽度为 2 mm。

图 D.1 标志符号

附 录 E
（规范性附录）
使 用 指 南

E.1 绝缘绳索应避免不必要地暴露在高温、阳光下，也要避免和机油、油脂、变压器油、工业乙醇接触，严禁与强酸、强碱物质接触。

E.2 每6个月应对绝缘绳索进行一次例行检验，每年进行一次抽样检验。

E.3 对已潮湿的绝缘绳索应进行干燥处理，但干燥的温度不宜超过65 ℃。

E.4 常规型绝缘绳索适用于晴朗干燥气候条件下的带电作业。防潮型绝缘绳索适用于无雨雪、无持续浓雾的各种气候条件下作业。

E.5 绝缘绳索禁止贮存在阳光或有其他光源直射的地方，禁止贮存在热源附近。

E.6 使用单位可根据工作要求选用不同机械性能的常规强度绝缘绳索或高强度绝缘绳索。根据不同气候条件选用常规型绝缘绳索或防潮型绝缘绳索。

E.7 使用单位可根据绝缘绳索使用频度和状况，并考虑到电气化学和环境储存等因素可能造成的老化，确定绝缘绳索的使用年限，本标准推荐使用年限一般为5年～8年（自生产日期始）。

ICS 55.140
A 82

中华人民共和国国家标准

GB 13042—2008
代替 GB 13042—1998

包装容器　铁质气雾罐

Packaging containers—Tinplate aerosol can

2008-07-30 发布　　2009-03-01 实施

中华人民共和国国家质量监督检验检疫总局
中国国家标准化管理委员会　发布

前　言

本标准的6.4条为强制性条款，其余为推荐性条款。

本标准代替GB 13042—1998《包装容器　气雾罐》。

本标准与GB 13042—1998《包装容器　气雾罐》相比，主要变化如下：

——明确规定气雾罐容积不应大于1 000 mL；

——取消按材料分为Z型、Y型的分类方法，改为按结构、形状和耐压性能分类；

——印刷质量要求执行QB/T 1877的规定。

——取消对罐口平均接触高度要求；

——取消耐热试验要求；

——变形压力和爆破压力要求改为两档，普通罐和高压罐；

——增加相容性要求；

——增加卫生要求。

本标准采用ISO 90-3:2000(E)《轻质金属容器　术语、尺寸和容量的测定　第3部分：气雾罐》的相关规定。

本标准由中国包装联合会提出。

本标准由全国包装标准化技术委员会归口。

本标准起草单位：中山市凯达精细化工股份有限公司、国家包装产品质量监督检验中心（广州）、杭州中粮包装有限公司、广东莱雅化工有限公司、河北嘉美印铁制罐有限公司、中国包装联合会。

本标准主要起草人：卢明、崔茹平、冯慧、朱丽萍、詹炎、范志龙、阮慎。

本标准所代替的标准历次发布情况为：

——GB 13042—1991、GB 13042—1998。

包装容器　铁质气雾罐

1　范围

本标准规定了铁质气雾罐(以下简称"气雾罐")的术语、分类、材料、要求、试验方法、检验规则、标志、包装、运输和贮存。

本标准适用于口径为 25.4 mm、容积不大于 1 000 mL,用镀锡(铬)薄钢板制成的气雾罐。

2　规范性引用文件

下列文件中的条款通过本标准的引用而成为本标准的条款。凡是注日期的引用文件,其随后所有的修改单(不包括勘误的内容)或修订版均不适用于本标准,然而,鼓励根据本标准达成协议的各方研究是否可使用这些文件的最新版本。凡是不注日期的引用文件,其最新版本适用于本标准。

GB/T 1720　漆膜附着力测定法

GB/T 2520　冷轧电镀锡薄钢板(GB/T 2520—2000,eqv ISO 11949:1995)

GB/T 2828.1　计数抽样检验程序　第 1 部分:按接收质量限(AQL)检索的逐批检验抽样计划(GB/T 2828.1—2003,ISO 2859-1:1999,IDT)

GB/T 6739　色漆和清漆　铅笔法测定漆膜硬度(GB/T 6739—2006,ISO 15184:1998,IDT)

QB/T 1877　包装装潢镀锡(铬)薄钢板印刷品

QB/T 2763　涂覆镀锡(或铬)薄钢板

3　术语和定义

下列术语和定义适用于本标准。

3.1

气雾罐　aerosol can

用于盛装气雾剂产品的一次性使用的金属容器。使用时,气雾剂产品在预压的作用下,通过阀门按照所控制的形态喷射出来。

3.2

铁质气雾罐　tinplate aerosol can

用镀锡(铬)薄钢板制成的气雾罐。

3.3

三片罐　three-piece can

由罐身、顶盖、底盖组成的气雾罐。

3.4

两片罐　two-piece can

由罐身和顶盖(或底盖)组成的气雾罐。

3.5

直身罐　straight-body can

罐身的顶部和底部直径不变的气雾罐。

3.6

缩颈罐　necked-in can

罐身的顶部和(或)底部直径缩小的气雾罐。

4 产品分类和规格

4.1 分类

4.1.1 气雾罐按结构分为三片罐和两片罐。见图1所示。

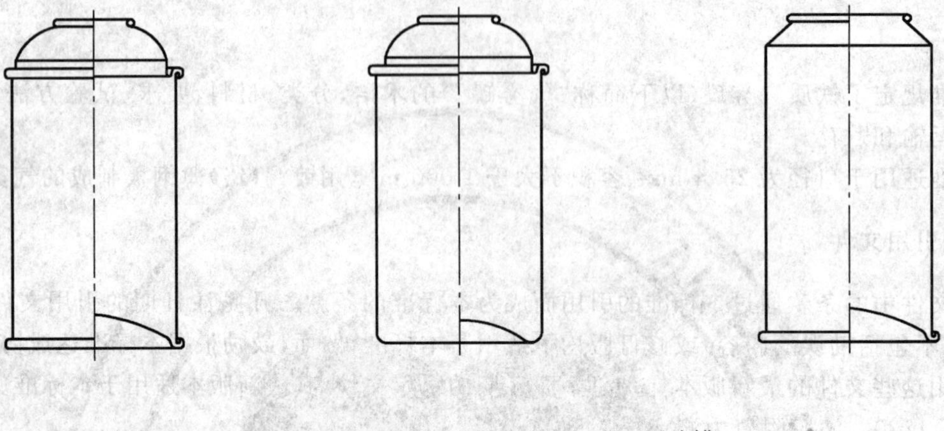

a) 三片罐　　b) 两片罐

图1 铁质气雾罐的结构

4.1.2 气雾罐按形状分为直身罐和缩颈罐。见图2、图3所示。

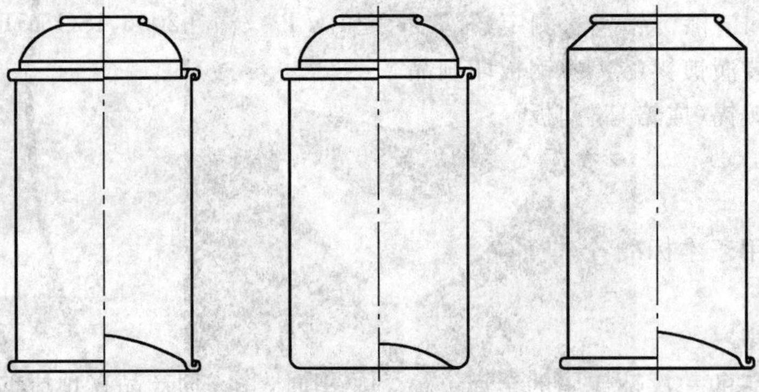

图2 直身罐

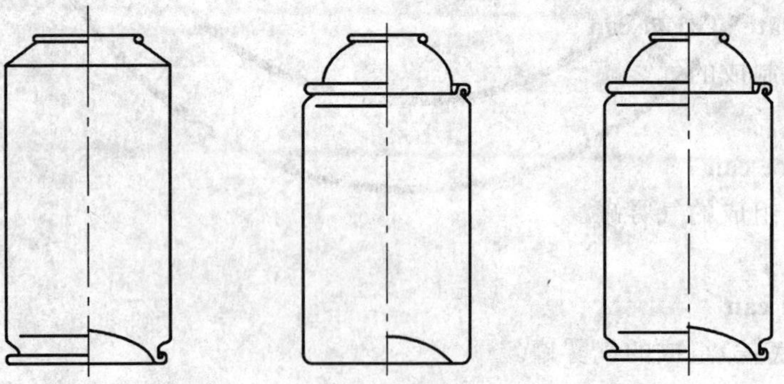

图3 缩颈罐

4.1.3 气雾罐按耐压性能分为普通罐、高压罐。

4.2 规格

气雾罐的罐径规格见表1。

表 1　罐径规格　　单位为毫米

项目	罐径
规格	ϕ45、ϕ49、ϕ52、ϕ57、ϕ65
注：特殊规格由供需双方协商解决。	

5　材料

5.1　镀锡薄钢板性能应符合 GB/T 2520 的规定。

5.2　涂覆镀锡(或铬)薄钢板的附着力、抗冲击性应符合 QB/T 2763 的规定。

6　要求

6.1　外观质量

6.1.1　印刷质量应符合 QB/T 1877 的规定。

6.1.2　两片罐缩颈处不应有裂缝及明显的皱纹、凹陷及机械损伤。三片罐卷口光滑，不得有皱褶、裂纹和变形，焊缝平滑。

6.1.3　罐体平整、无锈斑。有内涂的罐，内涂层均匀，不应有突起和杂质。

6.2　尺寸及偏差

气雾罐的主要尺寸和偏差应符合表 2 的规定。

表 2　尺寸及偏差　　单位为毫米

项目	尺寸	偏差
罐口外径	31.20	±0.20
罐口内径	25.40	±0.10
罐口接触高度	4.00	±0.15
罐高	—	±1.0
罐口卷边半径	1.45	—

6.3　补涂和涂层质量

6.3.1　焊缝补涂完整性：有焊缝补涂的气雾罐，经试验后应无线状腐蚀或密集腐蚀点。

6.3.2　内外涂层附着力：不低于二级。

6.3.3　外涂层硬度：≥2H。

6.4　耐压要求

气雾罐耐压性能要求应符合表 3 的规定。

表 3　耐压性能　　单位为兆帕

项目	普通罐	高压罐	要求
气密性能	0.8	0.8	不泄漏
变形压力	1.2	1.8	不变形
爆破压力	1.4	2.0	不破裂
注：盛装产品对气雾罐耐压性能有特殊要求的按相关产品标准规定或供需双方商定。			

6.5　相容性

用户应根据盛装内容物不同，对气雾罐进行产品相容性试验并予以确认。

6.6　卫生要求

用于盛装食品、化妆品、药品的气雾罐，应符合国家相关卫生规定。

7 试验方法

7.1 外观

在自然光或 40 W 灯光下，距离 0.6 m 处目测。

7.2 尺寸测量

7.2.1 罐口的内径、外径、罐高等用专用的通止规或游标卡尺测量。

7.2.2 接触高度用接触高度百分表测量，见图 4。

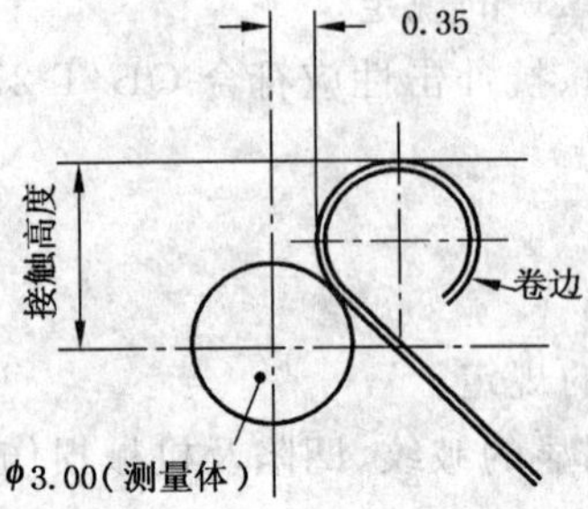

图 4 接触高度的测量

7.3 焊缝补涂完整性试验

将样罐焊缝补涂带浸入 20% 硫酸铜($CuSO_4 \cdot 5H_2O$)溶液中，2 min 后取出，用清水冲净干燥后，观察补涂范围内有无线状腐蚀或密集腐蚀点。

注：试验溶液采用分析纯试剂、蒸馏水配制。

7.4 内外涂层附着力测试

按 GB/T 1720 进行。

7.5 外涂层硬度测试

按 GB/T 6739 进行。

7.6 气密性能试验

7.6.1 仪器

气雾罐气密性水浴试验仪。

7.6.2 试验方法

将样罐装在水浴试验仪上，浸入水中充气加压至 0.80 MPa～0.85 MPa，观察整个罐体 1 min 内是否有气泡冒出。

7.7 变形压力和爆破压力测定

7.7.1 仪器

气雾罐爆破压力测定仪：压力范围 0 MPa～4.0 MPa。

7.7.2 测定方法

在样罐内注满清水，插入密封头，旋(夹)紧后，将罐内充水加压逐渐升高至变形压力规定值，保持 10 s，观察罐体有无永久性变形。继续升压至爆破压力规定值，保持 10 s，观察罐体是否爆裂。

8 检验规则

8.1 以一次发货数为一批，以一个气雾罐为一个单位产品。

8.2 产品的检验分出厂检验和型式检验。产品交货时必须进行出厂检验。出厂检验项目为 6.1、6.2、6.3.1 和 6.4 中的气密试验。型式检验项目为 6.1～ 6.4。

8.3 在下列情况下应进行型式检验。

a) 当原材料、工艺发生改变时；

b) 正常生产时半年应进行一次；

c) 产品停产后恢复生产时；

d) 出厂检验结果与上次型式检验有较大差异时；

e) 国家质量技术监督机构提出进行型式检验要求时。

8.4 抽样方案

本标准中6.1、6.2按GB/T 2828.1中正常检验二次抽样方案，6.3、6.4按正常检验一次抽样方案。

8.5 判定规则和缺限分类见表4。

表4 判定规则和缺陷分类

序号	项目	不合格分类	检查水平	接收质量限(AQL)
1	外观(6.1)	C类不合格	S-4	4.0
2	尺寸(6.2)	B类不合格	S-3	1.5
3	焊缝补涂完整性(6.3.1)	B类不合格	S-2	1.5
4	内外涂层附着力(6.3.2)	B类不合格	S-2	1.5
5	外涂层硬度(6.3.3)	B类不合格	S-2	1.5
6	气密性能(6.4)	A类不合格	S-2	1.0
7	变形压力(6.4)	A类不合格	S-2	1.0
8	爆破压力(6.4)	A类不合格	S-2	1.0

8.6 判定数组

8.6.1 检查水平S-4、正常检验二次抽样方案的判定数见表5。

表5 检查水平S-4、正常检验二次抽样方案

批量/个	样本	样本量	累计样本量	C类不合格	
				Ac	Re
10 000以下	第一	20	20	1	3
	第二	20	40	4	5
10 001～35 000	第一	32	32	2	5
	第二	32	64	6	7
35 001以上	第一	50	50	3	6
	第二	50	100	9	10

8.6.2 检查水平S-3、正常检验二次抽样方案的判定数见表6。

表6 检查水平S-3、正常检验二次抽样方案

批量	样本	样本量	累计样本量	B类不合格	
				Ac	Re
全部	第一	20	20	0	2
	第二	20	40	1	2

8.6.3 检查水平S-2、正常检验一次抽样方案的判定数见表7。

表 7　检查水平 S-2、正常检验一次抽样方案

批量	样本量		A 类不合格		B 类不合格	
	A 类	B 类	Ac	Re	Ac	Re
全部	13	8	0	1	0	1

9　标志、包装、运输与贮存

9.1　标志

出厂产品应有合格证、产品名称、规格、数量、生产日期、生产厂名等标志。

9.2　包装

一般采用瓦楞纸箱包装，产品采用竖直排列，产品之间用十字纸板隔开，或按用户要求包装。

9.3　运输

运输时要轻装轻卸，严禁抛掷，防止碰撞，避免雨淋，曝晒及污染。

9.4　贮存

产品应贮存在通风、干燥、清洁处，防止阳光直晒，严禁重压。

ICS 43.080.20
T 42

中华人民共和国国家标准

GB/T 13053—2008
代替 GB/T 13053～13056—1991

客车车内尺寸

Bus inner dimensions

2008-02-03 发布　　2008-08-01 实施

中华人民共和国国家质量监督检验检疫总局
中国国家标准化管理委员会　发布

前言

本标准代替 GB/T 13053—1991《客车驾驶区尺寸》、GB/T 13054—1991《客车驾驶区尺寸术语》、GB/T 13055—1991《客车乘客区尺寸》、GB/T 13056—1991《客车乘客区尺寸术语》。

本标准与被代替标准相比主要变化如下：

a) GB/T 13054—1991 和 GB/T 13056—1991 的"术语"及 GB/T 13053—1991 和 GB/T 13055—1991 的"项目"，在本标准中统称为"术语"。

b) 修订前后术语相同，术语的说明或尺寸发生变化的有：

——本标准 3.4.9、3.4.10(躯干线，大腿中心线)对应 GB/T 13054—1991 的 4.40、4.41；

——本标准 3.4.11～3.4.14(H 点，R 点，R′点，G 点)对应 GB/T 13054—1991 的 3.9～3.12；

——本标准 3.4.15(眼点)对应 GB/T 13054—1991 的 4.29；

——本标准 3.4.16(驾驶区)对应 GB/T 13054—1991 的 4.1；

——本标准 3.4.18(铰支式踏板)对应 GB/T 13054—1991 的 4.42；

——本标准 3.4.20(加速踏板中心)对应 GB/T 13054—1991 的 4.36；

——本标准 3.4.22(离合器踏板中心)对应 GB/T 13054—1991 的 4.34；

——本标准 3.4.31(转向盘中心)对应 GB/T 13054—1991 的 4.23；

——本标准 3.4.33(转向盘直径)对应 GB/T 13054—1991 的 4.19 及 GB/T 13053—1991 的 4.8；

——本标准 3.4.40"转向盘下缘最低点"，对应 GB/T 13054—1991 的 4.22；

——本标准 3.4.44(仪表板下缘至地板表面距离)对应 GB/T 13053—1991 的 4.7；

——本标准 3.4.45(踏板最大行程)对应 GB/T 13054—1991 的 4.37；

——本标准 3.4.53(加速踏板中心至最近障碍物距离)对应 GB/T 13053—1991 的 4.25；

——本标准 3.4.56～3.4.58(风窗上缘，风窗下缘，风窗倾角)对应 GB/T 13054—1991 的 4.24～4.26；

——本标准 3.4.60、3.4.61(上视角，下视角)对应 GB/T 13054—1991 的 4.30、4.31 及 GB/T 13053—1991的 4.28、4.29；

——本标准 3.4.62(风窗下缘至地板表面距离)对应 GB/T 13053—1991 的 4.32；

——本标准 3.4.63(风窗下缘至驾驶区挡板距离)对应 GB/T 13053—1991 的 4.31；

——本标准 3.4.64(驻车制动手柄)对应 GB/T 13054—1991 的 4.38；

——本标准 3.4.65(变速杆手柄)对应 GB/T 13054—1991 的 4.39；

——本标准 3.4.71(乘客区长)对应 GB/T 13056—1991 的 4.16；

——本标准 3.4.90(乘客门净宽)对应 GB/T 13056—1991 的 4.33；

——本标准 3.4.91(乘客门高)对应 GB/T 13056—1991 的 4.34；

——本标准 3.4.92(一级踏步高)对应 GB/T 13056—1991 的 4.35。

c) 修订前后术语发生变化的有：

——本标准 3.4.19(踵点)对应 GB/T 13054—1991 的 4.32〔B 点(踵点)〕；

——本标准 3.4.21(行车制动踏板中心)对应 GB/T 13054—1991 的 4.35(常用制动踏板中心)；

——本标准 3.4.23(R 点高)对应 GB/T 13053—1991 的 4.2 和 GB/T 13054—1991 的 4.8(R′点高)；

——本标准 3.4.24(R 点至加速踏板中心距离)对应 GB/T 13053—1991 的 4.4(G 点至加速踏板中心距离)；

——本标准 3.4.25(R 点至离合器、行车制动踏板中心距离)对应 GB/T 13053—1991 的 4.3(G 点至常用制动踏板、离合器踏板中心距离)；

——本标准 3.4.26(R 点至前围护板距离)对应 GB/T 13053—1991 的 4.5(G 点至前围护板距离);
——本标准 3.4.27(R 点至仪表板距离)对应 GB/T 13053—1991 的 4.6(G 点至仪表板距离);
——本标准 3.4.28(R′点至上部障碍物距离)对应 GB/T 13054—1991 的 4.16 和 GB/T 13053—1991 的 4.1(座垫至顶盖高)及 GB/T 13056—1991 的 4.11 和 GB/T 13055—1991 的 4.7(座垫至行李架高);
——本标准 3.4.29(驾驶员座椅中心平面至侧围距离)对应 GB/T 13053—1991 的 4.12 和 GB/T 13054的 4.17;
——本标准 3.4.30(转向盘)对应 GB/T 13054—1991 的 4.18;
——本标准 3.4.34(转向盘倾角)对应 GB/T 13054—1991 的 4.20 及 GB/T 13053—1991 的 4.9(转向盘角);
——本标准 3.4.42(转向盘下缘最低点至离合器、行车制动踏板中心距离)对应 GB/T 13053—1991 的 4.17;
——本标准 3.4.46(离合器、行车制动踏板最大行程)对应 GB/T 13053—1991 的 4.18(离合器、常用制动踏板最大行程);
——本标准 3.4.47(离合器踏板中心至侧围距离)对应 GB/T 13053—1991 的 4.21(离合器踏板中心至近侧围护板距离);
——本标准 3.4.48(离合器、行车制动踏板中心至两侧障碍物距离)对应 GB/T 13053—1991 的 4.19(离合器、常用制动踏板、加速踏板中心至两侧障碍物距离);
——本标准 3.4.50(行车制动踏板中心至转向盘中心距离)对应 GB/T 13053—1991 的 4.23(常用制动踏板中心至转向盘中心距离);
——本标准 3.4.51(离合器、行车制动、加速踏板中心至前面障碍物距离)对应 GB/T 13053—1991 的 4.20(离合器、常用制动踏板、加速踏板中心至两侧障碍物距离);
——本标准 3.4.52(加速踏板中心至行车制动踏板中心距离)对应 GB/T 13053—1991 的 4.24(常用制动踏板中心至加速踏板中心距离);
——本标准 3.4.59(R 点至风窗下缘距离)对应 GB/T 13053—1991 的 4.30(G 点至风窗下缘距离);
——本标准 3.4.66(机械式变速杆手柄在 R 点所在 *Z* 平面上的投影距 R 点的距离)对应 GB/T 13053—1991的 4.33(变速杆手柄在任意位置时,均有位于转向盘下面和驾驶员座椅右边。在 R′点之前,不低于座椅表面。在投影面上距 R′点的距离);
——本标准 3.4.67(机械式变速杆手柄和驻车制动手柄在任意位置时,距离驾驶区内其他零件或操纵杆的距离)对应 GB/T 13053—1991 的 4.34(变速杆手柄和驻车制动手柄在任意位置时,距离驾驶区内其他零件或操纵杆的距离);
——本标准 3.4.77(乘客座椅中心平面至侧围距离)对应 GB/T 13055—1991 的 4.6,GB/T 13056—1991的 4.12(座垫至侧围距离);
——本标准 3.4.102～3.4.105(应急门净宽,应急门高,应急门开关高,应急门开启角)对应 GB/T 13056—1991的 4.42～4.45(安全门净宽,安全门高,安全门开关高,安全门开启角),及 GB/T 13055—1991 的 4.26(安全门高)、4.27(安全门净宽)、4.28(安全门开启角)。

d) 修订后删除了术语及相应尺寸规定的有:

"座椅高"(见 GB/T 13054—1991 中 4.3,GB/T 13056—1991 中 4.1)、"座椅深"(见 GB/T 13054—1991 中 4.4,GB/T 13056—1991 中 4.2)、"座垫宽"(见 GB/T 13054—1991 中 4.5,GB/T 13056—1991 中 4.3)、"座垫角"(见 GB/T 13054—1991 中 4.6,GB/T 13056—1991 中 4.4)、"靠背高"(见 GB/T 13054—1991中 4.9,GB/T 13056—1991 中 4.6)、"靠背宽"(见 GB/T 13054—1991 中 4.10)、"靠背与座垫夹角"(见 GB/T 13054—1991 中 4.12,GB/T 13056—1991 中 4.8)、"靠背角调整范围"(见 GB/T 13054—1991 中 4.13,GB/T 13056—1991 中 4.9)、"座椅上下调整范围"(见 GB/T 13054—1991

中4.14)、“座椅前后调整范围”(见GB/T 13054—1991中4.15)、“肘靠高”(见GB/T 13056—1991中4.10)、“靠背角”(见GB/T 13054—1991中4.11,GB/T 13056—1991中4.7)、“座垫静变形量”(见GB/T 13054—1991中4.7,GB/T 13056—1991中4.5)、“同方向座椅座间距”(见GB/T 13055—1991的4.1)、“面对面座椅座间距”(见GB/T 13055—1991的4.2)、“座垫前缘至障碍物距离”(见GB/T 13055—1991的4.4)。

e) 修订后保留术语,删除尺寸规定的有:

“座垫至前靠背距离”(本标准3.4.75,GB/T 13055—1991的4.3)、“车内高”(本标准3.4.73,GB/T 13055—1991的4.8)、“侧窗下缘高”(本标准3.4.84,GB/T 13055—1991的4.9)、“侧窗扶手高”(本标准3.4.86,GB/T 13055—1991的4.11)、“顶盖扶手高”(本标准3.4.87,GB/T 13055—1991的4.12)、“通道宽”(本标准3.4.96,GB/T 13055—1991的4.17,GB/T 13056—1991的4.28)、“通道地板坡度”(本标准3.4.97,GB/T 13055—1991的4.18,GB/T 13056—1991的4.32)、“乘客门高”(本标准3.4.91,GB/T 13055—1991的4.20)、“一级踏步高”(本标准3.4.92,GB/T 13055—1991的4.22,GB/T 13056—1991的4.35)、“一级踏步深”(本标准3.4.93,GB/T 13055—1991的4.23)、“踏步高”(本标准3.4.94,GB/T 13055—1991的4.24,GB/T 13056—1991的4.37)、“踏步深”(本标准3.4.95,GB/T 13055—1991的4.25,GB/T 13056—1991的4.36)。

f) 增加了3个术语:

3.4.54“R点至踵点水平距离”、3.4.55“R点至踵点垂直距离”、3.4.70“乘客区”。

本标准由国家发展和改革委员会提出。

本标准由全国汽车标准化技术委员会归口。

本标准由郑州宇通客车股份有限公司负责起草。

南京依维柯汽车有限公司、亚星-奔驰有限公司、牡丹汽车股份有限公司、厦门金龙联合汽车工业有限公司参加起草。

本标准主要起草人:马春新、周慧慈、王东萍、黄爱军、邓佩云、高春、陈钊。

本标准所代替标准的历次版本发布情况为:

——GB/T 13053—1991;

——GB/T 13054—1991;

——GB/T 13055—1991;

——GB/T 13056—1991。

客车车内尺寸

1 范围

本标准规定了客车三维坐标系、驾驶区与乘客区的尺寸、术语和代号。

本标准术语适用于各类客车。

本标准不包括驾驶区内电器、灯具、仪表、指示器和信号装置等术语及尺寸要求。

2 规范性引用文件

下列文件中的条款通过本标准的引用而成为本标准的条款。凡是注日期的引用文件,其随后所有的修改单(不包括勘误的内容)或修订版均不适用于本标准,然而,鼓励根据本标准达成协议的各方研究是否可使用这些文件的最新版本。凡是不注日期的引用文件,其最新版本适用于本标准。

GB/T 15089 机动车辆及挂车分类

GB/T 15759 人体模板设计和使用要求

3 术语、代号及尺寸

3.1 GB/T 15089 规定的术语及 GB/T 15759 对 3 级模型的规定适用于本标准。

3.2 本标准中每个术语和尺寸都定义了代号。术语代号由英文名称的代表字母组成,尺寸代号由字母和数字组成,字母表示尺寸种类,数字表示该尺寸的编号。尺寸种类与字母的对应关系如下:

L——长度,垂直于基准 *X* 平面;

W——宽度,垂直于基准 *Y* 平面;

H——高度,垂直于基准 *Z* 平面;

D——直径;

α——角度;

A——其他尺寸。

3.3 本标准定义的尺寸为设计尺寸,其中:

——当转向盘采用角度可调或者转向柱长度可调结构时,转向盘应处于厂商规定的设计中间位置;驾驶员座椅应位于设计基准位置,靠背应在设计靠背角位置,乘客座椅应位于基准位置。

3.4 术语及代号见表 1。

表 1

条款号	术语	英文对应词	术语说明	代号	参考数值	图示
3.4.1	基准 *Y* 平面	zero *Y* plane	车辆纵向对称平面	OYP		图 1
3.4.2	基准 *Z* 平面	zero *Z* plane	通过客车底架上平面并垂直于基准 *Y* 平面的平面	OZP		图 1
3.4.3	基准 *X* 平面	zero *X* plane	通过前轮中心并垂直于基准 *Y* 平面和基准 *Z* 平面的平面	OXP		图 1
3.4.4	*Y* 平面	*Y* plane	平行于基准 *Y* 平面的任一平面	YP		
3.4.5	*Z* 平面	*Z* plane	平行于基准 *Z* 平面的任一平面	ZP		

表 1（续）

条款号	术语	英文对应词	术语说明	代号	参考数值	图示
3.4.6	*X* 平面	*X* plane	平行于基准 *X* 平面的任一平面	XP		
3.4.7	垂面	vertical plane	垂直于基准 *Z* 平面的任一平面	VP		
3.4.8	座椅中心平面	seat central plane	通过 R′点处的 *Y* 平面	SCP		图 2 图 4
3.4.9	躯干线	trunk line	二维人体设计样板躯干的中心线	TL		图 2 图 4
3.4.10	大腿中心线	thigh central line	二维人体设计样板大腿的中心线	TCL		图 2 图 4
3.4.11	H 点	H point	人体模型的躯干线与大腿中心线的铰接交点	H		图 2 图 4
3.4.12	R 点	R point	座椅布置和设计的基准点，其在座椅上的位置用三维 H 点装置测得	R		图 2 图 4
3.4.13	R′点	R′point	R 点在座垫上表面的垂直投影点	R′		图 2 图 4
3.4.14	G 点	G point	在座椅中心平面上，同靠背表面相切的垂线与座垫上表面的交点；对于半靠背座椅，G 点为靠背表面的延长线与座垫上表面的交点	G		图 2 图 4
3.4.15	眼点	eye point	二维人体设计样板定位后，瞳孔中心的位置	EP		图 2
3.4.16	驾驶区	driver's compartment	除紧急情况外由驾驶员专用的空间，包括驾驶员座椅、方向盘、控制器、仪表及其他驾驶或操纵车辆必须的装置所占用的空间	DC		图 2
3.4.17	驾驶区挡板	driver's compartment partition	车厢内用于隔离出驾驶区的构件	DCP		图 2
3.4.18	铰支式踏板	hinged pedal	下端与驾驶区地板用铰链连接的踏板	HP		
3.4.19	踵点	accelerator heel point	指加速踏板踵点。二维人体设计样板根据自由状态下的铰支式加速踏板和 H 点定位后，其鞋跟与地板表面（考虑地毯的压塌量）的接触点	AHP		图 2
3.4.20	加速踏板中心	accelerator pedal center	加速踏板表面对称中心。当采用铰支式踏板时，指足尖关节在踏板表面中心线上的施力点	APC		图 2

表 1（续）

条款号	术语	英文对应词	术语说明	代号	参考数值	图示
3.4.21	行车制动踏板中心	brake pedal center	行车制动踏板表面对称中心。当采用铰支式踏板时，指足尖关节在踏板表面中心线上的施力点	BPC		图 2
3.4.22	离合器踏板中心	clutch pedal center	离合器踏板表面对称中心。当采用铰支式踏板时，指足尖关节在踏板表面中心线上的施力点	CPC		图 2
3.4.23	R 点高	R point height	R 点到地板的距离	H_1	405 mm～508 mm	图 3
3.4.24	R 点至加速踏板中心距离	distance from R point to accelerator pedal center	从驾驶员座椅 R 点沿大腿中心线向踏板中心方向延伸到膝关节，再由膝关节至加速踏板中心两者距离之和	A_1	950 mm～1050 mm	图 3
3.4.25	R 点至离合器、行车制动踏板中心距离	distance from R point to center of clutch or brake pedal	从驾驶员座椅 R 点沿大腿中心线向踏板中心方向延伸到膝关节，再由膝关节至离合器、行车制动踏板中心两者距离之和	A_2	850 mm～950 mm 采用铰支式踏板时，此尺寸的增加不大于 100 mm	图 3
3.4.26	R 点至前围护板距离	distance from R point to front dash panel	驾驶员座椅中心平面上，R 点至前围护板的水平距离	L_1	≥1000 mm	图 3
3.4.27	R 点至仪表板距离	distance from R point to instrument panel	驾驶员座椅中心平面上，R 点至仪表板的水平距离	L_2	600 mm～700 mm	图 3
3.4.28	R′点至上部障碍物距离	vertical diatance from R′point to upper barrier	R′点至上部障碍物的垂直距离	H_2	≥1000 mm	图 3
3.4.29	驾驶员座椅中心平面至侧围距离	distance between bus driver seat central plane and side wall	驾驶员座椅中心平面至侧围护板的垂直距离	W_1	360 mm～550 mm，转向盘下缘最低点所在 Z 平面内的适宜值 400 mm～500 mm	图 3
3.4.30	转向盘	steering wheel	用来控制汽车行驶方向的操纵盘	SW		图 2
3.4.31	转向盘中心	steering wheel center	转向盘轮圈上平面中心	SWC		图 2
3.4.32	转向盘中心至座椅中心平面距离	distance from steering wheel center to seat center plane	通过转向盘中心的 Y 平面到驾驶员座椅中心平面的距离	W_2	≤40 mm	图 3
3.4.33	转向盘直径	steering wheel diameter	转向盘外缘直径	D_1	400 mm～550 mm	图 3
3.4.34	转向盘倾角	steering wheel inclination angle	转向盘上平面与 X 平面之间夹角	α_1	55°～75°	图 3
3.4.35	转向盘上平面与 Y 平面夹角	angle between steering wheel plane to Y plane	转向盘上平面与 Y 平面之间夹角	α_2	90°±5°	图 3

表 1(续)

条款号	术语	英文对应词	术语说明	代号	参考数值	图示
3.4.36	转向盘外缘	steering wheel rim outside edge	转向盘外径的边缘	SWOE		图 2
3.4.37	转向盘外缘至靠背表面距离	longitudinal distance from steering wheel rim outside edge to backrest	转向盘外缘至靠背表面的最小水平距离	L_3	350 mm～380 mm	图 3
3.4.38	转向盘外缘至侧围护板距离	distance from steering wheel rim outside edge to side panel	转向盘轮缘至侧围护板的最小距离	W_3	≥100 mm	图 3
3.4.39	转向盘外缘至仪表板最小距离	minimum distance from steering wheel rim outside edge to instrument panel	—	A_3	≥80 mm 在转向盘调节范围内	图 3
3.4.40	转向盘下缘最低点	steering wheel rim lowest point	转向盘轮圈下边缘与 Z 平面相切的点	SWLP		图 2
3.4.41	转向盘下缘最低点至座垫上表面距离	distance from steering wheel rim lower edge to cushion	转向盘轮缘最低点至座垫上表面最高点的垂直距离	H_3	180 mm～240 mm，适宜值：200 mm～220 mm	图 3
3.4.42	转向盘下缘最低点至离合器、行车制动踏板中心距离	distance from steering wheel rim lower edge to center of clutch or brake pedal	—	A_4	≥600 mm	图 3
3.4.43	仪表板下缘	instrument panel lower edge	仪表板下边缘	IPLE		图 2
3.4.44	仪表板下缘至地板表面距离	vertical distance from instrument panel lower edge to floor	仪表板下边缘到地板的垂直距离	H_4	≥350 mm	图 3
3.4.45	踏板最大行程	maximum pedal travel	踏板从自由状态到踩到极限位置时，踏板中心的位移量	MPT		
3.4.46	离合器、行车制动踏板最大行程	maximum clutch or brake pedal travel	—	A_5	≤200 mm	图 3
3.4.47	离合器踏板中心至侧围距离	distance from clutch pedal center to side obstacle	—	W_4	≥80 mm	图 3
3.4.48	离合器、行车制动踏板中心至两侧障碍物距离	distance from center of clutch, brake pedal to side obstacle	—	A_6	≥80 mm 在踏板行程范围内	图 3
3.4.49	离合器踏板中心至转向盘中心距离	distance from clutch pedal center to steering wheel center	通过离合器踏板中心和转向盘中心的两个 Y 平面之间距离	W_5	80 mm～200 mm	图 3
3.4.50	行车制动踏板中心至转向盘中心距离	distance from brake pedal center to steering wheel center	通过行车制动踏板中心和转向盘中心的两个 Y 平面之间距离	W_6	70 mm～180 mm	图 3

表 1（续）

条款号	术语	英文对应词	术语说明	代号	参考数值	图示
3.4.51	离合器、行车制动、加速踏板中心至前面障碍物距离	distance from center of clutch, brake or accelerator pedal to front obstacle	—	A_7	≥120 mm，在踏板行程范围内	图 3
3.4.52	加速踏板中心至行车制动踏板中心距离	distance between accelerator pedal center and brake pedal center	通过加速踏板中心和行车制动踏板中心的两个 Y 平面之间距离	W_7	110 mm～160 mm，适宜值为 110 mm～130 mm	图 3
3.4.53	加速踏板中心至最近障碍物距离	distance from accelerator pedal center to nearest obstacle		W_8	≥80 mm，≥60 mm（右侧）	图 3
3.4.54	R 点至踵点水平距离	horizontal distance from R point to accelerator heel point	定义了腿部空间。在驾驶员座椅中心平面上量取	L_4	525 mm～785 mm	图 3
3.4.55	R 点至踵点垂直距离	vertical distance from R point to accelerator heel point	定义了与舒适度相关的有效乘坐高度。在驾驶员座椅中心平面上量取	H_5	405 mm～508 mm	图 3
3.4.56	风窗上缘	windshield upper edge	风窗玻璃上部透光边缘	WUE		图 2
3.4.57	风窗下缘	windshield lower edge	风窗玻璃下部透光边缘	WLE		图 2
3.4.58	风窗倾角	windshield inclination angle	基准 Y 平面与风窗玻璃上下边缘交点连线与 X 平面之间的夹角	α_3		图 3
3.4.59	R 点至风窗下缘距离	distance from R point to windshield lower edge	在驾驶员座椅中心平面上，R 点到风窗下缘的水平距离	L_5	≥1 000 mm	图 3
3.4.60	上视角	upwards angle of visibility	通过驾驶员眼点的 Z 平面与眼点至风窗上缘连线的夹角	α_4	$\geqslant \arctan\frac{5-M}{12+N}$ M：眼点离地高，m； N：在基准 Y 平面上眼点的投影点到前保险杠前端的水平距离，m	图 3
3.4.61	下视角	downwards angle of visibility	通过驾驶员眼点的 Z 平面与眼点至风窗下缘连线的夹角	α_5	$\geqslant \arctan\frac{M}{3+N}$ M：眼点离地高，m； N：在基准 Y 平面上眼点的投影点到前保险杠前端的水平距离，m	图 3
3.4.62	风窗下缘至地板表面距离	distance from windshield lower edge to floor	在驾驶员座椅中心平面上，风窗下缘至驾驶区地板表面的垂直距离	H_6	≤650 mm	图 3

表 1（续）

条款号	术语	英文对应词	术语说明	代号	参考数值	图示
3.4.63	风窗下缘至驾驶区挡板距离	distance from windshield lower edge to driver's compartment partition	在驾驶员座椅中心平面上，风窗下缘至驾驶区后挡板的水平距离	L_6	≥1 300 mm	图 3
3.4.64	驻车制动手柄	parking brake handgrip	驻车制动操纵握把	PBH		图 2
3.4.65	变速杆手柄	stick shift handgrip	变速杆操纵球头	SSH		图 2
3.4.66	机械式变速杆手柄在 R 点所在 Z 平面上的投影距 R 点的距离	distance between projections of stick shift handgrip and R point on Z plane	机械式变速杆手柄任意位置在 Z 平面上的投影到驾驶员座椅 R 点在该 Z 平面上投影点的距离	A_8	≤600 mm 机械式变速杆手柄在任意位置时，均应位于以下区域：不高于转向盘、不低于驾驶员座垫上表面，位于驾驶员座椅右侧、R 点之前	图 3
3.4.67	机械式变速杆手柄和驻车制动手柄在任意位置时，距离驾驶区内其他零件或操纵杆的距离	distance from arbitrary stick shift handgrip or parking brake handgrip to nearby parts	—	A_9	≥50 mm	图 3
3.4.68	驾驶员门打开时上部通道宽	upper gangway width with driver door opening	驾驶员门最大开度时，座垫以上部位通道宽度	A_{10}	≥650 mm	图 3
3.4.69	驾驶员门打开时下部通道宽	lower gangway width with driver door opening	驾驶员门最大开度时，座垫以下部位通道宽度	A_{11}	≥250 mm	图 3
3.4.70	乘客区	passenger compartment	供乘客使用的区域	PC		
3.4.71	乘客区长	passenger compartment length	在基准 Y 平面上，乘客区最前与最后的水平距离	PCL		
3.4.72	车内宽	body inner width	在乘客区中部，两边侧围护板之间的距离，沿座垫上表面测量	BIW		
3.4.73	车内高	body inner height	在基准 Y 平面上，通道地板至顶盖护板之间的距离，在通道地板中部测量。 注：不包括内部突凹物，如顶灯、顶窗等	H_7		图 6
3.4.74	座间距	distance between seats	在座椅中心平面上，G 点至前排座椅靠背背面的距离，沿与座垫上表面相切的 Z 平面测量。对于面对面布置的座椅，测量两座椅 G 点的距离	L_7 L_8		图 5

表 1（续）

条款号	术语	英文对应词	术语说明	代号	参考数值	图示
3.4.75	座垫至前靠背距离	distance between seat cushion and front backrest	在座椅中心平面上，与座垫前缘相切的垂面至前排座椅靠背背面的距离，沿座垫上表面测量	L_9		图 5
3.4.76	座垫间距	distance between seat cushion	在座椅中心平面上，面对面座椅座垫前缘间的距离	L_{10}	≥450 mm	图 5
3.4.77	乘客座椅中心平面至侧围距离	distance between seat cushion and side wall	在过靠侧围乘客座椅 R 点的 Z 平面内，R 点至侧围护板的距离	W_9	≥230 mm	图 6
3.4.78	侧窗距	distance between side windows	在侧窗高的 1/2 处，相邻两侧窗窗柱中心之间的距离	DBSW		
3.4.79	轮罩高	wheel guard height	与轮罩相切的 Z 平面至最近地板的垂直距离	WGH		
3.4.80	地板高	floor height	通道地板上平面至地面之间的垂直距离，分别在前轴和后轴处测量	FH		
3.4.81	顶窗长	skylight window length	顶窗开启时，两边窗框之间在 Y 平面上的距离	SWL		
3.4.82	顶窗宽	skylight window width	顶窗开启时，两边窗框之间在 X 平面上的距离	SWW		
3.4.83	顶窗间距	distance between skylight windows	在基准 Y 平面上，两顶窗窗框之间的最小距离	DBSLW		
3.4.84	侧窗下缘高	height of side window lower edge	抵靠窗框下缘的 Z 平面至最近地板之间的距离	H_8		图 6
3.4.85	侧窗上缘高	height of side window upper edge	抵靠窗框上缘的 Z 平面至最近地板之间的距离	H_9	≥1650 mm，I、A 级车	图 6
3.4.86	侧窗扶手高	side window handrail height	扶手中心至最近地板之间的距离	H_{10}		图 6
3.4.87	顶盖扶手高	roof handrail height	扶手中心至地板之间的距离	H_{11}		图 6
3.4.88	扶手空间	handrail space	扶手中心至最近障碍物的距离	A_{12}	≥70 mm	图 6
3.4.89	后窗下缘高	height of rear window lower edge	抵靠后窗下缘的 Z 平面至最近地板之间的距离	HRWLE		
3.4.90	乘客门净宽	service door clear width	车门在最大开启位置时车门两侧（包括车门扶手）之间的最小距离。 注：下面为下部通道宽	L_{11}	在离地 800 mm～1000 mm 范围内测量	

表 1（续）

条款号	术语	英文对应词	术语说明	代号	参考数值	图示
3.4.91	乘客门高	service door height	第一级踏步板上平面至抵靠上门框的 Z 平面之间的距离	H_{12}		图 6
3.4.92	一级踏步高	first step height	第一级踏步板上平面至地平面的距离。 注：踏步板上表面边缘有压条时则测至压条上表面。空载时测量	H_{13}		图 6
3.4.93	一级踏步深	first step depth	在 X 平面上，与第一级踏步板边缘相切的垂面至踏步板上平面根部的距离	W_{10}		图 6
3.4.94	踏步高	step height	两踏步板上平面之间的距离	H_{14}		图 6
3.4.95	踏步深	step depth	在 X 平面上，与踏步板边缘相切的垂面至踏步板上平面根部的距离。 注：不规则踏步板在有效部位测量	W_{11}		图 6
3.4.96	通道宽	gangway width	平行于基准 Y 平面并分别抵靠通道两侧座椅或肘靠的两 Y 平面之间的最小距离	W_{12}		图 6
3.4.97	通道地板坡度	gangway floor gradient	通道地板上平面与水平地面之间夹角的正切值	α_6	以百分数表示	
3.4.98	高地板高	high floor height	通道两旁高地板上平面至通道地板上平面之间的距离	H_{15}	≤250 mm	图 6
3.4.99	行李架宽	rack width	与行李架外缘相切的 Y 平面至行李架内护板之间的距离	W_{13}	≥300 mm	图 6
3.4.100	行李架入口高	rack entrance height	行李架入口处至顶盖护板之间的距离	H_{16}	≥200 mm 备有大行李仓的客车≥150 mm	图 6
3.4.101	行李架倾角	rack ation angle	行李架内底面与 Z 平面之间的夹角	α_7	≥5°行李架若为水平，入口处需加挡护装置	图 6
3.4.102	应急门净宽	emergency door clear windth	应急门在最大开启位置时，门两侧之间的最小距离	L_{12}	在高度的 1/2 处测量	
3.4.103	应急门高	emergency door height	抵靠上门框的 Z 平面至出口处地板之间的距离	H_{17}		
3.4.104	应急门应急开关高	emergency switch height of emergency door	应急门内侧，应急开关把手上缘至最近地板之间的距离	H_{18}		
3.4.105	应急门开启角	opening angle emergency door	应急门在开启位置时，应急内侧下边缘之间在 Z 平面上的夹角	α_8		

4 附图如下

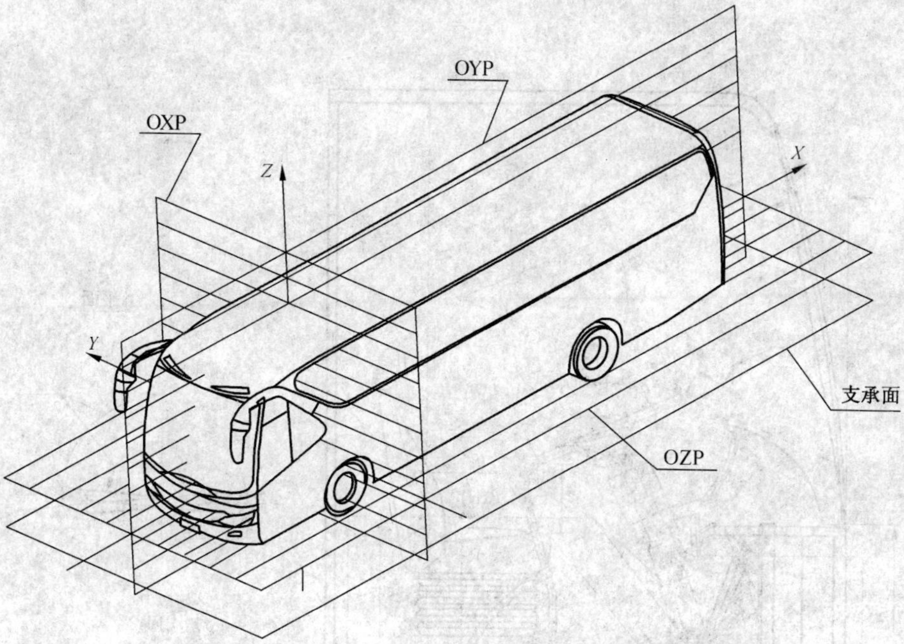
OYP
OXP
Z
X
Y
支承面
OZP

图 1

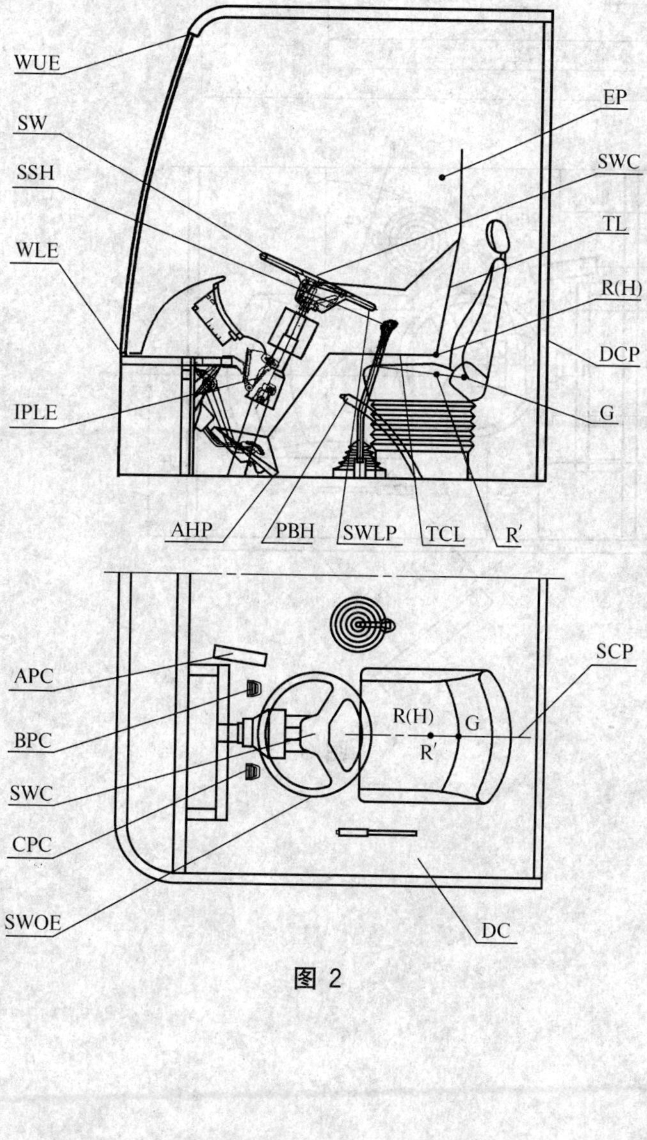
WUE
EP
SW
SWC
SSH
TL
WLE
R(H)
DCP
IPLE
G
AHP
PBH
SWLP
TCL
R′
SCP
APC
BPC
R(H)
G
R′
SWC
CPC
SWOE
DC

图 2

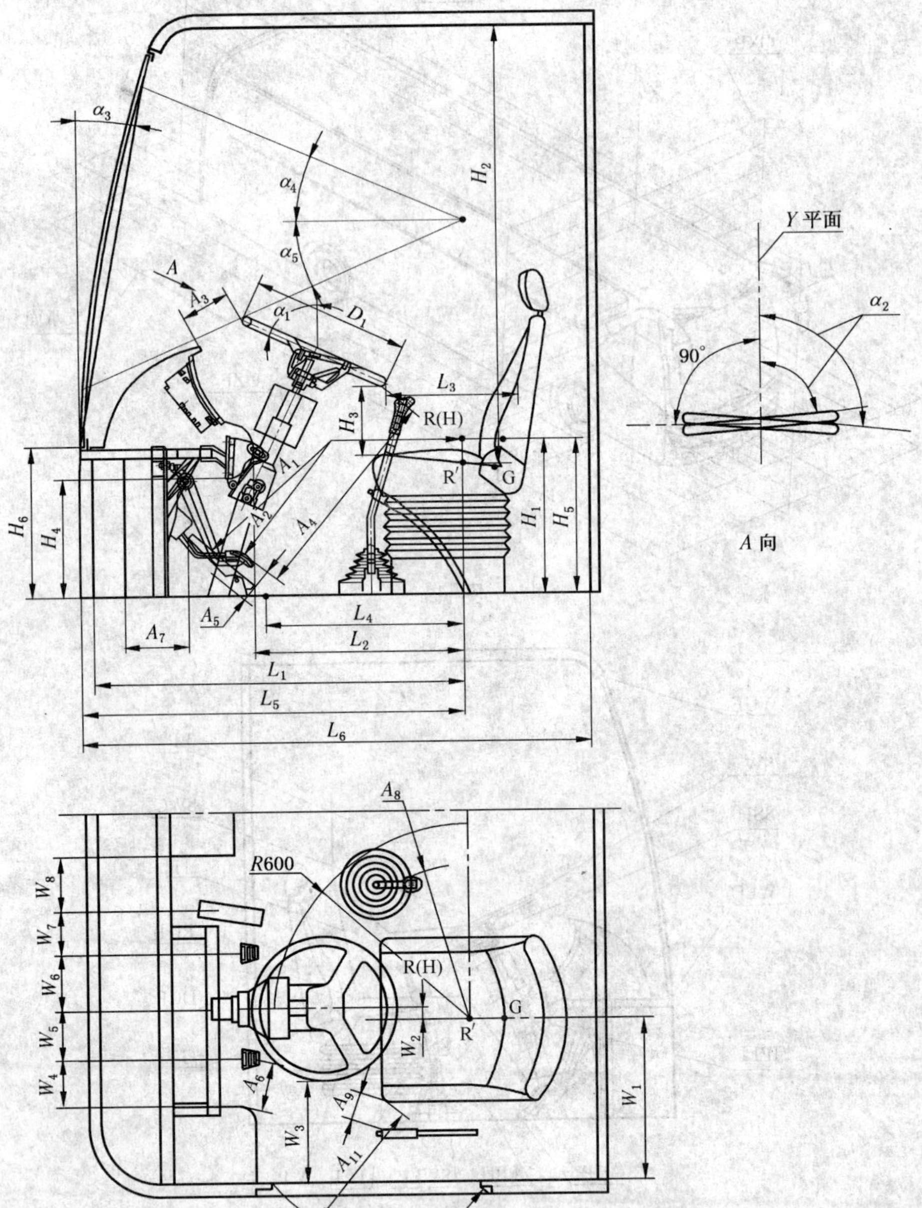
α3
α4
α5
A
A3
α1
D1
H2
L3
R(H)
H3
R′
G
A1
A2
A4
H6
H4
H1
H5
A5
L4
L2
A7
L1
L5
L6
Y 平面
α2
90°
A 向
A8
R600
W8
W7
W6
W5
W4
R(H)
R′
G
W2
A6
A9
W3
A11
W1
A10

图 3

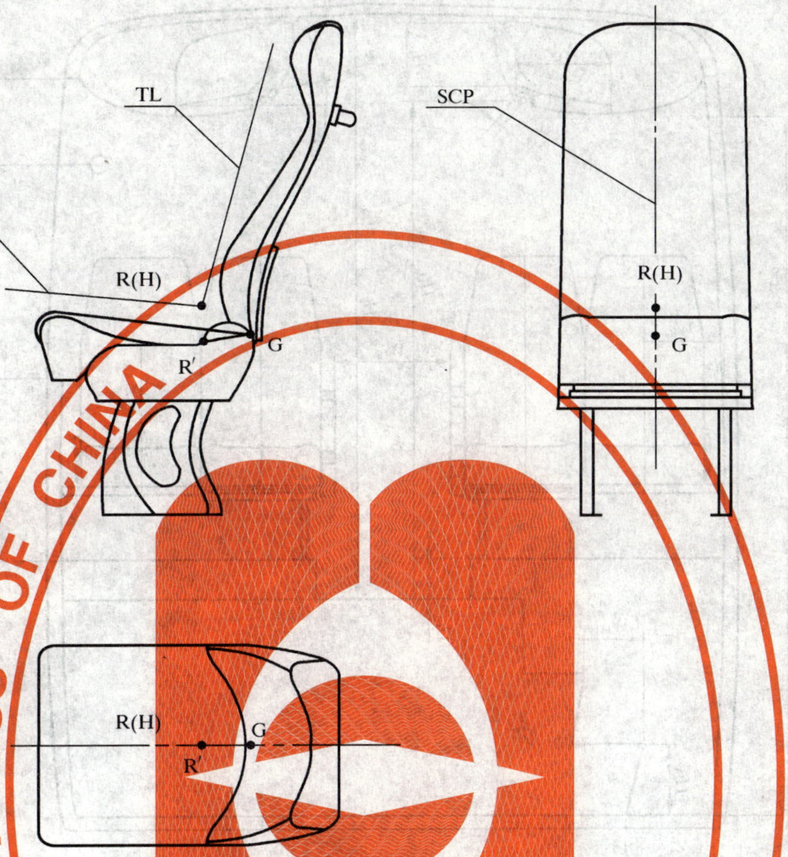

图 4

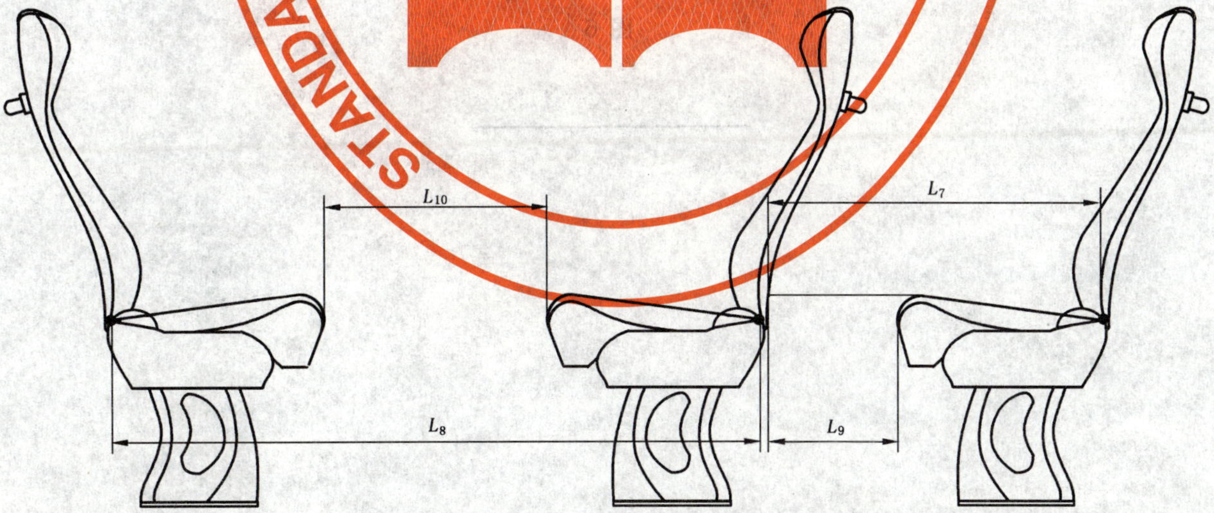

图 5

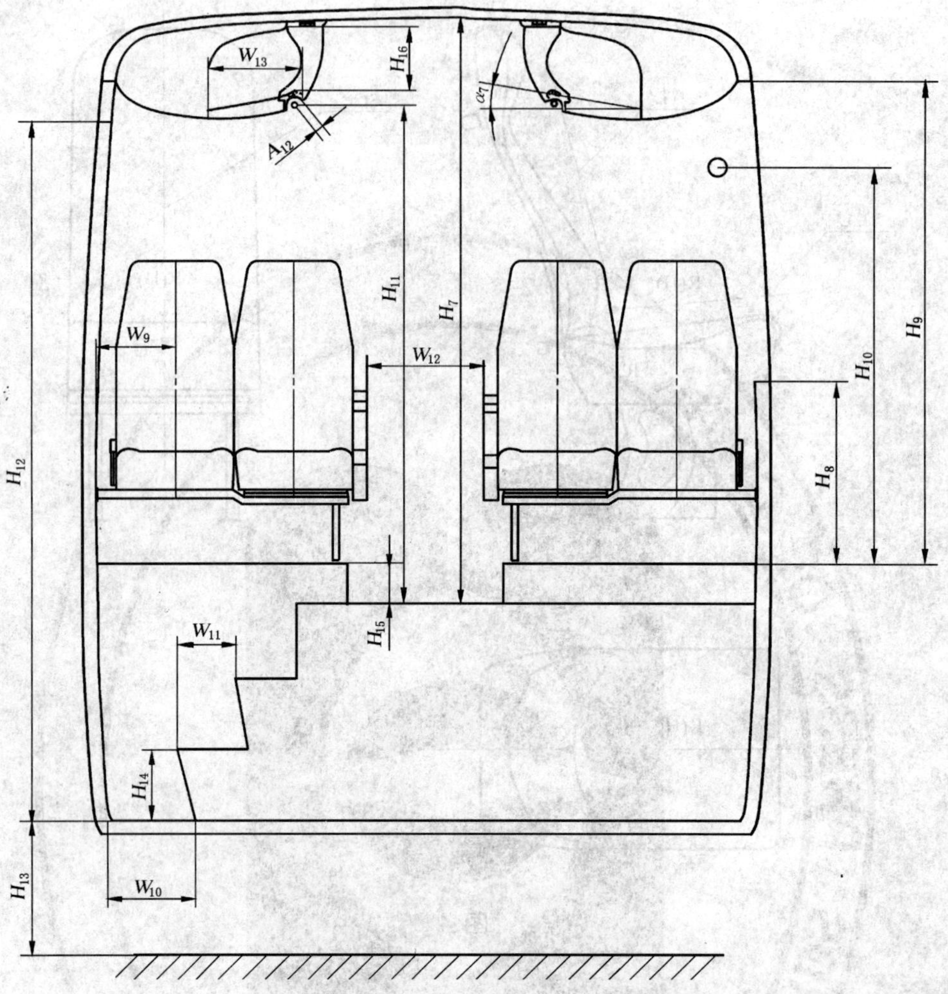

图 6

ICS 83.120
Q 23

中华人民共和国国家标准

GB/T 13095—2008
代替 GB/T 13095.1～13095.4—2000

整体浴室

Bathroom unit

2008-06-30 发布　　2009-04-01 实施

中华人民共和国国家质量监督检验检疫总局
中国国家标准化管理委员会　发布

前言

本标准对应于日本工业标准 JIS A 0012—1980《住宅用卫生间单元的标准组件尺寸》、JIS A 4416—2005《住宅用整体浴室》和 JIS A 5712—1994《玻璃纤维增强塑料防水盘一体化浴缸》，与 JIS A 0012—1980、JIS A 4416—2005 和 JIS A 5712—1994 的一致性程度为非等效。

本标准同时代替 GB/T 13095.1—2000《整体浴室》、GB/T 13095.2—2000《整体浴室　类型和尺寸系列》、GB/T 13095.3—2000《整体浴室　防水盘》和 GB/T 13095.4—2000《整体浴室　试验方法》。

本标准与 GB/T 13095.1—2000、GB/T 13095.2—2000、GB/T 13095.3—2000、GB/T 13095.4—2000 相比主要变化如下：

——四个系列标准合并为一个；

——将整体浴室的类型图作为附录提出（GB/T 13095.2—2000 中的图 1～图 12，本标准的附录A）；

——将整体浴室的尺寸系列和平面组合尺寸系列作为附录提出（GB/T 13095.2—2000 版的 5.1 和 5.2，本版的附录 A）；

——将防水盘作为附录提出（GB/T 13095.3—2000 版，本版的附录 B）；

——修改带地脚支撑的防水盘结构示意图（GB/T 13095.3—2000 版的图 1，本版的附录 B）；

——增加不带地脚支撑的防水盘结构示意图（见附录 B）；

——删除了防水盘的标记（GB/T 13095.3—2000 版的第 4 章）。

本标准的附录 A 为资料性附录，附录 B 为规范性附录。

本标准由中国建筑材料联合会提出。

本标准由全国纤维增强塑料标准化技术委员会归口。

本标准负责起草单位：北京玻钢院复合材料有限公司。

本标准参加起草单位：湖南长沙远大铃木住房设备有限公司。

本标准主要起草人：张立晨、何峰、张海雁、章清乐。

本标准所代替标准的历次版本发布情况为：

——GB/T 13095.1—1991、GB/T 13095.1—2000；

——GB/T 13095.2—1991、GB/T 13095.2—2000；

——GB/T 13095.3—1991、GB/T 13095.3—2000；

——GB/T 13095.4—1991、GB/T 13095.4—2000。

整 体 浴 室

1 范围

本标准规定了玻璃纤维增强塑料模压整体浴室的术语和定义、类型尺寸及标记、原材料构件、要求、试验方法、检验规则、标志包装储运等。

本标准适用于民用、公共、工业建筑用，具有淋浴、盆浴、洗漱、便溺四种功能任意组合的整体浴室系列产品，其他整体浴室也可参照使用。

2 规范引用性标准

下列文件中的条款通过本标准的引用而成为本标准的条款。凡是注日期的引用文件，其随后所有的修改单(不包括勘误的内容)或修订版均不适用于本标准，然而，鼓励根据本标准达成协议的各方研究是否可使用这些文件的最新版本。凡是不注日期的引用文件，其最新版本适用于本标准。

GB/T 3854 增强塑料巴柯尔硬度试验方法

GB 4706.1 家用和类似用途电器的安全 第1部分:通用要求

GB/T 6952 卫生陶瓷

GB/T 11942 彩色建筑材料色度测量方法

GB/T 18102—2000 浸渍纸层压木质地板

GB/T 18103—2000 实木复合地板

JC/T 644 人造玛瑙及人造大理石卫生洁具

JC 707 坐便器低水箱配件

JC/T 758 陶瓷洗面器普通水嘴

JC/T 760 浴盆明装水嘴

JC/T 761 卫生洁具铜排水配件技术通用条件

JC/T 762 卫生洁具铜排水配件 结构型式和连接尺寸系列

JC/T 764 坐便器塑料坐圈和盖

JC/T 779 玻璃纤维增强塑料浴缸

3 术语和定义

下列术语和定义适用于本标准。

3.1

整体浴室 bathroom unit

用一体化浴缸防水盘或浴缸和防水盘组合、一体化洗面盆或洗面盆和洗面盆台板组合、壁板、顶板构成的整体框架，配上各种功能洁具形成的独立卫生单元。具有淋浴、盆浴、洗漱、便溺四大功能或这些功能之间的任意组合。

3.2

一体化浴缸防水盘 integration bathtub waterproof plate

浴缸和防水盘连成一体，整体成型的构件。

3.3

一体化洗面盆 integration washbowl

洗面盆和洗面盆台面连成一体，整体成型的构件。

3.4

防水盘 waterproof plate

整体浴室的底面盘形构件。

3.5

内空间尺寸 internal space size

整体浴室的顶板、壁板和防水盘之内包尺寸。

3.6

外形尺寸 external configuration size

整体浴室的顶板、壁板和防水盘之外包尺寸。

3.7

最大外形尺寸 the maximum external configuration size

整体浴室的外形尺寸加上安装门把手、底部支撑、风扇、进水管和排水管等外露部分的尺寸。

3.8

底部支撑尺寸 base support size

整体浴室地面与其安装平面之间的平均高度尺寸。

3.9

最小安装尺寸 the minimum installation size

可供安装整体浴室的最小三维空间尺寸。

4 整体浴室的类型、尺寸及标记

4.1 整体浴室的类型

整体浴室根据不同功能之间的任意组合，分为12种类型，如表1所示。

表1 类型

型 式	整体浴室类型	类型代号	功 能
单一式	便溺类型，参见附录A图A.1	01	供排便用
	盆浴类型，参见附录A图A.2	02	供泡浴用
	洗漱类型，参见附录A图A.3	03	供洗漱用
	淋浴类型，参见附录A图A.4	04	供淋浴用
组合式	便溺、盆浴类型，参见附录A图A.5	05	供排便、泡浴用
	便溺、洗漱类型，参见附录A图A.6	06	供排便、洗漱用
	便溺、淋浴类型，参见附录A图A.7	07	供排便、淋浴用
	盆浴、洗漱类型，参见附录A图A.8	08	供泡浴、洗漱用
	淋浴、洗漱类型，参见附录A图A.9	09	供淋浴、洗漱用
	便溺、盆浴、洗漱类型，参见附录A图A.10	10	供排便、泡浴、洗漱用
	便溺、淋浴、洗漱类型，参见附录A图A.11	11	供排便、淋浴、洗漱用
	便溺、盆浴/洗漱组合类型，参见附录A图A.12	12	供排便、泡浴与洗漱分为两单元组合

4.2 尺寸系列

4.2.1 整体浴室的尺寸系列参见附录 A。

4.2.2 整体浴室平面组合尺寸系列参见附录 A。

4.2.3 整体浴室的内空间尺寸、最大外形尺寸及最小安装尺寸。

4.2.3.1 内空间尺寸、最大外形尺寸与最小安装尺寸关系见图 1、图 2。

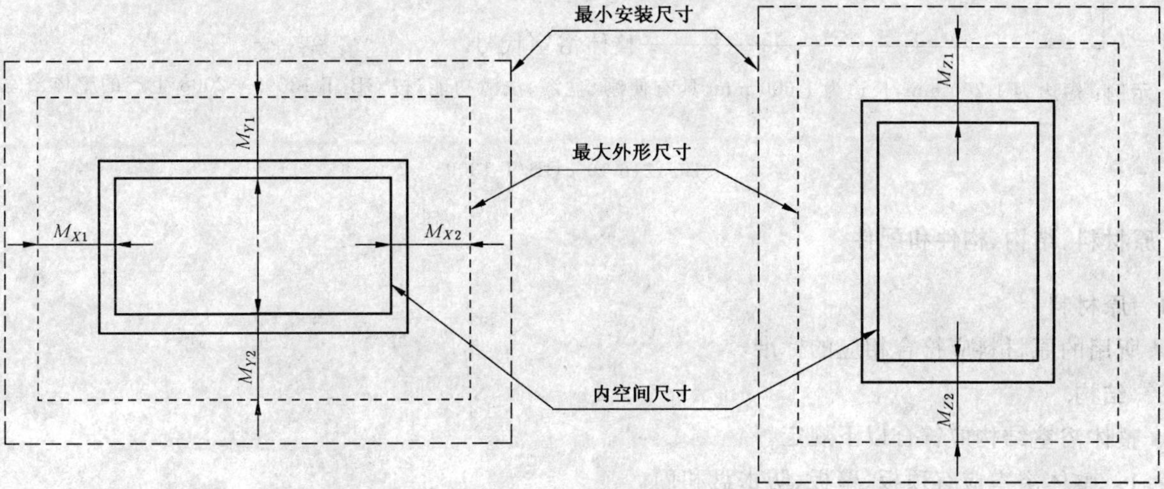

图 1 水平方向的关系 **图 2 垂直方向的关系**

4.2.3.2 最大外形尺寸

整体浴室的最大外形尺寸与内空间尺寸之差：

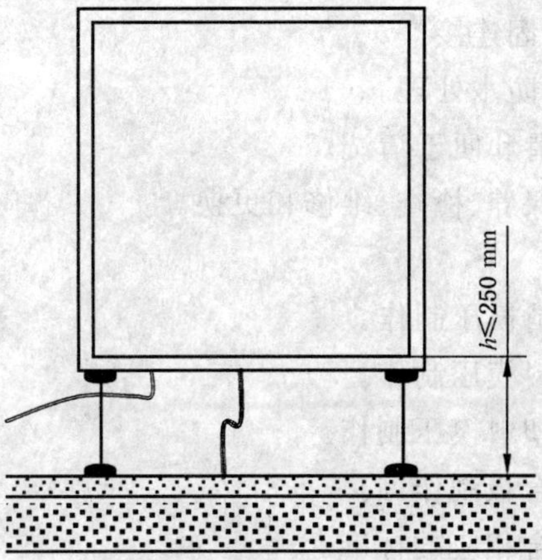

图 3 底部支撑尺寸

水平方向（70～200）mm，见图 1，$M_X = M_{X1} + M_{X2} =$（70～200）mm，$M_Y = M_{Y1} + M_{Y2} =$（70～200）mm。

垂直方向不大于 500 mm，见图 2，$M_Z = M_{Z1} + M_{Z2} \leqslant 500$ mm。

4.2.3.3 最小安装尺寸

整体浴室的最小安装尺寸为最大外形尺寸加（40～150）mm。

4.2.3.4 整体浴室的底部支撑尺寸 h 应不大于 250 mm，见图 3。

4.2.3.5 整体浴室安装管道的侧面与墙面之间应留有空间，以确保管道的安装。

4.3 产品标记

整体浴室按代号（BU）、短边、长边、类型代号和标准号进行标记。

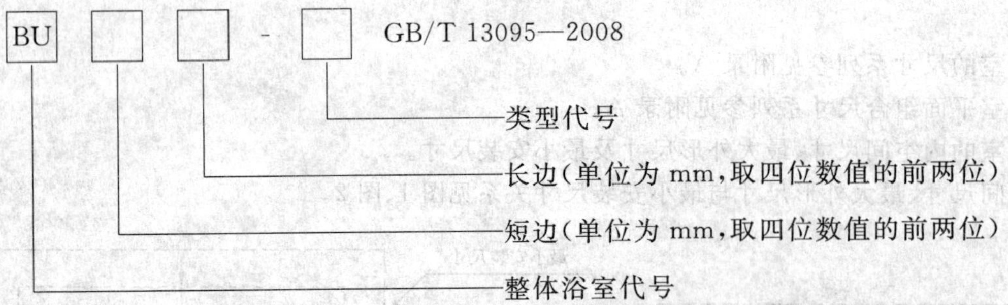

示例：短边为 1 200 mm,长边为 1 600 mm,具有便溺、盆浴、洗漱功能,按 GB/T 13095—2008 生产的整体浴室,标记为：

BU1216-10　GB/T 13095—2008

5　原材料、结构、构件和配件

5.1　原材料

所用的原材料应符合相应的标准。

5.2　结构

整体浴室结构应符合以下规定。

5.2.1　整体浴室应有顶板、壁板、防水盘和门。

5.2.2　组装浴室所需的配件按以下两类根据需要选定：

a)　主要配件：浴缸、浴缸水嘴、淋浴器、洗面盆、洗面盆台板、洗面盆水嘴、坐便器、低水箱或自闭冲洗阀、照明灯具、浴帘、肥皂盒、手纸盒、毛巾架、浴巾架、排风扇、镜子等；

b)　选用配件：浴缸扶手、梳妆架、衣帽架、插座、烘干器、清洁箱、电话等。

5.2.3　整体浴室应与建筑结构牢固连接。

5.2.4　与水直接接触的木器应做防水处理。

5.2.5　地面应安装地漏,并应防滑和便于清洗。

5.2.6　构件、配件及结构应便于保养、检查、维修和更换。

5.3　构件

5.3.1　顶板：用玻璃纤维增强塑料模压制作。

5.3.2　壁板：用玻璃纤维增强塑料模压制作。

5.3.3　防水盘：用玻璃纤维增强塑料模压制作。

5.3.4　门：用铝型材等材料与复合板制作。

5.3.5　其他材料：其他材料应符合相应的标准。

5.4　配件

5.4.1　玻璃纤维增强塑料浴缸应符合 JC/T 779 的规定,其他浴缸应符合相应的标准。

5.4.2　卫生洁具：包括洗面盆、坐便器及低水箱等。人造玛瑙及人造大理石卫生洁具应符合 JC/T 644 的规定,陶瓷卫生洁具应符合 GB/T 6952 及相应的标准,采用其他材料制成的卫生洁具应符合相应的标准。

5.4.3　卫生洁具配件：包括洗面盆水嘴、浴缸水嘴、低水箱配件、坐便器及排水配件等。洗面盆水嘴应符合 JC/T 758 的规定；浴缸水嘴应符合 JC/T 760 的规定；低水箱配件应符合 JC 707 的规定；坐便器应符合 JC/T 764 的规定；排水配件应符合 JC/T 761、JC/T 762 的规定；排水配件也可采用耐腐蚀的塑料制品、铝制品等,但应符合相应的标准。

5.4.4　管道、管件：整体浴室所用管道、管件应不易锈蚀,并符合相应的标准。

5.4.5 电器:包括照明灯具、排风扇、电插座及烘干器等。所用电器应符合 GB 4706.1 及其他相应的标准。

5.4.6 其他配件:包括毛巾架、浴巾架、手纸盒、肥皂架、淋浴器、镜子及门锁等配件,均应防水或不易锈蚀的材料,并应符合相应的标准。

6 要求

6.1 外观

6.1.1 玻璃纤维增强塑料浴缸外观应符合 JC/T 779 要求,其他材质浴缸应符合相应的标准。

6.1.2 顶板、壁板:内表面应光洁平整,无裂纹、无气泡,颜色均匀;外表面没有缺损、毛刺等缺陷;切割面应无分层、毛刺。

6.1.3 卫生洁具外观应光滑、无裂纹、颜色均匀、边缘整齐。

6.1.4 金属件外观应符合下列规定:

a) 表面加工良好,无毛刺、伤痕、锈蚀、气孔等明显缺陷;

b) 喷漆部分无脱落、斑点、创伤、锈蚀等明显缺陷;

c) 电镀部分无电镀层剥落等明显缺陷;

d) 需防锈部分应做防锈处理。

6.1.5 其他各部件外观无明显缺陷,无异味。

6.2 使用性能

6.2.1 可洗浴,可供冷、热水。

6.2.2 可洗漱,可供冷、热水。

6.2.3 可便溺,便后可冲洗。

6.2.4 有通风设备,能够换气。

6.2.5 浴缸、坐便器及洗面盆排水通畅,不渗漏。

6.2.6 浴室便于清洗,清洗后地面无积水。

6.2.7 无其他不安全及影响使用的故障。

6.3 通电

电器设备工作正常、安全、无漏电现象。

6.4 光照度

浴室内大于 70 lx,洗面盆上方大于 150 lx。

6.5 耐湿热性

试验后表面无裂纹、无气泡、无剥落、没有明显变色。

6.6 电绝缘

6.6.1 耐湿热性试验后,带电部位与金属配件之间绝缘电阻大于 5 MΩ。

6.6.2 施加 1 500 V 电压,1 min 后无击穿、烧焦现象。

6.7 强度

6.7.1 砂袋冲击:壁板、防水盘冲击后应无裂纹、无剥落、无破损等异常现象。

6.7.2 挠度:顶板、壁板小于 7.0 mm,防水盘小于 3.0 mm。

6.8 连接部位密封性

试验后无渗漏现象。

6.9 配管检漏

给水管、排水管及排污管无渗漏现象。

6.10 防水盘性能

符合附录B的要求。

7 试验方法

7.1 试样及试验条件

7.1.1 试样:试样采用整体浴室。

7.1.2 试验条件:试验环境温度为(10～35)℃,相对湿度为45%～80%;浴室按使用状态平稳地置于刚性地面上。

7.2 外观检验

按6.4规定的照度条件,距离浴室被检处(500～700) mm,用肉眼观察。

7.3 使用性能

根据整体浴室配置检查是否符合6.2规定的相应使用性能。

7.4 通电试验

浴室接通电源,检查各插座是否有电,电器设备工作是否正常、安全。

7.5 光照度试验

7.5.1 试验用照度计光谱响应应接近于视见函数,测量误差不大于±5%。

7.5.2 在浴室内照明装置正常照明的情况下,用照度计测量距底面1 000 mm高、四壁300 mm的空间内的照度及洗面盆上方150 mm处的照度。照度计的探头不能正对着光源,如浴室内照明装置所发出的光带有彩色时,应根据照度计使用说明书的修正系数加以修正。

7.6 耐湿热试验

密闭浴室,使用图4所示的装置,堵塞浴缸排水口及溢水孔,用流量7 L/min、温度(70±2)℃的热水,经淋浴器喷洒在浴缸里,热水从防水盘地漏流出。1 h后检查各构件及连接部位。

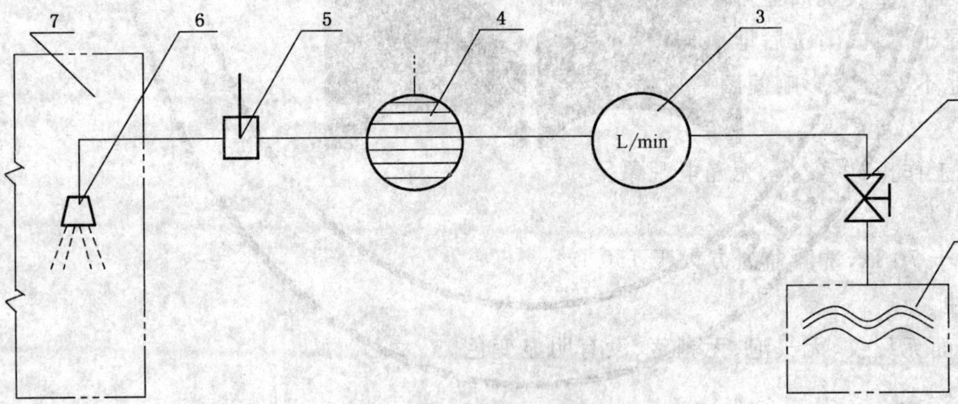

1——自来水水源;
2——流量调节阀;
3——流量计;
4——电热水器;
5——水银温度计;
6——淋浴器;
7——整体浴室。

图4 耐湿热试验装置

7.7 电绝缘试验

7.7.1 绝缘电阻试验

7.7.1.1 试验用手摇兆欧表规格为 500 V、500 MΩ，精确度等级为 1.0 级。

7.7.1.2 耐湿热试验后，将浴室内壁表面的水分擦干，切断浴室电源，用手摇兆欧表测量带电部位（灯口、插座等）与不应带电的金属件（门框、毛巾架、浴缸水嘴等）之间的绝缘电阻。

7.7.2 耐电压试验

7.7.2.1 试验用高压试验车输入电压为 220 V，输出电压应满足（0～2500）V 连续可调。

7.7.2.2 绝缘电阻试验后，用高压试验车在浴室内带电部位（灯口、插座等）与不应带电的金属件（门框、毛巾架、浴缸水嘴等）之间，施加 1 500 V 的交流电压。1 min 后检查。

7.8 强度试验

强度试验应在耐湿热试验结束后进行。

7.8.1 耐砂袋冲击试验

7.8.1.1 壁板冲击：在直径约 200 mm 的布袋中装满质量为（15±0.5）kg 的干细砂，用绳索吊挂，砂袋重心至吊点距离为（1 000±10）mm。把砂袋侧移，使绳索倾斜至 30°角后，对壁板内表面中央点 *D*（如图 5 所示）进行自由冲击，反复 5 次。检查壁板及连接部位。

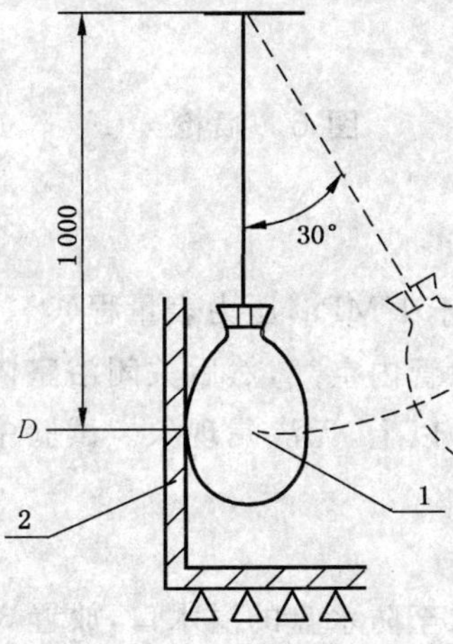

1——砂袋重心；

2——浴室壁板。

图 5 壁板冲击试验

7.8.1.2 防水盘冲击：按附录 B.4.3.3 进行。

7.8.2 挠度试验

7.8.2.1 试验设备

a) 百分表：量程（0～50）mm，最小刻度 0.01 mm；

b) 表支架：可升降，支撑百分表；

c) 橡胶板：直径 150 mm，厚度 5 mm，邵氏硬度（65±5）；

d) 压力弹簧秤：量程（0～300）N。

7.8.2.2 顶板挠度：在浴室内顶中央部位支放百分表，再在外顶相应的部位放置橡胶板，在橡胶板上加放质量 4 kg 砝码，1 h 后测量顶板中央挠度。

7.8.2.3 壁板挠度：在浴室内壁中央部位支放百分表，再在外壁相应的部位通过橡胶板用压力弹簧秤施加 100 N 的水平载荷，测量壁板中央挠度。在百分表指示的数值相对稳定时记录数值。

7.8.2.4 防水盘挠度：按附录 B.4.3.1 进行。

7.9 连接部位密封性试验

使用图6所示的喷枪，保持喷嘴水压0.3 MPa，喷射角60°，喷嘴与连接部位相距约300 mm，以小于70 mm/s的速度移动喷枪，沿浴室壁与壁、壁与顶面及壁与底面的连接部位喷水。然后检查有无渗漏现象。

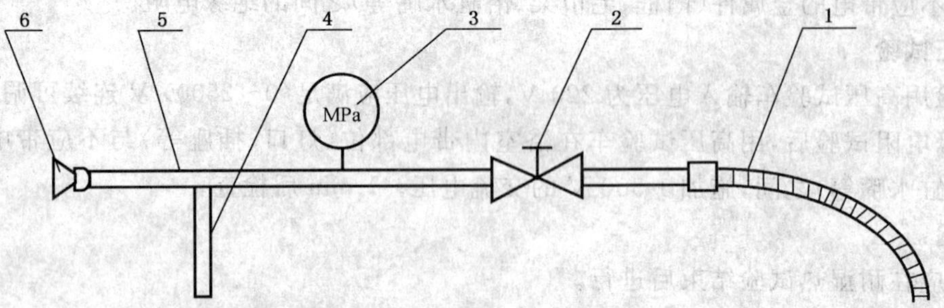

1——软管；
2——调节阀；
3——压力表；
4——手柄；
5——钢管；
6——喷嘴。

图6 喷枪

7.10 配管检漏试验

7.10.1 给水管检漏

7.10.1.1 试验用试压泵最高压力不低于1 MPa，压力表量程(0～1.5) MPa，精确度等级为1.0级。

7.10.1.2 从进水口注入常温清水，排除管内空气，然后关闭浴室内所有供水管的终端阀门，用试压泵打压至压力为0.9 MPa，保持压力2 min以上，无渗漏现象。试验中应徒手关闭阀门，不得借助其他辅助工具。

7.10.2 排水管检漏

7.10.2.1 封闭浴室排水管的末端，加水至防水盘的溢水口，放置30 min后，检查连接处。

7.10.2.2 分别打开浴缸、洗面盆的排水栓塞，并封闭排水管的末端，加水至溢水口，放置30 min后，检查连接处。

7.10.3 排污管检漏

封闭浴室排污管的末端，加水至坐便器的上缘，放置30 min后，检查连接处。如设有水箱，检查水箱水管有无渗漏现象。

8 检验规则

8.1 检验分类

检验分为出厂检验和型式检验。

8.2 出厂检验

8.2.1 检验项目

出厂检验项目为外观、使用性能、通电、常压配管检漏。

8.2.2 抽样及判定

每个产品应进行出厂检验。出厂检验项目均符合相应要求，判产品合格；如出厂检验项目中某项不合格，允许采取补救措施，补救后仍不符合要求，判该产品不合格。

8.3 型式检验

8.3.1 检验条件

有下列情况之一时，应对整体浴室进行型式检验。

a） 首制整体浴室；

b） 主要原材料、成型工艺或结构有较大改变时；

c） 正常生产每满3年时；

d） 停产半年以上、恢复生产时；

e） 质量监督机构或用户提出型式检验要求时。

8.3.2 检验项目

第6章中的全部项目。

8.3.3 抽样及判定

8.3.3.1 同材料、同工艺、同类型、同尺寸的50台产品为一批，不足50台时按一批处理。从该批中随机抽取一台整体浴室，按8.3.2规定的项目进行型式检验。

8.3.3.2 型式检验项目均符合要求，判型式检验合格；若外观、使用性能、通电、光照度、配管检漏中有一项不符合要求，允许采取一次补救措施，重做此项试验，仍不符合要求判型式检验不合格。耐湿热、电绝缘、强度、连接部位密封性、防水盘性能中若有一项不符合要求，则判型式检验为不合格。

8.3.3.3 型式检验不合格的一批产品，应从该批产品中再随机抽取两台进行复检；若其中一台不合格，则判该批产品不合格。

9 标志、说明书、包装、储存、运输及安装

9.1 标志

在浴室的明显部位固定标牌，其内容包括标记、商标、厂名、生产日期等。

9.2 说明书

9.2.1 使用说明书

内容应包括使用方法、使用条件、清扫方法、使用注意事项、简单故障处理、修理联络点及其他。

9.2.2 安装说明书

内容包括浴室结构、安装、固定方法、组装顺序、注意事项、组装后检验及安装图示。

9.3 包装

9.3.1 包装应牢固可靠。

9.3.2 易损件装箱后应填充纸屑、泡沫等保护。

9.3.3 每个包装箱应标明外型尺寸、重量及防压、防雨等标记。

9.3.4 包装箱内应有装箱单、说明书及产品合格证。

9.4 储存

储存应防雨、防晒，远离污染源、火源，堆码层数不得超过3层。

9.5 运输

运输应避免碰撞，不允许在地面拖动，且不受化学腐蚀性药品的侵蚀。

9.6 安装

安装应按说明书或在生产厂指导下进行。

附　录　A
（资料性附录）
整体浴室的类型图和尺寸系列及平面组合尺寸系列

A.1　整体浴室的类型图

图 A.1　便溺类型

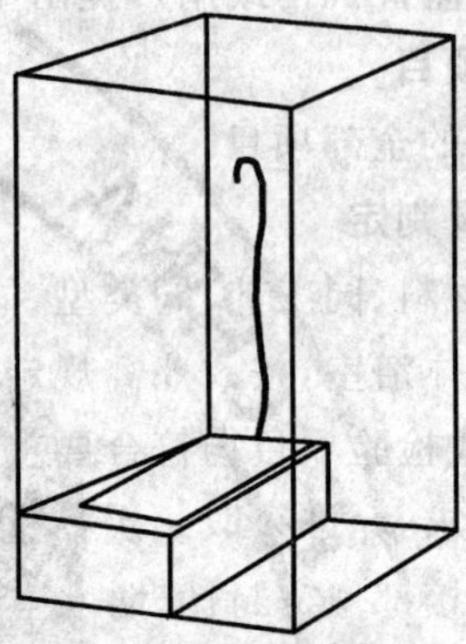

图 A.2　盆浴类型

图 A.3　洗漱类型

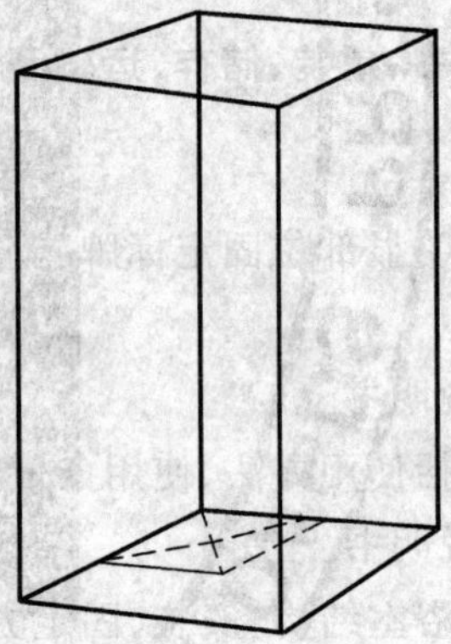

图 A.4　淋浴类型

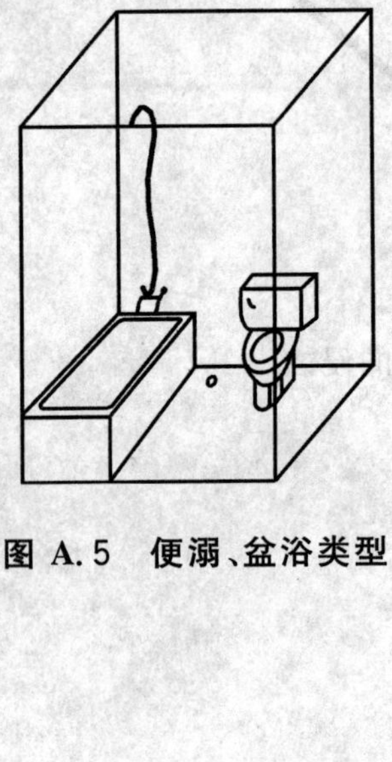

图 A.5　便溺、盆浴类型

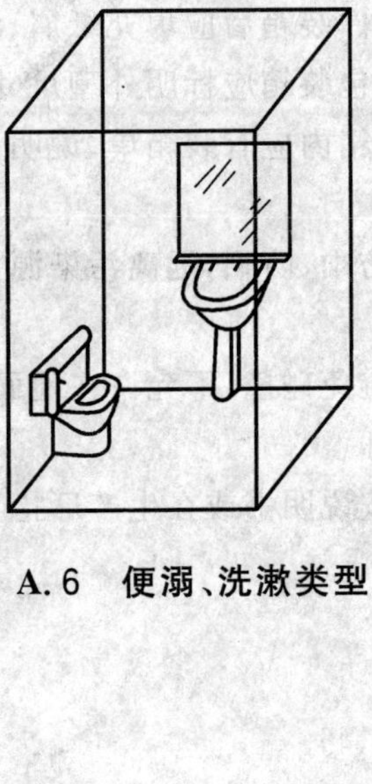

图 A.6　便溺、洗漱类型

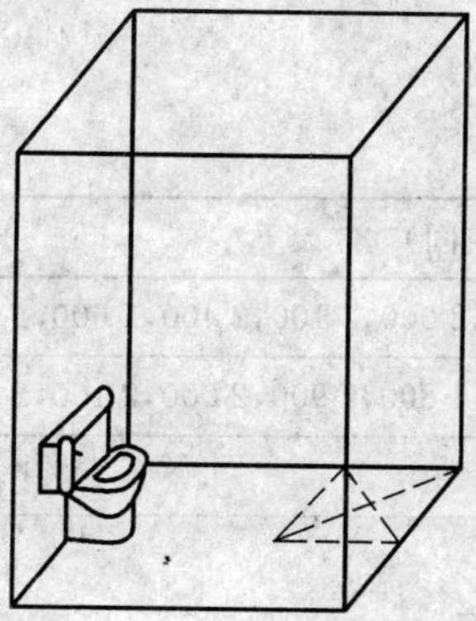

图 A.7 便溺、淋浴类型

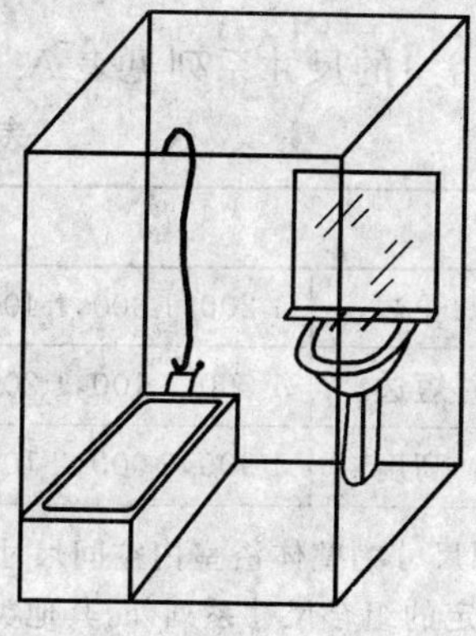

图 A.8 盆浴、洗漱类型

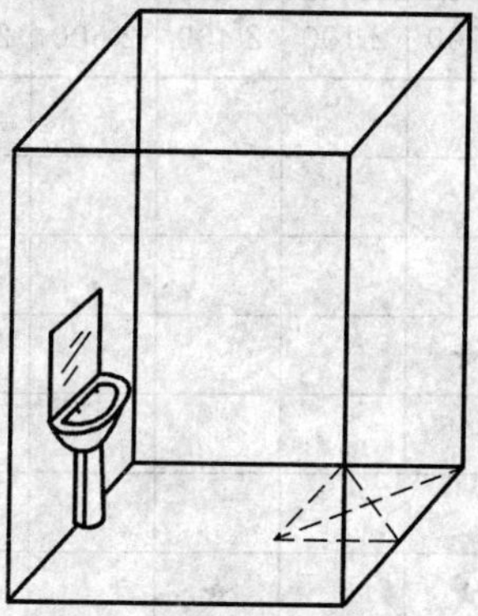

图 A.9 淋浴、洗漱类型

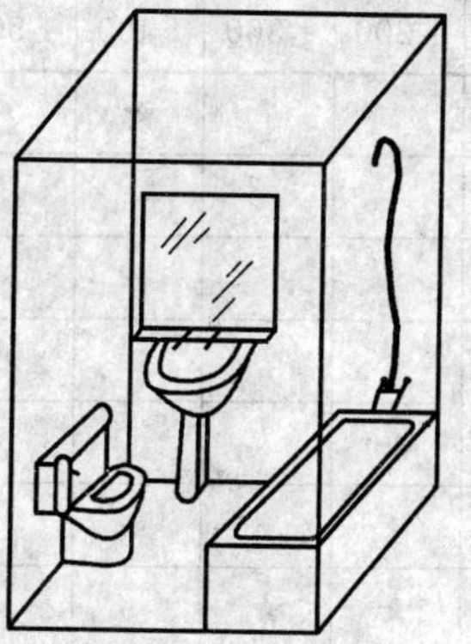

图 A.10 便溺、盆浴、洗漱类型

图 A.11 便溺、淋浴、洗漱类型

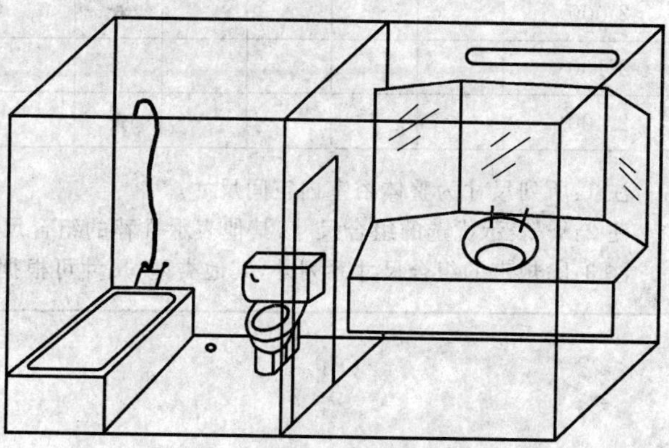

图 A.12 便溺、盆浴、洗漱组合类型

A.2 整体浴室的尺寸系列及平面组合尺寸系列

A.2.1 整体浴室的尺寸系列见表 A.1。

表 A.1 整体浴室的尺寸系列

单位为毫米

方　向		尺寸系列(整体浴室三维空间)
水平方向	长边	1 200,1 300,1 400,1 500,1 600,1 700,1 800,1 900,2 000,2 100,2 400,2 600,2 700,3 000
	短边	1 000,1 100,1 200,1 300,1 400,1 500,1 600,1 700,1 800,1 900,2 000,2 100,2 400
垂直方向	高度	1 900,2 000,2 100,2 200,2 300,2 400

注 1:所列尺寸为整体浴室内空间尺寸。

注 2:除规定的组合尺寸系列外,其他类型、尺寸可根据供需双方要求商定。

A.2.2 整体浴室平面组合尺寸系列见表 A.2。

表 A.2 整体浴室平面组合尺寸系列

单位为毫米

短边	长边													
	1 200	1 300	1 400	1 500	1 600	1 700	1 800	1 900	2 000	2 100	2 400	2 600	2 700	3 000
1 000			★											
1 100					★									
1 200					★									
1 300					★	★		★	★					
1 400								★						
1 500														
1 600	★	★							★		★			★
1 700		★												
1 800														
1 900		★	★											
2 000		★			★				★	★	★			
2 100									★					
2 400					★				★					

注 1:所列尺寸为整体浴室内空间尺寸。

注 2:★ 表示优选的组合尺寸,其他表示推荐的组合尺寸。

注 3:除规定的组合尺寸系列外,其他类型、尺寸可根据供需双方要求商定。

附 录 B
（规范性附录）
防 水 盘

B.1 防水盘结构及各部功能要求

B.1.1 防水盘的结构分为有地脚支撑和无地脚支撑二种形式，见图 B.1 和图 B.2。

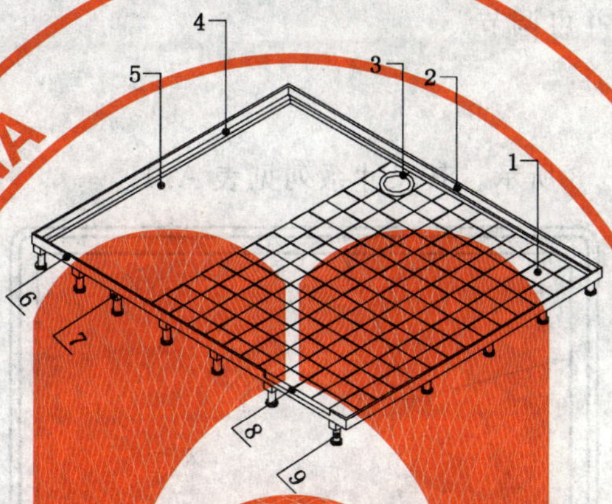

1——洗涤部位；
2——内侧面；
3——地漏；
4——安装面；
5——浴缸放置处；
6——外侧面；
7——加强筋；
8——开门部位；
9——地脚支撑。

图 B.1 带地脚支撑的防水盘结构示意图

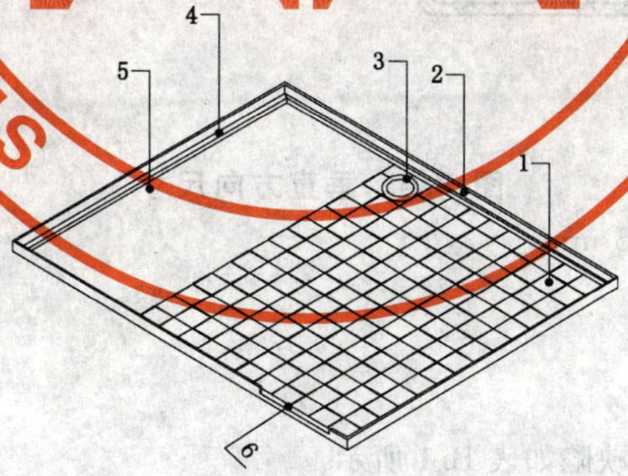

1——洗涤部位；
2——内侧面；
3——地漏；
4——安装面；
5——浴缸放置处；
6——开门部位。

图 B.2 不带地脚支撑的防水盘结构示意图

B.1.2 防水盘各部功能要求

B.1.2.1 洗涤部位

安装后洗涤部位要求排水通畅。

B.1.2.2 地漏

可设在洗涤部位，也可设在洗涤部位与浴缸放置处之间。

B.1.2.3 加强筋

加强筋应防锈或防腐，其高度通常不大于50 mm。

B.1.2.4 地脚支撑

地脚支撑不大于200 mm，并可调节。

B.2 防水盘尺寸

B.2.1 水平方向的尺寸如图B.3所示。其尺寸系列见表A.1。

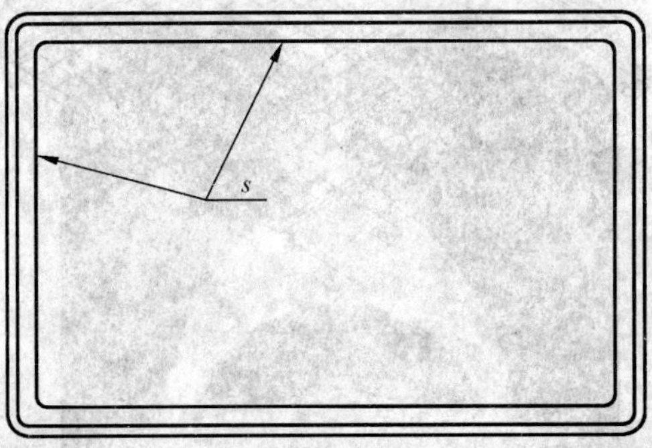

s——水平方向净尺寸

图B.3 水平方向尺寸

B.2.2 垂直方向的尺寸如图B.4所示。

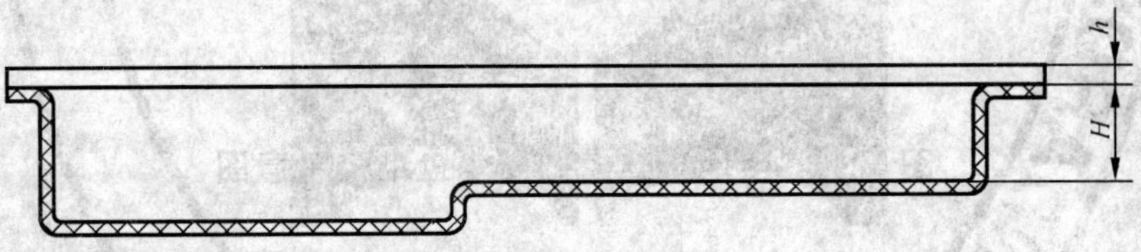

H——内侧壁高度；

h——翻边高度。

图B.4 垂直方向尺寸

B.2.3 防水盘的尺寸偏差为+5 mm。

B.3 要求

B.3.1 外观

B.3.1.1 各部位不允许存在的缺陷如表B.1所示。

表B.1 各部位不允许存在的缺陷

部位	不允许存在的缺陷
内表面	小孔、裂纹、气泡、缺损、固化不良
外表面	缺损、毛刺、固化不良
切割面	分层、毛刺

B.3.1.2 除表B.1规定之外，在使用面上其他各种缺陷的允许程度如表B.2所示，外侧面不受此限。

表B.2 使用面上其他各种缺陷的允许程度

缺陷种类	缺陷允许程度
针孔、修补痕迹、颜色不匀	肉眼观察，无明显缺陷
变形	不大于5 mm

B.3.2 防水盘性能应符合表B.3的规定。

表B.3 防水盘性能要求

序号	项目	要求
1	挠度	最大挠度应小于3 mm
2	巴柯尔硬度	巴柯尔硬度不小于35
3	耐砂袋冲击	表面无变形，破损及裂纹等缺陷
4	耐落球冲击	表面无裂纹及玻璃纤维裸露等缺陷
5	耐渗水性	无渗漏现象
6	耐酸性	耐酸试验后，表面的巴柯尔硬度应不小于30，且无裂纹、分层等缺陷
7	耐碱性	耐碱试验后，表面的巴柯尔硬度应不小于30，且无裂纹、分层等缺陷
8	耐污染性	色差ΔE不应大于3.5
9	耐热水性A	耐热水性A试验后，表面应无裂纹、鼓泡或明显变色
10	耐热水性B	耐热水性B试验后，表面应无裂纹、鼓泡或明显变色
11	耐磨性	转数应不小于5 000转或磨耗量应不大于20 mg/100 r （表层与基材同色的防水底盘）

B.4 试验方法

B.4.1 防水盘的试样应符合表B.4的规定。

表B.4 试样要求

序号	项目	试样	数量	尺寸	备注
1 2 3 4 5 6	外观 挠度 巴柯尔硬度 耐砂袋冲击 耐落球冲击 耐渗水性	防水盘	1	—	同一防水盘
7 8 9 10	耐酸性 耐碱性 耐污染性 耐热水试验A	试样	4	100 mm×100 mm 100 mm×100 mm 65 mm×65 mm 50 mm×50 mm	从随炉试样中切取
11	耐热水试验B	一体化浴缸防水盘	1	—	此项仅针对一体化浴缸防水盘
12	耐磨性	试样	3	100 mm×100 mm 或ϕ120 mm	从防水底盘或随炉试样中切取

B.4.2 外观

目测。

B.4.3 性能

B.4.3.1 挠度

在浴室外底面中央部位支放百分表，再在内底面相应的部位放置橡胶板，在橡胶板上加放质量100 kg的砝码，并将浴室内的浴缸加水至80%，1 h后测量防水盘中央挠度。

B.4.3.2 巴柯尔硬度

按GB/T 3854进行。

B.4.3.3 耐砂袋冲击

在浴室内防水盘中央部位的上方(1 000±10) mm，用质量为(7±0.5) kg的砂袋(由帆布和半个篮球制作，里面装有干砂，上部扎牢，如图B.5所示)半球部朝下自由落下，反复5次。检查底板及连接部位。

1——帆布；

2——半个篮球；

3——搭接线。

图 B.5 砂袋

B.4.3.4 耐落球冲击

在防水盘中央部位的上方，用一个质量为1 kg的钢球从1 m高处自由落下，然后目测被冲击部位。

B.4.3.5 耐渗水性

密封地漏，将防水盘注满水，24 h后检查。

B.4.3.6 耐酸性

将1 mL浓度为3%的盐酸滴在试样表面上，1 h后擦去，检查该部位有无裂纹、分层现象，然后按GB/T 3854测定巴柯尔硬度。

B.4.3.7 耐碱性

将1 mL浓度为5%的氢氧化钠滴在试样表面上，1 h后擦去，检查该部位有无裂纹、分层现象，然后按GB/T 3854测定巴柯尔硬度。

B.4.3.8 耐污染性

将耐热水性试验后的试样擦拭干净，用医药白色凡士林加入10%的颜料碳黑，涂在试样片表面，30 min后用抹布擦去，然后按GB/T 11942测定色差。

B.4.3.9 耐热水试验A

将试样片放在水温为(80±5)℃的槽内连续浸泡24 h，然后取出，检查表面有无裂纹、鼓泡或明显变色、断面有无分层。

B.4.3.10 耐热水试验 B

将一体化浴缸防水盘放在平整的平台上，浴缸内水位高度为浴缸深度的 80%以上，将水温升至 90 ℃，保持水温在(90±2)℃，水煮 8 h，在此过程中用适当方法补水，保持水量为浴缸容量的 80%以上。水煮结束后，直接排水，一体化浴缸防水盘冷却至室温。按上述方法进行 4 个循环，观察浴缸表面有无裂纹、鼓泡或明显褪色、变色现象。

B.4.3.11 耐磨性试验

耐磨性能用转数按 GB/T 18102—2000 中 6.3.11 规定进行。耐磨性能用磨耗量按 GB/T 18103—2000 中 6.3.6 规定进行，但磨耗转数应为 1 000 转时的单位磨耗量，研磨轮用砂布转过 500 圈后，应调换砂布。

ICS 83.120
Q 23

中华人民共和国国家标准

GB/T 13096—2008
代替 GB/T 13096.1～13096.4—1991

拉挤玻璃纤维增强塑料杆力学性能试验方法

Test method for mechanical properties of pultruded glass fiber reinforced plastic rods

2008-06-30 发布　　2009-04-01 实施

中华人民共和国国家质量监督检验检疫总局
中国国家标准化管理委员会　发布

前　言

本标准修改采用 ASTM D3916-02《拉挤玻璃纤维增强塑料杆拉伸性能标准试验方法》(英文版)、ASTM D4476-03《拉挤玻璃纤维增强塑料杆弯曲性能标准试验方法》(英文版)、ASTM D3914-02《拉挤玻璃纤维增强塑料杆面内剪切强度标准试验方法》(英文版)和 ASTM D4475-02《拉挤玻璃纤维增强塑料杆表观水平剪切强度短梁剪切标准试验方法》(英文版)。

本标准根据 ASTM D3916-02、ASTM D4476-3、ASTM D3914-02 及 ASTM D4475-02 重新起草。在附录 B 中列出了本标准章条编号与 ASTM D3916-02、ASTM D4476-3、ASTM D3914-02 及 ASTM D4475-02 章条编号的对照一览表。

考虑到我国国情,在采用 ASTM D3916-02、ASTM D4476-3、ASTM D3914-02 及 ASTM D4475-02 时,本标准做了一些修改。主要技术差异如下:

——采用国际单位将试样尺寸进行取整;

——在进行拉伸强度试验时,增加了 V 型切口试样及哑铃型试样,对试样的型式进行了修改和补充;

——修改了拉伸试验的加载速率。

本标准代替 GB/T 13096.1—1991《拉挤玻璃纤维增强塑料杆拉伸性能试验方法》、GB/T 13096.2—1991《拉挤玻璃纤维增强塑料杆弯曲性能试验方法》、GB/T 13096.3—1991《拉挤玻璃纤维增强塑料杆面内剪切强度试验方法》和 GB/T 13096.4—1991《拉挤玻璃纤维增强塑料杆表观水平剪切强度短梁剪切试验方法》。

本标准与 GB/T 13096.1～13096.4—1991 相比主要变化如下:

——将 GB/T 13096.1～13096.4—1991 合并为一个标准;

——增加了规范性引用文件(见第 2 章);

——修改了加载速率(GB/T 13096.1—1991 中的 6.6,本标准的 4.3.6;GB/T 13096.2—1991 中的 6.7,本标准的 5.3.7;GB/T 13096.3—1991 中的 7.5,本标准的 6.3.5;GB/T 13096.4—1991 中的 6.6,本标准的 7.3.6)。

本标准的附录 A 和附录 B 均为资料性附录。

本标准由中国建筑材料联合会提出。

本标准由全国纤维增强塑料标准化技术委员会归口。

本标准由哈尔滨玻璃钢研究院、北京玻钢院复合材料有限公司负责起草。

本标准主要起草人:李建国、王兴华、钱民中、王宝瑞、丁新静、方敏。

本标准所代替标准的历次版本发布情况为:

——GB/T 13096.1～13096.4—1991。

拉挤玻璃纤维增强塑料杆力学性能试验方法

1 范围

本标准规定了拉挤玻璃纤维增强塑料杆力学性能试验的拉伸性能、弯曲性能、面内剪切强度、表观水平剪切强度试验方法。

本标准适用于测定直径为(3～25) mm 的拉挤玻璃纤维增强塑料杆的拉伸性能、直径大于 13 mm 的拉挤玻璃纤维增强塑料杆的弯曲性能、直径为(16～32) mm 的拉挤玻璃纤维增强塑料杆的面内剪切强度和拉挤玻璃纤维增强塑料杆的表观水平剪切强度。

2 规范性引用文件

下列文件中的条款通过本标准的引用而成为本标准的条款。凡是注日期的引用文件,其随后所有的修改单(不包括勘误的内容)或修订版均不适用于本标准,然而,鼓励根据本标准达成协议的各方研究是否可使用这些文件的最新版本。凡是不注日期的引用文件,其最新版本适用于本标准。

GB/T 1446 纤维增强塑料性能试验方法总则

3 术语和定义

下列术语和定义适用于本标准。

3.1

面内剪切强度 in-plane shear strength

沿轴线方向平面破坏时的抗剪切强度。

4 拉伸性能试验

4.1 试样

4.1.1 形状及尺寸

试样的形状及尺寸见图 1 和表 1。

若试样直径 $D>6$ mm,亦可采用图 2 所示的试样测定拉伸强度,采用图 1 所示的试样测定拉伸弹性模量,采用图 3 所示的试样测定破坏延伸率。

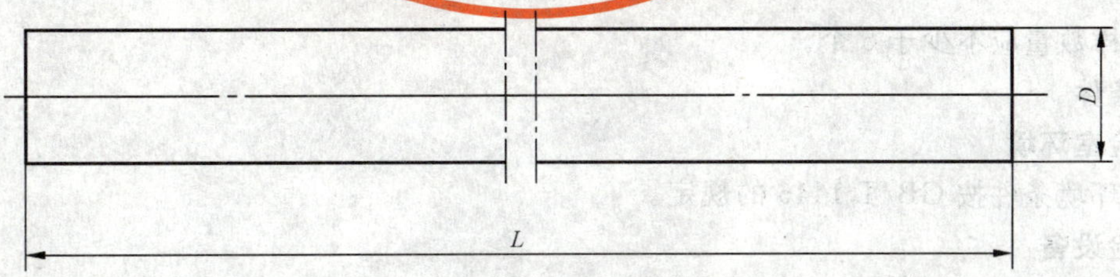

L——最小试样长度;

D——试样直径。

图 1 圆形杆拉伸试样示意图

表 1　试样尺寸及相应载荷表

D/mm	3	6	12	19	22	25
L/mm	305	450	700	700	700	700
常用最大载荷/kN	8～10	30～40	135～160	300～360	400～500	530～675

单位为毫米

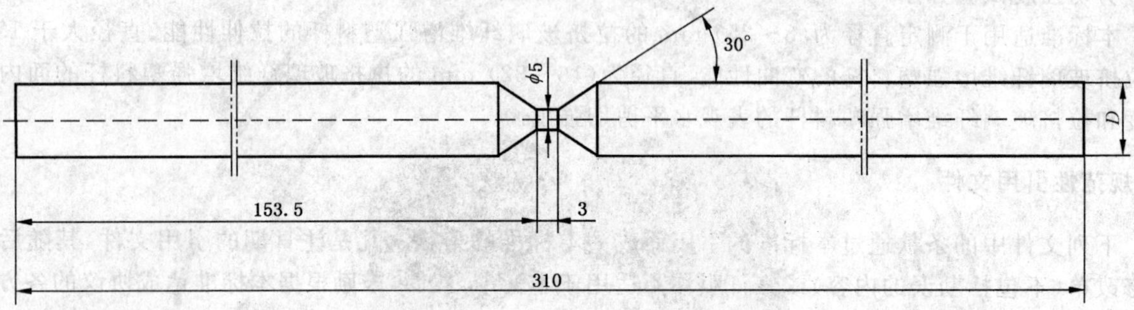

D——试样直径。

图 2　V 型切口拉伸试样示意图

单位为毫米

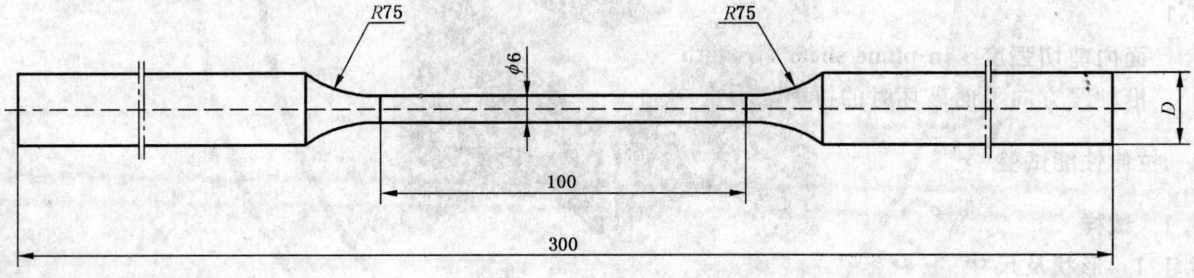

D——试样直径。

图 3　哑铃型拉伸试样示意图

4.1.2　数量

每组试样数量应不少于 5 个。

4.2　试验条件

4.2.1　实验室环境

实验室环境条件按 GB/T 1446 的规定。

4.2.2　试验设备

4.2.2.1　力学性能试验设备按 GB/T 1446 的规定。

4.2.2.2　千分尺，精度为 0.01 mm。

4.2.2.3　接头夹套，形状及尺寸如图 4 和表 2 所示。

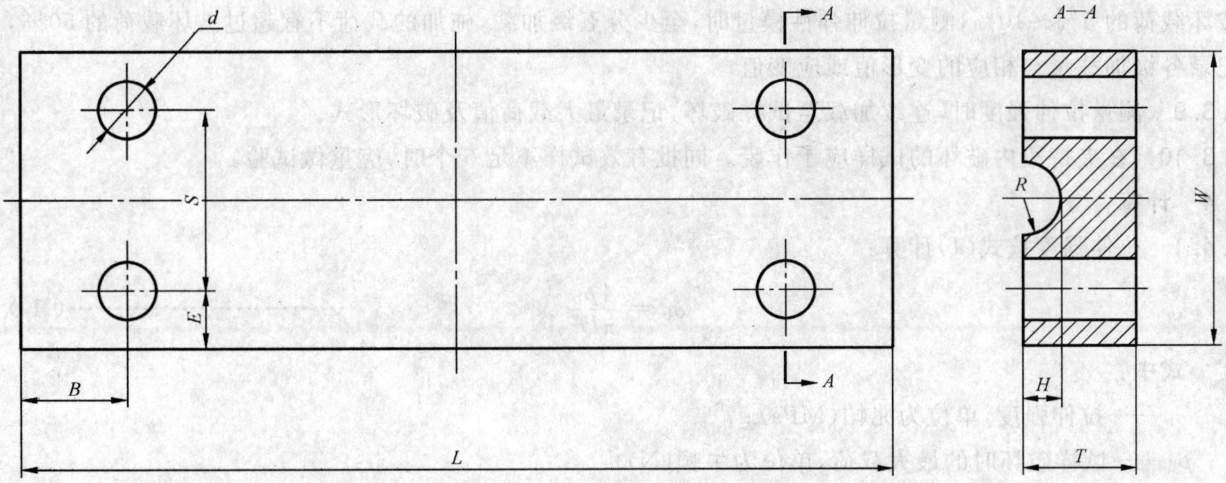

注：接头夹套为 LD2 铝合金。对夹持面进行喷砂处理。

图 4　接头夹套示意图

表 2　接头夹套尺寸表　　　　单位为毫米

R	$1.5^{+0.1}_{0}$	$3.0^{+0.1}_{0}$	$6.0^{+0.1}_{0}$	$9.5^{+0.1}_{0}$	$11.0^{+0.1}_{0}$	$12.5^{+0.1}_{0}$
H	1.3	2.8	5.7	9.0	10.0	11.2
L(最小值)	50	50	152	152	178	229
W(最小值)	25	25	50	57	64	67
T	4	6.3	19	19	19	19
E	5.5	5.5	9.5	9.5	9.5	9.5
B	11.0	11.0	19.5	19.5	19.5	19.5
S	14	14	32	38	44	47
d	3.6	4.6	6.7	6.7	6.7	6.7
螺栓直径	3.0	4.0	6.0	6.0	6.0	6.0

4.3　试验步骤

4.3.1　试样外观检查按 GB/T 1446 的规定。

4.3.2　试样状态调节按 GB/T 1446 的规定。

4.3.3　用浸透适当溶剂的布，擦净试样的端部和接头夹套的夹持面。

4.3.4　测量试样的直径和标距，其测量精度按 GB/T 1446 的规定。

4.3.5　装卡试样，使试样的轴线与上、下夹头中心线重合。

4.3.6　测定圆形杆试样拉伸强度加载速度为 5 mm/min，测定弹性模量、延伸率及 V 型切口试样拉伸强度时加载速度为 2 mm/min。

4.3.7　装上测量变形或应变仪表，施加初载，约为破坏载荷的 5%，检查并调整试样及变形或应变测量系统，使其处于正常工作状态。

4.3.8 测量拉伸弹性模量、破坏延伸率时，使用自动记录装置可连续加载；否则，采用分级加载，级差为破坏载荷的5%～10%，测量拉伸弹性模量时，至少分五级加载，施加的载荷不宜超过破坏载荷的50%，记录各级加载量与相应的变形值或应变值。

4.3.9 测量拉伸强度时，连续加载至试样破坏，记录最大载荷值及破坏形式。

4.3.10 在夹持段内破坏的试样应予作废。同批有效试样不足5个时，应重做试验。

4.4 计算

4.4.1 拉伸强度按式(1)计算：

$$\sigma_b = \frac{4p_b}{\pi D^2} \qquad \cdots\cdots(1)$$

式中：

σ_b——拉伸强度，单位为兆帕(MPa)；

p_b——试样破坏时的最大载荷，单位为牛顿(N)；

D——试样工作段直径，单位为毫米(mm)。

4.4.2 拉伸弹性模量按式(2)计算：

$$E = \frac{4\Delta p}{\pi D^2 \Delta\varepsilon} = \frac{4\Delta p L_0}{\pi D^2 \Delta L} \qquad \cdots\cdots(2)$$

式中：

E——拉伸弹性模量，单位为兆帕(MPa)；

Δp——载荷-变形曲线或载荷-应变曲线上初始直线段的载荷增量，单位为牛顿(N)；

L_0——试验前的测量标距，单位为毫米(mm)；

D——同式(1)；

$\Delta\varepsilon$——与 Δp 对应的应变增量；

ΔL——与 Δp 对应的标距 L_0 内的变形增量，单位为毫米(mm)。

4.4.3 拉伸破坏延伸率按式(3)计算：

$$\Phi = \frac{\Delta L_b}{L_0} \times 100 \qquad \cdots\cdots(3)$$

式中：

Φ——拉伸破坏延伸率，%；

L_0——同式(2)；

ΔL_b——试样破坏时标距 L_0 内的总伸长量，单位为毫米(mm)。

5 弯曲性能试验

5.1 试样

5.1.1 形状及尺寸

将拉挤杆加工成弓形截面试样，其几何形状见图5。试样长度不小于为1.2倍跨距(跨高比为16～24)。

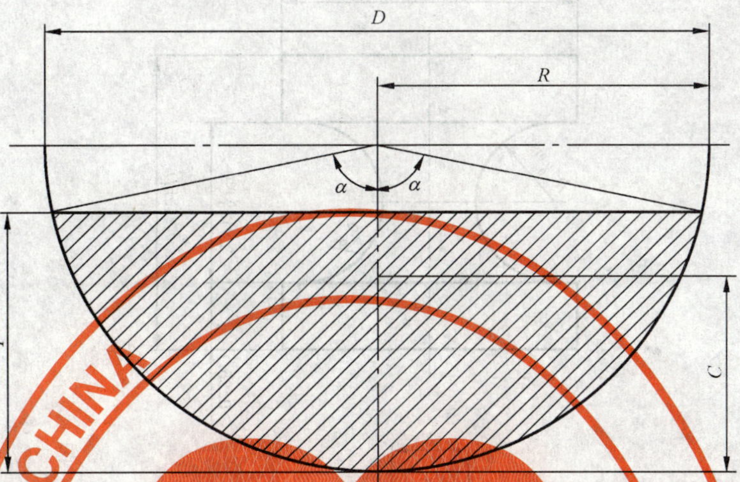

D——试样直径；

R——试样半径；

T——试样高度；

C——试样形心到底端的距离；

α——弓形截面的半圆心角$\left(\frac{\pi}{4}<\alpha<\frac{\pi}{2}\right)$。

图 5　弯曲试样的横截示意面

5.1.2　数量

每组试样数量应不少于 5 个。

5.2　试验条件

5.2.1　实验室环境

实验室环境条件按 GB/T 1446 的规定。

5.2.2　试验设备

5.2.2.1　力学性能用试验设备按 GB/T 1446 的规定。

5.2.2.2　加载压头及支座，加载压头为圆柱形，压头直径应大于 13 mm，若试验时试样出现明显压痕或产生挤压破坏，应采用大直径压头。底部支座可以移动，以便改变跨高比。支座上配有支承头，支承头的形状及尺寸见图 6。凹槽表面应无压痕和毛刺，同时消除锐角。

5.2.2.3　千分尺，精度为 0.01 mm。

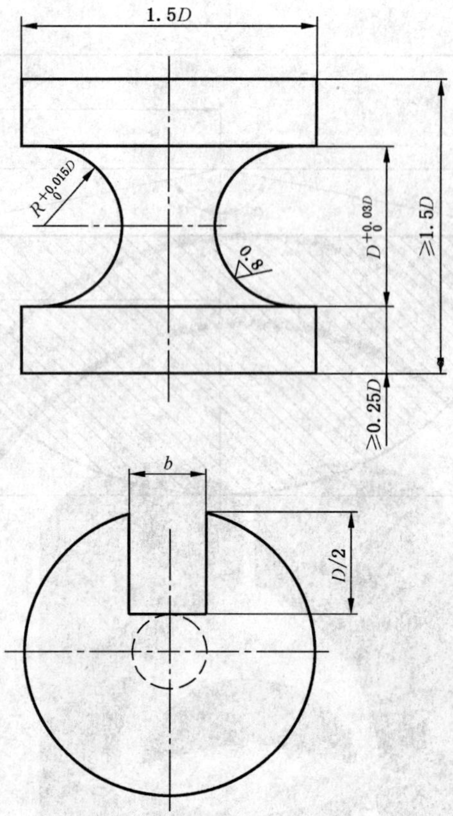

D——试样直径；

R——试样半径；

b——由试验装置确定的键槽宽度。

图6 支承头尺寸示意图

5.3 试验步骤

5.3.1 试样外观检查按 GB/T 1446 的规定。

5.3.2 试样状态调节按 GB/T 1446 的规定。

5.3.3 测量拉挤杆的直径，然后加工成弓形截面试样，将合格的试样编号，测量每个试样中点处的高度，测量精度按 GB/T 1446 的规定。

5.3.4 调整试验跨距，精确到 0.5 mm。加载压头的轴线位于两支座中点处，且与支座平行。跨高比为 16～24。

5.3.5 采用三点弯曲法进行试验。将试样的平面向上，弧面向下，置于两支座上，试样的轴线垂直于支座和加载头。

5.3.6 将测量变形的仪表置于跨距中点处，与试样弧面接触，施加初载（约为破坏载荷的 5%），检查和调整仪表，使整个系统处于正常工作状态。试验机若配备挠度测量系统，则系统的总弹性变形应小于试样总变形的 1%。

5.3.7 直径为（13～19）mm 试件加载速度为 3 mm/min，直径为（19～26）mm 试件加载速度为 6 mm/min，试验时间应控制在（20～200）s 范围内。

5.3.8 加载压头在跨距中点给试样加载，使试样弯曲，见图 7。

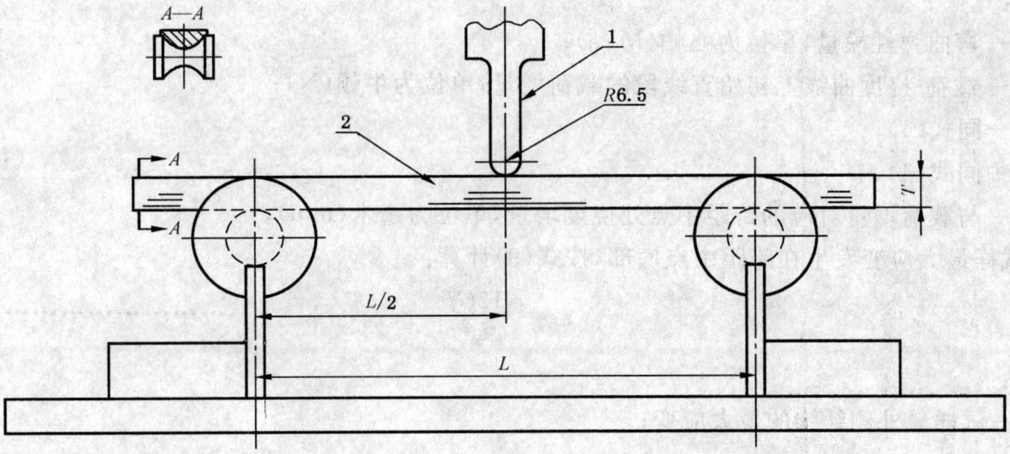

1——加载压头；

2——试样；

L——试验跨距；

T——试样高度。

图7　弯曲性能试验示意图

5.3.9　测量弯曲弹性模量和弯曲载荷-挠度曲线时，使用自动记录装置可连续加载；否则，采用分级加载，级差为破坏载荷的5%～10%，测量弯曲弹性模量时，至少分五级加载，施加的载荷不宜超过破坏载荷的50%，记录各级加载量与相应的挠度值。

5.3.10　测量弯曲强度时，连续加载，直至试样下表面的纤维发生破坏或挠度达到1.5倍的试样高度时，终止试验。记录破坏载荷或最大载荷。

5.3.11　绘制弯曲载荷-挠度曲线。

5.3.12　呈水平剪切破坏或有明显内部缺陷的试样应予作废。同批有效试样不足5个时，应重做试验。

5.4　计算

5.4.1　弯曲载荷-挠度曲线上任意一点的最大应力可按式(4)计算：

$$\sigma_f = \frac{pLC}{4I} \qquad \cdots\cdots(4)$$

$$C = 0.3R\alpha^2(1 - 0.097\,6\alpha^2 + 0.002\,8\alpha^4) \qquad \cdots\cdots(5)$$

$$I = 0.011\,43R^4\alpha^7(1 - 0.349\,1\alpha^2 + 0.045\,0\alpha^4) \qquad \cdots\cdots(6)$$

$$\alpha = 2\arcsin\sqrt{T/D} \qquad \cdots\cdots(7)$$

式中：

σ_f——试样跨距中点底部的最大应力，单位为兆帕(MPa)；

p——载荷-挠度曲线上任意点的载荷，单位为牛顿(N)；

L——跨距，单位为毫米(mm)；

C——试样形心到底端的距离，单位为毫米(mm)；

I——惯性矩，单位为四次方毫米(mm^4)；

R——试样的初始半径，单位为毫米(mm)；

α——弓形截面的半圆心角的弧度；

T——试样高度，单位为毫米(mm)；

D——试样直径，单位为毫米(mm)。

5.4.2　弯曲弹性模量按式(8)计算：

$$E_f = \frac{\Delta pL^3}{48I\Delta f} \qquad \cdots\cdots(8)$$

式中：

E_f——弯曲弹性模量，单位为兆帕(MPa)；

Δp——载荷-挠度曲线上初始直线段的载荷增量，单位为牛顿(N)；

L——同式(4)；

I——同式(4)；

Δf——与载荷增量对应的跨距中点处挠度增量，单位为毫米(mm)。

5.4.3 试样最大应变发生在跨距中点底部，按式(9)计算：

$$\varepsilon_f = \frac{12Cf}{L^2} \quad \cdots\cdots\cdots\cdots (9)$$

式中：

ε_f——试样最外侧纤维的最大应变；

C——同式(4)；

f——最大挠度，单位为毫米(mm)；

L——同式(4)。

6 面内剪切强度试验

6.1 试样

6.1.1 形状及尺寸

试样形状及尺寸如图8所示。试样两端相互平行。

单位为毫米

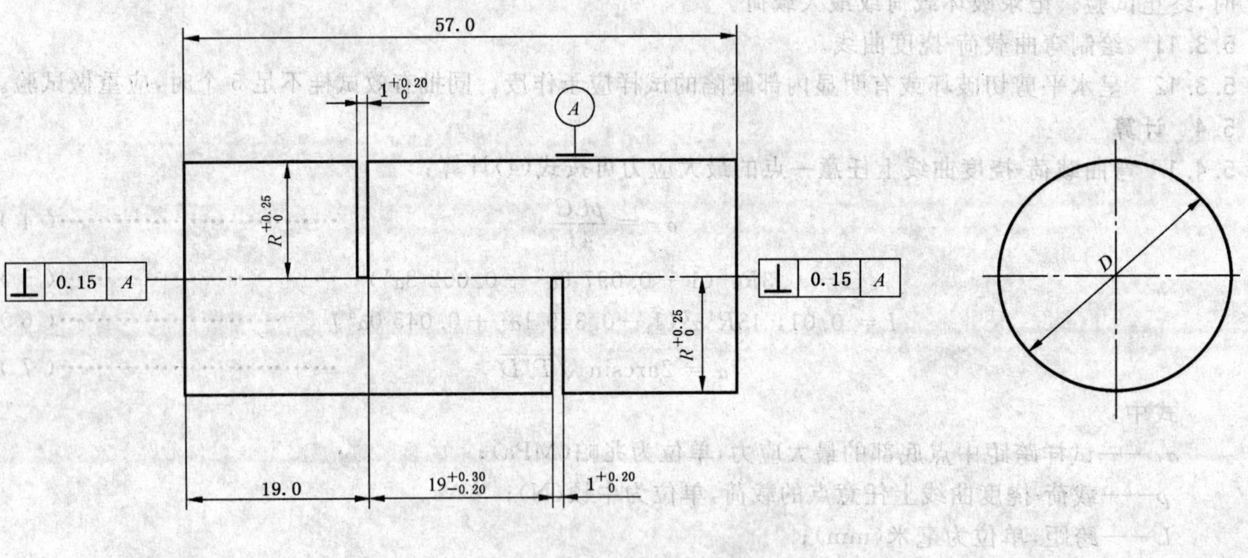

D——试样直径；

R——试样半径。

图8 面内剪切试样示意图

6.1.2 数量

每组试样数量应不少于5个。

6.2 试验条件

6.2.1 实验室环境

实验室环境条件按 GB/T 1446 的规定。

6.2.2 **试验设备**

6.2.2.1 力学性能用试验设备按 GB/T 1446 的规定。

6.2.2.2 千分尺，精度为 0.01 mm。

6.2.2.3 切口夹具，可参见附录 A 所示，用于加工试样切口。

6.3 **试验步骤**

6.3.1 试样外观检查按 GB/T 1446 的规定。

6.3.2 试样状态调节按 GB/T 1446 的规定。

6.3.3 测量试样两切口之间的直径，测量精度按 GB/T 1446 的规定。

6.3.4 将试样放在试验机上，试样应与加载压头对中。

6.3.5 加载速度为(1.3±0.3) mm/min。

6.3.6 对试样施加压缩载荷，试样在切口之间中心线发生剪切破坏。记录试样承受的最大载荷。

6.3.7 测量破坏(剪切)面的高度，精确到 0.01 mm。可任选一个破坏面测量剪切面高度。

6.3.8 非面内剪切破坏的试样应予作废。同批有效试样不足 5 个时，应重做试验。

6.4 **计算**

6.4.1 面内剪切强度按式(10)计算：

$$\tau = \frac{p_b}{DH} \qquad \cdots\cdots(10)$$

式中：

τ——面内剪切强度，单位为兆帕(MPa)；

p_b——最大破坏载荷，单位为牛顿(N)；

D——试样直径，单位为毫米(mm)；

H——剪切面高度，单位为毫米(mm)。

7 表观水平剪切强度试验

7.1 **试样**

7.1.1 **尺寸**

试样长度为试验跨距与杆直径之和。

7.1.2 **数量**

每组试样数量应不少于 5 个。

7.2 **试验条件**

7.2.1 **实验室环境**

实验室环境条件按 GB/T 1446 的规定。

7.2.2 **试验设备**

7.2.2.1 力学性能用试验设备按 GB/T 1446 的规定。

7.2.2.2 千分尺，精度为 0.01 mm。

7.2.2.3 加载压头及支承头，如图 6 和图 9 所示。凹槽表面应无压痕和毛刺，同时消除锐角。底部支座可以移动，以便调节跨径比。

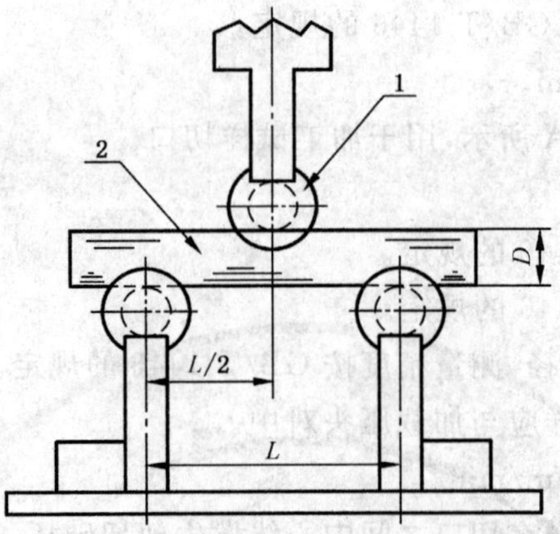

1——支承点；

2——试样；

L——试验跨距；

D——试样直径。

图 9 表观水平剪切试验示意图

7.3 试验步骤

7.3.1 试样外观检查按 GB/T 1446 的规定。

7.3.2 试样状态调节按 GB/T 1446 的规定。

7.3.3 测量试样直径，测量精度按 GB/T 1446 的规定。

7.3.4 调节支承块至规定跨距。跨径比为 3～6，以保证试样水平剪切破坏。

7.3.5 将试样放在支座上，如图 6 所示。调整试样位置，将试样的中点与加载压头对中，试样的轴线与加载压头垂直。

7.3.6 加载速度为 1.3 mm/min，试验时间应控制在(20～200) s 范围内。

7.3.7 由加载压头施加载荷，使试样弯曲，直至试样发生水平剪切破坏。

7.3.8 记录试验时试样承受的最大载荷和破坏类型，记录剪切破坏面的位置。

7.3.9 非水平剪切破坏的试样，应予作废。同批有效试样不足 5 个时，应重做试验。

7.4 计算

7.4.1 表观水平剪切强度按式(11)计算：

$$\tau_s = \frac{8p}{3\pi D^2} \qquad \cdots\cdots(11)$$

式中：

τ_s——剪切强度，单位为兆帕(MPa)；

p——最大破坏载荷，单位为牛顿(N)；

D——试样直径，单位为毫米(mm)。

8 试验结果

试验结果按 GB/T 1446 的规定。

9 试验报告

试验报告按 GB/T 1446 的规定。

附 录 A
（资料性附录）
面内剪切试样的制备

将加工成规定长度的拉挤杆插入切口夹具中(见图 A.1)，使其一端与夹具对齐，拧紧螺杆，固定位置。调准锯片高度。将试样与夹具的组合件推向锯片，如图 A.2 所示。沿锯床栏板推动夹具至止动块。一侧切口完成后，将夹具翻转，按上述步骤加工第二个切口。

单位为毫米

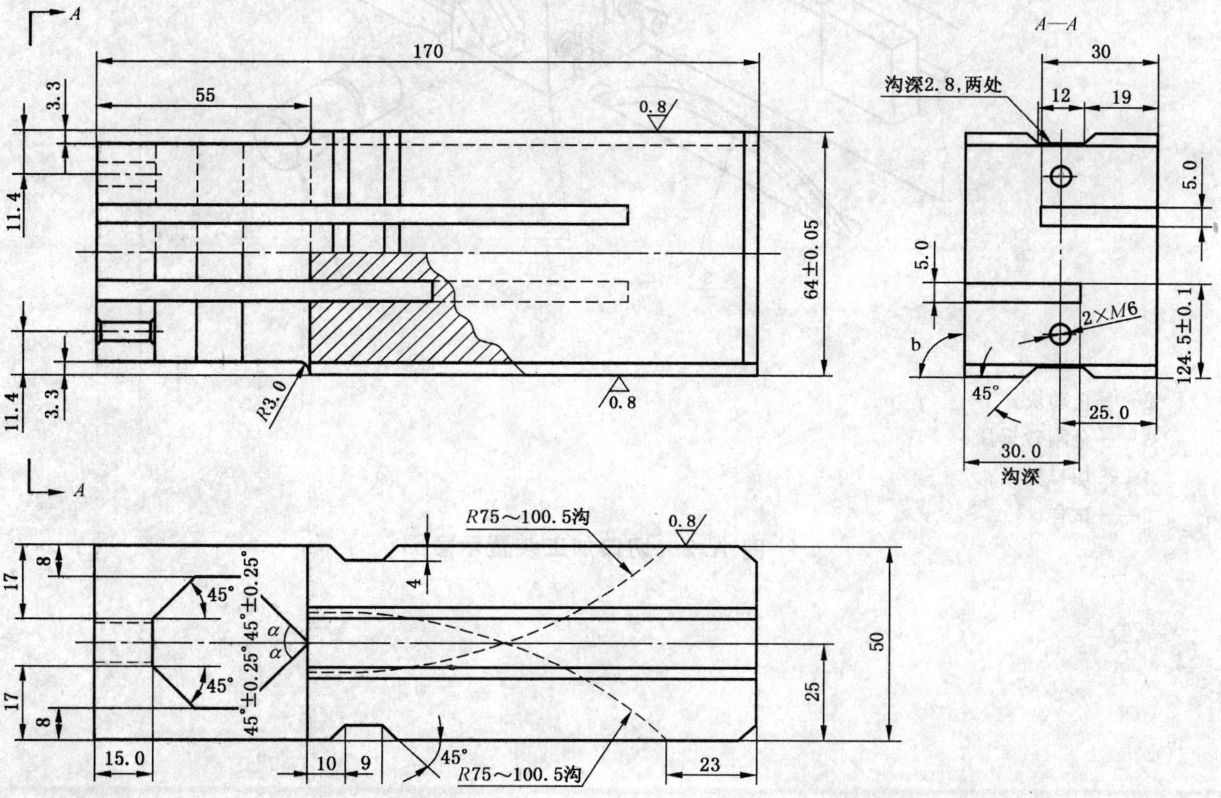

注 1：锐角倒角 1×45°。

[a] 七边形孔两个 45°±0.25°面作测量基准，公差必须在规定之内。

[b] 上、下边须平行，公差须在规定之内。

图 A.1 切口夹具示意图

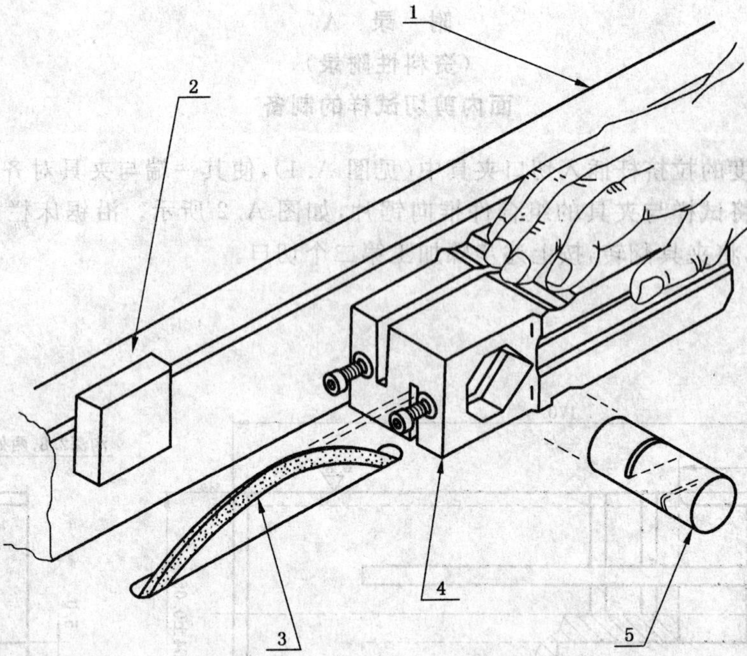

1——栏板；
2——止动块；
3——金刚砂锯片；
4——切口夹具；
5——试样。

图 A.2 切口加工装置示意图

附 录 B
（资料性附录）
本标准章条编号与 ASTM 标准章条编号对照

表 B.1 给出了本标准章条编号与 ASTM 标准章条编号对照一览表。

表 B.1 本标准章条编号与 ASTM 标准章条编号对照

本标准章条编号	对应 ASTM 标准章条编号
1	ASTM D3916-02 1.1 ASTM D4476-03 1.1 ASTM D3914-02 1.1 ASTM D4475-02 1.1
2	—
3.1	ASTM D3914-02 3.1.1
4.1.1	—
4.1.2	ASTM D3916-02 5.1
4.2.1～4.2.2.1	—
4.2.2.2	ASTM D3916-02 4.2
4.2.2.3	ASTM D3916-02 4.5
4.3.1～4.3.2	—
4.3.3	ASTM D3916-02 8.2
4.3.4	ASTM D3916-02 8.1
4.3.5	ASTM D3916-02 8.3
4.3.6	ASTM D3916-02 8.4.2
4.3.7～4.3.8	—
4.3.9～4.3.10	ASTM D3916-02 8.5.2～8.5.3
4.4.1～4.4.3	ASTM D3916-02 9.1～9.3
5.1.1	ASTM D4476-03 7.1～7.2
5.1.2	ASTM D4476-03 7.3
5.2.1～5.2.2.1	—
5.2.2.2～5.2.2.3	ASTM D4476-03 6.2～6.3
5.3.1～5.3.2	—
5.3.3～5.3.4	ASTM D4476-03 9.1～9.2
5.3.5	—
5.3.6	ASTM D4476-03 4.2
5.3.7	ASTM D4476-03 9.3
5.3.8	ASTM D4476-03 4.1
5.3.9～5.3.11	—

表 B.1（续）

本标准章条编号	对应 ASTM 标准章条编号
5.3.12	ASTM D4476-03 10
5.4.1～5.4.3	ASTM D4476-03 11.1～11.3
6.1.1	ASTM D3914-02 7.1
6.1.2	ASTM D3914-02 7.3
6.2.1～6.2.2.1	—
6.2.2.2	ASTM D3914-02 6.1.5
6.2.2.3	ASTM D3914-02 6.1.3 和 7.2
6.3.1～6.3.2	—
6.3.3～6.3.7	ASTM D3914-02 10.1～10.5
6.3.8	—
6.4	11
7.1.1～7.1.2	ASTM D4475-02 6.1～6.2
7.2.1～7.2.2.1	—
7.2.2.2	ASTM D4475-02 5.3
7.2.2.3	ASTM D4475-02 5.2
7.3.1～7.3.2	—
7.3.3	ASTM D4475-02 9.1
7.3.4～7.3.5	ASTM D4475-02 9.2
7.3.6	ASTM D4475-02 8
7.3.7～7.3.8	ASTM D4475-02 9.3
7.3.9	ASTM D4475-02 10
7.4.1	ASTM D4475-02 11.1
8.1～8.2	—
附录 A	ASTM D3914-02 6.1.3 和 7.2

ICS 35.100.10
L 78

中华人民共和国国家标准

GB/T 13133—2008/ISO/IEC 8481:1996
代替 GB/T 13133—1991

信息技术 系统间远程通信和信息交换 DTE到DTE直接连接

Information technology—Telecommunication and information exchange between systems—DTE to DTE direct connections

(ISO/IEC 8481:1996,IDT)

2008-07-28 发布 2009-01-01 实施

中华人民共和国国家质量监督检验检疫总局
中国国家标准化管理委员会 发布

前　言

本标准等同采用国际标准 ISO/IEC 8481:1996《信息技术　系统间远程通信和信息交换　DTE 到 DTE 直接连接》(英文版)。

本标准代替 GB/T 13133—1991《数据通信　DTE 提供定时的使用 X.24 互换电路的 DTE 到 DTE 物理连接》。

本标准与 GB/T 13133—1991 相比主要变化如下:

——本标准增加了附录 A 的内容,该内容与 GB/T 14398—1993 一致。

本标准的附录 A 是资料性附录。

本标准由全国信息技术标准化技术委员会提出并归口。

本标准起草单位:中国电子技术标准化研究所。

本标准主要起草人:郭楠、黄家英、徐冬梅、张翠、张晖。

本标准于 1991 年首次发布。

引　言

本标准规定了未经任何信号转换的数据终端设备(DTE)的互连,从而DTE就不必连接到数据电路终接设备(DCE)上去,DCE是远程通信设施的一部分。

所要求的DTE到DTE的直接连接可以完全位于用户的建筑群。其目的在于将这些互连与ITU-T和ISO/IEC标准化的DTE/DCE接口要素联系起来,以免设备的激增。

本标准的规范性部分为使用CCITT建议X.24互换电路的和使用ITU建议V.11电气特性的异步传输和同步传输(包括用于同步传输的电路X)提供了互连。资料性附录为其他情况的互连提供了指南,尽管是在受限条件下可接受的互连情况,但这些互连情况不推荐作为一般用法。这些可供选择方式,包括同步传输的定时结构不依赖于在带有ITU建议V.11电气特性的两个DTE中所提供的电路X。

资料性附录不覆盖在ISDN终端设备(类型TE1)之间的直接连接,对于这种情况,发送信号帧中的复杂性使得不推荐任何互连的通用方法。

信息技术　系统间远程通信和信息交换 DTE 到 DTE 直接连接

1　范围

本标准从电气、机械和功能特性方面来描述数据终端设备(DTE)的互连的一种接法,中间不需要数据电路终接设备(DCE)。本标准适用于这样一些 DTE,它们使用了为公用数据网上进行传输在 CCITT 建议 X.24 标准化的接口电路。这种互连只限于点对点连接。

注:扩展到多点配置的方法正在研究之中,电气特性的使用可按照 GB/T 15127《信息处理系统　数据通信　双绞线多点互连》。

本标准适用于使用 ITU 建议 V.11 的平衡电气特性的 DTE,其数据信号速率高达 10 Mbit/s。

互连可以用于起止式或同步式传输。对于同步式传输,本标准适用于使用电路 X(DTE 发送码元定时)和电路 S(信号码元定时)的 DTE(见第 5 章)。

资料性附录为带有接口电路或带有电气特性的 DTE 的互连提供了信息,而该接口电路按照 V.24,该电气特性按照 V.10 或 V.28。

2　规范性引用文件

下列文件中的条款通过本标准的引用而成为本标准的条款。凡是注日期的引用文件,其随后所有的修改单(不包括勘误的内容)或修订版均不适用于本标准,然而,鼓励根据本标准达成协议的各方研究是否可使用这些文件的最新版本。凡是不注日期的引用文件,其最新版本适用于本标准。

GB/T 9952—2008　信息技术　数据通信　15 插针 DTE/DCE 接口连接器和接触件编号分配(ISO 4903:1989,IDT)

ITU-T 建议 V.11(1994)　运行在数据信号率高达 10 Mbit/s 的平衡双流接口电路的电气特性

CCITT 建议 X.24(1989)　公用数据网上数据终端设备(DTE)与数据电路终接设备(DCE)间的互换电路定义表

3　互连配置

对于点到点的连接,只考虑一种 DTE 到 DTE 的互连配置,其接口遵循 CCITT 建议 X.24(1989),如图 1 所示。

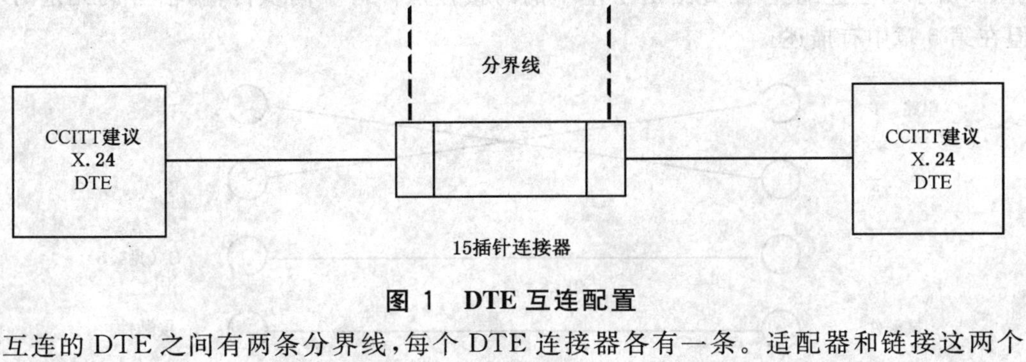

图 1　DTE 互连配置

两个互连的 DTE 之间有两条分界线,每个 DTE 连接器各有一条。适配器和链接这两个 DTE 连接器的任何电缆都不是任一个 DTE 的组成部分。

中间的平衡电缆对的最大长度主要取决于互换电路的电气特性参数和数据信号速率。

4 互换电路的要求

从电气、功能、机械和互换点的跨接特性方面来规定互换电路的要求。

4.1 电气特性

ITU-T 建议 V.11(1994)的电气特性是必备的。

ITU-T 建议 V.11(1994)的附录 A 给出了操作制约的指南，这些制约是由与数据信号速率相关的互连电缆长度、平衡度和终接电阻所引起的。若作多方考虑，就可能加长距离。

4.2 功能特性

互换电路的功能特性遵循用于互连 DTE 每种接口的 CCITT 建议 X.24(1989)。所要求的互换电路列于表 1。

表 1 用于 DTE 互连的 CCITT 建议 X.24 电路一览表

CCITT 建议 X.24 电路名称	ITU-T 建议 V.11 的互换点	GB/T 9952 接触件号	电路说明/注释
—	—	1	电缆屏蔽体[a]
G	C-C′	8	信号地(见 4.5)
T	A-A′ B-B′	2 9	发送
R	A-A′ B-B′	4 11	接收
S	A-A′ B-B′	6 13	信号码元定时(来自 DCE)
X	A-A′ B-B′	7 14	DTE 发送信号码元定时

[a] 接触件 1 用于连接屏蔽接口电缆的串级段之间的屏蔽体。

4.3 机械特性

接口的机械特性遵循 GB/T 9952—2008。两个 DTE 都提供 15 插针连接器，而 4.4 中规定的跨接接法，包括任何有关的电缆，以及与 GB/T 9952—2008 中描述的 DTE 连接器相一致的配对连接器，都有主管安装部门来完成。

因而，跨接接法的这种实现也可以看作是 15 插针连接间的一个适配器。

4.4 互换点跨接特性

根据图 1 所示的互连配置，图 2 给出了基本的跨接接法。对于同步传输，信号码元定时不包含在图 2 中，但在第 5 章中有描述。

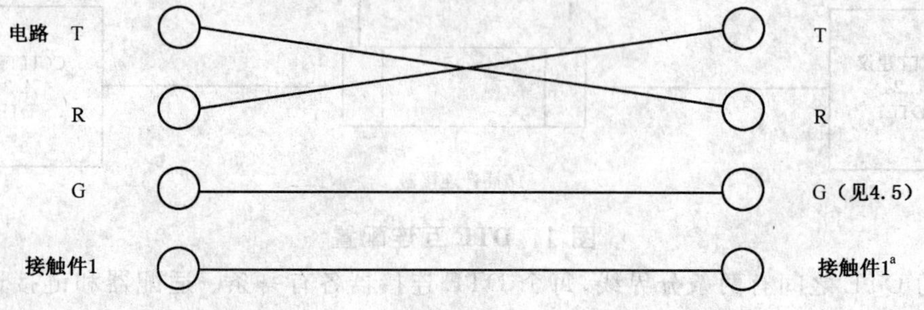

[a] 接触件 1 用于连接屏蔽接口电缆的串级段之间的屏蔽体。

图 2 基本的电路跨接接法

4.5 接地

依据本地安全要求，也出于电磁兼容(EMC)的考虑，可能需要在每个 DTE 中，将电路 G(信号地)连接到保护地。

如果若干个 DTE 分别连接到不同的主要供电系统上，而这些供电系统具有不同的接地系统，那么在互连 DTE 的信号接地端之间就可能产生显著的电位差。如果这些电压超过了互换电路的电气特性中规定的可接受的共模电压值，将会导致传输差错，甚至毁坏电路。

如果电路 G 在 DTE 之间接通，就可能减少这种电位差，但是可能会产生过量的环流。

注：实际上，对某种特殊情况可能需要考虑几种不同的信号接地法。

5 定时的提供

对于同步传输，信号码元定时应该由电路 X(DTE 发送信号码元定时)并与互连。电路 X 只与仅用于接收方向的电路 S(信号码元定时)互连。

使用 CCITT 建议 X.24(1989)互换电路的 DTE 通常从 DCE 取得信号码元定时信息。因此，这些 DTE 将需要一个附加的来源于 DTE 的信号码元定时电路 X。该电路被分配给共享与 GB/T 9952—2008 中电路 B 和 F 相同的连接器接触件。由于电路 X 的传输方向与电路 B 和 F 的传输方向相反，如果 DTE 打算使用可供选择的两种应用中的这些电路的一个以上的电路，则 DTE 中可能需要一个逻辑开关或物理选件。

连接两个 X 系列 DTE 的定时电路的接法由图 3 表示，描述如下：

每个 DTE 提供附加的 DTE 信号码元定时电路。这些定时电路的跨接(见图 3)应该合并到图 2 所示的基本跨接接法中。

与其他接法(见附录 A)不同，本接法不会在数据电路和定时电路之间产生信号偏移。

图 3 信号码元定时配置

6 控制规程的使用

本标准对使用任何数据链路控制规程或任何高层数据传送协议没有限制。

附 录 A
（资料性附录）
DTE到DTE直连的其他案例

A.1 范围

本附录从电气、机械和功能特性方面来描述数据终端设备(DTE)的互连的一种接法，中间不需要数据电路终接设备(DCE)。

本附录适用于这样一些DTE，即它们使用了在电话网络上进行数据传输在ITU-T建议V.24(1994)中或为公用数据网上进行传输在CCITT建议X.24中标准化的接口电路。

这些互连局限于点对点的连接，扩展到多点配置需要进一步研究。

本附录适用于：

——使用ITU建议V.11(1994)的平衡电气特性的并使用V.24电路的DTE，其数据信号速率高达10 Mbit/s；

——使用ITU-T建议V.10(1994)的非平衡电气特性的DTE，其数据信号速率高达100 kbit/s，和使用ITU-T建议V.28(1994)的非平衡电气特性的DTE，其数据信号速率低于20 kbit/s。在使用ITU-T建议V.10(1994)的DTE与使用ITU建议V.11(1994)的DTE或使用ITU-T建议V.28(1994)的DTE之间互工作也是允许的。

互连可以用于起止式和同步式传输。对于同步式传输，信号码元定时可以由一个DTE、两个DTE或一个作为中间设备插入的外部信号码元定时源来提供。

A.2 规范性引用文件

GB/T 9950—2008 信息技术 数据通信 37插针DTE/DCE接口连接器和接触件编号分配(ISO 4902:1989,IDT)

GB/T 9952—2008 信息技术 数据通信 15插针DTE/DCE接口连接器和接触件编号分配(ISO 4903:1989,IDT)

GB/T 15125—1994 信息技术 数据通信 25插针DTE/DCE接口连接器及接触件号分配(idt ISO 2110:1989)

GB/T 17559—1998 信息技术 系统间远程通信和信息交换 26插针接口连接器配合性尺寸和接触件编号分配(idt ISO/IEC 11569:1993)

ISO 2110:1989/Amd.1:1991 信息技术 数据通信 25插针DTE/DCE接口连接器和插针分配 修正案1:数据信号率高达20 000 bit/s的DTE/DCE接口的接口连接器和插接件号分配

ITU-T建议V.10(1994) 在数据通信领域中通常同集成电路设备一起使用的非平衡双流接口电路的电气特性

ITU-T建议V.11(1994) 运行在数据信号率高达10 Mbit/s的平衡双流接口电路的电气特性

ITU-T建议V.24(1994) 数据终端设备(DTE)与数据电路终接设备(DCE)之间的接口电路定义表

ITU-T建议V.28(1994) 非平衡双流互换电路的电气特性

CCITT建议X.24 公用数据网上数据终端设备(DTE)与数据电路终接设备(DCE)间的互换电路定义表(idt ITU-T建议X.24(1989))

A.3 互连配置

对于点到点的连接，考虑三种DTE到DTE的互连配置，其接口遵循ITU-T建议V.24(1994)和

CCITT 建议 X.24,如图 A.1 所示。

两个互连的 DTE 之间有两条分界线,每个 DTE 连接器各有一条。适配器和链接这两个 DTE 连接器的任何电缆都不是任一个 DTE 的组成部分。

中间的平衡电缆对可装配的长度主要取决于互换电路的电气特性参数。

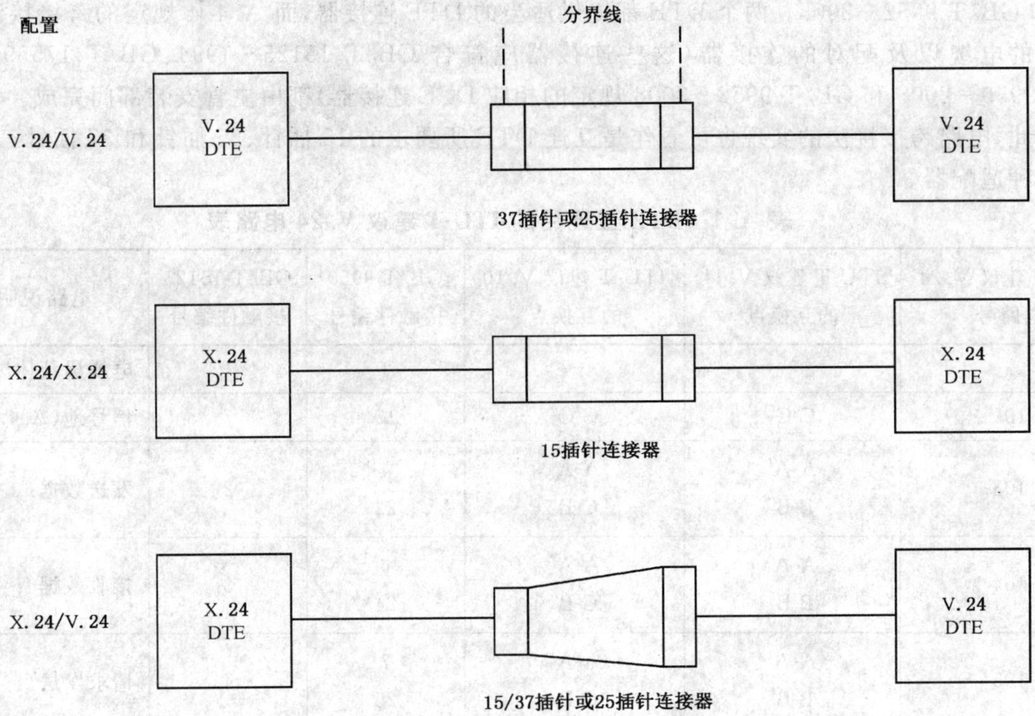

图 A.1　DTE 互连配置

A.4　互换电路的要求

从电气、功能、机械和互换点的跨接特性方面来规定互换电路的要求。

A.4.1　电气特性

ITU-T 建议 V.11(1994)给出了操作制约的指南,这些制约是由与数据信号速率相关的互连电缆长度、平衡度和终接电阻所产生的。若作多方考虑,就可能加长距离。

在 ITU-T 建议 V.10(1994)的第 1 类接收器配置情况下,使用非平衡电气特性的 DTE,其速率可高达 100 kbit/s。但是,就电缆长度而言,可能会遭受性能降低。对于与数据信号速率有关的互连电缆长度所施加的限制,应参考 ITU-T 建议 V.10(1994)。

使用 ITU-T 建议 V.28(1994)非平衡双流交换电路的电气特性的 DTE 允许数据速率在 20 kbit/s 以下使用。然而传输距离有限制。

在 DTE/DTE 接口一侧,使用 ITU-T 建议 V.10(1994)发生器的 DTE 和在 DTE/DTE 接口另一侧使用 ITU 建议 V.11(1994)发生器的 DTE 之间的相互操作允许按照 ITU-T 建议 V.10(1994)所述要求进行。

如果充分遵守 GB/T 9952—2008 附录 D 中列出的注意事项,使用 ITU-T 建议 V.10(1994)电气特性的 DTE 和使用 ITU-T 建议 V.28(1994)特性的 DTE 间的相互操作也是允许的。

A.4.2　功能特性

依赖于配置的(见图 A.1)互连 DTE 的每种接口,互换电路的功能特性,应符合 ITU-T 建议 V.24

(1994)或 CCITT 建议 X.24。每种情况下所需的互换电路分别列于表 A.1 和表 A.2。

命名为 X 的附加交换电路可按照 A.5 的描述与 CCITT 建议 X.24 一起使用。

A.4.3 机械特性

对 ITU-T 建议 V.24(1994)互换电路,接口的机械特性应符合 GB/T 15125—1994、GB/T 17559—1998 和 GB/T 9950—2008;对 CCITT 建议 X.24 互换电路,接口的机械特性应符合 GB/T 15125—1994 和 GB/T 9952—2008。两个 DTE 都提供适当的 DTE 连接器,而 A.4.4 规定的跨接接法,包括任何有关的电缆以及配对的连接器(这些连接器应符合 GB/T 15125—1994、GB/T 17559—1998 和 GB/T 9950—2008 和 GB/T 9952—2008 规定的相应 DCE 连接器)都由主管安装部门完成。

因此,电路跨接接法的实现也可看作是互连 DTE 所要求的 15 插针、25 插针和 37 插针三种连接器间的一种适配器。

表 A.1 DTE 互连用的 ITU-T 建议 V.24 电路表

ITU-T 建议 V.24 电路号	ITU-T 建议 V.11 的互换点	ITU-T 建议 V.10 的互换点	GB/T 9950 接触件编号	GB/T 15125 接触件编号	电路说明/注释
—	—	—	1	1	电缆屏蔽体[a]
102	C-C′	C-C′	19	7	信号地(A.4.6)
103	A-A′ B-B′	A-A′ C-B′	4 22	2	发送数据
104	A-A′ B-B′	A-A′ C-B′	6 24	3	接收数据
105	A-A′ B-B′	A-A′ C-B′	7 25	4	请求发送[b]
106	A-A′ B-B′	A-A′ C-B′	9 27	5	发送准备好
107	A-A′ B-B′	A-A′ C-B′	11 29	6	数据设备准备好
108	A-A′ B-B′	A-A′ C-B′	12 30	20	把数据设备连接至线路/数据终端准备好
109	A-A′ B-B′	A-A′ C-B′	13 31	8	数据信道接收线路信号检测
113	A-A′ B-B′	A-A′ C-B′	17 35	24	发送信号码元定时,DTE 源[c]
114	A-A′ B-B′	A-A′ C-B′	5 23	15	发送信号码元定时,DCE 源[c]
115	A-A′ B-B′	A-A′ C-B′	8 26	17	接收信号码元定时

a 接触件 1 用于连接屏蔽接口电缆的串级段间的屏蔽体。

b 该电路由 DTE 提供,可任选。

c 电路 113 和 114 的使用在 A.5 中说明。

表 A.2　DTE 互连用的 CCITT 建议 X.24 电路表

CCITT 建议 X.24 电路号	ITU-T 建议 V.11 的互换点[a]	ITU-T 建议 V.10 的互换点	GB/T 9952 接触件编号	GB/T 15125 接触件编号	电路说明/注释
—	—	—	1	1	电缆屏蔽体[b]
G	C-C′	C-C′	8	7	信号地(A.4.6)
T	A-A′ B-B′	A-A′ C-B′	2 9	2	发送
R	A-A′ B-B′	A-A′ C-B′	4 11	3	接收
C	A-A′ B-B′	A-A′ C-B′	3 10	—	控制
I	A-A′ B-B′	A-A′ C-B′	5 12	—	指示
S	A-A′ B-B′	A-A′ C-B′	6 13	—	信号码元定时（DCE 源）
B	A-A′ B-B′	A-A′ C-B′	7 14	—	字节定时[c]
X	A-A′ B-B′	A-A′ C-B′	7 14	—	信号码元定时（DTE 源）(见 A.5)

a 只有因为本标准的规范性部分包括该例时，才作为参考。

b 接触件 1 用于连接屏蔽接口电缆的串级段间的屏蔽体。

c 对于使用 CCITT 建议 X.24 互换电路和在电路 B 上需要字节定时的 DTE 在增加外部字节定时源时，可使用图 A.4 的接法 6。

A.4.4　互换点跨接特性

根据图 A.1 所示互连配置，图 A.2 给出了基本跨接接法。对于同步传输，提供信号码元定时的各种可用方式未包括在图 A.2 和图 A.3 中。它们将在 A.5 中叙述。

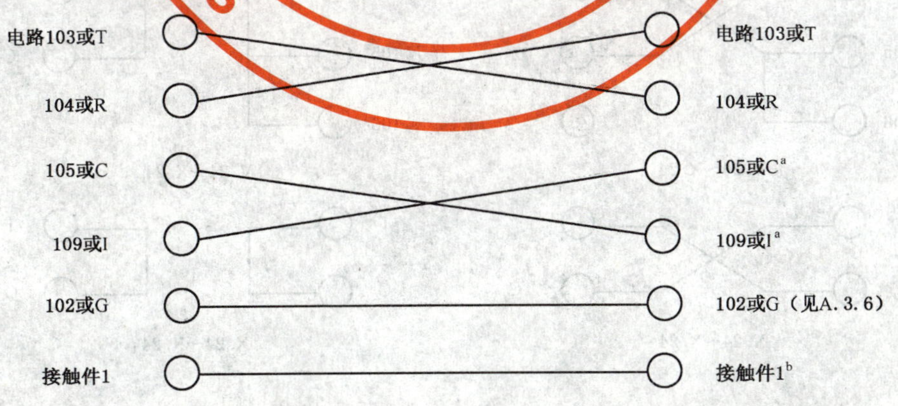

a 对起止式传输的 DTE 和其他特殊情况，电路 C 和 I 可以省去。电路 105 和 109 根据约定也可省去。

b 接触件 1 用于连接屏蔽接口电缆串级段间的屏蔽体。

图 A.2　ITU-T 建议 V.24 和 CCITT 建议 X.24 接口的基本电路跨接接法

A.4.5 连接选件

电路跨接接法应当允许按照特定应用要求改接这些电路,以达到直通、跨接或环回连接的目的。

对于运送状态信息到DTE的引线,需要可选接法。

一般地说,DTE请求远程DCE的信息现在应由远程DTE的辅助电路的连接提供,而从本地DCE请求的信息现在由与同一DTE的辅助电路的连接提供。

可能需要电路109监视另一DTE的状态,因此它应跨接到电路105。在双工传输中,电路109可以跨接至永久“接通”状态的电路108。

如果DTE对它的“请求发送”期望得到“发送准备好”的响应,电路106则应环回到它自身的电路105。在所有其他情况下,电路106可环回到电路108。

遵循这些原理和用户可能希望或不希望对远端实施附加电路操作的现实,作为方式1(具有控制电路的远程操作)和方式2(不具有控制电路的远程操作),图A.3给出了各种接法。

在ITU-T建议V.28(1994)DTE的情况下,将一个发生器连接到一个以上的负载可能导致在ITU规范之外操作,结果可能使工作不能满意地进行。

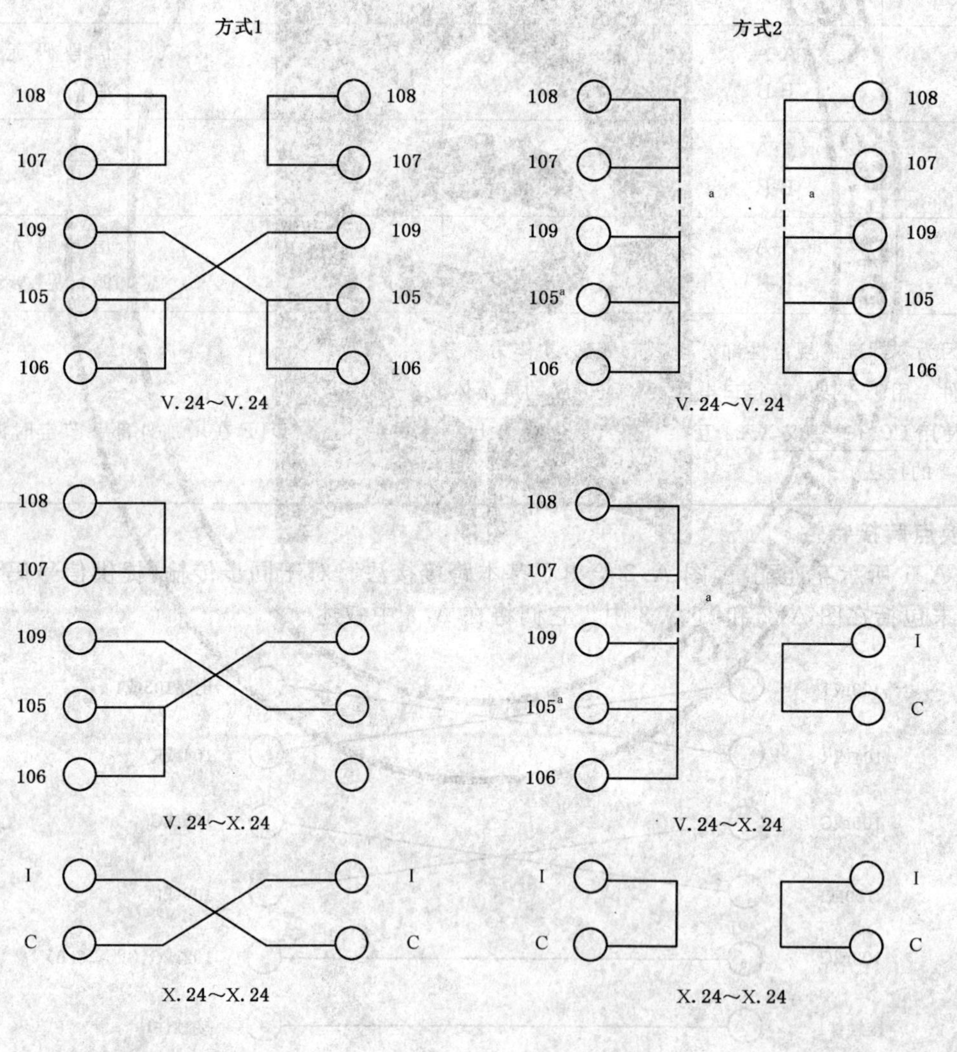

[a] 如果DTE不提供电路105,则电路106、107和109应被连接到电路108。

图A.3 控制电路的连接选件

A.4.6 接地

根据本地安全要求并考虑到电磁兼容性(EMC),在每个DTE中可能需要将电路102(信号地)连接到保护地。

如果若干个DTE分别连接到具有不同接地系统的不同的供电系统,在互连的DTE信号地端之间可能会产生显著的电位差。如果这些电压高于互换电路的电气特性中规定的共模接受值,可导致传输差错,甚至毁坏电路。

如果DTE间接通电路102或G,便可能减少这种电位差,但可能产生过大的环流。

注:实际上,对某种特定情况,可能需要考虑几种不同的信号地接法。

A.5 定时方式

对于同步传输,信号码元定时可以由两个DTE、一个DTE或作为中间设备而插入的外部信号码元定时源提供。

在所有三种方式都可用于使用ITU-T建议V.24(1994)互换电路的DTE。然而,使用CCITT建议X.24互换电路的DTE通常从DCE获得信号码元定时信息。因此,这些DTE需要外部定时源,以便DTE/DTE直接连接。

另外一种方法是,这些X系列的DTE可以提供附加电路,作为DTE源的信号码元定时。该DTE源的信号码元定时附加电路命名为电路X,并具有ITU-T建议V.24(1994)定义的电路113相同功能。电路X被分配共用GB/T 9952—2008电路B和F相同的连接器插针。因为电路X的传输方向与电路B和F的方向相反,如果DTE试图使用一个以上这样的电路以选择应用,DTE可能需要具有逻辑开关或物理选件。

连接两个V系列DTE、两个X系列DTE、或V系列DTE和X系列DTE的可替换的定时接法由图A.4所示,并在下面说明。

A.5.1 对称定时

对称定时是每个DTE在发送方向上提供的信号码元定时,这需要定时电路的跨接接法(图A.4,接法1、4和7)。

与其他接法不同,这种接法不会在数据电路和定时电路间产生信号偏移。

A.5.2 由一个DTE提供定时

利用跨接接法中的适当连接,可由一个DTE向两个DTE提供定时(图A.4,接法2、5、8和9)。

A.5.3 外部定时

可以使用由中间设备提供的外部定时,并可加到无源跨接接法(图A.4,接法3、6和10)。这对通常依靠DCE信号码元定时和内部不提供信号码元定时的DTE是必需的。

一个定时源可将信号码元定时提供给多于一对互连的DTE。

注:当电缆长度增加或数据信号速率增加时,在非对称定时接法中,数据和定时信号间的相位关系可能会变化。对于数据信号速率不大于9.6 kbit/s以及电缆长度又处于所建议的范围内时,这种偏移效应通常不会产生问题。当数据信号速率和电缆长度增加时,可能需要附加的相位校正技术,正确地使数据信号和定时信号对准。

A.6 控制规程的使用

本附录的指南对使用任何数据链路规程或任何高层数据传送协议无任何限制。

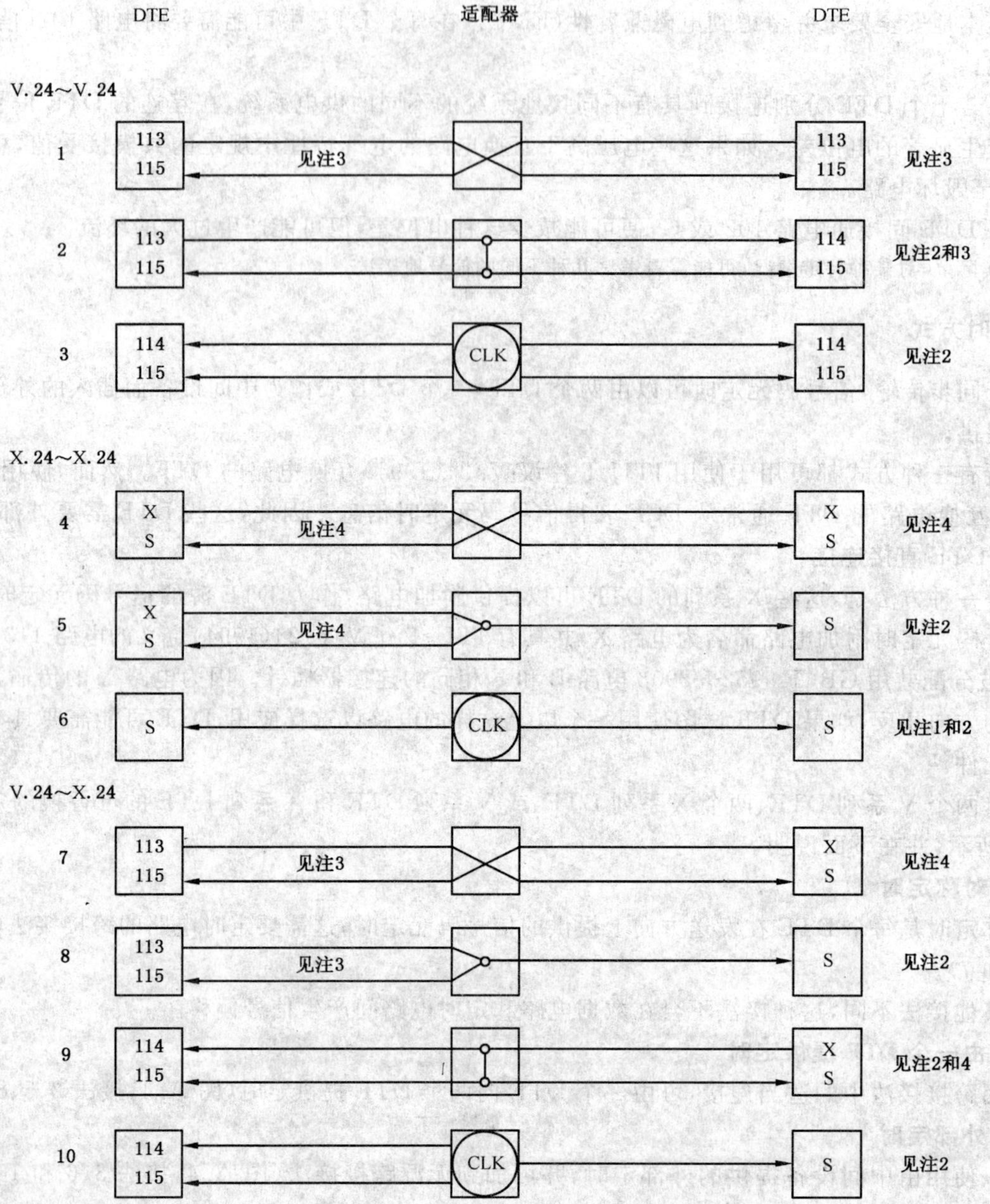

图 A.4　可选信号码元定时配置

注1：对于使用CCITT建议X.24互换电路和电路B上需要字节定时的DTE利用外部字节定时源，可使用图A.4的接法6。

注2：当电缆长度或数据信号速率增加时，数据和定时信号间的相位关系在这些接法中可能会变化。对数据信号速率不大于9.6 kbit/s，电缆长度又在所建议的范围内时，这种偏移效应通常不会产生问题。当数据信号速率和电缆长度增加时，为了正确地使数据信号和定时信号对准，可能需要附加的相位校正技术。

注3：在电路113上提供发送信号码元定时时，使用ITU-T建议V.24(1994)互换电路的某些DTE在电路114上需要信号码元定时。在这种情况下，电路113和电路114间的连接按实际情况应接近该DTE。

注4：当使用电路X时，电路S仅用于采样接收的数据。